中国石油和化学工业优秀教材

普通高等教育“十三五”规划教材

无机及分析化学

第三版

商少明　主编

刘瑛　汪云　黄丽红　副主编

化学工业出版社

·北京·

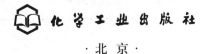

《无机及分析化学》（第三版）是在倪静安、商少明、翟滨主编的《无机及分析化学》（第二版）的基础上修订而成的。

《无机及分析化学》（第三版）重点对四大化学平衡重新进行了梳理，既做到了无机化学与分析化学平衡部分的有机统一，又体现了不同学科对同一问题处理方法的不同、要求的不同。每章内容后增添了“视窗”，让感兴趣的学生通过网络链接扩充知识视野。绪论以及主要课外阅读文献中引入了相关的视频公开课以及 MOOC 网址，充分发挥数字化优质教学资源的辅助作用，体现了现代的学习已经是网络化、立体化的学习。

《无机及分析化学》（第三版）适用于高等学校工科近化学类专业，如化学工程与工艺、轻化工程、高分子材料与工程、环境工程、制药工程、生物工程、生物技术、食品科学与工程、食品质量与安全、动物科学，以及农、林、医等院校，也可作为相关专业网络教育的教学参考书。

图书在版编目（CIP）数据

无机及分析化学/商少明主编．—3 版．—北京：化学工业出版社，2017.6（2023.8 重印）
中国石油和化学工业优秀教材
普通高等教育“十三五”规划教材
ISBN 978-7-122-29016-8

Ⅰ.①无…　Ⅱ.①商…　Ⅲ.①无机化学-高等学校-教材 ②分析化学-高等学校-教材　Ⅳ.①O61②O65

中国版本图书馆 CIP 数据核字（2017）第 024116 号

责任编辑：刘俊之　周国庆　　文字编辑：向　东　张瑞霞
责任校对：宋　玮　　装帧设计：韩　飞

出版发行：化学工业出版社（北京市东城区青年湖南街 13 号　邮政编码 100011）
印　　装：三河市双峰印刷装订有限公司
787mm×1092mm　1/16　印张 20¼　彩插 1　字数 537 千字　2023 年 8 月北京第 3 版第10次印刷

购书咨询：010-64518888　　售后服务：010-64518899
网　　址：http://www.cip.com.cn
凡购买本书，如有缺损质量问题，本社销售中心负责调换。

定　　价：49.00 元

前言

由倪静安、商少明、翟滨主编的《无机及分析化学》（第二版）出版以来，得到了兄弟高校同行的关心与支持。近年来，高校近化学类专业教学计划的调整中，部分专业无机及分析化学课程的教学时数被缩减，教指委对近化学类专业各门化学基础课的教学基本要求不再做硬性规定，各校的教学大纲也根据这些变化做了相应的调整。考虑到近化学类各专业不同的需求，根据我们的教学体会以及兄弟高校所提出的宝贵意见与建议，对本书第二版进行了修订。

第三版主要有以下几个方面的变动：

1. 原第 1 章“化学计量、误差与数据处理”更名为“定量化学分析概述”。原第 11 章“一般物质的分析步骤和常用分离方法”中的“一般物质的分析步骤”调整至第 1 章。增加了“测定结果的表示”，引入了“纯度”与“含量”的概念。“定量分析方法的选择与定量分析的一般过程”以及“测定结果的表示与物质组成的量度”可以选择讲授。

2. 原第 2 章“化学反应的基本原理”更名为“化学反应基本原理初步”，教学时可以根据各校或专业的课程教学大纲及学时数，整章讲授或只讲授其中“化学平衡”的部分内容。

3. 将原第 7 章“配位化合物与配位平衡”提前至第 5 章“氧化还原反应与电化学基础”之后，其中的“配位化合物的价键理论”归入“分子结构与晶体结构”一章。

4. 原第 6 章“物质结构基础”拆分为第 7 章“原子结构”与第 8 章“分子结构与晶体结构”。“离子化合物和晶体结构”作为相关专业的选学内容。

5. 原第 8、9 章元素部分调整为第 9、10 章，其中第 10 章增加了钛元素。这两章供有关专业教学选择性讲授。

6. 原第 11 章“一般物质的分析步骤和常用分离方法”调整为第 12 章“常用分离方法”，其中“色谱分离法”以及“其他分离方法”作为各校选学内容。

7. 各章后增添“视窗”，主要是相关化学人物的简介以及部分扩展知识，让感兴趣的学生通过网络链接扩充知识视野。

8. 绪论以及主要课外阅读文献中引入了相关的视频公开课以及 MOOC 的网址，充分发挥数字化优质教学资源的辅助作用，体现了现代的学习已经是网络化、立体化的学习。

《无机及分析化学》（第三版）由江南大学商少明担任主编（第 3、4、5、6 章责任人），江南大学刘瑛（第 1、2、7、8 章责任人）、汪云（第 11、12 章责任人）以及中国计量大学黄丽红（第 9、10 章责任人）为副主编。参加修订工作的有江南大学商少明（第 3、4、6 章）、刘瑛（第 1、7、8 章）、汪云（第 9、11 章）、李玲（绪论、第 2 章）、傅成武（第 12 章以及各章后的“视窗”）、沈晓东与孙芳（附录），中国计量大学黄丽红（第 5、10 章）。全书由商少明整理定稿。

本书修订过程中，同样参阅了兄弟高校的相关教材，吸取了许多宝贵的内容与精华，在此一并表示最衷心的感谢！

由于编者水平有限，疏漏难免，敬请读者批评指正。

编　者

2016 年 10 月于江南大学

第一版前言

随着经济和科技的飞速发展，教育改革的不断深化，对高等学校教学内容和体系的改革提出了更高的要求，也催促着化学教育与课程体系的改革。无机及分析化学课程就是高等工业学校化学课程改革的一个产物，它是高等工业学校化工、轻工、应用化学、生物工程、食品等有关专业必修的第一门化学基础课。无锡轻工大学坚持进行无机及分析化学课程改革十余年，本书是以无锡轻工大学所编《无机及分析化学》讲义为基础，经过多年的教学实践，由无锡轻工大学与大连轻工业学院合作编写而成的。本书的编写努力注意做到：

1. 从中学化学的实际出发，以工科化学课程教学指导委员会 1993 年修订的《无机化学课程教学基本要求》和《分析化学课程教学基本要求》为依据，编写时力求削枝强干、优化内容、突出重点、加强基础。

2. 立足于新的一门课程体系的基础之上，将原工科无机化学和分析化学的基本内容优化组合成为一个新的体系，力求保持该课程的完整性。充分考虑工科特点，贯彻“结构、平衡、性质、应用”的思想，合理安排四大平衡与其应用的有机结合，元素化学与阴阳离子定性分离鉴定的有机结合，力争符合学生认知规律，强化早期渗透应用意识，有利于学生分析问题、解决问题能力的培养。

3. 努力联系当今普遍关注的资源、能源、环境、材料、健康等社会实际问题，适当为生物无机化学、生命科学、环境科学等新兴化学领域展示窗口。

4. 通过计算机应用基础介绍，帮助学生了解计算机在化学、特别是在无机及分析化学课程中的应用，使计算机应用本科四年不断线开了个好头。

5. 贯彻我国法定计量单位。

本书根据教学计划，建议讲授 100 学时左右。有的章节的次序和内容可依各专业要求酌情调整处理。化学计量、误差与数据处理，无机及分析化学中常用的分离方法，一般无机化合物的制备及分析步骤，计算机应用基础等章节的有关内容，视情况亦可在无机及分析化学实验课程中讲授。本书亦可供农林医等院校有关专业参考使用。

本书由倪静安任主编，张敬乾、商少明任副主编。参加编写工作的有无锡轻工大学宋云翔（第 13、16 章）、汪纪三（第 7、11 章）、倪静安（第 1、8、15 章）、商少明（第 2、5、17 章）、陈烨璞（第 10 章）、张墨英（第 6 章）；大连轻工学院张敬乾（第 3、12、14 章）、李英华（第 4 章）、翟滨（第 9 章）。全书由参编者互阅、讨论，倪静安、张敬乾、商少明修改，倪静安通读、统稿。

本书由北京大学华彤文、刘淑珍、姚光庆、赵凤林、刘锋、刘万祺等老师审阅。他们精心审阅本书，提出了许多宝贵的修改意见。审稿后编者根据审稿意见作了认真修改。在此表示衷心的感谢。本书第 17 章中有关程序由刘俊康老师校验，于吉震老师参加了部分排版与校对工作，一并表示感谢。

同时也要感谢无锡轻工大学、大连轻工业学院的校、系各级领导，正是他们对课程改革与教材编写的热情关心、全力支持与具体帮助，才使本书得以如期问世。

限于编者的水平，书中纰漏之处，敬请读者不吝批评指正。

编　者

1996 年 12 月

第二版前言

本书第一版出版以来，得到了兄弟高等院校同行的关心和支持。进入21世纪以来，国内高等院校无机及分析化学教学发生了许多变化，无机及分析化学课程内容和课程体系的调整与改革得到不断发展与深化。为了适应新世纪教学改革新形势的需要，根据我们在教学中的体会和各兄弟高校使用本教材中提出的宝贵意见和建议，我们对本书第一版进行了修改、精简，以适合学时数较少的院校使用。

本次修订的主要特点如下：

1. 贯彻“少而精、精而新”的原则，努力做到“削枝强干、去粗存精、突出重点、加强基础”。

2. 努力把传统的教学内容与现代科学技术的新进展结合起来，力求使本教材具有较高的科学性和系统性。

3. 元素化学精选有实用价值的常见重要元素及其化合物，简明阐述其重要特性及变化规律。

4. 考虑到国内高等院校无机及分析化学课程教学的具体情况，删去定性分析部分，该部分内容可以根据各院校需要在实验教学中加以完成。考虑到计算机科学技术的飞速发展、计算机的广泛普及和高等院校计算机教学的现状，删去“计算机应用基础”一章。

5. 删去各章英文习题，适当调整习题量，注意习题的多样性和灵活性。

本教材由倪静安、商少明、翟滨主编。参加修订工作的有江南大学倪静安（绪论，第1章1.1、1.2节，第5、7、8章）、商少明（第3、4、9章）、傅成武（第11章、附录）、刘瑛（第1章1.3、1.4节），大连轻工业学院翟滨（第2、6章）、高世萍（第10章）。

由于编者的水平有限，对本教材存在的缺点和错误，恳请读者批评指正。

编　者

2004年12月

目 录

绪论 …… **1**

0.1 化学科学研究的对象与内容 …… 1

0.2 “无机及分析化学”课程的基本内容及其与学科之间的关系 …… 4

0.3 无机及分析化学课程的学习方法 …… 4

第1章 定量化学分析概述 …… **6**

1.1 定量分析概述 …… 6

1.1.1 定量分析的一般过程与方法的选择 …… 6

1.1.2 测定结果的表示与物质组成的量度 …… 8

1.1.3 滴定分析法概述 …… 11

1.2 误差与数据处理 …… 13

1.2.1 误差的分类 …… 13

1.2.2 误差的表示方法 …… 14

1.2.3 误差的减免 …… 17

1.2.4 实验数据的处理 …… 18

1.3 有效数字 …… 23

1.3.1 有效数字的位数 …… 23

1.3.2 有效数字的修约规则 …… 24

1.3.3 有效数字的运算规则 …… 24

习题 …… 25

第2章 化学反应基本原理初步 …… **28**

2.1 化学反应中的能量关系 …… 28

2.1.1 热力学基本概念 …… 28

2.1.2 化学反应中的能量变化 …… 29

2.1.3 化学反应热的计算 …… 32

2.2 化学反应的方向 …… 33

2.2.1 化学反应的自发过程和熵变 …… 33

2.2.2 吉布斯（Gibbs）自由能 …… 35

2.3 化学反应速率 …… 38

2.3.1 化学反应速率的基本概念 …… 38

2.3.2 影响化学反应速率的因素 …… 40

2.3.3 反应速率理论 …… 43

2.4 化学平衡 …… 45

2.4.1 可逆反应与化学平衡 …… 45

2.4.2 标准平衡常数 $K^{\ominus}$ …… 45

2.4.3 多重平衡规则 …… 47

2.4.4 有关化学平衡的计算 …… 47

2.4.5 标准平衡常数与标准摩尔Gibbs自由能变 …… 48

2.4.6 化学平衡的移动 …… 49

习题 …… 54

第3章 酸、碱与酸碱平衡 …… **57**

3.1 酸碱质子理论与酸碱平衡 …… 57

3.1.1 酸、碱与酸碱反应的实质 …… 57

3.1.2 酸碱平衡与酸、碱的相对强度 …… 59

3.2 酸碱平衡的移动 …… 61

3.2.1 稀释定律 …… 61

3.2.2 同离子效应 …… 62

3.2.3 其他因素 …… 62

3.3 组分的分布与浓度的计算 …… 63

3.3.1 分布分数与分布曲线 …… 63

3.3.2 组分平衡浓度计算的基本方法 …… 65

3.4 溶液酸度的计算 …… 67

3.4.1 溶液酸度计算的一般方法 …… 67
3.4.2 酸碱质子理论中的代数法 …… 68
3.5 溶液酸度的控制与酸碱指示剂 …… 73
3.5.1 酸碱缓冲溶液 …… 73
3.5.2 酸度的测试与酸碱指示剂 …… 76
3.6 酸碱滴定法 …… 79
3.6.1 强碱滴定强酸 …… 79
3.6.2 强碱滴定一元弱酸 …… 80
3.6.3 多元酸（或多元碱）、混酸的滴定 …… 81
3.6.4 酸碱滴定法的应用 …… 82
习题 …… 84

第 4 章 沉淀的生成与溶解平衡 …… 87

4.1 沉淀-溶解平衡及其影响因素 …… 87
4.1.1 溶度积与溶解度 …… 87
4.1.2 影响沉淀-溶解平衡的主要因素 …… 89
4.2 分步沉淀、沉淀的转化 …… 95
4.2.1 分步沉淀 …… 95
4.2.2 物质的分离 …… 97
4.2.3 沉淀的转化 …… 98
4.3 沉淀的形成与纯度 …… 99
4.3.1 沉淀的类型与沉淀的形成 …… 99
4.3.2 影响沉淀纯度的主要因素 …… 101
4.3.3 获得良好、纯净沉淀的主要措施 …… 102
4.4 沉淀分析法 …… 103
4.4.1 称量分析法 …… 103
4.4.2 沉淀滴定法 …… 105
习题 …… 106

第 5 章 氧化还原反应与电化学基础 …… 108

5.1 氧化还原反应与电极电势 …… 108
5.1.1 氧化数与氧化还原反应 …… 108
5.1.2 氧化还原反应方程式的配平 …… 110
5.1.3 原电池与电极电势 …… 113
5.2 影响电极电势的主要因素 …… 117
5.2.1 能斯特方程式 …… 117
5.2.2 条件电极电势 …… 119
5.3 电极电势的应用 …… 121
5.3.1 判断原电池的正、负极，计算原电池的电动势 …… 121
5.3.2 判断氧化还原反应的方向与次序 …… 122
5.3.3 确定氧化还原反应进行的限度 …… 124
5.3.4 计算有关平衡常数和 pH 值 …… 126
5.3.5 元素电势图 …… 127
5.4 氧化还原滴定法 …… 129
5.4.1 对滴定反应的要求及被测组分的预处理 …… 129
5.4.2 氧化还原滴定法的基本原理 …… 129
5.4.3 常用氧化还原滴定法 …… 132
5.4.4 氧化还原滴定结果的计算 …… 136
习题 …… 137

第 6 章 配合物与配位平衡 …… 141

6.1 配合物与螯合物 …… 141
6.1.1 配合物及其组成 …… 141
6.1.2 螯合物 …… 143
6.1.3 配合物的命名 …… 145
6.2 配位平衡及其影响因素 …… 146
6.2.1 配位平衡及配合物的稳定常数 …… 146
6.2.2 配合物的稳定性以及影响配位平衡的主要因素 …… 151
6.3 配位滴定法 …… 154
6.3.1 滴定曲线和滴定条件 …… 154
6.3.2 金属指示剂的作用原理 …… 157
6.3.3 提高混合系统配位滴定选择性的方法 …… 158

6.3.4 配位滴定方式及其应用 …………………… 161
习题 …………………………………………… 162

第 7 章 原子结构 ………………………… 164

7.1 原子结构的基本模型 ……………… 164
7.1.1 原子的玻尔模型 ……………… 164
7.1.2 原子的量子力学模型 …… 167
7.2 核外电子运动状态 ……………… 168
7.2.1 薛定谔方程和原子轨道 …………………… 168
7.2.2 四个量子数 ……………… 169
7.2.3 原子轨道和电子云的角度分布图 …………………… 170
7.3 原子电子层结构和元素周期系 …………………… 172
7.3.1 多电子原子的核外电子排布 …………………… 172
7.3.2 元素周期系 ……………… 177
7.3.3 元素基本性质的周期性变化规律 …………………… 179
习题 …………………………………………… 183

第 8 章 分子结构与晶体结构 …… 186

8.1 共价化合物 ……………………… 186
8.1.1 价键理论 ……………………… 186
8.1.2 杂化轨道理论与分子的几何构型 …………………… 189
8.1.3 分子轨道理论 ……………… 192
8.2 配位化合物 ……………………… 196
8.2.1 配位化合物价键理论的基本要点 …………………… 196
8.2.2 配位化合物的形成和空间构型 …………………… 196
8.2.3 外轨型配合物与内轨型配合物 …………………… 198
8.2.4 配位化合物的稳定性和磁性 …………………… 199
8.3 分子间作用力和氢键 …………… 200
8.3.1 分子的极性和变形性 …… 200
8.3.2 分子间作用力 ……………… 201
8.3.3 氢键 ……………………… 202
8.4 离子化合物和晶体结构 ………… 204
8.4.1 离子键的形成及特征 …… 204
8.4.2 离子晶体 ……………………… 205
8.4.3 离子极化 ……………………… 208
8.4.4 其他晶体 ……………………… 210
习题 …………………………………………… 213

第 9 章 p 区重要元素及其化合物 ………………… 216

9.1 氟、氯、溴、碘及其化合物 …………………… 216
9.1.1 通性 ……………………… 216
9.1.2 卤素单质 ……………………… 217
9.1.3 卤化氢和氢卤酸 ……………… 218
9.1.4 卤化物 ……………………… 219
9.1.5 含氧酸及含氧酸盐 ……… 219
9.1.6 卤素离子的鉴定 ……………… 223
9.2 氧、硫及其化合物 ……………… 224
9.2.1 通性 ……………………… 224
9.2.2 氢化物 ……………………… 224
9.2.3 硫的重要含氧化合物 …… 226
9.2.4 微量元素——硒 ……………… 228
9.3 氮、磷、砷、锑、铋及其化合物 …………………… 228
9.3.1 通性 ……………………… 228
9.3.2 氮及其重要化合物 ……… 229
9.3.3 磷及其重要化合物 ……… 232
9.3.4 砷、锑、铋的重要化合物 …………………… 234
9.4 碳、硅、锡、铅及其化合物 …………………… 236
9.4.1 通性 ……………………… 236
9.4.2 碳的重要化合物 ……………… 237
9.4.3 硅的含氧化合物 ……………… 238
9.4.4 锡、铅的重要化合物 …… 239
9.5 硼、铝及其化合物 ……………… 240
9.5.1 硼的重要化合物 ……………… 241
9.5.2 铝的重要化合物 ……………… 242
习题 …………………………………………… 243

第 10 章 s 区、d 区、ds 区重要元素及其化合物 ……………… 246

10.1 s 区元素 ……………………… 246
10.1.1 通性 ……………………… 246

10.1.2 s区元素的重要化合物 …… 247
10.2 d区元素 …… 252
10.2.1 通性 …… 252
10.2.2 钛的重要化合物 …… 254
10.2.3 铬的重要化合物 …… 255
10.2.4 锰的重要化合物 …… 257
10.2.5 铁、钴、镍的重要化合物 …… 260
10.3 ds区元素 …… 264
10.3.1 通性 …… 264
10.3.2 铜族元素 …… 265
10.3.3 锌族元素 …… 269
10.4 钠、镁、钙、锌、铁等金属元素在生物界的作用 …… 272
习题 …… 274

第11章 可见光分光光度法 …… 277

11.1 可见光分光光度法基本原理 …… 277
11.1.1 物质对光的选择性吸收与物质颜色的关系 …… 277
11.1.2 光吸收的基本定律 …… 279
11.1.3 偏离朗伯-比尔定律的原因 …… 280
11.2 可见光分光光度法 …… 281
11.2.1 分光光度计的基本部件 …… 281
11.2.2 显色反应及其影响因素 …… 282
11.2.3 吸光度测量条件的选择 …… 284
11.3 可见光分光光度法的应用 …… 286
11.3.1 标准曲线法 …… 286
11.3.2 高含量组分的测定——示差法 …… 286
11.3.3 多组分分析 …… 287
习题 …… 288

第12章 常用分离方法 …… 290

12.1 萃取分离法 …… 290
12.1.1 分配系数和分配比 …… 290
12.1.2 萃取效率和分离因数 …… 291
12.1.3 萃取体系的分类和萃取条件的选择 …… 292
12.1.4 萃取分离法在无机及分析化学中的应用 …… 293
12.2 色谱分离法 …… 294
12.2.1 柱色谱 …… 294
12.2.2 薄层色谱 …… 295
12.3 其他分离方法 …… 296
12.3.1 沉淀分离法 …… 296
12.3.2 离子交换分离法 …… 297
12.3.3 挥发和蒸馏分离法 …… 298
12.2.4 气浮分离法 …… 298
12.3.5 膜分离法 …… 299
习题 …… 300

附录 …… 301

附录1 常见标准热力学数据(298.15K) …… 301
附录2 常见弱电解质的标准解离常数(298.15K) …… 303
附录3 常见难溶电解质的溶度积(298.15K，离子强度 $I=0$) …… 305
附录4 常见氧化还原电对的标准电极电势 $E^{\ominus}$ …… 305
附录5 一些氧化还原电对的条件电极电势 E …… 308
附录6 常见配离子的稳定常数 …… 308
附录7 分子量 …… 309

参考文献 …… 312

绪 论
Introduction

世界是物质的，物质是运动的。时间和空间是物质存在的形式。从宇宙间以光年为单位计算其大小的庞大星系，到人肉眼无法看到的分子、原子、电子等微观粒子，都以不同的运动形式存在着。人类本身也是物质运动和演化的产物。人类在与自然抗争获得生存与发展的过程中，不断地认识和改造自然界，建立和发展了自然科学。各门自然科学学科在各个不同的物质层次上、不同的范围内研究物质和物质运动。

0.1 化学科学研究的对象与内容

化学科学是自然科学中的一门重要学科，是其他许多学科的基础。化学（chemistry）是研究物质化学运动的科学，它是在分子、原子或离子等层次上研究物质的组成、结构、性质、变化规律以及变化过程中能量关系的一门科学。

化学科学来源于生产，其产生和发展与人类最基本的生产活动紧密相连，人类的衣食住行，也无不与化学科学密切相关，化学元素和化学物种是人类赖以生存的物质宝库。人类社会和经济的飞速发展，给化学科学提供了极为丰富的研究对象和物质技术条件，开辟了广阔的研究领域。化学科学来源于生产，反过来又促进了生产的进步。在应对社会发展所面临的人口、资源、能源、粮食、环境、健康等方面各种问题的严峻挑战中，化学科学都发挥了不可缺少的重要作用，作出了杰出的贡献。化学科学的发展正是这样把巨大的自然力和自然科学并入生产过程，推动生产的迅猛发展。

化学变化的基本特征如下。

① 化学变化是质变。化学变化的实质是化学键的重组，即旧化学键的破坏和新化学键的形成。因此化学要研究有关原子结构、分子结构的基本知识。

② 化学变化是定量变化。在化学变化中参与反应的元素的种类和数目不变，因此化学变化前后物质的总质量不变，服从质量守恒定律。参与化学反应的各种物质之间有确定的化学计量关系。

③ 化学变化中伴有能量变化。化学变化中化学键的改组伴随着体系与环境之间的能量交换，它服从能量守恒定律。

了解并掌握化学变化这三个重要基本特征，将有助于我们加深对各种化学变化实质的理解，帮助我们掌握化学的基本理论和基本知识。

按照研究对象或研究目的的不同，一般可以把化学分为无机化学、分析化学、有机化学、物理化学和高分子化学等五大分支学科（二级学科）。

(1) 无机化学

无机化学（inorganic chemistry）是化学最早发展起来的一门分支学科，研究的对象是元素及其化合物（除碳氢化合物及其衍生物）。现代无机化学以化学元素周期表为基础，研究的主要内容是元素、单质及化合物的来源、制备、组成、结构、性质、变化和应用。

随着宇航、能源、催化、生化等领域的出现和发展，无机化学不论是在实践还是在理论方面都有了许多新的突破。无机材料化学、生物无机化学、有机金属化学等成为当今无机化学中最活跃的一些研究领域。无机材料化学为人们提供各种性能特异的新型材料。例如，用蒸气沉积法制成的硅锗氧化物光导纤维可供25000人互不干扰地同时通话。1g镧镍化合物在几百千帕的压力下竟可以吸收100mL H_2，而在减压时又可以重新释出 H_2，这种化合物成为一种高效的储氢剂。生物无机化学研究生物活性化合物的结构、物化性质与生物活性的关系，研究微量元素在生物体内的行为和作用。多种具有抑癌、抗癌作用的非铂族过渡元素配合物的合成，为人类征服癌症带来了福音。微量元素在生物体内的行为和作用日益引起人们的关注与认识，它们对生物体内的氧输送、酶催化、神经信息传递等过程起着至关重要的作用。各学科间交叉、融合与渗透产生的金属酶化学、物理无机化学、无机固体化学、无机高分子化学、地球化学、宇宙化学、稀有元素化学、金属间化合物化学、同位素化学等新型边缘交叉学科也都生机勃勃。

(2) 分析化学

分析化学（analytical chemistry）研究的对象是分析方法及其有关理论，研究的主要内容是物质化学组成的定性鉴定和定量测定、物理性能的测试、化学结构的确定以及相应的原理，研究解决上述各种表征和测量问题的方法。

传统的分析化学包括成分分析和结构分析两个方面。成分分析主要可以划分为定性分析（qualitative analysis）和定量分析（quantitative analysis）。若按分析方法所依据的原理来分，可划分为化学分析（chemical analysis）和仪器分析（instrumental analysis）。化学分析是以物质的化学反应为基础的分析方法。仪器分析则是利用特定仪器，以物质的物理和物理化学性质为基础的分析方法，包括光学分析法、电化学分析法、色谱分析法、质谱分析法和放射化学分析法等。

分析化学若按分析对象来划分，有无机分析和有机分析。无机分析的分析对象是无机物。在无机分析中通常要求鉴定试样是由哪些元素、离子、原子团或化合物组成的，各组成分的质量分数是多少，有时也要求测定它们的存在形式(物相分析)。有机分析的分析对象是有机物。有机分析不仅要求鉴定试样物质中的组成元素，更重要的是要进行试样的官能团分析和结构分析。

生产的高度发展要求分析化学不能仅仅限于测定物质的组分和含量，而且要能够提供更多更全面的信息。科学技术的不断进步，促进了分析化学理论和分析技术的发展，分析化学产生了许多新的测试方法和测试仪器，使分析化学充满活力。在分析实验室中，现代分析仪器所须采用的试样量已经可以少至 10^{-13}g，体积可以小至 10^{-12}mL，检出限量可以达到 10^{-15}g，可以连续提供时间、空间分辨率很高的多维分析数据。而化学计量学的迅速兴起，已使分析化学由单纯的提供数据上升到从分析数据中充分获取有用的信息和知识，成为生产和科研中实际问题的解决者。

目前，生命科学、信息科学和计算机技术的发展，使分析化学进入第三次变革之中。分析化学已发展成为一门化学信息科学，成为许多学科领域研究以及现代工业生产不可或缺的表征与保障手段。分析化学在测定物质的组成和含量的同时，还要对物质的状态（氧化-还原态、各种结合态、结晶态）、结构（一维、二维、三维空间分布）、微区、薄层和表面的组成与结构以及化学行为和生物活性等作出瞬时追踪、无损和在线监测［原位（in situ）、活体内（in vivo）、在线（on line）、线中（in line）、实时（real time）分析］等分析测试及过程控制，甚至要求直接观察到原子和分子的形态与排列。计算机与分析仪器的联用，更是极大地提高了分析仪器提供信息的功能。现代分析化学正在向快速、准确、微量、微区、表面、自动化等方向发展。例如，新的过程光二极管阵列分析器（process diode array analyzer）可以做多组分气体或流动液体的在线分析，应用于试剂、食品、药物等生产过程中的产品质量控制分析，它在短短的 1s 内就可以提供出 1800 种气体、液体或蒸气的分析结果。

(3) 有机化学

有机化学（organic chemistry）研究的对象是碳氢化合物及其衍生物，研究的主要内容是有机化合物的性质、结构、合成方法，有机物之间的相互转变及其变化规律和理论。1928年，德国科学家 Wöhler 在加热氰酸铵时获得了尿素，证明了一个典型的有机物能够从无机物产生，宣告了生机论的破产。有机合成的迅速发展促进了有机化学的建立。

(4) 物理化学

物理化学（physical chemistry）应用物理测量方法和数学处理方法来研究物质及其反应，以寻求化学性质与物理性质间本质联系的普遍规律。它主要包括化学热力学、化学动力学和结构化学三个方面的研究内容。化学热力学（chemical thermodynamics）研究化学反应发生的方向和限度。化学动力学（chemical dynamics）研究化学反应的速率和机理。结构化学（structuralc chemistry）研究原子、分子水平的微观结构以及这种结构和物质宏观性质间的相互关系，其被认为是量子化学（quantum chemistry）的一个重要领域，以量子力学原理为基础，探讨各类化学键的本质以及原子与分子中电子运动与核运动的状态，从而在理论上阐明许多基本的化学问题。

(5) 高分子化学

高分子化学（polymer chemistry）研究的对象是高分子化合物（或称聚合物），研究的主要内容是高分子化合物的结构、性能、合成方法、反应机理和高分子溶液的性质。自 20 世纪 30 年代 H. Staudinger 建立高分子学说以来，高分子化学得到了飞速长足的发展。各种以高分子化合物为基础的具有独特优良性能的新型合成材料，如塑料、橡胶、合成纤维、涂料、黏合剂等不断涌现，已被广泛应用于工农业生产及人们的日常生活之中。

今天，化学与物理一起成为当代自然科学的核心。化学已成为高科技发展的强大支柱。化学与人类的生存息息相关。

当前化学发展的总趋势可以概括为：从宏观到微观，从静态到动态，从定性到定量，从体相到表相，从描述到理论。化学在理论方面将会有更大的突破。在美国化学会成立一百周年纪念会上，原美国化学会会长 G. T. Seaborg 发表演讲时就指出：“化学必将有指数的而不是线性的增长。化学将在它对人类生活的影响方面发挥日益重大的作用。”

现代科学技术的迅猛发展，促进了不同学科的深入发展、交叉与融合，不同科技领域的共鸣与共振，必将爆发出更为惊人的综合效果。人类对物质世界的探索至广、至深，令人惊叹！目前，科学研究所涉及的空间线度已可从 10^{-18} m（电子半径）到 10^{26} m（100 亿光年），纵贯 44 个数量级，人们凭借扫描隧道显微镜已经能比较直观地看到原子和分子的形貌；所涉及的时间范围已可从 10^{-22} s（共振态粒子）到 10^{18} s（100 亿年），横穿 40 个数量级。人们运用闪光分解技术已经可以直接观测到化学反应最基本的动态历程。人们已可以在飞秒级（10^{-15} s）的时间内追踪化学变化。与分子器件、纳米材料、生物体系的模拟有关的亚微观体系的研究备受青睐。纳米技术涉及原子或分子团簇、超细微粒，并与微电子技术密切相关，不只有理论意义而且有实用意义。与此同时，人们把越来越多的注意力投向处理复杂性问题，特别是化学与生物学、生命科学相关联的一些领域。一些物理学的新思想，如非线性科学（nonlinear science）中的耗散结构理论、混沌（chaos）理论、分形（fractal）理论等在化学中的应用日广，前景引人注目。可以估计到，在解决以开放、非平衡态为特点的生命体系中的化学问题时，必将引起化学领域的新的突破。

0.2 “无机及分析化学” 课程的基本内容及其与学科之间的关系

（1）课程的主要内容

无机及分析化学课程是对原无机化学和分析化学课程的基本理论、基本知识进行优化组合、有机结合而成的一门课程。其基本内容包括：

① 近代物质结构理论　研究原子结构、分子结构和晶体结构，了解物质的性质、化学变化与物质结构之间的内在联系。

② 化学平衡理论　研究化学平衡原理以及平衡移动的一般规律，具体讨论酸碱平衡、沉淀-溶解平衡、氧化还原平衡和配位平衡。

③ 元素化学　在化学元素周期律的基础上，研究重要元素及其主要化合物的结构、组成、性质的变化规律。

④ 物质组成的化学分析方法及有关理论　应用化学平衡原理和物质的化学性质，确定物质的化学成分、测定各组分的含量，亦即通常所说的定性分析和定量分析。掌握一些基本的分析方法。

因此，无机及分析化学课程的基本内容可以简单归纳为“结构”“平衡”“性质”“应用”八个字。学习无机及分析化学，就是要理解并掌握物质结构的基础理论、化学反应的基本原理及其具体应用、元素化学的基本知识，培养运用无机及分析化学的理论去解决一般无机及分析化学问题的能力。

化学是一门以实验为基础的科学，化学实验始终是化学工作者认识物质、改变物质的重要手段。我国无机化学家戴安邦院士结合化学教育深刻指出，化学人才的智力因素由动手、观察、查阅、记忆、思维、想象和表达七种能力组成，这些都能够在化学实验中得到全面的训练。因此，在学习化学基本知识、基本理论的同时，必须十分重视实验，对自己进行严格、科学的实验基本操作训练，掌握实验基本技能，培养良好的科学素养。

强调化学实验的重要性并不意味着可以忽视理论的指导作用。理论能指导实践，理论能指导学习。由现象的认识提高到理论的高度，就是由感性认识到理性认识的飞跃。但是这种理性认识还必须回到实践中去，这就是检验理论和发展理论的过程，这是另一个更为重要的飞跃。

（2）课程与学科的关系

无机化学、分析化学两门课程的有机融合，可以解决相对较多的平面重复问题，提高两门课程的学习效率。但是应该明确，作为化学的二级学科，无机化学、分析化学还是独立存在的。对同一个问题的讨论，两门学科有共性的问题，但又由于学科对研究对象要求的不同或为了问题讨论的方便而有其不同的方法或手段。例如，同样是化学平衡的讨论，平衡的移动会影响定量化学分析的准确性，甚至对测定结果产生严重的影响。因此分析化学对化学平衡的讨论就相对严密。多一种方法，多一种思路，同时明确不同学科对某一问题的要求的不同，在后续课程或将来的工作中通过学习与实践，用不同的方法处理所需解决的问题还是会有一定帮助的。

0.3 无机及分析化学课程的学习方法

课程的学习过程应努力掌握以下学习方法。

① 科学方法和科学思维　科学的方法就是在仔细观察实验现象、搜集事实、获得感性知识的基础上，经过分析、比较、判断，加以由此及彼、由表及里的推理和归纳，得到概

念、定律、原理和学说等不同层次的理性知识，再将这些理性知识应用到实践中去，在实践的基础上又进一步丰富理性知识。学习无机及分析化学也是一个从实践到理论再到实践的过程，在这整个过程中，人脑所起的作用就是科学思维。

② 掌握重点，突破难点　要在课前预习的基础上，认真听课，根据各章的教学基本要求进行学习。凡属重点一定要学懂学通，领会贯通；对难点要作具体分析，有的难点亦是重点，有的难点并非重点。

③ 学习中注意让“点的记忆”汇成“线的记忆”　记忆力的培养有四个指标：记忆的正确性、敏捷性、持久性和备用性。对课程的基本理论、基本知识要反复理解与应用，在理解中进行记忆。把“一”记住了，真正理解了，“一”可以变成“三”。通过归纳，寻找联系，由“点的记忆”汇成“线的记忆”。

④ 着重培养自学能力，学会学习　大学的学习不应该再是老师按教材顺序讲授、阶段给小结、考前画重点或考试范围的学习。现代的学习已经是立体化的学习，课外的学习已经不再局限于图书馆、资料室以及传统的答疑，“老师”已不再是传统意义上的老师。即使是课堂中老师讲授的“前沿”、“进展”，将来走向社会时也可能就已过时，而且可能还要面临着许许多多新的知识。国内外众多名校或名师的网络公开或共享课（如网易公开课 http://open.163.com/；爱课程 http://www.icourses.cn/home/）、慕课（如 http://www.moocs.org.cn/）、微课（如 http://weike.enetedu.com/）以及各所学校自己的数字图书馆、精品课程网站，或视频公开或共享课网站，或慕课网站等都可以选择到自己学习所需要的内容。许多化学、化工、材料的网站也可以解决现在以及将来我们的需求，平时应关注或收藏。在无机及分析化学课程的学习过程中，麻省理工学院的“化学原理（principles of chemcial science）”视频公开课不仅是一门很好的双语课程（有中文字幕），也是学习专业英语及词汇、练习专业英语听力非常好的一门课程。诺丁汉大学的“元素周期表”将看似枯燥乏味的元素、化合物等的学习用实验演示、访谈解惑、现场考察等手段有机结合的方式而变得有趣、有吸引力。课后与老师的沟通方式也不再局限于电话或短信，或邮件，可以通过 QQ、微信等现代手段，QQ 群答疑、视频聊天等方式及时与老师沟通，解决疑难问题。

⑤ 十分重视实验，掌握技能　结合实验，巩固、深入、扩大理论知识，掌握实验基本操作技能，培养重事实、贵精确、求真相、尚创新的科学精神，实事求是的科学态度以及分析问题、解决问题的能力。

⑥ 学点化学史　化学在其形成、发展过程中，有无数前辈为此付出了辛勤的劳动，作出了巨大的贡献。他们的成功经验与失败教训值得我们借鉴，而他们那种不怕困难、百折不挠、脚踏实地、勤奋工作、严谨治学、实事求是的精神更是我们学习的榜样。

⑦ 批判性学习　在具有一定学习基础及自学能力的基础上，应该带有一种批判性观点对待教材内容，对待老师的讲课，对待“度娘”。教材中所写的、老师所讲的不一定都是正确或完全正确的，网上一些问题的“标准”答案更是不能照搬、全盘接受。

第1章 定量化学分析概述 Quantitative Chemical Analysis

定量化学分析是分析化学的一个组成部分，以物质的化学反应为基础，确定物质中各组分的含量，解决“有多少”的问题，包含滴定分析、称量分析等。本课程的学习以其中的滴定分析方法为主。

1.1 定量分析概述

1.1.1 定量分析的一般过程与方法的选择

1.1.1.1 定量分析的一般过程

某物质或某组分的定量分析一般要经过试样的采集和制备、待测组分的提取或试样的分解、分离与富集、数据处理和结果评价等基本过程。

(1) 试样的采集和制备

采样与制样是定量分析的第一个关键环节，其基本原则是试样必须要有代表性，即试样的组成和整批物料的平均组成一致。否则，无论分析仪器如何精密、分析工作如何完善，所得结果都将失去应有的意义。

液体制样的采集与制备相对较为简单，一般只需按规定取样并混匀即可；气体试样的采集常用的方法有直接采样法和富集法；固体试样的采集与制备相对较为复杂、烦琐，制备一般包括粉碎、混合、缩分三个阶段，其中缩分常用的方法为四分法。对这些试样的采集与制备，国际标准、国家标准或行业标准等都有相关的规定。制定企业标准或某种分析方法，或具体采集与制备时应按照或参照相关的标准。如 GB/T 6678 为《化工产品采样总则》；GB/T 6679 是《固体化工产品采样通则》；GB/T 6680 为《液体化工产品采样通则》；GB/T 6681 是《气体化工产品采样通则》；HG/T 3921 为《化学试剂　采样及验收规则》；HJ 493 是《水质采样　样品的保存和管理技术规定》；GB/T 1605 为《商品农药采样方法》；GB/T 14699.1 是《饲料采样》；GB/T 14581 为《水质　湖泊和水库采样技术指导》；NY/T 789 是《农药残留分析样本的采样方法》等。

(2) 待测组分的提取或试样的分解

如果是有机组分的定量分析，试样采集与制备完毕后需用一定的方法提取待测组分。常用的方法有萃取、色谱分离以及离子交换等。萃取可以根据试样具体情况或要求等采用液-液萃取、固-液萃取、超临界萃取以及微波或超声提取。

对无机组分的定量分析，通常先要将试样分解，将试样中的待测组分转变为可测状态。

分解试样时的基本原则是：试样分解必须完全，处理后的溶液中不得残留原试样的细屑或粉末；试样分解过程中待测组分不应有挥发损失；不应引入被测组分或干扰物质。

主要的分解方法有溶解法和熔融法。

① 溶解法 溶解法是采用适当的溶剂将试样溶解制成溶液。这种方法比较简单、快速。常用的溶剂有水、酸和碱等。

溶于水的试样，如硝酸盐、醋酸盐、铵盐、绝大部分的碱金属化合物和大部分的氯化物、硫酸盐等，采用水溶法溶解；不溶于水的试样常用酸溶法分解。酸溶法常用的溶剂有盐酸、硝酸、硫酸、磷酸、高氯酸、氢氟酸、混合酸等，钢铁、合金、部分氧化物、硫化物、碳酸盐矿物和磷酸盐矿物等常采用此法溶解；也可采用碱溶法进行分解，碱溶法的溶剂主要为 NaOH 和 KOH，常用来溶解两性金属铝、锌及其氧化物、氢氧化物等。酸溶或碱溶过程中还可以根据溶解性配合加热或采用水热法（需用水热反应釜）保障溶解完全。

② 熔融法 当试样无法用溶解法分解或分解不完全时，常采用熔融分解法。

熔融法是将固体试样与固体溶剂按一定比例混合，放在耐高温坩埚内高温（300～1000℃）熔融，在熔融状态下使被测组分转化为易溶于水或酸的形式。冷却后的熔块用水或酸浸取。熔融法一般用于分解难溶试样。

熔融法常用的熔剂有酸性熔剂和碱性熔剂。碱性试样宜采用酸性熔剂分解。常用的酸性熔剂有 $K_2S_2O_7$（熔点 419℃）和 $KHSO_4$（熔点 219℃），后者经灼烧后亦生成 $K_2S_2O_7$，所以两者的作用是一样的。这类熔剂在 300℃以上可与碱性或中性氧化物作用，生成可溶性的硫酸盐。如分解金红石的反应是：$TiO_2 + 2K_2S_2O_7 = Ti(SO_4)_2 + 2K_2SO_4$。这种方法常用于分解 Al_2O_3、Cr_2O_3、Fe_3O_4、ZrO_2、钛铁矿、铬矿、中性耐火材料（如铝砂、高铝砖）及磁性耐火材料（如镁砂、镁砖）等；酸性试样如酸性矿渣、酸性炉渣等宜采用碱熔法，使它们转化为易溶于酸的氧化物或碳酸盐。碱性熔剂有 Na_2CO_3（熔点 853℃）、K_2CO_3（熔点 891℃）、NaOH（熔点 318℃）、Na_2O_2（熔点 460℃）和它们的混合熔剂等。

除以上分解方法外，还有一些特殊的分解法，如对于某些有机物或食品、果蔬类试样，传统的方法有干式灰化法和湿式消化法（或湿法消解）。干式灰化法是将试样先小心碳化后置于马弗炉中高温灰化，冷却后用少量浓盐酸或浓硝酸溶解残渣；氧瓶燃烧法也属于干式消解法，该法是指将含有卤素或硫等元素的有机物，在充满氧气的燃烧瓶中，在铂丝的催化作用下进行燃烧，使有机物快速分解为水溶性的无机离子型产物。湿式消化法是用混合溶剂，如高氯酸＋硝酸、硫酸＋硝酸、硫酸＋双氧水等，与试样一起置于凯式烧瓶或高型烧杯内，在一定温度下加热并补充硝酸或双氧水等溶剂，直至溶液颜色不再加深（如采用硫酸的消解，一般以冒 SO_3 白烟为准）为消解完全。此外，湿法消解还可采用微波消解法等。

有些分析方法中试样可以不经过处理直接测定。

具体的试样溶解或处理方法同样可以按照或参照相关的标准实施。

(3) 分离与富集

对复杂试样的分析或微量、痕量组分的分析，由于一些组分对方法的干扰或待测组分量达不到高于方法检出限所需的量，因此一般需要将待测组分与共存组分分离或将待测组分富集。

分离过程本身也是待测组分的富集过程。采用的方法有沉淀法、萃取法、色谱分离法、离子交换法等（见本教材第 12 章）。

(4) 数据处理和结果评价

采用合适的分析方法对试样进行分析后，得到一系列测试数据。根据分析所依据的实验原理、有关反应的计量关系，计算试样中被测组分的含量。最后应用统计学方法对测定结果的误差进行评价，得出符合客观实际的正确结论。

1.1.1.2 方法的选择

应根据试样的组成及其组分的性质和含量、测定的要求、存在的干扰组分和本单位的实际情况选用合适的测定方法。

(1) 具体要求

要明确分析的目的和要求，确定测定组分、要达到的准确度以及要求完成的时间。如原子量的测定、标准样品分析和成品分析，准确度是关键；高纯物质中有机微量组分的分析，灵敏度是重点要考虑的；生产过程中的质量控制分析，速度便成了主要的问题。例如，测定标准钢样中硫的含量时，一般采用准确度较高的重量法；而炼钢炉前控制硫含量的分析，则采用1～2min即可完成的燃烧容量法。

(2) 被测组分的性质

根据被测组分的性质选择合适的分析方法。如 Mn^{2+} 在 pH＞6 时可与 EDTA 配位，可用配位滴定法测定其含量；MnO_4^- 具有氧化性，可用氧化还原法测定；MnO_4^- 呈现紫红色，也可用分光光度法测定。充分了解被测组分的性质，有助于选择合适的分析方法。

(3) 被测组分的含量

测定常量组分时，多采用滴定分析法和称量分析法。滴定分析法简单快速，在称量分析法和滴定分析法均可采用的情况下，一般选用滴定分析法。测定微量组分多采用灵敏度比较高的仪器分析法。例如，测定磷矿石中磷的含量时，可采用称量分析法或滴定分析法；测定钢铁中磷的含量时则采用分光光度法。

(4) 共存组分的影响

应考虑共存组分对测定的影响，尽量选择选择性好的分析方法。如果分析方法的选择性不高，则测定时应加入掩蔽剂以消除干扰，或通过分离除去干扰组分后再进行测定。

此外，选择合适的分析方法还应考虑实验室的设备条件、试剂纯度、技术条件等因素。

1.1.2 测定结果的表示与物质组成的量度

1.1.2.1 组分的化学表示形式

组分的化学表示形式一般有三种。

① 实际存在形式　如氨水含量分析，以 NH_3 表示；电子级氧化锌主含量分析，一般以 ZnO 表示。

② 氧化物或元素形式　如铁矿中铁含量分析可以用 Fe_2O_3 表示；钢铁分析的 Fe、Ti 等元素的含量以元素的形式表示。

③ 其他形式　按所需组分形式表示含量，如食品中亚硝酸钠的分析，以 NO_2^- 表示。

这些表示形式在相关的标准中也有相应的规定。

1.1.2.2 组分含量的表示方法

(1) 固体试样

① 含量较高　一般以质量分数表示。物质 B 的质量分数（mass fraction of substance）是指物质 B 的质量与混合物（或试样）质量之比，一般以符号 w_B 表示，即

$$w_B = m_B / m_s \tag{1-1}$$

式中，m_s 为试样的质量。物质的质量分数无量纲。也可以采用数学符号％表示物质的质量分数，这种表示方法在物质组成的测定中应用较多，也就是以往常常习惯采用的百分含量表示法。

② 含量非常低　单位采用 $mg \cdot kg^{-1}$（或表示为 mg/kg）、$\mu g \cdot kg^{-1}$、$ng \cdot kg^{-1}$（过去分别曾用 ppm、ppb、ppt）。

(2) 液体试样

① 含量较高　有以下几种表示方法。

a. 物质的量浓度。物质的量浓度（concentration of amount-of-substance）（简称为浓度，concentration）是指单位体积溶液（solution）所含溶质（solute）的物质的量（amount of substance）。

例如，物质B的物质的量浓度，以符号 c_B 或 [B] 表示，即

$$c_B=n_B/V \tag{1-2}$$

式中，n_B 是溶质B的物质的量；V 是溶液的体积（volume）。物质的量浓度的单位可以是 $mol \cdot dm^{-3}$，也可以是 $mol \cdot L^{-1}$（或 mol/L）。物质的量浓度随着温度的变化而变化。

b. 质量摩尔浓度。质量摩尔浓度（molality）是指单位质量溶剂（solvent）中所含溶质B的物质的量，以 b_B 或 m_B 表示，即

$$b_B=n_B/m_A \tag{1-3}$$

式中，m_A 为溶剂的质量。质量摩尔浓度的单位为 $mol \cdot kg^{-1}$（或 mol/kg）。质量摩尔浓度的优点在于其量值不随温度而变化，这十分有利于在物理化学中对有关问题的讨论。

c. 其他。可以采用质量浓度、体积分数、摩尔分数等表示。

物质B的质量浓度（mass concentration of substance）是指单位体积溶液中所含溶质B的质量，一般以符号 ρ_B 表示，即

$$\rho_B=m_B/V \tag{1-4}$$

式中，V 是指溶液的体积，而不是溶剂的体积。溶液的质量浓度，单位一般为 $g \cdot L^{-1}$（或 g/L）。

体积分数（volume fraction）是指物质B的体积 V_B 与混合物（或试样）的体积 V_S 之比，以符号 φ_B 表示，即

$$\varphi_B=V_B/V_s \tag{1-5}$$

常用%表示。

物质B的摩尔分数（mole fraction of substances）是指物质B的物质的量 n_B 与混合物总的物质的量 $n_{总}$ 之比，以符号 x_B 表示，即

$$x_B=n_B/n_{总} \tag{1-6}$$

物质的摩尔分数无量纲。物质的摩尔分数一般用以表示溶液中溶质、溶剂的相对量。在一些化学反应中又可用于表示两种反应物的相对量。

② 含量较低或很低　一般采用质量浓度，单位 $mg \cdot L^{-1}$（或 mg/L）或 $\mu g \cdot L^{-1}$ 等。

(3) 气体试样

气体试样的含量一般以体积分数表示。

(4) 滴定度

滴定分析中还有一种专用的物质组成的量度方法，即滴定度。

滴定度（titer）是指与每毫升标准溶液相当的待测组分的质量（单位为 g），用 T（待测组分/标准溶液）来表示。例如，$T(NaOH/H_2SO_4)=0.04001g \cdot mL^{-1}$，表示每毫升 H_2SO_4 标准溶液相当于 0.04001g NaOH。在实际生产中，常常需要测定大批试样中同一组分的含量，这时若用滴定度来表示与标准溶液所相当的被测物质的质量，则计算待测组分的含量就比较方便。

若物质B与组分X之间按下式反应：

$$xX+bB═══cC+dD$$

则物质B的物质的量浓度 $c_B(mol \cdot L^{-1})$ 与滴定度 $T_{X/B}(g \cdot mL^{-1})$ 之间有如下关系：

$$c_B=\frac{b}{x}\times\frac{T_{X/B}}{M_X}\times 10^3 \tag{1-7}$$

式中，b/x 为反应计量数比；M_X 为物质X的摩尔质量，$g \cdot mol^{-1}$；10^3 为将滴定度的体积单位由“毫升”换算为“升”的系数。

有时，滴定度是指每毫升标准溶液所含溶质的质量。例如，$T(I_2)=0.01468g\cdot mL^{-1}$，即指每毫升标准碘溶液含有碘0.01468g。这种表示方法的应用范围不如上一种广泛。

以上多种物质组成的量度方法都是以物质的量为基础的。

物质的量 n 的单位为摩尔（mol）。摩尔是一系统的物质的量，该系统中所包含的基本单元数与0.012kg碳12的原子数目相等。如果系统中物质B的基本单元数目与0.012kg碳12的原子数目一样多，则物质B的物质的量 n_B 就是1mol。

基本单元可以是原子、分子、离子、电子及其他粒子，或是这些粒子的特定组合。因此，在涉及系统中物质B的物质的量 n_B 以及使用单位摩尔时，必须注明基本单元，否则就没有明确的意义。同样，在涉及物质的量浓度、摩尔质量等时，也必须指出基本单元。

【例1-1】 已知浓盐酸的密度为 $1.19g\cdot mL^{-1}$，其中HCl的质量分数约为37%，求 $c(HCl)$ ①。

解 物质B的物质的量 n_B 与物质B的质量 m_B 之间有以下关系：

$$n_B=m_B/M_B$$

式中，M_B 为物质B的摩尔质量，单位为 $g\cdot mol^{-1}$。

因此，1L浓盐酸中含有的 $n(HCl)$ 为：

$$\begin{aligned}n(HCl)&=m(HCl)/M(HCl)\\&=1.19g\cdot mL^{-1}\times1000mL\times0.37/36.5g\cdot mol^{-1}\\&=12mol^{②}\end{aligned}$$

根据式(1-2)，得：

$$\begin{aligned}c(HCl)&=n(HCl)/V(HCl)\\&=12mol\cdot L^{-1}\end{aligned}$$

① 量符号的附加记号除有些有特定位置外，最常用的是右上角与右下角。此外，当量的附加记号比较多时，可以用括号齐线地置于量符号之后。

② 严格地讲，化学运算过程中，式中的各物理量都应带有单位。为使算式简明起见，以后本书采用在算式中不附单位，仅在最后的结果注明单位的习惯写法。

1.1.2.3 纯度与含量

纯度（purity）是指化学物质中主成分在该物质中所占的分数。纯度所反映的是某物质中杂质的多少，纯度越高，杂质越少。此外，纯度还是一个相对的概念。例如，99.9%的电子级碳酸锶，在一般的电子基础材料中就算是高纯了。但是，在一些高要求的行业，特别是芯片用材料中，99.9%就不算纯了，必须达到4N（99.99）、5N（99.999）甚至6N（99.9999）等。"9"的数目越多，表示该物质的纯度越高。

纯度通常是用100%减去该物质所测杂质的总含量获得的。例如，国外一些电子元器件所用材料的纯度就是这样得到的。根据不同行业要求的不同，物质中所测杂质的种类、数量是不同的。这在相关产品的理化指标中都会有规定。

含量（content）则是指某物质中所含某种组分的质量或体积分数。某物质的纯度高，不等于其含量高；某物质的含量低不等于其杂质含量高。物质中某组分的含量高低除了与该物质中所含杂质的多少有关之外，还与水分的高低、待测组分的化学表示形式等有关。例如，高纯盐酸，纯度可达到6N，但含量只有36%～38%，其原因就在于含有大量的水；再比如，高纯红色氧化铅（Pb_3O_4），纯度可以做到4N，但含量只有95%，这是试样中往往含有黄色氧化铅（PbO）所导致。有关这一问题的讨论请在学习"误差"的过程中进行。

相关产品纯度或含量的测定一般也可以按照或参照相关标准。

1.1.3 滴定分析法概述

1.1.3.1 滴定分析的基本术语

滴定分析法（titrimetry）是通过滴定管将标准溶液滴加到含有被测物质的溶液中，直到它们恰好反应完全，然后根据标准溶液的浓度、所消耗的标准溶液的体积、化学反应的计量关系，求得被测物质含量的分析方法。

滴定分析中经常涉及如下术语。

标准溶液（standard solution）：已知准确浓度的试剂溶液，有时又称滴定剂（titrant）。

滴定（titration）：将滴定剂从滴定管滴加到含有被测物质的溶液中的过程。

化学计量点（stoichiometric point）：加入的滴定剂与被测组分正好完全反应的一点。化学计量点一般可以根据指示剂的变色来确定。

指示剂（indicator）：通过改变颜色来指示终点到达的物质。

滴定终点（titration end-point）：滴定时指示剂刚好发生颜色变化的转变点，滴定就在此刻停止。

终点误差（end-point error）：滴定终点与化学计量点不一定完全吻合所造成的误差。终点误差是滴定分析误差的主要来源之一，其大小取决于化学反应的完全程度以及指示剂的选择是否恰当等。

1.1.3.2 滴定分析法的分类与滴定方式

滴定分析所依据的化学反应称为滴定反应（titration reaction）。

根据滴定反应的类型不同，滴定分析法可以分为酸碱滴定法（acid-base titration，亦称中和滴定法）、沉淀滴定法（precipitation titration，亦称容量沉淀法）、配位滴定法（complexometric titration）以及氧化还原滴定法（redox titration）。

适合用作滴定分析的化学反应必须具备以下基本要求：

① 反应能定量地按一定的反应方程式进行，无副反应发生，反应完全程度大于99.9%。这是滴定分析法进行定量计算的依据。

② 反应能迅速完成。

③ 有简便可靠的确定终点的方法。

凡能满足以上要求的反应就可以直接应用于滴定分析，即用标准溶液直接滴定进行测定。这种滴定方式称为直接滴定法。

凡是不符合以上要求的反应，可以设法采用间接滴定法、置换滴定法、返滴定法等方式进行测定。

例如，Al^{3+}与EDTA的反应非常缓慢，不能用直接法滴定，但Zn^{2+}与EDTA的反应很快，而且又有合适的指示剂。因此，可以在Al^{3+}溶液中先加入一定量的过量的EDTA标准溶液并加热，待Al^{3+}与EDTA反应完全后，再用Zn^{2+}标准溶液滴定过量的EDTA，这样就可以间接测得样品中Al或Al_2O_3的质量分数。这种滴定方式就是返滴定法。其他的滴定方式将在后续有关章节中讨论。

1.1.3.3 标准溶液的配制

配制标准溶液一般有直接法和间接法，可根据物质的性质选择合适的配制方法。

① 直接法 基准物（primary standard substance）的标准溶液可采用直接法配制。基准物必须符合下列条件：

a. 物质必须具有足够的纯度（>99.9%）。一般可用基准试剂或优级纯试剂。

b. 物质的组成（包括结晶水）与其化学式应完全符合。如$H_2C_2O_4 \cdot 2H_2O$（指带两个结晶水的草酸固体，即此处的“·”不是“点乘”的符号，而是指“结合”的意思）、

$Na_2B_4O_7 \cdot 10H_2O$。

c. 稳定。

d. 摩尔质量应尽可能大些，以减小称量误差。

常用的基准物有邻苯二甲酸氢钾、$H_2C_2O_4 \cdot 2H_2O$、$K_2Cr_2O_7$、金属锌等。

采用直接法配制基准物的标准溶液时，首先准确称取一定量的基准试剂，溶解后定量转移到容量瓶内，稀释至一定体积，根据称取的质量和容量瓶的体积，即可计算出该标准溶液的准确浓度。例如，欲配制 1L 浓度为 $0.01000mol \cdot L^{-1}$的 $K_2Cr_2O_7$标准溶液，首先在分析天平上精确称取基准试剂 $K_2Cr_2O_7$ 2.942g 于烧杯中，加入适量水溶解后，定量转移至 1L 容量瓶中，再用水稀释到刻度即可。

② 间接法　很多物质不符合基准物的条件，如 NaOH 容易吸收空气中的二氧化碳和水分，因此无法准确称量 NaOH 的质量。对于这类物质，应该采用间接法配制。

间接法配制标准溶液分两步进行。首先粗略地称取一定量的物质或量取一定体积的溶液，配制成接近于所需要浓度的溶液；然后用基准物或另一种已知精确浓度的标准溶液来确定其准确浓度。这种确定浓度的操作过程，前者称为标定（standardization），后者称为比较。比如，欲配制 1L 浓度为 $0.2mol \cdot L^{-1}$的 NaOH 标准溶液。首先称 8.0g NaOH 固体于烧杯中，加水溶解后稀释至 1L，得到浓度大约为 $0.2mol \cdot L^{-1}$的 NaOH 标准溶液。然后以邻苯二甲酸氢钾为基准物、以酚酞为指示剂对该溶液进行标定，方能获得该溶液的精确浓度。

1.1.3.4　滴定分析的基本计算

① 溶液稀释的计算

【例 1-2】 欲配制 $0.2mol \cdot L^{-1}$盐酸溶液 1000mL，应量取 $c(HCl)=12mol \cdot L^{-1}$的浓盐酸多少毫升？

解　稀释前后溶液的体积发生了变化，但所含溶质的物质的量保持不变。因此：

如果稀释前浓度为 c_1，体积为 V_1(mL)；稀释后浓度为 c_2，体积为 V_2(mL)，则有：

$$c_1V_1=c_2V_2$$

$$12 \times V_1=0.2 \times 1000$$

$$V_1=16.7mL \approx 17mL$$

② 基准物称量的计算

【例 1-3】 选用邻苯二甲酸氢钾作基准物，标定 $0.2mol \cdot L^{-1}$氢氧化钠溶液的准确浓度。今欲控制耗去的 NaOH 溶液体积在 25mL 左右，应称取基准物多少克？如改用草酸（$H_2C_2O_4 \cdot 2H_2O$）作基准物，又应称取多少克？

解　以邻苯二甲酸氢钾（$KHC_8H_4O_4$）为基准物时，其滴定反应式为：

$$HC_8H_4O_4^- + OH^- = H_2O + C_8H_4O_4^{2-}$$

$$n(NaOH)=n(KHC_8H_4O_4)$$

$$c(NaOH)V(NaOH)=m(KHC_8H_4O_4)/M(KHC_8H_4O_4)$$

故

$$m(KHC_8H_4O_4)=c(NaOH)V(NaOH)M(KHC_8H_4O_4)$$

$$=0.2 \times 25 \times 10^{-3} \times 204.2$$

$$=1.021g \approx 1g$$

若改用 $H_2C_2O_4 \cdot 2H_2O$ 作基准物，滴定反应没变，但 $H_2C_2O_4$ 含有两个 H^+，

$$n(NaOH)=2n(H_2C_2O_4 \cdot 2H_2O)$$

$$c(NaOH)V(NaOH)=2m(H_2C_2O_4 \cdot 2H_2O)/M(H_2C_2O_4 \cdot 2H_2O)$$

故 $m(H_2C_2O_4 \cdot 2H_2O)=c(NaOH)V(NaOH)M(H_2C_2O_4 \cdot 2H_2O)/2$

$$=0.2\times 25\times 10^{-3}\times 126.1/2$$

$$=0.3152g\approx 0.3g$$

显然，如果选择 $H_2C_2O_4 \cdot 2H_2O$ 作为基准物，所需称样的量就小多了，相对来说，称样时产生的误差就会大些。可见，在标定 NaOH 时，选用摩尔质量较大的邻苯二甲酸氢钾作基准物比选用 $H_2C_2O_4 \cdot 2H_2O$ 要好些，这样称样量大，可以减小称量的相对误差。

③ 滴定分析结果计算

【例 1-4】 测定工业纯碱中 Na_2CO_3 的含量时，称取 0.2648g 试样，用 0.1970mol · L^{-1} 盐酸标准溶液滴定，以甲基橙指示终点，用去 HCl 标准溶液 24.45mL。求纯碱中 Na_2CO_3 的质量分数。

解 该题涉及的滴定反应是：

$$2HCl+Na_2CO_3 = 2NaCl+H_2CO_3$$

有 $n(Na_2CO_3)=n(HCl)/2$

故 $w(Na_2CO_3)=c(HCl)V(HCl)M(Na_2CO_3)/(2m)$

$$=0.1970\times 24.45\times 10^{-3}\times 106.0/(2\times 0.2648)$$

$$=0.964$$

1.2 误差与数据处理

计量或测定中的误差是指测定结果与真实结果之间的差值。在计量或测定中，受分析方法、测量仪器、实验试剂和操作者操作水平等因素的限制，分析结果不可能与真实值完全一致。在物质组成的测定中，即使用最可靠的分析方法，使用最精密的仪器，由很熟练的分析人员进行测定，也不可能得到绝对准确的结果。同一个人对同一样品进行多次测定，所得结果也不尽相同。因此，误差是客观存在的。因此，我们有必要了解误差产生的原因及其出现的规律，学会采取合适的措施减小误差，以使测定结果接近客观真实值。

1.2.1 误差的分类

根据误差产生的原因与性质，定量化学分析中的误差可以分为系统误差、随机误差两类。

(1) 系统误差

系统误差（systematic error）是指在一定的实验条件下，由于某个或某些经常性的因素按某些确定的规律起作用而形成的误差。系统误差的大小、正负在同一实验中是固定的，会使测定结果系统偏高或系统偏低，其大小、正负往往可以测定出来。

产生系统误差的主要原因是：

① 方法误差　这是由于测定方法本身不够完善而引入的误差。例如，重量分析中由于沉淀溶解损失而产生的误差，在滴定分析中由于指示剂选择不够恰当而造成的误差。

② 仪器误差　由于仪器本身不够精确或没有调整到最佳状态所造成的误差。例如，由于天平两臂不相等，砝码、滴定管、容量瓶、移液管等未经校正而引入的误差。

③ 试剂误差　由于试剂不纯或者所用的去离子水不合规格，引入微量的待测组分或对测定有干扰的杂质而造成的误差。

④ 主观误差　由于操作人员主观原因造成的误差。例如，对终点颜色的辨别有人偏深、

有人偏浅；用移液管取样进行平行滴定时，有人总是想使第二份滴定结果与前一份滴定结果相吻合，在判断终点或读取滴定读数时，就不自觉地接受这种“先入为主”的影响，从而产生主观误差。这类误差在操作中不能完全避免。

在实验条件改变时，系统误差会按某一确定的规律变化。重复测定不能发现和减小系统误差；只有改变实验条件，才能发现它；找出其产生的原因之后可以设法校正或消除，所以系统误差又称为可测误差。

(2) 偶然误差

偶然误差亦称随机误差（random error）。偶然误差是由于在测定过程中一系列有关因素微小的随机波动而形成的具有相互抵偿性的误差。偶然误差的大小及正负在同一实验中不是恒定的，并很难找到产生的确切原因，所以偶然误差又称为不定误差。

产生偶然误差的原因有许多。例如，在测量过程中温度、湿度、气压以及灰尘等的偶然波动都可能引起数据的波动。又如，在读取滴定管读数时，估计小数点后第二位的数值时，几次读数也并不一致。这类误差在操作中难以觉察、难以控制、无法校正，因此不能完全避免。

从表面上看，偶然误差的出现似乎没有规律，但是，如果反复进行很多次的测定，就会发现偶然误差的出现是符合一般的统计规律的：

① 大小相等的正、负误差出现的概率相等。

② 小误差出现的概率较大，大误差出现的概率较小，特大误差出现的概率更小。

这一规律可以用误差的标准正态分布曲线（standard normal distribution curve）（图 1-1）表示。

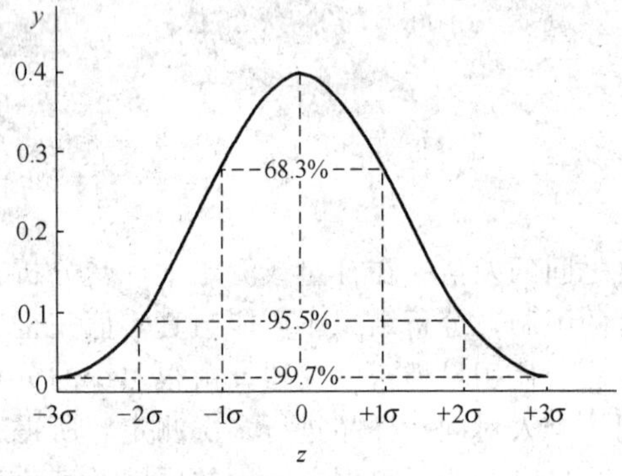

图 1-1　误差的标准正态分布曲线

图中横轴代表偶然误差的大小，以总体标准差 σ 为单位（关于 σ 的具体意义参见 1.2.4 节），纵轴代表偶然误差发生的概率。

在测定过程中，由于操作者粗心大意或不按操作规程操作而造成的测定过程中溶液的溅失、加错试剂、看错刻度、记录错误以及仪器测量参数设置错误等不应有的失误，都属于过失。过失会对计量或测定结果带来严重影响，必须注意避免。如果证实操作中有过失，则所得结果应予删除。为此，在实验中必须严格遵守操作规程，一丝不苟，耐心细致，养成良好的实验习惯。

应该指出，系统误差与偶然误差的划分也不是绝对的，有时很难区别某种误差是系统误差还是偶然误差。

例如，判断滴定终点的迟早、观察颜色的深浅，就总有一定的偶然性。此外，对于不同的操作方法，误差的性质也会有所不同。例如，对于具有分刻度的吸量管，不同的吸量管误差可能是不相同的。如果用几支吸量管吸取相同体积的同一溶液，所产生的误差属于偶然误差；如果只用一支吸量管，几次吸取相同体积的同一溶液，所造成的误差应属于系统误差；如果每次使用不同的刻度区吸取溶液，由于不同刻度区的误差大小可能不同，有正有负，这时产生的误差就会转化为偶然误差。

1.2.2　误差的表示方法

1.2.2.1　误差与准确度

误差可以用来衡量测定结果准确度的高低。

准确度（accuracy）是指在一定条件下，多次测定的平均值与真实值的接近程度。误差愈小，说明测定的准确度愈高。

误差可以用绝对误差（absolute error）和相对误差（relative error）来表示：

绝对误差 $$E=\overline{x}-x_T \tag{1-8}$$

相对误差 $$RE=E/x_T \tag{1-9}$$

式中，$\overline{x}$ 为多次测定的算术平均值，$\overline{x}=\frac{1}{n}\sum_{i=1}^{n}x_i=\frac{x_1+x_2+\cdots+x_n}{n}$；$x_T$ 为真实值。为了避免与物质的质量分数相混淆，相对误差一般用千分率（‰）表示。

如果测定平均值大于真实值，绝对误差为正值，表明测定结果偏高；如果测定平均值小于真实值，绝对误差为负值，表明测定结果偏低。

由于相对误差反映了误差在真实值中所占的比例，因而它更有实际意义。例如，使用分析天平称量两物体的质量各为 1.5268g 和 0.1526g，假定两者的真实值分别为 1.5267g 和 0.1525g，则两者称量的绝对误差分别为：

$$E_1=1.5268-1.5267=+0.0001\text{g}$$

$$E_2=0.1526-0.1525=+0.0001\text{g}$$

显然，两物称量的绝对误差是相同的。但是，两物称量的相对误差分别为：

$$RE_1=+0.0001/1.5267=+0.06‰$$

$$RE_2=+0.0001/0.1525=+0.6‰$$

可见，两物体称量的绝对误差相同，但由于两物体的质量不同，其称量的相对误差就不同。物体的质量越大，称量的相对误差就越小，误差对测定结果的准确度的影响就越小。

需要指出，真实值是客观存在但又是难以得到的。这里所说的真实值是指人们设法采用各种可靠的分析方法，由不同的具有丰富经验的分析人员在不同的实验室进行反复多次的平行测定，再通过数理统计的方法处理而得到的相对意义上的真值。例如，被国际会议和国际标准化组织在国际上公认的一些量值，如原子量以及国家标准样品的标准值等，都可以认为是真值。

1.2.2.2 偏差与精密度

在不知道真实值的场合，可以用偏差的大小来衡量测定结果的好坏。

偏差（deviation）又称为表观误差，是指各次测定值与测定的算术平均值之差。偏差可以用来衡量测定结果精密度的高低。

精密度（precision）是指在同一条件下，对同一样品进行多次重复测定时各测定值相互接近的程度。偏差愈小，说明测定的精密度愈高。

偏差同样可以用绝对偏差和相对偏差来表示。

一组平行测定值中，单次测定值（x_i）与算术平均值（$\overline{x}$）（arithmetical mean）之间的差称为该测定值的绝对偏差 d_i，简称偏差：

$$d_i=x_i-\overline{x} \tag{1-10}$$

偏差在算术平均值中所占的比例称为相对偏差：

$$\text{相对偏差}=\frac{d_i}{\overline{x}} \tag{1-11}$$

由于各次测定值对平均值的偏差有正有负，故偏差之和等于零。为了更好地说明分析结果的精密度，通常用平均偏差（$\overline{d}$）（average deviation）衡量精密度的大小：

$$\overline{d}=\frac{|d_1|+|d_2|+\cdots+|d_n|}{n}=\frac{\sum_{i=1}^{n}|x_i-\overline{x}|}{n} \tag{1-12}$$

平均偏差没有负值。

$$相对平均偏差=\frac{\overline{d}}{\overline{x}} \tag{1-13}$$

用平均偏差表示精密度比较简单。但是，由于在一系列的测定结果中，小偏差占多数，大偏差占少数，如果按总的测定次数求平均偏差，所得的结果会偏小，大偏差得不到应有的反映，此时可用标准偏差（详细内容见 1.2.4）对结果的精密度进行评价。

【例 1-5】 某分析人员通过实验得到了两组数据，每组数据结果的绝对偏差、次数和平均偏差如下：

第一组　d_i：+0.11、−0.73、+0.24、+0.51、−0.14、0.00、+0.30、−0.21

n：8

$\overline{d}$：0.28

第二组　d_i：+0.18、+0.26、−0.25、−0.37、+0.32、−0.28、+0.31、−0.27

n：8

$\overline{d}$：0.28

两组测定结果的平均偏差虽然相同，但实际上第一组测定数据中出现了两个大偏差，测定结果的精密度不如第二组好。因此用平均偏差反映不出这两批数据的好坏。

在物质组成的测定中，有时还用重复性和再现性来表示不同情况下测定结果的精密度。

重复性（repeatability）表示同一分析人员在同一条件下所得到的测定结果的精密度。

再现性（reproducibility）表示不同实验室或不同分析人员在各自条件下所得测定结果的精密度。

1.2.2.3　准确度与精密度的关系

在物质组成的测定中，系统误差是主要的误差来源，它决定测定结果的准确度；而偶然误差则决定测定结果的精密度。评价分析结果的优劣，应该从测定结果的准确度和精密度两个方面入手。如果测定过程中没有消除系统误差，那么测定结果的精密度即使很高，也不能说明测定结果是准确的，只有消除了测定过程中的系统误差之后，精密度高的测定结果才是可靠的。

图 1-2 表示了甲、乙、丙、丁四个分析者测定同一试样中铁含量的分析结果。

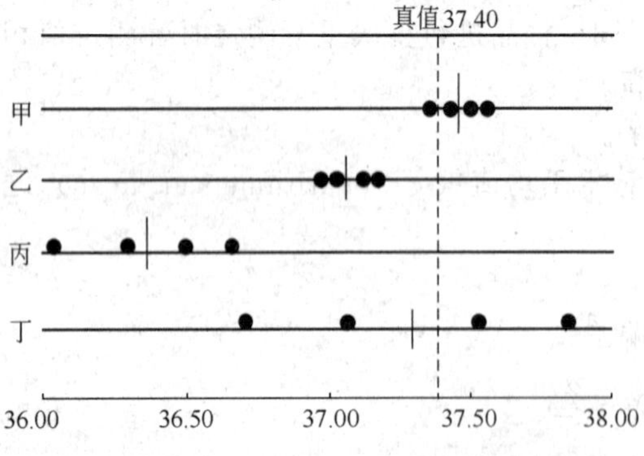

图 1-2　不同分析者分析同一样品的结果

（●表示个别测量值，｜表示平均值）

由图可见：甲所得结果准确度与精密度均好，结果可靠；乙的精密度虽很高，但准确度较低，显然测定过程中存在系统误差，如能找到原因加以校正或消除，可以得到较准确的结果；丙的精密度与准确度均很差；丁的平均值虽也接近于真实值，但几个数值彼此相差甚远，仅是由于大的正、负误差相互抵消才使结果凑巧接近真实值，如果只取两次或 3 次测定结果来求平均值，结果就会与真实值相差很大，因此这个结果也是不可靠的。

综上所述，一个理想的测定结果，既要精密度好，又要准确度高。精密度高是保证准确度好的先决条件。精密度差，所测结果不可靠，就失去了衡量准确度的前提。但是，高的精密度不一定能保证高的准确度，可能有系统误差。只有在消除了系统误差之后，精密度高的分析结果才是既准确又精密的。初学者的分析结果不准确，往往是由于操作上的过失造成的，这多数可以从初学者分析结果的精密度不合格上反映出来。因此初学者在分析测定过程中，首先要努力做到使自己测定结果的精密度符合规定的要求。

1.2.3 误差的减免

误差产生的原因及特点不同，为了减小误差所采取的方法也不同。

1.2.3.1 选择合适的分析方法

定量分析方法众多，各方法的灵敏度、选择性、精密度和准确度不同，应根据待测样品的组成、含量等性质及分析目的选择合适的分析方法。

滴定法和重量法的准确度高，相对误差一般为千分之几，但灵敏度较低，适用于高含量组分的分析。仪器分析法的灵敏度高，但准确度较差，适用于低含量组分的测定。

例如，测定某含铁试样中铁的含量，若该样中铁的质量分数为40.00%，采用化学分析法测得铁的质量分数可能为39.96%～40.04%，相对误差为±0.1%；若采用分光光度法测得铁的质量分数可能为39.2%～40.8%，相对误差为±2%，显然仪器分析法的误差大得多。但是如果被测样品中铁的质量分数为0.0400%，用灵敏度低的化学分析法难以检测，而若采用灵敏度高的分光光度法，测定的结果为0.0392%～0.0408%，相对误差仍为±2%，因低含量组分的绝对误差小，所以结果仍可满足测定的要求。

1.2.3.2 减小测量误差

由于任何仪器的测量精度都是有限的，为了控制测量中的相对误差，可采取选用合适的测定仪器、限制最低称量质量、控制合适的滴定体积范围等方法来减小测量误差。

如常用的万分之一精度的天平在每次称量时都可能有±0.0001g的绝对误差，用减量法称量两次，则可能引起的误差为±0.0002g，为保证称量的相对误差控制在0.1%以内，则称量的试样质量最少应为：

$$\frac{\pm 0.0002\text{g}}{m_{样}} \leqslant \pm 0.1\%$$

解得

$$m_{样} \geqslant 0.2\text{g}$$

即试样的称量质量不应小于0.2g。

又如滴定分析中，滴定管的最小刻度为0.1mL，单次读数的绝对误差估计为±0.01mL，在滴定过程中获得一个体积值需要读数两次，这样可能造成±0.02mL的误差。为保证体积读数的相对误差控制在0.1%以内，则消耗的滴定剂的体积最少应为：

$$\frac{\pm 0.02\text{mL}}{V_{滴定剂}} \leqslant \pm 0.1\%$$

解得

$$V_{滴定剂} \geqslant 20\text{mL}$$

即滴定剂的最小消耗量不应小于20mL。

1.2.3.3 系统误差的减免

系统误差可采用仪器校准、对照试验、空白试验、加入回收试验等方法来检验和消除。

在准确度要求较高的分析中，必须对分析仪器定期进行检查和校正。如滴定管、移液管和容量瓶等容量仪器，必要时要进行体积的校正，求出校正值，在计算结果时扣除，以消除仪器带来的误差。

对照试验是检查测定过程中有无系统误差的最有效的方法。可以选用与试样组成相近的标准试样来作对照，也可以用标准方法（国家颁布的标准方法或公认可靠的经典分析方法）

和选用方法同时测定某一样品作对照，找出校正数据或直接在试验中纠正可能引起的误差。

空白试验指在不加试样的情况下，按照试样测定步骤和分析条件进行分析试验，所得的结果称为空白值，从试样的测定结果中扣除此空白值，就可消除由试剂、蒸馏水及器皿引入的杂质所造成的系统误差。

对于组成不十分清楚的试样，常采用加入回收法检查方法的准确度。这种方法是向试样中加入已知量的被测组分，与另一份试样平行进行分析，检测加入的被测组分能否定量回收，由回收率判断是否存在系统误差。

1.2.3.4 随机误差的减免

在消除系统误差的前提下，随着平行测定次数的增加，偶然误差的平均值将会趋于零。因此，根据偶然误差的这一规律，可以采取适当增加测定次数，取其平均值的办法减小偶然误差。

1.2.4 实验数据的处理

化学计量或测定所得到的数据往往是有限的。例如，在物质组成的分析测定中，人们不可能也没必要对所要分析研究的对象全部进行测定，只可能是随机抽取一部分样品进行分析，所得到的测定值也只能是有限的。在分析过程中，由于误差是客观存在的，因此测得的数据往往参差不齐。如何对这些有限的数据进行正确的评价，判断分析结果的可靠性，并用这些结果来指导实践，便成为一个十分重要的问题。

分析化学中广泛地采用统计学的方法来处理各种分析数据，以便更科学地反映研究对象的本质。在统计学中，人们把所要分析研究的对象的全体称为总体或母体。从总体中随机抽取一部分样品进行平行测定所得到的一组测定值称为样本或子样。每个测定值被称为个体。样本中所含个体的数目则称为样本容量或样本大小。

例如，要测定某批工业纯碱产品的总碱量。首先按照分析的要求进行采样、制备，得到200g样品，这些样品就是供分析用的总体。如果我们从中称取6份样品进行测定，得到6个测定值，那么这组测定值就是被测样品的一个随机样本，样本容量为6。

一般在表示测定结果之前，首先要对所测得的数据进行整理，排除有明显过失的测定值，再对有怀疑但又没有确凿证据的与大多数测定值差距较大的测定值，采取数理统计的方法决定取舍，最后进行统计处理，计算数据的平均值、各数据对平均值的偏差、平均偏差和标准偏差，最后按照要求的置信度求出平均值的置信区间，计算出结果可能达到的准确程度。

1.2.4.1 测定结果的表示

报告分析测定结果通常应包括测定的次数、数据的集中趋势以及数据的分散程度等几个部分。

(1) 数据集中趋势的表示

对于无限次测定，可以用总体平均值 μ 来衡量数据的集中趋势。

对于有限次测定，一般有两种表示方法。

① 算术平均值（arithmetical mean） 算术平均值简称为平均值，以 $\overline{x}$ 表示：

$$\overline{x}=\frac{1}{n}\sum_{i=1}^{n}x_i \tag{1-14}$$

对于有限次测定，测定值通常是向 $\overline{x}$ 集中的。当测定次数无限增多时，$n\to\infty$，$\overline{x}\to\mu$，因此 $\overline{x}$ 是 μ 的最佳估计值。可以用总体平均值 μ 来衡量数据的集中趋势。若没有系统误差，则总体平均值就是真值 x_T。

② 中位数（median） 将数据按大小顺序排列，位于正中的数据称为中位数。当 n 为奇

数时，居中者即是中位数；当 n 为偶数时，正中两个数的平均值为中位数。

在一般情况下，数据的集中趋势以第一种方法表示较好。只有在测定次数较少，又有大误差出现或是数据的取舍难以确定时，才以中位数表示。

(2) 数据分散程度的表示

数据分散程度的表示方法有多种，可以根据情况选用。

① 样本标准差（sample standard deviation） 样本标准差简称为标准差，以 S 表示。用统计方法处理数据时，广泛用标准差衡量数据的分散程度。一个较大的标准差，代表大部分数值和其平均值之间差异较大；一个较小的标准差，代表这些数值较接近平均值。

对于有限次的测定，样本标准差 S 的数学表达式：

$$S=\sqrt{\frac{\sum_{i=1}^{n}(x_i-\overline{x})^2}{n-1}} \tag{1-15}$$

式中，$n-1$ 称为偏差的自由度，以 f 表示。它是指能用于计算一组测定值分散程度的独立变数的数目。例如，在不知道真值的场合，如果只进行一次测定，$n=1$，则 $f=0$，表示不可能计算测定值的分散程度。显然只有进行两次以上的测定，才有可能计算数据的分散程度。

对于无限次测定，可以采用总体标准差（population standard deviation）σ 衡量数据的分散程度。

$$\sigma=\sqrt{\frac{\sum_{i=1}^{n}(x_i-\mu)^2}{n}} \tag{1-16}$$

显然，当 $n\to\infty$ 时，$\overline{x}\to\mu$，$n-1$ 与 n 的区别可以忽略，$S\to\sigma$。

在计算标准偏差时，对单次测量的偏差加以平方，这样做不仅可以避免单次测量偏差相加时正负抵消，更重要的是大偏差能更显著地反映出来，故能更好地说明数据的分散程度。

如若用标准偏差来表示例 1-5 中的两组测定数据的分散程度，则：

第一组：$S=\sqrt{\frac{\sum d_i^2}{n-1}}=\sqrt{\frac{0.11^2+(-0.73)^2+0.24^2+0.51^2+(-0.14)^2+0.30^2+(-0.21)^2}{8-1}}$

$=0.38$

第二组：$S=\sqrt{\frac{\sum d_i^2}{n-1}}=\sqrt{\frac{0.18^2+0.26^2+(-0.25)^2+(-0.37)^2+0.32^2+(-0.28)^2+0.31^2+(-0.27)^2}{8-1}}$

$=0.30$

可见标准偏差比平均偏差能更灵敏地反映出大偏差的存在，第二组测定数据分散程度小，精密度要好于第一组数据。

② 变异系数（variation coefficient） 单次测量结果的相对标准差称为变异系数，以 CV 表示。

$$CV(\text{相对标准偏差})=\frac{S}{\overline{x}} \tag{1-17}$$

计算标准偏差时，可以按照公式先后求出 $\overline{x}$、d_i 和 $\sum d_i^2$，然后计算出 S 和 CV。

以上两种表示数据分散程度的方法应用较广，特别是在样本较大的场合。如果测定次数较少，还可采用以下两种方法。

③ 极差（range）与相对极差 极差又称为全距，以 R 表示。

$$R=x_{max}-x_{min} \tag{1-18}$$

式中，x_{max}表示测定值中的最大值；x_{min}则表示测定值中的最小值。

$$相对极差=R/\overline{x} \tag{1-19}$$

④ 平均偏差 $\overline{d}$ 与相对平均偏差 $d/\overline{x}$ 见 1.2.2。

⑤ 平均值的标准差　以上四种表示法常用于单样本测定时一组测定值分散程度的表示。如果是做多次的平行分析，也就是多样本测定，就会得到一组平均值 $\overline{x}_1$、$\overline{x}_2$、$\overline{x}_3$、…，这时就应采用平均值的标准差来衡量这组平均值的分散程度。显然，平均值的精密度比单次测定的精密度要高。

平均值的标准差用 $S_{\overline{x}}$ 表示。数理统计学可以证明，用 m 个样本，每个样本做 n 次测定的平均值的标准差与单次测量结果的标准偏差 S 的关系为：

$$S_{\overline{x}}=\frac{S}{\sqrt{n}} \tag{1-20}$$

同样可以证明，对无限次测定：

$$\sigma_{\overline{x}}=\frac{\sigma}{\sqrt{n}} \tag{1-21}$$

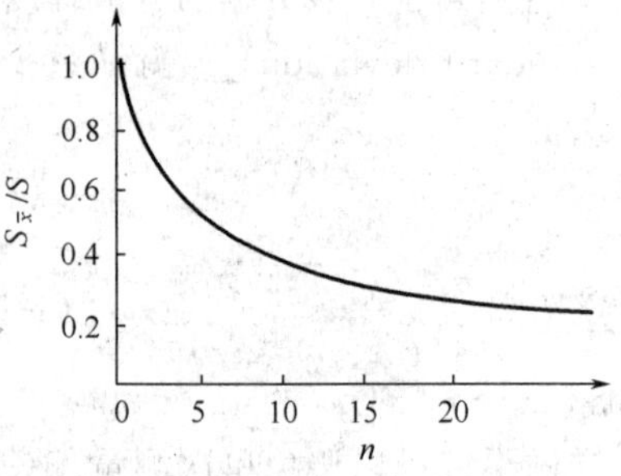

图 1-3　$S_{\overline{x}}$ 与 n 的关系

从以上的关系可以看出，平均值的标准差 $S_{\overline{x}}$ 与测定次数的平方根成反比，即 $S_{\overline{x}}/S=1/\sqrt{n}$ 。增加测定次数，可以提高测定结果的精密度，但是实际上增加测定次数所取得的效果是有限的。从图 1-3 可知，开始时 $S_{\overline{x}}/S$ 随 n 的增加迅速减小；但 $n>5$ 以后的变化就慢了；而当 $n>10$ 时，变化更加缓慢。这说明在实际工作中，一般测定次数不需过多，3～4 次已足够了。对要求高的分析，可测定 5～9 次。

综上所述，报道分析结果时，要体现出数据的集中趋势和分散情况，一般只需报告下列三项：

测定次数 n；

平均值 $\overline{x}$，表示集中趋势（衡量准确度）；

标准偏差 S，表示分散性（衡量精密度）。

【例 1-6】　分析铁矿中铁的质量分数，得到如下数据：0.3745、0.3720、0.3750、0.3730、0.3725，计算此分析结果的平均值、中位数、极差、平均偏差、标准偏差、变异系数和平均值的标准偏差。

解　$\overline{x}=(0.3745+0.3720+0.3750+0.3730+0.3725)/5=0.3734$

$$M=0.3730$$

$$R=0.3750-0.3720=0.0030$$

各次测量偏差分别是：

$d_1=+0.0011$，$d_2=-0.0014$，$d_3=+0.0016$，$d_4=-0.0004$，$d_5=-0.0009$

$$\overline{d}=\frac{\sum|d_i|}{n}=\frac{0.0011+0.0014+0.0016+0.0004+0.0009}{5}=0.0011$$

$$S=\sqrt{\frac{\sum d_i^2}{n-1}}=\frac{0.0011^2+0.0014^2+0.0016^2+0.0004^2+0.0009^2}{5-1}=0.0013$$

$$CV=\frac{S}{\overline{x}}=0.0035$$

$$S_{\overline{x}}=\frac{S}{\sqrt{n}}=\frac{0.0013}{\sqrt{5}}=0.00058\approx 0.0006$$

分析结果只需要报告出 $\overline{x}$ 、S、n，即可表示出集中趋势与分散情况。上例结果可表示为：

$\overline{x}=0.3734$，$S=0.0013$，$n=5$。

目前大多数计算器都具有一定的数理统计处理功能，输入测量数据后即可直接得到 n、$\overline{x}$ 、S 等值，读者应努力学会使用，以提高运算效率。

1.2.4.2 置信度与平均值的置信区间

由有限的测定数据所得到的算术平均值总带有一定的不确定性。由于在分析测试中无法获得总体的真实值，我们希望通过少量的测量数据或者说单组测量的几个平行数据来估计包括总体平均值在内的可靠性范围，这就是下面要讨论的平均值的置信区间（confidence interval），简称为置信区间或置信界限。

（1）偶然误差的正态分布与置信度

由 1.2 节中偶然误差的标准正态分布曲线（图 1-1）可知：对于无限次测定，样本值 x 落在 $\mu\pm\sigma$ 范围内的概率为 68.3%；落在 $\mu\pm2\sigma$ 范围内的概率为 95.5%；落在 $\mu\pm3\sigma$ 范围内的概率为 99.7%。这意味着如果我们进行 1000 次测定，只有 3 次测定落在 $\mu\pm3\sigma$ 范围之外。显然，偏差超过 $\pm3\sigma$ 的测定值出现的可能性很小，所以实际工作中一旦出现偏差超过 $\pm3\sigma$ 的测定值，我们就可以认为它不是由偶然误差造成的，应该将它剔除。

这种测定值在一定范围内出现的概率就称为置信度（confidence）或置信概率，以 P 表示。把测定值落在一定误差范围以外的概率（$1-P$）称为显著性水准，以 α 表示。

（2）平均值的置信区间

对于有限次测定，一般以标准差 S 来估计测定值的分散情况。用 S 来代替 σ 时，测定的偶然误差是不符合正态分布的，只能采用 t 分布来处理。

对于有限次测定，置信区间是指在一定置信度下，以平均值 $\overline{x}$ 为中心、包括总体平均值 μ 在内的范围，即

$$\mu=\overline{x}\pm t_{\alpha,f}S_{\overline{x}}=\overline{x}\pm\frac{t_{\alpha,f}S}{\sqrt{n}} \tag{1-22}$$

此式表明真值与平均值的关系，说明平均值的可靠性。式中，S 为标准偏差；n 为测定次数；$t_{\alpha,f}$ 为在选定的某一置信度下的概率系数。$t_{\alpha,f}$ 可查表得到，一般是取 $P=95\%$ 时的 t 值，当然有时也可采用 $P=90\%$ 或 $P=99\%$ 时的 t 值。$t_{\alpha,f}S_{\overline{x}}$ 称为误差限或估计精度，这个范围 $\left(\overline{x}\pm\frac{t_{\alpha,f}S}{\sqrt{n}}\right)$ 就是平均值的置信区间。

【例 1-7】 某水样总硬度测定的结果为：$n=5$，$\overline{\rho}(CaO)=19.87mg\cdot L^{-1}$，$S=0.085$，求置信度 P 分别为 90% 或 95% 时的置信区间。

解 查表 1-1，$P=90\%$ 时，$t_{0.10,4}=2.13$。

由式(1-22) 得：

$$\mu=\overline{\rho}\pm t_{\alpha,f}\frac{S}{\sqrt{n}}=19.87\pm\frac{2.13\times0.085}{\sqrt{5}}=19.87\pm0.08\,(mg\cdot L^{-1})$$

$P=95\%$ 时，查得 $t_{0.05,4}=2.78$。

由式(1-22) 得：

$$\mu = 19.87 \pm \frac{2.78 \times 0.085}{\sqrt{5}} = 19.87 \pm 0.10 \ (\mathrm{mg \cdot L^{-1}})$$

表 1-1　*t* 分布值

自由度 *f*	置信度 *P*				自由度 *f*	置信度 *P*			
	50%	90%	95%	99%		50%	90%	95%	99%
1	1.00	6.31	12.71	63.66	7	0.71	1.90	2.37	3.50
2	0.82	2.92	4.30	9.93	8	0.71	1.86	2.31	3.36
3	0.76	2.35	3.18	5.84	9	0.70	1.83	2.26	3.25
4	0.74	2.13	2.78	4.60	10	0.70	1.81	2.23	3.17
5	0.73	2.02	2.57	4.03	20	0.69	1.73	2.09	2.85
6	0.72	1.94	2.45	3.71	∞	0.67	1.65	1.96	2.58

数据处理的结果说明：①水样的总硬度在 19.79～19.95mg·L^{-1} ［或（19.87±0.08）mg·L^{-1}］区间内出现的概率为 90%，在 19.77～19.97mg·L^{-1} ［或（19.97±0.10)mg·L^{-1}］区间内出现的概率为 95%。

② 置信度 *P* 越低，置信区间越小。但是应该注意，并不是置信度定得越低越好，因为置信度定得太低的话，判断失误的可能性就比较大。

1.2.4.3　可疑数据的取舍——Q 检验法

在一组平行测定值中，人们往往会发现其中某个或某几个测定值明显比其他测定值大得多或者小得多。这些离群的数据又没有明显的引起过失的原因。这种偏离较大的数据称为可疑值（doubtable value）或离群值等。对可疑值的取舍必须采用统计的方法加以判断。常用的方法有 *Q* 检验法、四倍法、格鲁布斯（Grubbs）法等。

这里仅介绍其中常用的一种简便方法——*Q* 检验法。

Q 检验法的基本步骤为：

① 将测定值（包括可疑值）由小到大排列，即 $x_1 < x_2 < \cdots < x_n$。

② 计算 *Q* 值。若 x_n 为可疑值，则：

$$Q_{计算} = \frac{x_n - x_{n-1}}{x_n - x_1}$$

若 x_1 为可疑值，则：

$$Q_{计算} = \frac{x_2 - x_1}{x_n - x_1}$$

Q 计算值越大，说明可疑值离群越远，至一定界限时即应舍去。

③ 根据测定次数 *n* 和所要求的置信度 *P*，查 *Q* 表。表 1-2 为两种置信度下的 *Q* 值。

表 1-2　两种置信度下舍弃可疑数据的 *Q* 表

测定次数	3	4	5	6	7	8	9	10
P=90%	0.94	0.76	0.64	0.56	0.51	0.47	0.44	0.41
P=95%	1.53	1.05	0.86	0.76	0.69	0.64	0.60	0.58

④ 如果 $Q_{计算} > Q_{表}$，则舍去可疑值，否则就应保留该可疑值。

如果一组数据中不止一个可疑值，仍然可以参照以上步骤逐一进行处理。但这种情况下最好采用格鲁布斯法。

【例 1-8】 用邻苯二甲酸氢钾标定 NaOH 溶液的浓度，4 次标定的结果分别为 0.1955mol·L^{-1}、0.1958mol·L^{-1}、0.1952mol·L^{-1}、0.1982mol·L^{-1}。问 0.1982 这一值能否舍去（置信度 90%）。

解 ① 按大小顺序排列：0.1952、0.1955、0.1958、0.1982。

② x_n 为可疑值，$Q_{计算}=\dfrac{x_n-x_{n-1}}{x_n-x_1}=\dfrac{0.1982-0.1958}{0.1982-0.1952}=0.80$。

③ 查表 1-2，$n=4$，$P=90\%$时，得 $Q_{表}=0.76$。

$Q_{计算}>Q_{表}$，故 0.1982 这一测定值可以舍去，不参加数据处理。

对可疑数据的处理一般分以下几步：

① 尽可能从各方面查找原因，如系过失造成自然不必保留。

② 如测量中没有明显的过失，一般采用 Q 检验法判断。如果判断该可疑值不能舍去，此数据就必须参与数据处理。

③ 如果 $Q_{计算}$ 与 $Q_{表}$ 值相近，可疑值又无法舍弃时，一般可采用中位数报告结果；对要求较高的分析，则最好再测定一次或两次，然后再进行处理。

1.3 有效数字

有效数字（significant figures）是指实际能够测量到的数字。在一个数据中，除了最后一位是不确定的或是可疑的外，其他各位数字都是确定的。

例如，使用 50mL 滴定管进行滴定，滴定管的最小刻度为 0.1mL，所测得的体积读数记录为 25.87mL，这表示前三位数字是准确的，只有第四位数是估读出来的，属于可疑数字。因此这四位数字都是有效数字，它不仅表示滴定的体积读数在 25.86～25.88mL 之间，而且说明了体积计量的精度为±0.01mL。

1.3.1 有效数字的位数

在确定有效数字位数时，首先应注意数“0”的意义。

例如，某标准物质的质量为 0.0566g。这一数据中，数字前面的两个“0”不是有效数字，只起定位作用，因此共有三位有效数字。若以 mg 为单位，则该数应记录为 56.6mg，三位有效数字。

又如，NaOH 标准溶液的浓度为 0.2080mol·L^{-1}，表明该溶液的浓度有±0.0001mol·L^{-1}的绝对误差，有效数字为四位。最后面的“0”作为普通数字使用，因此是有效数字；中间的“0”也作为普通数字使用，也是有效数字；最前面的“0”则不是有效数字，它只起定位的作用。这一浓度也可以记成 2.080×10^{-1} mol·L^{-1}，这样的表示可以帮助读者更好地理解上述 3 种位于不同位置的“0”的意义。

而像 3600 这样的数据，其有效数字位数不确定，因为末位的“0”是否是有效数字不明。故最好以 10 的指数形式表示，例如，表示为 3.6×10^3 或 3.600×10^3，分别为两位或四位有效数字。

其次，有效数字的位数应与测量仪器的精度相对应。例如，如果在滴定中使用了 50mL 滴定管，由于它可以读至±0.01mL，故记录的数据就必须而且只能记到小数点后第二位。又如，一般分析天平称量的绝对误差为±0.0001g。假如用此分析天平称取试样的质量，记录为 1.5182g，为五位有效数字，其最后的一位数字是可疑的，表示试样的真实质量在 1.5181～1.5183g 之间，称量的绝对误差为±0.0001g，这与分析者在称量时所用分析天平的精度是相符合的。如若记录为 1.518g，为四位有效数字，其最后一位数字是可疑的，表示试样的真实质量为 1.517～1.519g，称量的绝对误差为±0.001g，这样的记录与分析者在称量时所用分析天平的精度是不符合的。

此外，在化学计算中常常会遇到一些分数和倍数，由于它们并非由测量所得，因此应该把它们看成是足够有效的，即有无限位有效数字。化学计算中也常遇到 pH、pM、lg$K$ 等对数值，它们有效数字的位数仅取决于其小数部分的位数，整数部分只说明该数的方次。例如 pH=11.02，只有两位有效数字，不是四位，因为 $[H^+]=9.5\times10^{-12}$ mol·L^{-1}。

1.3.2 有效数字的修约规则

在化学计算中，每个测量数据的误差都会传递到计算结果中。因此，我们必须运用有效数字的修约规则对数据进行修约，做到合理取舍，既不无原则地保留过多位数使计算复杂化，也不随意舍弃任何尾数而使结果的准确度受到影响。

舍去多余数字的过程称为数字修约过程，目前所遵循的数字修约规则多采用“四舍六入五成双”规则。例如，3.1424、3.2156、5.6235、4.6245 等修约成四位有效数字时，应分别为 3.142、3.216、5.624、4.624。

1.3.3 有效数字的运算规则

(1) 加减法

当几个测量数据相加或相减时，小数点后保留的位数取决于小数点后位数最少的那个，即绝对误差最大的那个数据。

例如，将 0.0121、25.64 及 1.05782 三个数据相加，由于每个数据的最末一位都是可疑的，其中 25.64 在小数点后第二位就不准确了，即从小数点后第二位开始即使与准确的有效数字相加，所得出来的数字也不会准确了。因此，可先按照修约规则修约后再进行运算，各数据以及计算结果都修约至小数点后第二位，这样，计算结果应为 0.01+25.64+1.06=26.71，其绝对误差为±0.01。如果直接运算得到 26.70992 是不正确的。

(2) 乘除法

当测定结果是几个测量数据相乘或相除时，所保留的有效数字的位数取决于有效数字位数最少的那个，即相对误差最大的那个数据。

例如，计算 0.0325×5.103×60.06/139.8 的值。

先求出各数据的相对误差。

0.0325 的相对误差：±0.0001/0.0325=±3‰；

5.103 的相对误差：±0.2‰；

60.06 的相对误差：±0.2‰；

139.8 的相对误差：±0.7‰。

可见，四个数据中，相对误差最大，即准确度最差的是有效位数最少的 0.0325，是三位有效数字，因此计算结果也应取三位有效数字。为此，在进行运算前可将各数据先修约成三位有效数字后再运算，得到的最终结果为 0.0712。如果把不修约就直接乘除运算得到的 0.0712504 作为答案就不对了，因为 0.0712504 的相对误差为±0.001‰，而在本例的测量中根本没有达到如此高的准确程度。

在进行有效数字运算时，还应注意下列几点：

① 若某个数据第一位有效数字大于或等于 8，则有效数字的位数可以多算一位，如 8.37 虽然只有三位，但是可以看作有四位有效数字。

② 在计算过程中一般可以暂时多保留一位数字，得到最后结果时，再根据“四舍六入五成双”的规则弃去多余的数字。采用计算器进行连续运算，会保留过多的有效数字，注意

在最后应把结果修约成适当位数，以正确表达测定结果的准确度。

③ 涉及化学平衡的计算中，由于化学平衡常数的有效数字多为两位，故结果一般保留两位有效数字。

④ 在物质组成的测定中，组分含量大于10%的测定，结果一般保留四位有效数字；组分含量1%～10%的测定，结果一般保留三位有效数字；组分含量小于1%的测定，则结果通常保留两位有效数字。

⑤ 大多数情况下，表示误差时取一位数字即可，最多取两位。

视窗

【人物简介】

王琎（1888～1966），字季梁，黄岩宁溪人，著名化学史家和分析化学家，中国化学史与分析化学的开拓者之一。毕生致力研究中国化学史，擅长经典微量分析。用古钱分析研究中国古代冶金史，解决正确区分汉、三国、晋、隋五铢钱，中国用锌的起源与进化，镴的化学成分与铅、锡、锌之间的关系等问题的争议，是我国提倡并实行分析实验与历史考证相结合研究化学史的拓荒人。

撰写与翻译大量中国化学史论文、国外科学史资料、分析化学教科书和科学家传记。从事化学科研和教育数十年，讲授分析化学、矿物学和化学史，培养了大批化学科技人才。主要著作有《五铢钱的化学成分》《古代应用铅锌锡考》《中国古代金属化学》《丹金术》等。

【搜一搜】

活度；活度系数；离子强度；超微量分析；痕量分析；标准溶液比较法；回收试验；加标回收法；四分法；干基；微波消解法；真值；标称误差；存疑数字；格鲁布斯法。

习题

1-1 称取纯金属锌0.3250g，溶于盐酸后，在250mL容量瓶中定容，计算该标准Zn^{2+}溶液的浓度。

1-2 计算下列溶液的滴定度T，以g·mL^{-1}表示：

① 0.2015mol·L^{-1} HCl溶液，用来测定$Ca(OH)_2$、NaOH；

② 0.1732mol·L^{-1} NaOH溶液，用来测定$HClO_4$、CH_3COOH。

1-3 有一NaOH溶液，其浓度为0.5450mol·L^{-1}，取该溶液100.0mL，需加水多少毫升方能配成浓度为0.5000mol·L^{-1}的溶液？

1-4 欲配制0.5000mol·L^{-1} HCl溶液。现有0.4920mol·L^{-1} HCl溶液100mL，应加入1.021mol·L^{-1} HCl溶液多少毫升？

1-5 SnF_2是一种牙膏的添加剂，由分析得知1.340g样品中含F 1.20×10^{-3}g。问：

① 样品中有多少克SnF_2？

② 样品中SnF_2的质量分数是多少？

1-6 胃酸中HCl的近似浓度为0.17mol·L^{-1}。计算中和50.0mL这种酸所需的下列抗酸剂的质量：

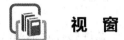

① $NaHCO_3$；　② $Al(OH)_3$。

1-7　用 $AgNO_3$ 标准溶液滴定某一水源样品中的 Cl^-：

$$Ag^+(aq)+Cl^-(aq)=\!=\!=AgCl(s)$$

如果与样品中所有的 Cl^- 反应需要 0.100mol·L^{-1} $AgNO_3$ 溶液 20.20mL，那么 10.00g 水样中含有 Cl^- 多少克？

1-8　下列情况分别引起什么误差？如果是系统误差，应如何消除？

① 砝码未经校正；

② 容量瓶和移液管不配套；

③ 在重量分析中被测组分沉淀不完全；

④ 试剂含被测组分；

⑤ 以含量约为 99%的 $Na_2C_2O_4$ 作基准物标定 $KMnO_4$ 溶液的浓度；

⑥ 读取滴定管读数时，小数点后第二位数字估读不准；

⑦ 天平两臂不等长。

1-9　某铁矿石中 Fe 的质量分数为 0.3916，若甲测得结果为 0.3912、0.3915 和 0.3918，乙测得的结果为 0.3919、0.3924 和 0.3928。试比较甲、乙两人分析结果的准确度和精密度。

1-10　甲、乙两人同时分析一矿物中的 S 的质量分数，每次取样 3.5g，分析结果分别报告为：

甲：0.00042，0.00041；

乙：0.0004199，0.0004201。

哪份报告的分析结果是合理的，为什么？

1-11　标定 0.1mol·L^{-1} HCl 溶液。欲消耗 HCl 溶液 25mL 左右，应称取 Na_2CO_3 基准物多少克？从称量误差考虑能否达到 0.1%的准确度？若改用硼砂（$Na_2B_4O_7\cdot 10H_2O$）为基准物，结果又如何？

1-12　下列数据中各包含几位有效数字？

①0.0376；②1.2067；③0.2180；④$1.8\times10^{-5}$。

1-13　按有效数字运算规则，计算下列各式：

① $2.187\times0.854+9.6\times10^{-5}-0.0326\times0.00814$；

② $213.64+4.4+0.3244$；

③ $\dfrac{9.827\times50.62}{0.005164\times136.6}$；

④ $\sqrt{\dfrac{1.5\times10^{-8}\times6.1\times10^{-8}}{3.3\times10^{-5}}}$。

1-14　经分析测得某试样中 Mn 的质量分数为 0.4124、0.4127、0.4123 和 0.4126。求分析结果的平均偏差和标准偏差。

1-15　测定某样品中 N 的质量分数，6 次平行测定的结果是 0.2048、0.2055、0.2058、0.2060、0.2053、0.2050。

① 计算这组数据的平均值、中位数、极差、平均偏差、标准差、变异系数和平均值的标准差；

② 若此样品是标准样品，其 N 的质量分数为 0.2045，计算以上测定结果的绝对误差和相对误差。

1-16　测定某矿石中 W 的质量分数，测定结果为 0.2039、0.2041、0.2043。计算平均值的标准差 $S_{\bar{x}}$ 及置信度为 95%的置信区间。

1-17 测定某一热交换器水垢中的 P_2O_5 和 SiO_2 的质量分数，测定结果分别如下（已校正系统误差）：

$w(P_2O_5)$：0.0844，0.0832，0.0845，0.0852，0.0869，0.0838。

$w(SiO_2)$：0.0150，0.0151，0.0168，0.0122，0.0163，0.0172。

根据 Q 检验法对可疑数据进行取舍（置信度 90%），然后求出平均值、平均偏差（$\bar{d}$）、标准差和置信度分别为 90%时平均值的置信区间。

1-18 某学生标定 HCl 溶液的浓度时，得到下列数据：$0.1011mol \cdot L^{-1}$、$0.1010mol \cdot L^{-1}$、$0.1012mol \cdot L^{-1}$、$0.1016mol \cdot L^{-1}$。按 Q 检验法进行判断，当置信度为 90%时，第四个数据是否应保留？若再测定一次，得到 $0.1014mol \cdot L^{-1}$，上面第四个数据是否应该保留？

第2章 化学反应基本原理初步 Fundamentals of Chemical Reactions

在研究化学反应时，人们主要关心化学反应的方向、限度、速率以及化学反应中所伴随发生的能量变化。通过对化学热力学、动力学基础知识的学习，要能够初步判断化学反应进行的方向、进行的程度以及改变化学反应速率的方法。

2.1 化学反应中的能量关系

任何化学反应的发生总是伴随着形式多样的能量变化，如酸碱中和要放出热量，氯化铵溶于水要吸收热量等。

2.1.1 热力学基本概念

(1) 系统与环境

在研究化学反应的能量变化关系时，常常把研究的对象与周围部分区分开来讨论。在化学上把所研究的对象称为系统（system），而把系统之外的、与系统密切相关的部分称为环境（surrounding）。例如：研究在溶液中的反应，则溶液就是我们研究的系统，而盛溶液的容器以及溶液上方的空气等都是环境。根据系统与环境之间物质和能量的交换情况不同，可以把系统分为以下三类：

敞开系统（open system）：系统与环境之间既有物质交换，又有能量交换。

封闭系统（close system）：系统与环境之间没有物质交换，只有能量交换。

孤立系统（isolated system）：系统与环境之间既没有物质交换，也没有能量交换。

例如：一个盛水的广口瓶是一个敞开系统，因为瓶子内外既有能量的交换，又有物质的交换（瓶中水的蒸发和瓶外空气的溶解）；如在此瓶上盖上瓶塞，则此时瓶内外只有能量的交换而无物质的交换，这时成为一个封闭系统；如将上述瓶子换为带盖的杜瓦瓶（绝热），由于瓶内外既无物质的交换，又无能量的交换，则构成一个孤立系统。系统与环境之间可以有确定的界面，也可以是假想存在的界面。系统与环境因研究的对象改变亦可以发生改变。

(2) 过程和途径

系统的状态发生变化时，状态变化的经过称为过程（process）。如果系统是在温度恒定的情况下进行变化，则该变化称为“恒温过程”；同理，在压力、体积不变时，分别称为“恒压过程”“恒容过程”。系统与环境间无热量交换，则称为“绝热过程”。

系统由一种状态变化到另一种状态，可以经由不同的方式，这种从同一始态变到同一终态的不同方式称为途径（path）。因此，可以把系统状态变化的具体方式称为途径。对于每一个变化过程，其途径可以有无限多个。

(3) 状态和状态函数

系统的状态（state）是指系统所有物理性质和化学性质的总和。系统的热力学性质包括温度、压力、体积、物质的量及将要介绍的热力学能、焓、熵、Gibbs自由能等。当系统的状态确定时，系统的这些性质也随之确定；反之，系统的这些性质确定时，系统的状态也就确定下来了。

状态函数（state function）是指确定系统状态性质的物理量，如温度、压力等。系统的状态函数具有一个重要的性质，就是其数值的大小只与系统所处的状态有关。也就是说，系统从一种状态变化到另一种状态时，状态函数的变化值只与系统的始态和终态有关，而与完成该变化所经历的途径无关。如一种气体的温度由始态的25℃变到终态的50℃，它变化的途径不论是先从25℃降低温度到0℃，再升高温度到50℃，还是从25℃直接升高温度到50℃，状态函数的增量ΔT只由系统的终态（50℃）和始态（25℃）决定，其状态函数的变化结果都是相同的。

(4) 热和功

在热力学中，把热量（heat）看作是系统与环境之间存在温差时，高温物体向低温物体所传递的能量，用符号Q表示。热力学上规定环境向系统传递热量，系统吸热，$Q>0$，为正值；反之，系统向环境传递热量，系统放热，$Q<0$，为负值。

我们把除热以外系统与环境间所交换的其他一切形式的能量均称为功（work），用符号W表示。由于系统的体积变化反抗外力作用而与环境交换的能量称为体积功。例如，许多化学反应是在敞口的容器中进行的，反应时，系统由于体积变化就会对抗外界压力做体积功，与环境进行能量交换，此外还有电功、表面功等。热力学规定环境对系统做功时，$W>0$；系统对环境做功时，$W<0$。本章我们主要讨论体积功。

热和功这两个物理量是能量传递的两种形式，它们与变化的途径有关，当系统变化的始态、终态确定后，Q、W随着途径的不同而不同，所以热和功都不是状态函数，只有指明具体途径才能计算变化过程的热和功。热和功的单位均为焦耳（J）。

(5) 热力学能

在化学热力学中一般只注意系统内部的能量，称为热力学能（thermodynamic energy），也称内能（internal energy），用符号U表示，单位是焦耳（J）。热力学能是指系统内分子运动的平动能、转动能、振动能、电子及核的运动能量，以及分子与分子相互吸引与排斥作用所产生的势能等能量的总和。

由于至今人类还不能完全认识微观粒子的全部运动形式，所以热力学能的绝对值还无法知道。但是，实际应用中只要知道热力学能的变化值就足够了。因为热力学能是状态函数，它的变化值只与系统的始、终态有关，而与变化的过程和途径无关，所以热力学能的变化值可以通过系统与环境间交换的能量来度量。

2.1.2 化学反应中的能量变化

许多化学反应中都伴随着能量的变化。化学反应热效应是指系统在不做非体积功的等温过程中所放出或吸收的热量，简称反应热。

2.1.2.1 热力学第一定律

任何变化过程中能量不会自生自灭，只能从一种形式转化为另一种形式，在转化过程中能量的总值不变，这就是能量守恒与转化定律。将能量守恒与转化定律应用于热力学中即称为热力学第一定律。

若封闭系统在状态1时，系统的热力学能为U_1；在状态2时，系统的热力学能为U_2，当系统由状态1变化至状态2时，系统热力学能的变化：

$$\Delta U=U_2-U_1=Q+W \tag{2-1}$$

式中，ΔU为系统热力学能的变化；Q为系统吸收的热量；W为系统所做的体积功。

由于热和功均不是状态函数，所以其数值与变化的过程、途径有关，但热力学能是状态函数，其变化值仅与始态和终态有关，而与变化的过程、途径无关。

（1）化学计量数

某化学反应方程式：　$a\mathrm{A}+m\mathrm{M}=\!=\!=g\mathrm{G}+d\mathrm{D}$

若移项表示，即为　$-a\mathrm{A}-m\mathrm{M}+g\mathrm{G}+d\mathrm{D}=0$

随着反应的进行，反应物A、M不断减少，产物G、D不断增加，令：

$$-a=\upsilon_\mathrm{A} \qquad -m=\upsilon_\mathrm{M} \qquad g=\upsilon_\mathrm{G} \qquad d=\upsilon_\mathrm{D}$$

代入上式得：　$\upsilon_\mathrm{A}\mathrm{A}+\upsilon_\mathrm{M}\mathrm{M}+\upsilon_\mathrm{G}\mathrm{G}+\upsilon_\mathrm{D}\mathrm{D}=0$

简化为化学计量式的通式：

$$\sum_\mathrm{B}\upsilon_\mathrm{B}\mathrm{B}=0 \tag{2-2}$$

通式中，B表示包含在反应中的分子、原子、离子，而υ_B为数字或简分数，称为（物质）B的化学计量数（stoichiometric number）。根据规定，反应物的化学计量数为负，而产物的化学计量数为正。这样，υ_A、υ_M、υ_G、υ_D分别为物质A、M、G、D的化学计量数。

如合成氨反应：　$N_2+3H_2=\!=\!=2NH_3$

$\upsilon_{N_2}=-1$、$\upsilon_{H_2}=-3$、$\upsilon_{NH_3}=2$分别为该方程的化学计量数，表明反应中每消耗1mol的N_2和3mol的H_2生成2mol的NH_3。

（2）焓和焓变

在压力恒定的条件下进行的反应，称为恒压反应，其反应过程中伴随的热量变化称为恒压反应热，以Q_p表示。在体积恒定的条件下进行的反应，相应地称为恒容反应热，以Q_V表示。

由于大多数反应是在压力恒定下进行的（如敞口容器内的反应），假设反应的过程中只做体积功，则有$W=-p\Delta V$，按热力学第一定律，可得：

$$\Delta U=Q+W=Q_p+W$$

$$Q_p=\Delta U-W=U_2-U_1-(-p\Delta V)=U_2-U_1+p(V_2-V_1)=(U_2+pV_2)-(U_1+pV_1)$$

式中的U、p、V都是状态函数，所以它们的组合（$U+pV$）也是状态函数，在热力学上定义$H=U+pV$，称为焓（enthalpy），以H表示。焓与热力学能相似，它的绝对值无法确定，但焓的变化值可以求得：

$$Q_p=(U_2+pV_2)-(U_1+pV_1)=H_2-H_1=\Delta H$$

即

$$Q_p=\Delta H \tag{2-3}$$

ΔH为系统的焓变（change of enthalpy），具有能量单位（J）。即温度一定，在恒压下只做体积功时，系统的化学反应热效应Q_p在数值上等于系统的焓变ΔH。因此焓可以认为是物质的热含量，即物质内部可以转变为热的能量。在热力学上规定，放热反应的$\Delta H<0$，吸热反应的$\Delta H>0$。

由于在恒压反应中$\Delta U=Q_p+W$，而$Q_p=\Delta H$，得：

$$Q_p-\Delta U=-W=p\Delta V\text{，即 }\Delta H-\Delta U=-W=p\Delta V \tag{2-4}$$

对于始态和终态均为液体或固体的反应系统来说，因为体积的变化ΔV不大，可以忽略不计，从而可以得到：

$$\Delta H\approx\Delta U \tag{2-5}$$

对于有气体参加的反应，$p\Delta V=p(V_2-V_1)=(n_2-n_1)RT=\Delta nRT$，则得：

$$\Delta H = \Delta U + \Delta n RT \tag{2-6}$$

式中，n_2为所有气体产物物质的量的总和；n_1为所有气体反应物物质的量的总和；Δn为反应前后气体物质的量的变化。例如：$2H_2(g) + O_2(g) = 2H_2O(g)$，$\Delta n = 2-(1+2) = -1$。

对于恒容反应过程，由于 $\Delta V=0$，则 $W=-p\Delta V=0$，可以得到：

$$\Delta U = Q_V \tag{2-7}$$

即系统恒容过程，化学反应的热效应 Q_V 在数值上等于系统的热力学能的变化值 ΔU。

2.1.2.2 热化学方程式

表示化学反应与热效应关系的化学方程式称为热化学方程式。如：

$$H_2(g) + \frac{1}{2}O_2(g) \xrightarrow{298.15K, 100kPa} H_2O(g) \quad Q_p = \Delta_r H_m^\ominus = -241.82 kJ \cdot mol^{-1}$$

上式表示在 298.15K、100kPa 下，当 1mol H_2与$\frac{1}{2}$ mol O_2反应生成 1mol $H_2O(g)$ 时，放出 241.82kJ 的热量。$\Delta_r H_m^\ominus$称为摩尔反应焓变，下标 r（reaction）表示一般的化学反应，m（molar）表示摩尔。

反应热效应与许多因素有关，书写热化学方程式时应注意以下几个问题：

① 应注明反应的温度和压力等反应条件。如不注明，则为 298.15K、100kPa。其他温度、压力应注明，因为其对化学反应的焓变值有影响。

热力学中规定了物质的标准状态。气态物质的标准状态是压力为 100kPa 的理想气体。液态或固态物质的标准状态是在 100kPa 压力下，其相应的最稳定的纯物质。对于溶液来说，溶质的标准状态是它的质量摩尔浓度为 $1.0 mol \cdot kg^{-1}$ 的溶液，稀溶液常近似用溶质的物质的量浓度 $1.0 mol \cdot L^{-1}$ 替代质量摩尔浓度，其压力为 100kPa；把稀溶液的溶剂看作纯物质，其标准态是标准压力下的纯液体。各物质均处于标准状态时的反应焓变，称为标准反应焓变，以 $\Delta_r H_m^\ominus$表示之。

以往的标准压力曾长期定为 $p^\ominus = 1atm = 101.325kPa$，然而此数值使用时总感不便，为此，国际标准化组织（ISO）已把标准压力由 101.325kPa 改为 100kPa（或 1bar），以便更方便采用 SI 单位。我国国家技术监督局于 1993 年公布的国家标准（GB 3100～3102—93）也已作了相应的变动。

② 必须注明各反应物与生成物的聚集状态。通常以 g、l、s 分别表示气、液、固三态，以 aq 表示水溶液。因为物质状态不同，反应热效应不同。例如，反应生成的是 $H_2O(l)$ 而不是 $H_2O(g)$ 时，放出的热量就要多一些，因为水液化时要放出一定能量。

③ 正确书写反应的化学计量方程式。因为反应的焓变必须和化学计量方程式相对应。

2.1.2.3 标准摩尔生成焓

反应热效应一般可以通过实验测定得到，但有些复杂反应是难以控制的，因此，有些物质的反应热效应就不易测准，例如，在恒温、恒压下碳不完全燃烧生成 CO 的反应。

根据化学反应热效应的定义，反应热效应的大小与反应条件有关。为了便于比较和汇集，一般采用标准状态下的标准摩尔反应焓变表示反应热效应的大小。

标准状态下，由最稳定的单质生成单位物质的量的某纯物质的焓变，称为该物质的标准摩尔生成焓。用符号 $\Delta_f H_m^\ominus$ 表示，上标“⊖”表示标准态，下标“f”（formation）表示生成反应，下标“m”表示摩尔。

根据上述定义，最稳定单质的标准摩尔生成焓等于零。需要注意，当一种元素有两种或两种以上的单质时，只有一种是最稳定的。从书后的标准摩尔生成焓附表中可以看到，碳的两种同素异形体石墨和金刚石中，石墨是碳的稳定单质，它的标准摩尔生成焓等于零。由稳定单质转变为其他形式的单质时，也有焓变。如：

$$C(石墨) \longrightarrow C(金刚石) \qquad \Delta_r H_m^\ominus = 1.897 kJ \cdot mol^{-1}$$

其他常见物质的稳定态为：S是正交硫，Sn是白锡，H_2、N_2、O_2、Cl_2是气态，Br_2是液态，而I_2是固态。

标准摩尔生成焓是热化学计算中的重要数据。通过比较相同类型化合物的标准摩尔生成焓数据，可以判断这些化合物的相对稳定性。

2.1.2.4 盖斯定律

1840年盖斯（G. H. Hess）根据大量的实验结果总结出："任一化学反应，不论是一步完成的，还是分几步完成的，其热效应都是一样的。"这就是盖斯定律。这个定律指出，反应热效应只与反应物和生成物的始态和终态（温度、物质的聚集态和物质的量）有关，而与变化的途径无关。

根据这一定律，可以设计反应过程，计算出一些不能用实验方法直接测定的反应热效应。

【例2-1】 已知反应 $C(s) + O_2(g) = CO_2(g) \qquad \Delta_r H_{m1}^\ominus = -393.5 kJ \cdot mol^{-1}$ (1)

$$CO(g) + \frac{1}{2}O_2(g) = CO_2(g) \qquad \Delta_r H_{m2}^\ominus = -283.0 kJ \cdot mol^{-1} \qquad (2)$$

求反应 $C(s) + \frac{1}{2}O_2(g) = CO(g)$ 的 $\Delta_r H_m^\ominus$。

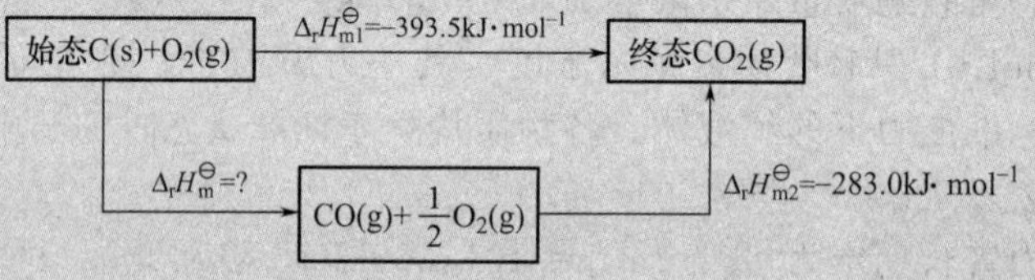

解 由盖斯定律可知 $\Delta_r H_{m1}^\ominus = \Delta_r H_m^\ominus + \Delta_r H_{m2}^\ominus$

所以 $\Delta_r H_m^\ominus = \Delta_r H_{m1}^\ominus - \Delta_r H_{m2}^\ominus = -393.5 - (-283.0) = -110.5 kJ \cdot mol^{-1}$

由此可见，盖斯定律的实质是焓为状态函数，焓变与途径无关。

实际上，根据盖斯定律，我们可以把热化学方程式像代数方程式那样进行运算。即方程式相加（或相减），其热效应的数值也相加（或相减）。

2.1.3 化学反应热的计算

(1) 由标准摩尔生成焓计算标准反应焓变

根据盖斯定律，可以利用标准摩尔生成焓来计算各种化学反应的热效应（标准反应焓变）。因为化学反应是质量守恒的，所以用相同种类和数量的单质既可以组成全部的反应物，也可以组成全部的生成物，如果分别知道了反应物和生成物的标准摩尔生成焓，即可求出反应的热效应。

由盖斯定律可以推出化学反应的标准摩尔反应焓变等于生成物的标准摩尔生成焓的总和减去反应物的标准摩尔生成焓的总和。对于一般的化学反应 $aA + bB = gG + dD$，若任一物质均处于温度为 T 的标准状态，则该化学反应的标准摩尔反应焓变为：

$$\Delta_r H_m^\ominus = \sum \upsilon_i \Delta_f H_m^\ominus(生成物) + \sum \upsilon_i \Delta_f H_m^\ominus(反应物) \qquad (2\text{-}8)$$

式中，υ_i表示反应式中物质的化学计量数，并规定反应物的化学计量数为负，生成物的化学计量数为正。根据有关物质的标准摩尔生成焓，可应用该式计算出反应的标准摩尔反应焓变。

【例 2-2】 试计算下列反应的 $\Delta_r H_m^{\ominus}$ $4NH_3(g)+5O_2(g)═══4NO(g)+6H_2O(g)$

解 由附录1查得：

	$NH_3(g)$	$O_2(g)$	$NO(g)$	$H_2O(g)$
$\Delta_f H_m^{\ominus}/kJ\cdot mol^{-1}$	−45.9	0	91.3	−241.8

$$\Delta_r H_m^{\ominus}=[4\Delta_f H_m^{\ominus}(NO)+6\Delta_f H_m^{\ominus}(H_2O)]-[4\Delta_f H_m^{\ominus}(NH_3)+5\Delta_f H_m^{\ominus}(O_2)]$$
$$=[4\times(91.3)+6\times(-241.8)]-[4\times(-45.9)+5\times 0]=-902kJ\cdot mol^{-1}$$

要注意，某物质的标准摩尔生成焓除了与反应温度、压力有关外，还与物质本身的聚集状态有关，计算时一定要注意，不能混淆。

(2) 由键能估算标准反应焓变

断开1mol气态物质化学单键，使之成为气态原子所需要的能量叫键能 E。在恒温恒压下，由于一般反应的 $p\Delta V$ 比起 ΔH 是较小的，可用 ΔH 代替 ΔU；因而断开气态物质中1mol化学键所产生的热效应 ΔH 可近似等于键能。

化学反应的实质是断开反应物分子的化学键，形成生成物分子的化学键。断开化学键需要吸收能量，形成化学键要放出能量，通过化学键的断开与形成，应用键能的数据，可以近似估算化学反应热效应。

【例 2-3】 计算乙烯与水作用制备乙醇的反应热效应。$C_2H_4(g)+H_2O(g)═══C_2H_5OH(g)$。

解 已知有关键能数据如下：$E_{C=C}=615.05kJ\cdot mol^{-1}$；$E_{C-H}=413.38kJ\cdot mol^{-1}$；$E_{O-H}=462.75kJ\cdot mol^{-1}$；$E_{C-C}=347.69kJ\cdot mol^{-1}$；$E_{C-O}=351.46kJ\cdot mol^{-1}$。

反应过程中，断开的键有：4个C—H键；1个C═C键；2个O—H键。

形成的键有：5个C—H键；1个C—C键；1个C—O键；1个O—H键。

$$\Delta_r H_m^{\ominus}=(4\times E_{C-H}+E_{C=C}+2\times E_{O-H})-(5\times E_{C-H}+E_{C-C}+E_{C-O}+E_{O-H})$$
$$=(4\times 413.38+615.05+2\times 462.75)-(5\times 413.38+347.69+351.46+462.75)$$
$$=-34.73kJ\cdot mol^{-1}$$

由此可知，化学反应的热效应近似等于所有反应物的键能总和减去所有生成物的键能总和。

由于结构化学中键能的数据不够完全，而且在不同的化合物中，同一化学键的键能不一定相同，如在 C_2H_4 和 C_2H_5OH 中的C—H键的键能是有差别的，化学手册中的键能数值只是同一化学键的平均值，因而此方法不能精确求得反应的热效应，仅仅能用来估算反应热。

2.2 化学反应的方向

在化学反应的研究中，人们主要关心在给定条件下化学反应进行的方向能否得到预期的产物。

2.2.1 化学反应的自发过程和熵变

(1) 自发过程

自然界所发生的一切变化过程都有一定的方向性。例如，水总是自动地由高处流向低处，而不会自动地反向流动；当两个温度不同的物体相互接触时，热可以自动地从高温物体传给低温物体，经过足够长的时间后，两物体的温度趋于相同。这种在一定条件下不需外界做功，一经引发就能自动进行的过程，称为自发过程（对于化学过程，也称作自发反应）；

而只有借助外力做功才能进行的过程叫非自发过程。由此可知，自发过程与非自发过程是一个互逆的过程；自发过程和非自发过程都是可以进行的，区别就在于自发过程可以自动进行，而非自发过程则需要借助外力才能进行。在条件变化时，自发过程与非自发过程可以发生转化。如 $CaCO_3$ 的分解反应，在常温下为非自发过程，而在 910℃时该反应可以自发进行。在一定条件下，自发过程能一直进行直到其变化的最大限度，也就是化学平衡状态。

在长期的社会实践中，人们发现很多的自发反应，其过程中都伴随有能量放出，也就是有使物质系统倾向于能量最低的趋势，如 H_2 和 O_2 化合生成 H_2O 的过程。因此，早在 19 世纪，人们就试图以反应焓变作为自发过程的判据，认为在恒温恒压下，$\Delta_r H_m < 0$ 时，过程能自发进行；$\Delta_r H_m > 0$ 时，过程不能自发进行。这种以反应焓变作为判断反应方向的依据，简称焓变判据。

但是，对于在常温下冰自动融化生成水的反应，焓变判据无法解释。说明在判断反应方向时，除了反应焓变外，还有其他因素影响反应方向。通过对冰水转化的反应进行进一步的研究发现，在冰的晶体中，H_2O 有规则地排列在一定的晶格点上，是一种有序的状态，而在液态水中，H_2O 可以自由移动，既没有确定的位置，也没有固定的距离，是一种无序的状态；盐类的溶解、固体的分解等也是如此。如固体 $CaCO_3$ 的分解，生成 CaO 固体和 CO_2 气体，该变化过程中，不仅分子数增多，而且增加了气体产物，气体相对于固体和液体来说，分子运动更自由，分子间具有更大的混乱度。总之，系统的混乱度增大了。因此，自发过程都有使系统的混乱度趋于最大的趋势。这种以系统混乱度变化来判断反应方向的依据，简称熵判据。

由于系统的混乱度与自发变化的方向有关，为了找到更准确实用的反应方向判据，引入了一个新的概念——熵（entropy）。

（2）熵与化学反应的熵变

系统内组成物质的微观粒子运动的混乱程度，在热力学中用熵来表示（符号为 S）。不同的物质，不同的条件，其熵值不同。因此，熵是描述物质混乱度大小的物理量，是状态函数。系统的混乱度越大，对应的熵值就越大。标准压力下，在热力学温度为零开尔文时，任何纯物质的完整无损的纯净晶体的熵值为零（$S_0^\ominus=0$，下标“0”表示在 0K 时）。并以此为基础，可求得在其他温度下的熵值（$S_T^\ominus$）。

$$\Delta S^\ominus = S_T^\ominus - S_0^\ominus = S_T^\ominus - 0 = S_T^\ominus$$

$S_T^\ominus$ 即为该纯物质在温度 T 时的熵。某单位物质的量的纯物质在标准态下的熵值称为标准摩尔熵 $S_m^\ominus$，单位为 $J \cdot mol^{-1} \cdot K^{-1}$。通常手册中给出 298.15K 下一些常见物质的标准摩尔熵 $S_m^\ominus$ 值。

比较物质的标准熵值，可以得到如下的规律：

① 物质的聚集状态不同，其熵值不同，同种物质的气态熵最大，液态熵次之，固态熵最小。即 $S_m^\ominus(g) > S_m^\ominus(l) > S_m^\ominus(s)$。

② 熵与物质的分子量有关，分子结构相似而分子量又相近的物质熵值相近，如：$S_m^\ominus(CO)=197.9J \cdot mol^{-1} \cdot K^{-1}$，$S_m^\ominus(N_2)=191.5J \cdot mol^{-1} \cdot K^{-1}$；分子结构相似而分子量不同的物质，熵随分子量增大而增大，如 HF、HCl、HBr、HI 的 $S_m^\ominus$ 分别为 $173.7J \cdot mol^{-1} \cdot K^{-1}$、$186.8J \cdot mol^{-1} \cdot K^{-1}$、$198.59J \cdot mol^{-1} \cdot K^{-1}$、$206.48J \cdot mol^{-1} \cdot K^{-1}$。

③ 在结构及分子量都相近时，结构复杂的物质具有更大的熵值。如 $S_m^\ominus(C_2H_5OH, g)=282.6J \cdot mol^{-1} \cdot K^{-1}$；$S_m^\ominus(CH_3OCH_3, g)=266.3J \cdot mol^{-1} \cdot K^{-1}$。

④ 物质的熵值随温度的升高而增大，气态物质的熵值随压力的增大而减小。压力对液态、固态物质的熵影响很小，可以忽略不计。

熵与焓一样，化学反应的熵变 $\Delta_r S_m$ 与反应焓变 $\Delta_r H_m$ 的计算原则相同，只取决于反应的始态和终态，而与变化的途径无关。因此应用标准摩尔熵 $S_m^\ominus$ 的数值可以算出化学反应的标准摩尔反应熵变 $\Delta_r S_m^\ominus$：

$$\Delta_r S_m^\ominus = \sum \upsilon_i S_m^\ominus(\text{生成物}) + \sum \upsilon_i S_m^\ominus(\text{反应物}) \tag{2-9}$$

【例 2-4】 计算 298.15K、100kPa 下，$CaCO_3(s)$ ══ $CaO(s) + CO_2(g)$ 的 $\Delta_r S_m^\ominus$。

解 查附录 1 得：$S_m^\ominus(CaCO_3, s) = 91.7 J \cdot mol^{-1} \cdot K^{-1}$；$S_m^\ominus(CaO, s) = 38.1 J \cdot mol^{-1} \cdot K^{-1}$；$S_m^\ominus(CO_2, g) = 213.8 J \cdot mol^{-1} \cdot K^{-1}$。

$$\begin{aligned}\Delta_r S_m^\ominus &= \sum \upsilon_i S_m^\ominus(\text{生成物}) + \sum \upsilon_i S_m^\ominus(\text{反应物}) \\ &= S_m^\ominus(CaO, s) + S_m^\ominus(CO_2, g) - S_m^\ominus(CaCO_3, s) \\ &= 213.8 + 38.1 - 91.7 \\ &= 160.2 J \cdot mol^{-1} \cdot K^{-1}\end{aligned}$$

熵值增加有利于反应的自发进行，但与反应的焓变一样，不能仅用熵变作为自发过程的判据（仅对于孤立系统 $\Delta S_{\text{孤立}} > 0$，过程自发进行）。如在零摄氏度以下，水将自动结成冰，此过程为熵减少的反应；这表明反应的自发性与熵变、焓变都有关系，因此，引入一个新的热力学函数——吉布斯自由能。

2.2.2 吉布斯（Gibbs）自由能

1878 年美国著名物理化学家吉布斯（J. W. Gibbs）提出了一个与焓、熵、温度相关的新物理量，称之为吉布斯自由能。

(1) Gibbs 自由能

因为反应的自发过程与焓变、熵变和温度有关，而且 H、S、T 均为状态函数，热力学研究证实这三个变量的组合 $G = H - TS$，也是状态函数，定义为吉布斯函数，或称为吉布斯自由能（Gibbs free energy）。假设某一反应，在状态Ⅰ时，其焓为 H_1，熵为 S_1；状态Ⅱ时，焓为 H_2，熵为 S_2；在恒温下进行反应，则反应的焓变 $\Delta H = H_2 - H_1$，$T\Delta S = T(S_2 - S_1)$；两者相减可得：

$$\Delta H - T\Delta S = H_2 - H_1 - T(S_2 - S_1) = (H_2 - TS_2) - (H_1 - TS_1) = G_2 - G_1 = \Delta G$$

G 的绝对值是无法确定的，但我们关心的是在一定条件下系统的 Gibbs 自由能变 ΔG 的数值。ΔG 的性质与 ΔH 相似，它与物质的量有关，正逆反应的 ΔG 数值相等，符号相反。

在给定温度和标准状态下，由稳定单质生成 1mol 某物质时的 Gibbs 自由能变称为该物质的标准摩尔生成吉布斯自由能变，以符号“$\Delta_f G_m^\ominus$”（有时简写成 $\Delta G_f^\ominus$）表示，单位是 $kJ \cdot mol^{-1}$。同时，热力学规定 298.15K 时，稳定单质的标准摩尔生成吉布斯自由能变为零，即 $\Delta_f G_m^\ominus$（稳定单质，298.15K）= 0。书后的附录中列出了常见物质的 $\Delta_f G_m^\ominus$ 数值，通常情况下为 298.15K 的数值，如为其他温度，则应指明相应的温度。

对于一个化学反应，在标准状态下，反应前后吉布斯自由能的变化值称为反应的标准摩尔吉布斯自由能变（$\Delta_r G_m^\ominus$），可按下式求得：

$$\Delta_r G_m^\ominus = \sum \upsilon_i \Delta_f G_m^\ominus(\text{生成物}) + \sum \upsilon_i \Delta_f G_m^\ominus(\text{反应物}) \tag{2-10}$$

$$\Delta_r G_m^\ominus = \Delta_r H_m^\ominus - T\Delta_r S_m^\ominus \tag{2-11}$$

因为 $\Delta_r H_m^\ominus$ 和 $\Delta_r S_m^\ominus$ 随温度的变化不大，我们可以近似认为其与温度无关，所以可以用 298.15K 时的 $\Delta_r H_m^\ominus$ 和 $\Delta_r S_m^\ominus$ 替代其他任意温度下的 $\Delta_r H_m^\ominus(T)$ 和 $\Delta_r S_m^\ominus(T)$，来计算任意温度下的 $\Delta_r G_m^\ominus(T)$。即 $\Delta_r G_m^\ominus(T) \approx \Delta_r H_m^\ominus(298.15K) - T\Delta_r S_m^\ominus(298.15K)$

【例 2-5】 已知反应如下，由两种方法计算 $\Delta_r G_m^\ominus(298.15K)$，并比较数值的大小。

	$H_2(g)$	$+Cl_2(g)$	$=\!=\!=2HCl(g)$
$\Delta_f G_m^\ominus(298.15K)/kJ\cdot mol^{-1}$	0	0	−95.3
$\Delta_f H_m^\ominus(298.15K)/kJ\cdot mol^{-1}$	0	0	−92.3
$S_m^\ominus(298.15K)/J\cdot mol^{-1}\cdot K^{-1}$	130.7	223.1	186.9

解

$$\Delta_r G_m^\ominus(298.15K)=2\Delta_f G_m^\ominus(HCl,g)-\Delta_f G_m^\ominus(H_2,g)-\Delta_f G_m^\ominus(Cl_2,g)$$
$$=2\times(-95.3)-0-0=-190.6kJ\cdot mol^{-1}$$

$$\Delta_r H_m^\ominus(298.15K)=2\Delta_f H_m^\ominus(HCl,g)-\Delta_f H_m^\ominus(H_2,g)-\Delta_f H_m^\ominus(Cl_2,g)$$
$$=2\times(-92.3)-0-0=-184.6kJ\cdot mol^{-1}$$

$$\Delta_r S_m^\ominus(298.15K)=2S_m^\ominus(HCl,g)-S_m^\ominus(H_2,g)-S_m^\ominus(Cl_2,g)$$
$$=2\times186.9-223.1-130.7=20J\cdot mol^{-1}\cdot K^{-1}$$

$$\Delta_r G_m^\ominus(298.15K)=\Delta_r H_m^\ominus(298.15K)-T\Delta_r S_m^\ominus(298.15K)$$
$$=-184.6kJ\cdot mol^{-1}-298.15\times20\div1000=-190.56kJ\cdot mol^{-1}$$

由计算可见，两种方法计算得到的 $\Delta_r G_m^\ominus$ 基本相等。

（2）自发反应方向的判据

热力学研究指出，在封闭系统中，恒温、恒压只做体积功的条件下，自发变化的方向是Gibbs 自由能变减小的方向，即

$\Delta_r G_m<0$　自发过程，反应能够正向自发进行。

$\Delta_r G_m>0$　非自发过程，反应能够逆向自发进行。

$\Delta_r G_m=0$　反应处于平衡状态。

这就是恒温恒压下自发变化方向的吉布斯自由能变判据。

由式(2-11) 可以看出，吉布斯自由能变包括焓变和熵变两种与反应方向有关的因子，体现了焓变和熵变两种效应的对立统一，可以准确地判断化学反应的方向。具体情况可分如下几种：

① 如果 $\Delta_r H_m<0$（放热），同时 $\Delta_r S_m>0$（熵增加），则 $\Delta_r G_m<0$，在任意温度下，正反应均能自发进行。如 $H_2(g)+Cl_2(g)=\!=\!=2HCl(g)$。

② 如果 $\Delta_r H_m>0$（吸热），同时 $\Delta_r S_m<0$（熵减少），则 $\Delta_r G_m>0$，在任意温度下，正反应均不能自发进行；但其逆反应可在任意温度下自发进行。如 $3O_2(g)=\!=\!=2O_3(g)$。

③ 如果 $\Delta_r H_m<0$（放热），同时 $\Delta_r S_m<0$（熵减少），在低温下 $|\Delta_r H_m|>|T\Delta_r S_m|$，则 $\Delta_r G_m<0$，正反应能自发进行；而在高温下 $|\Delta_r H_m|<|T\Delta_r S_m|$，则 $\Delta_r G_m>0$，正反应不能自发进行。如 $2NO(g)+O_2(g)=\!=\!=2NO_2(g)$。

④ 如果 $\Delta_r H_m>0$（吸热），同时 $\Delta_r S_m>0$（熵增加），在低温下 $|\Delta_r H_m|>|T\Delta_r S_m|$，则 $\Delta_r G_m>0$，正反应不能自发进行；而在高温下 $|\Delta_r H_m|<|T\Delta_r S_m|$，则 $\Delta_r G_m<0$，正反应能自发进行。如 $CaCO_3(s)=\!=\!=CaO(s)+CO_2(g)$。

由上述四种情况看，放热反应不一定都能正向进行，吸热反应在一定条件下也可以自发进行。①、②两种情况焓变、熵变的效应方向一致，而③、④两种情况的焓变、熵变效应方向相反，低温下，以焓变为主，高温下，以熵变为主。随温度变化，自发过程与非自发过程之间相互转化。当 $\Delta_r G_m=0$ 时，系统处于平衡状态。此时温度改变，反应方向发生改变，该温度称为转变温度 $T_{转}$。

$$\Delta_r G_m^\ominus(T)\approx\Delta_r H_m^\ominus(298.15K)-T\Delta_r S_m^\ominus(298.15K)$$

$$T_{转} \approx \frac{\Delta_r H_m^{\ominus}(298.15K)}{\Delta_r S_m^{\ominus}(298.15K)} \qquad (2\text{-}12)$$

从前面的讨论中可以看出，判断反应方向使用的是 $\Delta_r G_m$，而非 $\Delta_r G_m^{\ominus}$；我们前面所介绍的计算方法均为求解 $\Delta_r G_m^{\ominus}$。那么 $\Delta_r G_m$ 与 $\Delta_r G_m^{\ominus}$ 是什么关系呢？

实际上，许多化学反应并不是在标准状态下进行的，在等温、等压及非标准状态下，对任一反应：

$$mA + nB = pC + qD$$

根据热力学推导，我们可以得到如下的关系式：

$$\Delta_r G_m = \Delta_r G_m^{\ominus} + RT\ln Q \quad 或 \quad \Delta_r G_m = \Delta_r G_m^{\ominus} + 2.303RT\lg Q \qquad (2\text{-}13)$$

此式称为化学反应等温方程式，式中 Q 称为反应商。

对于气相反应：
$$Q = \frac{(p_C/p^{\ominus})^p\ (p_D/p^{\ominus})^q}{(p_A/p^{\ominus})^m\ (p_B/p^{\ominus})^n}$$

对于水溶液中的反应：
$$Q = \frac{(c_C/c^{\ominus})^p\ (c_D/c^{\ominus})^q}{(c_A/c^{\ominus})^m\ (c_B/c^{\ominus})^n}$$

对于固体、纯液体，由于它们对 $\Delta_r G_m$ 的影响较小，故它们不出现在反应商的表达式中。如：$Zn(s) + 2H^+(aq) = Zn^{2+}(aq) + H_2(g)$

其反应商的表达式为：
$$Q = \frac{(c_{Zn^{2+}}/c^{\ominus})(p_{H_2}/p^{\ominus})}{(c_{H^+}/c^{\ominus})^2}$$

表达式中的 p_i 为该气体分压。当反应中各物质均处于标准态时，$Q=1$，则 $\Delta_r G_m = \Delta_r G_m^{\ominus}$，可用 $\Delta_r G_m^{\ominus}$ 来判断反应方向。但多数反应处于非标准态，$\Delta_r G_m \neq \Delta_r G_m^{\ominus}$，此时，只有当 $|\Delta_r G_m^{\ominus}| > 40kJ \cdot mol^{-1}$ 时，才可以用 $\Delta_r G_m^{\ominus}$ 判定反应方向。

$\Delta_r G_m^{\ominus} < -40kJ \cdot mol^{-1}$　　一般为自发过程，反应能够正向自发进行

$\Delta_r G_m^{\ominus} > 40kJ \cdot mol^{-1}$　　一般为非自发过程，反应能够逆向自发进行

【例 2-6】 已知反应 $CaCO_3(s) = CaO(s) + CO_2(g)$，试判断 298.15K 和 1500K 温度下正反应是否能自发进行，并求其转变温度。

解 查附录 1：

	$CaCO_3(s)$ =	$CaO(s)$ +	$CO_2(g)$
$\Delta_f H_m^{\ominus}(298.15K)/kJ \cdot mol^{-1}$	−1207.6	−634.9	−393.5
$S_m^{\ominus}(298.15K)/J \cdot mol^{-1} \cdot K^{-1}$	91.7	38.1	213.8

$$\Delta_r H_m^{\ominus}(298.15K) = \Delta_f H_m^{\ominus}(CaO,s) + \Delta_f H_m^{\ominus}(CO_2,g) - \Delta_f H_m^{\ominus}(CaCO_3,s)$$
$$= -634.9 + (-393.5) - (-1207.6) = 179.20kJ \cdot mol^{-1}$$

$$\Delta_r S_m^{\ominus}(298.15K) = S_m^{\ominus}(CaO,s) + S_m^{\ominus}(CO_2,g) - S_m^{\ominus}(CaCO_3,s)$$
$$= 38.1 + 213.8 - 91.7 = 160.2J \cdot mol^{-1} \cdot K^{-1}$$

$$\Delta_r G_m^{\ominus}(298.15K) = \Delta_r H_m^{\ominus}(298.15K) - T\Delta_r S_m^{\ominus}(298.15K)$$
$$= 179.20 - 298.15 \times 160.2 \div 1000 = 131.5kJ \cdot mol^{-1}$$

$\Delta_r G_m^{\ominus}(298.15K) > 40kJ \cdot mol^{-1}$，反应不能正向自发进行。

$$\Delta_r G_m^{\ominus}(1500K) \approx \Delta_r H_m^{\ominus}(298.15K) - T\Delta_r S_m^{\ominus}(298.15K)$$
$$= 179.20 - 1500 \times 160.2 \div 1000 = -61.10kJ \cdot mol^{-1}$$

此时，$\Delta_r G_m^{\ominus}(1500K) < -40kJ \cdot mol^{-1}$，正反应可以自发进行。

$$T_{转} \approx \frac{\Delta_r H_m^{\ominus}(298.15K)}{\Delta_r S_m^{\ominus}(298.15K)} = \frac{179.20 \times 10^3}{160.2} = 1119K$$

【例 2-7】 计算 320K 时，反应 $2HI(g) \rightleftharpoons H_2(g)+I_2(g)$ 的 $\Delta_r G_m$ 和 $\Delta_r G_m^\ominus$，并判断反应进行的方向。已知 $p_{HI}=0.0400MPa$，$p_{H_2}=0.00100MPa$，$p_{I_2}=0.00100MPa$。

解 查附录 1 得：

	$2HI(g)$	$H_2(g)$	$I_2(g)$
$\Delta_f H_m^\ominus(298.15K)/kJ \cdot mol^{-1}$	26.5	0	62.4
$S_m^\ominus(298.15K)/J \cdot mol^{-1} \cdot K^{-1}$	206.6	130.7	260.7

$$\Delta_r H_m^\ominus(298.15K)=\Delta_f H_m^\ominus(H_2,g)+\Delta_f H_m^\ominus(I_2,g)-2\Delta_f H_m^\ominus(HI,g)$$
$$=0+62.4-2\times 26.5=9.4kJ \cdot mol^{-1}$$
$$\Delta_r S_m^\ominus(298.15K)=S_m^\ominus(H_2,g)+S_m^\ominus(I_2,g)-2S_m^\ominus(HI,g)$$
$$=130.7+260.7-2\times 206.6=-21.8J \cdot mol^{-1} \cdot K^{-1}$$
$$\Delta_r G_m^\ominus(320K)=\Delta_r H_m^\ominus(298.15K)-T\Delta_r S_m^\ominus(298.15K)$$
$$=9.4-320\times(-21.8)\div 1000=16.376kJ \cdot mol^{-1}$$

$$\Delta_r G_m=\Delta_r G_m^\ominus+2.303RT\lg Q$$
$$=16.376+2.303\times 8.314\times 10^{-3}\times 320\times \lg\frac{(0.00100/0.100)\times(0.00100/0.100)}{(0.0400/0.100)^2}$$
$$=-3.255kJ \cdot mol^{-1}$$

由于 $\Delta_r G_m<0$，所以反应可以正向进行。

【例 2-8】 对于反应 $CCl_4(l)+H_2(g) \rightleftharpoons HCl(g)+CHCl_3(l)$，比较：①在标准状态（298.15K）下，② $p_{H_2}=1.00\times 10^6 Pa$ 和 $p_{HCl}=1.00\times 10^4 Pa$ 时自发反应的方向。已知 $\Delta_r H_m^\ominus(298.15K)=-90.34kJ \cdot mol^{-1}$，$\Delta_r S_m^\ominus(298.15K)=41.5J \cdot mol^{-1} \cdot K^{-1}$。

解 ① $\Delta_r G_m^\ominus(298.15K)=\Delta_r H_m^\ominus(298.15K)-T\Delta_r S_m^\ominus(298.15K)$

$$=-90.34-298.15\times 41.5\div 1000=-102.7kJ \cdot mol^{-1}$$

$\Delta_r G_m^\ominus<0$，在标准状态下，正反应自发进行。

② $\Delta_r G_m=\Delta_r G_m^\ominus+RT\ln Q$

$$=\Delta_r G_m^\ominus+RT\ln\frac{\frac{p_{HCl}}{p^\ominus}}{\frac{p_{H_2}}{p^\ominus}}$$

$$=-102.7+8.314\times 10^{-3}\times 298.15\times \ln\frac{\frac{1.00\times 10^4}{1.00\times 10^5}}{\frac{1.00\times 10^6}{1.00\times 10^5}}=-114.1kJ \cdot mol^{-1}$$

在非标准状态时，$\Delta_r G_m<0$，所以正反应可以自发进行。

2.3 化学反应速率

对于一个化学反应，当判断出反应方向后，并不表示该反应一定能用于生产实际，因为一个在热力学上可进行的化学反应，其反应速率的快慢将直接决定该反应的应用前景。

2.3.1 化学反应速率的基本概念

在化学上，用单位时间内反应物浓度的减小或生成物浓度的增加来表示反应速率（rate

of chemical reaction)。浓度的单位常用 $mol \cdot L^{-1}$，时间的单位可选秒（s）、分（min）、小时（h）等。因此反应速率的单位为 $mol \cdot L^{-1} \cdot s^{-1}$、$mol \cdot L^{-1} \cdot min^{-1}$ 或 $mol \cdot L^{-1} \cdot h^{-1}$。绝大多数化学反应的反应速率是不断变化的，因此在描述化学反应速率时可选用平均速率和瞬时速率两种。

(1) 平均速率

平均速率是指在 Δt 时间内，反应物浓度的减小或生成物浓度的增加来表示的反应速率。对于反应 $mA+nB \longrightarrow pC+qD$，以各种物质表示的平均速率为：

$$v_A = -\frac{\Delta c_A}{\Delta t} \qquad v_B = -\frac{\Delta c_B}{\Delta t} \qquad v_C = \frac{\Delta c_C}{\Delta t} \qquad v_D = \frac{\Delta c_D}{\Delta t}$$

【例 2-9】 在测定 $K_2S_2O_8$ 与 KI 反应速率的实验中，所得数据如下：

	$S_2O_8^{2-}(aq)$	$+3I^-(aq)$	$\longrightarrow 2SO_4^{2-}(aq)$	$+I_3^-(aq)$
$c_0/mol \cdot L^{-1}$	0.077	0.077	0	0
$c_{90s}/mol \cdot L^{-1}$	0.074	0.068	0.006	0.003

计算反应开始后 90s 内的平均速率。

解

$$v_{S_2O_8^{2-}} = -\frac{\Delta c_{S_2O_8^{2-}}}{\Delta t} = -\frac{0.074-0.077}{90-0} = 3.3 \times 10^{-5}\ mol \cdot L^{-1} \cdot s^{-1}$$

$$v_{I^-} = -\frac{\Delta c_{I^-}}{\Delta t} = -\frac{0.068-0.077}{90-0} = 1.0 \times 10^{-4}\ mol \cdot L^{-1} \cdot s^{-1}$$

$$v_{SO_4^{2-}} = \frac{\Delta c_{SO_4^{2-}}}{\Delta t} = \frac{0.006-0}{90-0} = 6.7 \times 10^{-5}\ mol \cdot L^{-1} \cdot s^{-1}$$

$$v_{I_3^-} = \frac{\Delta c_{I_3^-}}{\Delta t} = \frac{0.003-0}{90-0} = 3.3 \times 10^{-5}\ mol \cdot L^{-1} \cdot s^{-1}$$

$$v_{S_2O_8^{2-}} = \frac{1}{3}v_{I^-} = \frac{1}{2}v_{SO_4^{2-}} = v_{I_3^-}$$

计算表明，反应速率用不同物质表示时，其数值不相等，而实际上它们所表示的是同一反应速率。因此在表示某一反应速率时，应标明是哪种物质的浓度变化。但是，若都除以反应物前的计量系数，则得到相同的反应速率值。

【例 2-10】 在 400℃下，把 0.1mol CO 和 0.1mol NO_2 引入体积为 1L 的容器中，每隔 10s 抽样，快速冷却，终止反应，分析 CO 的浓度结果如下。

CO 浓度/(mol·L⁻¹)	0.100	0.067	0.050	0.040	0.033
反应时间 t/s	0	10	20	30	40

解 0～10s CO 平均速率：$v_{CO} = -\frac{\Delta c_{CO}}{\Delta t} = -\frac{0.067-0.100}{10-0} = 0.0033 mol \cdot L^{-1} \cdot s^{-1}$

10～20s CO 平均速率：$v_{CO} = -\frac{\Delta c_{CO}}{\Delta t} = -\frac{0.050-0.067}{20-10} = 0.0017 mol \cdot L^{-1} \cdot s^{-1}$

20～30s CO 平均速率：$v_{CO} = -\frac{\Delta c_{CO}}{\Delta t} = -\frac{0.040-0.050}{30-20} = 0.0010 mol \cdot L^{-1} \cdot s^{-1}$

30～40s CO 平均速率：$v_{CO} = -\frac{\Delta C_{CO}}{\Delta t} = -\frac{0.033-0.040}{40-30} = 0.0007 mol \cdot L^{-1} \cdot s^{-1}$

从计算结果可以看出，同一物质在不同的反应时间内，其反应速率不同。随着反应的进行，反应速率在减小，而且始终在变化。因此平均速率不能准确地表达出化学反应在某一瞬间的真实反应速率，只有采用瞬时速率才能说明反应的真实情况。

（2）瞬时速率

瞬时反应速率是指某反应在某一时刻的真实速率。它等于时间间隔趋于无限小时的平均速率的极限值。瞬时反应速率可以根据作图的方法求出。以浓度为纵坐标，时间为横坐标作 c-t 图，在时间 t 处作该点的切线，该切线的斜率即为该反应物在时间 t 处的瞬时反应速率。也可按公式计算：

$$v_A=\lim_{\Delta t\to 0}\left(-\frac{\Delta c_A}{\Delta t}\right)=-\frac{dc_A}{dt}\quad v_B=-\frac{dc_B}{dt}\quad v_C=\frac{dc_C}{dt}\quad v_D=\frac{dc_D}{dt}$$

瞬时反应速率能够真实反映化学反应的过程，但用理论求解的不多，较常见的是由实验测得一系列数据，然后通过作图得到反应速率。

2.3.2 影响化学反应速率的因素

化学反应速率的大小，主要取决于物质的本性，也就是内因起主要作用。比如，一般的无机反应速率较快，而有机反应相对较慢。但一些外部条件，如浓度、压力、温度和催化剂等，对反应速率的影响也是不可忽略的。

2.3.2.1 浓度对反应速率的影响

（1）质量作用定律

从大量的实验中发现，大多数化学反应，反应物浓度增大，反应速率增大。因此得到了质量作用定律（law of mass action）：在恒温下，反应速率与各反应物浓度的相应幂的乘积成正比。对于一般反应 $mA+nB=pC+qD$

$$v=kc_A^{\alpha}c_B^{\beta}\tag{2-14}$$

式(2-14) 称为反应速率方程（rate equation）。式中比例常数 k 称为反应的速率常数（rate constant），其数值与浓度无关，但受反应温度的影响。不同的反应 k 值不同，同一反应 k 值与浓度无关，但同一反应不同温度下 k 值也不同。其单位由反应级数 $n=\alpha+\beta$ 来确定，通式为：$mol^{1-n}\cdot L^{n-1}\cdot s^{-1}$，$\alpha$ 和 β 称为反应物 A 和 B 的反应级数，$\alpha+\beta$ 称为总反应级数。反应级数可以是整数，也可以是分数，它表明了反应速率与各反应物浓度之间的关系，即某一反应物浓度的改变对反应速率的影响程度。反应的速率方程一般是通过实验得到的，但对于基元反应，可以根据反应方程式直接写出。速率方程所表示的为瞬时反应速率。

（2）反应级数

一个化学反应是否是基元反应，与反应进行的具体历程有关，是通过实验确定的。在化学上，把从反应物经一步反应就直接转变为生成物的反应称为基元反应（元反应）（elementary reaction）。而把从反应物经多步反应才转变为生成物的反应称为复杂反应（非基元反应）。显然，复杂反应是由两个或两个以上的基元反应组成的。

质量作用定律适用于基元反应，也就是 $\alpha=m$、$\beta=n$，速率方程可以直接根据反应方程式写出，并应用其进行计算。但对于复杂反应来说，$\alpha\neq m$、$\beta\neq n$，所以不能直接根据化学方程式写出速率方程，其速率方程的获得是通过实验得到的。人们通过研究发现，质量作用定律的速率方程适用于复杂反应中的每一步基元反应。如：

基元反应　$2NO(g)+O_2(g)=2NO_2(g)$　$v=kc_{NO}^2c_{O_2}$

复杂反应　$2NO(g)+2H_2(g)=N_2(g)+2H_2O(g)$　$v=kc_{NO}^2c_{H_2}$

对于基元反应，可直接由质量作用定律写出速率方程；而对于非基元反应，反应速率与氢气浓度的一次方，而不是二次方成正比，不符合质量作用定律，不能直接根据反应式写出速率方程。原因在于，该反应是分步进行的，具体反应历程如下：

$2NO(g)+H_2(g)=N_2(g)+H_2O_2(g)$　慢反应

$H_2O_2(g)+H_2(g)=\!=\!=2H_2O(g)$　　　　快反应

在两个反应中，第二个反应进行得很快，即 $H_2O_2(g)$ 一旦出现，反应迅速发生，生成 $H_2O(g)$；而第一个反应进行得较慢，因此总的反应速率取决于第一步慢反应的速率，由于每一步反应均为基元反应，所以根据质量作用定律，可以得到反应的速率方程为：

$$v=kc_{NO}^2c_{H_2}$$

大多数复杂反应的速率方程中，浓度的指数与方程式的计量系数是不一致的，其反应级数必须由实验来确定；但如果知道了复杂反应的机理，即知道了它是由哪些基元反应组成的，就可以根据质量作用定律写出其速率方程。

需要注意的是，以上的讨论都是基于均相反应，对于有固体或纯液体参与的反应，如果它们不溶于反应介质中，则不出现在表达式中。

根据前面的讨论，可以得到这样的结论：当增加反应物的浓度时，化学反应的速率增大（零级反应除外）。此时，除正反应速率增大外，逆反应速率也相应增大。这是因为，随着反应的进行，反应物的一部分转化为生成物，因此，生成物的浓度比原浓度也相应增大，故而逆反应速率也相应增大。但正逆反应速率增大的倍数是不同的。正反应速率增大的倍数要大于逆反应速率增大的倍数。对于零级反应，由于其反应级数为零，所以其反应速率与浓度无关。

2.3.2.2 温度对化学反应速率的影响

对于大多数反应，温度升高，反应速率增大，只有极少数反应（如 NO 氧化生成 NO_2）例外。实验证明，反应温度每升高 10℃，反应速率增大 2～4 倍。

(1)阿仑尼乌斯公式

1889 年阿仑尼乌斯（Arrhenius）研究了蔗糖水解速率与温度的关系，提出了反应速率常数与温度之间的经验关系式——阿仑尼乌斯方程：

$$k=Ae^{-E_a/RT} \tag{2-15}$$

用对数表示为：

$$\ln k=-E_a/(RT)+\ln A \tag{2-16}$$

$$\lg k=-E_a/(2.303RT)+\lg A \tag{2-17}$$

式中，A 称为指前因子；E_a为活化能；k 是反应速率常数；R 是摩尔气体常数。在温度变化不大的范围内，A 与 E_a不随温度而变化，可以视为常数。从式中可以看出，温度的微小变化，都将导致 k 的较大变化，从而引起反应速率的较大变化。

对同一反应，已知活化能和某温度 T_1的速率常数 k_1，可求任意温度 T_2下的速率常数 k_2，或已知两个温度下的速率常数，可求该反应的活化能。由阿仑尼乌斯公式：

$$\lg k_2=-E_a/(2.303RT_2)+\lg A \quad 和 \quad \lg k_1=-E_a/(2.303RT_1)+\lg A$$

两式相减，可得：

$$\lg\frac{k_2}{k_1}=\frac{E_a}{2.303R}\frac{T_2-T_1}{T_1T_2} \tag{2-18}$$

【例 2-11】 已知某反应，当温度从 27℃升高到 37℃时，速率常数加倍，估算该反应的活化能。

解 由式(2-18) $\lg\frac{k_2}{k_1}=\frac{E_a}{2.303R}\frac{T_2-T_1}{T_1T_2}$，得 $E_a=2.303R\times\frac{T_1T_2}{T_2-T_1}\lg\frac{k_2}{k_1}$

$$E_a=2.303\times R\times\frac{300\times310}{310-300}\times\lg2=53.5\text{kJ}\cdot\text{mol}^{-1}$$

(2) 活化能

阿仑尼乌斯提出了一个设想，即不是反应物分子之间的任何一次直接作用都能发生反应。在直接碰撞中，能量高的分子能发生反应，称为活化分子（activated molecule）。在统计热力学中把活化分子的平均能量与反应物分子的平均能量的差值称为活化能（activated energy）。

从阿仑尼乌斯公式可以看出，反应速率常数不仅与温度有关，而且与反应活化能有关。

① 对于同一化学反应，活化能 E_a 一定，则温度越高，k 值越大。一般情况下，温度每升高 10℃，k 值将增大 2～10 倍。

② 在同一温度下，活化能 E_a 大的反应，其 k 值较小，反应速率慢；反之，活化能 E_a 小，反应速率常数 k 值大，反应速率快。

③ 对于同一反应，在高温区，升高温度时，k 值增加的倍数小；而在低温区，升高同样温度时，k 值增加的倍数大。

④ 当升高温度的数值相同时，E_a 大的反应，k 值增加的倍数大；E_a 小的反应，k 值增加的倍数小。

【例 2-12】 在 N_2O_5 气相分解反应中，$2N_2O_5(g) = 4NO_2(g) + O_2(g)$，已知 338K 时，$k_1 = 4.87\times10^{-3}\,s^{-1}$；318K 时，$k_2 = 4.98\times10^{-4}\,s^{-1}$；求：①该反应的活化能 E_a；②298K 时的速率常数 k_3。

解 ① 因为
$$\lg\frac{k_2}{k_1} = \frac{E_a}{2.303R}\,\frac{T_2 - T_1}{T_1T_2}$$

所以
$$E_a = 2.303R\,\frac{T_1T_2}{T_1 - T_2}\lg\frac{k_1}{k_2}$$
$$= 2.303\times8.314\times10^{-3}\times\frac{338\times318}{338-318}\lg\frac{4.87\times10^{-3}}{4.98\times10^{-4}} = 102\text{kJ}\cdot\text{mol}^{-1}$$

② 由 $\lg\dfrac{k_1}{k_3} = \dfrac{E_a}{2.303R}\left(\dfrac{1}{T_3} - \dfrac{1}{T_1}\right)$

得 $\lg k_3 = \lg k_1 - \dfrac{E_a}{2.303R}\left(\dfrac{1}{T_3} - \dfrac{1}{T_1}\right)$
$$= \lg4.87\times10^{-3} - \frac{102\times10^3}{2.303\times8.314}\left(\frac{1}{298} - \frac{1}{338}\right) = -4.428$$
$$k_3 = 3.73\times10^{-5}\,s^{-1}$$

2.3.2.3 催化剂、催化作用与化学反应速率

增大反应物浓度、升高反应温度均可使化学反应速率加快。但是，浓度增大，反应物的量加大，反应成本提高；有时升高温度又会产生副反应。所以，在有些情况下，上述两种手段的利用受到限制。如果采用催化剂（catalyst），则可以有效地增大反应速率。

催化剂是那些能显著改变反应速率，而在反应前后自身的组成、质量和化学性质基本不变的物质。其中，能加快反应速率的称为正催化剂；能减慢反应速率的称为负催化剂。例如，合成氨生产中使用的铁，硫酸生产中使用的 V_2O_5，以及促进生物体化学反应的各种酶（如淀粉酶、蛋白酶、脂肪酶等）均为正催化剂；减慢金属腐蚀的缓蚀剂，防止橡胶、塑料老化的抗老化剂等均为负催化剂。不过通常所说的催化剂一般是指正催化剂。

催化剂之所以能显著地增大化学反应速率，是因为加入的催化剂与反应物之间形成一种势能较低的活化配合物，从而改变反应的历程，与无催化反应的历程相比较，所需的活化能显著地降低，如图 2-1 所示，从而使活化分子百分数和有效碰撞次数增多，导致反应速率增大。对于反应 $A+B\longrightarrow C$，原反应历程为：$A+B\longrightarrow[A\cdots B]\longrightarrow C$，其反应活化能为 E_a。加入催化剂 K 后，改变了反应历程：

$$A+K \longrightarrow [A\cdots K] \longrightarrow AK \qquad 活化能为 E_{a(1)}$$
$$AK+B \longrightarrow [B\cdots A\cdots K] \longrightarrow C+K \qquad 活化能为 E_{a(2)}$$

由于 $E_{a(1)}<E_a$，$E_{a(2)}<E_a$，所以有催化剂 K 参与的反应是一个活化能较低的反应途径，因而反应速率加快了。

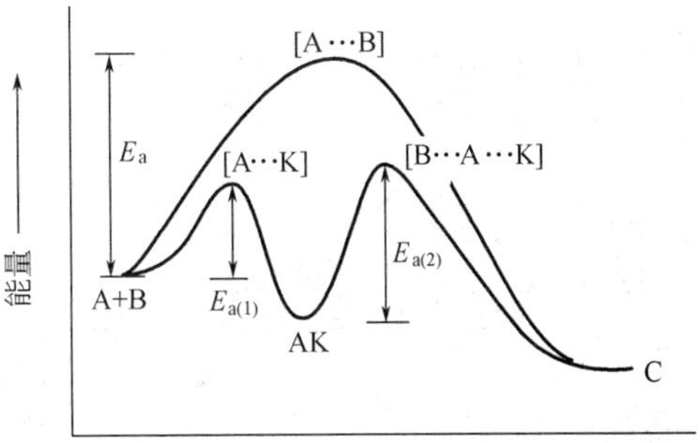

图 2-1 催化反应活化能示意图

对于催化反应应注意以下几个方面：

① 催化剂只能通过改变反应途径来改变反应速率，但不能改变反应的焓变（$\Delta_r H_m^{\ominus}$）、反应方向和限度。

② 在反应速率方程中，催化剂对反应速率的影响体现在反应速率常数（k）内。对确定的反应来说，反应温度一定时，采用不同的催化剂一般有不同的 k 值。

③ 对同一可逆反应来说，催化剂等值地降低正、逆反应的活化能。

④ 催化剂具有选择性。某一反应或某一类反应使用的催化剂往往对其他反应无催化作用。例如，合成氨使用的铁催化剂无助于 SO_2 的氧化。化工生产上，在复杂的反应系统中常常利用催化剂加速反应并抑制其他反应的进行，以提高产品的质量和产量。

催化剂在现代化学、化工中起着极为重要的作用。据统计，化工生产中约有 85% 的化学反应需要使用催化剂。尤其在当前的大型化工、石油化工中，很多化学反应用于生产都是在找到了优良的催化剂后才付诸实现的。

2.3.2.4 其他影响反应速率的因素

热力学上把物系中物理状态和化学组成、性质完全相同的均匀部分称为一个“相”。根据系统和相的概念，可以把化学反应分为单相反应和多相反应两类。

单相反应（均匀系统反应）即反应系统中只存在一个相的反应。例如气相反应、某些液相反应均属单相反应。

多相反应（不均匀系统反应）即反应系统中同时存在着两个或两个以上相的反应。例如气-固相反应（如煤的燃烧、金属表面的氧化等）、固-液相反应（如金属与酸的反应）、固-固相反应（如水泥生产中的若干主反应等）、某些液-液相反应（如油脂与 NaOH 水溶液的反应）等均属多相反应。

在多相反应中，由于反应在相与相间的界面上进行，因此多相反应的反应速率除了上述的几种因素外，还可能与反应物接触面积的大小和接触机会的多少有关。为此，化工生产上往往把固态反应物先行粉碎、拌匀，再进行反应；将液态反应物喷淋、雾化，使其与气态反应物充分混合、接触；溶液中进行的多相反应则普遍采用搅拌、振荡的方法，强化扩散作用，增加反应物的碰撞频率并使生成物及时脱离反应界面。

此外，超声波、激光及高能射线的作用，也可能影响某些化学反应的反应速率。

2.3.3 反应速率理论

(1) 有效碰撞理论

该理论认为，发生化学反应的先决条件是反应物分子之间要相互碰撞，但是当分子间发生碰撞的部位不匹配或碰撞的能量不足时，往往是碰撞的结果不能引发化学反应。实验证明，只有当某些具有比普通分子能量高的分子在一定的方位上相互碰撞后，才有可能引起化学反应。在动力学中，把能导致化学反应发生的碰撞称为有效碰撞，能发生有效碰撞的分子

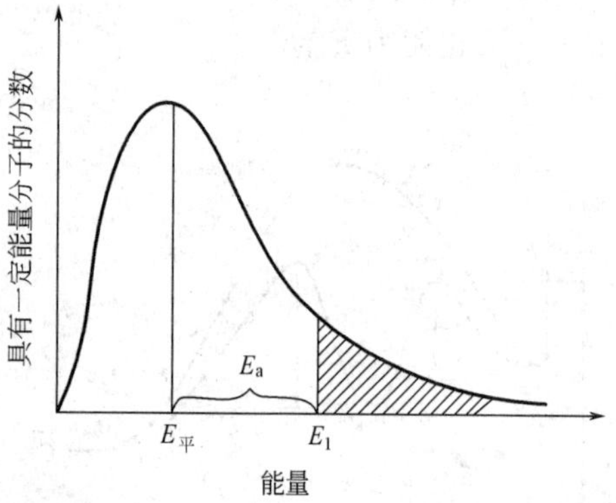

图 2-2 气体分子能量分布规律

称为活化分子。由气体分子运动论可知，气体分子在容器中不断地做无规则运动，它们通过无数次的碰撞进行能量交换，并使每个分子具有不同的能量。图 2-2 用统计的方法得出了在一定温度下气体分子能量分布的规律，即分子能量分布曲线。它表示在一定温度下，气体分子具有不同的能量。图中 $E_平$ 表示分子的平均能量；E_1 表示活化分子的平均能量，它是发生化学反应分子所必须具有的能量，即只有当气体中有些能量大于或等于 E_1 的分子相互碰撞后，才能发生有效碰撞，才能引起化学反应。图中的 $E_1 - E_平 = E_a$，E_a 称为活化能。对于任何一个具体的化学反应，在一定温度下，均有一定的 E_a 值。E_a 越大的反应，由于能满足这样大的能量的分子数越少，因而有效碰撞次数越少，化学反应速率越慢。反之亦然。

具备了足够能量的碰撞也并不都发生反应，碰撞的取向也将影响碰撞的结果，只有当碰撞处于有利取向时才发生反应。如 CO 与 NO_2 碰撞时，只有 CO 中的 C 与 NO_2 中的 O 迎头相碰时才会发生化学反应。这种取向的概率很小，综合以上因素，反应速率表达式为：

$$反应速率 = f \times p \times z$$

式中　f——活化分子的百分数；

　　　p——碰撞处于有利反应取向的概率；

　　　z——反应物分子碰撞次数。

由于 f 和 p 都远远小于 1，所以反应速率远远小于碰撞次数。

有效碰撞理论为深入研究化学反应速率与活化能的关系提供了理论依据，但它并未从分子内部的原子重新组合的角度来揭示活化能的物理意义。

（2）过渡状态理论

反应速率的另一个理论是过渡状态理论，又称为活化配合物理论。该理论认为，在化学反应过程中，当反应物分子充分接近到一定的程度时，分子所具有的动能转变为分子内相互作用的势能，而使反应物分子中原有的旧化学键被削弱，新的化学键逐步形成，形成一个势能较高的过渡状态 $[ON\cdots O\cdots CO]$，该过渡态极不稳定，因此，活化配合物一经形成就极易分解。它既可分解为产物 NO 和 CO_2，也可分解为原反应物 NO_2 和 CO 分子。当活化配合物 $[ON\cdots O\cdots CO]$ 中靠近 C 原子的那一个 N—O 键完全断开，新形成的 O—C 键进一步强化时，即形成了产物 NO 和 CO_2，此时整个系统的势能降低，反应即告完成。

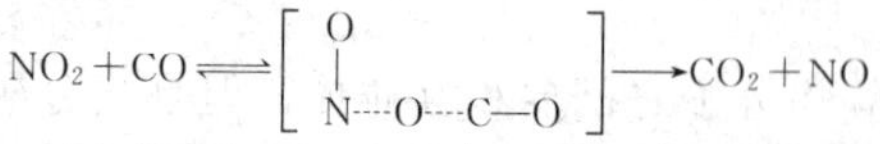

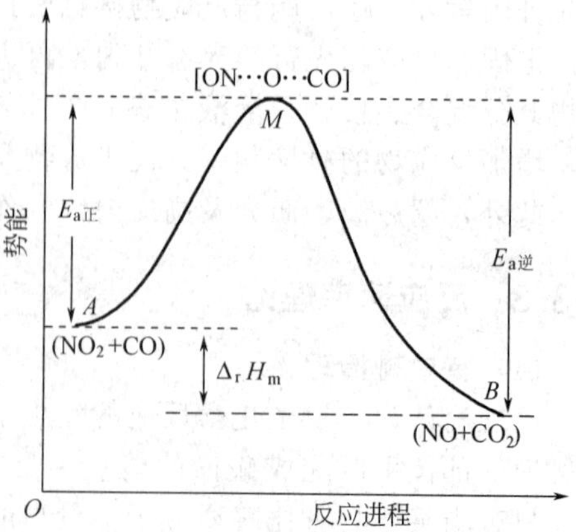

$$NO_2 + CO \rightleftharpoons \begin{bmatrix} & O & \\ & | & \\ N\cdots O\cdots C & —O \end{bmatrix} \longrightarrow CO_2 + NO$$

图 2-3 为反应过程中势能变化示意。图中 M 点对应的能量为基态活化配合物 $[ON\cdots O\cdots CO]$ 的势能。A 点对应的能量为基态反应物（$NO_2 +$

图 2-3　反应过程中势能变化示意图

CO）分子对的势能，B 点对应的能量为基态生成物（$NO+CO_2$）分子对的势能。在过渡状态理论中，所谓活化能是指使反应进行所必须克服的势能垒，即图中 M 与 A 的能量差，因而属理论活化能范畴。由此可见，过渡状态理论中活化能的定义与分子碰撞理论中活化能的定义有所不同，但其含义实质上是一致的。

2.4 化学平衡

一个热力学上可进行的反应，会百分之百地转化为生成物吗？如果不是，转化率是多少？怎样才能提高转化率以便获得更多的产物？

2.4.1 可逆反应与化学平衡

在一定的反应条件下，一个反应既能由反应物转变为生成物，也能由生成物转变为反应物，这样的反应称为可逆反应（reversible reaction）。几乎所有的化学反应都是可逆的，只是可逆的程度不同而已。通常把自左向右进行的反应称为正反应，将自右向左进行的反应称为逆反应。

可逆反应 $CO(g)+H_2O(g) \rightleftharpoons CO_2(g)+H_2(g)$，若反应开始时，系统中只有 CO 和 $H_2O(g)$，则此时只能发生正反应。随着反应的进行，CO 和 $H_2O(g)$ 分子数目减少。另一方面，一旦系统中出现 CO_2 和 H_2，就开始出现逆反应，随着反应的进行，CO_2 和 H_2 增多。当系统内正反应速率等于逆反应速率时，系统中各种物质的浓度不再发生变化，即单位时间内有多少反应物分子变为产物分子，就同样有多少产物分子转变成反应物分子，这样就建立了一种动态平衡，称作化学平衡（chemical equilibrium）。

与上述相似，若反应开始时系统中只有 CO_2 和 H_2，此时，只能进行逆反应。随着反应的进行，CO_2 和 H_2 分子数目减少；CO 和 $H_2O(g)$ 的数目逐渐增多，直到系统内正反应速率等于逆反应速率，此时也可以建立一种动态平衡。

无论是哪一种情况，当反应经过无限长时间后，反应系统中最终的物质组成是相同的，并且不再发生变化（只要反应条件不发生变化）。

所有参与反应的物质均处于同一相（化学中，把物理性质与化学性质完全相同的部分称作相）中的化学平衡叫均相平衡（homogenous phase chemical equilibrium），如上例。而把处于不同相中的物质参与的化学平衡叫多相平衡（multiple phase chemical equilibrium），如碳酸钙的分解反应。

化学平衡具有以下特征：

① 化学平衡是一种动态平衡（dynamic equilibrium）。当系统达到平衡时，表面看似乎反应停止了，但实际上正逆反应始终在进行，只不过由于两者的反应速率相等，单位时间内每一种物质的生成量与消耗量相等，从而使得各种物质的浓度保持不变。

② 化学平衡可以从正逆反应两个方向达到，即无论从反应物开始还是由生成物开始，均可达到平衡。

③ 当系统达到化学平衡时，只要外界条件不变，无论经过多长时间，各物质的浓度都将保持不变。而一旦外界条件改变，原有的平衡就会被破坏，将在新的条件下建立新的平衡。

2.4.2 标准平衡常数 $K^{\ominus}$

人们通过大量的实验发现，任何可逆反应不管反应的始态如何，在一定温度下达到化学平衡时，各生成物平衡浓度的幂的乘积与反应物平衡浓度的幂的乘积之比为一个常数，称为化学平衡常数（chemical equilibrium constant）。它表明了反应系统内各组分的量之间的相互关系。

对于反应：

$$mA+nB \rightleftharpoons pC+qD$$

若为气体反应：
$$K_p=\frac{(p_C)^p\ (p_D)^q}{(p_A)^m\ (p_B)^n} \tag{2-19}$$

K_p表达式中各组分的分压均为反应达到平衡时的分压，简称平衡分压。如 p_B指的是 B 组分的平衡分压 p_B^{eq}。

若为溶液中的溶质反应：
$$K_c=\frac{(c_C)^p\ (c_D)^q}{(c_A)^m\ (c_B)^n} \tag{2-20}$$

K_c表达式中各组分的浓度均为反应达到平衡时的浓度，简称平衡浓度。如 c_B指的是 B 组分的平衡浓度 c_B^{eq}。考虑到书写上的简洁且便于区分物质 B 的初始浓度 c_B，本教材以 [B] 表示物质 B 的平衡浓度。

由于 K_c、K_p都是把测定值直接代入平衡常数表达式中计算所得，因此它们均属实验平衡常数（或经验平衡常数）。其数值和量纲随所用浓度、压力单位的不同而不同，其量纲不为 1（仅当反应的 $\Delta n=0$ 时量纲为 1），由于实验平衡常数使用非常不方便，因此国际上现已统一改用标准平衡常数。

标准平衡常数（也称热力学平衡常数）$K^\ominus$的表达式(也称为定义式）为：

若为气体反应：
$$K^\ominus=\frac{(p_C/p^\ominus)^p\ (p_D/p^\ominus)^q}{(p_A/p^\ominus)^m\ (p_B/p^\ominus)^n} \tag{2-21}$$

若为溶液中的溶质反应：
$$K^\ominus=\frac{(c_C/c^\ominus)^p\ (c_D/c^\ominus)^q}{(c_A/c^\ominus)^m\ (c_B/c^\ominus)^n} \tag{2-22a}$$

与实验平衡常数表达式相比，不同之处在于每种溶质的平衡浓度项均除以标准浓度，每种气体物质的平衡分压均除以标准压力。也就是对于气体物质用相对分压表示，对于溶液用相对浓度表示。这样标准平衡常数就没有量纲，即量纲为 1。标准压力为 $p^\ominus=100\text{kPa}$，标准浓度为 $c^\ominus=1.0\text{mol}\cdot\text{L}^{-1}$。因此式(2-22a) 可以简写为：

$$K_c^\ominus=\frac{[C]^p\ [D]^q}{[A]^m\ [B]^n} \tag{2-22b}$$

对于固体、纯液体，它们不出现在标准平衡常数的表达式中。

如：
$$Zn(s)+2H^+(aq)\rightleftharpoons Zn^{2+}(aq)+H_2(g)$$
$$K^\ominus=\frac{[Zn^{2+}](p_{H_2}/p^\ominus)}{[H^+]^2}$$

标准平衡常数只与温度有关，而与压力和浓度无关。在一定温度下，每个可逆反应均有其特定的标准平衡常数。标准平衡常数表达了平衡系统的动态关系。标准平衡常数数值的大小表明在一定条件下反应进行的程度，标准平衡常数数值很大，表明反应向右进行的趋势很大，达到平衡时系统将主要由生成物组成；反之，标准平衡常数数值很小，达到平衡时系统将主要为反应物。

书写标准平衡常数表达式时，应注意以下几点：

① 标准平衡常数中，一定是生成物相对浓度（或相对分压）相应幂的乘积作分子；反应物相对浓度（或相对分压）相应幂的乘积作分母。其中的幂为该物质化学计量方程式中的计量系数。

② 标准平衡常数中，气态物质以相对分压表示，溶液中的溶质以相对浓度表示，而纯固体、纯液体不出现在标准平衡常数表达式中（视为常数）。

③ 标准平衡常数表达式必须与化学方程式相对应，同一化学反应，方程式的书写不同时，其标准平衡常数的数值也不同。

$$N_2(g)+3H_2(g)\rightleftharpoons 2NH_3(g) \qquad K^\ominus=\frac{(p_{NH_3}/p^\ominus)^2}{(p_{H_2}/p^\ominus)^3(p_{N_2}/p^\ominus)}$$

$$\frac{1}{2}N_2(g)+\frac{3}{2}H_2(g)\rightleftharpoons NH_3(g) \qquad K^{\ominus\prime}=\frac{(p_{NH_3}/p^{\ominus})}{(p_{H_2}/p^{\ominus})^{3/2}(p_{N_2}/p^{\ominus})^{1/2}}$$

$$2NH_3(g)\rightleftharpoons N_2(g)+3H_2(g) \qquad K^{\ominus\prime\prime}=\frac{(p_{H_2}/p^{\ominus})^3(p_{N_2}/p^{\ominus})}{(p_{NH_3}/p^{\ominus})^2}$$

三者的表达式不同，但存在如下关系：$K^{\ominus}=(K^{\ominus\prime})^2=1/K^{\ominus\prime\prime}$

【例 2-13】 实验测得 SO_2 氧化为 SO_3 的反应在 1000K 时各物质的平衡分压为：$p_{SO_2}=27.2kPa$，$p_{O_2}=40.7kPa$，$p_{SO_3}=32.9kPa$。计算 1000K 时反应 $2SO_2(g)+O_2(g)\rightleftharpoons 2SO_3(g)$ 的标准平衡常数 $K^{\ominus}$。

解 $$2SO_2(g)+O_2(g)\rightleftharpoons 2SO_3(g)$$

根据标准平衡常数的定义式：

$$K^{\ominus}=\frac{\left(\frac{p_{SO_3}}{p^{\ominus}}\right)^2}{\left(\frac{p_{SO_2}}{p^{\ominus}}\right)^2\frac{p_{O_2}}{p^{\ominus}}}=\frac{\left(\frac{32.9}{100}\right)^2}{\left(\frac{27.2}{100}\right)^2\times\frac{40.7}{100}}=3.59$$

2.4.3 多重平衡规则

如果一个化学反应式是若干相关化学反应式的代数和，在相同的温度下，这个反应的平衡常数就等于它们相应的平衡常数的积（或商）。这个规则叫多重平衡规则。

多重平衡规则在平衡的运算中很重要，当某化学反应的平衡常数难以测得，或不易从文献中查得时，可利用多重平衡规则通过相关的其他化学反应方程式的平衡常数进行间接计算获得。

【例 2-14】 已知下列反应在 1123K 时的平衡常数：

① $C(s)+CO_2(g)\rightleftharpoons 2CO(g)$ $\qquad K_1^{\ominus}=1.3\times10^{-14}$

② $CO(g)+Cl_2(g)\rightleftharpoons COCl_2(g)$ $\qquad K_2^{\ominus}=6.0\times10^{-3}$

计算反应 $2COCl_2(g)\rightleftharpoons C(s)+CO_2(g)+2Cl_2(g)$ 在 1123K 的平衡常数 $K^{\ominus}$。

解 $2CO(g)\rightleftharpoons C(s)+CO_2(g)$ $\qquad K_1^{\ominus\prime}=1/K_1^{\ominus}$

$2COCl_2(g)\rightleftharpoons 2CO(g)+2Cl_2(g)$ $\qquad K_2^{\ominus\prime}=1/(K_2^{\ominus})^2$

两式相加得： $2COCl_2(g)\rightleftharpoons C(s)+CO_2(g)+2Cl_2(g)$

由多重平衡规则 $K^{\ominus}=K^{\ominus\prime}_1\times K^{\ominus\prime}_2=(1/K_1^{\ominus})\times[1/(K_2^{\ominus})^2]=2.1\times10^{18}$

2.4.4 有关化学平衡的计算

化学平衡一旦建立，就存在一定的定量关系。应用平衡的概念，我们可做一些重要的运算。比较常见的有以下两种，其一是求标准平衡常数；其二是求平衡浓度、平衡转化率。

$$\text{平衡转化率}=\frac{\text{平衡时某反应物已转化的量}}{\text{该反应物的初始量}}\times100\%$$

它与一般转化率的含义不同，转化率是指反应进行到某时刻已转化的反应物的量（并非平衡状态）与其原始量的比值，所以实际转化率总是低于平衡转化率。

有关平衡常数、平衡浓度或理论转化率的计算一般分三步进行：①按已知条件列出化学反应式；②按指定反应式的计量关系进行反应开始时、变化的及平衡时物料的衡算（根据题意可以用 n 或 c）；③根据②的物料衡算，列出表达式进行具体运算。特别要注意，若用物质的量进行衡算，则要转换成相对浓度或相对分压方可代入 $K^{\ominus}$ 的表达式。这种平衡分析法也是后续化学平衡相关章节的基本计算方法。

【例 2-15】 1000K 时，将 1.00mol SO_2 与 1.00mol O_2 充入容积为 5.00L 的密闭容器中，平衡时，有 0.85mol SO_3(g) 生成，求 1000K 时 $K^\ominus$。

解 $$2SO_2(g)+O_2(g) \rightleftharpoons 2SO_3(g)$$

	SO_2	O_2	SO_3
反应初始量/mol	1.00	1.00	0.00
反应平衡量/mol	0.15	0.575	0.85

各物质分压：$p_{SO_3}=\dfrac{n_{SO_3}RT}{V}=\dfrac{0.85\times 8.314\times 1000}{5.00\times 10^{-3}}=1.41\ \text{MPa}$

同理可得：$p_{SO_2}=\dfrac{n_{SO_2}RT}{V}=\dfrac{0.15\times 8.314\times 1000}{5.00\times 10^{-3}}=0.249\ \text{MPa}$

$$p_{O_2}=\frac{n_{O_2}RT}{V}=\frac{0.575\times 8.314\times 1000}{5.00\times 10^{-3}}=0.956\ \text{MPa}$$

$$K^\ominus_{(1000K)}=\frac{(p_{SO_3}/p^\ominus)^2}{(p_{SO_2}/p^\ominus)^2(p_{O_2}/p^\ominus)}=\frac{(1.41/0.1)^2}{(0.249/0.1)^2(0.956/0.1)}=3.35$$

【例 2-16】 在 250℃时，PCl_5 的分解反应：$PCl_5(g) \rightleftharpoons PCl_3(g)+Cl_2(g)$，其平衡常数 $K^\ominus=1.78$，如果将一定量的 PCl_5 放入一密闭容器中，在 250℃、200kPa 压力下，反应达到平衡，求 PCl_5 的分解百分率是多少？

解 $$PCl_5(g) \rightleftharpoons PCl_3(g)+Cl_2(g)$$

	PCl_5	PCl_3	Cl_2	
起始量/mol	n	0.0	0.0	
平衡量/mol	$n-x$	x	x	总平衡量 $n+x$
平衡摩尔分数	$(n-x)/(n+x)$	$x/(n+x)$	$x/(n+x)$	$p_总/p^\ominus=2$

$$K^\ominus=\frac{\left(\dfrac{x}{n+x}\times\dfrac{p}{p^\ominus}\right)\left(\dfrac{x}{n+x}\times\dfrac{p}{p^\ominus}\right)}{\left(\dfrac{n-x}{n+x}\times\dfrac{p}{p^\ominus}\right)}=1.78$$

$$\frac{\left(\dfrac{2x}{n+x}\right)^2}{\dfrac{2(n-x)}{n+x}}=\frac{2x^2}{(n+x)(n-x)}=1.78$$

$$2x^2=1.78\ (n^2-x^2)$$

$$3.78x^2=1.78n^2$$

$$\left(\frac{x}{n}\right)^2=0.471$$

$$\frac{x}{n}=0.687$$

分解百分率$=0.687\times 100\%=68.7\%$

2.4.5 标准平衡常数与标准摩尔 Gibbs 自由能变

平衡常数也可以由化学反应等温方程式导出，根据式(2-13)：

$$\Delta_r G_m=\Delta_r G_m^\ominus+RT\ln Q$$

若系统处于平衡状态，则 $\Delta_r G_m=0$，并且反应商 Q 项中的各气体物质的相对分压或各溶质的相对浓度均指平衡相对分压或平衡相对浓度，亦即 $Q=K^{\ominus}$。此时：

$$\Delta_r G_m^{\ominus}+RT\ln K^{\ominus}=0$$

$$\Delta_r G_m^{\ominus}=-RT\ln K^{\ominus}=-2.303RT\lg K^{\ominus} \tag{2-23}$$

$$\lg K^{\ominus}=-\frac{\Delta_r G_m^{\ominus}}{2.303RT} \tag{2-24}$$

根据化学反应的等温方程式，可以推导出标准平衡常数与标准摩尔 Gibbs 自由能变的关系式(2-24)。显然，在温度恒定时，如果我们已知了一些热力学数据，就可以求得反应的标准摩尔 Gibbs 自由能变 $\Delta_r G_m^{\ominus}$，进而求出该化学反应的标准平衡常数 $K^{\ominus}$的数值。反之，我们知道了标准平衡常数 $K^{\ominus}$的数值，就可以求得该反应的标准摩尔 Gibbs 自由能变 $\Delta_r G_m^{\ominus}$的数值。

从关系式(2-24) 中可以知道，在一定的温度下，$\Delta_r G_m^{\ominus}$的代数值越小，则标准平衡常数 $K^{\ominus}$的值越大，反应进行的程度越大；$\Delta_r G_m^{\ominus}$的代数值越大，则标准平衡常数 $K^{\ominus}$的值越小，反应进行的程度越小。

【例 2-17】 分别计算 $C(s)+CO_2(g)\rightleftharpoons 2CO(g)$ 在 298K、1173K 时的标准平衡常数 $K^{\ominus}$。

已知 $\Delta_r H_m^{\ominus}(298K)=172.5kJ\cdot mol^{-1}$，$\Delta_r S_m^{\ominus}(298K)=0.1759kJ\cdot mol^{-1}\cdot K^{-1}$

解 $\Delta_r G_m^{\ominus}(298K)=\Delta_r H_m^{\ominus}(298K)-T\Delta_r S_m^{\ominus}(298K)=172.5-298\times 0.1759=120.1kJ\cdot mol^{-1}$

$\Delta_r G_m^{\ominus}(1173K)=\Delta_r H_m^{\ominus}(298K)-T\Delta_r S_m^{\ominus}(298K)=172.5-1173\times 0.1759=-33.8kJ\cdot mol^{-1}$

则

$$\lg K^{\ominus}(298K)=-\frac{\Delta_r G_m^{\ominus}(298K)}{2.303RT}=-\frac{120.1\times 1000}{2.303\times 8.314\times 298}=-21.04$$

$$K^{\ominus}(298K)=9.12\times 10^{-22}$$

$$\lg K^{\ominus}(1173K)\approx-\frac{\Delta_r G_m^{\ominus}(1173K)}{2.303RT}=-\frac{-33.8\times 1000}{2.303\times 8.314\times 1173}=1.505$$

$$K^{\ominus}(1173K)=32$$

2.4.6 化学平衡的移动

由于条件变化，可逆反应从一种反应条件下的平衡状态转变到另一种反应条件下的平衡状态的变化过程称为化学平衡的移动。这里所说的条件是指浓度、压力和温度。

在改变反应条件后，化学反应由原来的平衡状态变为不平衡状态，此时反应将继续进行，其移动的方向是使反应的 Q 值趋近于标准平衡常数 $K^{\ominus}$。我们可以根据下列关系判定化学平衡移动的方向。

$Q<K^{\ominus}$ 平衡能够正向移动，直到新的平衡。

$Q>K^{\ominus}$ 平衡能够逆向移动，直到新的平衡。

$Q=K^{\ominus}$ 处于平衡状态，不移动。

下面分别讨论浓度、压力、温度对化学平衡的影响。

(1) 浓度对化学平衡的影响

在一定条件下，反应 $mA+nB\rightleftharpoons pC+qD$ 达到平衡时，按式(2-21) 或式(2-24) 计算，均可得标准平衡常数 $K^{\ominus}$，若增加反应物浓度或降低产物浓度，计算浓度商 Q，此时 $Q<K^{\ominus}$，系统不再处于平衡状态。为了达到平衡，则必须增加生成物的浓度或降低反应物的浓度，因此，反应系统向正反应方向移动，直至 Q 值重新达到 $K^{\ominus}$值，系统建立新的化学平衡；若降低反应物浓度或增加产物浓度，此时 $Q>K^{\ominus}$，反应朝着生成反应物的方向进行，即反应逆向进行。

【例 2-18】 反应 $Fe^{2+}(aq)+Ag^{+}(aq)\rightleftharpoons Fe^{3+}(aq)+Ag(s)$ 在25℃时标准平衡常数为5.0，$AgNO_3$ 和 $Fe(NO_3)_2$ 的起始浓度均为 $0.10mol\cdot L^{-1}$，$Fe(NO_3)_3$ 的起始浓度为 $0.010mol\cdot L^{-1}$。求：

① 平衡时 Ag^{+}、Fe^{2+}、Fe^{3+} 的平衡浓度和 Ag^{+} 的平衡转化率。

② 如果保持 Ag^{+} 和 Fe^{3+} 浓度不变，向系统中加入 Fe^{2+}，使其浓度增加 $0.20mol\cdot L^{-1}$，求 Ag^{+} 在新条件下的平衡转化率。

解 ①

	$Fe^{2+}(aq)$	$+Ag^{+}(aq)\rightleftharpoons$	$Fe^{3+}(aq)+Ag(s)$
开始时浓度/$mol\cdot L^{-1}$	0.10	0.10	0.010
变化浓度/$mol\cdot L^{-1}$	$-x$	$-x$	$+x$
平衡时浓度/$mol\cdot L^{-1}$	$0.10-x$	$0.10-x$	$0.010+x$
平衡时相对浓度	$0.10-x$	$0.10-x$	$0.010+x$

根据标准平衡常数的表达式：

$$K^{\ominus}=\frac{[Fe^{3+}]}{[Fe^{2+}][Ag^{+}]}=\frac{0.010+x}{(0.10-x)^2}=5.0$$

$$x=0.021mol\cdot L^{-1}$$

$$c_{Fe^{2+}}=c_{Ag^{+}}=0.10-0.021=0.08mol\cdot L^{-1}\quad c_{Fe^{3+}}=0.010+0.021=0.031mol\cdot L^{-1}$$

$$Ag^{+}的转化率=\frac{0.021}{0.10}\times100\%=21\%$$

②

	$Fe^{2+}(aq)$	$+Ag(aq)^{+}\rightleftharpoons$	$Fe^{3+}(aq)+Ag(s)$
开始时浓度/$mol\cdot L^{-1}$	0.30	0.10	0.010
变化浓度/$mol\cdot L^{-1}$	$-y$	$-y$	$+y$
平衡时浓度/$mol\cdot L^{-1}$	$0.30-y$	$0.10-y$	$0.010+y$
平衡时相对浓度	$0.30-y$	$0.10-y$	$0.010+y$

根据标准平衡常数的表达式：

$$K^{\ominus}=\frac{[Fe^{3+}]}{[Fe^{2+}][Ag^{+}]}=\frac{0.010+y}{(0.30-y)(0.10-y)}=5.0$$

$$y=0.051mol\cdot L^{-1}$$

$$Ag^{+}在新条件下的平衡转化率=\frac{0.051}{0.10}\times100\%=51\%$$

从计算可知，反应系统中增加反应物的量，平衡正向移动，可以提高 Ag^{+} 的转化率。

（2）压力对化学平衡的影响

对于有气体物质参加的化学反应，压力变化可能引起化学平衡发生变化，所以在一定条件下，压力对化学平衡会产生影响，其影响情况视具体情况而确定。

对于气相反应 $\quad mA(g)+nB(g)\rightleftharpoons pC(g)+qD(g)$

达到平衡时：
$$K^{\ominus}=\frac{(p_C/p^{\ominus})^p\ (p_D/p^{\ominus})^q}{(p_A/p^{\ominus})^m\ (p_B/p^{\ominus})^n}$$

如将已达平衡的反应系统压缩，在保持温度不变的条件下，使体积压缩至 $1/x$（$x>1$），则由道尔顿分压定律可知，每一组分气体的分压增加 x 倍。

$$Q=\frac{(xp_C/p^{\ominus})^p(xp_D/p^{\ominus})^q}{(xp_A/p^{\ominus})^m(xp_B/p^{\ominus})^n}=x^{(p+q)-(m+n)}\cdot K^{\ominus}\qquad Q=x^{\Delta n}\cdot K^{\ominus}$$

式中，$\Delta n=(p+q)-(m+n)$，为反应前后气体物质物质的量的变化值。

当 $\Delta n>0$ 时，$Q>K^{\ominus}$，平衡应向逆反应方向（即气体分子数减少的方向）移动。
当 $\Delta n<0$ 时，$Q<K^{\ominus}$，平衡应向正反应方向（即气体分子数减少的方向）移动。
当 $\Delta n=0$ 时，$Q=K^{\ominus}$，此时压力变化对平衡没有影响。

【例 2-19】 把 CO_2 和 H_2 的混合物加热至 1123K，下列反应达到平衡：$CO_2(g)+H_2(g) \rightleftharpoons CO(g)+H_2O(g)$，$K^{\ominus}=1$。①假设达到平衡时，有 90% 的 H_2 转化为 $H_2O(g)$，问原来的 CO_2 与 H_2 是按怎样的摩尔比混合的？②如果在上述已达平衡的系统中加入 H_2，使 CO_2 与 H_2 的摩尔比为 $n_{CO_2}/n_{H_2}=1$，系统总压力为 100kPa，试判断平衡移动方向，并计算达平衡时各物质的分压及 H_2 的转化率。③如果保持温度不变，将反应系统的体积压缩至原来的 1/2，试判断平衡能否移动。

解 ①

	$CO_2(g)$ +	$H_2(g)$ $\rightleftharpoons$	$CO(g)$ +	$H_2O(g)$
起始量/mol	x	y	0	0
起始分压/Pa	xRT/V	yRT/V	0	0
平衡分压/Pa	$(x-0.9y)RT/V$	$0.1yRT/V$	$0.9yRT/V$	$0.9yRT/V$
相对平衡分压	$\dfrac{(x-0.9y)RT/V}{p^{\ominus}}$	$\dfrac{0.1yRT/V}{p^{\ominus}}$	$\dfrac{0.9yRT/V}{p^{\ominus}}$	$\dfrac{0.9yRT/V}{p^{\ominus}}$

将上述各物质的相对平衡分压代入标准平衡常数的表达式中，并进行整理，得：

$$K^{\ominus}=\frac{(0.9y)^2}{(x-0.9y)(0.1y)}=1 \qquad x/y=9$$

②

	$CO_2(g)$ +	$H_2(g)$ $\rightleftharpoons$	$CO(g)$ +	$H_2O(g)$
平衡分压/Pa	$8.1yRT/V$	$0.1yRT/V$	$0.9yRT/V$	$0.9yRT/V$
改变摩尔比后分压/Pa	$8.1yRT/V$	$8.1yRT/V$	$0.9yRT/V$	$0.9yRT/V$
相对平衡分压	$\dfrac{(x-0.9y)RT/V}{p^{\ominus}}$	$\dfrac{0.1yRT/V}{p^{\ominus}}$	$\dfrac{0.9yRT/V}{p^{\ominus}}$	$\dfrac{0.9yRT/V}{p^{\ominus}}$
新条件下相对平衡分压	$\dfrac{8.1y(1-\alpha)RT/V}{p^{\ominus}}$	$\dfrac{8.1y(1-\alpha)RT/V}{p^{\ominus}}$	$\dfrac{(0.9y+8.1y\alpha)RT/V}{p^{\ominus}}$	$\dfrac{(0.9y+8.1y\alpha)RT/V}{p^{\ominus}}$

将上述各物质的相对平衡分压代入反应商的表达式中，并进行整理，得：

$$Q=(0.9)^2/(8.1)^2=0.01 \quad Q<K^{\ominus} \quad \text{故平衡正向移动。}$$

将新条件下各物质的相对平衡分压代入标准平衡常数的表达式中，并进行整理，得：

$$\frac{(0.9+8.1\alpha)^2}{[8.1(1-\alpha)]^2}=1.0 \qquad \text{解得:}\alpha=44\%$$

各物质的平衡分压 $p_{CO}=p_{H_2O}=\dfrac{n_i}{n}\times p=\dfrac{0.9+3.6}{18}\times 100=25.0\text{kPa}$

$$p_{CO_2}=p_{H_2}=\frac{n_i}{n}\times p=\frac{8.1\times(1-0.44)}{18}\times 100=25.2\text{kPa}$$

③ 当系统压缩至原来的 1/2 时，压力增大一倍。此时，由于反应前后气体摩尔数变化值为零，所以，此时 $Q=K^{\ominus}$，平衡不移动。

向已达到平衡的系统中加入惰性气体组分后对化学平衡的影响可分为两种情况：

① 在恒温恒压下，向已达到平衡的系统中加入惰性气体组分，此时反应总压不变。加入惰性气体前，$p_{总}=\sum p_i$，而加入惰性气体后 $p_{总}=\sum p'_i+p_{惰}$，由于总压 $p_{总}$ 不变，而 $p_{惰}$ 是大于零的，所以 $\sum p_i > \sum p'_i$；相当于气体的相对平衡分压减小，则平衡向气体分子数增多的方向移动。

【例 2-20】 乙烷裂解生成乙烯，$C_2H_6(g) \rightleftharpoons C_2H_4(g)+H_2(g)$，已知在 1273K、100kPa 下反应达到平衡，$p_{C_2H_6}=2.65\text{kPa}$，$p_{C_2H_4}=49.35\text{kPa}$，$p_{H_2}=49.35\text{kPa}$，求 $K^\ominus$。并说明在生产中常在恒温恒压下加入过量水蒸气的方法提高乙烯产率的原理。

解

$$K^\ominus=\frac{\frac{p_{C_2H_4}}{p^\ominus}\frac{p_{H_2}}{p^\ominus}}{\frac{p_{C_2H_6}}{p^\ominus}}=\frac{\left(\frac{49.35}{100}\right)^2}{\frac{2.65}{100}}=9.19$$

在恒温恒压下加入水蒸气，由于总压不变，则各组分的相对分压减小，$Q<K^\ominus$，平衡应向正反应方向（即气体分子数增多的方向）移动。

② 若在恒温恒容下，向已达到平衡的系统中加入惰性组分，此时气体总压力 $p_{总}=\sum p'_i+p_{惰}$ 增大，而各物质分压 p_i 保持不变，此时 $Q=K^\ominus$，所以平衡不发生移动。

对于一般的只有液体、固体参加的反应，由于压力的影响很小，所以平衡不发生移动，因此，可以认为压力对液、固相的反应平衡无影响。

(3) 温度对化学平衡的影响

浓度、压力只是改变了反应商，$K^\ominus$ 并不变，而温度的变化将直接导致 $K^\ominus$ 值的改变，从而使化学平衡发生移动。

由式(2-11) 和式(2-23) 分别得：

$$\Delta_r G_m^\ominus=\Delta_r H_m^\ominus-T\Delta_r S_m^\ominus$$

$$\Delta_r G_m^\ominus=-RT\ln K^\ominus=\Delta_r H_m^\ominus-T\Delta_r S_m^\ominus$$

$$\ln K^\ominus=-\frac{\Delta_r H_m^\ominus}{RT}+\frac{\Delta_r S_m^\ominus}{R} \tag{2-25}$$

假定可逆反应在温度 T_1 和 T_2 时，标准平衡常数分别为 $K_1^\ominus$ 和 $K_2^\ominus$，在温度变化范围较小时，标准摩尔反应焓变 $\Delta_r H_m^\ominus$ 和标准摩尔反应熵变 $\Delta_r S_m^\ominus$ 的值随温度变化不明显，近似为常数，则可以得到：

$$\ln K_1^\ominus=-\frac{\Delta_r H_m^\ominus}{RT_1}+\frac{\Delta_r S_m^\ominus}{R}$$

$$\ln K_2^\ominus=-\frac{\Delta_r H_m^\ominus}{RT_2}+\frac{\Delta_r S_m^\ominus}{R}$$

两式相减可得：

$$\ln\frac{K_2^\ominus}{K_1^\ominus}=-\frac{\Delta_r H_m^\ominus}{R}\left(\frac{1}{T_2}-\frac{1}{T_1}\right) \tag{2-26}$$

上式表示在实验温度范围内，若视 $\Delta_r H_m^\ominus$ 为常数，标准平衡常数与温度 T 的关系式 (2-26) 也可以写成：

$$\ln\frac{K_2^{\ominus}}{K_1^{\ominus}}=\frac{\Delta_r H_m^{\ominus}}{R}\left(\frac{T_2-T_1}{T_2T_1}\right) \tag{2-27}$$

显然，温度变化使 $K^{\ominus}$ 值增大还是减小，与标准摩尔反应焓变值的正、负有关。若是放热反应，即 $\Delta_r H_m^{\ominus}<0$，提高反应温度 T，则 $\ln\frac{K_2^{\ominus}}{K_1^{\ominus}}<0$，$K^{\ominus}$ 值随反应温度升高而减小，平衡向逆反应方向移动；若是吸热反应，即 $\Delta_r H_m^{\ominus}>0$，提高反应温度 T，则 $\ln\frac{K_2^{\ominus}}{K_1^{\ominus}}>0$，$K^{\ominus}$ 值随反应温度升高而增大，平衡向正反应方向移动。即升高温度，平衡将向吸热反应方向移动；降低温度，平衡将向放热反应方向移动。

【例 2-21】 对于合成氨反应 $\frac{1}{2}N_2(g)+\frac{3}{2}H_2(g)\rightleftharpoons NH_3(g)$，在 298K 时平衡常数为 $K^{\ominus}(298K)=1.93\times10^3$，反应的热效应 $\Delta_r H_m^{\ominus}=-53.0kJ\cdot mol^{-1}$，计算该反应在 773K 时的 $K^{\ominus}(773K)$，并判断升温是否有利于反应。

解 $$\lg\frac{K^{\ominus}(773K)}{K^{\ominus}(298K)}=\frac{\Delta_r H_m^{\ominus}}{2.303R}\left(\frac{1}{298}-\frac{1}{773}\right)=\frac{-53000}{2.303\times8.314}\times\left(\frac{1}{298}-\frac{1}{773}\right)=-5.708$$

$$\frac{K^{\ominus}(773K)}{K^{\ominus}(298K)}=1.96\times10^{-6} \qquad K^{\ominus}(773K)=1.96\times10^{-6}\times1.93\times10^3=3.8\times10^{-3}$$

升温对反应不利。

(4) 催化剂与化学平衡的关系

催化剂是指能够改变化学反应速率而自身的质量和性质在反应前后都不变的物质。催化剂只能加快系统达到平衡的时间，而不能改变系统的平衡组成，因而催化剂对化学平衡的移动没有影响。

(5) 化学平衡移动原理（吕·查德里原理）

综上所述，吕·查德里（Le Chatelier）在 1887 年总结出一条规律，即吕·查德里原理：如果改变平衡的条件之一，如温度、压力和浓度，平衡必向着能减少这种改变的方向移动。应用此原理可以判断化学平衡移动的方向。系统处于化学平衡时，如果增加反应物的浓度，反应就向正反应方向移动；如果增加系统的总压力，系统就向气体分子数减少的方向移动；如果升高系统的温度，系统就向吸热反应方向移动。这条规律适用于所有达到动态平衡的系统，而不适用于尚未达到平衡的系统。

视 窗

【人物简介】

吉布斯 Josiah Willard Gibbs（1839～1903），美国物理学家、化学家，奠定了化学热力学的基础，提出了吉布斯自由能与吉布斯相律。

吉布斯出身书香门第，1863 年获耶鲁大学哲学博士学位，后来一直任耶鲁大学物理教授。1873 年开始发表的系列文章未被人们所了解和重视，但其重要论文的未公开抄本当时却在整个欧洲科学界流传，并被陆续译成其他文字出版。1897 年成为英国皇家学会会员，1901 年获得英国皇家学会颁发的科普勒奖章。作为世界上最出色的科学家之一，他善于洞察并抓住基本原理影响最深远的逻辑结果，创立了向量分析并将其引入数学物理之中，在矢量分析、光电磁理论方面作出了重要贡献。

【搜一搜】

反应进度；燃烧焓；弹式量热计；热化学；绝对熵；熵增加原理；热力学第二定律；热力学第三定律；范特霍夫方程式；零级反应。

习 题

2-1 某气缸中有气体1.20L，在97.3kPa下气体从环境吸收了800J的热量后，在恒压下体积膨胀到1.50L，试计算系统的热力学能变化ΔU。

2-2 在0℃、100kPa压力下，取体积为1.00L的CH_4和1.00L的CO分别完全燃烧。分别计算在25℃、100kPa下它们的热效应（所需数据可查书末附表）。

2-3 由书末附表中查出298K时有关的$\Delta_f H_m^\ominus$，计算下列反应的$\Delta_r H_m^\ominus$(298K)各是多少？

① $N_2H_4(l)+O_2(g)\longrightarrow N_2(g)+2H_2O(l)$；

② $H_2O(l)+\frac{1}{2}O_2(g)\longrightarrow H_2O_2(g)$；

③ $H_2O_2(g)\longrightarrow H_2O_2(l)$。

不查表，根据上述三个反应的$\Delta_r H_m^\ominus$(298K)，计算下列反应的$\Delta_r H_m^\ominus$(298K)：

$$N_2H_4(l)+2H_2O_2(l)\longrightarrow N_2(g)+4H_2O(l)$$

2-4 ① 已知298K时，$CaO(s)+CO_2(g)\longrightarrow CaCO_3(s)$ $\Delta_r H_m^\ominus=-178.26kJ\cdot mol^{-1}$，求$CaCO_3$的$\Delta_f H_m^\ominus$。

② 已知298K时，$\Delta_f H_m^\ominus(CaC_2,s)=-62.8kJ\cdot mol^{-1}$；

$CaC_2(s)+\frac{5}{2}O_2(g)\longrightarrow CaCO_3(s)+CO_2(g)$；$\Delta_r H_m^\ominus=-1537.61kJ\cdot mol^{-1}$；求$CaCO_3$(s)的$\Delta_f H_m^\ominus$。

2-5 已知：$H_2(g)+\frac{1}{2}O_2(g)=\!=\!=H_2O(l)$；$H_2O(l)$的$\Delta_f H_m^\ominus=-286kJ\cdot mol^{-1}$；

H—H的键能$=+436kJ\cdot mol^{-1}$；O$\cdots$O的键能$=+498kJ\cdot mol^{-1}$；$H_2O(g)\longrightarrow H_2O(l)$ $\Delta_r H_m^\ominus=-42kJ\cdot mol^{-1}$；试计算O—H的键能。

2-6 由下列数据计算N—H键能和H_2N—NH_2中N—N键能。已知$NH_3(g)$的$\Delta_f H_m^\ominus=-46kJ\cdot mol^{-1}$，$H_2N$—$NH_2(g)$的$\Delta_f H_m^\ominus=+95kJ\cdot mol^{-1}$，H—H的键能$=+436kJ\cdot mol^{-1}$，N≡N的键能$=+946kJ\cdot mol^{-1}$

2-7 判断下列反应中哪些是熵增加过程，并说明理由。

① $I_2(s)\longrightarrow I_2(g)$；

② $H_2O(l)\longrightarrow H_2(g)+\frac{1}{2}O_2(g)$；

③ $2CO(g)+O_2(g)\longrightarrow 2CO_2(g)$。

2-8 下列各热力学函数中，哪些数值是零？

① $\Delta_f H_m^\ominus(O_3,g,298K)$；

② $\Delta_f G_m^\ominus(I_2,g,298K)$；

③ $\Delta_f H_m^\ominus(Br_2,s,298K)$；

④ $S_m^{\ominus}(H_2, g, 298K)$；

⑤ $\Delta_f G_m^{\ominus}(N_2, g, 298K)$。

2-9 据下列反应的 $\Delta_r H_m^{\ominus}$ 和 $\Delta_r S_m^{\ominus}$ 数值的正负：

① $N_2(g)+O_2(g) \rightleftharpoons 2NO(g)$；

② $Mg(s)+Cl_2(g) \rightleftharpoons MgCl_2(s)$；

③ $H_2(g)+S(s) \rightleftharpoons H_2S(g)$。

说明哪些反应在任何温度下都能正向进行，哪些反应只在高温或低温下才能进行。

2-10 已知下列反应为基元反应：

① $SO_2Cl_2 \longrightarrow SO_2+Cl_2$；

② $CH_3CH_2Cl \longrightarrow C_2H_4+HCl$；

③ $2NO_2 \longrightarrow 2NO+O_2$；

④ $NO_2+CO \longrightarrow NO+CO_2$。

试根据质量作用定律写出它们的反应速率表达式，并指出反应级数。

2-11 对于反应 $A(g)+B(g) \longrightarrow C(g)$，若 A 的浓度为原来的两倍，反应速率也为原来的两倍；若 B 浓度为原来的两倍，反应速率为原来的四倍，试写出该反应的速率方程。

2-12 某反应 $A \longrightarrow B$，当 A 的浓度为 $0.40mol \cdot L^{-1}$ 时，反应速率为 $0.020mol \cdot L^{-1} \cdot s^{-1}$。分别求出反应是一级反应及反应是二级反应时的速率常数 k。

2-13 反应 $HI(g)+CH_3I(g) \longrightarrow CH_4(g)+I_2(g)$，在 650K 时速率常数是 2.0×10^{-5}，在 670K 时速率常数是 7.0×10^{-5}，求反应的活化能 E_a。

2-14 已知某反应的速率方程为 $v=kc_{A_2}c_{B_2}^{1/2}$，说明下列反应机理是否符合该反应的速率方程。

$$B_2 \rightleftharpoons 2B$$

$$A_2+B \longrightarrow \text{产物（慢）}$$

2-15 写出下列反应的标准平衡常数表达式：

① $CH_4(g)+H_2O(g) \rightleftharpoons CO(g)+3H_2(g)$；

② $C(s)+H_2O(g) \rightleftharpoons CO(g)+H_2(g)$；

③ $2MnO_4^-(aq)+5H_2O_2(aq)+6H^+(aq) \rightleftharpoons 2Mn^{2+}(aq)+5O_2(g)+8H_2O(l)$。

2-16 如将 1.00mol SO_2 和 1.00mol O_2 的混合物在 600℃ 和 100kPa 下缓慢通过 V_2O_5 催化剂，使生成 SO_3，达到平衡后（设压力不变），测得混合物中剩余的氧气为 0.615mol，试计算 $K^{\ominus}$。

2-17 常压下（$p_{总}=100kPa$）可逆反应 $H_2(g)+I_2(g) \rightleftharpoons 2HI(g)$ 在 700℃时 $K^{\ominus}$ 为 54.2。如反应开始时 H_2 和 I_2 的物质的量都是 1.00mol，求在 100kPa 压力下达到平衡时各物质的分压及 I_2 的转化率。如 H_2 的物质的量增加为 1.214mol，此时 I_2 的总转化率为多少？

2-18 在 1L 容器中含有 N_2、H_2 和 NH_3 的平衡混合物，其中 N_2 0.30mol、H_2 0.40mol、NH_3 0.10mol。如果温度保持不变，需往容器中加入多少摩尔的 H_2，才能使 NH_3 的平衡分压增大一倍？

2-19 合成氨反应：$N_2(g)+3H_2(g) \rightleftharpoons 2NH_3(g)$，在 30.4MPa、500℃时，$K^{\ominus}$ 为 0.78×10^{-4}。计算下列反应的 $K^{\ominus}(773K)$：

① $\frac{1}{2}N_2(g)+\frac{3}{2}H_2(g) \rightleftharpoons NH_3(g)$；

② $2NH_3(g) \rightleftharpoons N_2(g)+3H_2(g)$。

2-20 已知下列反应在 1300K 时的平衡常数：

① $H_2(g) + \frac{1}{2}S_2(g) \rightleftharpoons H_2S(g)$，$K_1^\ominus = 0.80$；

② $3H_2(g) + SO_2(g) \rightleftharpoons H_2S(g) + 2H_2O(g)$，$K_2^\ominus = 1.8 \times 10^4$。

计算反应 $4H_2(g) + 2SO_2(g) \rightleftharpoons S_2(g) + 4H_2O(g)$ 在 1300K 时的平衡常数 $K^\ominus$。

2-21　已知在高温下 HgO 按下式分解：$2HgO(s) \rightleftharpoons 2Hg(g) + O_2(g)$，在 450℃时，所生成的两种气体的总压力为 107.99kPa；在 420℃时分解总压力为 51.60kPa。

① 计算在 450℃和 420℃时的平衡常数 $K^\ominus$ 以及在 450℃和 420℃时 p_{O_2}、p_{Hg} 各是多少，由此推断该反应是吸热反应还是放热反应。

② 如果将 10.0g 氧化汞放在 1.0L 的容器中，温度升高至 450℃，问有多少克 HgO 没有分解？

2-22　根据吕·查德里原理，讨论下列反应：

$$2Cl_2(g) + 2H_2O(g) \rightleftharpoons 4HCl(g) + O_2(g) \qquad \Delta_r H_m^\ominus > 0$$

将 Cl_2、$H_2O(g)$、HCl、O_2 四种气体混合，反应达到平衡时，下列左面的操作条件改变对右面的平衡数值有何影响？（操作条件中没有注明的，是指温度不变、体积不变）

① 增大容器体积	n_{H_2O}，g	⑥ 减小容器体积	p_{Cl_2}
② 加 O_2	n_{H_2O}，g	⑦ 减小容器体积	$K^\ominus$
③ 加 O_2	n_{O_2}	⑧ 升高温度	$K^\ominus$
④ 加 O_2	n_{HCl}	⑨加氮气	n_{HCl}
⑤ 减小容器体积	n_{Cl_2}，g	⑩ 加催化剂	n_{HCl}

2-23　在下列平衡系统中，要使反应向正方向移动，可采用哪些方法？并指出所采用的方法对 $K^\ominus$ 值有何影响？怎样影响（变大或变小）？

① $CaCO_3(s) \rightleftharpoons CaO(s) + CO_2(g)$，　$\Delta_r H_m^\ominus > 0$；

② $2SO_2(g) + O_2(g) \rightleftharpoons 2SO_3(g)$，　$\Delta_r H_m^\ominus < 0$；

③ $N_2(g) + 3H_2(g) \rightleftharpoons 2NH_3(g)$，　$\Delta_r H_m^\ominus < 0$。

2-24　水煤气反应 $C(s) + H_2O(g) \rightleftharpoons CO(g) + H_2(g)$，问：

① 此反应在 298K、标准状况下能否正向进行？

② 若升高温度，反应能否正向进行？

③ 100kPa 压力下，在什么温度时此系统为平衡系统？

2-25　在一定温度下 Ag_2O 受热分解，反应式为：$Ag_2O(s) \rightleftharpoons 2Ag(s) + \frac{1}{2}O_2(g)$，假设反应的 $\Delta_r H_m^\ominus$、$\Delta_r S_m^\ominus$ 不随温度的变化而改变，估算 Ag_2O 的最低分解温度和在该温度下的平衡常数 $K^\ominus$ 以及 O_2 的分压？

2-26　对于可逆反应 $C(s) + H_2O(g) \rightleftharpoons CO + H_2$，$\Delta_r H_m^\ominus > 0$，判断下列说法是否正确？为什么？

① 达到平衡时各反应物和生成物的浓度一定相等。

② 升高温度 $v_正$ 增大，$v_逆$ 减小，所以平衡向右移动。

③ 由于反应前后分子数相等，所以增加压力对平衡没有影响。

④ 加入催化剂使 $v_正$ 增加，所以平衡向右移动。

第3章 酸、碱与酸碱平衡 Acid, Base & Acid-Base Equilibrium

酸、碱与酸碱平衡在科学研究、生产实际以及生命过程中发挥了极其重要的作用，对后续讨论的其他三大化学平衡有着较大的影响。本章将主要以酸碱质子理论讨论水溶剂（aqueous solvent）中的酸碱平衡及其有关应用，非水溶剂（nonaqueous solvent）中的酸碱平衡以及其他酸碱理论请阅读相关参考书。

3.1 酸碱质子理论与酸碱平衡

3.1.1 酸、碱与酸碱反应的实质

根据酸碱质子理论，凡是能给出质子（H^+，proton）的物质就是酸，凡是能接受质子的物质就是碱。当一种酸给出质子之后，它的剩余部分就是碱。

（1）酸、碱的共轭关系与酸碱半反应

醋酸（可以简写为HAc）能给出质子，所以HAc就是酸，它的剩余部分Ac^-由于对质子具有一定的亲和力，能够接受质子而成为HAc，按照酸碱质子理论，Ac^-就是碱：

$$HAc \rightleftharpoons H^+ + Ac^-$$

这种因一个质子的得失而相互转变的每一对酸碱就被称为共轭酸碱对（conjugate acid-base pair）。

又如氨水（$NH_3 \cdot H_2O$，在此的"·"也不是"点乘"符号，是指以水为溶剂的氨溶液），其中的NH_3能接受质子，按照酸碱质子理论它就是碱；NH_4^+可以失去质子而成为NH_3，所以NH_4^+就是NH_3的共轭酸（conjugate acid）：

$$NH_3 + H^+ \rightleftharpoons NH_4^+$$

这种酸及其共轭碱（或碱及其共轭酸）相互转变的反应就称为酸碱半反应。

再看以下一些酸碱半反应：

$$H_2CO_3 \rightleftharpoons H^+ + HCO_3^- \quad ①$$

$$HCO_3^- \rightleftharpoons H^+ + CO_3^{2-} \quad ②$$

$$^+NH_3—CH_2—CH_2—^+NH_3 \rightleftharpoons H^+ + {}^+NH_3—CH_2—CH_2—NH_2 \quad ③$$

从以上例子可以看出，根据酸碱质子理论，酸或碱可以是中性分子，也可是阴离子或阳离子。总之，酸比它的共轭碱（conjugate base）多一个质子；或者说碱比它的共轭酸少一个质子。另外，在酸碱质子理论中，酸、碱是相对的。在半反应①中，HCO_3^-是H_2CO_3的共轭碱，或者反过来，HCO_3^-若得到H^+可以形成其共轭酸H_2CO_3，是一种弱碱；而在半

反应②中 HCO_3^- 就是一种弱酸。这种在水溶液中既能给出质子，又能接受质子的物质在酸碱质子理论中称为两性物质。

应注意的是，共轭酸碱系统是不能独立存在的。由于质子的半径特别小，电荷密度很大，它只能在水溶液中瞬间出现。因而当溶液中某一种酸给出质子后，必定要有一种碱来接受。例如，HAc 在水溶液中解离时，溶剂 H_2O 就是接受质子的碱：

$$\underset{酸_1}{HAc} \rightleftharpoons H^+ + \underset{碱_1}{Ac^-}$$

$$\underset{碱_2}{H_2O} + H^+ \rightleftharpoons \underset{酸_2}{H_3O^+}$$

$$\underset{酸_1}{HAc} + \underset{碱_2}{H_2O} \rightleftharpoons \underset{酸_2}{H_3O^+} + \underset{碱_1}{Ac^-}$$

反应式中 H_3O^+ 称为水合质子（hydrated proton）。

上式就是醋酸在水中的解离（dissociation）平衡，平时书写时简化为：

$$HAc \rightleftharpoons H^+ + Ac^-$$

（2）酸碱反应的实质

NH_4^+ 是一种弱酸，在水溶液中存在着以下平衡：

$$\underset{酸_1}{NH_4^+} + \underset{碱_2}{H_2O} \rightleftharpoons \underset{酸_2}{H_3O^+} + \underset{碱_1}{NH_3} \quad (H^+)$$

按照酸碱电离理论，上述反应是盐的水解反应（hydrolysis reaction），但根据酸碱质子理论，NH_4^+ 在水溶液中的解离反应也是质子的转移反应。

再如 HAc 与 NH_3 的酸碱反应：

$$\underset{酸_1}{HAc} + \underset{碱_2}{NH_3} \rightleftharpoons \underset{酸_2}{NH_4^+} + \underset{碱_1}{Ac^-} \quad (H^+)$$

很明显，反应由 HAc-Ac^- 与 NH_3-NH_4^+ 两个共轭酸碱对所构成，同样是一个质子的转移过程。

因此，根据酸碱质子理论，酸碱反应实际上是两个共轭酸碱对共同作用的结果，反应的实质就是质子的转移。

（3）溶剂的质子自递反应与水的离子积

对于水系统，在酸的解离过程中，水分子接受质子，起碱的作用；而在碱的解离过程中，水分子释放质子，起酸的作用。因此，水是一种两性溶剂。

由于水分子的两性，一个水分子可以从另一个水分子中夺取质子而形成 H_3O^+ 和 OH^-，即

$$H_2O + H_2O \rightleftharpoons H_3O^+ + OH^-$$

这种仅仅在溶剂分子之间发生的质子传递作用就称为溶剂的质子自递反应，反应的平衡常数称为溶剂的质子自递常数，一般以 $K_s^\ominus$ 表示。水的质子自递常数又称为水的离子积(ionic product)，以 $K_w^\ominus$ 表示：

$$K_w^\ominus = [H_3O^+][OH^-] \text{或} K_w^\ominus = [H^+][OH^-] \quad (3\text{-}1)$$

25℃时，$K_w^\ominus = 1.0 \times 10^{-14}$。

3.1.2 酸碱平衡与酸、碱的相对强度

根据酸碱质子理论，酸或碱的强弱取决于物质给出质子或接受质子的能力大小。物质给出质子的能力愈强，其酸性（acidity）也就愈强，反之就愈弱。同样，物质接受质子的能力愈强，碱性（basicity）就愈强，反之也就愈弱。

3.1.2.1 酸碱解离平衡与解离平衡常数

(1) 一元弱酸与一元弱碱

例如，HAc 在水溶液中的解离平衡：

$$HAc \rightleftharpoons H^+ + Ac^-$$

$$K_a^\ominus(HAc) = \frac{[H^+][Ac^-]}{[HAc]}$$

式中，$K_a^\ominus$ 简称为酸的解离常数（dissociation constant）。

$K_a^\ominus$愈大，表明该弱酸给出质子的能力愈强，$K_a^\ominus$ 愈小，表明该弱酸给出质子的能力愈弱。例如，25℃时，HAc 在水中的 $K_a^\ominus = 1.74 \times 10^{-5}$；而 HCN 的 $K_a^\ominus = 6.17 \times 10^{-10}$。显然 HCN 在水中给出质子的能力较 HAc 弱，故相对而言 HAc 的酸性就较 HCN 的强。弱酸解离常数的另一种表示形式为 $pK_a^\ominus$。$pK_a^\ominus = -\lg K_a^\ominus$。

又如，氨在水中的解离平衡为：

$$NH_3 + H_2O \rightleftharpoons NH_4^+ + OH^-$$

$$K_b^\ominus(NH_3) = \frac{[NH_4^+][OH^-]}{[NH_3]}$$

式中 $K_b^\ominus$简称为碱的解离常数。$K_b^\ominus$愈大，表明该弱碱接受质子的能力就愈强，反之愈弱。弱碱解离常数同样有另一种表示形式 $pK_b^\ominus$。$pK_b^\ominus = -\lg K_b^\ominus$。

一般认为，解离常数 $K^\ominus > 1$ 的酸（或碱）为强酸（strong acid）（或强碱，strong base）；$K^\ominus$在 $1 \sim 10^{-3}$的酸（或碱）为中强酸（或中强碱）；$K^\ominus$在 $10^{-4} \sim 10^{-7}$的酸（或碱）为弱酸（weak acid）（或弱碱，weak base）；若酸（或碱）的 $K^\ominus < 10^{-7}$，则称为极弱酸（或极弱碱）。

对于一定的酸、碱，$K_a^\ominus$或 $K_b^\ominus$的大小同样与浓度无关，主要与温度、溶剂有关。由于酸碱解离平衡过程的焓变较小，因而在室温范围内，一般可以不考虑温度的影响。

酸、碱的 $K_a^\ominus$或 $K_b^\ominus$可以通过实验测得，也可以根据有关热力学数据求得。

(2) 多元酸与多元碱

多元酸（polyacid）（或多元碱，polybase）在水中的解离是逐级进行的，各级解离平衡均有相应的解离常数，即逐级解离常数。例如 H_2CO_3，在水中分两步解离：

$$H_2CO_3 \overset{K_{a1}^\ominus}{\rightleftharpoons} H^+ + HCO_3^-$$

$$K_{a1}^\ominus = \frac{[H^+][HCO_3^-]}{[H_2CO_3]}$$

$$HCO_3^- \overset{K_{a2}^\ominus}{\rightleftharpoons} H^+ + CO_3^{2-}$$

$$K_{a2}^\ominus = \frac{[H^+][CO_3^{2-}]}{[HCO_3^-]}$$

由于 CO_3^{2-} 对 H^+ 的吸引力强于 HCO_3^- 对 H^+ 的吸引力，再加上一级解离对二级解离的抑制作用（后面将讨论），故多元酸（或多元碱）逐级解离常数间的关系为：

$$K_1^\ominus > K_2^\ominus > K_3^\ominus > \cdots\cdots$$

又如 Na_2CO_3 这种二元碱，在水中的解离也是分两步进行的。

$$CO_3^{2-}+H_2O \xrightleftharpoons{K_{b_1}^{\ominus}} OH^-+HCO_3^-$$

$$K_{b_1}^{\ominus}=\frac{[OH^-][HCO_3^-]}{[CO_3^{2-}]}$$

$$HCO_3^-+H_2O \xrightleftharpoons{K_{b_2}^{\ominus}} OH^-+H_2CO_3$$

$$K_{b_2}^{\ominus}=\frac{[OH^-][H_2CO_3]}{[HCO_3^-]}$$

总的解离平衡为： $CO_3^{2-}+2H_2O \rightleftharpoons 2OH^-+H_2CO_3$

根据多重平衡原理，多元酸（或多元碱）总解离平衡的平衡常数为：

$$K^{\ominus}=K_1^{\ominus}\times K_2^{\ominus}\times K_3^{\ominus}\times\cdots \tag{3-2}$$

3.1.2.2 共轭酸碱对 $K_a^{\ominus}$ 与 $K_b^{\ominus}$ 的关系

（1）一元弱酸及其共轭碱

以 $HAc\text{-}Ac^-$ 为例。

HAc 在水溶液中的解离平衡：

$$HAc \xrightleftharpoons{K_a^{\ominus}} H^++Ac^- \qquad ①$$

而 Ac^- 在水中存在以下解离平衡：

$$Ac^-+H_2O \xrightleftharpoons{K_b^{\ominus}} OH^-+HAc \qquad ②$$

将平衡式①与平衡式②相加，可以得到 $H_2O \rightleftharpoons H^++OH^-$

根据多重平衡规则，$K_a^{\ominus}\times K_b^{\ominus}=K_w^{\ominus}$

因此，对于一元弱酸及其共轭碱，$K_a^{\ominus}$ 与 $K_b^{\ominus}$ 具有以下关系：

$$K_a^{\ominus}\times K_b^{\ominus}=1.0\times10^{-14}(25℃) \tag{3-3a}$$

或两边取负对数， $$pK_a^{\ominus}+pK_b^{\ominus}=pK_w^{\ominus}=14.00 \tag{3-3b}$$

可见，若某种弱酸的 $K_a^{\ominus}$ 较大，其共轭碱的 $K_b^{\ominus}$ 就会较小。例如，HAc 的 $K_a^{\ominus}(HAc)=1.74\times10^{-5}$，而 Ac^- 的 $K_b^{\ominus}(Ac^-)=\frac{1.0\times10^{-14}}{K_a^{\ominus}(HAc)}=\frac{1.0\times10^{-14}}{1.74\times10^{-5}}=5.7\times10^{-10}$。

（2）多元酸（或多元碱）

H_2CO_3 在水溶液中有以下两个平衡：

$$H_2CO_3 \xrightleftharpoons{K_{a_1}^{\ominus}} H^++HCO_3^- \qquad ①$$

$$HCO_3^- \xrightleftharpoons{K_{a_2}^{\ominus}} H^++CO_3^{2-} \qquad ②$$

而 CO_3^{2-} 在水溶液中同样存在两个平衡：

$$CO_3^{2-}+H_2O \xrightleftharpoons{K_{b_1}^{\ominus}} OH^-+HCO_3^- \qquad ③$$

$$HCO_3^-+H_2O \xrightleftharpoons{K_{b_2}^{\ominus}} OH^-+H_2CO_3 \qquad ④$$

分别将平衡式①与平衡式④、平衡式②与平衡式③相加，均可以得到 $H_2O \rightleftharpoons H^++OH^-$。

因此，二元酸及其共轭碱的解离常数之间具有以下关系：

$$K_{a_1}^{\ominus}\times K_{b_2}^{\ominus}=K_{a_2}^{\ominus}\times K_{b_1}^{\ominus}=K_w^{\ominus} \tag{3-4}$$

【例 3-1】 求 $H_2PO_4^-$ 的 $K_{b_3}^{\ominus}$ 及 $pK_{b_3}^{\ominus}$，并判断 NaH_2PO_4 水溶液的酸碱性。

解 $H_2PO_4^-$ 是 H_3PO_4 的共轭碱，H_3PO_4 又是一种三元酸。根据三元酸及其共轭碱解离常数之间的关系：

$$K^{\ominus}_{a_1} \times K^{\ominus}_{b_3} = K^{\ominus}_{a_2} \times K^{\ominus}_{b_2} = K^{\ominus}_{a_3} \times K^{\ominus}_{b_1} = [H^+][OH^-] = K^{\ominus}_{w}$$

因此：

$$K^{\ominus}_{b_3} = \frac{K^{\ominus}_{w}}{K^{\ominus}_{a_1}}$$

查表得 H_3PO_4 的 $K^{\ominus}_{a_1} = 6.92 \times 10^{-3}$，所以：

$$K^{\ominus}_{b_3} = \frac{1.0 \times 10^{-14}}{6.92 \times 10^{-3}} = 1.4 \times 10^{-12}$$

$$pK^{\ominus}_{b_3} = -\lg K^{\ominus}_{b_3}$$

$$pK^{\ominus}_{b_3} = 11.85$$

根据酸碱质子理论，NaH_2PO_4 是一种两性物质，它的水溶液中存在：

酸式解离，即给出质子的解离反应：$H_2PO_4^- \xrightleftharpoons{K^{\ominus}_{a_2}} H^+ + HPO_4^{2-}$

碱式解离，即接受质子的解离反应：$H_2PO_4^- + H_2O \xrightleftharpoons{K^{\ominus}_{b_3}} OH^- + H_3PO_4$

对于这类两性物质，其水溶液是呈酸性还是碱性，可以根据不同解离过程相应的解离常数的相对大小来判断。对于本例，$H_2PO_4^-$ 的酸式解离相应的 $K^{\ominus}_{a_2} = 6.23 \times 10^{-8}$，碱式解离已求得 $K^{\ominus}_{b_3} = 1.4 \times 10^{-12}$。显然，$K^{\ominus}_{a_2} > K^{\ominus}_{b_3}$，说明 $H_2PO_4^-$ 在水溶液中给出质子的能力大于其接受质子的能力。因此，NaH_2PO_4 溶液呈现弱酸性。

3.2 酸碱平衡的移动

3.2.1 稀释定律

【例 3-2】 25℃时 HAc 的 $K^{\ominus}_{a} = 1.74 \times 10^{-5}$。求浓度分别为①0.20mol·L⁻¹，②$2.0 \times 10^{-2}$ mol·L^{-1} 时 HAc 的解离度（degree of dissociation）。

解 解离度用 α 表示，是指解离达到平衡时物质 A 已解离的物质的量与总的物质的量之比。对于定容反应，可以是物质 A 在水中已解离部分的浓度与其初始浓度之比。

①	$HAc \rightleftharpoons$	H^+ +	Ac^-
初始浓度/mol·L^{-1}	0.20	0.00	0.00
平衡浓度/mol·L^{-1}	$0.20(1-\alpha_1)$	$0.20\alpha_1$	$0.20\alpha_1$

$$\because K^{\ominus}_{a}(HAc) = \frac{[H^+][Ac^-]}{[HAc]}$$

$$\therefore 1.74 \times 10^{-5} = \frac{(0.20\alpha_1)^2}{0.20(1-\alpha_1)}$$

平衡计算中一般允许约 5%的计算误差，计算过程中可以根据情况进行近似处理。

由于 HAc 解离常数不算大，此题 HAc 的浓度都不算低，解离掉的 HAc 均很少，因此 α 可以忽略。$1-\alpha_1 \approx 1$。

解得 $\alpha_1 = 0.93\%$

②	$HAc \rightleftharpoons$	H^+ +	Ac^-
初始浓度/mol·L^{-1}	2.0×10^{-2}	0.00	0.0
平衡浓度/mol·L^{-1}	$2.0 \times 10^{-2}(1-\alpha_2)$	$2.0 \times 10^{-2}\alpha_2$	$2.0 \times 10^{-2}\alpha_2$

$\because K_a^{\ominus}(HA)=\dfrac{2.0\times10^{-2}\alpha_2^2}{(1-\alpha_2)}$

$\therefore \alpha_2^2=\dfrac{1.74\times10^{-5}}{2.0\times10^{-2}}$

解得 $\alpha_2=2.9\%$。

很明显，0.20mol·L^{-1} HAc溶液被稀释10倍，解离度从0.93%增大为2.9%。

由此例可得解离度与浓度之间的关系：

$$\alpha=\sqrt{\frac{K^{\ominus}}{c}} \tag{3-5}$$

式中，$K^{\ominus}$为弱酸或弱碱在水溶液中的解离常数。

式(3-5)表明，弱酸或弱碱的解离度是随着水溶液的稀释而增大的，这一规律就称为稀释定律（dilution law）。

需要注意的是，解离度随溶液的稀释而增大，并不意味着溶液中的离子浓度也相应增大；另外，当用解离度来衡量不同电解质的相对强弱时必须指明它们的浓度。

3.2.2 同离子效应

【例3-3】 在0.20mol·L^{-1}的HAc水溶液中加入NaAc固体，使NaAc的浓度为0.10mol·L^{-1}。计算HAc的解离度，并与例3-2比较。

解 在酸碱电离理论中，酸、碱、盐这些物质都属于电解质（electrolyte）。强酸、强碱以及盐等都属于强电解质，弱酸或弱碱等属于弱电解质。当加入强电解质NaAc于水溶液中时会完全解离为Na^+以及Ac^-。

	$HAc \rightleftharpoons$	H^+ +	Ac^-
初始浓度/mol·L^{-1}	0.20	0.00	0.10
平衡浓度/mol·L^{-1}	$0.20(1-\alpha_3)$	$0.20\alpha_3$	$0.10+0.20\alpha_3$

$\because K_a^{\ominus}(HAc)=\dfrac{[H^+][Ac^-]}{[HAc]}$

$\therefore 1.74\times10^{-5}=\dfrac{0.20\alpha_3(0.10+0.20\alpha_3)}{0.20(1-\alpha_3)}$

式中括号中的α同样可以忽略，解得$\alpha_3=0.017\%$。

计算结果表明，向0.20mol·L^{-1}的HAc水溶液中加入NaAc固体，使NaAc的浓度为0.10mol·L^{-1}时，HAc的解离度由不加NaAc时的0.93%降低到0.017%。

这种含有共同离子的易溶强电解质的加入或存在，使得弱酸（或弱碱）解离度降低的现象，就称为同离子效应（common ion effect）。

3.2.3 其他因素

（1）温度

对于Ac^-或NH_4^+这类物质，温度对它们在水中解离平衡的移动影响相对较为明显。

例如，氨和盐酸的反应：

$$NH_3+H_3O^+\rightleftharpoons NH_4^++H_2O,\ \Delta_rH_m=-52.21kJ\cdot mol^{-1}$$

由焓变的性质可知，NH_4^+在水中解离反应的$\Delta_rH_m=52.21kJ\cdot mol^{-1}$，为吸热过程，

温度升高时会使 $K_a^{\ominus}(NH_4^+)$ 增大。因而提高温度，平衡将朝着有利于形成 NH_3 的方向移动，使弱电解质 NH_4^+ 的解离度增大。

(2) 其他强电解质的存在

对于弱酸或弱碱这类弱电解质溶液，若加入易溶强电解质或有浓度相对较高的阴、阳离子存在，会使该弱电解质的电离度增大。这种现象就称为盐效应（salt effect）。

盐效应显然是与同离子效应完全相反的作用，但这种效应一般只有在浓度较高的非共同离子的其他强电解质存在下，要求较高的场合才考虑。

3.3 组分的分布与浓度的计算

3.3.1 分布分数与分布曲线

分布分数（distribution coefficient）是指溶液中某种酸碱组分存在形式的平衡浓度占其总浓度的分数，一般以 δ 表示。组分的分布分数与溶液酸度的关系曲线就称为分布曲线（distribution curve）。

溶液酸度（acid degree）一般是指溶液中 H^+ 的浓度，常用 pH 值表示，$pH=-\lg[H^+]$。

根据酸碱平衡，若溶液的酸度不变，某种弱酸（或弱碱）解离达到平衡时其酸碱组分存在形式的浓度不变，分布确定；酸度改变，这些存在形式的浓度发生改变，分布也随之而变。

对于一元弱酸，例如 HAc 溶液，HAc 及其共轭碱 Ac^- 的分布分数分别为：

$$\delta(HAc)=\frac{[HAc]}{c(HAc)},\delta(Ac^-)=\frac{[Ac^-]}{c(HAc)}$$

根据物料等衡关系，即任何酸度条件下，酸碱系统中酸碱组分存在形式的平衡浓度之和等于该弱酸（或弱碱）溶液的总浓度（或初始浓度、分析浓度），HAc 溶液的物料等衡式（material balance equation）为 $c(HAc)=[HAc]+[Ac^-]$

$$\delta(HAc)=\frac{[HAc]}{[HAc]+[Ac^-]}=\frac{1}{1+\dfrac{[Ac^-]}{[HAc]}}$$

$K_a^{\ominus}(HAc)=\dfrac{[H^+][Ac^-]}{[HAc]}$，则 $\dfrac{[Ac^-]}{[HAc]}=\dfrac{K_a^{\ominus}}{[H^+]}$。

代入上式可得：

$$\delta(HAc)=\frac{1}{1+\dfrac{K_a^{\ominus}}{[H^+]}}=\frac{[H^+]}{[H^+]+K_a^{\ominus}} \tag{3-6a}$$

同样可得：

$$\delta(Ac^-)=\frac{[Ac^-]}{c(HAc)}=\frac{K_a^{\ominus}(HAc)}{[H^+]+K_a^{\ominus}(HAc)} \tag{3-6b}$$

将 $\delta(HAc)$ 与 $\delta(Ac^-)$ 相加：

$$\delta(HAc)+\delta(Ac^-)=\frac{[H^+]}{[H^+]+K_a^{\ominus}}+\frac{K_a^{\ominus}}{[H^+]+K_a^{\ominus}}=1 \tag{3-7}$$

显然，某物质水溶液平衡系统中各种存在形式的分布分数之和等于 1。

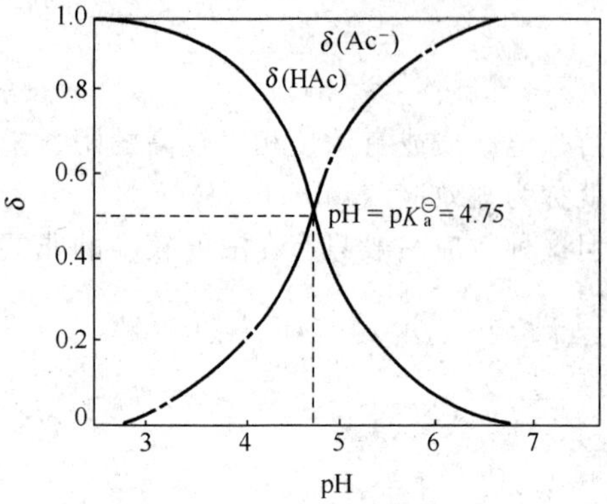

图 3-1　HAc 的 δ-pH 图

如果以 pH 值为横坐标，各存在形式的分布分数为纵坐标，可得如图 3-1 所示的分布曲线。从图中可以看到，当 $pH=pK_a^{\ominus}$时，$\delta(HAc)=\delta(Ac^-)=0.5$，溶液中 HAc 与 Ac^- 两种形式各占 50%；当 $pH \ll pK_a^{\ominus}$时，$\delta(HAc) \gg \delta(Ac^-)$，即溶液中 HAc 为主要的存在形式；而当 $pH \gg pK_a^{\ominus}$时，$\delta(HAc) \ll \delta(Ac^-)$，则溶液中 Ac^- 为主要存在形式。

对于二元酸，例如草酸（$H_2C_2O_4$），溶液中的存在形式有 $H_2C_2O_4$ 以及 $HC_2O_4^-$、$C_2O_4^{2-}$ 等组分，为简便起见，分别用 δ_2 以及 δ_1、δ_0 表示含两个质子、一个质子和无质子组分的分布分数。

$$\delta_2=\frac{[H_2C_2O_4]}{c(H_2C_2O_4)}$$

$$\delta_1=\frac{[HC_2O_4^-]}{c(H_2C_2O_4)}$$

$$\delta_0=\frac{[C_2O_4^{2-}]}{c(H_2C_2O_4)}$$

$$c(H_2C_2O_4)=[H_2C_2O_4]+[HC_2O_4^-]+[C_2O_4^{2-}]$$

因此：$\delta_2=\dfrac{[H_2C_2O_4]}{c(H_2C_2O_4)}=\dfrac{[H_2C_2O_4]}{[H_2C_2O_4]+[HC_2O_4^-]+[C_2O_4^{2-}]}$

$$=\frac{1}{1+\dfrac{[HC_2O_4^-]}{[H_2C_2O_4]}+\dfrac{[C_2O_4^{2-}]}{[H_2C_2O_4]}}$$

其中 $\dfrac{[HC_2O_4^-]}{[H_2C_2O_4]}=\dfrac{K_{a_1}^{\ominus}}{[H^+]}$，而 $\dfrac{[C_2O_4^{2-}]}{[H_2C_2O_4]}$ 根据多重平衡规则，由

$$H_2C_2O_4 \rightleftharpoons C_2O_4^{2-}+2H^+$$

$$K_{a_1}^{\ominus}\times K_{a_2}^{\ominus}=\frac{[C_2O_4^{2-}][H^+]^2}{[H_2C_2O_4]}$$

将以上关系代入上式，并整理得：

$$\delta_2=\frac{[H^+]^2}{[H^+]^2+[H^+]K_{a_1}^{\ominus}+K_{a_1}^{\ominus}K_{a_2}^{\ominus}} \tag{3-8a}$$

同理可得：

$$\delta_1=\frac{[H^+]K_{a_1}^{\ominus}}{[H^+]^2+[H^+]K_{a_1}^{\ominus}+K_{a_1}^{\ominus}K_{a_2}^{\ominus}} \tag{3-8b}$$

$$\delta_0=\frac{K_{a_1}^{\ominus}K_{a_2}^{\ominus}}{[H^+]^2+[H^+]K_{a_1}^{\ominus}+K_{a_1}^{\ominus}K_{a_2}^{\ominus}} \tag{3-8c}$$

同样：

$$\delta_2+\delta_1+\delta_0=1 \tag{3-9}$$

于是可以得到图 3-2 所示的分布曲线。

由图可知：

当 pH≪p$K_{a_1}^\ominus$ 时，$\delta_2 \gg \delta_1$，溶液中的主要存在形式为 $H_2C_2O_4$；

当 p$K_{a_1}^\ominus$ ≪pH≪p$K_{a_2}^\ominus$ 时，$\delta_1 \gg \delta_2$ 和 $\delta_1 \gg \delta_0$，溶液中主要存在形式为 $HC_2O_4^-$；

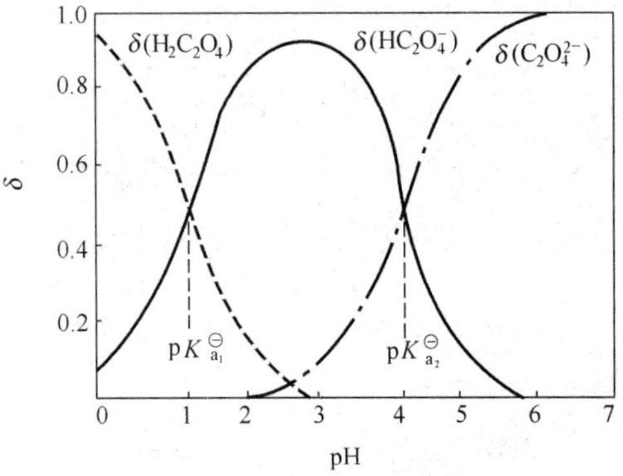

图 3-2　$H_2C_2O_4$ 的 δ-pH 图

当 pH≫p$K_{a_2}^\ominus$ 时，$\delta_0 \gg \delta_1$，这时溶液中的主要存在形式为 $C_2O_4^{2-}$。

由于草酸 p$K_{a_1}^\ominus$=1.23，p$K_{a_2}^\ominus$=4.19，比较接近，因此在 $HC_2O_4^-$ 的优势区内，各种形式的存在情况比较复杂。计算表明，在 pH=2.2～3.2 时，明显出现三种组分同时存在的情况，而在 pH=2.71 时，虽然 $HC_2O_4^-$ 的分布分数达到最大（0.938），但 δ_2 与 δ_0 的数值也各占 0.031。

3.3.2　组分平衡浓度计算的基本方法

(1) 平衡分析法

【例 3-4】　常温、常压下 H_2S 在水中的饱和溶解度为 0.10mol·L^{-1}，试求 H_2S 饱和溶液中 $[HS^-]$、$[S^{2-}]$，并找出 S^{2-} 浓度与溶液酸度的关系。

解　已知 25℃时，$K_{a_1}^\ominus$=8.90×10^{-8}，$K_{a_2}^\ominus$=1.26×10^{-14}。

设一级解离所产生的 HS^- 浓度为 x mol·L^{-1}，二级解离所产生的 S^{2-} 浓度为 y mol·L^{-1}，则有：

	H_2S	$\rightleftharpoons$	H^+	+	HS^-
初始浓度/mol·L^{-1}	0.10		0.00		0.00
平衡浓度/mol·L^{-1}	0.10-x		x+y		x-y

	HS^-	$\rightleftharpoons$	H^+	+	S^{2-}
初始浓度/mol·L^{-1}	0.00		0.00		0.00
平衡浓度/mol·L^{-1}	x-y		x+y		y

由于 $K_{a_1}^\ominus \gg K_{a_2}^\ominus$，再加上一级解离对二级解离的抑制作用，系统 $[H^+] \approx x$；同样溶液中 $[HS^-] \approx x$，所以 HS^- 的平衡浓度可以直接根据 H_2S 的一级解离求得。

∵

$$K_{a_1}^\ominus = \frac{[H^+][HS^-]}{[H_2S]}$$

∴

$$K_{a_1}^\ominus \approx \frac{x^2}{0.10-x} \approx 8.90 \times 10^{-8}$$

可解得：

$$x=9.4\times10^{-5}\,mol\cdot L^{-1}$$

溶液中 S^{2-} 浓度可以通过二级解离求出：

$$K_{a2}^{\ominus}=\frac{[H^+][S^{2-}]}{[HS^-]}$$

∵ $$[H^+]\approx[HS^-]$$

∴ $$[S^{2-}]\approx K_{a2}^{\ominus}=1.26\times10^{-14}\,mol\cdot L^{-1}$$

溶液中 S^{2-} 浓度与溶液酸度的关系可以从总的解离平衡求得。

$$H_2S \xrightleftharpoons{K^{\ominus}} 2H^+ + S^{2-}$$

根据多重平衡规则，$K^{\ominus}=K_{a1}^{\ominus}\times K_{a2}^{\ominus}$，因此：

$$K_{a1}^{\ominus}\times K_{a2}^{\ominus}=\frac{[H^+]^2[S^{2-}]}{[H_2S]}$$

$$[H^+]=\sqrt{\frac{K_{a1}^{\ominus}K_{a2}^{\ominus}[H_2S]}{[S^{2-}]}} \tag{3-10a}$$

对于 H_2S 饱和溶液，由于 H_2S 的解离程度不大，$[H_2S]\approx c(H_2S)$，所以：

$$[H^+]=\sqrt{\frac{8.90\times10^{-8}\times1.26\times10^{-14}\times0.10}{[S^{2-}]}}$$

$$[H^+]=\sqrt{\frac{1.12\times10^{-22}}{[S^{2-}]}} \tag{3-10b}$$

由式(3-10b) 可见，溶液的酸度，有效地控制 H_2S 溶液中的 S^{2-} 浓度。此式是下一章硫化物沉淀生成与溶解平衡中的重要关系式。

（2）分布分数法

【例 3-5】 常温、常压下，CO_2 饱和水溶液中，$c(H_2CO_3)=0.04mol\cdot L^{-1}$。求①pH＝5.00 时溶液中各种存在形式的平衡浓度；②pH＝8.00，溶液中的主要存在形式为何种组分？

解 CO_2 饱和水溶液中主要有三种存在形式，分别为 H_2CO_3、HCO_3^- 以及 CO_3^{2-}。

根据平衡浓度与分布分数的关系，可得：

$$[H_2CO_3]=\delta_2c(H_2CO_3)$$
$$[HCO_3^-]=\delta_1c(H_2CO_3)$$
$$[CO_3^{2-}]=\delta_0c(H_2CO_3)$$

① pH＝5.00 时，

$$\delta_2=\frac{[H^+]^2}{[H^+]^2+[H^+]K_{a1}^{\ominus}+K_{a1}^{\ominus}K_{a2}^{\ominus}}$$

$$=\frac{(10^{-5.00})^2}{(10^{-5.00})^2+10^{-5.00}\times10^{-6.35}+10^{-6.35}\times10^{-10.33}}$$

$$=0.96$$

同样可求得： $$\delta_1=0.04$$

$$\delta_0 \approx 0$$

所以 $[H_2CO_3]=0.04\times0.96=3.8\times10^{-2}mol\cdot L^{-1}$

$$[HCO_3^-]=0.04\times0.04=2\times10^{-3}mol\cdot L^{-1}$$

② pH=8.00时，同理可求得：

$$\delta_2=0.02$$

$$\delta_1=0.97$$

$$\delta_0=0.01$$

pH=8.00时，溶液中的主要存在形式是 HCO_3^-。

由此可见，分布分数不仅可以用来定量分析某一酸度时各种组分所占的份额，而且能应用于一定酸度条件下组分平衡浓度的计算。

3.4 溶液酸度的计算

溶液的酸度可以通过测定或计算获得。计算方法可以采用前已述及的平衡分析法，也可以采用酸碱质子理论中的代数法或图解法。

3.4.1 溶液酸度计算的一般方法

溶液酸度也可以采用平衡分析法计算。

(1) 一元弱酸（或一元弱碱）水溶液

【例 3-6】 计算 $c(NH_4Cl)=0.10mol\cdot L^{-1}$的 NH_4Cl 溶液的 pH 值（已知 NH_3 的 $K_b^\ominus=1.79\times10^{-5}$）。

解 $NH_4^+ + H_2O \rightleftharpoons NH_3 + H_3O^+$

	NH_4^+	NH_3	H_3O^+
初始浓度/$mol\cdot L^{-1}$	0.10	0.00	0.00
平衡浓度/$mol\cdot L^{-1}$	$0.10-x$	x	x

NH_4Cl 为 NH_3 的共轭酸，由 NH_3 的 $K_b^\ominus$可知，其酸性很弱，

$$K_a^\ominus(NH_4^+)=\frac{K_w^\ominus}{K_b^\ominus(NH_3)}=\frac{1.0\times10^{-14}}{1.79\times10^{-5}}=5.59\times10^{-10}$$

解离所产生的 H^+ 浓度很低，$[NH_4^+]\approx c(NH_4Cl)$，

$$K_a^\ominus(NH_4^+)=\frac{[H_3O^+][NH_3]}{[NH_4^+]}$$

将平衡分析结果代入上式并整理得，

$$x=\sqrt{K_a^\ominus c}=\sqrt{5.56\times10^{-10}\times0.10}=7.5\times10^{-6}mol\cdot L^{-1} \tag{3-11a}$$

$$pH=5.12$$

为了方便计算，式(3-11a) 也可变换为另一种表示形式。将其两边取负对数并整理，可得：

$$pH=\frac{1}{2}(pK_a^\ominus+pc) \tag{3-11b}$$

式中，$pc=-\lg c$。

一元弱碱水溶液的碱度（pOH）可以采用同样的方法求解。

(2) 多元酸（或多元碱）**水溶液**

对于多元酸（或多元碱），大多数情况下可以作为一元弱酸（或一元弱碱）处理。

【例 3-7】 室温时饱和 H_2CO_3 溶液的浓度约为 $0.040mol \cdot L^{-1}$，计算该溶液的 pH 值（已知 $pK^{\ominus}_{a1}=6.35$，$pK^{\ominus}_{a2}=10.33$）。

解 由于 $K^{\ominus}_{a1} \gg K^{\ominus}_{a2}$，可以作为一元弱酸处理。

$$[H^+]=\sqrt{cK^{\ominus}_{a1}}=\sqrt{0.040\times 10^{-6.35}}=1.3\times 10^{-4}$$

$$pH=3.89$$

(3) 弱酸（或弱碱）**及其共轭碱**（或共轭酸）**水溶液**

由于同离子效应的存在，这种系统中无论是弱酸（或弱碱），还是共轭碱（或共轭酸），它们的解离度都不是很大，故这种水溶液酸度的计算式一般可以直接根据解离常数表达式获得。

$$[H^+]=K^{\ominus}_{a}\times\frac{c_a}{c_b} \tag{3-12a}$$

$$或\ pH=pK^{\ominus}_{a}+\lg\frac{c_b}{c_a} \tag{3-12b}$$

式中，$K^{\ominus}_{a}$为弱酸（或共轭酸）的解离常数；c_a为弱酸（或共轭酸）的总浓度；c_b为弱碱（或共轭碱）的总浓度。

【例 3-8】 将浓度为 $0.30mol \cdot L^{-1}$ 的吡啶溶液和 $0.10mol \cdot L^{-1}$ 的 HCl 溶液等体积混合，求此溶液的 pH 值，已知吡啶的 $pK^{\ominus}_{b}=8.70$。

解 吡啶是一种有机弱碱，与 HCl 的反应为：

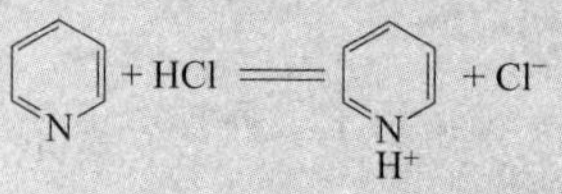

显然，吡啶是过量的，形成弱碱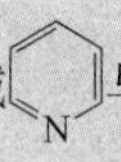与其共轭酸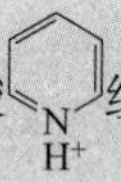组成的系统。

在此：$c_a=\dfrac{0.10}{2}=0.050mol \cdot L^{-1}$，$c_b=\dfrac{0.30-0.10}{2}=0.10mol \cdot L^{-1}$

此系统由弱碱与其共轭酸构成，尽管 $K^{\ominus}_{b}$不大，但两组分浓度均较大，因此：

$$\begin{aligned} pH &=pK^{\ominus}_{a}+\lg\frac{c_b}{c_a} \\ &=pK^{\ominus}_{w}-pK^{\ominus}_{b}+\lg\frac{c_b}{c_a}=14.00-8.70+\lg\frac{0.10}{0.050} \\ &=5.60 \end{aligned}$$

3.4.2 酸碱质子理论中的代数法

这里的代数法是根据酸碱平衡系统的质子条件式以及相关的平衡关系式求得溶液酸度的一种方法。这种计算方法主要应用于较为复杂或要求较高的系统，如化学研究与应用，特别是对酸度较为敏感的系统，包括极稀的酸或碱溶液、混合溶液酸度的计算。

这种方法求解的一般步骤是：

①列出酸碱溶液的质子条件式；

②找出质子条件式中各项与酸度的关系并代入；

③根据计算的允许误差（5%）进行近似处理并计算。

对于较为复杂的系统可以首先根据相关的解离常数判断溶液的酸碱性，忽略质子条件式中较为明显的次要组分，然后再代入剩余项相关的平衡关系式。

3.4.2.1 质子条件式的确定

所谓质子条件，是指酸碱反应中质子转移的等衡关系，它的数学关系式就称为质子条件式或质子等衡式(proton banlance equation)，以 PBE 表示。

质子条件式的确定主要有两种方法，即零水准法以及由物料等衡式及电荷等衡式联立求解法。在此，以浓度为 $c\,\mathrm{mol\cdot L^{-1}}$ 的 Na_2CO_3 溶液为例，主要用零水准法确定质子条件式。

零水准法首先要选取零水准，其次再将系统中其他存在形式与零水准相比，看哪些组分得质子，哪些组分失质子，得失质子数是多少，最后根据得失质子的物质的量应相等的原则写出等式。

作为零水准的物质一般是参与质子转移的大量物质，对于 Na_2CO_3 溶液来说，大量存在并参与质子转移的物质是 CO_3^{2-} 和 H_2O，选择两者作为零水准，它们参与以下平衡：

$$H_2O + H_2O \rightleftharpoons H_3O^+ + OH^-$$

$$CO_3^{2-} + H_2O \rightleftharpoons HCO_3^- + OH^-$$

$$HCO_3^- + H_2O \rightleftharpoons H_2CO_3 + OH^-$$

显然，除 CO_3^{2-} 及 H_2O 外，其他存在形式有 H_3O^+、OH^-、HCO_3^-、H_2CO_3。将 H_3O^+、OH^- 与 H_2O 相比，H_3O^+ 是得一个质子的产物，OH^- 是失一个质子的产物；将 HCO_3^-、H_2CO_3 分别与 CO_3^{2-} 相比，HCO_3^- 是得到一个质子的产物，而 H_2CO_3 是得到两个质子的产物。根据得失质子的物质的量应该相等的原则，可得：

$$n(H^+) + n(HCO_3^-) + 2n(H_2CO_3) = n(OH^-)\text{，或：}$$

$$[H^+] + [HCO_3^-] + 2[H_2CO_3] = [OH^-]$$

即
$$[H^+] = [OH^-] - [HCO_3^-] - 2[H_2CO_3]$$

上式就是 Na_2CO_3 溶液的质子条件式，它表明这种水溶液的 OH^- 是由三方面贡献的，分别是水的解离、CO_3^{2-} 的一级解离和二级解离。

除了零水准法外，也可以根据物料平衡以及电荷平衡求得质子条件式。

所谓电荷平衡，是指平衡时溶液中正电荷的总浓度应等于负电荷的总浓度，其电荷等衡式(charge balance equation)，以 CBE 表示。例如，$c\,\mathrm{mol\cdot L^{-1}}$ 的 Na_2CO_3 溶液：

$$Na_2CO_3(aq) = 2Na^+(aq) + CO_3^{2-}(aq)$$

电荷等衡式为：

$$[Na^+] + [H^+] = [OH^-] + [HCO_3^-] + 2[CO_3^{2-}]$$

即
$$2c + [H^+] = [OH^-] + [HCO_3^-] + 2[CO_3^{2-}]$$

再根据物料等衡式：

$$c(CO_3^{2-})=[H_2CO_3]+[HCO_3^-]+[CO_3^{2-}]$$

同样可以求得质子条件式。

【例 3-9】 分别写出 NaAc、NH_4Cl、NH_4Ac 水溶液的质子条件式。

解 对于 NaAc 水溶液，可以选择 H_2O、Ac^- 作为零水准，有以下平衡存在：

$$H_2O+H_2O \rightleftharpoons H_3O^+ +OH^-$$

$$Ac^- +H_2O \rightleftharpoons HAc+OH^-$$

与 H_2O 相比，H_3O^+ 是得一个质子的产物，OH^- 是失一个质子的产物；与 Ac^- 相比，HAc 是得一个质子的产物，因此：

$$[H^+]+[HAc]=[OH^-]$$

对于 NH_4Cl 水溶液，可以选择 H_2O、NH_4^+ 作为零水准，存在以下平衡：

$$H_2O+H_2O \rightleftharpoons H_3O^+ +OH^-$$

$$NH_4^+ +H_2O \rightleftharpoons H_3O^+ +NH_3$$

与 H_2O 相比 H_3O^+ 是得一个质子的产物，OH^- 是失一个质子的产物；与 NH_4^+ 相比，NH_3 是失一个质子的产物，所以：

$$[H^+]=[OH^-]+[NH_3]$$

对于 NH_4Ac 水溶液，可以选择 H_2O、NH_4^+、Ac^- 作为零水准，有以下平衡存在：

$$H_2O+H_2O \rightleftharpoons H_3O^+ +OH^-$$

$$NH_4^+ +H_2O \rightleftharpoons H_3O^+ +NH_3$$

$$Ac^- +H_2O \rightleftharpoons HAc+OH^-$$

与 H_2O 相比 H_3O^+ 是得一个质子的产物，OH^- 是失一个质子的产物；与 NH_4^+ 相比，NH_3 是失一个质子的产物；与 Ac^- 相比，HAc 是得一个质子的产物，因此：

$$[H^+]+[HAc]=[OH^-]+[NH_3]$$

或

$$[H^+]=[OH^-]+[NH_3]-[HAc]$$

3.4.2.2 两性物质溶液酸度的计算

以 NaHA 这种两性物质为例，计算该物质水溶液的酸度。

(1) 质子条件式

NaHA 是多元酸一级解离的产物，其水溶液中存在以下解离平衡：

$$HA^- +H_2O \rightleftharpoons H_3O^+ +A^{2-}$$

$$HA^- +H_2O \rightleftharpoons H_2A+OH^-$$

$$H_2O+H_2O \rightleftharpoons H_3O^+ +OH^-$$

选择 H_2O、HA^- 为零水准，这一水溶液的 PBE 为：

$$[H^+]=[OH^-]+[A^{2-}]-[H_2A] \qquad (3\text{-}13)$$

(2) 质子条件式中各项与酸度的关系

按式(3-13) 等号右侧的顺序，

第一项为水解离所贡献的酸度，$[OH^-]=\dfrac{K_w^\ominus}{[H^+]}$；第二项为 HA^- 的酸式解离所产生的酸度，$[A^{2-}]=K_{a2}^{\ominus}\times\dfrac{[HA^-]}{[H^+]}$；第三项为 HA^- 的碱式解离所需要的酸度，$[H_2A]=\dfrac{[HA^-][H^+]}{K_{a1}^{\ominus}}$。

将这些平衡关系代入式(3-13) 并整理得：

$$[H^+]=\sqrt{\frac{K_{a1}^{\ominus}(K_{a2}^{\ominus}[HA^-]+K_w^{\ominus})}{K_{a1}^{\ominus}+[HA^-]}} \tag{3-14a}$$

式(3-14a) 是计算多元酸一级解离产物这种两性物质溶液酸度的精确式。

(3) 计算式的近似处理

① 一般的多元酸 $K_{a1}^{\ominus}$ 与 $K_{a2}^{\ominus}$ 相差较大，可以认为 $[HA^-]\approx c$，

$$[H^+]=\sqrt{\frac{K_{a1}^{\ominus}(K_{a2}^{\ominus}c+K_w^{\ominus})}{K_{a1}^{\ominus}+c}} \tag{3-14b}$$

② 若 $cK_{a2}^{\ominus}>10K_w^{\ominus}$，就可忽略 $K_w^{\ominus}$ 项，

$$[H^+]=\sqrt{\frac{K_{a1}^{\ominus}K_{a2}^{\ominus}c}{K_{a1}^{\ominus}+c}} \tag{3-14c}$$

③ 若 $cK_{a2}^{\ominus}>10K_w^{\ominus}$，$c>10K_{a1}^{\ominus}$，

$$[H^+]=\sqrt{K_{a1}^{\ominus}K_{a2}^{\ominus}} \tag{3-14d}$$

$$或\ pH=\frac{1}{2}(pK_{a1}^{\ominus}+pK_{a2}^{\ominus}) \tag{3-14e}$$

④ 若 $c>10K_{a1}^{\ominus}$，但 $cK_{a2}^{\ominus}<10K_w^{\ominus}$，

$$[H^+]=\sqrt{\frac{K_{a1}^{\ominus}(K_{a2}^{\ominus}c+K_w^{\ominus})}{c}} \tag{3-14f}$$

式(3-14d) 或 (3-14e) 是多元酸一级解离产物（如 $NaHCO_3$、NaH_2PO_4 等）溶液酸度计算的最简式，在允许误差较大的场合是常用的计算式。除上述说明的外，式(3-14) 系列的其余计算式均为近似式。

【例 3-10】 计算 $c(NaHCO_3)=0.10mol\cdot L^{-1}$ $NaHCO_3$溶液的 pH 值。已知 $pK_{a1}^{\ominus}=6.35$，$pK_{a2}^{\ominus}=10.33$。

解 ∵ $cK_{a2}^{\ominus}>10K_w^{\ominus}$，$c>10K_{a1}^{\ominus}$

∴可以采用式(3-14e)，$pH=\dfrac{1}{2}(pK_{a1}^{\ominus}+pK_{a2}^{\ominus})$

$$=\frac{1}{2}(6.35+10.33)=8.34$$

【例 3-11】 分别计算 $c(NaH_2PO_4)=0.050mol\cdot L^{-1}$ NaH_2PO_4溶液以及 $c(Na_2HPO_4)=0.033mol\cdot L^{-1}$ Na_2HPO_4溶液的 pH 值。已知 25℃时 $K_{a1}^{\ominus}=6.92\times10^{-3}$，$K_{a2}^{\ominus}=6.23\times10^{-8}$，$K_{a3}^{\ominus}=4.80\times10^{-13}$。

解 NaH_2PO_4也是多元酸一级解离的产物，$cK_{a2}^{\ominus}>10K_w^{\ominus}$，$c<10K_{a1}^{\ominus}$，故可根据式(3-14c) 计算。

$$[H^+]=\sqrt{\frac{K_{a_1}^{\ominus}K_{a_2}^{\ominus}c}{K_{a_1}^{\ominus}+c}}$$
$$=\sqrt{\frac{6.92\times10^{-3}\times6.23\times10^{-8}\times0.050}{7.52\times10^{-3}+0.050}}$$
$$=1.9\times10^{-5}\text{mol}\cdot\text{L}^{-1}$$
$$pH=4.72$$

Na_2HPO_4是H_3PO_4二级解离的产物，只需将式(3-14b) 变换为

$$[H^+]=\sqrt{\frac{K_{a_2}^{\ominus}(K_{a_3}^{\ominus}c+K_w^{\ominus})}{K_{a_2}^{\ominus}+c}}$$

由于 $cK_{a_3}^{\ominus}<10K_w^{\ominus}$，水的解离贡献不能忽略；$c>10K_{a_2}^{\ominus}$，故：

$$[H^+]=\sqrt{\frac{K_{a_2}^{\ominus}(K_{a_3}^{\ominus}c+K_w^{\ominus})}{c}}$$
$$=\sqrt{\frac{6.23\times10^{-8}\times(4.8\times10^{-13}\times0.033+1.0\times10^{-14})}{0.033}}$$
$$=2.2\times10^{-10}\text{mol}\cdot\text{L}^{-1}$$
$$pH=9.66$$

3.4.2.3 方法比较

以一元弱酸 HA 为例。HA 的 PBE 为：

$$[H^+]=[OH^-]+[A^-] \tag{3-15}$$

其中 $[OH^-]=\dfrac{K_w^{\ominus}}{[H^+]}$，$[A^-]=\dfrac{K_a^{\ominus}[HA]}{[H^+]}$。

将以上两个平衡关系代入式(3-15)，整理可得：

$$[H^+]=\sqrt{K_a^{\ominus}[HA]+K_w^{\ominus}} \tag{3-16a}$$

式(3-16a) 是计算一元弱酸溶液酸度的精确式。

① 若 $cK_a^{\ominus}\geqslant10K_w^{\ominus}$，就可以忽略 $K_w^{\ominus}$，

$$[H^+]=\sqrt{K_a^{\ominus}[HA]} \tag{3-16b}$$

式中 $[HA]=c-[H^+]$ 或 $[HA]=\delta_1\times c$。

② 若 $cK_a^{\ominus}\geqslant10K_w^{\ominus}$，$\dfrac{c}{K_a^{\ominus}}\geqslant100$，则 $[HA]\approx c$，

$$[H^+]=\sqrt{K_a^{\ominus}c} \tag{3-16c}$$

式(3-16c) 是一元弱酸溶液酸度计算的最简式，与例 3-6 计算方法所得到的计算式(3-11a)相同，适用于浓度相对较高、解离常数相对较小的一元弱酸溶液的酸度计算。

③ 若 $\dfrac{c}{K_a^{\ominus}}\geqslant100$，但 $cK_a^{\ominus}<10K_w^{\ominus}$，

$$[H^+]=\sqrt{K_a^{\ominus}c+K_w^{\ominus}} \tag{3-16d}$$

式(3-16b)、式(3-16d) 均为一元弱酸溶液酸度计算的近似式。

【例 3-12】 计算浓度为 0.10mol · L^{-1}的一氯乙酸溶液的 pH 值（已知一氯乙酸的 $K_a^{\ominus}=1.40\times10^{-3}$）。

解 ∵ $cK_a^{\ominus} > 10K_w^{\ominus}$，$\frac{c}{K_a^{\ominus}} < 100$

∴ 应采用式(3-16b) 计算，$[H^+] = \sqrt{K_a^{\ominus}(c - [H^+])}$

$$= \sqrt{1.40 \times 10^{-3}(0.10 - [H^+])}$$

解得：$[H^+] = 1.1 \times 10^{-2}\,mol \cdot L^{-1}$，pH=1.96

若按式(3-16c) 或式(3-11a) 计算，$[H^+] = 1.2 \times 10^{-2}\,mol \cdot L^{-1}$，pH=1.92

$$\text{计算误差} = \frac{1.2 \times 10^{-2} - 1.1 \times 10^{-2}}{1.1 \times 10^{-2}} \times 100\% = 9\% > \text{允许误差}(5\%)$$

对于一元弱碱，处理方法一样，计算公式及使用条件也相似，只需把相应公式及判断条件中的 $[H^+]$ 换成 $[OH^-]$，$K_a^{\ominus}$ 换成 $K_b^{\ominus}$，[HA] 换成 $[A^-]$ 即可。

【例 3-13】 计算 $c(NaAc) = 0.10\,mol \cdot L^{-1}$ 的 NaAc 溶液的 pH 值（已知 HAc 的 $pK_a^{\ominus} = 4.74$）。

解 Ac^- 是 HAc 的共轭碱，由式(3-3b)，$pK_b^{\ominus} = pK_w^{\ominus} - pK_a^{\ominus} = 9.26$。溶液碱度计算式为：

$$[OH^-] = \sqrt{K_b^{\ominus}[Ac^-] + K_w^{\ominus}}$$

根据已知条件 $cK_b^{\ominus} \geqslant 10K_w^{\ominus}$，$\frac{c}{K_b^{\ominus}} > 100$，因此可以忽略 $K_w^{\ominus}$ 项，且 $[Ac^-] \approx c$，可得：

$$[OH^-] = \sqrt{K_b^{\ominus} c} \quad (3\text{-}17a)$$

$$\text{或 } pOH = \frac{1}{2}(pK_b^{\ominus} + pc) \quad (3\text{-}17b)$$

$c(NaAc) = 0.10\,mol \cdot L^{-1}$ 或 $pc = 1.00$，

解得 pOH=5.13，pH=14.00−5.13=8.87

式(3-17a) 或式(3-17b) 同样是允许误差相对较大的场合一元弱碱溶液碱度计算的常用公式。

两种溶液酸度计算方法的讨论及比较可以看出，质子理论中的代数法较为严谨，适用于相对复杂的酸碱系统。对于更为复杂的系统，例如两级解离常数相差较小的多元酸，还可以采用迭代法（iterative calculation method）求解溶液的酸度，具体可参考其他教材。

3.5 溶液酸度的控制与酸碱指示剂

3.5.1 酸碱缓冲溶液

人们在实践中发现，弱酸（或多元酸）及其共轭碱或弱碱（或多元碱）及其共轭酸所组成的溶液，以及两性物质溶液都具有一个共同的特点，即当系统适当稀释或加入少量强酸或少量强碱时，溶液的酸度能基本维持不变。这种能保持溶液 pH 值相对稳定的溶液就称为酸碱缓冲溶液（buffer solution of acid-base）。在反应系统中加入这种溶液，就能达到控制酸度的目的。

(1) 酸碱缓冲溶液的作用原理

在此以 100mL 浓度均为 $0.10\,mol \cdot L^{-1}$ 的 HAc 和 NaAc 混合溶液为例来说明酸碱缓冲溶液的作用原理。

这一系统水溶液中存在以下解离平衡：

$$HAc \rightleftharpoons H^+ + Ac^-$$

平衡浓度/mol·L^{-1}　　　　$0.10-x$　　x　　$0.10+x$

显然，系统中有前面所讨论过的同离子效应，溶液的酸度为：

$$pH_0 = pK_a^{\ominus} + \lg \frac{c_b}{c_a}$$

$$= 4.76 + \lg \frac{0.10}{0.10} = 4.76$$

由上式可见，这一系统 pH 值的变化主要由 c_b/c_a的比值所决定，a、b 组分的初始浓度相对较高，只要 c_b、c_a变化不大，这一比值就不会有太大的变化，取对数后对系统酸度的影响就不会太大。

例如，若向系统中加入 0.010mol·L^{-1}NaOH 溶液 10mL，这时系统中的 HAc 就会与 NaOH 作用，生成 NaAc。显然，HAc 是系统中的抗碱组分。这时：

$$c_a = 0.10 \times \frac{100}{110} - 0.010 \times \frac{10}{110} = 0.090\text{mol} \cdot \text{L}^{-1}$$

$$c_b = 0.10 \times \frac{100}{110} + 0.010 \times \frac{10}{110} = 0.092\text{mol} \cdot \text{L}^{-1}$$

溶液的 pH 值为：

$$pH = 4.76 + \lg \frac{0.092}{0.090} = 4.77$$

这种情况下酸度的改变 $\Delta pH = pH - pH_0 = 4.77 - 4.76 = 0.01$。

若向系统中加入 0.010mol·L^{-1}HCl 溶液 10mL，这时由于系统中有 NaAc 存在，能与 HCl 作用生成 HAc。显然，NaAc 这一抗酸组分的存在，使 c_b、c_a变化不大，c_b/c_a的比值也就改变不大，系统的酸度就能基本维持不变。

系统若适当稀释，并不会改变 c_b/c_a的比值，因此，系统酸度也就基本不变。

显然，弱酸及其共轭碱所组成的溶液之所以能够抵抗由于体积变化，或外加少量酸、碱，或是系统中某一化学反应所产生的少量酸或碱对于系统酸度的影响，其原因就在于其中具有浓度较高、能抗酸或抗碱的组分存在，由于同离子效应的作用，使得系统酸度基本不变。弱碱及其共轭酸、两性物质溶液等同样具有酸碱缓冲作用也都是这个原理。

(2) 缓冲能力与缓冲范围

需要注意的是，任何酸碱缓冲溶液的缓冲能力都是有限的，若向系统中加入过多的酸或碱，或是过分稀释，都会使酸碱缓冲溶液失去缓冲作用。指定 pH 值时，缓冲溶液缓冲能力的大小一般可以用缓冲指数 β 来衡量。

对于 HA-A$^-$ 所构成的缓冲系统，溶液 $pH = pK_a^{\ominus} \pm 1$，$\beta = 2.3\delta_{HA}\delta_{A^-}c_{HA}$。当 $pK_a^{\ominus} \approx$ pH，或 [HA]=[A$^-$] 时，

$$\beta_{max} = 0.58c_{HA}$$

因此，酸碱缓冲溶液的总浓度愈大，构成缓冲系统的两组分的浓度比值愈接近 1，缓冲溶液的缓冲能力也就愈强。

外加一定量的强酸或强碱所带来的缓冲溶液 pH 值改变的多少可以用缓冲容量来衡量。对于 HA-A$^-$ 所构成的缓冲系统，缓冲容量在缓冲范围 $pH_1 \sim pH_2$的表达式为：

$$\text{缓冲容量} = (\delta_2^{A^-} - \delta_1^{A^-})c_{HA}$$

式中，$\delta_2^{A^-}$、$\delta_1^{A^-}$ 分别为 A$^-$ 在 pH_2和 pH_1时的分布分数。

例如，1L 总浓度为 0.1mol·L^{-1}的 HAc-Ac$^-$ 缓冲溶液，可求得 pH 值从 3.74 改变到 5.74 时的缓冲容量为 0.082mol·L^{-1}。表明若要将这一缓冲体系的 pH 从 3.74 调整到 5.74，需加 NaOH 的量为 0.082mol。

另外，通常一个酸碱缓冲系统能起有效缓冲作用的范围也是有限的。这点从 $HAc\text{-}Ac^-$ 的分布曲线图（图 3-1）中可以看得很明显。当 $pH=pK_a^\ominus$ 时，$[Ac^-]/[HAc]=1$，$\delta(HAc)=\delta(Ac^-)=0.5$；只有在 pH=3.74～5.74，$[A^-]/[HA]$ 有一定变化时，pH 值才可能变化很小，即在这个范围内，$HAc\text{-}Ac^-$ 缓冲溶液才具有较好的缓冲效果。一般来说，$HAc\text{-}Ac^-$ 酸碱缓冲溶液的缓冲范围（buffer range）为：

$$pH \approx pK_a^\ominus \pm 1 \tag{3-18}$$

(3) 酸碱缓冲溶液的分类及选择

酸碱缓冲溶液根据用途的不同可以分成两大类，即普通酸碱缓冲溶液和标准酸碱缓冲溶液。标准酸碱缓冲溶液简称标准缓冲溶液，主要用于校正（或校准）酸度计，它们的 pH 值一般都是严格通过实验测得的。一些化学反应（如配位反应、氧化还原反应等）或过程（如微生物发酵等）对酸度的变化较为敏感，这时就需要使用普通酸碱缓冲溶液控制系统的酸度。普通酸碱缓冲溶液在实际工作中应用很广，生物学上也有重要意义。例如，人体血液的 pH 值能维持在 7.35～7.45，就是靠血液中所含有的 $H_2CO_3\text{-}NaHCO_3$ 以及 $NaH_2PO_4\text{-}Na_2HPO_4$ 等缓冲系统，才能保证细胞的正常代谢以及整个机体的生存。

酸碱缓冲溶液选择时主要考虑以下三点：

① 对正常的化学反应或生产过程不构成干扰，也就是说，除维持酸度外，不能发生副反应。

② 应具有较强的缓冲能力。为了达到这一要求，所选择系统中两组分的浓度比应尽量接近 1，且浓度适当大些为好。

③ 所需控制的 pH 值应在缓冲溶液的缓冲范围内。若酸碱缓冲溶液由弱酸及其共轭碱组成，则 $pK_a^\ominus$ 应尽量与所需控制的 pH 值一致。

另外，在实际工作中，有时只需要对 H^+ 或对 OH^- 有抵消作用即可，这时可以选择合适的弱碱或弱酸作为酸或碱的缓冲剂，加入系统后与酸或碱作用产生共轭酸或共轭碱与之组成缓冲系统。例如，在电镀等工业中，常用 H_3BO_3、柠檬酸、NaAc、NaF 等作为缓冲剂。

表 3-1 列举了一些常见的酸碱缓冲系统，可供选择时参考。

(4) 缓冲溶液的计算与配制

对于标准酸碱缓冲溶液，如果要进行理论计算则有特殊的要求。而普通酸碱缓冲溶液的计算较为简单，一般都可以采用最简式。

表 3-1 一些常见的酸碱缓冲系统

缓冲系统	$pK_a^\ominus$（或 $pK_b^\ominus$）	缓冲范围（pH 值）
HAc-NaAc	4.75	3.6～5.6
$NH_3\text{-}NH_4Cl$	(4.75)	8.3～10.3
$NaHCO_3\text{-}Na_2CO_3$	10.25	9.2～11.0
$KH_2PO_4\text{-}K_2HPO_4$	7.21	5.9～8.0
$H_3BO_3\text{-}Na_2B_4O_7$	9.2	7.2～9.2

【例 3-14】 对于 HAc-NaAc 以及 HCOOH-HCOONa 两种缓冲系统，若要配制 pH 值为 4.8 的酸碱缓冲溶液，应选择何种系统为好？现有 $c(HAc)=6.0mol\cdot L^{-1}$ HAc 溶液 12mL，要配成 250mL pH=4.8 的酸碱缓冲溶液，应称取固体 $NaAc\cdot 3H_2O$ 多少克？

解 据 $pH=pK_a^\ominus+\lg\dfrac{c_b}{c_a}$

若选用 HAc-NaAc 系统，$\lg\dfrac{c_b}{c_a}=pH-pK_a^\ominus=4.8-4.76=0.04$

$$\frac{c_b}{c_a}=1.10$$

若选用 HCOOH-HCOONa 系统，$\lg\dfrac{c_b}{c_a}=4.8-3.75=1.05$

$$\frac{c_b}{c_a}=11.2$$

显然，对于本例，由于 HAc-NaAc 系统的 $pK_a^{\ominus}$ 与所需控制的 pH 值接近，两组分的浓度比值也接近 1，它的缓冲能力就比 HCOOH-HCOONa 系统的强。因而应选择 HAc-NaAc 缓冲系统。

根据以上计算及选择，若要配制 250mL pH＝4.8 的酸碱缓冲溶液，由 $c(HAc)=\dfrac{12\times6.0}{250}=0.288mol\cdot L^{-1}$，以及 $\dfrac{c_b}{c_a}=1.10$，得：

$$c_b=1.10\times0.288=0.317mol\cdot L^{-1}$$

所以称取 $NaAc\cdot3H_2O$ 的质量 $m(NaAc\cdot3H_2O)=c_b\times M(NaAc\cdot3H_2O)\times\dfrac{250}{1000}$

$$=0.317\times136\times\frac{250}{1000}=11g$$

3.5.2 酸度的测试与酸碱指示剂

除了采用酸度计测量溶液 pH 值外，实际工作中还常常采用 pH 试纸（pH-test paper）或酸碱指示剂（acid-base indicator）来测试溶液的酸度。pH 试纸由多种酸碱指示剂按一定的比例配制，经滤纸浸渍、干燥等制作而成。

(1) 酸碱指示剂的作用原理

酸碱指示剂本身一般都是弱的有机酸或有机碱，在不同的酸度条件下具有不同的结构和颜色。例如，酚酞指示剂在水溶液中是一种无色的二元酸，有以下解离平衡存在：

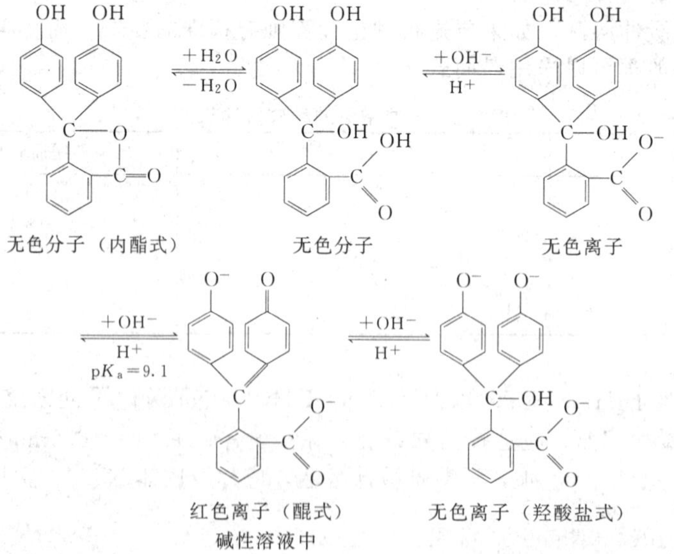

酚酞结构变化的过程也可简单表示为：

$$\text{无色分子}\underset{H^+}{\overset{OH^-}{\rightleftharpoons}}\text{无色离子}\underset{H^+}{\overset{OH^-}{\rightleftharpoons}}\text{红色离子}\underset{H^+}{\overset{\text{浓碱}}{\rightleftharpoons}}\text{无色离子}$$

上式表明，这个转变过程是可逆的，当溶液 pH 值降低时，平衡向反方向移动，酚酞又变成无色分子。因此，酚酞在 pH＜9.1 的酸性溶液中均呈无色，当 pH＞9.1 时形成红色组分，在浓的强碱溶液中又呈无色。故酚酞指示剂是一种单色指示剂。

甲基橙指示剂则是一种弱的有机碱，在溶液中有如下解离平衡存在：

$$NaO_3S-\!\!\!\!\langle \rangle\!\!\!-N\!\!=\!\!N-\!\!\!\langle \rangle\!\!\!-N(CH_3)_2 \underset{+OH^-}{\overset{+H^+}{\rightleftharpoons}} NaO_3S-\!\!\!\!\langle \rangle\!\!\!-\overset{H}{N}\!\!-\!\!N-\!\!\!\langle \rangle\!\!\!=\!\!N^+(CH_3)_2$$

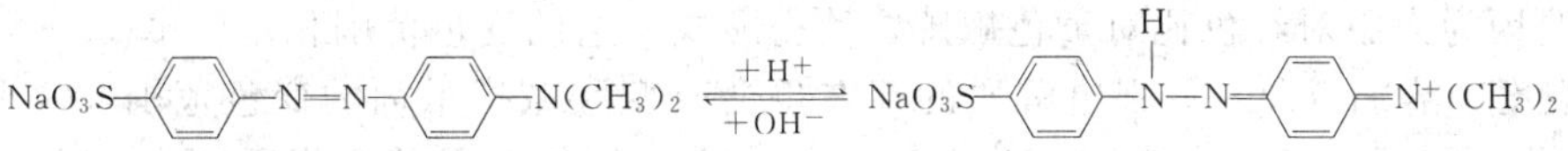

黄色分子（偶氮式）　　　　　　　　　　　　红色离子（醌式）

显然，甲基橙与酚酞相似，在不同的酸度条件下具有不同的结构及颜色，所不同的是，甲基橙是一种双色指示剂，酸性条件下呈红色，碱性条件下显黄色。

正由于酸碱指示剂在不同的酸度条件下具有不同的结构及颜色，因而当溶液酸度改变时，平衡发生移动，使得酸碱指示剂从一种结构变为另一种结构，从而使溶液的颜色发生相应的改变。

若以 HIn 表示一种弱酸型指示剂，In^- 为其共轭碱，在水溶液中存在以下平衡：

$$HIn \rightleftharpoons H^+ + In^-$$

相应的平衡常数为

$$K_a^\ominus(HIn) = \frac{[H^+][In^-]}{[HIn]}$$

或

$$\frac{[In^-]}{[HIn]} = \frac{K_a^\ominus(HIn)}{[H^+]} \tag{3-19}$$

式中，$[In^-]$ 为指示剂碱式的浓度，浓度越高碱式的颜色相应越深，因此也可以代表碱式色的深度。同样 $[HIn]$ 可以代表酸式色的深度。

由式(3-19)可见，只要酸碱指示剂一定，$K_a^\ominus(HIn)$ 在一定条件下为一常数，$\dfrac{[In^-]}{[HIn]}$ 就只取决于溶液中 $[H^+]$ 的大小，所以酸碱指示剂能指示溶液酸度。

（2）酸碱指示剂的变色范围及其影响因素

根据式(3-19)，当溶液中的 $[H^+]$ 发生改变时，$[In^-]$ 和 $[HIn]$ 的比值也发生改变，溶液的颜色也逐渐改变。一般来说，若 $\dfrac{[In^-]}{[HIn]} \geqslant 10$，看到的为碱式色；若 $\dfrac{[In^-]}{[HIn]} \leqslant 0.1$，看到的是酸式色；当 $[In^-] = [HIn]$ 时，为酸碱指示剂的理论变色点，即 $pH = pK_a^\ominus(HIn)$。

因此，酸碱指示剂的理论变色范围（color change interval）一般是 $pH = pK_a^\ominus(HIn) \pm 1$。

由此可见，不同的酸碱指示剂，$pK_a^\ominus(HIn)$ 不同，它们的变色范围就不同，所以不同的酸碱指示剂一般就能指示不同的酸度变化。表 3-2 列出了一些常用的酸碱指示剂的变色范围。

表 3-2　一些常用的酸碱指示剂

指示剂	变色范围 pH	颜色变化	pK_{HIn}	常用溶液	10mL 试液用量/滴
百里酚蓝	1.2~2.8	红~黄	1.7	0.1%的20%乙醇溶液	1~2
甲基黄	2.9~4.0	红~黄	3.3	0.1%的90%乙醇溶液	1
甲基橙	3.1~4.4	红~黄	3.4	0.05%的水溶液	1
溴酚蓝	3.0~4.6	黄~紫	4.1	0.1%的20%乙醇溶液或其钠盐水溶液	1
溴甲酚绿	4.0~5.6	黄~蓝	4.9	0.1%的20%乙醇溶液或其钠盐水溶液	1~3
甲基红	4.4~6.2	红~黄	5.2	0.1%的60%乙醇溶液或其钠盐水溶液	1
溴百里酚蓝	6.2~7.6	黄~蓝	7.3	0.1%的20%乙醇溶液或其钠盐水溶液	1
中性红	6.8~8.0	红~黄橙	7.4	0.1%的60%乙醇溶液	1
苯酚红	6.8~8.4	黄~红	8.0	0.1%的60%乙醇溶液或其钠盐水溶液	1
酚酞	8.0~10.0	无~红	9.1	0.5%的90%乙醇溶液	1~3
百里酚蓝	8.0~9.6	黄~蓝	8.9	0.1%的20%乙醇溶液	1~4
百里酚酞	9.4~10.6	无~蓝	10.0	0.1%的90%乙醇溶液	1~2

影响酸碱指示剂变色范围的因素主要有以下几方面：

① 酸碱指示剂的变色范围是靠人的眼睛观察出来的，人眼对不同颜色的敏感程度不同，

不同人员对同一种颜色的敏感程度也不同，以及酸碱指示剂两种颜色之间的相互掩盖作用，会导致变色范围的不同。例如，甲基橙的变色范围就不是 pH＝2.4～4.4，而是 pH＝3.1～4.4，这是因为人眼对红色比对黄色敏感，使得酸式一边的变色范围相对较窄。

② 温度、溶剂以及一些强电解质的存在也会改变酸碱指示剂的变色范围，主要在于这些因素会影响指示剂的解离常数 $K_a^\ominus$(HIn) 的大小。例如，甲基橙指示剂在 18℃时的变色范围为 pH＝3.1～4.4，而 100℃时为 pH＝2.5～3.7。

③ 对于单色指示剂，例如酚酞，指示剂用量的不同也会影响变色范围，用量过多将会使变色范围向 pH 值低的一方移动。

另外，酸碱指示剂本身为有机弱酸或有机弱碱，用量过多也会消耗一定量的滴定剂。此外指示剂用量的过多过少均会影响到指示剂变色的敏锐程度。

(3) 混合指示剂（mixed indicator）**与 pH 试纸**

混合指示剂利用颜色的互补来提高变色的敏锐性，可以分为以下两类。

① 两种或两种以上的酸碱指示剂按一定的比例混合而成。例如，溴甲酚绿（$pK_a^\ominus$＝4.9）和甲基红（$pK_a^\ominus$＝5.2）两种指示剂，前者酸色为黄色，碱色为蓝色；后者酸色为红色，碱色为黄色。当它们按照一定的比例混合后，由于共同作用的结果，溶液在酸性条件下显橙红色，碱性条件下显绿色。在 pH≈5.1 时，溴甲酚绿的碱性成分较多，显绿色，而甲基红的酸性成分较多，显橙红色，两种颜色互补得到灰色，变色很敏锐。几种常用的混合指示剂见表 3-3。

表 3-3　几种常用的混合指示剂

指示剂溶液的组成	变色时的 pH	颜色		备注
		酸式色	碱式色	
1 份 0.1％甲基橙乙醇溶液 1 份 0.1％次甲基蓝乙醇溶液	3.25	蓝紫	绿	pH 3.2，蓝紫色；3.4，绿色
1 份 0.1％甲基橙水溶液 1 份 0.25％靛蓝二磺酸水溶液	4.1	紫	黄绿	
1 份 0.1％溴甲酚绿钠盐水溶液 1 份 0.2％甲基橙水溶液	4.3	橙	蓝绿	pH 3.5，黄色；4.05，绿色；4.3，浅绿
3 份 0.1％溴甲酚绿乙醇溶液 1 份 0.2％甲基红乙醇溶液	5.1	酒红	绿	
1 份 0.1％溴甲酚绿钠盐水溶液 1 份 0.1％氯酚红钠盐水溶液	6.1	黄绿	蓝紫	pH 5.4，蓝绿色；5.8，蓝色；6.0，蓝带紫
1 份 0.1％中性红乙醇溶液 1 份 0.1％次甲基蓝乙醇溶液	7.0	紫蓝	绿	pH 7.0，紫蓝
1 份 0.1％甲酚红钠盐水溶液 3 份 0.1％百里酚蓝钠盐水溶液	8.3	黄	紫	pH 8.2，玫瑰红；8.4，清晰的紫色
1 份 0.1％百里酚蓝 50％乙醇溶液 3 份 0.1％酚酞 50％乙醇溶液	9.0	黄	紫	从黄到绿，再到紫
1 份 0.1％酚酞乙醇溶液 1 份 0.1％百里酚酞乙醇溶液	9.9	无	紫	pH 9.6，玫瑰红；10，紫色
2 份 0.1％百里酚酞乙醇溶液 1 份 0.1％茜素黄 R 乙醇溶液	10.2	黄	紫	

② 某种酸碱指示剂与一种惰性染料按一定的比例配成。在指示溶液酸度的过程中，惰性染料本身并不发生颜色的改变，只起衬托作用，通过颜色的互补来提高变色的敏锐性。

pH 试纸可以分为广泛 pH 试纸和精密 pH 试纸两类，其中的精密 pH 试纸就是利用混合指示剂的原理使酸度的确定能控制在较窄的范围内；而广泛 pH 试纸是由甲基红、溴百里酚蓝、百里酚蓝以及酚酞等酸碱指示剂按一定比例混合，溶于乙醇，浸泡滤纸而制成的。

3.6 酸碱滴定法

3.6.1 强碱滴定强酸

(1) 酸碱滴定曲线

酸碱滴定曲线是指滴定过程中溶液的 pH 随滴定剂体积或滴定分数变化的关系曲线。滴定曲线（titration curve）可以借助酸度计或其他分析仪器测得，也可以通过计算的方式得到。酸碱滴定曲线是选择酸碱指示剂确定滴定终点很重要的依据。

在此以 $c(NaOH)=0.1000mol\cdot L^{-1}$ 的 NaOH 溶液滴定 20.00mL 同浓度的 HCl 溶液为例，讨论强碱滴定强酸的滴定曲线。

本例的滴定反应为：

$$H^{+}+OH^{-}\rightleftharpoons H_2O$$

① 滴定前　溶液的酸度取决于酸的原始浓度。

在此 $[H^{+}]=0.1000mol\cdot L^{-1}$，故 pH=1.00。

② 滴定开始至化学计量点前　该阶段溶液的酸度主要决定于剩余酸的浓度。

例如，当 NaOH 加入 19.98mL 时，HCl 剩余 0.02mL，因此 $[H^{+}]=\dfrac{0.1000\times0.02}{19.98+20.00}=5.0\times10^{-5}mol\cdot L^{-1}$，pH=4.30。

③ 化学计量点　$[H^{+}]_{sp}=1.0\times10^{-7}mol\cdot L^{-1}$，故 $pH_{sp}=7.00$。

④ 化学计量点后　溶液的酸度取决于过量碱的浓度。

例如，当 NaOH 加入 20.02mL 时，$[OH^{-}]=\dfrac{0.1000\times0.02}{20.00+20.02}=5.0\times10^{-5}mol\cdot L^{-1}$，pH=9.70。

表 3-4　0.1000mol·L⁻¹ 的 NaOH 溶液滴定 20.00mL 同浓度的 HCl 溶液

NaOH 溶液加入的体积/mL	滴定分数	剩余 HCl(或过量 NaOH)体积/mL	pH
0.00	0.000	20.00	1.00
18.00	0.900	2.00	2.28
19.80	0.990	0.20	3.30
19.96	0.998	0.04	4.00
19.98	0.999	0.02	4.30 } 突跃范围
20.00	1.000	0.00	计量点7.00 } 突跃范围
20.02	1.001	(0.02)	9.70 } 突跃范围
20.04	1.002	(0.04)	10.00
20.20	1.010	(0.20)	10.70
22.00	1.100	(2.00)	11.70
40.00	2.000	(20.00)	12.52

若按以上方式进行较为详细的计算，就可以得到不同 NaOH 加入量时相应溶液的 pH（见表 3-4）。以 NaOH 加入量为横坐标，对应的溶液 pH 为纵坐标作图，就能得到图 3-3 所示的滴定曲线。

(2) 滴定突跃与指示剂选择

从表 3-4 以及图 3-3 可见，滴定分数 $\alpha=0.999\sim1.001$（化学计量点±0.1%），滴定剂的用量仅仅变化 0.04mL，而溶液的 pH 变化却增加了 5.4 个 pH 单位，曲线呈现出几乎垂直的一段。这种滴定过程中检测信号（此滴定为 pH）的急剧变化就称为滴定突跃（titration jump），对应的变化区间就称为滴定的突跃范围。对本例，化学计量点 $pH_{sp}=$

7.00，滴定的突跃范围 pH＝4.30～9.70。

在滴定分析中，只要是能使滴定的终点误差控制在允许误差范围内的指示剂都能做为滴定的指示剂。对于本例来说，溴百里酚蓝、苯酚红等基本都能在化学计量点时变色，均可以做为滴定的指示剂。其他指示剂，如酚酞，其变色范围 pH＝8.0～10.0，若滴定至溶液由无色刚变粉红色时停止，溶液的 pH 略大于 8.0，由表 3-4 可以看出，此时 NaOH 溶液过量还不到 0.02mL，终点误差不大于 0.1%；再如甲基橙，其变色范围 pH＝3.1～4.4，理论上滴定至溶液由红色刚变为黄色时停止，溶液的 pH 约等于 4.4，由表 3-4 可以看出，此时 HCl 溶液的剩余量已不到 0.02mL，终点误差也小于 0.1%。因此，酸碱滴定中所选择的指示剂一般应使其变色范围处于或部分处于滴定的突跃范围之内。

当然在实际使用中，还应该根据允许误差考虑所选择的指示剂在滴定系统中的变色是否易于判断。对于本例，滴定过程中甲基橙的颜色变化是由红到黄，由于人眼对红色中略带黄色不易察觉，因而对要求较高的情况，甲基橙一般不用于碱滴酸，而用于酸滴碱。

以上讨论的是用 $c(\mathrm{NaOH})=0.1000\mathrm{mol\cdot L^{-1}}$ NaOH 溶液滴定 20.00mL 同浓度的 HCl 溶液，如果溶液浓度改变，化学计量点溶液的 pH 依然不变，但滴定突跃却发生了变化。图 3-4 就是不同浓度 HCl 溶液的滴定曲线。由图可见，滴定系统的浓度愈小，滴定突跃就愈小，这样就使指示剂的选择受到限制。因此，浓度的高低是影响滴定突跃范围的因素之一。

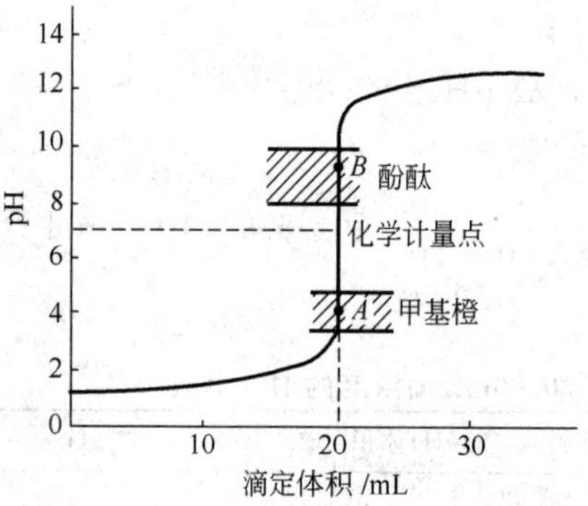

图 3-3　$0.1000\mathrm{mol\cdot L^{-1}}$ 的 NaOH 溶液滴定 20.00mL 同浓度的 HCl 的滴定曲线

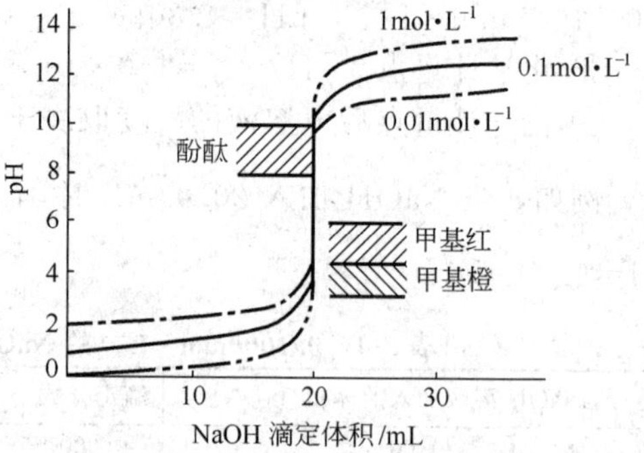

图 3-4　不同浓度 NaOH 溶液滴定不同浓度 HCl 溶液的滴定曲线

若是强酸滴定强碱，可以参照以上处理办法，首先了解滴定曲线的情况，特别是其中的化学计量点、滴定突跃，然后根据滴定突跃选择一种合适的指示剂。

3.6.2　强碱滴定一元弱酸

(1) 滴定曲线与指示剂的选择

滴定曲线各点的计算方法：

① 滴定前　溶液的酸度取决于酸的初始浓度与强度，对一元弱酸，$\mathrm{pH}=\dfrac{1}{2}(\mathrm{p}K_a^{\ominus}+\mathrm{p}c)$。

② 滴定开始至化学计量点前　由于形成 $\mathrm{HAc\text{-}Ac^-}$ 缓冲系统，所以 $\mathrm{pH}=\mathrm{p}K_a^{\ominus}+\lg\dfrac{c_b}{c_a}$。

③ 化学计量点　溶液的酸度决定于一元弱酸共轭碱在水溶液中的解离。

$$\mathrm{pOH}=\frac{1}{2}(\mathrm{p}K_b^{\ominus}+\mathrm{p}c)$$

式中，$\mathrm{p}K_b^{\ominus}=\mathrm{p}K_w^{\ominus}-\mathrm{p}K_a^{\ominus}$。

④ 化学计量点后　溶液的酸度同样主要取决于过量碱的浓度。

表 3-5 就是用 0.1000mol·L^{-1}的 NaOH 溶液滴定 20.00mL 同浓度的 HAc 溶液的滴定曲线计算结果。由该表以及图 3-5 可见，滴定的化学计量点、滴定突跃均出现在弱碱性区域，而且滴定的突跃范围明显变窄。另外从图 3-5 还可以看出，被滴定的酸愈弱，滴定突跃就愈小，有些甚至没有明显的突跃。因此，滴定突跃范围除了与浓度高低有关外，还与被滴酸或碱本身的强弱（即 $K_a^\ominus$ 或 $K_b^\ominus$ 的大小）有关。

表 3-5　0.1000mol·L^{-1}的 NaOH 溶液滴定 20.00mL 同浓度的 HAc 溶液

NaOH 溶液加入的体积/mL	滴定分数	剩余 HAc(或过量 NaOH)体积/mL	pH
0.00	0.000	20.00	2.88
10.00	0.500	10.00	4.75
18.00	0.900	2.00	5.70
19.80	0.990	0.20	6.75
19.98	0.999	0.02	7.75 } 突跃范围
20.00	1.000	0.00	计量点8.72 } 突跃范围
20.02	1.001	(0.02)	9.70 } 突跃范围
20.20	1.010	(0.20)	10.70
22.00	1.100	(2.00)	11.70
40.00	2.000	(20.00)	12.52

根据这种滴定类型的特点以及酸碱滴定指示剂的选择原则，应选择在弱碱性范围变色的指示剂，如酚酞、百里酚酞等。

强酸滴定一元弱碱同样可以参照以上方法处理，滴定曲线的特点与强碱滴定一元弱酸相似，但化学计量点、滴定突跃均出现在弱酸性区域，故应选择在弱酸性范围内变色的指示剂，如甲基橙、甲基红等。

例如，硼砂（$Na_2B_4O_7\cdot10H_2O$）在水中发生下列反应：

$$B_4O_7^{2-}+5H_2O=\!=\!=2H_2BO_3^-+2H_3BO_3$$

所产生的 $H_2BO_3^-$ 为硼酸的共轭碱，$pK_b^\ominus=4.76$，就可以甲基红为指示剂，HCl 溶液直接滴定。所以硼砂可以作为标定 HCl 溶液浓度用的基准物质。

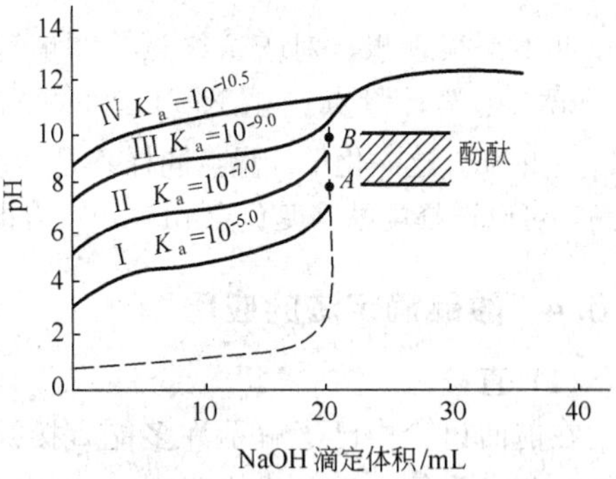

图 3-5　0.1000mol·L^{-1}的 NaOH 溶液滴定 20.00mL 同浓度一元弱酸溶液的滴定曲线

(2) 弱酸（或弱碱）被准确滴定（指示剂目测法）的判据

对于酸碱滴定来说，只有当 $cK_a^\ominus$（或 $cK_b^\ominus$）$\geqslant10^{-8}$时，才能产生≥0.3pH 单位的滴定突跃，这时人眼才能够辨别指示剂颜色的改变，滴定就可以直接进行，终点误差可以控制在≤±0.2%。因此，采用指示剂，用人眼来判断终点，直接滴定某种弱酸（或弱碱）就必须满足 $cK_a^\ominus$（或 $cK_b^\ominus$）$\geqslant10^{-8}$，否则就不能被准确滴定。当然，如果允许误差较大，相应判据要求可以放宽。

3.6.3 多元酸（或多元碱）、混酸的滴定

多元酸（或多元碱）、混酸滴定的允许误差一般较大（本教材采用±1%）。这类型滴定不仅涉及被测物质能否被准确滴定的问题（可参考上述判据），还涉及能否分步滴定或分别滴定。例如对于二元酸的滴定，若两级质子均满足准确滴定的条件，且相邻两级解离常数的

比值大于10^4，就能实现分步滴定；若只是不满足该比值的要求，可以按二元酸一次被滴定。若是对同浓度的两种弱酸（HA+HB）混合系统，$K_a^{\ominus}(HA)/K_a^{\ominus}(HB) \geqslant 10^4$就能实现分别滴定。

在此以$c(NaOH)=0.10mol \cdot L^{-1}$的NaOH溶液滴定同浓度的$H_3PO_4$溶液为例来讨论。

H_3PO_4在水中分三级解离：

$$H_3PO_4 \rightleftharpoons H^+ + H_2PO_4^- \qquad pK_{a1}^{\ominus}=2.16$$

$$H_2PO_4^- \rightleftharpoons H^+ + HPO_4^{2-} \qquad pK_{a2}^{\ominus}=7.21$$

$$HPO_4^{2-} \rightleftharpoons H^+ + PO_4^{3-} \qquad pK_{a3}^{\ominus}=12.32$$

显然，$c_0K_{a3}^{\ominus}<10^{-9}$，直接滴定$H_3PO_4$只能进行到$HPO_4^{2-}$。另外$\dfrac{K_{a1}^{\ominus}}{K_{a2}^{\ominus}} \geqslant 10^4$有两个较为明显的突跃，可以实现分步滴定。图3-6为H_3PO_4的滴定曲线（一般通过实验测得）。

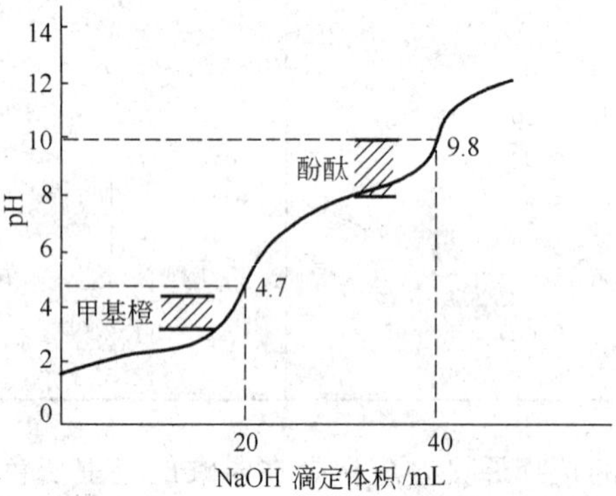

图3-6　NaOH滴定H_3PO_4溶液的滴定曲线

第一化学计量点形成NaH_2PO_4，$c(NaH_2PO_4)=0.050mol \cdot L^{-1}$。由例3-11求得此时$pH_{sp1}=4.72$，根据分布分数计算，可知在这一化学计量点$\delta(H_2PO_4^-)=0.994$，$\delta(HPO_4^{2-})=\delta(H_3PO_4)=0.003$，这表明当0.3%左右的$H_3PO_4$还没被作用时，有0.3%左右的$H_2PO_4^-$已经被作用为$HPO_4^{2-}$，显然两步反应有所交叉，这一化学计量点并不是很理想。对于这终点，一般可以选择甲基橙为指示剂。

第二化学计量点产生Na_2HPO_4，$c(Na_2HPO_4)=0.033mol \cdot L^{-1}$。由例3-11求得此时$pH_{sp2}=9.66$。这一化学计量点同样不是太理想，$\delta(HPO_4^{2-})=0.995$，反应也有所交叉。如果要求不高，可以选择酚酞（变色点pH≈9）为指示剂，但最好用百里酚酞指示剂（变色点pH≈10）。

3.6.4　酸碱滴定法的应用

(1) 直接法

在前面讨论中已了解了许多能直接被滴定的酸、碱等物质的测定方法，这里再以混合碱的组成测定为例，进一步说明直接法的应用。

工业纯碱、烧碱以及Na_3PO_4等产品组成大多都是混合碱，它们的测定方法有多种。例如纯碱，其组成形式可能是纯Na_2CO_3或是Na_2CO_3+NaOH；或是$Na_2CO_3+NaHCO_3$，其组成及其相对含量如何测定呢？

【例3-15】　某纯碱试样1.000g溶于水后，以酚酞为指示剂，耗用$c(HCl)=0.2500mol \cdot L^{-1}$ HCl溶液20.40mL；再以甲基橙为指示剂，继续用$c(HCl)=0.2500mol \cdot L^{-1}$ HCl溶液滴定，共耗去48.86mL，求试样中各组分的相对含量。

解　据已知条件，以酚酞为指示剂时，耗去HCl溶液$V_1=20.40mL$，而用甲基橙为指示剂时，耗用同浓度HCl溶液$V_2=48.86-20.40=28.46mL$。显然$V_2>V_1$，可见试样不会是纯的Na_2CO_3，否则$V_2=V_1$；试样组成也不会是Na_2CO_3+NaOH，否则$V_1>V_2$。因而试样为$Na_2CO_3+NaHCO_3$，其中V_1用于将试样的Na_2CO_3作用至$NaHCO_3$，而V_2是将滴定反应所产生的$NaHCO_3$以及原试样中的$NaHCO_3$一起作用完全时所消耗的HCl溶液体积，因此：

$$w(Na_2CO_3)=\frac{\frac{1}{2}c(HCl)\times 2V_1\times M(Na_2CO_3)}{m}\times 100\%$$

$$=\frac{0.2500\times 20.40\times 106.0\times 10^{-3}}{1.000}\times 100\%=54.06\%$$

$$w(NaHCO_3)=\frac{c(HCl)\times(V_2-V_1)\times M(NaHCO_3)}{m}\times 100\%$$

$$=\frac{0.2500\times(28.46-20.40)\times 84.01\times 10^{-3}}{1.000}\times 100\%=16.93\%$$

此例就是混合碱测定中的双指示剂法。

混合碱组成测定的另一种方法为 $BaCl_2$ 法。例如含 $NaOH+Na_2CO_3$ 的试样，可以分取两等份试液分别作如下测定。第一份试液，以甲基橙为指示剂，用 HCl 溶液滴定混合碱的总量；第二份试液，加入过量 $BaCl_2$ 溶液，使 Na_2CO_3 形成难解离的 $BaCO_3$，然后以酚酞为指示剂，用 HCl 溶液滴定 NaOH，这样就能求得 NaOH 和 Na_2CO_3 的相对含量。

(2) 间接法

许多不能满足直接滴定条件的酸、碱物质，如 NH_4^+、ZnO、$Al_2(SO_4)_3$ 以及许多有机物质，都可以考虑采用间接法滴定。

例如 NH_4^+，其 $pK_a^\ominus=9.25$，是一种很弱的酸，在水溶剂系统中是不能直接滴定的，但可以采用间接法。测定的方法主要有蒸馏法和甲醛法，其中蒸馏法是根据以下反应进行的：

$$NH_4^+ + OH^- \xrightarrow{\triangle} NH_3\uparrow + H_2O$$

$$NH_3 + HCl \longrightarrow NH_4^+ + Cl^-$$

$$NaOH + HCl(剩余) \longrightarrow NaCl + H_2O$$

即在 $(NH_4)_2SO_4$ 或 NH_4Cl 试样中加入过量 NaOH 溶液，加热煮沸，将蒸馏出的 NH_3 用过量但已知量的 H_2SO_4 或 HCl 标准溶液吸收，作用后剩余的酸再以甲基红或甲基橙为指示剂，用 NaOH 标准溶液滴定，这样就能间接求得 $(NH_4)_2SO_4$ 或 NH_4Cl 的含量。

一些含氮有机物质（如含蛋白质的食品、饲料以及生物碱等），表面来看是不能采用酸碱滴定法测定的，但可以通过化学反应将有机氮转化为 NH_4^+，再依 NH_4^+ 的蒸馏法进行测定，这种方法称为克氏（Kjeldahl）定氮法。这种方法应用于含蛋白质物质氮含量的测定有缺陷。如果样品中除了含蛋白质的组分外，所有含氮的组分均能被测定会被误认为是蛋白质。

测定时将试样与浓 H_2SO_4 共煮，进行消化分解，并加入 K_2SO_4 以提高沸点，促进分解过程，使所含的氮在 $CuSO_4$ 或汞盐催化下成为 NH_4^+：

$$C_mH_nN \xrightarrow[CuSO_4]{H_2SO_4,\ K_2SO_4} CO_2\uparrow + H_2O + NH_4^+$$

溶液以过量 NaOH 碱化后，再以蒸馏法测定。

【例 3-16】 将 2.000g 的黄豆用浓 H_2SO_4 进行消化处理，得到被测试液，然后加入过量的 NaOH 溶液，将释放出来的 NH_3 用 50.00mL $c(HCl)=0.6700mol\cdot L^{-1}$ HCl 溶液吸收，多余的 HCl 采用甲基橙指示剂，以 $c(NaOH)=0.6520mol\cdot L^{-1}$ NaOH 溶液 30.10mL 滴定至终点。计算黄豆中氮的质量分数。

解　$w(\mathrm{N})=\dfrac{[c(\mathrm{HCl})\times V(\mathrm{HCl})-c(\mathrm{NaOH})\times V(\mathrm{NaOH})]\times M(\mathrm{N})}{m}\times 100\%$

$=\dfrac{(0.6700\times 50.00-0.6520\times 30.10)\times 14.01\times 10^{-3}}{2.000}\times 100\%=9.72\%$

视　窗

【人物简介】

阿仑尼乌斯 Svante August Arrhenius（1859～1927），瑞典物理化学家，电离理论的创立者，获得1903年诺贝尔化学奖。

电离学说是物理化学上的重大贡献，也是化学发展史上的重要里程碑，由此可解释溶液的渗透压偏差、依数性等许多性质。他还提出了酸、碱的定义，解释了反应速率与温度的关系，提出活化分子和活化能的概念，导出阿仑尼乌斯方程，推动了化学动力学的发展。除化学外，他对宇宙化学、天体物理学和生物化学等也有研究。著作有《溶液理论》、《理论电化学教程》、《宇宙物理学教程》、《免疫化学》、《生物化学中定量定律》和《化学原理》等。

除诺贝尔奖外，他还曾获英国皇家学会戴维奖、吉布斯奖、法拉第奖等，被选为英国皇家学会会员、德国电化学学会名誉会员等。

【搜一搜】

富兰克林溶剂理论；软硬酸碱理论；路易斯电子理论；非质子溶剂；区分效应；拉平效应；缓冲容量；林邦误差公式；对数图解法；非水滴定。

习　题

3-1　指出下列各种酸的共轭碱。

$$H_2O、H_3O^+、H_2CO_3、HCO_3^-、NH_3、NH_4^+$$

3-2　用合适的方程式来说明下列物质既是酸又是碱。

$$H_2O、HCO_3^-、HSO_4^-、NH_3、H_2PO_4^-$$

3-3　比较下列溶液 H^+ 浓度的相对大小，并简要说明其原因。

0.1mol·L^{-1} HCl、0.1mol·L^{-1} H_2SO_4、0.1mol·L^{-1} HCOOH、0.1mol·L^{-1} HAc、0.1mol·L^{-1}HCN。

3-4　某温度下 $c(NH_3)=0.100$mol·L^{-1} $NH_3\cdot H_2O$ 溶液的 pH＝11.1，求 $NH_3\cdot H_2O$的解离常数。

3-5　已知 H_2SO_3 的 $pK_{a_1}^{\ominus}=1.85$，$pK_{a_2}^{\ominus}=7.20$。在 pH＝4.00 和 4.45 时，溶液中 H_2SO_3、HSO_3^-、SO_3^{2-}三种形式的分布分数 δ_2、δ_1和 δ_0各为多少？

3-6　(1) 计算 $c(H_2S)=0.10$mol·L^{-1} H_2S溶液的 H^+、HS^-、S^{2-}浓度和 pH 值。

(2) 0.10mol·L^{-1} H_2S溶液和0.20mol·L^{-1}HCl溶液等体积混合，求混合溶液的pH值和 S^{2-}的浓度。

3-7　写出下列物质在水溶液中的质子条件式。

(1) $NH_3 \cdot H_2O$； (2) NH_4Ac； (3) $(NH_4)_2HPO_4$； (4) HCOOH； (5) H_2S；(6) $Na_2C_2O_4$。

3-8 12%的氨水溶液，相对密度为0.953，求此氨水的OH^-浓度和pH值。

3-9 计算浓度为$0.12mol \cdot L^{-1}$的下列物质水溶液的pH值（括号内为$pK_a^{\ominus}$值）。

(1) 苯酚（9.99）； (3) 氯化丁基铵（$C_4H_9NH_3Cl$）(9.39)；

(2) 丙烯酸（4.25）； (4) 吡啶的硝酸盐（$C_6H_5NHNO_3$）(5.30)。

3-10 计算下列溶液的pH值。

(1) $0.10mol \cdot L^{-1} NaH_2PO_4$；(2) $0.05mol \cdot L^{-1} K_2HPO_4$。

3-11 计算下列水溶液的pH值（括号内为$pK_a^{\ominus}$或$pK_b^{\ominus}$值）。

(1) $0.10mol \cdot L^{-1}$乳酸和$0.10mol \cdot L^{-1}$乳酸钠（3.58）；

(2) $0.010mol \cdot L^{-1}$邻硝基酚和$0.012mol \cdot L^{-1}$邻硝基酚的钠盐（7.21）；

(3) $0.12mol \cdot L^{-1}$氯化三乙基铵和$0.010mol \cdot L^{-1}$三乙基胺（7.90）；

(4) $0.070mol \cdot L^{-1}$氯化丁基铵和$0.060mol \cdot L^{-1}$丁基胺（10.71）。

3-12 现有1份HCl溶液，其浓度为$0.20mol \cdot L^{-1}$。

(1) 欲改变其酸度至pH=4.0应加入HAc还是NaAc？为什么？

(2) 如果向这个溶液中加入等体积的$2.0mol \cdot L^{-1}$ NaAc溶液，溶液的pH值是多少？

(3) 如果向这个溶液中加入等体积的$2.0mol \cdot L^{-1}$ HAc溶液，溶液的pH值是多少？

(4) 如果向这个溶液中加入等体积的$2.0mol \cdot L^{-1}$ NaOH溶液，溶液的pH值是多少？

3-13 100g $NaAc \cdot 3H_2O$加入13mL $6.0 mol \cdot L^{-1}$ HAc，用水稀释至1.0L，此缓冲溶液的pH值是多少？

3-14 欲配制pH为3的缓冲溶液，问在下列三种缓冲溶液中选择哪一种较合适？

(1) HCOOH-HCOONa缓冲溶液；

(2) HAc-NaAc缓冲溶液；

(3) $NH_3 \cdot H_2O-NH_4Cl$缓冲溶液。

3-15 欲配制500mL pH=9.0且$[NH_4^+]=1.0mol \cdot L^{-1}$的$NH_3 \cdot H_2O-NH_4Cl$缓冲溶液，需相对密度为0.904、含氨26.0%的浓氨水多少毫升？固体NH_4Cl多少克？

3-16 用$0.01000mol \cdot L^{-1}$ HNO_3溶液滴定20.00mL $0.01000mol \cdot L^{-1}$ NaOH溶液时，化学计量点时pH值为多少？此滴定中应选用何种指示剂？

3-17 以$0.5000mol \cdot L^{-1}$ HNO_3溶液滴定$0.5000mol \cdot L^{-1}$ $NH_3 \cdot H_2O$溶液。试计算滴定分数为0.50及1.00时溶液的pH值。应选用何种指示剂？

3-18 有一三元酸，其$pK_{a1}^{\ominus}=2.0$，$pK_{a2}^{\ominus}=6.0$，$pK_{a3}^{\ominus}=12.0$。用NaOH溶液滴定时，第一和第二化学计量点的pH值分别为多少？两个化学计量点附近有无pH突跃？可选用什么指示剂？能否直接滴定至酸的质子全部被作用？

3-19 用$0.1000mol \cdot L^{-1}$ NaOH溶液滴定$0.1000mol \cdot L^{-1}$酒石酸溶液时，有几个pH突跃？在第二个化学计量点时pH值为多少？应选用什么指示剂？

3-20 粗铵盐2.000g，加过量KOH溶液，加热，蒸出的氨吸收在50.00mL $0.5000mol \cdot L^{-1}$ HCl标准溶液中，过量的HCl用$0.5000mol \cdot L^{-1}$ NaOH溶液回滴，用去1.56mL，计算试样中NH_3的含量。

3-21 吸取10mL醋样，置于锥形瓶中，加2滴酚酞指示剂，用$0.1014mol \cdot L^{-1}$ NaOH滴定醋中的HAc，如需要44.86mL，则试样中的HAc浓度是多少？若吸取的醋样溶液$d=1.004g \cdot mL^{-1}$，醋样中HAc的含量为多少？

3-22 含有SO_3的发烟硫酸试样1.400g，溶于水，用$0.8060mol \cdot L^{-1}$ NaOH溶液滴定

时消耗 36.10mL。求试样中 SO_3 和 H_2SO_4 的含量（假设试样中不含其他杂质）。

3-23　称取混合碱试样 0.8983g，加酚酞指示剂，用 0.2896mol·L^{-1} HCl 溶液滴定至终点，耗去酸溶液 31.45mL。再加甲基橙指示剂，滴定至终点，又耗去酸 24.10mL。求试样中各组分的质量分数。

3-24　有一 Na_3PO_4 试样，其中含有 Na_2HPO_4，称取 0.9947g，以酚酞为指示剂，用 0.2881mol·L^{-1} HCl 溶液滴定至终点，用去 17.56mL。再加入甲基橙指示剂，继续用 0.2881mol·L^{-1} HCl 溶液滴定至终点时，又用去 20.18mL。求试样中 Na_3PO_4、Na_2HPO_4 的质量分数。

第4章 沉淀的生成与溶解平衡 Formation & Equilibrium of Precipitation

难溶物质的沉淀生成与沉淀溶解平衡常应用于物质的制备、分离或提纯。本章将讨论水溶液中沉淀-溶解平衡与沉淀的形成及其主要应用。

4.1 沉淀-溶解平衡及其影响因素

严格来说，在水中绝对不溶的物质是不存在的。物质在水中溶解性的大小常以溶解度来衡量。一般把溶解度（solubility）小于 0.01g/100g H_2O 的物质称为难溶物质（或简称难溶物）；溶解度在 0.01～0.1g/100g H_2O 的物质称为微溶物质；其余的则称为易溶物质。

4.1.1 溶度积与溶解度

(1) 溶度积

对于难溶物 $BaCO_3$ 来说，构成这一难溶物的组分 Ba^{2+} 和 CO_3^{2-} 被称为构晶离子。在一定温度下将 $BaCO_3$ 投入水中时，受到溶剂水分子的吸引，$BaCO_3$ 表面部分 Ba^{2+} 和 CO_3^{2-} 会以水合离子的形式进入水中，这一过程称为溶解（dissolution）。与此同时，进入水中的水合离子在溶液中做无序运动碰到 $BaCO_3$ 表面时，受到其上异号构晶离子的吸引，又能重新回到或沉淀在固体表面，这种与前一过程相反的过程就称为沉淀。见图 4-1 在一定温度下，当溶解与沉淀的速率相等时，溶液中 $BaCO_3$ 与其构晶离子之间达到动态的多相离子平衡：

$$BaCO_3(s) \rightleftharpoons Ba^{2+}(aq) + CO_3^{2-}(aq)$$

其平衡常数表达式为：

$$[Ba^{2+}][CO_3^{2-}]/(c^{\ominus})^2 = K_{sp}^{\ominus}$$

$K_{sp}^{\ominus}$ 称为溶度积常数(solubility product，简称溶度积)。

对于难溶物 A_mB_n，其溶度积表达式为：

$$K_{sp}^{\ominus} = [A^{n+}]^m[B^{m-}]^n/(c^{\ominus})^{m+n}$$

为简便起见，将上式简化为：

$$K_{sp}^{\ominus} = [A^{n+}]^m[B^{m-}]^n \qquad (4\text{-}1)$$

与其他平衡常数相同，$K_{sp}^{\ominus}$ 与难溶物的本

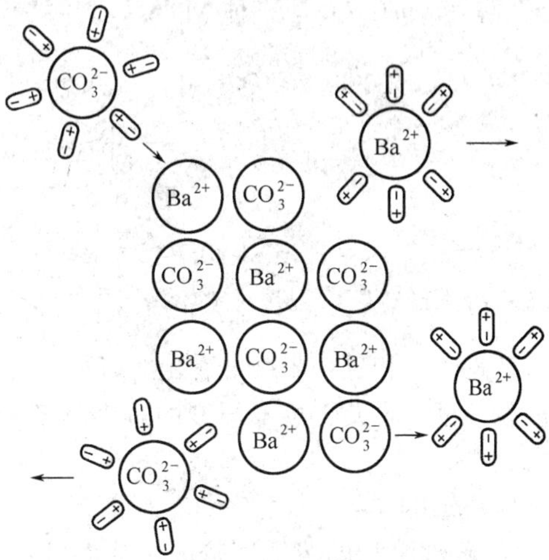

图 4-1 $BaCO_3$ 的溶解与沉淀过程

性以及温度等有关。它的大小可以用来衡量难溶物生成或溶解能力的强弱。$K^{\ominus}_{sp}$越大，表明该难溶物的溶解能力越强，要生成该沉淀就越困难；$K^{\ominus}_{sp}$越小，表明该难溶物的溶解度越小，要生成该沉淀就相对越容易。对同型难溶物，例如，同是 MA 型的 $BaSO_4$ 与 AgCl，$K^{\ominus}_{sp}$越大，其溶解度就越大。

（2）溶解度与溶度积的相互换算

若已知某种难溶物的 $K^{\ominus}_{sp}$，就可以求得该难溶物的溶解度。对 MA 型难溶物，若其在水中溶解达到平衡时的溶解度为 S mol·L^{-1}，根据其溶解平衡，

$$MA(s) \rightleftharpoons M^+(aq) + A^-(aq)$$

平衡浓度/mol·L^{-1}　　　S　　　S

$$[M^+][A^-] = S \times S = K^{\ominus}_{sp}(MA)$$

$$S = \sqrt{K^{\ominus}_{sp}(MA)} \tag{4-2}$$

反过来，若已知某种难溶物的溶解度，也可以求得该难溶物的溶度积。对于 MA_2 型（如 CaF_2）难溶物，若其饱和溶液中的溶解度为 S mol·L^{-1}，

$$CaF_2(s) \rightleftharpoons Ca^{2+}(aq) + 2F^-(aq)$$

平衡浓度/mol·L^{-1}　　　S　　　$2S$

因此，CaF_2的溶度积 $K^{\ominus}_{sp} = [Ca^{2+}][F^-]^2 = 4S^3$。

在相互换算时应注意，所采用的浓度单位应为 mol·L^{-1}；另外，由于难溶物的溶解度很小，可以认为其饱和溶液的密度等于纯水的密度。

【例 4-1】 已知 25℃时 AgCl 的溶解度为 1.91×10^{-3} g·L^{-1}。求 AgCl 在该温度下的 $K^{\ominus}_{sp}$。

解 $S = \dfrac{1.91\times10^{-3}}{143.4} = 1.33\times10^{-5}$ mol·L^{-1}。

AgCl 为 MA 型难溶物，$S^2 = K^{\ominus}_{sp}$

$K^{\ominus}_{sp} = S^2 = (1.33\times10^{-5})^2 = 1.77\times10^{-10}$。

【例 4-2】 已知 25℃时 Ag_2CrO_4的 $K^{\ominus}_{sp}$为 1.12×10^{-12}。求 Ag_2CrO_4在该温度下的溶解度（g·L^{-1}）。

解 Ag_2CrO_4是一种 M_2A 型难溶物，同上例处理，可以得到：

$$S^3 = \frac{K^{\ominus}_{sp}}{4}$$

$$S = \sqrt[3]{\frac{K^{\ominus}_{sp}(M_2A\text{或}MA_2)}{4}}\text{，则 } S^3 = \frac{1.12\times10^{-12}}{4} \tag{4-3}$$

$S = 6.54\times10^{-5}$ mol·L^{-1}。

Ag_2CrO_4在该温度下的溶解度为 $6.54\times10^{-5}\times331.8 = 2.17\times10^{-2}$ g·L^{-1}。

从例 4-1 和例 4-2 还可看出，$K^{\ominus}_{sp}(AgCl) > K^{\ominus}_{sp}(Ag_2CrO_4)$，但同温下，$Ag_2CrO_4$的溶解度较 AgCl 的大。故不同型的难溶物不能简单地根据 $K^{\ominus}_{sp}$的相对大小来判断它们溶解度的相对大小。

应注意的是：

① 若难溶物的溶解度较大，或溶液中有强电解质存在且浓度较高，这时就应采用活度积（请阅读有关参考书）及其表达式进行溶解度的有关判断和计算。

② 若除了沉淀的解离平衡（或称为主反应）外还有其他竞争平衡（或称副反应，后有述及）的存在，用上述方法换算将会产生较大的偏差。

③ 上述计算时忽略了饱和溶液中未解离的难溶物的浓度（即分子溶解度或固有溶解度），仅仅考虑了离子溶解度，而有些物质的分子溶解度相当大。因而难溶物的实测溶解度往往大于计算所得到的离子溶解度，有些甚至相差百万倍以上（如 HgI_2、CdS）。

(3) 溶度积规则

对任一沉淀反应：

$$A_mB_n(s) \rightleftharpoons mA^{n+}(aq) + nB^{m-}(aq)$$

反应商（在此又称为离子积，ionic product）： $Q_c = \{c(A^{n+})\}^m\{c(B^{m-})\}^n$ (4-4)

根据平衡移动原理，若 $Q_c > K_{sp}^{\ominus}$，反应将向左进行，溶液达到过饱和，将生成沉淀。若 $Q_c < K_{sp}^{\ominus}$，反应朝溶解的方向进行，溶液是未饱和的，将无沉淀析出；若系统中有沉淀，则沉淀会溶解。当 $Q_c = K_{sp}^{\ominus}$ 时，为饱和溶液，达到动态平衡。这一规律就称为溶度积规则(the rule of solubility product)。

【例 4-3】 若将 10mL 0.010mol·L^{-1} $BaCl_2$溶液和 30mL 0.0050mol·L^{-1} Na_2SO_4溶液相混合，是否会产生 $BaSO_4$沉淀？$K_{sp}^{\ominus}(BaSO_4) = 1.08\times10^{-10}$。

解 两溶液相混合，可以认为总体积为 40mL，则各离子浓度为：

$$c(Ba^{2+}) = \frac{0.010\times10}{40} = 2.5\times10^{-3}\,mol\cdot L^{-1}$$

$$c(SO_4^{2-}) = \frac{0.0050\times30}{40} = 3.8\times10^{-3}\,mol\cdot L^{-1}$$

$$Q_c = (2.5\times10^{-3})\times(3.8\times10^{-3}) = 9.5\times10^{-6} > K_{sp}^{\ominus}(BaSO_4)$$

所以能生成 $BaSO_4$沉淀。

使用溶度积规则时应注意以下几点：

① 原则上只要 $Q_c > K_{sp}^{\ominus}$便应该有沉淀产生，但是，只有当溶液中含 10^{-5} g·L^{-1}固体时，人眼才能观察到浑浊现象，故实际观察到有沉淀产生所需的构晶离子浓度往往要比理论计算稍高些。

② 有时由于生成过饱和溶液而不沉淀，这种情况下可以通过加入晶种或摩擦等方式破坏其过饱和，促使析出沉淀或结晶（crystal）。

③ 沉淀过程中可能有副反应发生，使难溶物的实际溶解性能发生相应的改变。例如，在中性或微酸性溶液中，若以 CO_3^{2-} 为沉淀剂沉淀金属离子，除主反应以外，如下副反应的发生会消耗沉淀剂（precipitant）：

$$CO_3^{2-} + H_2O \rightleftharpoons HCO_3^- + OH^-$$

$$HCO_3^- + H_2O \rightleftharpoons H_2CO_3 + OH^-$$

从而使溶液中沉淀剂的有效浓度降低，而可能不生成沉淀。

4.1.2 影响沉淀-溶解平衡的主要因素

4.1.2.1 同离子效应与沉淀完全的标准

沉淀系统中有与难溶物具有共同离子的电解质存在，使难溶物的溶解度降低的现象就称为沉淀反应的同离子效应。

【例 4-4】 求 25℃时，Ag_2CrO_4在 0.010mol·L^{-1} K_2CrO_4溶液中的溶解度并与例 4-2 比较。

解 设 Ag_2CrO_4 在 0.010mol·L^{-1} K_2CrO_4 溶液中的溶解度为 Smol·L^{-1}，则

$$Ag_2CrO_4(s) \rightleftharpoons 2Ag^+(aq) + CrO_4^{2-}(aq)$$

平衡浓度/mol·L^{-1} $\qquad 2S \qquad (0.010+S)$

$$[Ag^+]^2[CrO_4^{2-}] = K_{sp}^{\ominus}(Ag_2CrO_4)$$

$$4S^2(0.010+S) = 1.12\times10^{-12}$$

因为 $K_{sp}^{\ominus}(Ag_2CrO_4)$ 甚小，S 比 0.010 小得多，可忽略，则得

$$S = 5.3\times10^{-6}\text{mol}\cdot\text{L}^{-1}$$

由例 4-2 知，Ag_2CrO_4 在纯水中的溶解度为 6.5×10^{-5}mol·L^{-1}，而在 0.010mol·$L^{-1}$$K_2CrO_4$ 溶液中，溶解度降低为 5.3×10^{-6}mol·L^{-1}。

同离子效应的存在，可以在一定程度上减少沉淀的溶解损失。当然不同的应用领域对沉淀溶解损失的要求是不同的。称量分析法中的沉淀法（后续讨论），一般要求沉淀的溶解损失不得超过分析天平的称量误差（0.2mg）。即使在工业生产中也要尽量减少沉淀的溶解损失，以避免浪费和对环境的污染。

因此，在进行沉淀时，可以加入适当过量的沉淀剂，以减少沉淀的溶解损失。对一般的沉淀分离或制备，沉淀剂一般过量 20%～50%；称量分析法中，对不易挥发的沉淀剂，一般过量 20%～30%，易挥发的沉淀剂，一般过量 50%～100%。另外，洗涤沉淀时，也可以根据情况及要求选择合适的洗涤剂以减少洗涤过程的溶解损失。

溶解损失是客观存在的，在水中绝对沉淀完全的物质是不存在的。一般来说，只要沉淀后溶液中被沉淀离子的浓度小于或等于 10^{-5}mol·L^{-1}，就可以认为该离子被沉淀完全（或定性沉淀完全）了；对于称量分析法，沉淀后溶液中剩余被沉淀离子的浓度小于或等于 10^{-6}mol·L^{-1}才算被沉淀组分定量沉淀完全。

4.1.2.2 酸度

(1) 难溶金属氢氧化物沉淀

对于难溶金属氢氧化物，溶液酸度增大会使其溶解度增大，甚至溶解。要生成难溶金属氢氧化物，就需达到一定的 OH^- 浓度，若 pH 值过低，就不能生成沉淀或沉淀不完全。

原则上只要知道氢氧化物的溶度积以及金属离子的初始浓度，就能估算出该金属离子开始沉淀与沉淀完全所对应的 pH 值。

【例 4-5】 计算欲使 0.010mol·$L^{-1}$$Fe^{3+}$ 开始沉淀及沉淀完全时的 pH 值。$K_{sp}^{\ominus}\{Fe(OH)_3\} = 2.79\times10^{-39}$。

解 ① 开始沉淀所需的 pH 值：

$$Fe(OH)_3(s) \rightleftharpoons Fe^{3+}(aq) + 3OH^-(aq)$$

$$[Fe^{3+}][OH^-]^3 = K_{sp}^{\ominus}\{Fe(OH)_3\}$$

沉淀开始析出时 Fe^{3+} 的浓度可以认为就是其初始浓度，即 0.010mol·L^{-1}，故

$$[OH^-]^3 = \frac{K_{sp}^{\ominus}}{[Fe^{3+}]} = \frac{2.79\times10^{-39}}{0.010} = 2.79\times10^{-37}$$

$$[OH^-] = 6.5\times10^{-13}$$

$$pOH = 12.19$$

$$pH = 1.81$$

② 沉淀完全所需的 pH 值：根据沉淀完全的标准，沉淀完全时 $[Fe^{3+}]$ 应小于等于 1.0×10^{-5}mol·L^{-1}，故

$$[OH^-]^3 \geqslant \frac{2.79\times10^{-39}}{1.0\times10^{-5}} = 2.79\times10^{-34}$$

$$[OH^-] \geqslant 6.5\times10^{-12}$$

$$pOH \leqslant 11.19$$

$$pH \geqslant 2.81$$

使 0.010mol·L^{-1} Fe^{3+} 开始沉淀及沉淀完全时的 pH 值分别为 1.81 和 2.81。

从本例的计算可以看出：

① 金属氢氧化物开始沉淀和完全沉淀并不一定在碱性环境。

② 不同难溶金属氢氧化物 $K_{sp}^{\ominus}$ 不同，分子式不同，它们沉淀所需的 pH 值也不同。因此，可以通过控制 pH 以达到分离金属离子的目的。某些难溶金属氢氧化物沉淀的 pH 值见表 4-1。

表 4-1　一些难溶金属氢氧化物沉淀的 pH 值

离　子	开始沉淀的 pH 值 $c(M^{n+})=0.010mol\cdot L^{-1}$	沉淀完全的 pH 值 $c(M^{n+})=1.0\times10^{-5}mol\cdot L^{-1}$	$K_{sp}^{\ominus}$
Fe^{3+}	1.81	2.81	2.79×10^{-39}
Al^{3+}	3.70	4.70	1.3×10^{-33}
Cr^{3+}	4.60	5.60	6.3×10^{-31}
Cu^{2+}	5.17	6.67	2.2×10^{-20}
Fe^{2+}	6.85	8.35	4.87×10^{-17}
Ni^{2+}	7.37	8.87	5.48×10^{-16}
Mn^{2+}	8.64	10.14	1.9×10^{-13}
Mg^{2+}	9.37	10.87	5.61×10^{-12}

必须指出，上述计算仅仅是理论值，实际情况往往复杂得多。例如，要除去 $ZnSO_4$ 溶液中的杂质 Fe^{3+}，若单纯考虑除去 Fe^{3+}，pH 值相对越高，Fe^{3+} 被除得越完全，但实际上 pH 过大时，Zn^{2+} 也将开始沉淀为 $Zn(OH)_2$。

在利用难溶金属氢氧化物分离金属离子时，常使用酸碱缓冲溶液控制溶液的 pH 值。

【例 4-6】 在 0.20L 0.50mol·L^{-1} $MgCl_2$ 溶液中加入等体积的 0.10mol·L^{-1} 的 NH_3 水溶液，问：(1) 有无 $Mg(OH)_2$ 沉淀生成？(2) 为了不使 $Mg(OH)_2$ 沉淀析出，至少应加入多少克 $NH_4Cl(s)$？(设加入 NH_4Cl 固体后，溶液的体积不变)

解 $MgCl_2$ 溶液与 NH_3 水溶液混合后，如发生沉淀，则溶液中有如下两个平衡：

$$Mg^{2+}(aq)+2OH^-(aq) \rightleftharpoons Mg(OH)_2(s) \qquad (1)$$

$$NH_3+H_2O \rightleftharpoons NH_4^+ + OH^- \qquad (2)$$

两溶液等体积混合后，$MgCl_2$ 和 NH_3 的浓度分别减半：

$$c(Mg^{2+}) \approx [Mg^{2+}] = \frac{0.50}{2} = 0.25mol\cdot L^{-1}$$

$$c(NH_3) = \frac{0.10}{2} = 0.050mol\cdot L^{-1}$$

$[OH^-]$ 可以直接根据平衡式(2) 或由式(3-17a) 求得。

$$[OH^-] = \sqrt{K_b^{\ominus}(NH_3)c(NH_3)}$$

$$=9.5\times10^{-4}\,\text{mol}\cdot\text{L}^{-1}$$

$$Q_c=c(Mg^{2+})[OH^-]^2$$
$$=0.25\times(9.5\times10^{-4})^2=2.3\times10^{-7}$$

查附录可知

$$K_{sp}^{\ominus}\{Mg(OH)_2\}=5.61\times10^{-12}$$

$Q_c>K_{sp}^{\ominus}\{Mg(OH)_2\}$，故应有 $Mg(OH)_2$沉淀析出。

对于 $Mg(OH)_2$的沉淀来说，反应⑴可以看成是主反应，而反应（2）是提供 OH^- 的反应，其逆反应可以看成是反应⑴的副反应。

增大 NH_4^+ 浓度，降低［OH^-］，就能使 $Mg(OH)_2$ 的沉淀生成平衡向左移动，$Mg(OH)_2$沉淀就会溶解或不析出。因此就应先求得 $Mg(OH)_2$ 沉淀开始析出所需的［OH^-］，

$$[OH^-]=\sqrt{\frac{K_{sp}^{\ominus}}{[Mg^{2+}]}}=\sqrt{\frac{5.61\times10^{-12}}{0.25}}$$
$$=4.7\times10^{-6}$$

再由 NH_3的解离常数表达式求得开始析出 $Mg(OH)_2$沉淀时 NH_4^+ 的最低浓度，

$$[NH_4^+]=\frac{K_b^{\ominus}[NH_3]}{[OH^-]}=\frac{1.8\times10^{-5}\times0.05}{4.7\times10^{-6}}$$
$$=0.19\,\text{mol}\cdot\text{L}^{-1}$$

溶液的总体积为 0.40L，NH_4Cl 的摩尔质量为 $53.5\text{g}\cdot\text{mol}^{-1}$。至少应加入 NH_4Cl（s）的质量为：

$$m(NH_4Cl)=0.19\times0.40\times53.5=4.1\text{g}$$

可见，在适当浓度的 NH_3-NH_4Cl 缓冲溶液中，$Mg(OH)_2$沉淀不能析出。

这类问题的讨论还可以通过沉淀反应：

$$Mg^{2+}+2NH_3+2H_2O \rightleftharpoons Mg(OH)_2\downarrow+2NH_4^+$$

由反应的平衡常数表达式 $K^{\ominus}=\dfrac{[NH_4^+]^2}{[NH_3]^2[Mg^{2+}]}$ 及已知条件求出开始析出 $Mg(OH)_2$ 沉淀时的［NH_4^+］$_{min}$。

$K^{\ominus}$的求解方法与求证弱酸 $K_a^{\ominus}$与其共轭碱 $K_b^{\ominus}$的关系类似（见 3.1.2.2）。对于氢氧化物沉淀反应，$K^{\ominus}$求解的简单方法是根据金属离子与 OH^- 的分子比 x 在平衡常数表达式的分子分母上同乘［OH^-］^{x}。对于本例：

$$K^{\ominus}=\frac{[NH_4^+]^2[OH^-]^2}{[NH_3]^2[Mg^{2+}][OH^-]^2}$$
$$=\frac{K_b^{\ominus 2}(NH_3)}{K_{sp}^{\ominus}\{Mg(OH)_2\}}$$

（2）难溶硫化物沉淀

难溶硫化物中的构晶离子 S^{2-} 是一种二元弱碱，在水溶液中存在着如下解离平衡：

$$S^{2-}(aq)+2H^{+}(aq)\rightleftharpoons H_2S(aq)$$

这个解离平衡的逆反应提供难溶硫化物沉淀所需的 S^{2-}；正反应可以看成是这类沉淀反应的副反应。难溶硫化物能否沉淀完全，或能否溶解，都与 $[S^{2-}]$ 有关，实际上都受到 $[H^{+}]$ 的控制［见式(3-10b)］。

【例 4-7】 在含 0.10mol·L^{-1} $NiCl_2$ 的溶液中不断通入 H_2S，使溶液中的 H_2S 始终处于饱和状态，此时 $[H_2S]\approx0.10$mol·L^{-1}。试计算 NiS 开始沉淀和沉淀完全时的 $[H^{+}]$。已知 $K^{\ominus}_{sp}(NiS)=1.0\times10^{-24}$。

解 ① Ni^{2+} 开始析出沉淀所需 $[H^{+}]$：

根据 $K^{\ominus}_{sp}=[Ni^{2+}][S^{2-}]$ 求开始析出硫化物时所需 $[S^{2-}]$，此时 $[Ni^{2+}]=0.10$mol·L^{-1}

$$[S^{2-}]=\frac{K^{\ominus}_{sp}}{[Ni^{2+}]}=\frac{1.0\times10^{-24}}{0.10}=1.0\times10^{-23}\,\text{mol}\cdot\text{L}^{-1}$$

再由 H_2S 的解离平衡，$H_2S\rightleftharpoons2H^{+}+S^{2-}$，$K^{\ominus}=K^{\ominus}_{a_1}\times K^{\ominus}_{a_2}=\dfrac{[H^{+}]^2[S^{2-}]}{[H_2S]}$（式中 $[H_2S]\approx0.10$mol·L^{-1}）或直接由式(3-10b) 求 NiS 开始沉淀所需 $[H^{+}]$：

$$[H^{+}]=\sqrt{\frac{1.12\times10^{-22}}{[S^{2-}]}}=3.4\,\text{mol}\cdot\text{L}^{-1}$$

② Ni^{2+} 沉淀完全时所需 $[H^{+}]$：

此时溶液中残留 $[Ni^{2+}]\leqslant1.0\times10^{-5}$mol·L^{-1}

$$[S^{2-}]=\frac{K^{\ominus}_{sp}}{[Ni^{2+}]}=\frac{1.0\times10^{-24}}{1.0\times10^{-5}}=1.0\times10^{-19}\,\text{mol}\cdot\text{L}^{-1}$$

$$[H^{+}]=\sqrt{\frac{1.12\times10^{-22}}{[S^{2-}]}}=3.4\times10^{-2}\,\text{mol}\cdot\text{L}^{-1}$$

要注意的是，在通入 H_2S 生成金属硫化物的过程中，会不断释出 H^{+}，所以计算出来的沉淀完全时的 $[H^{+}]_{max}$ 应是溶液中原有的 H^{+} 浓度及沉淀反应中释出的 H^{+} 浓度之和。

与例 4-6 相同，本题也可以通过以下沉淀反应式，分别求出沉淀开始、沉淀完全时对应的溶液酸度。

$$Ni^{2+}+H_2S\rightleftharpoons NiS\downarrow+2H^{+}$$

对于硫化物沉淀反应，$K^{\ominus}$ 求解的方法与氢氧化物沉淀反应 $K^{\ominus}$ 的求解方法相同。对于 MS 型硫化物：

$$K^{\ominus}=\frac{[H^{+}]^2[S^{2-}]}{[M^{2+}][H_2S][S^{2-}]}=\frac{K^{\ominus}_{a_1}(H_2S)K^{\ominus}_{a_2}(H_2S)}{K^{\ominus}_{sp}(MS)}=\frac{1.12\times10^{-21}}{K^{\ominus}_{sp}(MS)} \tag{4-5a}$$

其他类型硫化物沉淀酸度的控制也可以参照以上处理方式。

若是硫化物的溶解，式(4-5a) 变化为：

$$K^{\ominus}=\frac{K_{sp}^{\ominus}(MS)}{1.12\times10^{-21}} \tag{4-5b}$$

由式(4-5b) 可见，只有溶度积相对较大的硫化物可以用非氧化性酸溶解。例如用重晶石（硫酸钡矿）生产系列钡盐，就是将重晶石在高温下用碳还原，得到的硫化钡用盐酸溶解后经除杂得到氯化钡并由此制备系列钡盐。对于溶度积较小的硫化物，如 CuS（$K_{sp}^{\ominus}=6.3\times10^{-36}$），非氧化性酸就难以溶解了。

4.1.2.3 其他副反应

上述氢氧化物，特别是硫化物沉淀的控制，实际上是利用了酸碱平衡来控制作为构晶离子的阴离子的浓度，使物质能够沉淀或溶解。除此之外，配位平衡以及氧化还原平衡的存在也能影响沉淀-溶解平衡的移动，一般都会导致沉淀溶解度的增大甚至溶解。例如，用 NaCl 溶液沉淀 Ag^+，随着 Cl^- 浓度的升高，同离子效应使得 AgCl 的溶解度明显降低；但是当 Cl^- 浓度过高时，由于 Cl^- 能与 Ag^+ 结合，形成 AgCl 分子，进而形成 $AgCl_2^-$ 等配离子，故 AgCl 沉淀的溶解度急剧增大，见图 4-2（图中 pCl 为 [Cl^-] 的负对数）。

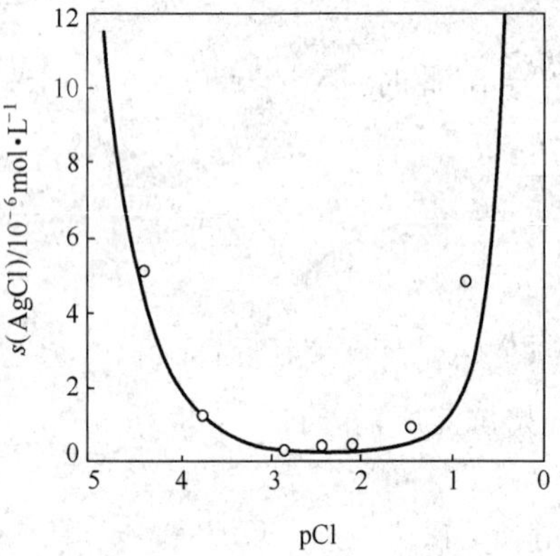

图 4-2 AgCl 溶解度与 pCl 的关系

$$AgCl(s) \rightleftharpoons Ag^+(aq)+Cl^-(aq)$$
$$Ag^+(aq)+Cl^-(aq) \rightleftharpoons AgCl(aq)$$
$$AgCl(aq)+Cl^-(aq) \rightleftharpoons AgCl_2^-(aq)$$

再比如 CuS 沉淀，难溶于非氧化性酸，却易溶于具有氧化性的硝酸中：

$$CuS(s) \rightleftharpoons Cu^{2+}(aq)+S^{2-}(aq)$$
$$3S^{2-}+2NO_3^-+8H^+ \rightleftharpoons 3S\downarrow+2NO\uparrow+4H_2O$$

对于溶解度极小的难溶物，例如 HgS($K_{sp}^{\ominus}=6.44\times10^{-53}$)，就需要靠氧化还原平衡与配位平衡的双重作用才能使之溶解：

$$3HgS(s)+2NO_3^-+12Cl^-+8H^+=3[HgCl_4]^{2-}+3S(s)+2NO(g)+4H_2O$$

4.1.2.4 温度与金属离子的水解

中学的学习已经知道，物质在水中的溶解度一般是随着温度的升高而增大（当然也有例外，如氢氧化钙）。

$Bi(NO_3)_3$、$FeCl_3$、$SnCl_2$、$SbCl_3$ 以及 Al_2S_3 等物质，在水溶液中易发生水解反应：

$$Bi(NO_3)_3+H_2O \rightleftharpoons BiONO_3\downarrow+2HNO_3$$
$$FeCl_3+3H_2O \rightleftharpoons Fe(OH)_3\downarrow+3HCl$$
$$SnCl_2+H_2O \rightleftharpoons Sn(OH)Cl\downarrow+HCl$$

反应生成难溶物，能使平衡向右进行得比较完全。

这种水解反应是吸热反应。因此，温度愈高，水解就愈严重。例如，$FeCl_3$ 稀溶液水解程度小，看不出有 $Fe(OH)_3$ 沉淀产生，但长时间煮沸后，就会析出棕色沉淀。

这类物质的水解过程较为复杂，且大多产生强酸。根据这类水解反应的特点，在配制一些易水解的物质水溶液时，就必须先将这些物质溶解在其相应的酸中。例如，配制 $SnCl_2$ 溶液时，应将 $SnCl_2$ 固体溶于较浓的 HCl 中，然后再稀释到一定的浓度，且配制过程中不能加热。当然，这类水解反应也有其可利用的一方面。常常能用于生产实际中的分离或提纯。例如，可以根据 $Bi(NO_3)_3$ 易水解而制取高纯度的 Bi_2O_3；可以利用 Fe^{3+} 易于水解，使之形成 $Fe(OH)_3$ 而从反应系统中分离出去等。

4.1.2.5 盐效应

沉淀剂加得过多，特别是有其他强电解质的存在且浓度较高，使沉淀溶解度增大的现象，就称为沉淀反应的盐效应。

其实，在发生同离子效应时，盐效应也存在，只是它的影响一般要比同离子效应小得多。表 4-2 中 $PbSO_4$ 在 Na_2SO_4 溶液中的溶解度变化就能说明这点。

表 4-2 $PbSO_4$ 在 Na_2SO_4 溶液中的溶解度（实验值）

Na_2SO_4 浓度/mol·L^{-1}	0	0.01	0.04	0.10	0.20
$PbSO_4$ 溶解度/mol·L^{-1}	1.5×10^{-4}	1.6×10^{-5}	1.3×10^{-5}	1.6×10^{-5}	2.3×10^{-5}

由表 4-2 可见，当 Na_2SO_4 浓度在 0.01～0.04mol·L^{-1} 时，同离子效应占主导作用，$PbSO_4$ 溶解度较水中的溶解度低；当 Na_2SO_4 浓度大于 0.04mol·L^{-1} 后，盐效应的作用开始抵消同离子效应，占一定的统治地位，溶解度反而增大。

通常只有当强电解质浓度>0.05mol·L^{-1} 时，盐效应才会较为显著，特别是非同离子的其他电解质存在，否则一般可以不考虑。

4.1.2.6 其他因素

除了以上主要因素外，溶剂、沉淀颗粒的大小及结构的不同，也会影响沉淀溶解度的大小。利用这些因素同样可以实现物质的分离、提纯。

一般无机物沉淀在有机溶剂中的溶解度要比在水中的溶解度小。如 $CaSO_4$ 在水中的溶解度较大，只有在 Ca^{2+} 浓度很大时才能沉淀，一般情况下难以析出沉淀。但是，若加入乙醇，沉淀便会产生了。

对于同一种沉淀，一般来说，颗粒（particle）越小，溶解度越大。例如，大颗粒的 $SrSO_4$ 在水中的溶解度为 6.2×10^{-4} mol·L^{-1}，0.01μm 的 $SrSO_4$ 在水中的溶解度为 9.3×10^{-4} mol·L^{-1}。另外，不规则沉淀的边角、毛刺处的溶解度也往往较大。

对于有些沉淀，刚生成的亚稳态晶型沉淀经放置一段时间后转变成稳定晶型，溶解度往往也会大大降低。

4.2 分步沉淀、沉淀的转化

4.2.1 分步沉淀

分步沉淀（fractional precipitation）就是指混合溶液中离子发生先后沉淀的现象。

在多组分系统中，若各组分都可能与沉淀剂形成沉淀，通常是离子积 Q_c 首先超过溶度积的难溶物质先沉淀出来。

【例 4-8】 向 Cl^- 和 I^- 浓度均为 0.010mol·L^{-1} 的溶液中逐滴加入 $AgNO_3$ 溶液，哪一种离子先沉淀？第二种离子开始沉淀时，溶液中第一种离子的浓度是多少？两者有无分离的可能？

解 假设计算过程都不考虑加入试剂后溶液体积的变化。根据溶度积规则，首先计算 AgCl 和 AgI 开始沉淀所需的 Ag^+ 浓度分别为：

$$[Ag^+]=\frac{K_{sp}^{\ominus}(AgCl)}{[Cl^-]}=\frac{1.77\times10^{-10}}{0.010}$$

$$=1.77\times10^{-8}\text{mol}\cdot\text{L}^{-1}$$

$$[Ag^+]=\frac{K_{sp}^{\ominus}(AgI)}{[I^-]}=\frac{8.52\times10^{-17}}{0.010}$$

$$=8.52\times10^{-15}\text{mol}\cdot\text{L}^{-1}$$

AgI 开始沉淀时，需要的 Ag^+ 浓度低，故 I^- 首先沉淀出来。当 Cl^- 开始沉淀时，溶液对 AgCl 来说也已达到饱和，这时 Ag^+ 浓度必须同时满足这两个沉淀溶解平衡，所以：

$$[Ag^+]=\frac{K_{sp}^{\ominus}(AgCl)}{[Cl^-]}=\frac{K_{sp}^{\ominus}(AgI)}{[I^-]}$$

$$\frac{[I^-]}{[Cl^-]}=\frac{K_{sp}^{\ominus}(AgI)}{K_{sp}^{\ominus}(AgCl)}=\frac{8.52\times10^{-17}}{1.77\times10^{-10}}=4.81\times10^{-7}$$

当 AgCl 开始沉淀时，Cl^- 的浓度为 $0.010\text{mol}\cdot\text{L}^{-1}$，此时溶液中剩余的 I^- 浓度为：

$$[I^-]=\frac{K_{sp}^{\ominus}(AgI)[Cl^-]}{K_{sp}^{\ominus}(AgCl)}=4.81\times10^{-7}\times0.010=4.81\times10^{-9}\text{mol}\cdot\text{L}^{-1}$$

可见，当 Cl^- 开始沉淀时，I^- 的浓度已小于 $10^{-5}\text{mol}\cdot\text{L}^{-1}$，故两者可以定性分离。

一般来说，当溶液中存在几种离子，若是同型的难溶物质，则它们的溶度积相差越大，混合离子就越易实现分离。此外，沉淀的次序也与溶液中各种离子的浓度有关，若两种难溶物质的溶度积相差不大，则适当地改变溶液中被沉淀离子的浓度，也可以使沉淀的次序发生变化。

【例 4-9】 某溶液中含 Pb^{2+} 和 Ba^{2+}，①若它们的浓度均为 $0.10\text{mol}\cdot\text{L}^{-1}$，加入 Na_2SO_4 试剂，哪一种离子先沉淀？两者有无分离的可能？②若 Pb^{2+} 的浓度为 $0.0010\text{mol}\cdot\text{L}^{-1}$，$Ba^{2+}$ 的浓度仍为 $0.10\text{mol}\cdot\text{L}^{-1}$，两者有无分离的可能？

解 ① 沉淀 Pb^{2+} 所需的 $[SO_4^{2-}]=\dfrac{K_{sp}^{\ominus}(PbSO_4)}{[Pb^{2+}]}=\dfrac{2.53\times10^{-8}}{0.10}$

$$=2.53\times10^{-7}\text{mol}\cdot\text{L}^{-1}$$

沉淀 Ba^{2+} 所需的 $[SO_4^{2-}]=\dfrac{K_{sp}^{\ominus}(BaSO_4)}{[Ba^{2+}]}=\dfrac{1.08\times10^{-10}}{0.10}$

$$=1.08\times10^{-9}\text{mol}\cdot\text{L}^{-1}$$

由于沉淀 Ba^{2+} 所需的 SO_4^{2-} 浓度低，所以 Ba^{2+} 先沉淀。当 $PbSO_4$ 也开始沉淀时：

$$[SO_4^{2-}]=\frac{K_{sp}^{\ominus}(PbSO_4)}{[Pb^{2+}]}=\frac{K_{sp}^{\ominus}(BaSO_4)}{[Ba^{2+}]}$$

$$\frac{[Ba^{2+}]}{[Pb^{2+}]}=\frac{K_{sp}^{\ominus}(BaSO_4)}{K_{sp}^{\ominus}(PbSO_4)}=\frac{1.08\times10^{-10}}{2.53\times10^{-8}}=4.27\times10^{-3}$$

这时溶液中 $[Ba^{2+}]=4.27\times10^{-3}\times0.10=4.27\times10^{-4}\text{mol}\cdot\text{L}^{-1}$

很显然，$PbSO_4$ 开始沉淀时，溶液中 Ba^{2+} 的浓度大于 $10^{-5}\text{mol}\cdot\text{L}^{-1}$，故两者不能实现定性分离。

② 当 $PbSO_4$ 开始沉淀时，$\dfrac{[Ba^{2+}]}{[Pb^{2+}]}=4.27\times10^{-3}$

这时溶液中 $[Ba^{2+}]=4.27\times10^{-3}\times0.0010=4.27\times10^{-6}\text{mol}\cdot\text{L}^{-1}$

可见，在这种条件下，$BaSO_4$ 已沉淀完全，两种离子能够实现分离。

4.2.2 物质的分离

(1) 利用氢氧化物沉淀

不同难溶金属氢氧化物的 $K_{sp}^{\ominus}$ 不同，沉淀所需的 pH 值也不同。另外，不同金属离子的性质也有所差异，所形成的难溶金属氢氧化物有的在过量的 NaOH 水溶液中会溶解；有的在过量的 NH_3 水溶液中会溶解。因此，可以通过沉淀反应条件的控制，主要是溶液酸度的控制来实现物质的分离。

【例 4-10】 某溶液中 Zn^{2+}、Fe^{3+} 的浓度分别为 $0.10mol\cdot L^{-1}$ 和 $0.01mol\cdot L^{-1}$，若要使 Fe^{3+} 沉淀分离，求所应控制的溶液的 pH 值。

解 根据题意，溶液酸度应控制在 Fe^{3+} 沉淀完全，Zn^{2+} 刚开始沉淀的范围内。

Fe^{3+} 沉淀完全时，$[Fe^{3+}]=10^{-5}mol\cdot L^{-1}$

$$[Fe^{3+}][OH^-]^3=2.79\times10^{-39}$$

$$(10^{-5})\times[OH^-]^3_{终}=2.79\times10^{-39}$$

$$pH_{终}=2.81$$

Zn^{2+} 开始沉淀时，$[Zn^{2+}]=0.10mol\cdot L^{-1}$

$$[Zn^{2+}][OH^-]^2_{始}=3\times10^{-17}$$

$$0.1\times[OH^-]^2_{始}=3\times10^{-17}$$

$$pH_{始}=6.24$$

因此，从理论估算，只要将溶液的 pH 值控制在 3～6 之间，就能将 Fe^{3+} 从系统中沉淀完全，实现与 Zn^{2+} 的分离。

需要指出的是，实际情况要比这种估算复杂得多。首先，实际生产中的溶液浓度往往是相当浓的；系统往往也非常复杂，很难估算得很准，只能作为参考，具体条件的控制可以通过实验来确定。

控制 pH 值的方法可以有多种，有 NaOH 法、氨水法、缓冲溶液法等。在工业生产中则根据具体情况。例如，同样是从系统中除 Fe^{3+}，在制备 NH_4Cl 时是采用氨水，将溶液的 pH 值调到 7～8；在 $ZnCl_2$ 提纯时先用双氧水将部分 Fe^{2+} 氧化为 Fe^{3+}，再采用粗制 ZnO 或 $Zn(OH)_2$ 将溶液 pH 值调到约等于 4；而在含有 Ni^{2+} 的硫酸溶液中，是采用 $CaCO_3$ 悬浮液将溶液的 pH 值调到约等于 4。

(2) 利用硫化物沉淀

大部分金属离子可与 S^{2-} 生成硫化物沉淀，其 $K_{sp}^{\ominus}$ 各不相同。根据金属硫化物的 $K_{sp}^{\ominus}$，控制溶液的 pH 值，就能使某些金属硫化物沉淀出来，另一些金属离子仍留在溶液中，从而达到分离的目的。但是，利用硫化物进行分离的选择性不是很高，而且它们大多数是胶状沉淀，共沉淀和继沉淀现象（后续讨论）较为严重，因而分离效果并不理想。不过利用硫化物沉淀法成组或成批地除去重金属离子还是具有一定的实用意义的。

【例 4-11】 某溶液中 Cd^{2+}、Zn^{2+} 的浓度均为 $0.10mol\cdot L^{-1}$，若向其中通入 H_2S 气体，并达到饱和。问溶液的酸度应控制在多大的范围，才能使得两者实现定性分离？

解 查得两者硫化物的溶度积，$K_{sp}^{\ominus}(CdS)=8.0\times10^{-27}$；$K_{sp}^{\ominus}(ZnS)=2.5\times10^{-22}$。

显然，在两者浓度相同的情况下 CdS 会先沉淀。溶液的酸度只要控制在 Cd^{2+} 沉淀完全时的酸度到 Zn^{2+} 开始析出沉淀之间。

Cd^{2+}沉淀完全时，$[Cd^{2+}]=10^{-5}mol\cdot L^{-1}$

$$[Cd^{2+}][S^{2-}]=8.0\times10^{-27}$$
$$(10^{-5})\times[S^{2-}]_{终}=8.0\times10^{-27}$$
$$[S^{2-}]_{终}=8.0\times10^{-22}$$

再由 H_2S 在水溶液中的解离平衡或直接由式(3-10b) 求 Cd^{2+}沉淀完全所需 $[H^+]$：

$$[H^+]=\sqrt{\frac{1.12\times10^{-22}}{[S^{2-}]}}=\sqrt{\frac{1.12\times10^{-22}}{8.0\times10^{-22}}}=0.37mol\cdot L^{-1}$$

Zn^{2+}开始析出沉淀时，$[Zn^{2+}]=0.10\ mol\cdot L^{-1}$

$$[Zn^{2+}][S^{2-}]=2.5\times10^{-22}$$
$$(0.10)\times[S^{2-}]_{始}=2.5\times10^{-22}$$
$$[S^{2-}]_{始}=2.5\times10^{-21}$$
$$[H^+]=\sqrt{\frac{1.12\times10^{-22}}{[S^{2-}]}}=\sqrt{\frac{1.12\times10^{-22}}{2.5\times10^{-21}}}=0.21mol\cdot L^{-1}$$

显然，只要将溶液的酸度控制在 0.21～0.37mol·L^{-1}之间，就能使两种离子分离完全。

同样由于实际情况的复杂性，理论估算的结果与实际结果也会有一定差距。酸度控制时同样也应考虑到硫化物的沉淀反应会不断释出 H^+。另外，在实验室工作中一般都改用硫代乙酰胺代替 H_2S 气体，这样不仅会减轻 H_2S 气体的恶臭和有毒的影响，而且还可改善沉淀的性质。在水溶液中加热，硫代乙酰胺水解能产生 H_2S：

$$CH_3CSNH_2+2H_2O=CH_3COO^-+NH_4^++H_2S$$

若在碱性溶液中水解：

$$CH_3CSNH_2+2OH^-=CH_3COO^-+NH_3+HS^-$$

实际工作中，控制硫化物沉淀进行分离的做法也可以有多种。可以在一定酸度条件下直接通入 H_2S，或加入 Na_2S、$(NH_4)_2S$ 等产生硫化物沉淀；也可以通过沉淀转化方式，使所要去除的金属离子产生硫化物沉淀。例如，由软锰矿制备硫酸锰时，杂质 Cu^{2+}、Pb^{2+}、Cd^{2+}等离子就可以通过加入 MnS，使杂质离子全部转化为硫化物沉淀而使硫酸锰溶液得到提纯。

4.2.3 沉淀的转化

沉淀的转化（inversion of precipitation）是指一种沉淀借助于某一试剂的作用，转化为另一种沉淀的过程。

例如，要除去锅炉内壁锅垢的主要成分 $CaSO_4$，可以加入 Na_2CO_3溶液，使 $CaSO_4$转变为溶解度更小的 $CaCO_3$，再通过流体的冲击以及适当摩擦剂的作用，使锅垢被除去。转化反应为：

$$CaSO_4(s)+CO_3^{2-}(aq)\rightleftharpoons CaCO_3(s)+SO_4^{2-}(aq)$$

转化反应的完全程度同样可以利用转化平衡常数来衡量。求解方法与前述沉淀反应平衡常数的求解方法一样。

$$K^{\ominus}=\frac{[SO_4^{2-}]}{[CO_3^{2-}]}=\frac{K_{sp}^{\ominus}(CaSO_4)}{K_{sp}^{\ominus}(CaCO_3)}=\frac{4.93\times10^{-5}}{3.36\times10^{-9}}$$
$$=1.47\times10^4$$

可见这一转化反应向右进行的趋势较大。

从以上转化反应及其平衡常数表达式可以看出，转化反应能否发生与两种难溶物质的溶度积的相对大小有关。一般来说，溶度积较大的难溶物质容易转化为溶度积较小的难溶物质。两种物质的溶度积相差越大，沉淀转化得越完全。

【例 4-12】 如果在 1.0L Na_2CO_3溶液中溶解 0.010mol 的 $CaSO_4$，问 Na_2CO_3的初始浓度应为多少？

解 由上述可知：$\dfrac{[SO_4^{2-}]}{[CO_3^{2-}]}=\dfrac{K_{sp}^{\ominus}(CaSO_4)}{K_{sp}^{\ominus}(CaCO_3)}=1.47\times10^4$

平衡时：$[SO_4^{2-}]=0.010mol\cdot L^{-1}$

$$[CO_3^{2-}]=\frac{0.010}{1.47\times10^4}=6.8\times10^{-7}mol\cdot L^{-1}$$

因为溶解 1mol $CaSO_4$需要消耗 1mol Na_2CO_3，故 Na_2CO_3的初始浓度应为 $0.010+6.8\times10^{-7}\approx0.010mol\cdot L^{-1}$

若要将溶解度较小的难溶物质转化为溶解度较大的难溶物质，这种转化就较为困难，但在一定条件下也能实现。

【例 4-13】 0.20mol $BaSO_4$，用 1.0L 饱和 Na_2CO_3溶液（$1.6mol\cdot L^{-1}$）处理，问能溶解 $BaSO_4$多少摩尔？需处理多少次能溶解完？

解 转化反应为：$BaSO_4(s)+CO_3^{2-}(aq)\rightleftharpoons BaCO_3(s)+SO_4^{2-}(aq)$

转化反应的平衡常数为：$K^{\ominus}=\dfrac{[SO_4^{2-}]}{[CO_3^{2-}]}=\dfrac{K_{sp}^{\ominus}(BaSO_4)}{K_{sp}^{\ominus}(BaCO_3)}=\dfrac{1.08\times10^{-10}}{2.58\times10^{-9}}$

$=4.19\times10^{-2}$

显然转化较为困难。

设转化反应达到平衡时 SO_4^{2-} 的浓度为 $x\,mol\cdot L^{-1}$

则 $[CO_3^{2-}]=(1.6-x)\ mol\cdot L^{-1}$

$$\frac{[SO_4^{2-}]}{[CO_3^{2-}]}=\frac{x}{1.6-x}=4.19\times10^{-2}$$

可解得：$x=0.064mol\cdot L^{-1}$

说明大约处理三次能基本溶完。

4.3 沉淀的形成与纯度

4.3.1 沉淀的类型与沉淀的形成

(1) 沉淀的类型

一般可以根据沉淀颗粒的大小和外观形态将沉淀大致分成三类。颗粒直径 0.1～1μm、内部排列较为规则且结构紧密的沉淀为晶形沉淀（crystalline precipitation），它又有粗晶形和细晶形之分，$MgNH_4PO_4$ 等沉淀就属于粗晶形沉淀；$BaSO_4$ 等沉淀就属于细晶形沉淀。由许多疏松聚集在一起的微小沉淀颗粒所组成，通常还包含有大量数目不定的水分子，排列上也杂乱无章，颗粒直径小于 0.02μm 的沉淀一般为无定形沉淀（amorphous precipitation，又称为非晶形沉淀或胶状沉淀），$Fe_2O_3\cdot xH_2O$ 等沉淀就属于无定形沉淀。颗粒大小介于晶形与无定形沉淀之间的沉淀为凝乳状沉淀（gelating precipitation），AgCl 等沉淀就属于凝乳状沉淀。

（2）沉淀的形成

沉淀的形成是一个复杂的过程。有关这方面的理论研究目前还不够成熟，这里仅仅从定性角度解释这一过程。

沉淀的形成过程可以粗略地分为晶核的生成以及晶体的长大等两个基本阶段。

① 晶核的生成　晶核（crystal nucleus）的生成中有两种成核作用，分别为均相成核和异相成核。所谓均相成核（homogeneous nucleation），是当溶液呈过饱和状态时，构晶离子由于静电作用，通过缔合而自发形成晶核的作用。例如，$BaSO_4$晶核的生成一般认为就是在过饱和溶液中，Ba^{2+}与SO_4^{2-}首先缔合为$Ba^{2+}SO_4^{2-}$离子对，然后再进一步结合Ba^{2+}及SO_4^{2-}而形成离子群，如$(Ba^{2+}SO_4^{2-})_2$。当离子群大到一定程度时便形成晶核。尼尔森（Nielesen）等认为，$BaSO_4$晶核由8个构晶离子所组成。

异相成核（heterogeneous nucleation）则是溶液中的微粒等外来杂质作为晶种（crystal seeds）诱导沉淀形成的作用，例如，由化学纯试剂所配制的溶液每毫升大概至少有10个不溶性的微粒，它们就能起到晶核的作用。这种异相成核作用在沉淀形成的过程中总是存在的。

② 沉淀微粒的长大　晶核形成之后，构晶离子就可以向晶核表面运动并沉积下来，使晶核逐渐长大，最后形成沉淀微粒。在这个过程中，有两种速率的相对大小会影响沉淀的类型，一是聚集速率（aggregation velocity），即构晶离子聚集成晶核，进一步积聚成沉淀微粒的速率；另一则是定向速率（direction velocity），即在聚集的同时，构晶离子按一定顺序在晶核上进行定向排列的速率。哈伯（Haber）认为，若聚集速率大于定向速率，这时一般来说主要是均相成核占主导作用，不仅消耗大量的构晶离子，而且大量晶核迅速聚集而无法使构晶离子定向排列，就会生成颗粒细小的无定形沉淀。相反，若定向速率大于聚集速率，这时一般是异相成核起主导作用，溶液中有足够的构晶离子能按一定的晶格位置在晶粒上进行定向排列，这样就能获得颗粒较大的晶形沉淀。

定向速率的大小主要取决于沉淀物质的本性。一般强极性难溶物质，如$BaSO_4$、CaC_2O_4等具有较大的定向速率；氢氧化物，特别是高价金属离子形成的氢氧化物，定向速率就小。而聚集速率的大小主要与沉淀时的条件有关。根据冯·韦曼（Von Weimarn）提出的经验公式，沉淀的分散度（表示沉淀颗粒的大小）与溶液的相对过饱和度有关：

$$\text{分散度} = K \times \frac{c_Q - s}{s} \tag{4-6}$$

式中，K为常数，它与沉淀的性质、温度、介质以及溶液中存在的其他物质有关；c_Q为开始沉淀瞬间沉淀物质的总浓度；s为开始沉淀时沉淀物质的溶解度；$c_Q - s$为沉淀开始瞬间的过饱和度，是引起沉淀作用的动力；$\frac{c_Q - s}{s}$为沉淀开始瞬间的相对过饱和度（relative supersaturation）。

由上式可知，溶液的相对过饱和度越大，分散度也越大，形成的晶核数目就越多，这时一般聚集速率就越快，往往是均相成核占主导作用，就将得到小晶形沉淀。相反，沉淀时溶液的相对过饱和度较小，分散度也较小，形成的晶核数目就相应较少，则晶核形成速度较慢，就将得到大晶形沉淀。

不同的沉淀，形成均相成核时所需的相对过饱和程度不同，通常每种沉淀都有其自身的相对过饱和极限值（又称临界值，critical value）。若能控制条件，使沉淀时溶液的相对过饱和度低于临界值，一般就能获得颗粒较大的沉淀。例如，AgCl与$BaSO_4$，两者$K_{sp}^{\ominus}$的数量级相同，可是AgCl沉淀的临界值为5，而$BaSO_4$的临界值为1000。AgCl的临界值太小，很难控制沉淀时的相对过饱和度低于临界值，而$BaSO_4$由于临界值较大，因此能够比较容易控制一定的条件得到颗粒较大的晶形沉淀。

4.3.2 影响沉淀纯度的主要因素

(1) 共沉淀现象

所谓的共沉淀现象（coprecipitation）是指在进行某种物质的沉淀反应时，某些可溶性的杂质被同时沉淀下来的现象。例如，以 $BaCl_2$ 为沉淀剂沉淀 SO_4^{2-} 时，若溶液中有 Fe^{3+} 存在，当 $BaSO_4$ 沉淀析出时，原本是可溶性的 $Fe_2(SO_4)_3$ 就会被夹在沉淀中，使得灼烧后的 $BaSO_4$ 中混有棕黄色的 Fe_2O_3。

共沉淀现象主要有以下几类。

① 表面吸附引起的共沉淀　表面吸附（adsorption）是由于晶体表面离子电荷不完全等衡所造成的。这种吸附一般认为是物理吸附。例如，在 $BaSO_4$ 沉淀表面，由于表面离子电荷不完全等衡，它就要吸引溶液中带相反电荷的离子于沉淀表面，组成吸附层（adsorption layer）。为了保持电中性，吸附层还可以再吸引异电荷离子（又称为抗衡离子，counter ion）而形成较为松散的扩散层（diffusion layer），吸附层和扩散层共同组成沉淀表面的双电层（electrical double layer），构成表面吸附化合物。

一般来说，表面吸附是有选择性的。由于沉淀剂一般是过量的，因而吸附层优先吸附的是构晶离子，其次是与构晶离子大小相近、电荷相同的离子。扩散层的吸附也具有一定的规律，在杂质离子浓度相同时，优先吸附能与构晶离子形成溶解度或解离度最小的化合物的离子；例如，$BaSO_4$ 沉淀时，若 SO_4^{2-} 沉淀剂过量，则沉淀表面主要吸附的是 SO_4^{2-}；若溶液中存在 Ca^{2+} 和 Hg^{2+}，则扩散层将主要吸附 Ca^{2+}，因为 $CaSO_4$ 的溶解度比 $HgSO_4$ 的小。$BaSO_4$ 沉淀时，若是 Ba^{2+} 沉淀剂过量，则沉淀表面主要吸附的是 Ba^{2+}；若溶液中存在 Cl^- 和 NO_3^-，则扩散层将主要吸附 NO_3^-，因为 $Ba(NO_3)_2$ 的溶解度比 $BaCl_2$ 的小。通常离子的价态越高，浓度越大，就越易被吸附；另外，沉淀的比表面积（单位质量颗粒物的表面积）越大，吸附的杂质量也越大，因此，相对而言，表面吸附是影响无定形沉淀纯度的主要原因；还需注意的是，对物理吸附来说，吸附过程是放热过程，而解吸附（或脱附，desorption）是吸热过程，因此溶液的温度越高，一般吸附的杂质量也就越小。

② 吸留、包夹　沉淀生长过快，使得表面吸附的杂质离子来不及离开沉淀表面，就被随后沉积上来的离子所覆盖，这种现象称为吸留（occlusion）。它往往是由于沉淀剂加得过快造成的，是晶形沉淀不纯的主要原因。它所引起共沉淀的程度同样符合吸附规律。对于可溶性盐的结晶，有时母液也可能被机械地包于沉淀之中，这种现象称为包夹（inclusion）。

③ 混晶或固溶体的形成　每种晶形沉淀都有其一定的晶体结构。若杂质离子的半径与构晶离子的半径相近、电荷相同，所形成的晶体结构也相同的话，就容易生成混晶。混晶（mixed crystal）是固溶体（solid solution）的一种。例如，$BaSO_4$ 沉淀时，若有 Pb^{2+} 存在，就有可能形成混晶。在有些混晶中，杂质离子或原子并不位于正常晶格的离子或原子位置上，而是处于晶格的空隙中，这种混晶称为异型混晶。有时杂质离子与构晶离子的晶体结构不同，但在一定条件下也能形成混晶。例如，$MnSO_4 \cdot H_2O$ 与 $FeSO_4 \cdot H_2O$ 属于不同晶系，但也会形成混晶。

(2) 继沉淀现象

继沉淀又称为后沉淀（postprecipitation），是指某种沉淀析出后，另一种本来难以沉淀的组分在该沉淀的表面继续析出沉淀的现象。这种现象一般发生在该组分的过饱和溶液中。例如，在 $0.01mol \cdot L^{-1}$ Zn^{2+} 的 $0.15mol \cdot L^{-1}$ HCl 溶液中通入 H_2S 气体，由于形成过饱和溶液而使 ZnS 析出缓慢。但是，若在该溶液中加入 Cu^{2+}，则通入 H_2S 后就会析出 CuS 沉淀，这时沉淀所夹带的 ZnS 沉淀的量并不显著，若将沉淀放置一段时间，ZnS 沉淀就会在

CuS 沉淀表面不断析出。

产生继沉淀现象的原因可能是表面吸附导致沉淀表面的沉淀剂浓度比溶液本体的高；对于上述例子，也可能是表面吸附了 S^{2-}，作为抗衡离子的 H^+ 与溶液中的 Zn^{2+} 发生离子交换作用，从而使继沉淀组分的离子积远远大于溶度积，析出沉淀。

4.3.3 获得良好、纯净沉淀的主要措施

(1) 共沉淀与继沉淀的减免

对于共沉淀中的表面吸附，由于它是发生在沉淀表面，一般都是物理吸附较多，且为放热过程，抗衡离子被吸附的也不太牢固，常可被溶液中的其他离子所置换，表面吸附化合物也较为松散。因而沉淀时加热以及沉淀后洗涤沉淀是减少表面吸附较为有效的方法，还可以使用合适的稀的电解质溶液作为洗涤剂，以取代杂质离子的吸附。例如，用 NaCl 沉淀 Ag^+，所得到的 AgCl 沉淀可以选择稀硝酸为洗涤剂，沉淀表面 NaCl 吸附化合物中的 Na^+ 能与溶液中 H^+ 发生置换吸附，这样在烘干时沉淀表面吸附的 HCl 就会挥发，而得到相当纯净的 AgCl 沉淀。对于无定形沉淀，常可选用铵盐为洗涤剂，最后在灼烧时除去。另外，对于一些高价离子，可以设法改变它们的存在形式，以减少或避免表面吸附。例如，$BaSO_4$ 沉淀时，如果将 Fe^{3+} 还原为 Fe^{2+}，或加入少量 EDTA 配位剂，使之与 Fe^{3+} 形成配合物，就能大大降低 Fe^{3+} 的吸附共沉淀。

对于共沉淀中的吸留或包夹，由于杂质或母液是在沉淀或结晶内部，因而无法通过简单的洗涤除去，只能采取陈化、重结晶（recrystallization）或再沉淀（reprecipitation）等办法才能除去。

所谓陈化（aging），一般是指沉淀后，让沉淀与母液（mother liquor）共同放置一段时间，或通过加热搅拌（stir）一定的时间后再过滤分离。在陈化过程中，沉淀或晶体中不完整部分的构晶离子会重新进入溶液，小晶粒也会不断溶解，溶解的构晶离子又能在大晶粒表面沉积，当沉积到一定程度后，溶液对大晶粒为饱和溶液时，对小晶粒又为不饱和，又要溶解。如此反复进行。在小晶粒或沉淀不完整部分的溶解过程中，被吸留或包夹的杂质以及母液就能被释放出来，使沉淀变得较为纯净，颗粒大小变得较为均匀。

再沉淀时，溶液中杂质的量相对降低，因而共沉淀或继沉淀现象都会自然减少。

对于共沉淀中的混晶，由于生成混晶的选择性较高，避免较为困难，因此一般采取事先分离可能形成混晶的杂质离子的措施。

继沉淀所引入的杂质量一般要比共沉淀的多，而且随放置的时间加长而增加；温度升高，继沉淀现象有时会更为严重。另外，不论杂质是沉淀前就存在的，还是沉淀后加入的，继沉淀所引入的杂质量都基本相同。因此，避免或减少继沉淀的主要办法就是缩短沉淀与母液的共存时间，沉淀后稍搅拌一定时间就迅速过滤分离。

(2) 合适的沉淀条件

对于晶形沉淀，在定量分离或重量分析中，为了获得颗粒较大，纯度较高的晶体，一般应控制较小的相对过饱和度，关键在于沉淀瞬间沉淀物质的总浓度要低。因此，所采用的沉淀条件应该是，在适当稀的热溶液中，在不断搅拌的情况下，缓慢滴加稀的沉淀剂，沉淀后一般应陈化。

对于非晶形沉淀，由于难以控制它们的相对过饱和度，因此，应设法使沉淀能紧密些，防止胶体（colloid）的产生，并尽量减少杂质的吸附。所以，非晶形沉淀的沉淀条件就应该是，在较浓的热溶液中，加入一些易挥发的电解质（如 NH_4Cl 等），在搅拌的情况下，沉淀剂的加入速度也可适当快些，沉淀后加适当的热水稀释，并充分搅拌后趁热过滤，不必陈化。这样做可以使离子的水化程度较小，并能促使沉淀微粒凝聚（coagulation），以防止形

成胶体溶液，即胶溶（peptization）；能减少杂质的吸附；另外还可以避免沉淀失去水分而聚集得更为紧密，被吸附的杂质难以洗去。

(3) 合适的沉淀方法

除了常规沉淀方法外，还有均相沉淀法、小体积沉淀法等不同沉淀方法。

均相沉淀法（homogeneous precipitation）是通过控制一定的条件，使沉淀剂从溶液中缓慢、均匀的产生，这样避免了常规沉淀方法较易产生局部过饱和，使沉淀颗粒细小或颗粒大小不均等问题。

沉淀剂的产生可以利用酸碱反应、酯类和其他有机物的水解、配合物的分解以及氧化还原反应等方式。例如，采用均相沉淀法得到 CaC_2O_4 沉淀时，可以在 Ca^{2+} 的酸性溶液中加入过量的 $H_2C_2O_4$，然后加入 $CO(NH_2)_2$，在加热（70～90℃）情况下发生如下反应：

$$CO(NH_2)_2 + H_2O \longrightarrow 2NH_3\uparrow + CO_2\uparrow$$

反应所产生的 NH_3 能使溶液的酸度逐渐降低，从而使 CaC_2O_4 在整个溶液中缓慢、均匀地产生。

当然，均匀沉淀法也有它的不足，由于较长时间的加热，所得到的沉淀积在器壁上难以取下。另外，对生成混晶和继沉淀现象没有多大改善，有时反而加重。

(4) 采用有机沉淀剂

有机沉淀剂的最大优点之一就是选择性较高，对无机杂质的吸附能力也小。因此，在定量分离以及重量分析中可以选择合适的有机沉淀剂来提高所得沉淀的纯度。

按照形成沉淀的机理，有机沉淀剂主要有生成螯合物的沉淀剂以及生成离子缔合物的沉淀剂等两大类。例如，较大量的镍离子与丁二酮肟一般在氨性条件下能形成丁二酮肟镍螯合物沉淀；而氯化四苯砷 $(C_6H_5)_4AsCl$ 能与 MnO_4^- 形成离子缔合物 $(C_6H_5)_4As^+MnO_4^-$ 沉淀。

(5) 正确的沉淀程序

在用沉淀法分离含量相差悬殊的两种组分时，若两种组分都有用，或含量少的组分有用，一般就应先沉淀含量少的组分，否则易造成少量组分的共沉淀损失，且沉淀也难以纯净。

4.4 沉淀分析法

4.4.1 称量分析法

称量分析法是一种通过称量物质的质量来确定被测组分含量的分析方法。它可以分为沉淀法、气化法、电解法等。电解法是通过电解，使被测组分在电极上析出，称量电解前后电极质量的改变就能确定被测组分含量；而气化法则是通过称量物质在烘干前后质量的改变，来测定含水率、结晶水等；沉淀法一般就是将被测组分转化为沉淀物质，通过称量沉淀物质的质量进行测定的方法。

(1) 沉淀法的基本过程及对沉淀形和称量形的要求

沉淀法的基本过程为：试样通过一定的方式分解为溶液，加入某种合适的沉淀剂，使被测组分转变成沉淀，反应的产物形式被称为沉淀形。得到的沉淀经过滤、洗涤，再干燥成组成一定的物质，这时的物质形式被称为称量形。通过称取称量形的质量，再根据称量形与被测组分之间的关系求出被测组分的含量。

沉淀法中，称量形与沉淀形可以相同，也可以不同，例如，$BaCO_3$ 重量法测定中：

Ba^{2+}→稀 H_2SO_4→$BaSO_4$(沉淀形)→过滤→洗涤→烘干、灼烧→$BaSO_4$(称量形)

显然，在这一测定中，沉淀形与称量形相同。

再例如，$CaCO_3$的重量法测定：

$Ca^{2+} \rightarrow H_2C_2O_4 \rightarrow CaC_2O_4$（沉淀形）→过滤→洗涤→烘干、灼烧→CaO（称量形）

可见在这一测定中，沉淀形与称量形是不同的。

在沉淀法中，对沉淀形以及称量形都有一定的要求：

对沉淀形来说，要求所形成的沉淀溶解度要小；沉淀要纯净；易于过滤、洗涤；易于转化为称量形。

对称量形，则要求其化学组成固定；有足够的化学稳定性；摩尔质量尽量大些。

（2）称量形的获得

若得到的沉淀形有固定的组成，在低温下就能除去水分，则一般就可以采用烘干的方式得到称量形。例如，AgCl 沉淀在 110～120℃烘干就可以得到稳定的称量形 AgCl。

若得到的沉淀形虽有固定的组成，但其中所包裹的水分不能在低温下除去，那么一般就应在一定的高温下灼烧才能获得称量形。例如，$BaSO_4$沉淀就得在 800℃左右的高温灼烧才能得到 $BaSO_4$称量形。

对于一些水合氧化物沉淀，例如，$Fe_2O_3 \cdot xH_2O$，也都得在较高的温度（如 1100～1200℃）灼烧才能除去其中的结合水，而获得称量形 Fe_2O_3。

称量形的质量必须通过恒重来确定。这里所指的恒重（constant weight）是指两次干燥处理后，称量形的两次称量所得质量之差不得超过一定的允许误差。不同的应用领域对恒重的要求是不同的。对于称量分析法中常规的沉淀法，一般不得超过分析天平的称量误差（0.2mg）。

（3）测定结果的计算

当所得称量形与被测组分的表示形式相同时，计算最为简单。

【例 4-14】 测定岩石中 SiO_2的含量。称样 0.2000g，通过反应得到硅胶沉淀后，经一系列过程，最后灼烧成 SiO_2，得到 0.1364g。求试样中 SiO_2的含量。

解

$$w(SiO_2)=\frac{m(SiO_2)}{m_s}\times 100\%$$

$$=\frac{0.1364}{0.2000}\times 100\%=68.20\%$$

但是，沉淀法在多数情况下所得称量形与被测组分的表示形式不同，这就需要将称量形的质量换算成被测组分的质量。被测组分的摩尔质量与称量形的摩尔质量之比是常数，称为换算因素（或化学因素，chemical factor），常以 F 表示。

应注意的是，换算因素表达式中，分子分母中主要元素的原子数目应相等。

【例 4-15】 分析某铬矿（不纯的 Cr_2O_3）中的 Cr_2O_3 含量时，把 Cr 转变为 $BaCrO_4$ 沉淀。设称取 0.5000g 试样，最后得 $BaCrO_4$ 质量为 0.2530g。求此矿中 Cr_2O_3 的质量分数。

解 由称量形式 $BaCrO_4$的质量换算为 Cr_2O_3的质量，其换算因数为：

$$\frac{M(Cr_2O_3)}{2M(BaCrO_4)}=\frac{152.0}{2\times 253.3}=0.3000$$

$$w(Cr_2O_3)=\frac{\text{称量形式}BaCrO_4\text{ 的质量}\times\text{换算因数}}{\text{试样质量}}\times 100\%$$

$$=\frac{0.2530\times 0.3000}{0.5000}\times 100\%=15.18\%$$

4.4.2 沉淀滴定法

沉淀滴定法是一种以沉淀反应为基础的滴定分析法，最有实际意义的当属生成难溶银盐的银量法，其基本反应为：

$$Ag^{+}+X^{-} \rightleftharpoons AgX\downarrow$$

其中 X^{-} 为 Cl^{-}、Br^{-}、I^{-}、SCN^{-} 等。

根据所用指示剂的不同，按创立者的名字命名，可以分为莫尔法、佛尔哈德法、法扬司法等三种，在此主要介绍莫尔法。

莫尔法是一种以 K_2CrO_4 为指示剂，在中性或弱碱性溶液中，用 $AgNO_3$ 标准溶液滴定 Cl^{-} 或 Br^{-} 的银量法。

例如，Cl^{-} 的测定，滴定反应为：$Ag^{+}+Cl^{-} \rightleftharpoons AgCl\downarrow$　　$K_{sp}^{\ominus}=1.77\times10^{-10}$

指示剂反应为：$2Ag^{+}+CrO_4^{2-} \rightleftharpoons Ag_2CrO_4\downarrow$　　$K_{sp}^{\ominus}=1.12\times10^{-12}$

根据分步沉淀的原理，溶液中首先析出 AgCl 沉淀。当 Ag^{+} 定量沉淀后，稍过量一点的滴定剂就能与 CrO_4^{2-} 形成 Ag_2CrO_4 砖红色沉淀，指示终点的到达。

使用中应注意的主要是指示剂的用量以及溶液的酸度等两个问题。

指示剂用量应适当，一般使 $[CrO_4^{2-}]=5.0\times10^{-3}\,mol\cdot L^{-1}$。若加得太多，不仅溶液颜色过深影响终点的观察，而且滴定到终点时，会使溶液中剩余的 Cl^{-} 浓度较大，造成负误差；若加得太少，就得加入较多的 $AgNO_3$ 标准溶液才能产生砖红色沉淀，由此会造成较大的正误差。

溶液的酸度一般掌握在 pH＝6.5～10.5，若有 NH_4^{+} 存在，则酸度的上限应降至 pH＝7.2，否则会造成 AgCl 以及 Ag_2CrO_4 溶解度的增大。酸度过高，CrO_4^{2-} 会转化为 $Cr_2O_7^{2-}$，导致 Ag_2CrO_4 沉淀出现过迟，甚至不出现终点；若酸度过低，又有可能产生 Ag_2O 沉淀。

在滴定时还应注意剧烈摇动溶液，以免产生 AgCl 沉淀吸附 Cl^{-}，造成终点提前。此外，凡能与 Ag^{+} 或 CrO_4^{2-} 作用的干扰离子以及大量有色离子、易水解离子等都应事先除去。

视 窗

【人物简介】

克拉普罗特 Martin Heinrich Klaproth（1743～1817），德国化学家，分析化学的奠基人之一，被称为“分析化学之父”。

他改进了重量分析法步骤，强调沉淀必须烘干或灼烧到恒重，才可避免较大误差。为确定各物质的化学当量，先进行一系列预备试验。在此基础上，他于 1789 年发现元素铀、锆，1808 年发现元素铈。他是分析化学的先锋，曾分析过 200 多种矿物，确证钛、碲、铍、铬、钇的发现，也是把分析化学用于考古学如研究银币、玻璃和古代金属物品的先驱者，著有《论矿物的化学特性》。

1795 年，他当选为英国皇家学会院士。1804 年，他当选为瑞典皇家科学院外籍院士。1810 年，他以 67 岁高龄被聘为刚创办的柏林大学首任化学教授。为纪念克拉普罗特在相关领域做出的巨大贡献，在月球表面上有以他的名字命名的陨石坑。

【搜一搜】

活度积；条件溶度积；分子溶解度；纳米晶；小体积沉淀法；溶剂热法；共沉淀法；溶胶-

凝胶法；金属醇盐水解法；微乳液法；重结晶；再沉淀；气化法；电解法；佛尔哈德法；法扬司法。

习 题

4-1 已知室温时以下各难溶物质的溶解度，试求它们相应的溶度积（不考虑水解）。

① AgBr，$7.1\times10^{-7}mol \cdot L^{-1}$；

② BaF_2，$6.3\times10^{-3}mol \cdot L^{-1}$。

4-2 已知室温时以下各难溶物质的溶度积，试求它们相应的溶解度（以 $mol \cdot L^{-1}$ 表示）。

① $Ca(OH)_2$，$K_{sp}^{\ominus}=5.02\times10^{-6}$；

② Ag_2SO_4，$K_{sp}^{\ominus}=1.20\times10^{-5}$。

4-3 已知 CaF_2 的溶度积为 3.45×10^{-11}。求：①在纯水中；②在 $1.0\times10^{-2}mol \cdot L^{-1}$ NaF 溶液中；③在 $1.0\times10^{-2}mol \cdot L^{-1}CaCl_2$ 溶液中的溶解度（以 $mol \cdot L^{-1}$ 表示）。

4-4 ①在 10mL $1.5\times10^{-3}mol \cdot L^{-1}MnSO_4$ 溶液中，加入 5.0mL $0.15mol \cdot L^{-1}$ 氨水溶液，问能否生成 $Mn(OH)_2$ 沉淀？②若在上述 10mL $1.5\times10^{-3}mol \cdot L^{-1}MnSO_4$ 溶液中先加入 0.495g 固体 $(NH_4)_2SO_4$（假定加入量对溶液体积影响不大），然后再加入 5.0mL $0.15mol \cdot L^{-1}$ 氨水溶液，问是否有 $Mn(OH)_2$ 沉淀生成？

4-5 在下列溶液中不断通入 H_2S 气体。

① $0.10mol \cdot L^{-1}CuSO_4$；② $0.10mol \cdot L^{-1}CuSO_4$ 与 $1.0mol \cdot L^{-1}$ HCl 的混合溶液，使溶液始终维持饱和状态（即溶液中 H_2S 浓度为 $0.10mol \cdot L^{-1}$）。计算在这两种溶液中残留的 Cu^{2+} 浓度。

4-6 试计算用 1.0L 盐酸来溶解 0.10mol PbS 固体所需 HCl 的浓度。PbS 能否溶于盐酸？

4-7 某溶液中含有 Fe^{3+} 和 Fe^{2+}，浓度均为 $0.050mol \cdot L^{-1}$。若要使 $Fe(OH)_3$ 沉淀完全，而 Fe^{2+} 不沉淀，问所需控制的溶液 pH 的范围是多少？

4-8 ①在含有 $3.0\times10^{-2}mol \cdot L^{-1}Ni^{2+}$ 和 $2.0\times10^{-2}mol \cdot L^{-1}Cr^{3+}$ 的溶液中，逐滴加入浓 NaOH，使 pH 渐增，问 $Ni(OH)_2$ 和 $Cr(OH)_3$ 哪个先沉淀？试通过计算说明（不考虑体积变化）；②若要分离这两种离子，溶液的 pH 应控制在何范围？

4-9 在 $1.0mol \cdot L^{-1}Mn^{2+}$ 溶液中含有少量 Pb^{2+}，如欲使 Pb^{2+} 形成 PbS 沉淀，而 Mn^{2+} 留在溶液中，从而达到分离的目的，溶液中 S^{2-} 的浓度应控制在何范围？若通入 H_2S 气体来实现上述目的，问溶液的 H^+ 浓度应控制在何范围？

4-10 溶液中含有 Ag^+、Pb^{2+}、Ba^{2+}、Sr^{2+}，它们的浓度均为 $1.0\times10^{-2}mol \cdot L^{-1}$。加入 K_2CrO_4 溶液，试通过计算说明上述离子开始沉淀的先后顺序。

4-11 试设计分离下列各组内物质的方案：

① AgCl 和 AgI；

② $Mg(OH)_2$ 和 $Fe(OH)_3$；

③ $BaCO_3$ 和 $BaSO_4$；

④ ZnS 和 CuS。

4-12 试计算下列沉淀转化的平衡常数：

① $ZnS(s)+2Ag^+(aq) \rightleftharpoons Ag_2S(s)+Zn^{2+}(aq)$；

② $PbCl_2(s)+CrO_4^{2-}(aq) \rightleftharpoons PbCrO_4(s)+2Cl^-(aq)$。

4-13　用莫尔法测定生理盐水中 NaCl 含量。准确量取生理盐水 10.00mL，加入 K_2CrO_4 指示剂 0.5～1mL，以 0.1045mol·L^{-1} $AgNO_3$ 标准溶液滴至砖红色，共用去 14.58mL。计算生理盐水中 NaCl 的含量（g·mL^{-1}）。

4-14　用 25.00mL 0.1000mol·L^{-1} $AgNO_3$ 作用于含有 60.00%NaCl 与 37.00%KCl 的物质，过量的需用 5.00mL NH_4SCN 溶液去滴定（1.00mL NH_4SCN ≎ 1.10mL $AgNO_3$），应称取多少克物质来分析？

4-15　计算下列换算因数。

称量形	被测组分
① AgCl	Cl
② $Mg_2P_2O_7$	P_2O_5；$MgSO_4 \cdot 7H_2O$
③ Fe_2O_3	$FeSO_4 \cdot (NH_4)_2SO_4 \cdot 12H_2O$
④ $PbCrO_4$	Cr_2O_3
⑤ $(NH_4)_3PO_4 \cdot 12MoO_3$	$Ca_3(PO_4)_2$；P_2O_5

4-16　0.4829g 合金钢溶解后，将 Ni^{2+} 沉淀为丁二酮肟镍（$NiC_8H_{14}O_4N_4$），烘干后的质量为 0.2671g。计算样品中 Ni 的质量分数。

4-17　有纯的 AgCl 和 AgBr 混合样品 0.8132g，在 Cl_2 气流中加热，使 AgBr 转化为 AgCl，则原样品的质量减轻了 0.1450g。计算原样品中 Cl 的质量分数。

4-18　称取不纯的 $MgSO_4 \cdot 7H_2O$ 0.5000g，首先使 Mg^{2+} 生成 $MgNH_4PO_4$，最后灼烧成 $Mg_2P_2O_7$，称得 0.1980g。试计算样品中 $MgSO_4 \cdot 7H_2O$ 的质量分数。

第5章 氧化还原反应与电化学基础 Redox Equilibrium and Titration

化学反应可以分成氧化还原反应（redox reaction）和非氧化还原反应两大类。自然界中的燃烧、呼吸作用、光合作用，生产生活中的化学电池、金属冶炼、火箭发射等都与氧化还原反应息息相关。这类反应对制备新的化合物、获取化学热能和电能、金属的腐蚀与防腐蚀、生命活动过程中能量的获得都有重要的意义。电化学就是研究电能与化学能相互转化及转化规律的科学。

5.1 氧化还原反应与电极电势

5.1.1 氧化数与氧化还原反应

(1) 氧化数

为了便于讨论氧化还原反应，人们人为地引入了元素氧化数（oxidation number，又称氧化值）的概念。1970 年国际纯粹和应用化学联合会（IUPAC）定义氧化数是某元素一个原子的荷电数，这种荷电数可由假设把每个化学键中的电子指定给电负性更大的原子而求得。因此，氧化数是元素原子在化合状态时的表观电荷数（即原子所带的净电荷数）。

确定元素氧化数的一般规则如下：

① 在单质中，例如，Cu、H_2、P_4、S_8等，元素的氧化数为零。

② 在二元离子化合物中，元素的氧化数就等于该元素离子的电荷数。例如，在氯化钠中，Cl 的氧化数为-1，Na 的氧化数为$+1$。

③ 在共价化合物中，共用电子对偏向于电负性较大的元素的原子，原子的表观电荷数即为其氧化数。例如，在氯化氢中，H 的氧化数为$+1$，Cl 的氧化数为-1。

④ O 在一般化合物中的氧化数为-2；在过氧化物（如 H_2O_2、Na_2O_2等）中为-1；在超氧化合物（如 KO_2）中为$-1/2$；在氟化物（如 OF_2）中为$+2$。H 在化合物中的氧化数一般为$+1$，仅在与活泼金属生成的离子型氢化物（如 NaH、CaH_2等）中为-1。

⑤ 在中性分子中，各元素原子氧化数的代数和为零。在多原子离子中，各元素原子氧化数的代数和等于离子的电荷数。

根据这些规则，就可以方便地确定化合物或离子中某元素原子的氧化数。例如：

在 NH_4^+ 中 N 的氧化数为-3；

在 $S_2O_3^{2-}$ 中 S 的氧化数为$+2$；

在 $S_4O_6^{2-}$ 中 S 的氧化数为$+2.5$；

在 $Cr_2O_7^{2-}$ 中 Cr 的氧化数为$+6$；

同样可以确定，Fe_3O_4中 Fe 的氧化数为$+8/3$。

可见，氧化数可以是整数，也可以是小数或分数。

必须指出，在共价化合物中，判断元素原子的氧化数时，不要与共价数（某元素原子形成的共价键的数目）相混淆。例如，在H_2和N_2中，H 和 N 的氧化数均为 0，但 H 和 N 的共价数却分别为 1 和 3。在CH_4、CH_3Cl、CH_2Cl_2、$CHCl_3$和CCl_4中，C 的共价数均为 4，但其氧化数却分别为-4、-2、0、$+2$和$+4$。因此，氧化数与共价数之间虽有一定联系，但却是互不相同的两个概念。共价数总是为整数。

另外，氧化数与化合价也既有联系又有区别。化合价是指各种元素的原子相互化合的能力，表示原子间的一种结合力，而氧化数则是人为规定的。

（2）氧化还原反应与氧化还原电对

所谓的氧化还原反应就是指反应前后元素原子的氧化数发生了改变的一类反应。氧化数升高的过程称为氧化，氧化数降低的过程称为还原。反应中氧化数升高的物质是还原剂（reducing agent），该物质发生的是氧化反应；反应中氧化数降低的物质是氧化剂（oxidizing agent），该物质发生的是还原反应。例如，实际应用中除铁过程常用的一个氧化还原反应：

$$H_2O_2+2Fe^{2+}+2H^+ \xlongequal{} 2H_2O+2Fe^{3+}$$

H_2O_2中每个 O 得到 1 个电子，反应后形成了H_2O，O 的氧化数从-1降低为-2。H_2O_2是H_2O的氧化态，H_2O是H_2O_2的一种还原态；反应中 Fe 失去一个电子，氧化数从$+2$升高到$+3$，Fe^{2+}是Fe^{3+}的还原态，Fe^{3+}是Fe^{2+}的氧化态。H_2O_2与H_2O、Fe^{3+}与Fe^{2+}分别构成了氧化剂电对与还原剂电对。所谓的氧化还原电对（oxidation-reduction couples）是指由同一元素的氧化态物质和其对应的还原态物质所构成的整体，可以用符号 Ox/Red 来表示。因此本例的两个电对可分别表示为H_2O_2/H_2O、Fe^{3+}/Fe^{2+}。再比如Cu^{2+}与 Zn 的反应：

$$Cu^{2+}+Zn \xlongequal{} Cu+Zn^{2+}$$

反应中，Cu^{2+}得到两个电子，被还原为 Cu，Cu^{2+}是氧化剂，Cu^{2+}与 Cu 构成了氧化剂电对（Cu^{2+}/Cu）；Zn 失去两个电子，被氧化为Zn^{2+}，Zn 是还原剂，Zn^{2+}与 Zn 构成了还原剂电对（Zn^{2+}/Zn）。

从上述两个反应可以看出，氧化还原反应是由氧化剂电对与还原剂电对共同作用的结果，其实质是电子的转移。

这里需提醒的是，氧化还原电对是相对的，由参加反应的两电对氧化还原能力的相对强弱而定。例如，H_2O_2在酸性条件下将Fe^{2+}氧化为Fe^{3+}的反应中，Fe^{3+}/Fe^{2+}中Fe^{3+}的氧化能力弱于H_2O_2，是还原剂电对。但是，在$Fe^{3+}+2I^- \xlongequal{} Fe^{3+}+I_2$的反应中，$Fe^{3+}$的氧化能力强于$I_2/I^-$中$I_2$的氧化能力，$Fe^{3+}/Fe^{2+}$为氧化剂电对。

（3）氧化还原反应的特殊性与反应速率

氧化还原反应是电子转移的反应，电子的转移往往会遇到各种阻力，例如，来自溶液中溶剂分子的阻力，物质之间的静电作用力等。而氧化还原反应中由于价态的变化，也使原子或离子的电子层结构、化学键的性质以及物质组成发生了变化。例如，$Cr_2O_7^{2-}$被还原为Cr^{3+}、MnO_4^-被还原为Mn^{2+}时，离子的结构都发生了很大的改变。此外，氧化还原反应的历程也往往比较复杂，例如，MnO_4^-和Fe^{2+}的反应就很复杂。因此氧化还原反应较为特殊，一是许多反应是只能向一个方向进行“到底”的不可逆反应。例如，$K_2Cr_2O_7$与Fe^{2+}的反应：$6Fe^{2+}+Cr_2O_7^{2-}+14H^+ \xlongequal{} 6Fe^{3+}+2Cr^{3+}+7H_2O$以及$KMnO_4$与$H_2O_2$的反应$2MnO_4^-+5H_2O_2+6H^+ \xlongequal{} 2Mn^{2+}+5O_2+8H_2O$，由于$Cr_2O_7^{2-}$以及$MnO_4^-$的氧化能力很强，$Cr^{3+}$、$Mn^{2+}$ 在酸性条件下很稳定，即使增大 Cr^{3+}、Mn^{2+} 以及反应式右侧组分的浓度或改变反应的酸度条件反应也不可能向左进行。二是反应的速率较酸碱反应、沉淀反应来得慢。

影响氧化还原反应速率的因素主要有：

① 浓度　由于氧化还原反应的机理比较复杂，因此不能以总的氧化还原反应方程式来判断浓度对反应速率的影响。但是一般来说，增加反应物浓度可以加速反应进行。

② 温度　温度的影响比较复杂。对大多数反应来说，升高温度可以加快反应速率。

例如，MnO_4^- 和 $C_2O_4^{2-}$ 在酸性溶液中的反应：

$$2MnO_4^- + 5C_2O_4^{2-} + 16H^+ = 2Mn^{2+} + 10CO_2 + 8H_2O$$

在室温下，该反应速率很慢，加热则反应速率大为加快。

要注意并非所有的情况下都允许用加热的办法来提高反应的速率。

③ 催化剂与自动催化反应　催化剂对反应速率的影响很大。

例如，在酸性介质中：

$$2Mn^{2+} + 5S_2O_8^{2-} + 8H_2O = 2MnO_4^- + 10SO_4^{2-} + 16H^+$$

该反应必须有 Ag^+ 作催化剂才能迅速进行。

又如 MnO_4^- 与 $C_2O_4^{2-}$ 的反应，Mn^{2+} 的存在也能催化该反应迅速进行。由于 Mn^{2+} 是反应的产物之一，故把这种反应称为自动催化反应（self-catalyzed reaction）。此反应在刚开始时，由于一般 $KMnO_4$ 溶液中 Mn^{2+} 含量极少，反应进行的很缓慢。但反应开始后一旦溶液中生成了 Mn^{2+}，以后的反应就大为加快了。

④ 诱导反应　考虑如下在强酸性条件下进行的反应：

$$MnO_4^- + 5Fe^{2+} + 8H^+ = Mn^{2+} + 5Fe^{3+} + 4H_2O$$

如果在盐酸溶液中进行该反应，就需要消耗较多的 $KMnO_4$ 溶液，这是因为同时发生了如下的反应：

$$2MnO_4^- + 10Cl^- + 16H^+ = 2Mn^{2+} + 5Cl_2\uparrow + 8H_2O$$

当溶液中不含 Fe^{2+} 而是含其他还原剂如 Sn^{2+} 等时，MnO_4^- 和 Cl^- 之间的反应进行得非常缓慢，实际上可以忽略，但 Fe^{2+} 和 MnO_4^- 之间发生的氧化还原反应可以加速此反应。这种在一般情况下自身进行很慢，由于另一个反应的发生而使它加速进行的反应，称为诱导反应（induced reaction）。

诱导反应与催化反应不同。在催化反应中，催化剂参加反应后恢复为其原来的状态，而在诱导反应中，诱导体（上例中为 Fe^{2+}）参加反应后变成了其他物质。诱导反应的发生，是由于反应过程中形成的不稳定中间产物具有更强的氧化能力。本例中 $KMnO_4$ 氧化 Fe^{2+} 诱导了 Cl^- 的氧化，是由于 MnO_4^- 氧化 Fe^{2+} 的过程中形成的一系列中间产物 Mn(Ⅵ)、Mn(Ⅴ)、Mn(Ⅳ)、Mn(Ⅲ) 等能与 Cl^- 反应，因而出现诱导反应。

5.1.2　氧化还原反应方程式的配平

氧化还原反应往往比较复杂，配平这类反应方程式不像其他反应那样容易。最常用的配平方法有离子-电子法和氧化数法。

(1) 离子-电子法

离子-电子法配平氧化还原反应方程式的原则是：

① 还原半反应和氧化半反应的得失电子总数必须相等；

② 反应前后各元素的原子总数必须相等。

下面以 H_2O_2 在酸性介质中氧化 I^- 的反应为例，说明离子-电子法配平的具体步骤。

① 根据实验事实或反应规律，写出一个没有配平的离子反应式：

$$H_2O_2 + I^- \longrightarrow H_2O + I_2$$

② 将离子反应式拆为两个半反应式：

$$I^- \longrightarrow I_2 \qquad \text{氧化反应}$$

$$H_2O_2 \longrightarrow H_2O \qquad \text{还原反应}$$

③ 使每个半反应式左右两边的原子数相等。

对于 I^- 被氧化的半反应式，必须有 2 个 I^- 被氧化为 I_2：

$$2I^- \longrightarrow I_2$$

对于 H_2O_2 被还原的半反应式，左边多一个 O 原子。由于反应是在酸性介质中进行的，为此可在半反应式的左边加上 2 个 H^+，生成 H_2O：

$$H_2O_2 + 2H^+ \longrightarrow 2H_2O$$

④ 根据反应式两边不但原子数要相等，同时电荷数也要相等的原则，在半反应式左边或右边加减若干个电子，使两边的电荷数相等：

$$2I^- - ?e^- \xlongequal{} I_2$$

$$H_2O_2 + 2H^+ + 2e^- \xlongequal{} 2H_2O$$

⑤ 根据还原半反应和氧化半反应得失电子总数必须相等的原则，将两式分别乘以适当系数；再将两个半反应式相加，整理并核对方程式两边的原子数和电荷数，就得到配平的离子反应方程式：

$$
\begin{array}{rl}
1\times) & H_2O_2 + 2H^+ + 2e^- \xlongequal{} 2H_2O \\
+)\quad 1\times) & 2I^- - 2e^- \xlongequal{} I_2 \\
\hline
 & H_2O_2 + 2I^- + 2H^+ \xlongequal{} 2H_2O + I_2
\end{array}
$$

最后，也可根据要求将离子反应方程式改写为分子反应方程式。

从该例可见，在配平半反应方程式的过程中，如果半反应式两边的氧原子数目不等，可以根据反应进行的介质的酸碱性条件，分别在两边添加适当数目的 H^+ 或 OH^- 或 H_2O，使反应式两边的 O 原子数目相等。添加的一般规律：

① 对酸性介质：

多 n 个 O，$+2n$ 个 H^+，另一边 $+n$ 个 H_2O；

② 对碱性介质：

多 n 个 O，$+n$ 个 H_2O，另一边 $+2n$ 个 OH^-；

③ 对中性介质：

左边多 n 个 O，$+n$ 个 H_2O，右边 $+2n$ 个 OH^-；

左边少 n 个 O，$+n$ 个 H_2O，右边 $+2n$ 个 H^+。

但是要注意，在酸性介质条件下，方程式两边不应出现 OH^-；在碱性介质条件下，方程式两边不应出现 H^+。

【例 5-1】 用离子-电子法配平下列反应式（在碱性介质中）：

$$ClO^- + CrO_2^- \longrightarrow Cl^- + CrO_4^{2-}$$

解 ①

$$ClO^- \longrightarrow Cl^-$$

$$CrO_2^- \longrightarrow CrO_4^{2-}$$

②

$$ClO^- + H_2O \longrightarrow Cl^- + 2OH^-$$

$$CrO_2^- + 4OH^- \longrightarrow CrO_4^{2-} + 2H_2O$$

③

$$ClO^- + H_2O + 2e^- \longrightarrow Cl^- + 2OH^-$$

$$CrO_2^- + 4OH^- - 3e^- \longrightarrow CrO_4^{2-} + 2H_2O$$

$$3\times) \quad ClO^- + H_2O + 2e^- \xlongequal{} Cl^- + 2OH^-$$

④

$$+)\ 2\times) \quad CrO_2^- + 4OH^- - 3e^- \xlongequal{} CrO_4^{2-} + 2H_2O$$

$$\overline{\quad 3ClO^- + 2CrO_2^- + 2OH^- \xlongequal{} 3Cl^- + 2CrO_4^{2-} + H_2O \quad}$$

*（2）氧化数法

根据氧化还原反应中元素氧化数的增加总数与氧化数的降低总数必须相等的原则，确定氧化剂和还原剂分子式前面的计量系数；再根据质量守恒定律，先配平氧化数有变化的元素的原子数，后配平氧化数没有变化的元素的原子数；最后配平氢原子，并找出参加反应（或反应生成）的水分子数。

下面以 $KMnO_4$ 和 H_2S 在稀 H_2SO_4 溶液中的反应为例加以说明。

① 写出反应物和生成物的分子式，标出氧化数有变化的元素，计算出反应前后氧化数的变化值：

$$\overset{+7}{K}\overset{}{Mn}O_4 + \overset{-2}{H_2S} + H_2SO_4 \longrightarrow \overset{+2}{Mn}SO_4 + \overset{0}{S} + K_2SO_4 + H_2O$$

（上方标注 $(-5)\times 2$，下方标注 $(+2)\times 5$）

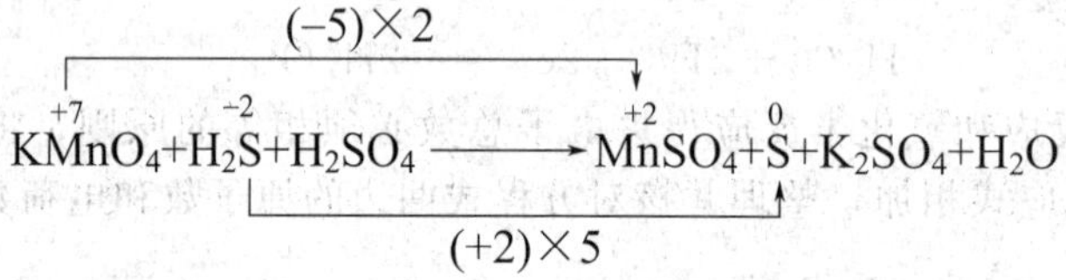

② 根据氧化数降低总数和氧化数升高总数必须相等的原则，在氧化剂和还原剂前面分别乘上适当的系数：

$$2KMnO_4 + 5H_2S + H_2SO_4 \longrightarrow 2MnSO_4 + 5S + K_2SO_4 + H_2O$$

③ 配平方程式两边的原子数。要方程式两边的 SO_4^{2-} 数目相等，左边需要 3 分子 H_2SO_4。方程式左边已有 16 个 H 原子，所以右边还需有 8 个 H_2O 才能使方程式两边的 H 原子数相等。配平后的方程式为：

$$2KMnO_4 + 5H_2S + 3H_2SO_4 \xlongequal{} 2MnSO_4 + 5S + K_2SO_4 + 8H_2O$$

在某些氧化还原反应中，会出现几种原子同时被氧化的情况，用氧化数法就可以很方便地进行配平。

【例 5-2】 用氧化数法配平 Cu_2S 和 HNO_3 的反应：

$$\overset{+1}{Cu_2}\overset{-2}{S} + \overset{+5}{H}NO_3 \longrightarrow \overset{+2}{Cu}(NO_3)_2 + \overset{+6}{H_2S}O_4 + \overset{+2}{N}O$$

（上方标注 $(+1)\times 2 \times 3$ 和 $(-3)\times 10$，下方标注 $(+8)\times 3$）

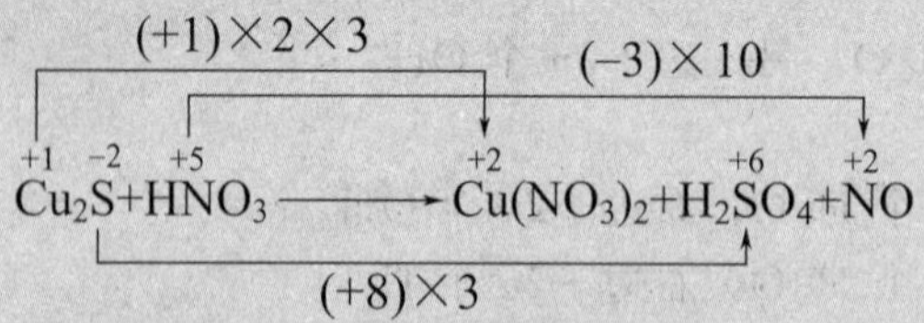

解 根据元素的氧化数的增加和减少必须相等的原则，用观察法估算出 Cu_2S 和 HNO_3 的系数分别为 3 和 10：

$$3Cu_2S + 10HNO_3 \longrightarrow 6Cu(NO_3)_2 + 3H_2SO_4 + 10NO$$

方程式中 Cu、S 的原子数都已配平。对于 N 原子，生成 6 个 $Cu(NO_3)_2$ 需消耗 12 个 HNO_3，故 HNO_3 的系数应为 22：

$$3Cu_2S + 22HNO_3 \longrightarrow 6Cu(NO_3)_2 + 3H_2SO_4 + 10NO$$

最后配平 H、O 原子，并找出 H_2O 的分子数：

$$3Cu_2S + 22HNO_3 \xlongequal{} 6Cu(NO_3)_2 + 3H_2SO_4 + 10NO + 8H_2O$$

上述两种配平方法各有优缺点。

一般来说，用氧化数法配平简单迅速，应用范围较广，并且不限于水溶液中的氧化还原反应。

用离子-电子法对水溶液中有介质参加的复杂反应的配平则比较方便，它反映了水溶液中发生的氧化还原反应的实质，对于学习书写氧化还原半反应式很有帮助，但此法仅适用于配平水溶液中的氧化还原反应，对于气相或固相氧化还原反应式的配平则无能为力。

5.1.3 原电池与电极电势

5.1.3.1 原电池

把锌片放入 $CuSO_4$ 溶液中，则锌将溶解，铜将从溶液中析出，反应的离子方程式为：

$$Zn(s)+Cu^{2+}(aq)=\!=\!=Zn^{2+}(aq)+Cu(s)$$

在实验室中可以采用图 5-1 所示的装置来实现这种转变。

在两个分别装有 $ZnSO_4$ 和 $CuSO_4$ 溶液的烧杯中，分别插入 Zn 片和 Cu 片，并用一个充满电解质溶液（一般用饱和 KCl 溶液。为了使溶液不致流出，常用琼脂与 KCl 饱和溶液制成胶冻）的 U 形管（称为盐桥，salt bridge）连通起来。用一个灵敏电流计（A）将两个金属片连接起来后可以观察到：电流计指针发生了偏移，说明有电流发生，原电池对外做了电功；Cu 片上有 Cu 发生沉积，Zn 片发生了溶解。可以确定电流是从 Cu 极流向 Zn 极（电子从 Zn 极流向 Cu 极）。

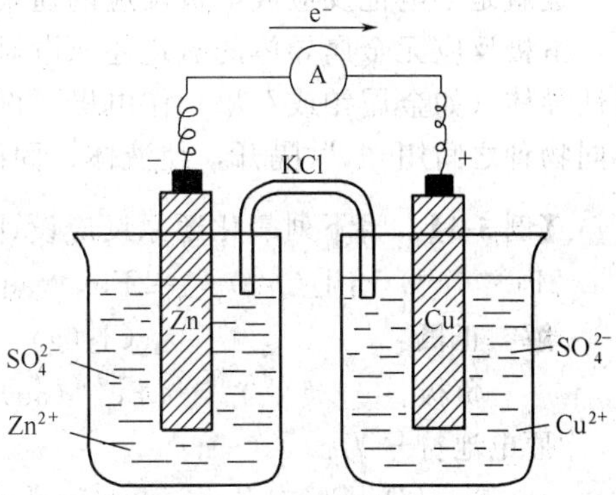

图 5-1 Cu-Zn 原电池

此装置之所以能够产生电流，是由于 Zn 要比 Cu 活泼，Zn 片上 Zn 易放出电子，Zn 氧化成 Zn^{2+} 进入溶液中：

$$Zn(s)-2e^-=\!=\!=Zn^{2+}(aq)$$

电子定向地由 Zn 片沿导线流向 Cu 片，形成电子流。溶液中的 Cu^{2+} 趋向 Cu 片接受电子被还原成 Cu 沉积：

$$Cu^{2+}(aq)+2e^-=\!=\!=Cu(s)$$

在上述反应进行中，$ZnSO_4$ 溶液由于 Zn^{2+} 的增多而带正电荷；而 $CuSO_4$ 溶液由于 Cu^{2+} 的减少，SO_4^{2-} 过剩而带负电荷。盐桥的作用就是能让阳离子（主要是盐桥中的 K^+）通过盐桥向 $CuSO_4$ 溶液迁移；阴离子（主要是盐桥中的 Cl^-）通过盐桥向 $ZnSO_4$ 溶液迁移，使锌盐溶液和铜盐溶液始终保持电中性，从而使 Zn 的溶解和 Cu 的析出过程可以继续进行下去。

这种能够使氧化还原反应中电子的转移直接转变为电能的装置就称为原电池（primary cells）。

在原电池中，电子流出的电极称为负极（negative electrode），负极上发生氧化反应；电子流入的电极称为正极（positive electrode），正极上发生还原反应。电极上发生的反应称为电极反应。

在 Cu-Zn 原电池中：

电极反应　　负极（Zn）：$Zn(s)-2e^-=\!=\!=Zn^{2+}(aq)$ 氧化反应

+）　正极（Cu）：$Cu^{2+}(aq)+2e^-=\!=\!=Cu(s)$ 还原反应

原电池的电池反应：　$Zn(s)+Cu^{2+}(aq)=\!=\!=Zn^{2+}(aq)+Cu(s)$

在 Cu-Zn 原电池中所发生的电池反应和 Zn 在 $CuSO_4$ 溶液中置换 Cu^{2+} 的化学反应完全一样，所不同的只是在原电池装置中，还原剂 Zn 和氧化剂 Cu^{2+} 不直接接触，氧化反应和还原反应同时在两个不同的区域分别进行，电子经由导线进行传递。这正是原电池利用氧化还原反应能产生电流的原因所在。

为简明起见，Cu-Zn 原电池可以用下列电池符号表示：

$$(-)Zn|ZnSO_4(c_1)\parallel CuSO_4(c_2)|Cu(+)$$

把负极（－）写在左边，正极（＋）写在右边。其中“|”表示有两相之间的接触界面，“‖”表示盐桥，c 表示溶液的浓度。当浓度为 $c^{\ominus}=1mol\cdot L^{-1}$ 时，可不必写出。如有气体物质，则应标出其分压 p。

每个原电池都由两个“半电池”组成，每个半电池由一个氧化还原电对所组成。电对中的氧化态物质和还原态物质在一定条件下可以相互转化：

$$氧化态+ne^- \rightleftharpoons 还原态$$

或

$$Ox+ne^- \rightleftharpoons Red$$

这就是半电池反应或电极反应的通式，n 为电极反应转移的电子数。

电极反应无金属导体的氧化还原电对作半电池时，可以用能够导电而本身不参加反应的惰性导体（如金属铂或石墨）作电极。例如，氢电极可以表示为 $H^+(c)|H_2(p)|Pt$。同相不同物种之间用“,”隔开，纯液体、固体和气体写在靠惰性电极一边，溶液靠盐桥。

【例 5-3】 将下列氧化还原反应设计成原电池，并写出它的原电池符号。

$$2Fe^{2+}(c^{\ominus})+Cl_2(p^{\ominus}) = 2Fe^{3+}(aq)(0.10mol\cdot L^{-1})+2Cl^-(aq)(2.0mol\cdot L^{-1})$$

解 正极：$Cl_2(g)+2e^- = 2Cl^-(aq)$

负极：$Fe^{2+}(aq)-e^- = Fe^{3+}(aq)$

原电池符号为：

$$(-)Pt|Fe^{2+},Fe^{3+}(0.10mol\cdot L^{-1})\parallel Cl^-(2.0mol\cdot L^{-1})|Cl_2|Pt(+)$$

5.1.3.2 电极电势

电极电势产生的微观机理是十分复杂的。1889 年，德国化学家能斯特（H. W. Nernst）提出了双电层理论，用以说明金属及其盐溶液之间电势差的形成和原电池产生电流的机理。

双电层理论认为，由于金属晶体是由金属原子、金属离子和自由电子所组成的，因此，若把金属置于其盐溶液中，在金属与其盐溶液的接触界面上就会发生两种不同的过程；一种是金属表面的金属阳离子受极性水分子的吸引而进入溶液的过程；另一种是溶液中位于金属表面的水合金属离子受到自由电子的吸引，结合电子成为金属原子而重新沉积在金属表面上的过程。当这两种方向相反的过程进行的速率相等时，即达到动态平衡：

$$M(s) \rightleftharpoons M^{n+}(aq)+ne^-$$

金属越活泼或溶液中金属离子的浓度越小，金属溶解的趋势就越大于溶液中金属离子沉积到金属表面上的趋势，达到平衡时金属表面就因聚集了金属溶解时留下的自由电子而带负电荷，溶液则因金属离子进入溶液而带正电荷，这样，由正、负电荷相互吸引的结果，在金属与其盐溶液的接触界面处就建立起由带负电荷的电子和带正电荷的金属离子所构成的双电层［图 5-2(a)］。相反，金属越不活泼或溶液中金属离子浓度越大，金属溶解的趋势就越小于金属离子沉积的趋势，达到平衡时金属表面因聚集了金属离子而带正

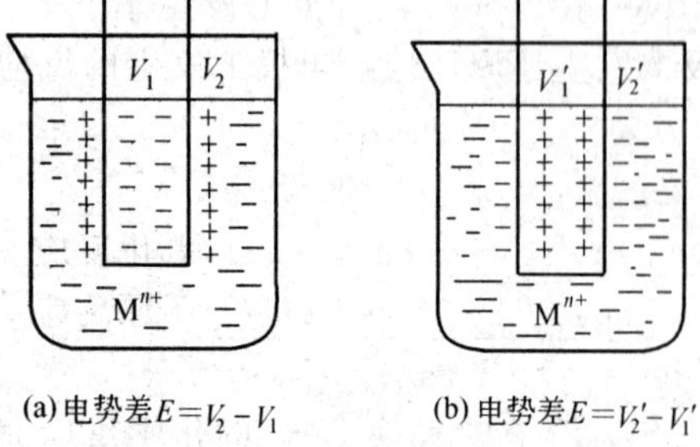

(a) 电势差 $E=V_2-V_1$　(b) 电势差 $E=V_2'-V_1'$

图 5-2　金属的电极电势

电荷，而溶液则由于金属离子减少而带负电荷，这样，也构成了相应的双电层［图 5-2(b)］。这种双电层之间存在一定的电势差，这个电势差即为金属与金属离子所组成的氧化还原电对的平衡电势，称为电极反应的电势，简称为电极电势（用 E 表示）。

显然，金属与其相应离子所组成的氧化还原电对不同，金属离子的浓度不同，这种平衡电势也就不同。因此，若将两种不同的氧化还原电对设计构成原电池，则在两电极之间就会有一定的电势差，从而产生电流。

5.1.3.3 电极电势的测定与参比电极

目前，还无法测定单个电极的平衡电势的绝对值，人们只能选定某一电对的平衡电势作为参比标准，将其他电对与之比较，求出各电对平衡电势的相对值。

参比电极是指电极电势在测定过程中保持恒定不变的电极。

(1) 标准氢电极

通常选用标准氢电极（图 5-3）作为参比标准。

标准氢电极的电极符号可以写为：

$$Pt|H_2(100kPa)|H^+(1mol\cdot L^{-1})$$

标准氢电极（standard hydrogen electrode，SHE）是将镀有一层蓬松铂黑的铂片插入 H^+ 浓度为 $1mol\cdot L^{-1}$（严格讲应是活度为 $1mol\cdot L^{-1}$）的稀硫酸溶液中，在一定温度下不断通入压力为 100kPa 的纯 H_2，H_2 被铂黑所吸附并饱和，H_2 与溶液中的 H^+ 建立如下的动态平衡：

$$H_2(g)(100kPa) \rightleftharpoons 2H^+(aq)(a=1mol\cdot L^{-1})+2e^-$$

这种状态下的平衡电势称为标准氢电极的电极电势。国际上规定标准氢电极在任何温度下的值为 0，即 $E^{\ominus}(H^+/H_2)=0V$。要求某电极的平衡电势的相对值时，可以将该电对与标准氢电极组成原电池，该原电池的电动势就等于两电对的相对电势差值。在化学上称此相对电势差值为某电对的电极电势。

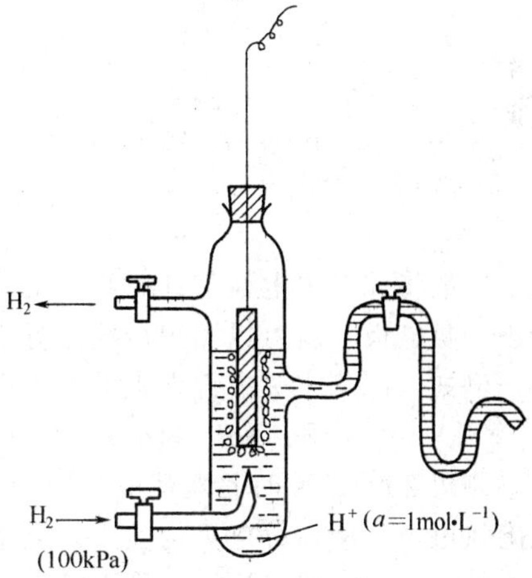

图 5-3 标准氢电极

标准氢电极要求 H_2 纯度高、压力稳定，而铂在溶液中易吸附其他组分而中毒失去活性，因此在实际工作中常用制备容易、使用方便、电极电势稳定的甘汞电极、银-氯化银电极等代替标准氢电极作为参比标准进行测定，这类电极称为参比电极（reference electrode）。

(2) 二级标准电极

① 甘汞电极　甘汞电极（calomel electrode）的构造如图 5-4 所示。

内玻璃管中封接一根铂丝，铂丝插入厚度为 0.5～1cm 的纯 Hg 中，下置一层 Hg_2Cl_2（甘汞）和 Hg 的糊状物，外玻璃管中装入 KCl 溶液。电极下端与待测溶液接触的部分是熔结陶瓷芯或玻璃砂芯类多孔物质。

甘汞电极的电极符号可以写为：

$$Hg|Hg_2Cl_2(s)|KCl$$

其电极反应为：

$$Hg_2Cl_2(s)+2e^- \rightleftharpoons 2Hg(l)+2Cl^-(aq)$$

常用饱和甘汞电极（KCl 溶液为饱和溶液，英文缩写 SCE）或者 Cl^- 浓度分别为 $1mol\cdot L^{-1}$、$0.1mol\cdot L^{-1}$ 的甘汞电极作参比电极。在 298.15K 时，它们的电极电势分别为 +0.2445V、

$+0.2830V$和$+0.3356V$。

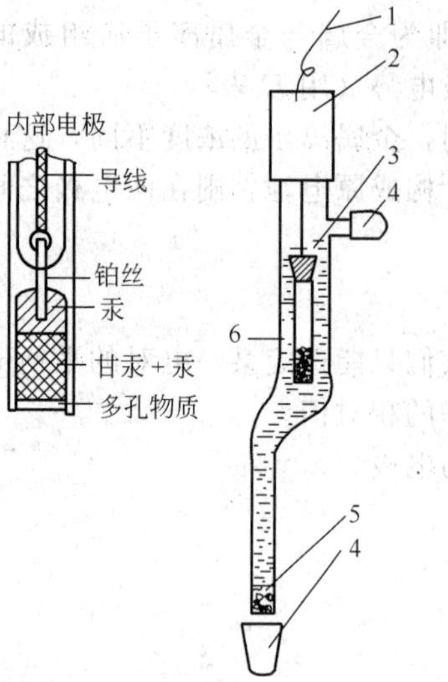

图 5-4 甘汞电极

1—导线；2—绝缘体；3—内部电极；4—橡皮帽；5—多孔物质；6—饱和 KCl

② 银-氯化银电极 在银丝上镀一层 AgCl，浸在一定浓度的 KCl 溶液中，即构成银-氯化银电极，其电极符号可以写为：

$$Ag|AgCl(s)|KCl$$

其电极反应为：

$$AgCl(s)+e^- \rightleftharpoons Ag(s)+Cl^-(aq)$$

与甘汞电极相似，银-氯化银电极的电极电势也取决于内参比溶液 KCl 溶液的浓度。在 298.15K 时，KCl 溶液为饱和溶液或 Cl^- 浓度为 $1mol \cdot L^{-1}$ 的银-氯化银电极的电极电势分别为$+0.2000V$ 和$+0.2223V$。

5.1.3.4 标准电极电势

在热力学标准状态下，即有关物质的浓度为 $1mol \cdot L^{-1}$（严格地说，应是离子活度为 $1mol \cdot L^{-1}$，请参阅有关参考书），有关气体的分压为 100kPa，液体或固体是纯净物质时，某电极的电极电势称为该电极的标准电极电势（standard electrode potential），以符号 $E^{\ominus}$表示。

一般将标准氢电极与任意给定的标准电极构成一个原电池，测定该原电池的电动势，确定正、负电极，就可以测得该给定标准电极的标准电极电势。

例如，欲测定标准锌电极的标准电极电势，可以设计构成下列原电池：

$$(-)Zn|Zn^{2+}(1mol \cdot L^{-1}) \parallel H^+(1mol \cdot L^{-1})|H_2(100kPa)|Pt(+)$$

测得 298.15K 时此电池的标准电动势（$E^{\ominus}_{MF}$）为 0.7618V。测定时可知电子由锌电极流向氢电极。所以锌电极为负极，其上发生氧化反应；氢电极为正极，其上发生还原反应。电池的标准电动势（$E^{\ominus}_{MF}$）等于正、负两电极的标准电极电势 $E^{\ominus}_{正}$、$E^{\ominus}_{负}$之差，即

$$E^{\ominus}_{MF}=E^{\ominus}_{正}-E^{\ominus}_{负}=E^{\ominus}(H^+/H_2)-E^{\ominus}(Zn^{2+}/Zn)=0.7618V$$

因为

$$E^{\ominus}(H^+/H_2)=0V$$

所以

$$E^{\ominus}_{MF}=0-E^{\ominus}(Zn^{2+}/Zn)=0.7618V$$

$$E^{\ominus}(Zn^{2+}/Zn)=-0.7618V$$

“−”表示与标准氢电极组成原电池时，标准锌电极为负极。该原电池中发生的电极反应和电池反应分别为：

电极反应	正极：	$2H^+(aq)+2e^- \rightleftharpoons H_2(g)$	还原反应
	+）负极：	$Zn(s)-2e^- \rightleftharpoons Zn^{2+}(aq)$	氧化反应
电池反应		$Zn(s)+2H^+(aq) \rightleftharpoons Zn^{2+}(aq)+H_2(g)$	

用同样的方法可以测得 298.15K 时标准铜电极的标准电极电势为$+0.3419V$。“+”表示与标准氢电极组成原电池时，标准铜电极为正极。

书后附录的标准电极电势表中，列出了一系列氧化还原电对的电极反应和标准电极电势。

根据物质的氧化还原能力，对照标准电极电势表中的数据可以看出，某氧化还原电对的电极电势代数值越小，该电对中的还原态物质的还原能力就越强，越容易失去电子发生氧化反应，该还原态物质为强还原剂；某氧化还原电对的电极电势代数值越大，该电对中的氧化态物质的氧化能力就越强，越容易得到电子发生还原反应，该氧化态物质为强氧化剂。因此，电极电势是表示氧化还原电对所对应的氧化态物质或还原态物质得失电子能力（即氧化

还原能力）相对大小的一个物理量。以两个标准电极组成原电池时，标准电极电势较大的电对为正极，标准电极电势较小的电对为负极。

由附录还可以看出，电极电势的大小主要取决于电对的本性。不同的元素构成的电对电极电势不同；同一元素所构成的不同电对，电极电势也不同。

使用标准电极电势表时应注意以下几点：

① 本书采用1953年国际纯粹和应用化学联合会（IUPAC）所规定的还原电势，即认为Zn比H_2更容易失去电子，$E^{\ominus}(Zn^{2+}/Zn)$为负值；Cu^{2+}比H^+更容易得到电子，$E^{\ominus}(Cu^{2+}/Cu)$为正值。

②电极电势没有加合性，即与电极反应式的化学计量系数无关。例如：

$$Cl_2+2e^- \rightleftharpoons 2Cl^- \qquad E^{\ominus}(Cl_2/Cl^-)=+1.358V$$
$$1/2Cl_2+e^- \rightleftharpoons Cl^- \qquad E^{\ominus}(Cl_2/Cl^-)=+1.358V$$

③ $E^{\ominus}$是水溶液系统中电对的标准电极电势。对于非标准态或非水溶液系统，不能用$E^{\ominus}$比较物质的氧化还原能力大小。

④ 标准电极电势是在标准状态下测得的，通常取温度为298.15K时的值。

⑤ 标准电极电势的正或负，不随电极反应的书写不同而不同。例如：

$$Cu^{2+}+2e^- \rightleftharpoons Cu \qquad E^{\ominus}(Cu^{2+}/Cu)=+0.3419V$$
$$Cu-2e^- \rightleftharpoons Cu^{2+} \qquad E^{\ominus}(Cu^{2+}/Cu)=+0.3419V$$

5.2 影响电极电势的主要因素

5.2.1 能斯特方程式

在一定状态下，电极电势的大小不仅取决于电对的本性，还与氧化态物质和还原态物质的浓度、气体的分压以及反应的温度等因素有关。

考虑一个任意给定的电极：

$$a\,Ox+ne^- \rightleftharpoons b\,Red$$

可以从热力学推导得出：

$$E=E^{\ominus}+\frac{RT}{nF}\ln\frac{\left\{\frac{c(Ox)}{c^{\ominus}}\right\}^a}{\left\{\frac{c(Red)}{c^{\ominus}}\right\}^b} \tag{5-1a}$$

式中，E是氧化态物质和还原态物质为任意浓度时电对的电极电势；$E^{\ominus}$是电对的标准电极电势；R是气体常数；F是法拉第常数；n是电极反应中转移的电子数。该式反映了参加电极反应的各物质的浓度、反应温度对电极电势的影响。

在298.15K时，将各常数代入上式，并将自然对数换成常用对数；$c^{\ominus}=1mol\cdot L^{-1}$，上式可简写为：

$$E=E^{\ominus}+\frac{0.0592}{n}\lg\frac{[Ox]^a}{[Red]^b} \tag{5-1b}$$

此式称为电极电势的能斯特方程式(Nernst equation)。

应用能斯特方程式时，应注意：

① 如果组成电对的物质为纯固体或纯液体，则不列入方程式中。如果是气体物质，要用其相对压力$p/p^{\ominus}$代入。

例如： $Br_2(l)+2e^- \rightleftharpoons 2Br^-(aq)$

$$E(Br_2/Br^-)=E^{\ominus}(Br_2/Br^-)+\frac{0.0592}{2}\lg\frac{1}{[Br^-]^2}$$

$$2H^+(aq)+2e^- \rightleftharpoons H_2(g)$$

$$E(H^+/H_2)=E^\ominus(H^+/H_2)+\frac{0.0592}{2}\lg\frac{[H^+]^2 p^\ominus}{p(H_2)}$$

【例 5-4】 试计算 $[Zn^{2+}]=0.00100mol\cdot L^{-1}$时，$Zn^{2+}/Zn$ 电对的电极电势。

解 $$Zn^{2+}(aq)+2e^- \rightleftharpoons Zn(s)$$

由附录查得 $E^\ominus(Zn^{2+}/Zn)=-0.7618V$

故 $$E(Zn^{2+}/Zn)=E^\ominus(Zn^{2+}/Zn)+\frac{0.0592}{2}\lg[Zn^{2+}]$$

$$=-0.7618+\frac{0.0592}{2}\lg 0.00100$$

$$=-0.8506V$$

【例 5-5】 试计算 $[Cl^-]=0.100mol\cdot L^{-1}$、$p(Cl_2)=300kPa$ 时，Cl_2/Cl^- 电对的电极电势。

解 $$Cl_2(g)+2e^- \rightleftharpoons 2Cl^-(aq)$$

由附录查得 $E^\ominus(Cl_2/Cl^-)=1.358V$

故 $$E(Cl_2/Cl^-)=E^\ominus(Cl_2/Cl^-)+\frac{0.0592}{2}\lg\frac{p(Cl_2)}{p^\ominus[Cl^-]^2}$$

$$=1.358+\frac{0.0592}{2}\lg\frac{300}{100\times 0.100^2}=1.431V$$

② 如果参加电极反应的除氧化态、还原态物质外，还有其他物质如 H^+、OH^- 等，则这些物质的浓度也应表示在能斯特方程式中。

【例 5-6】 计算在 $[Cr_2O_7^{2-}]=[Cr^{3+}]=1mol\cdot L^{-1}$、$[H^+]=10mol\cdot L^{-1}$的酸性介质中 $Cr_2O_7^{2-}/Cr^{3+}$电对的电极电势。

解 在酸性介质中 $Cr_2O_7^{2-}+14H^++6e^- \rightleftharpoons 2Cr^{3+}(aq)+7H_2O$

由附录查得 $E^\ominus(Cr_2O_7^{2-}/Cr^{3+})=1.232V$，故

$$E(Cr_2O_7^{2-}/Cr^{3+})=E^\ominus(Cr_2O_7^{2-}/Cr^{3+})+\frac{0.0592}{6}\lg\frac{[Cr_2O_7{}^{2-}][H^+]^{14}}{[Cr^{3+}]^2}$$

$$=1.232+\frac{0.0592}{6}\lg\frac{1\times 10^{14}}{1^2}=1.370V$$

由此可见，含氧酸盐的氧化能力随介质酸度的增加而增强。

【例 5-7】 在 298K 时，在 Fe^{3+}、Fe^{2+} 的混合溶液中加入 NaOH 溶液，有 $Fe(OH)_3$、$Fe(OH)_2$沉淀生成（假设无其他反应发生）。当沉淀反应达到平衡时，保持 $[OH^-]=1.0mol\cdot L^{-1}$。求 Fe^{3+}/Fe^{2+}电对的电极电势。

解 主反应：$$Fe^{3+}(aq)+e^- \rightleftharpoons Fe^{2+}(aq)$$

$$+ \qquad\qquad\qquad +$$

副反应：$Fe(OH)_3 \rightleftharpoons 3[OH^-]$ $\qquad$ $2[OH^-] \rightleftharpoons Fe(OH)_2$

主反应的能斯特方程式为 $E(Fe^{3+}/Fe^{2+})=E^{\ominus}(Fe^{3+}/Fe^{2+})+0.0592\lg\dfrac{[Fe^{3+}]}{[Fe^{2+}]}$

由于副反应的发生，电对中$[Fe^{3+}]$、$[Fe^{2+}]$分别受到相应的沉淀生成-溶解平衡所控制。

$$[Fe^{3+}]=\frac{K_{sp}^{\ominus}\{Fe(OH)_3\}}{[OH^-]^3};[Fe^{2+}]=\frac{K_{sp}^{\ominus}\{Fe(OH)_2\}}{[OH^-]^2}$$

将两关系式代入能斯特方程式中，

$$E(Fe^{3+}/Fe^{2+})=E^{\ominus}(Fe^{3+}/Fe^{2+})+0.0592\lg\frac{K_{sp}^{\ominus}\{Fe(OH)_3\}}{K_{sp}^{\ominus}\{Fe(OH)_2\}[OH^-]}$$

$$E(Fe^{3+}/Fe^{2+})=E^{\ominus}(Fe^{3+}/Fe^{2+})+0.0592\lg\frac{K_{sp}^{\ominus}\{Fe(OH)_3\}}{K_{sp}^{\ominus}\{Fe(OH)_2\}}+0.0592\lg\frac{1}{[OH^-]}$$

已知 $[OH^-]=1.0mol\cdot L^{-1}$。

$$E(Fe^{3+}/Fe^{2+})=E^{\ominus}(Fe^{3+}/Fe^{2+})+0.0592\lg\frac{K_{sp}^{\ominus}\{Fe(OH)_3\}}{K_{sp}^{\ominus}\{Fe(OH)_2\}}$$

由附录查得 $E^{\ominus}(Fe^{3+}/Fe^{2+})=0.771V$；

$$K_{sp}^{\ominus}\{Fe(OH)_3\}=2.79\times10^{-39};K_{sp}^{\ominus}\{Fe(OH)_2\}=4.87\times10^{-17}$$

$$E(Fe^{3+}/Fe^{2+})=0.771+0.0592\lg\frac{2.79\times10^{-39}}{4.87\times10^{-17}}$$

$$=-0.546V$$

所求得的 $E(Fe^{3+}/Fe^{2+})$ 是在 Fe^{3+}/Fe^{2+} 系统中加入 OH^-，使电极组分形成相应的氢氧化物沉淀，并保证游离 OH^- 浓度为 $1.0mol\cdot L^{-1}$ 条件下 Fe^{3+}/Fe^{2+} 的电极电势。按照标准电极电势的定义，这种条件下所求得的电极电势就是电极反应

$$Fe(OH)_3(s)+e^-\rightleftharpoons Fe(OH)_2(s)+OH^-(aq)$$

的标准电极电势 $E^{\ominus}\{Fe(OH)_3/Fe(OH)_2\}$。

$Fe(OH)_3/Fe(OH)_2$的能斯特方程式为：

$$E\{Fe(OH)_3)/Fe(OH)_2\}=E^{\ominus}\{Fe(OH)_3/Fe(OH)_2\}+0.0592\lg\frac{1}{[OH^-]}$$

其中 $E^{\ominus}\{Fe(OH)_3/Fe(OH)_2\}=E^{\ominus}(Fe^{3+}/Fe^{2+})+0.0592\lg\dfrac{K_{sp}^{\ominus}\{Fe(OH)_3\}}{K_{sp}^{\ominus}\{Fe(OH)_2\}}$

从以上的例子可以看出，氧化还原电对的氧化态物质或还原态物质离子浓度的改变对电对电极电势有影响。如果电对的氧化态物质生成了沉淀（或配合物），则电极电势将变小；如果电对的还原态物质生成了沉淀（或配合物），则电极电势将变大。此外，介质的酸碱性对含氧酸盐氧化性的影响比较大，一般地说，含氧酸盐在酸性介质中将表现出较强的氧化性。

5.2.2 条件电极电势

从例 5-7 的讨论可以看出，一定条件下沉淀副反应的发生改变了原电极反应中氧化态或还原态的存在形式，导致电对的氧化还原性能发生较大的改变。此类问题也可以采用另外一种处理方式来说明。在分析化学中为了方便问题的讨论，引入了条件电极电势的概念，比如，HCl 溶液中 Fe(Ⅲ)/Fe(Ⅱ) 系统的电极电势问题。Fe^{3+}/Fe^{2+}的电极反应是：

$$Fe^{3+}(aq)+e^-\rightleftharpoons Fe^{2+}(aq)\text{，为主反应}$$

就 Fe^{3+} 来说，Fe^{3+} 与 H_2O 和 Cl^- 至少发生了两个副反应，一是 $Fe^{3+}+H_2O\rightleftharpoons$

$FeOH^{2+}+H^+$；二是 $Fe^{3+}+Cl^- \rightleftharpoons FeCl^{2+}$。若用 $c_{Fe(Ⅲ)}$ 表示溶液中 Fe^{3+} 的总浓度，则有，

$$c_{Fe(Ⅲ)}=[Fe^{3+}]+[FeOH^{2+}]+[FeCl^{2+}]+\cdots$$

若严格按照能斯特方程式：

$$E=E^{\ominus}+0.0592\lg\frac{a_{Fe^{3+}}}{a_{Fe^{2+}}} \tag{5-2}$$

式中均采用离子活度，$a_{Fe^{3+}}=\gamma_{Fe^{3+}}[Fe^{3+}]$，$a_{Fe^{2+}}=\gamma_{Fe^{2+}}[Fe^{2+}]$；$\gamma_{Fe^{3+}}$、$\gamma_{Fe^{2+}}$ 分别为 Fe^{3+} 与 Fe^{2+} 的活度系数（请参阅有关参考书）。将两个关系式代入，得：

$$E=E^{\ominus}+0.0592\lg\frac{\gamma_{Fe^{3+}}[Fe^{3+}]}{\gamma_{Fe^{2+}}[Fe^{2+}]} \tag{5-3}$$

令 $\dfrac{c_{Fe(Ⅲ)}}{[Fe^{3+}]}=\alpha_{Fe(Ⅲ)}$；$\dfrac{c_{Fe(Ⅱ)}}{[Fe^{2+}]}=\alpha_{Fe(Ⅱ)}$

$\alpha_{Fe(Ⅲ)}$、$\alpha_{Fe(Ⅱ)}$ 分别称为 HCl 溶液中 Fe^{3+}、Fe^{2+} 的副反应系数。

将上二式代入式(5-3) 中，得

$$E=E^{\ominus}+0.0592\lg\frac{\gamma_{Fe^{3+}}\alpha_{Fe(Ⅱ)}c_{Fe(Ⅲ)}}{\gamma_{Fe^{2+}}\alpha_{Fe(Ⅲ)}c_{Fe(Ⅱ)}}$$

$$=E^{\ominus}+0.0592\lg\frac{\gamma_{Fe^{3+}}\alpha_{Fe(Ⅱ)}}{\gamma_{Fe^{2+}}\alpha_{Fe(Ⅲ)}}+0.0592\lg\frac{c_{Fe(Ⅲ)}}{c_{Fe(Ⅱ)}} \tag{5-4}$$

式(5-4) 是考虑了上述几个副反应以及离子强度后的能斯特方程式。当溶液的离子强度很大时，γ 值不易求得；副反应很多时，求解 α 值也很麻烦，但是在一定条件下它们都是常数。

当 $c_{Fe(Ⅲ)}=c_{Fe(Ⅱ)}=1mol\cdot L^{-1}$ 时，可得到：

$$E=E^{\ominus}+0.0592\lg\frac{\gamma_{Fe^{3+}}\alpha_{Fe(Ⅱ)}}{\gamma_{Fe^{2+}}\alpha_{Fe(Ⅲ)}}=E^{\ominus\prime} \tag{5-5}$$

$E^{\ominus\prime}$ 就称为条件电极电势（conditional potential），是指在一定条件下，氧化态和还原态的总浓度均为 $1mol\cdot L^{-1}$ 或二者的总浓度比为 1 时的实际电极电势。

引入条件电极电势后，式(5-4) 可以表示成：

$$E=E^{\ominus\prime}+0.0592\lg\frac{c_{Fe(Ⅲ)}}{c_{Fe(Ⅱ)}} \tag{5-6}$$

对于 $Ox+ne^- \rightleftharpoons Red$ 电极反应，298.15K 时，能斯特方程式的一般通式即为：

$$E_{Ox/Red}=E^{\ominus\prime}_{Ox/Red}+\frac{0.0592}{n}\lg\frac{c_{Ox}}{c_{Red}}$$

其中
$$E^{\ominus\prime}_{Ox/Red}=E^{\ominus}_{Ox/Red}+\frac{0.0592}{n}\lg\frac{\gamma_{Ox}\alpha_{Red}}{\gamma_{Red}\alpha_{Ox}}$$

条件电极电势的大小，反映了离子强度以及各种副反应影响的总结果，说明了在外界因素的影响下该氧化还原电对的实际氧化还原能力。因此，应用条件电极电势比用标准电极电势能更正确地判断氧化还原反应的方向、次序和反应完成的限度。

对于相对简单的电对系统，一些常数相对易于获得，可以采用计算的方式获得一定条件下电对的条件电极电势（如例 5-7）并注明该条件电极电势对应的条件。但对于较为复杂的系统，则条件电极电势一般通过实验获得。附录列出了部分氧化还原半反应在不同介质中的条件电极电势 $E^{\ominus\prime}$，均为实验测得值。在处理有关氧化还原反应的计算时，采用条件电极电势才比较符合实际情况。但在目前缺乏某一条件的条件电极电势数据的情况下，可采用条件相近的条件电极电势 $E^{\ominus\prime}$ 值进行计算。

例如，未查到 $1.5mol\cdot L^{-1}$ H_2SO_4 溶液中 Fe(Ⅲ)/Fe(Ⅱ) 电对的条件电极电势 $E^{\ominus\prime}$，可以用 $1mol\cdot L^{-1}$ H_2SO_4 溶液中该电对的 $E^{\ominus\prime}$ 值（0.670V）代替，若采用该电对的标准电

极电势 $E^\ominus$ 值（0.771V）进行计算，则误差更大。

【例 5-8】 已知 $E^\ominus(Cu^{2+}/Cu^+)=0.153V$；$E^\ominus(I_2/I^-)=0.5355V$。由此可见，$Cu^{2+}$ 不可能氧化 I^-，然而实际在 KI 适当过量的条件下反应能够发生。试计算说明之（游离 I^- 浓度为 $1mol \cdot L^{-1}$，且忽略离子强度的影响）。

解 此题就是通过计算 Cu^{2+}/Cu^+ 的条件电极电势来说明。已知 $K_{sp}^\ominus(CuI)=1.27\times10^{-12}$，

$$Cu^{2+}+e^- \rightleftharpoons Cu^+，主反应$$

副反应为：

$$Cu^+ + I^- \rightleftharpoons CuI\downarrow$$

$$\begin{aligned}E(Cu^{2+}/Cu^+) &= E^\ominus(Cu^{2+}/Cu^+)+0.0592\lg\frac{[Cu^{2+}]}{[Cu^+]}\\&=E^\ominus(Cu^{2+}/Cu^+)+0.0592\lg\frac{[Cu^{2+}][I^-]}{K_{sp}^\ominus(CuI)}\\&=E^\ominus(Cu^{2+}/Cu^+)+0.0592\lg\frac{[I^-]}{K_{sp}^\ominus(CuI)}+0.0592\lg[Cu^{2+}]\\&=E^{\ominus\prime}(Cu^{2+}/Cu^+)+0.0592\lg[Cu^{2+}]\end{aligned}$$

若 Cu^{2+} 未发生副反应，则 $[Cu^{2+}]=c(Cu^{2+})$，令 $[Cu^{2+}]=[I^-]=1mol \cdot L^{-1}$

$$\begin{aligned}则\ E^{\ominus\prime}(Cu^{2+}/Cu^+)&=E^\ominus(Cu^{2+}/Cu^+)+0.0592\lg\frac{1}{K_{sp}^\ominus(CuI)}\\&=0.153-0.0592\lg1.27\times10^{-12}\\&=0.857V\end{aligned}$$

此时 $E^{\ominus\prime}(Cu^{2+}/Cu^+)>E^\ominus(I_2/I^-)$，因此 Cu^{2+} 能够氧化 I^-。

实际上，$E^{\ominus\prime}(Cu^{2+}/Cu^+)$ 即为 Cu^{2+}/CuI 电对的标准电极电势 $E^\ominus(Cu^{2+}/CuI)$，其电极反应为：

$$Cu^{2+}+I^-+e^- \rightleftharpoons CuI(s)$$

5.3 电极电势的应用

电极电势是电化学中很重要的数据，它除了可以用来比较氧化剂和还原剂的相对强弱，还可以用来计算原电池的电动势 E_{MF}，判断氧化还原反应进行的方向和限度，计算反应的标准平衡常数 $K^\ominus$。

5.3.1 判断原电池的正、负极，计算原电池的电动势

在组成原电池的两个电极中，电极电势代数值较大的是原电池的正极，代数值较小的是原电池的负极。原电池的电动势等于正极的电极电势减去负极的电极电势：

$$E_{MF}=E_{正}-E_{负}$$

【例 5-9】 计算下列原电池的电动势，并指出其正、负极：

$$Zn|Zn^{2+}(0.100mol \cdot L^{-1})\|Cu^{2+}(2.00mol \cdot L^{-1})|Cu$$

解 根据能斯特方程式分别计算两电极的电极电势：

$$\begin{aligned}E(Zn^{2+}/Zn)&=E^\ominus(Zn^{2+}/Zn)+\frac{0.0592}{2}\lg[Zn^{2+}]\\&=-0.7618+\frac{0.0592}{2}\lg0.100=-0.7914V\end{aligned}$$

$$E(Cu^{2+}/Cu)=E^{\ominus}(Cu^{2+}/Cu)+\frac{0.0592}{2}\lg[Cu^{2+}]$$

$$=+0.3419+\frac{0.0592}{2}\lg 2.00$$

$$=+0.3508V$$

故 Zn^{2+}/Zn 作负极；Cu^{2+}/Cu 作正极。

电极反应　　正极：　$Cu^{2+}+2e^{-}=\!=\!=Cu$　　还原反应

+）负极：　$Zn-2e^{-}=\!=\!=Zn^{2+}$　　氧化反应

电池反应　　$Zn+Cu^{2+}=\!=\!=Zn^{2+}+Cu$

故　$E_{MF}=E_{正}-E_{负}=E(Cu^{2+}/Cu)-E(Zn^{2+}/Zn)$

$=+0.3508-(-0.7914)=1.1422V$

5.3.2 判断氧化还原反应的方向与次序

(1) 反应的方向

根据电极电势代数值的相对大小，可以比较氧化剂和还原剂的相对强弱，进而可以预测氧化还原反应进行的方向。

例如，判断下列反应在标准状态下进行的方向：

$$2Fe^{3+}(aq)+Sn^{2+}(aq)=\!=\!=2Fe^{2+}(aq)+Sn^{4+}(aq)$$

查附录可知：

$$E^{\ominus}(Sn^{4+}/Sn^{2+})=0.151V<E^{\ominus}(Fe^{3+}/Fe^{2+})=0.771V$$

说明 Fe^{3+} 是比 Sn^{4+} 更强的氧化剂，即 Fe^{3+} 结合电子的倾向较大；Sn^{2+} 是比 Fe^{2+} 更强的还原剂，即 Sn^{2+} 给出电子的倾向较大，所以反应自发由左向右进行。将该氧化还原反应设计构成一个原电池，较强氧化剂 Fe^{3+} 所在的电对 Fe^{3+}/Fe^{2+} 作正极；较强还原剂 Sn^{2+} 所在的电对 Sn^{4+}/Sn^{2+} 作负极，该原电池的标准电动势为：

$$E_{MF}^{\ominus}=E_{正}^{\ominus}-E_{负}^{\ominus}=E_{Ox}^{\ominus}-E_{Red}^{\ominus}=E^{\ominus}(Fe^{3+}/Fe^{2+})-E^{\ominus}(Sn^{4+}/Sn^{2+})>0$$

该原电池的电池反应即为上述氧化还原反应，可以自发由左向右进行。$E_{Ox}^{\ominus}$ 和 $E_{Red}^{\ominus}$ 分别为氧化剂所在电对和还原剂所在电对的标准电极电势。

由此可以得出规律：氧化还原反应总是自发地由较强的氧化剂与较强的还原剂相互作用，向着生成较弱的还原剂和较弱的氧化剂的方向进行。

由于电极电势 E 的大小不仅与标准电极电势 $E^{\ominus}$ 有关，还与参加反应的物质的浓度以及溶液的酸度有关，因此，在非标准状态时，须先按能斯特方程式分别计算各个电极的电极电势 E，然后再根据两个电极电势代数值的相对大小判断反应进行的方向。但在大多数情况下，仍可以直接用标准电极电势 $E^{\ominus}$ 值来判断。因为在一般情况下，标准电极电势 $E^{\ominus}$ 值在电极电势 E 中占有主要的部分，当标准电动势 $E_{MF}^{\ominus}>0.2V$ 时，一般不会因浓度的变化而使两个电极电势代数值的相对大小发生改变，导致反应方向发生逆转；当标准电动势 $E_{MF}^{\ominus}<0.2V$ 时，氧化还原反应的方向常因参加反应物质的浓度和介质酸度的变化而可能发生逆转。

【例 5-10】 判断下列反应能否自发进行：

$$Pb^{2+}(aq)(0.10mol\cdot L^{-1})+Sn(s)\rightleftharpoons Pb(s)+Sn^{2+}(aq)(1.0mol\cdot L^{-1})$$

解 查附录可知：

$$E^{\ominus}(Pb^{2+}/Pb)=-0.1262V>E^{\ominus}(Sn^{2+}/Sn)=-0.1375V$$

因此，在标准状态下，Pb^{2+} 为较强的氧化剂，Pb^{2+}/Pb 电对作正极；Sn 为较强的还原剂，Sn^{2+}/Sn 电对作负极。故电池的标准电动势 $E_{MF}^{\ominus}$ 为：

$$E_{MF}^{\ominus}=E_{正}^{\ominus}-E_{负}^{\ominus}=E_{Ox}^{\ominus}-E_{Red}^{\ominus}$$
$$=E^{\ominus}(Pb^{2+}/Pb)-E^{\ominus}(Sn^{2+}/Sn)$$
$$=-0.1262-(-0.1375)=0.0113V$$

标准电动势 $E_{MF}^{\ominus}$ 虽大于零，但数值很小（$E_{MF}^{\ominus}<0.2V$），所以离子浓度的改变很可能改变原电池的正负极。因此，在本例的情况下，必须进一步计算出电极电势 E 值，才能正确判别该反应进行的方向。

$$E(Pb^{2+}/Pb)=E^{\ominus}(Pb^{2+}/Pb)+\frac{0.0592}{2}\lg[Pb^{2+}]$$

$$E(Sn^{2+}/Sn)=E^{\ominus}(Sn^{2+}/Sn)+\frac{0.0592}{2}\lg[Sn^{2+}]$$

$$E_{MF}=E(Pb^{2+}/Pb)-E(Sn^{2+}/Sn)$$
$$=E_{MF}^{\ominus}+\frac{0.0592}{2}\lg\frac{[Pb^{2+}]}{[Sn^{2+}]}$$
$$=0.0113+\frac{0.0592}{2}\lg\frac{0.10}{1.0}$$
$$=0.0113-0.0296=-0.0183V<0$$

因此上述反应不能向正方向自发进行，即反应自发向逆方向进行。此时 Pb^{2+}/Pb 电对作负极，Pb 是一个较强的还原剂；Sn^{2+}/Sn 电对作正极，Sn^{2+} 是一个较强的氧化剂。

不少电极反应有 H^+ 或 OH^- 参加，因此溶液的酸度对这类氧化还原电对的电极电势有影响，溶液酸度的改变有可能影响氧化还原反应进行的方向，这也可以通过计算来加以确定。

（2）反应次序

在生产实践中，有时要对一个复杂系统中的某一组分进行选择性的氧化（或还原）处理，这就要对系统中各组分有关电对的电极电势进行考查和比较，选择出合适的氧化剂或还原剂。

【例 5-11】 现有含 Cl^-、Br^-、I^- 三种离子的混合溶液。现欲使 I^- 氧化为 I_2，而不使 Br^-、Cl^- 发生氧化，在常用的氧化剂 $Fe_2(SO_4)_3$ 和 $KMnO_4$ 中，应选择哪一种作氧化剂？

解 由附录查得：

$$E^{\ominus}(I_2/I^-)=0.5355V$$
$$E^{\ominus}(Fe^{3+}/Fe^{2+})=0.771V$$
$$E^{\ominus}(Br_2/Br^-)=1.066V$$
$$E^{\ominus}(Cl_2/Cl^-)=1.358V$$
$$E^{\ominus}(MnO_4^-/Mn^{2+})=1.507V$$

可以看出，如果选择 $KMnO_4$ 作氧化剂，在酸性介质中 MnO_4^- 会将 I^-、Br^-、Cl^- 氧化成 I_2、Br_2、Cl_2。故应该选用 $Fe_2(SO_4)_3$ 作氧化剂才能符合要求。

在一定条件下，若干电对同时存在时，氧化还原反应首先发生在电极电势差值最大的两个电对之间。

例如，在某一溶液中同时存在有 Fe^{2+}、Cu^{2+}，加入还原剂 Zn 时，这两种离子将如何被 Zn 还原呢？从标准电极电势看：

$$\left.\begin{array}{r}\left.\begin{array}{r}E^{\ominus}(Zn^{2+}/Zn)=-0.7618V\\E^{\ominus}(Fe^{2+}/Fe)=-0.447V\end{array}\right\}E_{MF1}^{\ominus}=0.3418V\\E^{\ominus}(Cu^{2+}/Cu)=+0.3419V\end{array}\right\}E_{MF2}^{\ominus}=1.1037V$$

若开始时系统中 $[Fe^{2+}]=[Cu^{2+}]=1mol \cdot L^{-1}$。由于 $E_2^{\ominus}>E_1^{\ominus}$，因此 Cu^{2+} 将首先被还原。随着 Cu^{2+} 被还原，其浓度不断下降，导致 $E(Cu^{2+}/Cu)$ 不断减小。当 $E(Cu^{2+}/Cu)$ 值减小至等于 $E^{\ominus}(Fe^{2+}/Fe)$ 时：

$$E(Cu^{2+}/Cu)=E^{\ominus}(Cu^{2+}/Cu)+\frac{0.0592}{2}\lg[Cu^{2+}]=E^{\ominus}(Fe^{2+}/Fe)$$

Cu^{2+}、Fe^{2+} 将同时被 Zn 还原。可以求得此时 Cu^{2+} 的浓度为：

$$\lg[Cu^{2+}]=\frac{2}{0.0592}\{E^{\ominus}(Fe^{2+}/Fe)-E^{\ominus}(Cu^{2+}/Cu)\}$$
$$=\frac{2}{0.0592}(-0.447-0.3419)$$
$$=-26.65$$
$$[Cu^{2+}]=2.23\times10^{-27}mol \cdot L^{-1}$$

因此，当 Fe^{2+} 开始被 Zn 还原时，Cu^{2+} 实际上已被还原完全。

5.3.3 确定氧化还原反应进行的限度

从化学热力学可知，化学反应平衡常数的大小可以衡量一个化学反应进行的限度。考虑如下氧化还原反应：

$$n_2Ox_1+n_1Red_2 \rightleftharpoons n_1Ox_2+n_2Red_1$$

其有关电对的电极反应为：

$$Ox_1+n_1e^- \rightleftharpoons Red_1$$
$$Ox_2+n_2e^- \rightleftharpoons Red_2$$

两个电对的电子转移数 n_1 和 n_2 的最小公倍数为 n'。因为反应的 $\Delta_rG_m^{\ominus}$ 与反应的标准平衡常数 $K^{\ominus}$ 及标准电动势 $E_{MF}^{\ominus}$ 之间存在如下关系：

$$\Delta_rG_m^{\ominus}=-RT\ln K^{\ominus}$$

和

$$\Delta_rG_m^{\ominus}=-n'FE_{MF}^{\ominus}=-n'F(E_{正}^{\ominus}-E_{负}^{\ominus})$$

合并两式可得：

$$E_{MF}^{\ominus}=\frac{RT\ln K^{\ominus}}{n'F} \tag{5-7a}$$

当温度为 298.15K 时，代入 R、F 值，并将自然对数换成常用对数，整理后可得：

$$\lg K^{\ominus}=\frac{n'(E_{正}^{\ominus}-E_{负}^{\ominus})}{0.0592}=\frac{n'E_{MF}^{\ominus}}{0.0592} \tag{5-7b}$$

式中，n' 为上述氧化还原反应中的电子转移数。

因此，如果将一个氧化还原反应设计构成一个原电池，就可以通过该原电池的标准电动势 $E_{MF}^{\ominus}$ 计算氧化还原反应的标准平衡常数 $K^{\ominus}$，推测该反应进行的限度。

应用上述公式时应注意，同一个氧化还原反应的计量方程式如果写法不同，反应中的电子转移数 n' 就不同，对应的平衡常数也就有不同的数值。

从式(5-7b) 可以看出，氧化还原反应平衡常数 $K^{\ominus}$ 的大小与两电对标准电极电势的差值有关，差值越大，$K^{\ominus}$ 越大，该反应进行得越完全。

如若采用条件电极电势，则计算得到的是条件平衡常数。

【例 5-12】 计算下列反应的标准平衡常数 $K^{\ominus}$：

$$2Fe^{3+}(aq)+Cu(s) \rightleftharpoons Cu^{2+}(aq)+2Fe^{2+}(aq)$$

解 将上述氧化还原反应设计构成一个原电池，则 Fe^{3+}/Fe^{2+} 电对作正极，Fe^{3+} 是氧化剂；Cu^{2+}/Cu 电对作负极，Cu 是还原剂。$n'=2$。

$$\lg K^{\ominus}=\frac{n'(E^{\ominus}_{正}-E^{\ominus}_{负})}{0.0592}$$
$$=\frac{2\times(E^{\ominus}_{Ox}-E^{\ominus}_{Red})}{0.0592}$$
$$=\frac{2\times\{E^{\ominus}(Fe^{3+}/Fe^{2+})-E^{\ominus}(Cu^{2+}/Cu)\}}{0.0592}$$
$$=\frac{2\times(0.771-0.3419)}{0.0592}$$
$$=14.50$$
$$K^{\ominus}=3.1\times10^{14}$$

【例 5-13】 计算下列反应

$$Ag^{+}(aq)+Fe^{2+}(aq)\rightleftharpoons Ag(s)+Fe^{3+}(aq)$$

① 在 298.15K 时的标准平衡常数 $K^{\ominus}$；

② 如果在反应开始时，$[Ag^{+}]=1.0mol\cdot L^{-1}$，$[Fe^{2+}]=0.10mol\cdot L^{-1}$，求达到平衡时 Fe^{3+} 的浓度。

解 ① 将上述氧化还原反应设计构成一个原电池，则 Ag^{+}/Ag 电对作正极，Ag^{+} 是氧化剂；Fe^{3+}/Fe^{2+} 电对作负极，Fe^{2+} 是还原剂。因 $n_1=n_2=n'=1$，所以有：

$$\lg K^{\ominus}=\frac{n'(E^{\ominus}_{正}-E^{\ominus}_{负})}{0.0592}=\frac{n'(E^{\ominus}_{Ox}-E^{\ominus}_{Red})}{0.0592}$$
$$=\frac{n'\{E^{\ominus}(Ag^{+}/Ag)-E^{\ominus}(Fe^{3+}/Fe^{2+})\}}{0.0592}$$
$$=\frac{1\times(0.7996-0.771)}{0.0592}$$
$$=0.483$$

故 $$K^{\ominus}=3.04$$

② 设达到平衡时 $[Fe^{3+}]=x\,mol\cdot L^{-1}$

$$Ag^{+}(aq)+Fe^{2+}(aq)\rightleftharpoons Ag(s)+Fe^{3+}(aq)$$

	$Ag^{+}(aq)$	$Fe^{2+}(aq)$	$Fe^{3+}(aq)$
初始浓度/$mol\cdot L^{-1}$	1.0	0.10	0
改变浓度/$mol\cdot L^{-1}$	$-x$	$-x$	x
平衡浓度/$mol\cdot L^{-1}$	$1.0-x$	$0.10-x$	x

$$\frac{[Fe^{3+}]}{[Ag^{+}][Fe^{2+}]}=K^{\ominus}$$

$$\frac{x}{(1.0-x)(0.10-x)}=3.04$$

故 $$[Fe^{3+}]=x=0.074mol\cdot L^{-1}$$

通过上述讨论可以看出，由电极电势的相对大小能够判断氧化还原反应自发进行的方向、次序和限度。但是，这只能说明氧化还原反应进行的可能性，并不能指出反应进行的速率。实际上，由于氧化还原反应的机理比较复杂，虽然从理论上看有些反应是可以进行的，但实际上却几乎觉察不到反应的进行。

例如，从标准电极电势看：

$$O_2+4H^++4e^- \rightleftharpoons 2H_2O \qquad E^{\ominus}(O_2/H_2O)=1.229V$$

$$Sn^{4+}+2e^- \rightleftharpoons Sn^{2+} \qquad E^{\ominus}(Sn^{4+}/Sn^{2+})=0.151V$$

O_2应该可以氧化 Sn^{2+}：

$$2Sn^{2+}+O_2+4H^+ = 2Sn^{4+}+2H_2O$$

实际上该反应进行得很慢，Sn^{2+}在水溶液中还是具有一定的稳定性的。

5.3.4 计算有关平衡常数和 pH 值

(1) 计算 pH 值和 $K_a^{\ominus}$（或 $K_b^{\ominus}$）

欲测定标准状态下 $0.10mol \cdot L^{-1}$ 某弱酸 HX 溶液中 H^+ 的浓度，并计算弱酸 HX 的解离常数 $K_a^{\ominus}$，为此可设计构成如下的一个氢电极：

$$Pt|H_2(100kPa)|H^+(0.10mol \cdot L^{-1}HX)$$

并将该氢电极和标准氢电极组成原电池。

实验测得该原电池的电动势为 0.168V，并可以确定此原电池中标准氢电极为正极。则有：

$$E_{MF}=E_{正}-E_{负}$$

$$=E^{\ominus}(H^+/H_2)-E_{未知}$$

$$=-E_{未知}=0.168V$$

因为

$$E_{未知}=E^{\ominus}(H^+/H_2)+\frac{0.0592}{2}\lg\frac{[H^+]^2}{p(H_2)/p^{\ominus}}$$

$$-0.168=0+\frac{0.0592}{2}\lg[H^+]^2$$

$$0.168=-0.0592\lg[H^+]=0.0592pH$$

$$pH=2.84$$

$$[H^+]=1.5\times10^{-3}mol \cdot L^{-1}$$

考虑 HX 的解离平衡：

	HX	$\rightleftharpoons$	H^+	+	X^-
开始浓度/mol/L^{-1}	0.1		0		0
改变浓度/mol/L^{-1}	-1.5×10^{-3}		$+1.5\times10^{-3}$		$+1.5\times10^{-3}$
平衡浓度/mol/L^{-1}	$0.1-1.5\times10^{-3}$		1.5×10^{-3}		1.5×10^{-3}

$$K_a^{\ominus}=\frac{[H^+][X^-]}{[HX]}$$

$$=\frac{(1.5\times10^{-3})^2}{0.1-1.5\times10^{-3}}$$

$$=2.3\times10^{-5}$$

用同样的方法也可以方便地测定其他离子的浓度。

(2) 计算 $K_{sp}^{\ominus}$

用化学分析方法很难直接测定难溶物质在溶液中的离子浓度，所以实际上很难由平衡时的离子浓度来计算 $K_{sp}^{\ominus}$。但通过设计原电池，利用测定原电池的电动势的方法来测定 $K_{sp}^{\ominus}$就很方便。

例如，要测定 AgCl 的 $K_{sp}^{\ominus}$，可以设计如下的原电池：

$$(-)Ag|AgCl(s)|Cl^-(0.010mol \cdot L^{-1}) \| Ag^+(0.010mol \cdot L^{-1})|Ag(+)$$

由实验测得该原电池的电动势为 0.34V。

$$E_{正}=E^{\ominus}(Ag^+/Ag)+\frac{0.0592}{n}\lg[Ag^+]_{正}$$

$$E_{负}=E^{\ominus}(Ag^+/Ag)+\frac{0.0592}{n}\lg[Ag^+]_{负}$$

故有

$$E_{MF}=E_{正}-E_{负}=0.0592\lg\frac{[Ag^+]_{正}}{[Ag^+]_{负}}$$

$$=0.0592\lg\frac{0.010}{[Ag^+]_{负}}$$

$$=0.34V$$

得

$$[Ag^+]_{负}=1.8\times10^{-8}mol\cdot L^{-1}$$

此 Ag^+ 的浓度即为与 AgCl(s) 和 Cl^- ($0.010mol\cdot L^{-1}$) 处于平衡状态的 Ag^+ 浓度。

所以

$$K_{sp}^{\ominus}(AgCl)=[Ag^+][Cl^-]$$

$$=1.8\times10^{-8}\times0.010$$

$$=1.8\times10^{-10}$$

$10^{-8}mol\cdot L^{-1}$数量级的浓度用一般的化学分析方法是无法直接测定的，但是该原电池的电动势等于0.34V，在电化学上是非常容易测准的。不少化合物的 $K_{sp}^{\ominus}$ 就是用这一电化学方法测定的。

5.3.5 元素电势图

很多元素有多种氧化态，可以组成不同的氧化还原电对。为了表示同一元素不同氧化态物质的氧化还原能力以及它们相互之间的关系，拉铁莫尔（W. M. Latimer）把同一元素的不同氧化态物质按照氧化数高低的顺序排列起来，并在两种氧化态物质间的连线上标出相应电对的标准电极电势值，得到元素标准电极电势图，简称元素电势图。

例如：氧在酸性介质中的元素电势图就可以表示为：

$E_A^{\ominus}/V$

$$O_2\xrightarrow{0.695V}H_2O_2\xrightarrow{1.776V}H_2O\quad(O_2\to H_2O: 1.299V)$$

元素电势图清楚地表明了同种元素的不同氧化态和还原态物质氧化还原能力的相对大小，对于了解元素及化合物的性质，计算标准电极电势很有帮助。

(1) 判断元素在不同氧化态时的氧化还原性质

例如，可以用来判断一种处于中间氧化态的物质能否发生歧化反应。

铜的元素电势图为：

$$Cu^{2+}\xrightarrow{0.153V}Cu^+\xrightarrow{0.521V}Cu\quad(Cu^{2+}\to Cu: 0.3419V)$$

因为 $E^{\ominus}(Cu^+/Cu)$ 大于 $E^{\ominus}(Cu^{2+}/Cu^+)$，所以 Cu^+ 在水溶液中不稳定，能自发发生如下的歧化反应，生成 Cu^{2+} 和 Cu：

$$2Cu^+ = Cu^{2+}+Cu$$

歧化反应是一种自身氧化还原反应。

歧化反应发生的规律是：元素电势图（$M^{2+}\xrightarrow{E_{左}^{\ominus}}M^+\xrightarrow{E_{右}^{\ominus}}M$）中 $E_{右}^{\ominus}>E_{左}^{\ominus}$ 时，中间氧化态的 M^+ 就容易发生歧化反应：

$$2M^+ = M^{2+}+M$$

又如，铁在酸性介质中的元素电势图为：

$E^{\ominus}_{A}/V$

$$Fe^{3+} \xrightarrow{0.771V} Fe^{2+} \xrightarrow{-0.447V} Fe$$

利用此电势图可以预测在酸性介质中铁的一些氧化还原特性。

因为$E^{\ominus}(Fe^{2+}/Fe)<0$，$E^{\ominus}(H^+/H_2)=0$，而$E^{\ominus}(Fe^{3+}/Fe^{2+})>0$，故在盐酸等非氧化性稀酸中，Fe 被氧化为$Fe^{2+}$而非$Fe^{3+}$：

$$Fe+2H^+ \longequal Fe^{2+}+H_2\uparrow$$

因为$E^{\ominus}(Fe^{3+}/Fe^{2+})=0.771V<E^{\ominus}(O_2/H_2O)=1.229V$，所以$Fe^{2+}$在酸性介质中不稳定，易被空气中的$O_2$所氧化：

$$4Fe^{2+}+O_2+4H^+ \longequal 4Fe^{3+}+2H_2O$$

由于$E^{\ominus}(Fe^{2+}/Fe)<E^{\ominus}(Fe^{3+}/Fe^{2+})$，故$Fe^{2+}$不会发生歧化反应，却可以发生反歧化反应：

$$Fe+2Fe^{3+} \longequal 3Fe^{2+}$$

因此，在Fe^{2+}盐的溶液中加入少量金属铁，能避免Fe^{2+}被空气中的O_2氧化成Fe^{3+}。

由此可见，在酸性介质中元素铁最稳定的离子是Fe^{3+}而非Fe^{2+}。

(2) 计算某一电对的标准电极电势

考虑如下的元素电势图：

$$A \xrightarrow[(n_1)]{E^{\ominus}_1} B \xrightarrow[(n_2)]{E^{\ominus}_2} C \xrightarrow[(n_3)]{E^{\ominus}_3} D$$
$$\underbrace{\qquad\qquad\qquad\qquad}_{E^{\ominus}\ (n)}$$

由$\Delta_r G^{\ominus}_m=-nFE^{\ominus}$以及$\Delta_r G^{\ominus}_m$具有加和性的特征，$\Delta_r G^{\ominus}_m=\Delta_r G^{\ominus}_{m_1}+\Delta_r G^{\ominus}_{m_2}+\Delta_r G^{\ominus}_{m_3}$，可以很容易导出下列计算公式：

$$E^{\ominus}=\frac{n_1E^{\ominus}_1+n_2E^{\ominus}_2+n_3E^{\ominus}_3}{n} \tag{5-8}$$

式中的n_1、n_2、n_3、n分别代表各电对内转移的电子数，且$n=n_1+n_2+n_3$。

【例 5-14】 根据碱性介质中溴的元素电势图：

$E^{\ominus}_{B}/V$

$$BrO_3^- \xrightarrow{?} BrO^- \xrightarrow{0.45} Br_2 \xrightarrow{1.066} Br^-$$

（BrO_3^- 至 Br_2：0.52；BrO_3^- 至 Br^-：?）

计算$E^{\ominus}(BrO_3^-/Br^-)$和$E^{\ominus}(BrO_3^-/BrO^-)$值。

解 根据公式(5-8)，有：

$$E^{\ominus}(BrO_3^-/Br^-)=\frac{5\times E^{\ominus}(BrO_3^-/Br_2)+1\times E^{\ominus}(Br_2/Br^-)}{6}$$
$$=\frac{5\times 0.52+1\times 1.066}{6}=0.61V$$

同样可以得到：

$$5E^{\ominus}(BrO_3^-/Br_2)=4\times E^{\ominus}(BrO_3^-/BrO^-)+1\times E^{\ominus}(BrO^-/Br_2)$$

$$E^{\ominus}(BrO_3^-/BrO^-)=\frac{5\times E^{\ominus}(BrO_3^-/Br_2)-E^{\ominus}(BrO^-/Br_2)}{4}$$
$$=\frac{5\times 0.52-0.45}{4}=0.54V$$

5.4 氧化还原滴定法

氧化还原滴定法是以氧化还原反应为基础的滴定分析法，可以用来直接或间接地测定无机物和有机物。

5.4.1 对滴定反应的要求及被测组分的预处理

(1) 对滴定反应的要求

对于下列反应

$$n_2 Ox_1 + n_1 Red_2 \rightleftharpoons n_1 Ox_2 + n_2 Red_1$$

若 $n_1 = n_2 = 1$，要使化学计量点时反应的完全程度达 99.9%以上，即要求：

$$\frac{[Red_1]}{[Ox_1]} \geqslant 10^3, \frac{[Ox_2]}{[Red_2]} \geqslant 10^3$$

$n_1 = n_2 = 1$ 时，有：

$$\lg K^{\ominus} = \lg \frac{[Red_1][Ox_2]}{[Ox_1][Red_2]} \geqslant 6$$

$$E_1^{\ominus} - E_2^{\ominus} = \frac{0.0592 \lg K^{\ominus}}{n'} \geqslant 0.0592 \times 6 = 0.35V$$

即两个电对的标准电极电势 $E^{\ominus}$（最好用条件电极电势 $E^{\ominus'}$）之差必须大于 0.4V，该氧化还原反应（其 $n_1 = n_2 = 1$）才有可能应用于滴定分析中。

(2) 被测组分的预处理

大多数氧化还原滴定是氧化剂滴定还原剂，因此需要将被测组分定量地转变为还原态，即所谓的预还原。例如，用 $K_2Cr_2O_7$ 法测定铁的含量，可以采用 $SnCl_2$ 为预还原剂，使 Fe^{3+} 定量还原为 Fe^{2+}。作为预还原剂应具备以下要求：

① 被测组分能定量还原；

② 具有一定的选择性；

③ 过量的预还原剂易于除去。例如，上例中过量的 $SnCl_2$ 可以加入 $HgCl_2$，使之形成 $SnCl_4$ 而不干扰测定。

如果是用还原剂滴定氧化剂，则被测组分就需要预氧化处理。

5.4.2 氧化还原滴定法的基本原理

5.4.2.1 滴定曲线

氧化还原滴定和其他滴定方法一样，随着标准溶液的加入，溶液的某一性质会不断发生变化。实验或计算表明，氧化还原滴定过程中电极电势的变化在化学计量点附近也有突跃。

在 $1mol \cdot L^{-1}$ H_2SO_4 溶液中，以 $0.1000mol \cdot L^{-1}$ Ce^{4+} 溶液滴定 Fe^{2+} 溶液的滴定反应为：

$$Ce^{4+} + Fe^{2+} = Ce^{3+} + Fe^{3+}$$

两电对的条件电极电势为 $E^{\ominus'}(Fe^{3+}/Fe^{2+}) = 0.68V$ 和 $E^{\ominus'}(Ce^{4+}/Ce^{3+}) = 1.44V$。其滴定曲线见图 5-5。

① 滴定开始前，溶液中只有 Fe^{2+}，而 $[Fe^{3+}]/[Fe^{2+}]$ 未知，因此无法利用能斯特方程式进行计算。

② 滴定开始后，溶液中存在两个电对。两个电对的电极电势分别为：

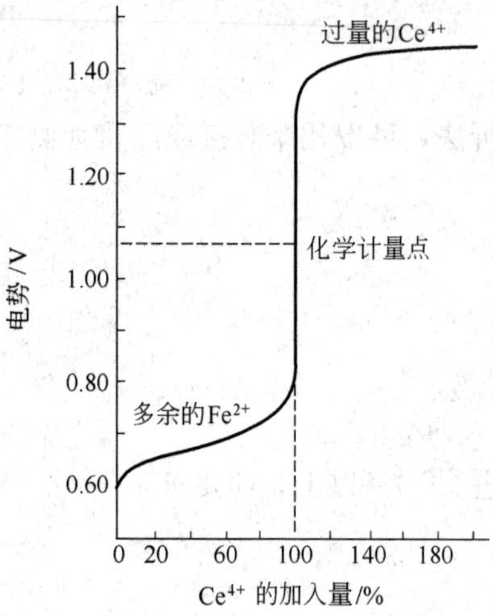

图 5-5 以 0.1000mol·L^{-1} Ce^{4+} 溶液滴定 0.1000mol·L^{-1} Fe^{2+} 溶液的滴定曲线

$$E(Fe^{3+}/Fe^{2+})=E^{\ominus\prime}(Fe^{3+}/Fe^{2+})+\frac{0.0592}{1}\lg\frac{c_{Fe(Ⅲ)}}{c_{Fe(Ⅱ)}}$$

$$E(Ce^{4+}/Ce^{3+})=E^{\ominus\prime}(Ce^{4+}/Ce^{3+})+\frac{0.0592}{1}\lg\frac{c_{Ce(Ⅳ)}}{c_{Ce(Ⅲ)}}$$

随着滴定剂的加入，两个电对的电极电势不断变化但保持相等，故溶液中各平衡点的电势可选便于计算的任一电对进行计算。

a. 化学计量点前。溶液中有剩余的 Fe^{2+}，可利用 Fe^{3+}/Fe^{2+} 电对计算电极电势的变化：

$$E(Fe^{3+}/Fe^{2+})=E^{\ominus\prime}(Fe^{3+}/Fe^{2+})+\frac{0.0592}{1}\lg\frac{c_{Fe(Ⅲ)}}{c_{Fe(Ⅱ)}}$$

b. 化学计量点。$c_{Ce(Ⅳ)}$ 和 $c_{Fe(Ⅱ)}$ 都很小，但相等；反应达到化学计量点时两电对的电势相等，故可以联系起来进行计算。

令化学计量点时的电势为 E_{sp}，则

$$E_{sp}=E(Ce^{4+}/Ce^{3+})=E^{\ominus\prime}(Ce^{4+}/Ce^{3+})+\frac{0.0592}{1}\lg\frac{c_{Ce(Ⅳ)}}{c_{Ce(Ⅲ)}}$$

$$=E(Fe^{3+}/Fe^{2+})=E^{\ominus\prime}(Fe^{3+}/Fe^{2+})+\frac{0.0592}{1}\lg\frac{c_{Fe(Ⅲ)}}{c_{Fe(Ⅱ)}}$$

若令

$E_1^{\ominus\prime}=E^{\ominus\prime}(Ce^{4+}/Ce^{3+})$，$E_2^{\ominus\prime}=E^{\ominus\prime}(Fe^{3+}/Fe^{2+})$，$n_1$、$n_2$分别为两电对电子转移数。可得

$$n_1E_{sp}=n_1E_1^{\ominus\prime}+0.0592\lg\frac{c_{Ce(Ⅳ)}}{c_{Ce(Ⅲ)}}$$

$$n_2E_{sp}=n_2E_2^{\ominus\prime}+0.0592\lg\frac{c_{Fe(Ⅲ)}}{c_{Fe(Ⅱ)}}$$

两式相加，得：

$$(n_1+n_2)E_{sp}=n_1E_1^{\ominus\prime}+n_2E_2^{\ominus\prime}+0.0592\lg\frac{c_{Ce(Ⅳ)}c_{Fe(Ⅲ)}}{c_{Ce(Ⅲ)}c_{Fe(Ⅱ)}}$$

化学计量点时，加入 Ce^{4+} 的物质的量与 Fe^{2+} 的物质的量相等，

$c_{Ce(Ⅳ)}=c_{Fe(Ⅱ)}$，$c_{Ce(Ⅲ)}=c_{Fe(Ⅲ)}$，此时

$$\lg\frac{c_{Ce(Ⅳ)}c_{Fe(Ⅲ)}}{c_{Ce(Ⅲ)}c_{Fe(Ⅱ)}}=0$$

故

$$E_{sp}=\frac{n_1E_1^{\ominus\prime}+n_2E_2^{\ominus\prime}}{n_1+n_2} \tag{5-9}$$

式(5-9) 即为化学计量点电势的计算式，适用于电对的氧化态和还原态的系数相等的系统。

对本例 Ce^{4+} 溶液滴定 Fe^{2+}，化学计量点时的电势为：

$$E_{sp}=\frac{E^{\ominus\prime}(Ce^{4+}/Ce^{3+})+E^{\ominus\prime}(Fe^{3+}/Fe^{2+})}{2}$$

$$=\frac{1.44+0.68}{2}=1.06V$$

c. 化学计量点后。溶液中有过量的 Ce^{4+}，可利用 Ce^{4+}/Ce^{3+} 电对计算电极电势的变化：

$$E(Ce^{4+}/Ce^{3+})=E^{\ominus\prime}(Ce^{4+}/Ce^{3+})+\frac{0.0592}{1}\lg\frac{c_{Ce(\mathrm{IV})}}{c_{Ce(\mathrm{III})}}$$

从滴定分析的误差要求小于±0.1%出发，可以从能斯特方程式导出滴定突跃范围应为 $(E_2^{\ominus\prime}+\frac{0.0592}{n_2}\lg10^3)\sim(E_1^{\ominus\prime}+\frac{0.0592}{n_1}\lg10^{-3})$，其中 $E_1^{\ominus\prime}$、n_1 分别为滴定剂所在电对的条件电极电势和电子转移数；$E_2^{\ominus\prime}$、n_2 分别为被滴定的待测物所在电对的条件电极电势和电子转移数。显而易见，化学计量点附近电势突跃的大小和氧化剂、还原剂两电对条件电极电势的差值有关。条件电极电势的差值较大，突跃就较大；反之则较小。

由此可以计算得到以 Ce^{4+} 滴定 Fe^{2+} 的突跃范围为 $0.68+0.0592\times3=0.86V$ 到 $1.44+0.0592\times(-3)=1.26V$。该滴定反应的电势突跃十分明显。

5.4.2.2 氧化还原滴定终点的检测

(1) 指示剂目测法

① 自身指示剂　有些标准溶液或被滴定物质本身有颜色，而滴定产物为无色或浅色，在滴定时就不需要另加指示剂，本身的颜色变化就能起指示剂的作用，叫作自身指示剂。

例如，MnO_4^- 本身显紫红色，还原产物 Mn^{2+} 则几乎无色，所以用 $KMnO_4$ 来滴定无色或浅色的还原剂时，在化学计量点后，过量 MnO_4^- 的浓度为 $2\times10^{-6}mol\cdot L^{-1}$ 时溶液即呈粉红色。

② 专属指示剂　有些物质本身并不具有氧化还原性，但它能与滴定剂或被测物产生特殊的颜色，因而可指示滴定终点。

例如，可溶性淀粉与 I_2 生成深蓝色的吸附配合物，显色反应特效而灵敏，蓝色的出现与消失可以指示终点。

③ 氧化还原指示剂　这类指示剂本身是具有氧化还原性质的有机化合物，它的氧化态和还原态具有不同的颜色，故能因氧化还原作用而发生颜色的变化。

例如，二苯胺磺酸钠是一种常用的氧化还原指示剂，当用 $K_2Cr_2O_7$ 溶液滴定 Fe^{2+} 到化学计量点时，稍过量的 $K_2Cr_2O_7$ 即将二苯胺磺酸钠从无色的还原态氧化为红紫色的氧化态，指示终点的到达。

若用 In_{Ox} 和 In_{Red} 分别表示氧化还原指示剂的氧化态和还原态，指示剂电对的电极反应为：

$$In_{Ox}+ne^-\rightleftharpoons In_{Red}$$

$$E^{\ominus}=E_{In}^{\ominus}+\frac{0.0592}{n}\lg\frac{[In_{Ox}]}{[In_{Red}]}$$

式中，$E_{In}^{\ominus}$ 为氧化还原指示剂的标准电极电势。当溶液中氧化还原电对的电势改变时，指示剂的氧化态和还原态的浓度比也会随之发生改变，因而使溶液的颜色发生变化。

这类指示剂变色的电势范围为：

$$E_{In}^{\ominus}\pm\frac{0.0592}{n}(\text{或 }E_{In}^{\ominus\prime}\pm\frac{0.0592}{n}) \tag{5-10}$$

在选择指示剂时，应使指示剂的条件电极电势尽可能与反应的化学计量点一致，以减小终点误差。

表 5-1 列出了一些重要氧化还原指示剂的 $E_{In}^{\ominus\prime}$ 及颜色变化。

表 5-1　一些重要氧化还原指示剂的 $E_{In}^{\ominus}{}'$ 及颜色变化

氧化还原指示剂	$[H^+]=1mol\cdot L$ $E_{In}^{\ominus}{}'/V$	颜色变化	
		氧化态	还原态
亚甲基蓝	0.36	蓝	无色
二苯胺	0.76	紫	无色
二苯胺磺酸钠	0.84	红紫	无色
邻苯氨基苯甲酸	0.89	红紫	无色
邻二氮杂菲-亚铁	1.06	浅蓝	红
硝基邻二氮杂菲-亚铁	1.25	浅蓝	紫红

(2) 电势滴定法

将一支随待测离子 M^{n+} 的活度变化而变化的电极（称为指示电极）和参比电极与待测溶液组成一个工作电池。滴定过程中 M^{n+}/M 电对的电极电势 $E(M^{n+}/M)$ 随 M^{n+} 活度的变化而变化，E_{MF} 也随之改变。根据电动势 E_{MF} 的突跃确定滴定终点，这就是电势滴定法(potentiometric titration)。

电势滴定法除可用于氧化还原滴定中外，也可用于酸碱滴定、沉淀滴定和配位滴定中终点的确定。

5.4.3 常用氧化还原滴定法

根据所采用的滴定剂的不同，可以将氧化还原滴定法分为多种，习惯以所用氧化剂的名称加以命名，主要有高锰酸钾法、重铬酸钾法、碘量法、溴酸盐法及铈量法等。

5.4.3.1 高锰酸钾法

(1) 概述

高锰酸钾是强氧化剂。

在强酸性溶液中，MnO_4^- 还原为 Mn^{2+}：

$$MnO_4^- + 8H^+ + 5e^- \rightleftharpoons Mn^{2+} + 4H_2O \qquad E^{\ominus}=1.507V$$

在中性或碱性溶液中，MnO_4^- 还原为 MnO_2：

$$MnO_4^- + 2H_2O + 3e^- \rightleftharpoons MnO_2 + 4OH^- \qquad E^{\ominus}=0.595V$$

在 OH^- 浓度大于 $2mol\cdot L^{-1}$ 的碱溶液中，MnO_4^- 与很多有机物反应，还原为 MnO_4^{2-}：

$$MnO_4^- + e^- \rightleftharpoons MnO_4^{2-} \qquad E^{\ominus}=0.558V$$

可见，高锰酸钾既可在酸性条件下使用，也可在中性或碱性条件下使用。测定无机物一般都在强酸性条件下使用。但 MnO_4^- 氧化有机物的反应速率在碱性条件下比在酸性条件下更快，所以测定有机物一般都在碱性溶液中进行。

$KMnO_4$ 标准溶液很不稳定，因此 $KMnO_4$ 标准溶液的配制及保存都有一定的要求，其浓度可用 $H_2C_2O_4\cdot 2H_2O$、$Na_2C_2O_4$、$FeSO_4\cdot(NH_4)_2SO_4\cdot 6H_2O$ 等还原剂作基准物来标定。其中草酸钠不含结晶水，容易提纯，最为常用。

在 H_2SO_4 溶液中，MnO_4^- 与 $C_2O_4^{2-}$ 的反应为：

$$2MnO_4^- + 5C_2O_4^{2-} + 16H^+ \rightleftharpoons 2Mn^{2+} + 10CO_2\uparrow + 8H_2O$$

为了使此反应能够定量地迅速进行，控制其滴定条件十分重要。

① 温度　在室温下此反应的速率缓慢，因此应将溶液加热至 75～85℃。但温度不宜高于 90℃，以免部分 $H_2C_2O_4$ 在酸性溶液中发生分解反应：

$$H_2C_2O_4 \rightleftharpoons CO_2 + CO + H_2O$$

② 酸度　溶液保持足够的酸度。酸度不够时，容易生成 MnO_2 沉淀；酸度过高，又会促使 $H_2C_2O_4$ 分解。一般开始滴定时，溶液的酸度应控制在 0.5～1mol·L^{-1}。

③ 滴定速度　MnO_4^- 与 $C_2O_4^{2-}$ 的反应是自动催化反应，因此滴定速度应与反应速率相匹配。如果滴定速度过快，加入的 $KMnO_4$ 溶液来不及与 $C_2O_4^{2-}$ 反应，在热的酸性溶液中会发生分解：

$$4MnO_4^- + 12H^+ \xlongequal{} 4Mn^{2+} + 5O_2\uparrow + 6H_2O$$

④ 滴定终点　化学计量点后稍微过量的 MnO_4^- 使溶液呈现粉红色而指示终点的到达。该终点不太稳定，这是由于空气中的还原性气体及尘埃等能使 $KMnO_4$ 还原，而使粉红色消失，所以在 0.5～1min 内不褪色即可认为已到滴定终点。

高锰酸钾法的优点是 $KMnO_4$ 氧化能力强，应用广泛。但也因此而可以和很多还原性物质作用，故干扰比较严重。

(2) 应用示例

① H_2O_2 的测定　对于 H_2O_2、Fe(Ⅱ)、草酸盐等还原性物质可采用 $KMnO_4$ 作滴定剂直接滴定。

在酸性溶液中，H_2O_2 定量地被 MnO_4^- 氧化，其反应为：

$$2MnO_4^- + 5H_2O_2 + 6H^+ \xlongequal{} 2Mn^{2+} + 5O_2\uparrow + 8H_2O$$

反应在室温下酸性溶液中进行。反应开始速度较慢，但因 H_2O_2 不稳定，不能加热，随着反应进行，由于生成的 Mn^{2+} 催化了反应，反应速度加快。

② Ca^{2+} 的测定　凡是能与 $C_2O_4^{2-}$ 定量沉淀为草酸盐的金属离子（如 Ca^{2+}、Sr^{2+}、Ba^{2+}、Ni^{2+}、Cd^{2+}、Zn^{2+}、Cu^{2+}、Pb^{2+}、Hg^{2+}、Ag^+、Bi^{3+}、Ce^{3+} 等)，都能采用间接法测定。例如 Ca^{2+} 的测定。首先按正确的沉淀方法及条件，使 Ca^{2+} 与 $C_2O_4^{2-}$ 生成 CaC_2O_4 沉淀，将生成的 CaC_2O_4 沉淀经过滤、洗涤后溶于酸，再用 $KMnO_4$ 标准溶液滴定 $H_2C_2O_4$。

③ 测定氧化性物质以及某些有机化合物　MnO_2、PbO_2、Pb_3O_4、$K_2Cr_2O_7$、$KClO_3$ 等氧化性物质以及某些有机化合物，可用返滴定法测定。例如 MnO_2 的测定，可以在其 H_2SO_4 溶液中加入一定量过量的 $Na_2C_2O_4$，待 MnO_2 与 $C_2O_4^{2-}$ 作用完毕后，再用 $KMnO_4$ 标准溶液返滴过量的 $C_2O_4^{2-}$，从而求得 MnO_2 的含量。

对甘油、甲酸、甲醇、甲醛、柠檬酸、酒石酸、水杨酸、苯酚、葡萄糖等有机物的测定，可以采用返滴定法。例如甘油测定时，试液中加入一定量过量的碱性 $KMnO_4$ 标准溶液，在强碱性条件下发生反应：

$$\begin{array}{l} H_2C-OH \\ \quad| \\ HC-OH \\ \quad| \\ H_2C-OH \end{array} + 14MnO_4^- + 20OH^- \xlongequal{} 3CO_3^{2-} + 14MnO_4^{2-} + 14H_2O$$

待反应完成后再将溶液酸化，准确加入过量的 Fe^{2+} 标准溶液，把溶液中所有的高价锰离子还原为 Mn(Ⅱ)，再用 $KMnO_4$ 标准溶液滴定过量的 Fe^{2+}。由两次所用 $KMnO_4$ 的量及 Fe^{2+} 的量，计算出甘油的含量。

需要注意的是，$KMnO_4$ 标准溶液滴定 Fe^{2+} 不能采用 HCl 为介质，否则会由于诱导反应的发生而产生干扰。

5.4.3.2 碘量法

(1) 概述

碘量法是利用 I_2 的氧化性和 I^- 的还原性进行测定的方法。

I_2 在水中的溶解度很小（0.00133mol·L^{-1}），实际工作中常将 I_2 溶解在 KI 溶液中形成 I_3^- 以增大其溶解度。为方便起见，一般仍简写为 I_2。

碘量法利用的半反应为：

$$I_3^- + 2e^- = 3I^- \quad E^\ominus(I_2/I^-) = 0.5355V$$

① 直接碘量法　I_2是一较弱的氧化剂，能与较强的还原剂作用，因此可用I_2标准溶液直接滴定Sn(Ⅱ)、Sb(Ⅲ)、As_2O_3、S^{2-}、SO_3^{2-}等还原性物质，这种方法称为直接碘量法(iodimetry)。例如：

$$I_2 + SO_3^{2-} + H_2O = 2I^- + SO_4^{2-} + 2H^+$$

由于I_2的氧化能力不强，所以能被I_2氧化的物质有限。

直接碘量法的应用受溶液中H^+浓度的影响较大。在较强的碱性溶液中，I_2会发生如下的歧化反应：

$$3I_2 + 6OH^- = IO_3^- + 5I^- + 3H_2O$$

给滴定带来误差。

在酸性溶液中，只有少数还原能力强、不受H^+浓度影响的物质才能与I_2发生定量反应。因此直接碘量法的应用有限。

② 间接碘量法　I^-为一中等强度的还原剂，能与许多氧化剂作用析出I_2，因而可以间接测定$Cr_2O_7^{2-}$、CrO_4^{2-}、MnO_4^-、H_2O_2、IO_3^-、NO_2^-、BrO_3^-等氧化性物质，这种方法称为间接碘量法（iodometry）。

间接碘量法的基本反应是：

$$2I^- - 2e^- = I_2$$

释出的I_2可以用还原剂$Na_2S_2O_3$标准溶液滴定：

$$I_2 + 2S_2O_3^{2-} = 2I^- + S_4O_6^{2-}$$

凡能与I^-作用定量析出I_2的氧化性物质以及能与过量I_2在碱性介质中作用的有机物质，都可用间接碘量法测定。

间接碘量法的操作中应注意：

a. 控制溶液的酸度。I_2和$Na_2S_2O_3$的反应须在中性或弱酸性溶液中进行。

因为在碱性溶液中$S_2O_3^{2-}$的还原能力增大，会发生如下反应：

$$S_2O_3^{2-} + 4I_2 + 10OH^- = 2SO_4^{2-} + 8I^- + 5H_2O$$

而在碱性溶液中，I_2又会发生歧化反应，生成I^-及IO_3^-。

在强酸性溶液中，$S_2O_3^{2-}$会发生分解：

$$S_2O_3^{2-} + 2H^+ = SO_2 + S\downarrow + H_2O$$

b. 防止I_2的挥发和I^-被空气中的O_2氧化。加入过量KI使I_2形成I_3^-，以减小I_2的挥发。滴定前先调节好酸度，氧化释出I_2后立即进行滴定。最好使用碘量瓶进行滴定。

I^-在酸性溶液中易为空气中O_2所氧化：

$$4I^- + 4H^+ + O_2 = 2I_2 + 2H_2O$$

此反应随光照和酸度的增加而加快。所以碘量法一般在中性或弱酸性溶液中及低温（<25℃）下进行滴定。滴定时不应过度摇荡，以减少I^-与空气的接触和I_2的挥发。

碘量法的终点常用淀粉指示剂来确定。在室温及有少量I^-存在下，I_2与淀粉反应形成蓝色吸附配合物，反应的灵敏度为$[I_2] = (1\sim2)\times10^{-5}\,mol\cdot L^{-1}$，但$I^-$浓度太大时，终点变色不灵敏。滴定时指示剂不能加得太早，否则大量的I_2与淀粉结合成蓝色物质，这一部分碘就不容易与$Na_2S_2O_3$反应。淀粉溶液应新鲜配制。若放置过久，则与I_2形成的配合物不呈蓝色而呈紫色或红色，滴定时褪色慢且终点不敏锐。

$Na_2S_2O_3$标准溶液同样很不稳定，配制与保存也有相应的要求。浓度标定的基准物质有纯碘、KIO_3、$KBrO_3$、$K_2Cr_2O_7$等。除纯碘外，它们都能与KI反应释出I_2。

$$IO_3^- + 5I^- + 6H^+ = 3I_2 + 3H_2O$$

$$BrO_3^- + 6I^- + 6H^+ = 3I_2 + 3H_2O + Br^-$$

$$Cr_2O_7^{2-} + 6I^- + 14H^+ = 2Cr^{3+} + 3I_2 + 7H_2O$$

释出的 I_2 用 $Na_2S_2O_3$ 标准溶液滴定。

(2) 应用示例

① 硫酸铜中铜的测定　Cu^{2+} 与 KI 的反应如下：

$$2Cu^{2+} + 4I^- = 2CuI\downarrow + I_2$$

生成的 I_2 再用 $Na_2S_2O_3$ 标准溶液滴定，就可计算出铜的含量。

这里 KI 既是还原剂、沉淀剂，又是配位剂。

CuI 沉淀强烈地吸附 I_2，使测定结果偏低。如果加入 KSCN，使 CuI 转化为溶解度更小的 CuSCN 沉淀：

$$CuI + KSCN = CuSCN\downarrow + KI$$

这样不仅可以释放出被 CuI 吸附的 I_2，同时再生出来的 I^- 可再与未作用的 Cu^{2+} 反应。这样使用较少的 KI 就可以使反应进行得更完全。但是 KSCN 只能在接近终点时加入，否则 SCN^- 可直接还原 Cu^{2+} 而使结果偏低：

$$6Cu^{2+} + 7SCN^- + 4H_2O = 6CuSCN\downarrow + SO_4^{2-} + HCN + 7H^+$$

为了防止 Cu^{2+} 水解，反应必须在酸性溶液中进行（一般控制 pH 值在 3～4），但因大量 Cl^- 会与 Cu^{2+} 配位，因此应采用 H_2SO_4 而不能用 HCl（少量 HCl 不干扰）。

② 葡萄糖含量的测定　葡萄糖分子中的醛基能在碱性条件下被过量 I_2 氧化成羧基：

$$I_2 + 2OH^- = IO^- + I^- + H_2O$$

$$CH_2OH(CHOH)_4CHO + IO^- + OH^- = CH_2OH(CHOH)_4COO^- + I^- + H_2O$$

剩余的 IO^- 在碱性溶液中歧化成 IO_3^- 和 I^-：

$$3IO^- = IO_3^- + 2I^-$$

溶液经酸化后又析出 I_2：

$$IO_3^- + 5I^- + 6H^+ = 3I_2 + 3H_2O$$

最后以 $Na_2S_2O_3$ 标准溶液滴定析出的 I_2。

过氧化物、臭氧、漂白粉中的有效氯等氧化性物质也都可以用碘量法测定。

5.4.3.3 重铬酸钾法

在酸性条件下，$K_2Cr_2O_7$ 与还原剂作用被还原为 Cr^{3+}：

$$Cr_2O_7^{2-} + 14H^+ + 6e^- = 2Cr^{3+} + 7H_2O \quad E^\ominus = 1.232V$$

可见 $K_2Cr_2O_7$ 是一种较强的氧化剂，能与许多无机物和有机物反应。此法只能在酸性条件下使用。其优点是：①$K_2Cr_2O_7$ 易于提纯，在 140～250℃干燥后，可以直接称量准确，配制成标准溶液；②$K_2Cr_2O_7$ 溶液非常稳定，保存在密闭容器中浓度可以长期保持不变；③$K_2Cr_2O_7$ 的氧化能力虽比 $KMnO_4$ 稍弱些，但不受 Cl^- 还原作用的影响，故可以在盐酸溶液中进行滴定。

利用重铬酸钾法进行测定也有直接法和间接法。

例如铁的测定，可以利用如下滴定反应直接测定：

$$6Fe^{2+} + Cr_2O_7^{2-} + 14H^+ = 6Fe^{3+} + 2Cr^{3+} + 7H_2O$$

铁矿石等试样一般先用 HCl 溶液加热分解，经过预还原后，以二苯胺磺酸钠作指示剂用 $K_2Cr_2O_7$ 标准溶液滴定 Fe(Ⅱ)，终点时溶液由绿色（Cr^{3+} 的颜色）突变为紫色或紫蓝色。为了减小终点误差，常在试液中加入 H_3PO_4，使 Fe^{3+} 生成无色稳定的 $Fe(HPO_4)_2^-$ 配阴离子，降低了 Fe^{3+}/Fe^{2+} 电对的电势，因而滴定突跃增大；同时生成无色的 $Fe(HPO_4)_2^-$，

消除了 Fe^{3+} 的黄色，有利于终点颜色的观察。

一些有机试样，常在硫酸溶液中加入过量重铬酸钾标准溶液，加热至一定温度，冷后稀释，再用 Fe^{2+} 标准溶液返滴定。这种间接方法可以用于腐殖酸肥料中腐殖酸的分析、电镀液中有机物的测定等。

应用 $K_2Cr_2O_7$ 标准溶液进行滴定时，常用二苯胺磺酸钠等作指示剂。

应该指出的是，使用 $K_2Cr_2O_7$ 时应注意废液处理，以防污染环境。

5.4.4 氧化还原滴定结果的计算

待测组分 X 经一系列反应后得到 Z，用滴定剂 T 滴定 Z，由各步反应中的化学计量关系可以得出：

$$aX \Leftrightarrow bY \cdots\cdots \Leftrightarrow cZ \Leftrightarrow dT$$

则试样中 X 的质量分数为：

$$w_X = \frac{\frac{a}{d} c_T V_T M_X}{m_s}$$

式中，c_T 和 V_T 分别为滴定剂 T 的浓度和体积；M_X 为待测组分 X 的摩尔质量；m_s 为试样的质量。

【例 5-15】 在 H_2SO_4 溶液中，0.1000g 工业甲醇与 25.00mL 0.01667mol·L^{-1} 的 $K_2Cr_2O_7$ 溶液作用。在反应完成后，以邻苯氨基苯甲酸作指示剂，用 0.1000mol·L^{-1} $(NH_4)_2Fe(SO_4)_2$ 溶液滴定剩余的 $K_2Cr_2O_7$，用去 10.00mL。求试样中甲醇的质量分数。

解 在 H_2SO_4 介质中，甲醇与 $K_2Cr_2O_7$ 的反应为：

$$CH_3OH + Cr_2O_7^{2-} + 8H^+ = CO_2\uparrow + 2Cr^{3+} + 6H_2O$$

过量的 $K_2Cr_2O_7$ 以 Fe^{2+} 溶液滴定，反应为：

$$Cr_2O_7^{2-} + 6Fe^{2+} + 14H^+ = 2Cr^{3+} + 6Fe^{3+} + 7H_2O$$

可知：

$$CH_3OH \Leftrightarrow Cr_2O_7^{2-} \Leftrightarrow 6Fe^{2+}$$

$$w(CH_3OH) = \frac{\left[c(K_2Cr_2O_7)V(K_2Cr_2O_7) - \frac{1}{6}c(Fe^{2+})V(Fe^{2+})\right] \times 10^{-3} M(CH_3OH)}{m_s}$$

$$= \frac{(25.00 \times 0.01667 - \frac{1}{6} \times 0.1000 \times 10.00) \times 10^{-3} \times 32.04}{0.1000}$$

$$= 0.0801 = 8.01\%$$

【例 5-16】 有一 $K_2Cr_2O_7$ 标准溶液，已知其浓度为 0.01683mol·L^{-1}，求其对 Fe_2O_3 的滴定度 $T(Fe_2O_3/K_2Cr_2O_7)$。称取某含铁试样 0.2801g，溶解后将溶液中的 Fe^{3+} 还原为 Fe^{2+}，然后用上述 $K_2Cr_2O_7$ 标准溶液滴定，用去 25.60mL。求试样中 Fe_2O_3 的质量分数。

解 用 $K_2Cr_2O_7$ 标准溶液滴定 Fe^{2+} 时，Fe^{2+} 被氧化为 Fe^{3+}，即

$$6Fe^{2+} + Cr_2O_7^{2-} + 14H^+ = 6Fe^{3+} + 2Cr^{3+} + 7H_2O$$

由反应式可知：

$$Fe_2O_3 \Leftrightarrow 2Fe \Leftrightarrow 1/3Cr_2O_7^{2-}$$

根据滴定度的定义，得到

$$\begin{aligned} T(Fe_2O_3/K_2Cr_2O_7) &= 3c(K_2Cr_2O_7) \times 10^{-3} \times M(Fe_2O_3) \\ &= 3 \times 0.01683 \times 10^{-3} \times 159.7 \\ &= 0.008063 g \cdot mL^{-1} \end{aligned}$$

因此

$$\begin{aligned} w(Fe_2O_3) &= \frac{T(Fe_2O_3/K_2Cr_2O_7)V(K_2Cr_2O_7)}{m_s} \\ &= \frac{0.008063 \times 25.60}{0.2801} \\ &= 0.7369 = 73.69\% \end{aligned}$$

视 窗

【人物简介】

能斯特 Walter Nernst（1864～1941），德国卓越的物理学家、物理化学家和化学史家。

1889 年发表了电解质水溶液的电势理论，导出了电极电势与溶液浓度的关系式——能斯特方程式，可用以测量热力学函数值。

1906 年提出了热力学第三定律（也称为能斯特热定理），有效解决了平衡常数计算问题和许多工业生产难题，对热力学发展作出了巨大贡献，由此获得 1920 年诺贝尔化学奖。

此外，他还研制出了闻名于世的白炽电灯（能斯特灯）；发展了分解和接触电势、钯电极性状和神经刺激理论；用量子理论观点研究低温现象，得出了光化学的“原子链式反应”理论；设计出用指示剂测定介电常数、离子水化度和酸碱度的方法；引入溶度积概念，用来解释沉淀反应。

【搜一搜】

可逆电对；对称电对；可逆电池；浓差电池；化学电源；特种电池（充电电池、燃料电池、纳米型电池、病毒电池等）；电化学腐蚀（析氢腐蚀、吸氧腐蚀）；腐蚀原电池；金属防腐；火箭发射；还原电势；对角线互相反应规则；溴酸盐法；铈量法；电位滴定；电导滴定。

习 题

5-1 指出下列各物质中画线元素的氧化数。

$Na\underline{H}$ $\underline{H_3}N$ $Ba\underline{O_2}$ $K\underline{O_2}$ $\underline{O}F_2$ $\underline{I_2}O_5$ $K_2\underline{Pt}Cl_6$ $\underline{Cr}O_4^{2-}$ $\underline{Mn_2}O_7$ $K_2\underline{Mn}O_4$ $\underline{S_4}O_6^{2-}$

5-2 用离子-电子法配平酸性介质中下列反应的离子方程式。

① $I_2 + H_2S \longrightarrow I^- + S$

② $MnO_4^- + SO_3^{2-} \longrightarrow Mn^{2+} + SO_4^{2-}$

③ $PbO_2 + Cl^- \longrightarrow PbCl_2 + Cl_2$

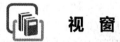

④ $Ag+NO_3^- \longrightarrow Ag^+ +NO$

5-3　用离子-电子法配平碱性介质中下列反应的离子方程式。

① $Cl_2+OH^- \longrightarrow Cl^- +ClO^-$

② $Zn+ClO^- +OH^- \longrightarrow Zn(OH)_4^{2-} +Cl^-$

③ $SO_3^{2-} +Cl_2 \longrightarrow Cl^- +SO_4^{2-}$

④ $H_2O_2+Cr^{3+} \longrightarrow CrO_4^{2-} +H_2O$

5-4　对于下列氧化还原反应：①写出相应的半反应；②以这些氧化还原反应设计构成原电池，写出电池符号。

① $Ag^+ +Cu \longrightarrow Cu^{2+} +Ag$

② $Pb^{2+} +Cu+S^{2-} \longrightarrow Pb+CuS\downarrow$

5-5　计算 298K 时下列原电池的电动势，指出正、负极，写出原电池的电池反应。

① $Ag|Ag^+(0.1mol \cdot L^{-1}) \| Cu^{2+}(0.01mol \cdot L^{-1})|Cu$

② $Cu|Cu^{2+}(1mol \cdot L^{-1}) \| Zn^{2+}(0.001mol \cdot L^{-1})|Zn$

③ $Pb|Pb^{2+}(0.1mol \cdot L^{-1}) \| S^{2-}(0.1mol \cdot L^{-1})|CuS|Cu$

④ $Zn|Zn^{2+}(0.1mol \cdot L^{-1}) \| HAc(0.1mol \cdot L^{-1})|H_2(100kPa)|Pt$

5-6　试根据标准电极电势的数据，把下列物质按其氧化能力递增的顺序排列起来，写出它们在酸性介质中对应的还原产物。

$KMnO_4$、$K_2Cr_2O_7$、$FeCl_3$、H_2O_2、I_2、Br_2、Cl_2、F_2。

5-7　用标准电极电势判断下列反应能否从左向右进行。

① $2Br^- +2Fe^{3+} = Br_2+2Fe^{2+}$

② $2H_2S+H_2SO_3 = 3S\downarrow +3H_2O$

③ $2Ag+Zn(NO_3)_2 = Zn+2AgNO_3$

④ $2KMnO_4+5H_2O_2+6HCl = 2MnCl_2+2KCl+8H_2O+5O_2$

5-8　① 试根据标准电极电势，判断下列反应进行的方向。

$$MnO_4^- +Fe^{2+} +H^+ \longrightarrow Mn^{2+} +Fe^{3+}$$

② 将该氧化还原反应设计构成一个原电池，用电池符号表示该原电池的组成，计算其标准电动势。

③ 当氢离子浓度为 $10mol \cdot L^{-1}$，其他各离子浓度均为 $1.0mol \cdot L^{-1}$时，计算该电池的电动势。

5-9　已知电池

$$Zn|Zn^{2+}(x\,mol \cdot L^{-1}) \| Ag^+(0.1mol \cdot L^{-1})|Ag$$

的电动势 $E=1.51V$，求 Zn^{2+} 的浓度。

5-10　已知反应：

$$2Ag^+ +Zn = 2Ag+Zn^{2+}$$

开始时 Ag^+ 和 Zn^{2+} 的浓度分别是 $0.10mol \cdot L^{-1}$ 和 $0.30mol \cdot L^{-1}$，计算达到平衡时溶液中 Ag^+ 的浓度。

5-11　将一块纯铜片置于 $0.050mol \cdot L^{-1}$ $AgNO_3$溶液中。计算达到平衡后溶液的组成。（提示：首先计算出反应的标准平衡常数）

5-12　已知下列电对的电极电势：

$$Ag^+ +e^- \rightleftharpoons Ag \quad E^\ominus=0.7996V$$

$$AgCl(s)+e^- \rightleftharpoons Ag+Cl^- \quad E^\ominus=0.2223V$$

试计算 AgCl 的溶度积常数。

5-13 设计下列原电池以测定 $PbSO_4$ 的溶度积常数。

$(-)Pb|PbSO_4|SO_4^{2-}(1.0mol \cdot L^{-1}) \| Sn^{2+}(1.0mol \cdot L^{-1})|Sn(+)$

在 298K 时测得该电池的标准电动势 $E^{\ominus}_{池}=0.22V$，求 $PbSO_4$ 的溶度积常数。

5-14 计算下列反应的标准平衡常数。

① $2Ag^+ + Zn \rightleftharpoons 2Ag + Zn^{2+}$

② $3Cu + 2NO_3^- + 8H^+ \rightleftharpoons 3Cu^{2+} + 2NO + 4H_2O$

③ $MnO_2 + 2Cl^- + 4H^+ \rightleftharpoons Mn^{2+} + Cl_2 + 2H_2O$

④ $H_3AsO_3 + I_2 + H_2O \rightleftharpoons H_3AsO_4 + 2I^- + 2H^+$

5-15 已知

$$Cu^{2+} + 2e^- \rightleftharpoons Cu \quad E^{\ominus}=0.342V$$

$$Cu^{2+} + e^- \rightleftharpoons Cu^+ \quad E^{\ominus}=0.153V$$

① 计算反应 $Cu + Cu^{2+} \rightleftharpoons 2Cu^+$ 的标准平衡常数。

② 已知 $K^{\ominus}_{sp}(CuCl)=1.72\times10^{-7}$，试计算反应 $Cu + Cu^{2+} + 2Cl^- \rightleftharpoons 2CuCl\downarrow$ 的标准平衡常数。

5-16 试根据下列元素电势图：

$E^{\ominus}_A/V$：

$$Cu^{2+} \xrightarrow{0.153} Cu^+ \xrightarrow{0.521} Cu$$

$$Fe^{3+} \xrightarrow{0.771} Fe^{2+} \xrightarrow{-0.447} Fe$$

$$Au^{3+} \xrightarrow{1.29} Au^+ \xrightarrow{1.692} Au$$

讨论哪些离子能发生歧化反应。

5-17 根据铬在酸性介质中的元素电势图：

$$Cr_2O_7^{2-} \xrightarrow{1.232} Cr^{3+} \xrightarrow{-0.407} Cr^{2+} \xrightarrow{-0.90} Cr$$

① 计算 $E^{\ominus}(Cr_2O_7^{2-}/Cr^{2+})$ 和 $E^{\ominus}(Cr^{3+}/Cr)$。

② 判断 Cr^{3+} 在酸性介质中的稳定性。

5-18 计算在 $1mol \cdot L^{-1}$ HCl 溶液中用 Fe^{3+} 滴定 Sn^{2+} 的电势突跃范围。在此滴定中应选用什么指示剂？若用所选指示剂，滴定终点是否和化学计量点一致？

5-19 称取软锰矿 0.3216g，分析纯的 $Na_2C_2O_4$ 0.3685g，置于同一烧杯中，加入 H_2SO_4，加热，待反应完毕后，用 $0.02400mol \cdot L^{-1}$ $KMnO_4$ 溶液滴定剩余的 $Na_2C_2O_4$，消耗 $KMnO_4$ 溶液 11.26mL。计算软锰矿中 MnO_2 的质量分数。

5-20 如果在 25.00mL $CaCl_2$ 溶液中加入 40.00mL $0.1000mol \cdot L^{-1}$ $(NH_4)_2C_2O_4$ 溶液，待 CaC_2O_4 沉淀完全后，分离之，滤液以 $0.02000mol \cdot L^{-1}$ $KMnO_4$ 溶液滴定，共耗去 $KMnO_4$ 溶液 15.00mL。计算在 250mL 该 $CaCl_2$ 溶液中 $CaCl_2$ 的含量为多少克？

5-21 将 1.000g 钢样中的铬氧化成 $Cr_2O_7^{2-}$，加入 25.00mL $0.1000mol \cdot L^{-1}$ $FeSO_4$ 标准溶液，然后用 $0.01800mol \cdot L^{-1}$ $KMnO_4$ 标准溶液 7.00mL 回滴过量的 $FeSO_4$。计算钢中铬的质量分数。

5-22 以 $K_2Cr_2O_7$ 标准溶液滴定 0.4000g 褐铁矿，其所用 $K_2Cr_2O_7$ 溶液的毫升数与试样中 Fe_2O_3 的质量分数相等。求 $K_2Cr_2O_7$ 溶液对铁的滴定度。

5-23 用 KIO_3 作基准物标定 $Na_2S_2O_3$ 溶液。称取 0.1500g KIO_3 与过量 KI 作用，析出的碘用 $Na_2S_2O_3$ 溶液滴定，用去 24.00mL。求此 $Na_2S_2O_3$ 溶液的浓度。每毫升 $Na_2S_2O_3$ 溶液相当多少克碘？

5-24　现有含 As_2O_3 与 As_2O_5 及其他无干扰杂质的试样，将此试样溶解后，在中性溶液中用 $0.02500mol \cdot L^{-1}$ 碘液滴定，耗去 20.00mL。滴定完毕后，使溶液呈强酸性，加入过量的 KI，由此析出的碘又用 $0.1500mol \cdot L^{-1}$ 的 $Na_2S_2O_3$ 溶液滴定，耗去 30.00mL。计算试样中 $As_2O_3 + As_2O_5$ 混合物的质量。

5-25　抗坏血酸（摩尔质量为 $176.1g \cdot mol^{-1}$）是一个还原剂，其电极反应为：

$$C_6H_6O_6 + 2H^+ + 2e^- \rightleftharpoons C_6H_8O_6$$

它能够被 I_2 氧化。如果 10.00mL 柠檬水果汁样品用 HAc 酸化，并加入 20.00mL $0.02500mol \cdot L^{-1}$ I_2 溶液，待反应完全后，过量的 I_2 用 10.00mL 的 $0.01000mol \cdot L^{-1}$ $Na_2S_2O_3$ 溶液滴定，计算每毫升柠檬水果汁中抗坏血酸的质量。

5-26　测定某样品中丙酮含量时，称取试样 0.1000g 于盛有 NaOH 溶液的碘量瓶中，振荡，精确加入 50.00mL $0.05000mol \cdot L^{-1}$ I_2 标准溶液，盖好。放置一定时间后，加 H_2SO_4 调节至呈微酸性，立即用 $0.1000mol \cdot L^{-1}$ $Na_2S_2O_3$ 溶液滴定至淀粉指示剂蓝色恰好褪去，消耗 10.00mL。丙酮与碘的反应为：

$$CH_3COCH_3 + 3I_2 + 4NaOH = CH_3COONa + 3NaI + 3H_2O + CHI_3$$

求试样中丙酮的质量分数。

5-27　25.00mL KI 溶液用稀盐酸及 10.00mL $0.05000mol \cdot L^{-1}$ KIO_3 溶液处理，煮沸以挥发除去释出的 I_2。冷却后，加入过量 KI 溶液使之与剩余的 KIO_3 反应。释出的 I_2 需要用 21.14mL $0.1008mol \cdot L^{-1}$ $Na_2S_2O_3$ 溶液滴定。计算 KI 溶液的浓度。

第6章 配合物与配位平衡 Complex and Coordination Equilibrium

化学家们发现，自然界中绝大多数无机化合物都是以配位化合物（简称配合物）的形式存在的。配合物具有多种独特的性能，在分析化学、生物化学、电化学、催化动力学等方面有着广泛的应用。这一领域的发展，已经形成了一门独立的分支学科——配位化学。

6.1 配合物与螯合物

实验室常见的 NH_3、H_2O、$CuSO_4$、AgCl 等化合物之间，还可以进一步形成一些复杂的化合物，如 $[Cu(NH_3)_4]SO_4$、$[Cu(H_2O)_4]SO_4$、$[Ag(NH_3)_2]Cl$。这些化合物都含有在溶液中较难离解、可以像一个简单离子一样参加反应的复杂离子。这些由一个简单阳离子和一定数目的中性分子或阴离子以配位键相结合所形成的具有一定特性的带电荷的复杂离子叫作配离子。

配离子可分为配阳离子（如 $[Cu(NH_3)_4]^{2+}$、$[Ag(NH_3)_2]^{+}$ 等）和配阴离子（如 $[PtCl_6]^{2-}$、$[Fe(CN)_6]^{4-}$ 等）。另外，还有一些不带电荷的电中性的复杂化合物，如 $[CoCl_3(NH_3)_3]$、$[Ni(CO)_4]$、$[Fe(CO)_5]$ 等，也叫作配合物。

由此，可以把配合物粗略定义为由中心离子（中心原子）与配位体以配位键相结合而成的复杂化合物。

多数配离子既能存在于晶体中，也能存在于水溶液中。

明矾 $[KAl(SO_4)_2 \cdot 12H_2O]$ 是一种分子间化合物，但是在其晶体中仅含有 K^+、Al^{3+}、SO_4^{2-} 和 H_2O 等简单离子和分子，溶于水后其性质如同简单 K_2SO_4 和 $Al_2(SO_4)_3$ 的混合水溶液一样。明矾被称为为复盐（double salt），但不是配合物。

6.1.1 配合物及其组成

（1）配合物的组成

由配离子形成的配合物，如 $[Cu(NH_3)_4]SO_4$ 和 $K_4[Fe(CN)_6]$，由内界和外界两部分组成。内界为配合物的特征部分，由形成体和配体结合而成（用方括号标出），不在内界的其他离子构成外界：

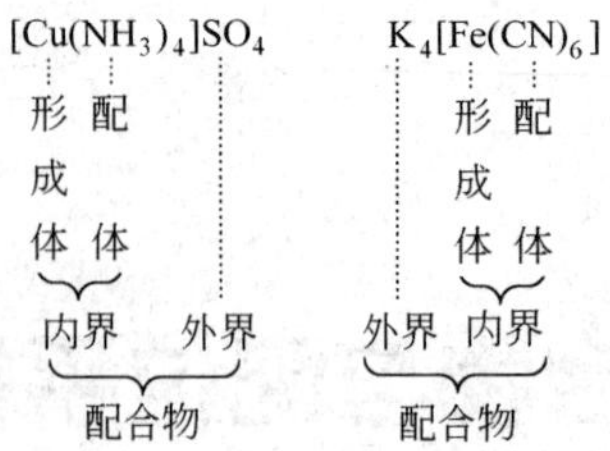

电中性的配合物，如［$CoCl_3(NH_3)_3$］、［$Ni(CO)_4$］等，没有外界：

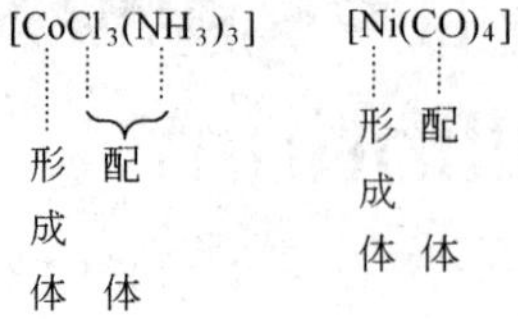

① 形成体　形成体可以是中心离子（central ion，用 M 表示），也可以是中心原子，一般位于内界的中心。

形成体一般阳离子多。常见的中心离子为过渡金属元素离子，如 Cr^{3+}、Fe^{3+}、Cu^{2+} 等，也可以是高氧化态的非金属元素，如［SiF_6］$^{2-}$中的 Si(Ⅳ)。

② 配位体　与中心离子（或原子）结合的中性分子或阴离子叫作配位体（ligand，用 L 表示），简称配体。例如 NH_3、H_2O、CO、OH^-、CN^-、X^-（卤素阴离子）等。提供配体的物质叫作配位剂，如 H_2O、NaOH、KCN、$NH_3 \cdot H_2O$、CO 等。

配体中提供孤对电子与中心离子（或原子）以配位键相结合的原子叫作配位原子。配位原子主要是电负性较大的 F、Cl、Br、I、O、S、N、P、C 等非金属元素的原子。

可以按一个配体中所含配位原子的数目不同，将配体分为单齿配体和多齿配体。

单齿配体（unidentate ligand）中只含有一个配位原子，如 NH_3、OH^-、X^-、CN^-、SCN^-等。

单齿配体中还有一种两可配体。两可配体是指在与不同的中心离子配位时，配位原子可以是不同的单齿配体。例如，SCN^-在与 Fe^{3+} 配位时，配位原子是 N，而与 Ag^+ 配位时，配位原子是 S。除 SCN^-之外，CN^-、NO_2^- 等也是两可配体。

多齿配体（multidentate ligand）中含有两个或两个以上的配位原子，如 $C_2O_4^{2-}$、乙二胺（$NH_2C_2H_4NH_2$，常缩写为 en）、NH_2CH_2COOH 等。多齿配体的多个配位原子可以同时与一个中心离子结合。

（2）配合物的分类

配合物可以分为简单配合物、螯合物、羰合物、多核配合物、烯烃配合物、多酸型配合物等。

一个形成体与单齿配体所形成的配合物就属于简单配合物，如［$Ag(NH_3)_2$］$^+$、［SiF_6］$^{2-}$等；螯合物（chelate）又称为内配合物，是一类由多齿配体与形成体所形成的配合物，如［$Pt(en)_2$］$^{2+}$、［CaY］$^{2-}$（Y^{4-}为乙二胺四乙酸根）等；由少数过渡元素与 CO 配体形成的配合物就是羰合物，如［$Fe(CO)_5$］、［$Ni(CO)_4$］。其他类型的配合物请参阅有关参考书的介绍。

（3）配位数与配位比

与中心离子（或原子）直接以配位键相结合的配位原子的总数叫作该中心离子（或原子）的配位数（coordination number）。

在［$Ag(NH_3)_2$］$^+$中，有两个 N 与中心离子 Ag^+ 配位，配位数为 2；在［$Cu(NH_3)_4$］$^{2+}$中，中心离子 Cu^{2+} 的配位数为 4；在［$Fe(CO)_5$］中，中心原子 Fe 的配位数为 5；在

$[Fe(CN)_6]^{4-}$和$[CoCl_3(NH_3)_3]$中，中心离子Fe^{2+}和Co^{3+}的配位数皆为6。

多齿配体的数目不等于中心离子的配位数。$[Pt(en)_2]^{2+}$中的en是双齿配体，分子中有两个N。因此Pt^{2+}的配位数不是2而是4。

目前，在配合物中中心离子的配位数可以从1到12，其中最常见的为6和4。

中心离子配位数的大小，与中心离子和配体的性质（它们的电荷、半径、中心离子的电子层构型等）以及形成配合物时的外界条件（如浓度、温度等）有关。

增大配体的浓度或降低反应的温度，都将有利于形成高配位数的配合物。

配位比则是形成体与配体结合的个数比。例如，$[Fe(CO)_5]$中有五个配体，配位比为1∶5，$[Zn(en)_2]^{2+}$中有两个配体，配位比为1∶2。

单齿配体与形成体一般容易形成高配位比的配合物，多齿配体往往形成低配位比的配合物。

(4) 配离子的电荷数

配离子的电荷数等于中心离子和配体二者电荷数的代数和。

6.1.2 螯合物

螯合物是一类具有环状结构的配合物。

例如，多齿配体乙二胺中有两个N原子可以作为配位原子，能同时与配位数为4的Cu^{2+}配位，形成具有环状结构的螯合物$[Cu(en)_2]^{2+}$：

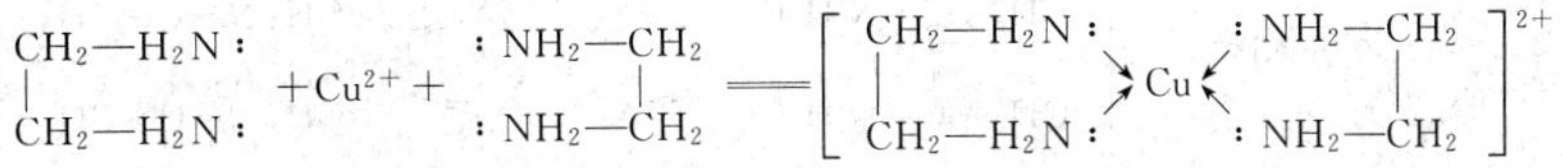

二乙二胺合铜(Ⅱ)离子

大多数螯合物具有五原子环或六原子环。

(1) 螯合剂

能和中心离子形成螯合物的、含有多齿配体的配位剂就称为螯合剂（chelating agents)。常见的螯合剂是含有N、O、S、P等配位原子的有机化合物。

螯合剂的特点是：螯合剂中必须含有两个或两个以上能给出孤对电子的配位原子，这些配位原子的位置必须适当，相互之间一般间隔两个或三个其他原子，以形成稳定的五原子环或六原子环。

一个螯合剂所提供的配位原子，可以相同，如乙二胺中的两个N原子，也可以不同，如氨基乙酸（NH_2CH_2COOH）中的N原子和O原子。

氨羧配位剂是最常见的螯合剂，许多是以氨基二乙酸$[—N(CH_2COOH)_2]$为基体的“NO”型螯合剂，其中的氨氮以及羧氧能与许多金属离子结合而形成螯合物。除氨基二乙酸外，还有氨三乙酸：

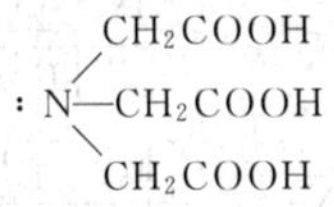

乙二胺四乙酸（ethylene diamine tetraacetic acid，简称EDTA)：

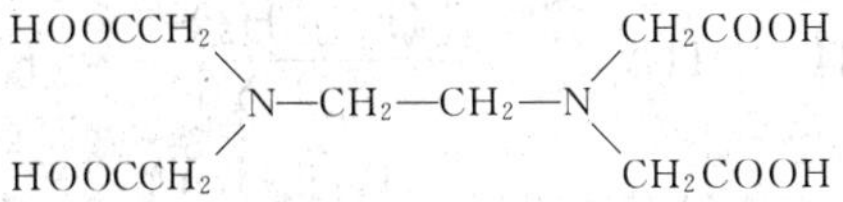

乙二醇二乙醚二胺四乙酸（简称EGTA)：

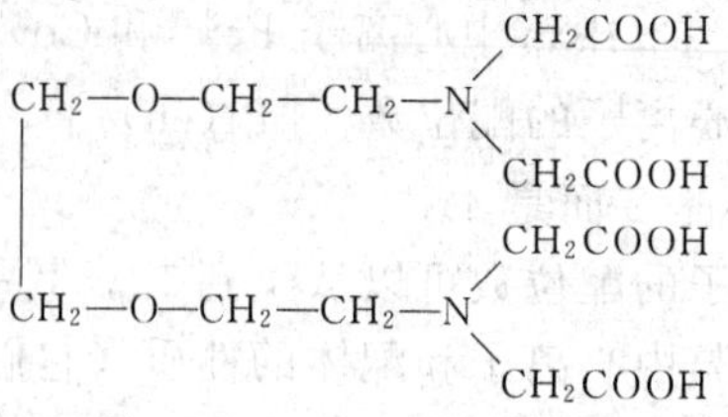

乙二胺四丙酸（简称 EDTP）：

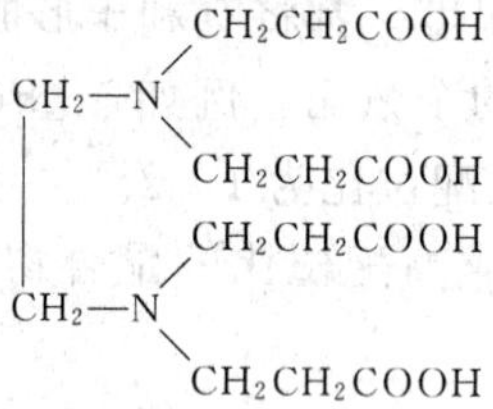

（2）螯合物的特性

① 特殊稳定性　螯合物的环称为螯环。螯环的形成使得螯合物具有特殊的稳定性。在一定范围内螯合物的稳定性随螯合物中环数的增多而显著增强。一般具有五原子环或六原子环的螯合物最稳定。

② 颜色　许多螯合物都具有颜色。

例如，在弱碱性条件下，丁二酮肟与 Ni^{2+} 形成鲜红色的二丁二酮肟合镍螯合物沉淀：

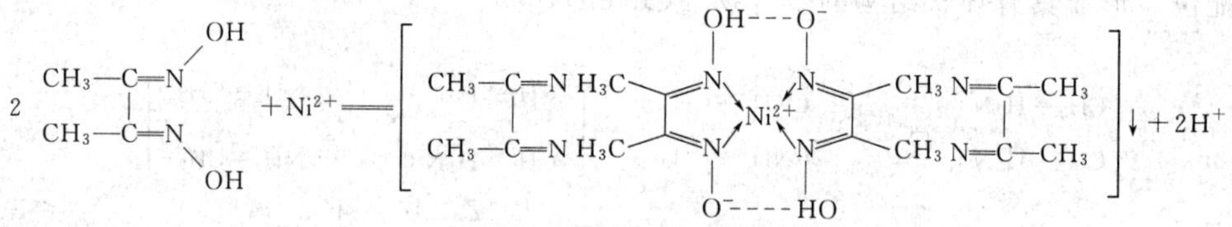

该反应可用于定性检验 Ni^{2+} 的存在，也可用来定量测定 Ni^{2+} 的含量。

（3）EDTA 及其螯合物

EDTA 是一类应用很广泛的氨羧螯合剂，特别是在分析化学中应用广泛，常用 H_4Y 表示。EDTA 两个羧基上的 H^+ 常转移到 N 原子上，形成双偶极离子：

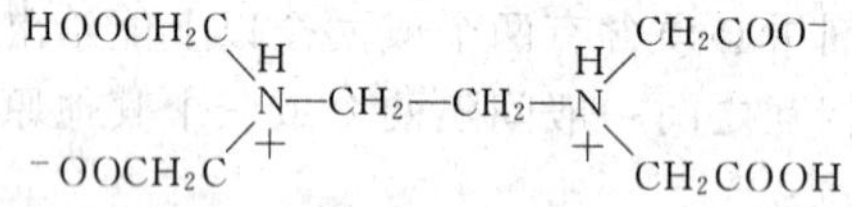

由于 EDTA 在水中的溶解度很小（室温下，每 100mL 水中只能溶解 0.02g），故常用它的二钠盐（$Na_2H_2Y \cdot 2H_2O$，一般也称为 EDTA）。后者的溶解度较大（室温下，每 100mL 水中能溶解 11.2g），其饱和溶液的浓度约为 $0.3mol \cdot L^{-1}$。

在酸度很高的溶液中，EDTA 的两个羧基负离子可再接受两个 H^+，形成 H_6Y^{2+}，这时，EDTA 就相当于一个六元酸，在水溶液中有六级离解平衡：

$$H_6Y^{2+} \rightleftharpoons H^+ + H_5Y^+ \qquad \frac{[H^+][H_5Y^+]}{[H_6Y^{2+}]} = K_1^{\ominus} = 10^{-0.9}$$

$$H_5Y^+ \rightleftharpoons H^+ + H_4Y \qquad \frac{[H^+][H_4Y]}{[H_5Y^+]} = K_2^{\ominus} = 10^{-1.6}$$

$$H_4Y \rightleftharpoons H^+ + H_3Y^- \qquad \frac{[H^+][H_3Y^-]}{[H_4Y]} = K_3^{\ominus} = 10^{-2.0}$$

$$H_3Y^- \rightleftharpoons H^+ + H_2Y^{2-} \qquad \frac{[H^+][H_2Y^{2-}]}{[H_3Y^-]} = K_4^{\ominus} = 10^{-2.67}$$

$$H_2Y^{2-} \rightleftharpoons H^+ + HY^{3-} \qquad \frac{[H^+][HY^{3-}]}{[H_2Y^{2-}]} = K_5^\ominus = 10^{-6.16}$$

$$HY^{3-} \rightleftharpoons H^+ + Y^{4-} \qquad \frac{[H^+][Y^{4-}]}{[HY^{3-}]} = K_6^\ominus = 10^{-10.26}$$

在任何水溶液中，EDTA 总是以 H_6Y^{2+}、H_5Y^+、H_4Y、H_3Y^-、H_2Y^{2-}、HY^{3-}、Y^{4-} 等 7 种形式存在的。各种存在形式的分布系数与溶液 pH 的关系如图 6-1 所示。

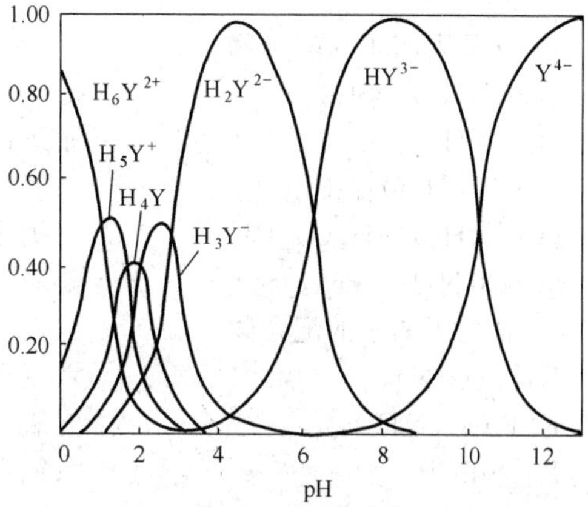

图 6-1 EDTA 溶液中各种存在形式的分布系数与溶液 pH 的关系曲线

可以看出，酸度越高，$[Y^{4-}]$ 越低；酸度越低，$[Y^{4-}]$ 越高。

在 pH<0.9 的强酸性溶液中，EDTA 主要以 H_6Y^{2+} 的形式存在；pH＝2.67～6.16 的溶液中，EDTA 的主要存在形式是 H_2Y^{2-}；pH 很大（≥12）的碱性溶液中，EDTA 才几乎完全以 Y^{4-} 的形式存在。

EDTA 的配位能力很强，它能通过 2 个 N、4 个 O 总共 6 个配位原子与金属离子结合，形成很稳定的具有 5 个五原子环的螯合物，它甚至能和很难形成配合物、半径较大的碱土金属离子（如 Ca^{2+}、Sr^{2+}、Ba^{2+} 等）形成稳定的螯合物。一般情况下，EDTA 与一至四价金属离子都能形成配位比 1∶1 的易溶于水的螯合物：

$$Ca^{2+} + Y^{4-} \rightleftharpoons CaY^{2-}$$

$$Fe^{3+} + Y^{4-} \rightleftharpoons FeY^-$$

$$Sn^{4+} + Y^{4-} \rightleftharpoons SnY$$

Ca^{2+}、Fe^{3+} 与 EDTA 的螯合物的结构如图 6-2 所示。

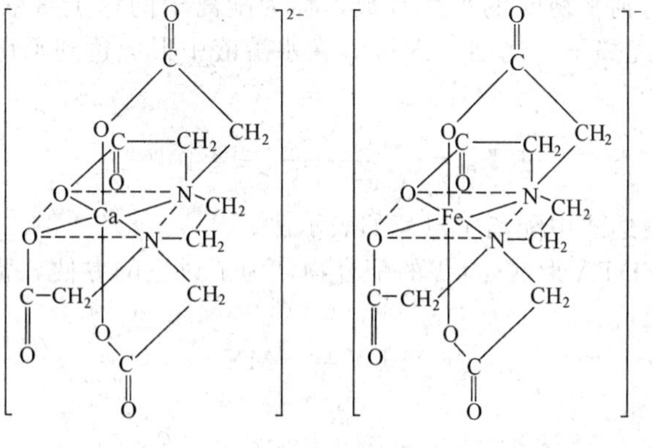

图 6-2 Ca^{2+}、Fe^{3+} 与 EDTA 的螯合物结构示意

EDTA 与金属离子生成螯合物时，不存在分步配位现象；与无色金属离子形成的螯合物仍为无色，与有色金属离子形成的螯合物颜色将加深。

6.1.3 配合物的命名

配合物的命名遵循 1979 年中国化学会无机化学专业委员会制定的汉语命名原则。命名时阴离子在前，阳离子在后，称为某化某或某酸某。

命名时按以下顺序进行：配体数目（用倍数词头二、三、四等表示）-配体名称-合-中心离子（用罗马数字标明氧化数）。

配位个体的命名顺序为：有多种配体时，阴离子配体先于中性分子配体，无机配体先于有机配体，简单配体先于复杂配体，同类配体按配位原子元素符号的英文字母顺序排列。不同配体名称之间以圆点“·”分开。

例如：

① 含配阳离子的配合物

$[Cu(NH_3)_4]SO_4$	硫酸四氨合铜（Ⅱ）
$[Co(NH_3)_6]Cl_3$	三氯化六氨合钴（Ⅲ）
$[CrCl_2(H_2O)_4]Cl$	一氯化二氯·四水合铬（Ⅲ）
$[Co(NH_3)_5(H_2O)]Cl_3$	三氯化五氨·一水合钴（Ⅲ）
$[CoCl(NH_3)(en)_2]SO_4$	硫酸一氯·一氨·二乙二胺合钴（Ⅲ）

② 含配阴离子的配合物

$K_4[Fe(CN)_6]$	六氰合铁（Ⅱ）酸钾
$K[PtCl_5(NH_3)]$	五氯·一氨合铂（Ⅳ）酸钾
$K_2[SiF_6]$	六氟合硅（Ⅳ）酸钾

③ 电中性配合物

$[Fe(CO)_5]$	五羰基合铁
$[Co(NO_2)_3(NH_3)_3]$	三硝基·三氨合钴（Ⅲ）
$[PtCl_4(NH_3)_2]$	四氯·二氨合铂（Ⅳ）

6.2 配位平衡及其影响因素

6.2.1 配位平衡及配合物的稳定常数

（1）配合物的稳定常数

配离子形成反应达到平衡时的平衡常数，称为配离子的稳定常数（stability constant）。对于配位比为1∶1的配离子，例如CaY^{2-}，在水溶液中形成达到平衡时：

$$Ca^{2+}+Y^{4-}\rightleftharpoons CaY^{2-}$$

$$K^{\ominus}_{形成}=\frac{[CaY^{2-}]}{[Ca^{2+}][Y^{4-}]}=10^{11.0}$$

请注意平衡常数表达式中配离子电荷的表示法。

由于金属离子与EDTA形成1∶1的配合物，为了讨论的方便，常略去离子的电荷。对于下述配合物的形成反应：

$$M+Y\rightleftharpoons MY$$

其形成常数为：

$$K^{\ominus}_{MY}=\frac{[MY]}{[M][Y]} \tag{6-1}$$

$K^{\ominus}_{MY}$值的大小可以用于衡量配离子在水溶液中的稳定性。$K^{\ominus}_{MY}$值越大，表明该配离子在水溶液中越稳定，越不易解离，游离金属离子的浓度越低。因此$K^{\ominus}_{MY}$又称为配合物的稳定常数，用$K^{\ominus}_{稳}$表示。

对于同型配离子，$K^{\ominus}_{稳}$值的相对大小可以反映它们稳定性的相对高低；如同前面的酸碱解离常数、溶度积。

配位比不为1∶1的配离子，在水溶液中的形成是分步进行的，每一步都相应有一个稳定常数，称为逐级稳定常数（或分步稳定常数）。

例如，考虑 $[Cu(NH_3)_4]^{2+}$ 配离子的形成过程：

$$Cu^{2+}+NH_3 \rightleftharpoons [Cu(NH_3)]^{2+}$$

$$K^{\ominus}_{稳1}=\frac{[Cu(NH_3)^{2+}]}{[Cu^{2+}][NH_3]}=10^{4.31}$$

$$[Cu(NH_3)]^{2+}+NH_3 \rightleftharpoons [Cu(NH_3)_2]^{2+}$$

$$K^{\ominus}_{稳2}=\frac{[Cu(NH_3)_2^{2+}]}{[Cu(NH_3)^{2+}][NH_3]}=10^{3.67}$$

$$[Cu(NH_3)_2]^{2+}+NH_3 \rightleftharpoons Cu[(NH_3)_3]^{2+}$$

$$K^{\ominus}_{稳3}=\frac{[Cu(NH_3)_3^{2+}]}{[Cu(NH_3)_2^{2+}][NH_3]}=10^{3.04}$$

$$Cu[(NH_3)_3]^{2+}+NH_3 \rightleftharpoons [Cu(NH_3)_4]^{2+}$$

$$K^{\ominus}_{稳4}=\frac{[Cu(NH_3)_4^{2+}]}{[Cu(NH_3)_3^{2+}][NH_3]}=10^{2.30}$$

逐级稳定常数随着配位数的增加而减小。因为配位数增加时，配体之间的斥力增大，同时中心离子对每个配体的吸引力减小，故配离子的稳定性减弱。

逐级稳定常数的乘积等于该配离子的总稳定常数：

$$Cu^{2+}+4NH_3 \rightleftharpoons [Cu(NH_3)_4]^{2+}$$

$$K^{\ominus}_{稳}=K^{\ominus}_{稳1}\times K^{\ominus}_{稳2}\times K^{\ominus}_{稳3}\times K^{\ominus}_{稳4}=\frac{[Cu(NH_3)_4^{2+}]}{[Cu^{2+}][NH_3]^4}=10^{13.32}$$

若将逐级稳定常数依次相乘，就得到各级累积稳定常数（β_i）：

$$\beta_1=K^{\ominus}_{稳1}=\frac{[Cu(NH_3)^{2+}]}{[Cu^{2+}][NH_3]}$$

$$\beta_2=K^{\ominus}_{稳1}\times K^{\ominus}_{稳2}=\frac{[Cu(NH_3)_2^{2+}]}{[Cu^{2+}][NH_3]^2}$$

$$\beta_3=K^{\ominus}_{稳1}\times K^{\ominus}_{稳2}\times K^{\ominus}_{稳3}=\frac{[Cu(NH_3)_3^{2+}]}{[Cu^{2+}][NH_3]^3}$$

$$\beta_4=K^{\ominus}_{稳1}\times K^{\ominus}_{稳2}\times K^{\ominus}_{稳3}\times K^{\ominus}_{稳4}=K^{\ominus}_{稳}=\frac{[Cu(NH_3)_4^{2+}]}{[Cu^{2+}][NH_3]^4}$$

这类配离子在水溶液中也会发生逐级离解，这些离解反应是配离子各级形成反应的逆反应，离解生成了一系列各级配位数不等的配离子，其各级离解的程度可用相应的逐级不稳定常数 $K^{\ominus}_{不稳}$ 表示，例如，在水溶液中的离解：

$$[Cu(NH_3)_4]^{2+} \rightleftharpoons [Cu(NH_3)_3]^{2+}+NH_3$$

$$K^{\ominus}_{不稳1}=\frac{[Cu(NH_3)_3^{2+}][NH_3]}{[Cu(NH_3)_4^{2+}]}=10^{-2.30}$$

……

$$[Cu(NH_3)]^{2+} \rightleftharpoons Cu^{2+}+NH_3$$

$$K^{\ominus}_{不稳4}=\frac{[Cu^{2+}][NH_3]}{[Cu(NH_3)^{2+}]}=10^{-4.31}$$

逐级不稳定常数分别与相对应的逐级稳定常数互为倒数：

$$K^{\ominus}_{不稳1}=\frac{1}{K^{\ominus}_{稳4}},\ K^{\ominus}_{不稳2}=\frac{1}{K^{\ominus}_{稳3}},\ K^{\ominus}_{不稳3}=\frac{1}{K^{\ominus}_{稳2}},\ K^{\ominus}_{不稳4}=\frac{1}{K^{\ominus}_{稳1}}$$

同样

$$[Cu(NH_3)_4]^{2+} \rightleftharpoons Cu^{2+} + 4NH_3$$

$$K^{\ominus}_{不稳} = K^{\ominus}_{不稳1} \times K^{\ominus}_{不稳2} \times K^{\ominus}_{不稳3} \times K^{\ominus}_{不稳4} = \frac{1}{K^{\ominus}_{稳}} = 10^{-13.32}$$

$K^{\ominus}_{稳}$、β_i 和 $K^{\ominus}_{不稳}$ 在使用时注意切勿混淆。

书末附录中列出了一些常见配离子的稳定常数。

须注意的是，在 $[Cu(NH_3)_4]^{2+}$ 的水溶液中，总存在有 $[Cu(NH_3)_3]^{2+}$、$[Cu(NH_3)_2]^{2+}$ 和 $[Cu(NH_3)]^{2+}$ 等各级配位数低的离子，因此不能认为溶液中 $[Cu^{2+}]$ 与 $[NH_3]$ 之比是 1∶4 的关系。

一般配离子的逐级稳定常数彼此相差不大，因此在计算离子浓度时必须考虑各级配离子的存在。但在实际工作中，一般总是加入过量的配位剂，这时金属离子将绝大部分处在最高配位数的状态，其他较低级的配离子可忽略不计。此时若只求简单金属离子的浓度，只需按总的 $K^{\ominus}_{不稳}$（或 $K^{\ominus}_{稳}$）进行计算，这样可使计算大为简化。

（2）配离子稳定常数的应用

① 计算配合物溶液中有关离子的浓度

【例 6-1】 计算溶液中与 1.0×10^{-3} mol·L^{-1} $[Cu(NH_3)_4]^{2+}$ 和 1.0mol·L^{-1} NH_3 处于平衡状态的游离 Cu^{2+} 浓度。

解　　$Cu^{2+} + 4NH_3 \rightleftharpoons [Cu(NH_3)_4]^{2+}$

平衡浓度/mol·L^{-1}　　x　　1.0　　1.0×10^{-3}

已知 $[Cu(NH_3)_4]^{2+}$ 的 $K^{\ominus}_{稳} = 10^{13.32} = 2.1\times10^{13}$，将上述各项平衡浓度代入稳定常数表达式：

$$\frac{[Cu(NH_3)_4^{2+}]}{[Cu^{2+}][NH_3]^4} = K^{\ominus}_{稳}$$

$$\frac{1.0\times10^{-3}}{x\times(1.0)^4} = 2.1\times10^{13}$$

$$x = \frac{1.0\times10^{-3}}{2.1\times10^{13}} = 4.8\times10^{-17}\ \text{mol}\cdot\text{L}^{-1}$$

游离 Cu^{2+} 的浓度为 4.8×10^{-17} mol·L^{-1}。

② 配位平衡对物质沉淀或溶解的影响

【例 6-2】 若在 1.0L 例 6-1 所述的溶液中加入 0.0010mol NaOH，问有无 $Cu(OH)_2$ 沉淀生成？若加入 0.0010mol Na_2S，有无 CuS 沉淀生成？

解 ① 当加入 0.0010mol NaOH 后，溶液中的 $[OH^-] = 0.0010$ mol·L^{-1}：

$$K^{\ominus}_{sp}\{Cu(OH)_2\} = 2.2\times10^{-20}$$

该溶液中相应离子浓度幂的乘积：

$$[Cu^{2+}][OH^-]^2 = 4.8\times10^{-17}\times(1.0\times10^{-3})^2 = 4.8\times10^{-23}$$

$$4.8\times10^{-23} < K^{\ominus}_{sp}\{Cu(OH)_2\}$$

故加入 0.0010mol NaOH 后，无 $Cu(OH)_2$ 沉淀生成。

② 若加入 0.0010mol Na_2S 后，溶液中的 $[S^{2-}] = 0.0010$ mol·L^{-1}（未考虑 S^{2-} 的水解）：

$$K^{\ominus}_{sp}(CuS) = 6.3\times10^{-36}$$

该溶液中相应离子浓度幂的乘积：

$$[Cu^{2+}][S^{2-}]=4.8\times10^{-17}\times1.0\times10^{-3}=4.8\times10^{-20}$$

$$4.8\times10^{-20}>K_{sp}^{\ominus}(CuS)$$

故加入 0.0010mol Na_2S 后，有 CuS 沉淀产生。

【例 6-3】 已知 AgCl 的 $K_{sp}^{\ominus}$ 为 1.8×10^{-10}，AgBr 的 $K_{sp}^{\ominus}$ 为 5.4×10^{-13}。试比较完全溶解 0.010mol 的 AgCl 和完全溶解 0.010mol 的 AgBr 所需要的 NH_3 的浓度（以 $mol\cdot L^{-1}$ 表示）。

解 AgCl 在 NH_3 中的溶解反应为：

$$AgCl+2NH_3\rightleftharpoons[Ag(NH_3)_2]^++Cl^-$$

其平衡常数为：

$$K^{\ominus}=\frac{[Ag(NH_3)_2^+][Cl^-]}{[NH_3]^2}$$

本章相关反应平衡常数的求解方法分别与第 3 章、第 4 章所述相关反应平衡常数的求解方法相同。

$$K^{\ominus}=\frac{[Ag(NH_3)_2^+][Ag^+][Cl^-]}{[Ag^+][NH_3]^2}$$

$$=K_{稳}^{\ominus}\{Ag(NH_3)^{2+}\}K_{sp}^{\ominus}(AgCl)$$

查附录知： $K_{sp}^{\ominus}(AgCl)=1.8\times10^{-10}$；$K_{稳}^{\ominus}\{Ag(NH_3)_2^+\}=1.1\times10^7$

则 $$K^{\ominus}=1.1\times10^7\times1.8\times10^{-10}=2.0\times10^{-3}$$

平衡时 $$[NH_3]=\sqrt{\frac{[Ag(NH_3)_2^+][Cl^-]}{K^{\ominus}}}$$

设 AgCl 溶解后，全部转化为 $[Ag(NH_3)_2]^+$，则 $[Ag(NH_3)_2^+]=0.010mol\cdot L^{-1}$（严格地讲，由于 $[Ag(NH_3)_2]^+$ 的离解，应略小于 $0.010mol\cdot L^{-1}$），$[Cl^-]=0.010mol\cdot L^{-1}$，有：

$$[NH_3]=\sqrt{\frac{0.010\times0.010}{2.0\times10^{-3}}}=0.22mol\cdot L^{-1}$$

在溶解 0.010mol AgCl 的过程中，消耗 NH_3 的浓度为：

$$2\times0.010=0.020mol\cdot L^{-1}$$

故溶解 0.010mol AgCl 所需要的 NH_3 的原始浓度为：

$$0.22+0.020=0.24mol\cdot L^{-1}$$

同理，可以求出溶解 0.010mol AgBr 所需要的 NH_3 的浓度至少为 $4.1mol\cdot L^{-1}$。

有关配位平衡与沉淀溶解平衡之间的相互转化关系，可以用下述实验事实说明之。在 $AgNO_3$ 溶液中，加入数滴 KCl 溶液，立即产生白色 AgCl 沉淀。再滴加氨水，由于生成 $[Ag(NH_3)_2]^+$，AgCl 沉淀即发生溶解。若向此溶液中再加入少量 KBr 溶液，则有淡黄色 AgBr 沉淀生成。再滴加 $Na_2S_2O_3$ 溶液，则 AgBr 又将溶解。如若再向溶液中滴加 KI 溶液，则又将析出溶解度更小的黄色 AgI 沉淀。再滴加 KCN 溶液，AgI 沉淀又复溶解。此时若再加入 $(NH_4)_2S$ 溶液，则最终生成棕黑色的 Ag_2S 沉淀。以上各步实验过程为：

$$Ag^+(aq) + Cl^-(aq) \underset{K_{sp}^{\ominus}=1.77\times10^{-10}}{\rightleftharpoons} AgCl(s)$$

（加沉淀剂）　　　　　　+

$2NH_3(aq)$（加配位剂）

$$\Big\Updownarrow K_{稳}^{\ominus}=1.12\times10^{7}$$

$$2NH_3(aq)+AgBr(s) \underset{K_{sp}^{\ominus}=5.35\times10^{-13}}{\rightleftharpoons} [Ag(NH_3)_2]^+(aq) + Br^-(aq)$$

+　　　　　　　　　　（加沉淀剂）

$2S_2O_3^{2-}(aq)$（加配位剂）

$$\Big\Updownarrow K_{稳}^{\ominus}=2.88\times10^{13}$$

$$[Ag(S_2O_3)_2]^{3-}(aq) + I^-(aq) \underset{K_{sp}^{\ominus}=8.52\times10^{-17}}{\rightleftharpoons} AgI(s)$$

（加沉淀剂）　　　　　　+

$2CN^-(aq)$（加配位剂）

$$\Big\Updownarrow K_{稳}^{\ominus}=1.26\times10^{21}$$

$$2CN^-(aq) + \frac{1}{2}Ag_2S(s) \underset{K_{sp}^{\ominus}=2.0\times10^{-49}}{\rightleftharpoons} [Ag(CN)_2]^-(aq)+\frac{1}{2}S^{2-}(aq)$$

（加沉淀剂）

与沉淀生成和溶解相对应的分别是配合物的离解和形成，决定上述各反应方向的是$K_{稳}^{\ominus}$和$K_{sp}^{\ominus}$的相对大小以及配位剂与沉淀剂的浓度。配合物的$K_{稳}^{\ominus}$值越大，沉淀越易溶解形成相应配合物；而沉淀的$K_{sp}^{\ominus}$越小，则配合物越易离解转变成相应的沉淀。

③ 配位平衡之间的转化　配离子之间的相互转化和配离子与沉淀之间的转化类似，转化反应向着生成更稳定的配离子的方向进行。两种配离子的稳定常数相差越大，转化将越完全。

【例 6-4】 向含有$[Ag(NH_3)_2]^+$的溶液中分别加入 KCN 和 $Na_2S_2O_3$，此时发生下列反应：

$$[Ag(NH_3)_2]^+ + 2CN^- \rightleftharpoons [Ag(CN)_2]^- + 2NH_3 \quad (1)$$

$$[Ag(NH_3)_2]^+ + 2S_2O_3^{2-} \rightleftharpoons [Ag(S_2O_3)_2]^{3-} + 2NH_3 \quad (2)$$

试问，在相同的情况下，哪个转化反应进行得较完全？

解　反应式(1) 的平衡常数表示为：

$$K_1^{\ominus}=\frac{[Ag(CN)_2^-][NH_3]^2}{[Ag(NH_3)_2^+][CN^-]^2}$$

$$=\frac{[Ag(CN)_2^-][NH_3]^2[Ag^+]}{[Ag(NH_3)_2^+][CN^-]^2[Ag^+]}$$

$$=\frac{K_{稳}^{\ominus}\{Ag(CN)_2^-\}}{K_{稳}^{\ominus}\{Ag(NH_3)_2^+\}}$$

$$=\frac{1.26\times10^{21}}{1.12\times10^{7}}=1.13\times10^{14}$$

同理，可求出反应式(2) 的平衡常数$K_2^{\ominus}=2.57\times10^{6}$。

由计算得知，反应式(1) 的平衡常数$K_1^{\ominus}$比反应式(2) 的平衡常数$K_2^{\ominus}$大，说明反应(1) 比反应(2) 进行得完全。

④ 配位平衡对物质氧化或还原性能的影响　氧化还原电对的电极电势会因配合物的生成而改变，相应物质的氧化还原性能也会发生改变。

【例 6-5】 根据 $E^{\ominus}(Au^+/Au)=1.692V$，Au 很难被氧化。若加入 KCN，就可以在碱性条件下利用空气中的氧将 Au 氧化。已知 $[Au(CN)_2]^-$ 的 $K^{\ominus}_{稳}=2.00\times10^{38}$；$E^{\ominus}(O_2/OH^-)=0.401V$。试计算 $E^{\ominus}\{[Au(CN)_2]^-/Au\}$ 的值并说明。

解 根据题意，$Au^+ + e^- \rightleftharpoons Au$，$E^{\ominus}(Au^+/Au)=1.692V$

$$\text{KCN}\Big\Updownarrow$$

$$Au(CN)_2^-$$

由于配位平衡的存在，形成很稳定的 $[Au(CN)_2]^-$，使氧化还原平衡向左移动，游离 $[Au^+]$ 大大降低。根据 Au^+/Au 电对的能斯特方程式，

$$E(Au^+/Au)=E^{\ominus}(Au^+/Au)+0.0592\lg[Au^+]$$

Au 的氧化能力变弱，还原能力增强。

Au^+/Au 电对能斯特方程式中的 $[Au^+]$ 受配位平衡所控制，可以由 $K^{\ominus}_{稳}$ 表达式求出。

$$Au^+ + 2CN^- \rightleftharpoons [Au(CN)_2^-]$$

$$K^{\ominus}_{稳}=\frac{[Au(CN)_2^-]}{[Au^+][CN^-]^2}$$

则

$$[Au^+]=\frac{[Au(CN)_2^-]}{K^{\ominus}_{稳}[CN^-]^2}=5.00\times10^{-39}\,mol\cdot L^{-1}$$

将 $[Au^+]$ 代入能斯特方程式：

$$E(Au^+/Au)=E(Au^+/Au)+0.0592\lg\frac{[Au(CN)_2^-]}{K^{\ominus}_{稳}[CN^-]}$$

根据标准电极电势的定义，当 $[Au(CN)_2^-]=[CN^-]=1mol\cdot L^{-1}$ 时，上式所求的 $E(Au^+/Au)$ 即为 $E^{\ominus}\{[Au(CN)_2^-]/Au\}$

$$E^{\ominus}\{[Au(CN)_2^-]/Au\}=E^{\ominus}(Au^+/Au)+0.0592\lg\frac{1}{K^{\ominus}_{稳}}$$

$$=1.692+0.0592\lg\frac{1}{2.00\times10^{38}}$$

$$=-0.575V$$

很显然，在本例的条件下 Au 的还原能力大大增强，溶解氧足够将其氧化。这就是湿法冶金提炼金所依据的原理。

6.2.2 配合物的稳定性以及影响配位平衡的主要因素

6.2.2.1 内在因素

同种金属离子不同的配体，螯合物要比具有相同配位原子的简单配合物来得稳定（见表 6-1），此现象称为螯合效应。

表 6-1 螯合物与简单配合物稳定性的比较

螯合物	$\lg K^{\ominus}_{稳}$	简单配合物	$\lg K^{\ominus}_{稳}$
$[Cu(en)_2]^{2+}$	20.00	$[Cu(NH_3)_4]^{2+}$	13.32
$[Zn(en)_2]^{2+}$	10.83	$[Zn(NH_3)_4]^{2+}$	9.46
$[Cd(en)_2]^{2+}$	10.09	$[Cd(NH_3)_4]^{2+}$	7.12
$[Ni(en)_3]^{2+}$	18.83	$[Ni(NH_3)_6]^{3+}$	8.74

同种配体不同的金属离子所形成的螯合物的稳定性也不同，这些差别主要决定于金属离子本身的电荷、半径和电子层结构。例如，EDTA 与金属离子所形成的螯合物的稳定性（见附录 6）：

碱金属离子的螯合物最不稳定；

碱土金属离子的螯合物，$\lg K^{\ominus}_{MY} \approx 8 \sim 11$；

过渡元素、稀土元素、Al^{3+} 的螯合物，$\lg K^{\ominus}_{MY} \approx 15 \sim 19$；

三价、四价金属离子和 Hg^{2+} 的螯合物，$\lg K^{\ominus}_{MY} > 20$。

6.2.2.2 外部条件

上述配位平衡应用示例的讨论中已经可以看到，沉淀剂、其他配位剂等外部条件的改变对配位平衡的影响。

分析化学的滴定分析中，若条件控制不当或存在一些副反应，配离子的稳定性下降，滴定误差就会相应增大甚至无法准确滴定。下面就以配位滴定中常用的 EDTA 配位反应为例来进一步分析外部因素对配位平衡的影响。

金属离子 M 与 Y 配位，生成配合物 MY，这是主反应。与此同时，即使不额外添加沉淀剂、氧化或还原剂，反应物 M、Y 及反应产物 MY 也可能与溶液中的其他组分发生各种副反应：

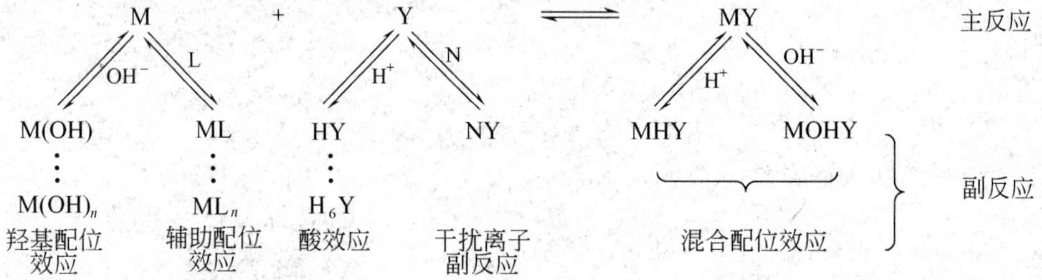

反应物 M、Y 的副反应将不利于主反应的进行，而反应产物 MY 的副反应则有利于主反应但影响较小，一般可以忽略。

(1) 配位剂 Y 的副反应及其副反应系数

配位剂 Y 的副反应包括溶液中的 H^+ 以及共存离子 N 与 Y 的反应。

① 酸效应与酸效应系数 $\alpha_{Y(H)}$　与 Y^{4-} 类似，大多数配位剂都是有机弱酸或有机弱碱，因此酸度对配离子稳定性的影响相对较大。

很显然，由于 H^+ 与配体 Y^{4-} 之间发生副反应，会使其参加主反应的能力下降。这种现象称为配位平衡的酸效应。

EDTA 酸效应的大小用酸效应系数 $\alpha_{Y(H)}$ 来衡量。其酸效应系数表示未参加配位反应的 EDTA 的各种存在形式的总浓度与能参加配位反应的 Y^{4-} 的平衡浓度之比：

$$\alpha_{Y(H)} = \frac{[Y]_{总}}{[Y^{4-}]} \tag{6-2}$$

上式的 $[Y]_{总}$ 一般不等于 c_Y，$c_Y = [MY] + [Y]_{总}$。

按酸碱平衡中的处理方式，

$$\alpha_{Y(H)} = \frac{[Y^{4-}]+[HY^{3-}]+[H_2Y^{2-}]+[H_3Y^-]+[H_4Y]+[H_5Y^+]+[H_6Y^{2+}]}{[Y^{4-}]}$$

$$= 1 + \frac{[H^+]}{K^{\ominus}_6} + \frac{[H^+]^2}{K^{\ominus}_6 K^{\ominus}_5} + \frac{[H^+]^3}{K^{\ominus}_6 K^{\ominus}_5 K^{\ominus}_4} + \frac{[H^+]^4}{K^{\ominus}_6 K^{\ominus}_5 K^{\ominus}_4 K^{\ominus}_3} + \frac{[H^+]^5}{K^{\ominus}_6 K^{\ominus}_5 K^{\ominus}_4 K^{\ominus}_3 K^{\ominus}_2} + \frac{[H^+]^6}{K^{\ominus}_6 K^{\ominus}_5 K^{\ominus}_4 K^{\ominus}_3 K^{\ominus}_2 K^{\ominus}_1} \tag{6-3}$$

溶液的 pH 越小，即 $[H^+]$ 越大，$\alpha_{Y(H)}$ 就越大，表示 Y^{4-} 的平衡浓度就越小，EDTA

配合物的稳定性就越低。

不同 pH 时 EDTA 的酸效应系数 $\alpha_{Y(H)}$ 列于表 6-2 中。

表 6-2 不同 pH 时的 $\lg\alpha_{Y(H)}$

pH	$\lg\alpha_{Y(H)}$	pH	$\lg\alpha_{Y(H)}$	pH	$\lg\alpha_{Y(H)}$	pH	$\lg\alpha_{Y(H)}$	pH	$\lg\alpha_{Y(H)}$
0.0	23.64	2.0	13.51	4.0	8.44	6.0	4.65	8.5	1.77
0.4	21.32	2.4	12.19	4.4	7.64	6.4	4.06	9.0	1.29
0.8	19.08	2.8	11.09	4.8	6.84	6.8	3.55	9.5	0.83
1.0	18.01	3.0	10.60	5.0	6.45	7.0	3.32	10.0	0.45
1.4	16.02	3.4	9.70	5.4	5.69	7.5	2.78	11.0	0.07
1.8	14.27	3.8	8.85	5.8	4.98	8.0	2.26	12.0	0.00

从表 6-2 可以看出，多数情况下 $\alpha_{Y(H)}$ 不等于 1。只有在 pH≥12 时，EDTA 的酸效应系数 $\alpha_{Y(H)}$ 才等于 1，$[Y]_{总}$ 才几乎等于有效浓度 $[Y^{4-}]$，这时 $[H^+]$ 对 EDTA 配合物稳定性的影响才能忽略。

② 共存离子效应　共存离子 N 与被测离子 M 争夺配位剂 Y，使 Y 参加主反应的能力下降，这种现象就称为共存离子效应。相应的副反应系数用 $\alpha_{Y(N)}$ 表示。

$$\alpha_{Y(N)}=\frac{[Y]_{总}}{[Y]} \tag{6-4}$$

式中 $[Y]_{总}=[NY]+[Y]$。

可求得

$$\alpha_{Y(N)}=1+K^{\ominus}_{NY}[N] \tag{6-5}$$

③ 配位剂总的副反应系数　两种副反应同时存在时，配位剂 Y 的总副反应系数

$$\alpha_Y=\alpha_{Y(H)}+\alpha_{Y(N)}-1 \tag{6-6}$$

(2) 金属离子 M 的副反应及其副反应系数 α_M

金属离子 M 的副反应包括金属离子水解形成羟基配合物（或氢氧基配合物）反应以及其他具有一定配位能力的配位剂与 M 的反应。

① 羟基配位效应　羟基配合物的形成会使得金属离子参加主反应的能力降低，这种现象称为羟基配位效应，其副反应系数用 $\alpha_{M(OH)}$ 表示：

$$\alpha_{M(OH)}=\frac{[M]_{总}}{[M]} \tag{6-7}$$

同样，$[M]_{总}$ 不等于 c_M，$c_M=[MY]+[M]_{总}$。

$$\alpha_{M(OH)}=\frac{[M]+[M(OH)]+[M(OH)_2]+\cdots+[M(OH)_n]}{[M]} \tag{6-8}$$

$$=1+\beta_1[OH^-]+\beta_2[OH^-]^2+\cdots+\beta_n[OH^-]^n$$

其中，β_i 为金属离子羟基配合物的各级累积稳定常数。

② 辅助配位效应　某些酸碱缓冲溶液的构成组分（如氨-氯化铵缓冲溶液中的氨）也具有一定的配位能力；有时为了控制共存离子 N 不参与争夺配体，往往会加入一些其他的配位剂 L 与 N 结合，L 与 M 也可能会发生配位反应。这些也能与被测金属离子 M 配位的其他配位剂都称为辅助配位剂，它们的存在也会使被测金属离子参加主反应的能力降低，这种现象称为辅助配位效应，其影响大小可以用 $\alpha_{M(L)}$ 来衡量。同上处理方式，可得：

$$\alpha_{M(L)}=1+\beta_1[L]+\beta_2[L]^2+\cdots+\beta_n[L]^n \tag{6-9}$$

其中，β_i 为金属离子与辅助配位剂 L 形成配合物的各级累积稳定常数。

③ 金属离子总的副反应系数　金属离子总的副反应系数可以用 α_M 表示：

$$\alpha_M=\alpha_{M(L)}+\alpha_{M(OH)}-1\approx\alpha_{M(L)}+\alpha_{M(OH)} \tag{6-10}$$

很显然，金属离子越容易形成羟基配合物，或辅助配位剂的浓度越高，与金属离子所形成的配合物越稳定，α_M 就越大，对 EDTA 配合物稳定性的影响就越严重。

6.2.2.3 条件稳定常数

对 EDTA 配位反应来说，若有副反应发生，达到平衡时 [MY] 与 $[Y]_{总}$ $[M]_{总}$之比也是一个常数，用 $\lg K_{MY}^{\ominus\prime}$ 表示，即：

$$\frac{[MY]}{[M]_{总}[Y]_{总}}=K_{MY}^{\ominus\prime} \tag{6-11a}$$

式中，$[Y]_{总}=\alpha_Y[Y]$；$[M]_{总}=\alpha_M[M]$，代入式(6-11a) 整理后可得：

$$K_{MY}^{\ominus\prime}=\frac{[MY]}{\alpha_M\alpha_Y[M][Y]} \tag{6-11b}$$

将式(6-1) 代入式(6-11b) 并将两边取对数，整理可得：

$$\lg K_{MY}^{\ominus\prime}=\lg K_{MY}^{\ominus}-\lg\alpha_M-\lg\alpha_Y \tag{6-11c}$$

若 Y 与 M 均发生副反应，式中 $\lg\alpha_Y$以及 $\lg\alpha_M$一般均大于 0。所以 $K_{MY}^{\ominus\prime}<K_{MY}^{\ominus}$。

显然 $K_{MY}^{\ominus\prime}$能够反映在一定外因（H^+ 和 L）条件下 MY 配合物的实际稳定程度。因此 $K_{MY}^{\ominus\prime}$就称为 EDTA 配合物的条件稳定常数或表观稳定常数，或有效稳定常数。

若只存在酸效应，则：

$$\lg K_{MY}^{\ominus\prime}=\lg K_{MY}^{\ominus}-\lg\alpha_{Y(H)} \tag{6-11d}$$

【例 6-6】 计算 pH＝2.0 和 pH＝5.0 时的 $\lg K_{ZnY}^{\ominus\prime}$值。

解 查书末附录，知 $\lg K_{ZnY}^{\ominus}=16.4$

① 查表 6-2，pH＝2.0 时，$\lg\alpha_{Y(H)}=13.5$，由式(6-11d) 得：

$$\lg K_{ZnY}^{\ominus\prime}=\lg K_{ZnY}^{\ominus}-\lg\alpha_{Y(H)}=16.4-13.5=2.9$$

② 查表 6-2，pH＝5.0 时，$\lg\alpha_{Y(H)}=6.5$

$$\lg K_{ZnY}^{\ominus\prime}=\lg K_{ZnY}^{\ominus}-\lg\alpha_{Y(H)}=16.4-6.5=9.9$$

可见，若在 pH＝2.0 时滴定 Zn^{2+}，由于副反应严重，ZnY 很不稳定，配位反应进行不完全。而在 pH＝5.0 时滴定 Zn^{2+}，$\lg K_{ZnY}^{\ominus\prime}=9.9$，ZnY 就很稳定，配位反应可以进行的很完全。

一般在酸度较高的情况下主要考虑 EDTA 的酸效应；酸度较低时且同时存在其他配位剂，通常需考虑酸效应与辅助配位效应；酸度更低且同时存在其他配位剂，一般考虑羟基配位效应与辅助配位效应。

6.3 配位滴定法

以配位反应为基础的滴定分析法称为配位滴定法。大多数无机配位反应所生成的配合物不够稳定；逐级配位且各级稳定常数相差较小，滴定过程不可能产生金属离子浓度的突跃，难以满足定量分析的基本要求，故配位滴定法大多采用氨羧螯合剂，特别是 EDTA 的配位反应建立而成。

由于 EDTA 的酸效应，且所用的 EDTA 为二钠盐，反应过程中有 H^+ 不断释出，为了保证滴定过程中 $K_{MY}^{\ominus\prime}$基本不变，常用酸碱缓冲溶液来控制溶液的酸度。

6.3.1 滴定曲线和滴定条件

(1) 化学计量点时的 pM

随着滴定剂 EDTA 的加入，溶液中被滴金属离子的浓度不断下降，在化学计量点附近，被滴金属离子浓度的负对数 pM（pM＝－lg[M]）将发生突变。

以滴定剂 EDTA 加入的体积 V 为横坐标，pM 为纵坐标，作 pM-V_{EDTA}图，即可以得到配位滴定的滴定曲线。

通常仅需计算化学计量点时的 pM，并以此作为选择指示剂的参考。由式(6-11a)

$$K_{MY}^{\ominus\prime}=\frac{[MY]}{[M]_{总}[Y]_{总}}$$

化学计量点时 $[M]_{总}=[Y]_{总}$，若该配合物 MY 较为稳定，化学计量点时 MY 离解很少，可以忽略，故有：

$$[M]_{总}=\sqrt{\frac{[MY]}{K_{MY}^{\ominus\prime}}} \tag{6-12}$$

若滴定剂与被测金属离子的初始分析浓度相等，则 [MY] 即为金属离子初始分析浓度的一半。

【例 6-7】 分别在 pH=10.0 和 pH=9.0 时，用 $0.01000mol \cdot L^{-1}$ EDTA 溶液滴定 20.00mL $0.01000mol \cdot L^{-1}$ Ca^{2+}，计算滴定至化学计量点时的 pCa。

解 查书末附录，可得 CaY 的 $\lg K_{稳}^{\ominus}=10.70$。

查表 6-2，当 pH=10.0 时，$\lg\alpha_{Y(H)}=0.45$。

由式(6-11d) 得：

$$\lg K_{稳}^{\ominus\prime}=\lg K_{稳}^{\ominus}-\lg\alpha_{Y(H)}=10.70-0.45=10.25$$

$$K_{稳}^{\ominus\prime}=10^{10.25}=1.8\times10^{10}$$

在化学计量点时，Ca^{2+} 与 Y 全部配合生成 CaY 配合物，但溶液中仍有如下平衡：

$$CaY^{2-}\rightleftharpoons Ca^{2+}+Y^{4-}$$

Ca^{2+} 无副反应，所以有

$$K_{稳}^{\ominus\prime}=\frac{[CaY]}{[Ca^{2+}][Y]_{总}}$$

因为此时 $[Ca^{2+}]=[Y]_{总}$，所以

$$Ca^{2+}=\sqrt{\frac{[CaY]}{K_{稳}^{\ominus\prime}}}$$

而 CaY 的 $K_{稳}^{\ominus\prime}=1.8\times10^{10}$，CaY 在此时很稳定，基本上不离解，故有：

$$[CaY]=0.01000\times\frac{20.00}{20.00+20.00}=0.005000mol \cdot L^{-1}$$

所以

$$[Ca^{2+}]=\sqrt{\frac{0.005000}{1.8\times10^{10}}}=5.3\times10^{-7}mol \cdot L^{-1}$$

$$pCa=6.3$$

在 pH=9.0 时，EDTA 滴定 Ca^{2+} 至化学计量点时的 pCa 也可以同样计算得到，为 5.9。

按照相同的方法，还可以计算出在其他 pH 条件下，EDTA 滴定 Ca^{2+} 至化学计量点时的 pCa。

不同 pH 条件下，以 $0.01000mol \cdot L^{-1}$ EDTA 滴定 $0.01000mol \cdot L^{-1}$ Ca^{2+} 的滴定曲线见图 6-3。

(2) 滴定突跃与准确滴定的条件

滴定突跃的大小是决定滴定准确度的重要依据。与酸碱滴定类似，影响滴定突跃的主要因素是被测金属离子的浓度 c_M 和 $K_{MY}^{\ominus\prime}$。

从图 6-3 可以看出，用 EDTA 溶液滴定一定浓度的 Ca^{2+} 时，Ca^{2+} 浓度的变化情况即滴定曲线突跃的大小随溶液 pH 而变化，这是 CaY 的条件稳定常数 $K_{CaY}^{\ominus\prime}$ 随 pH 而发生改变的缘故。

pH 愈大，条件稳定常数 $K_{MY}^{\ominus\prime}$ 愈大，配合物愈稳定，滴定曲线化学计量点附近的 pCa 突跃就

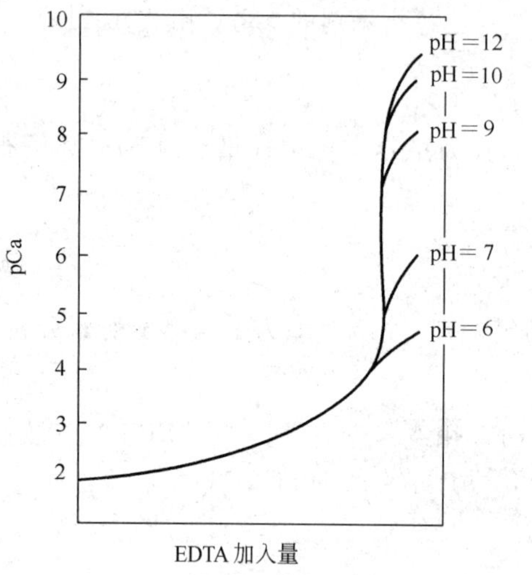

图 6-3 不同 pH 条件下以 0.01000mol · L^{-1} EDTA 滴定 0.01000mol · L^{-1} Ca^{2+} 的滴定曲线

愈大；pH 愈小，该突跃就愈小。当pH=7 时，$\lg K_{CaY}^{\ominus\prime}=7.3$，图中滴定曲线的突跃范围就很小了。因此，当金属离子浓度一定时，溶液 pH 不同会使 $K_{MY}^{\ominus\prime}$ 改变，影响滴定突跃的大小。

图 6-3 显示，当 $\lg K_{MY}^{\ominus\prime}\leqslant 7$ 时，滴定突跃已小于 0.3pM 单位，这样就很难通过人眼判断指示剂颜色的变化而确定滴定终点，使滴定误差小于 0.1%。

在配位滴定中，若滴定误差不超过 0.1%，就可认为金属离子已被定量滴定。为达到这样的准确度，除了 c_M 和 $K_{MY}^{\ominus\prime}$ 要足够大以外，还要选择较为灵敏的指示剂，以在较小的 ΔpM 范围内能看到明晰的终点。实践和理论都已证明，满足如下条件时，金属离子 M 便能被准确滴定：

$$c_M K_{稳}^{\ominus\prime}\geqslant 10^6 \tag{6-13a}$$

$$或\ \lg(c_M K_{稳}^{\ominus\prime})\geqslant 6 \tag{6-13b}$$

（3）单一金属离子被准确滴定的适宜酸度及酸效应曲线

由滴定突跃的讨论可见，溶液 pH 的选择在 EDTA 配位滴定中非常重要。由于不同的金属离子与 EDTA 形成的配合物稳定性不同，因此每种金属离子都有一个能被准确滴定的允许最低 pH（或允许最高酸度）。同时，从图 6-3 可见，pH 越高，滴定突跃越宽。但是，溶液酸度低，金属离子又可能发生水解，因此每种金属离子还应该有一个允许最高 pH（或允许最低酸度）。

根据准确滴定的条件式(6-13b) 以及式(6-11d) 可以求得准确滴定的 $\lg\alpha_{Y(H)}$，查表 6-2 就能得到被滴金属离子的允许最低 pH。

人们把各种金属离子能被定量滴定的允许最低 pH 与其 $\lg K_{稳}^{\ominus}$ 的关系作图，就得到如图 6-4 所示的曲线，通常称为酸效应曲线图或林邦曲线。

在林邦曲线图中不仅可以查到定量滴定某种金属离子的允许最低 pH，而且可以预计存

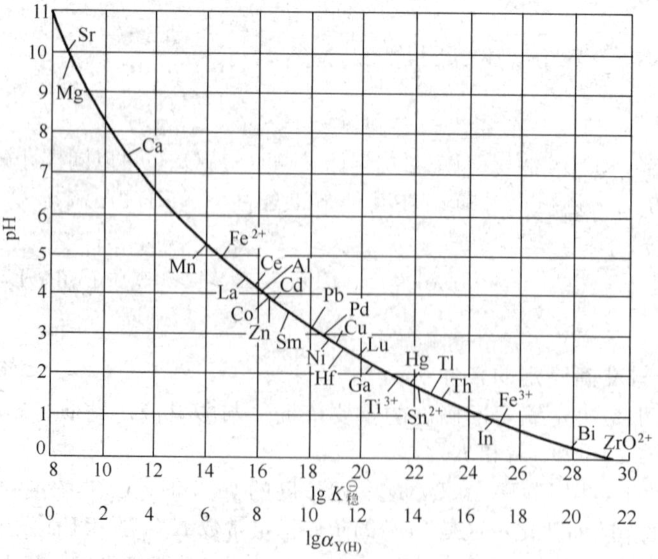

图 6-4 EDTA 的酸效应曲线（金属离子浓度为 0.01mol · L^{-1}）

在的干扰，或连续滴定所需控制的酸度调节范围。例如，pH≈3.3 可以滴定 Pb^{2+}，但允许最低 pH≤3.3 的 Cu^{2+}、Ni^{2+}、Sn^{2+}、Fe^{3+} 等离子肯定会干扰 Pb^{2+} 的滴定，而允许最低 pH 稍大于 3.3 的 Al^{3+}、Zn^{2+}、Cd^{2+} 等离子也会有一定的干扰，而允许最低 pH 很大的 Ca^{2+}、Mg^{2+} 等离子就不会有干扰了。

在没有其他配位剂存在的情况下，滴定某种金属离子的最高 pH 一般可以粗略地由金属离子的水解酸度确定

【例 6-8】 计算以 $0.02000\text{mol}\cdot\text{L}^{-1}$ EDTA 溶液滴定同浓度 Zn^{2+} 溶液的允许最低 pH 和最高 pH。

解 查图 6-4，可查得准确滴定的允许最低 pH 约 3.9。

从书末附录查得 25℃时 $Zn(OH)_2$ 的 $K^{\ominus}_{sp}$ 为 3×10^{-17}。

由 $K^{\ominus}_{sp}=[Zn^{2+}][OH^-]^2$

$$[OH^-]_{min}=\sqrt{\frac{K^{\ominus}_{sp}}{c_{Zn^{2+}}}},pH_{max}=6.6$$

6.3.2 金属指示剂的作用原理

(1) 作用原理

金属指示剂本身也是一种有机配位剂，它能与金属离子形成与游离指示剂本身颜色不同的有色配合物：

$$\underset{\text{颜色甲}}{M+In} \rightleftharpoons \underset{\text{颜色乙}}{MIn}$$

滴定中随着 EDTA 的加入，游离金属离子逐步形成 MY 配合物。待接近化学计量点时，继续加入 EDTA，由于 EDTA 夺取指示剂配合物 MIn 中的金属离子，使指示剂 In 游离出来，溶液显示游离 In 的颜色，指示滴定终点的到达。

$$\underset{\text{颜色乙}}{MIn}+Y \rightleftharpoons MY+\underset{\text{颜色甲}}{In}$$

(2) 金属指示剂应具备的条件

配位滴定中使用的金属指示剂必须具备以下条件：

① 金属指示剂配合物 MIn 与指示剂 In 的颜色应显著不同　金属指示剂本身又是有机弱酸或有机弱碱，颜色随 pH 而变化，因此必须控制合适的 pH 范围。例如，铬黑 T（英文缩写 EBT 或 BT）在水溶液中有如下平衡：

$$\underset{\substack{\text{红色}\\ pH<6.3}}{H_2In^-} \underset{+H^+}{\overset{-H^+}{\rightleftharpoons}} \underset{\substack{\text{蓝色}\\ pH=8\sim11}}{HIn^{2-}} \underset{+H^+}{\overset{-H^+}{\rightleftharpoons}} \underset{\substack{\text{橙色}\\ pH>12}}{In^{3-}}$$

由于铬黑 T 与 Ca^{2+}、Mg^{2+}、Zn^{2+}、Cd^{2+} 等金属离子形成红色配合物，显然，铬黑 T 只有在 pH=8～11 时使用，终点才能显示游离铬黑 T 的蓝色。因此，使用金属指示剂必须在合适的 pH 范围内使用。再如二甲酚橙（英文缩写 XO），pH<6.3 时为黄色，pH>6.3 时显红色，而它与金属离子所形成的配合物为玫瑰红色。因此，二甲酚橙只能在 pH<6.3 时使用。

② MIn 配合物的稳定性要适当　金属离子与金属指示剂形成的配合物 MIn 的稳定性应比金属与 EDTA 形成的配合物 MY 的稳定性略低。若 MIn 过于稳定，以至于 EDTA 不能夺取 MIn 中的 M 生成 MY，即使过了化学计量点也不变色，这种现象称为指示剂的封闭。

例如，在 pH 为 10 时以铬黑 T 为指示剂滴定 Ca^{2+}、Mg^{2+} 的总量，Al^{3+}、Fe^{3+}、Cu^{2+}、Co^{2+}、Ni^{2+} 等会封闭铬黑 T，致使终点无法确定。往往由于试剂或蒸馏水的质量差，含有微量的上述离子，使指示剂被封闭。此时，为了消除封闭，可加入适当的掩蔽剂与干扰离子生成更加稳定的配合物以掩蔽干扰离子。如果干扰离子的量太大，也可将干扰离子预先分离除去。Al^{3+} 对铬黑 T 的封闭可以加入三乙醇胺予以消除。Cu^{2+}、Co^{2+}、Ni^{2+} 可用 KCN 加以掩蔽。Fe^{3+} 则可以先用抗坏血酸还原成 Fe^{2+} 后，再加入 KCN 生成 $[Fe(CN)_6]^{4-}$ 加以掩蔽。

但如果金属指示剂配合物 MIn 太不稳定，则在化学计量点前指示剂就开始游离出来，使终点变色不敏锐，终点将过早出现而产生误差。

③ 指示剂与金属离子的反应必须进行迅速、灵敏，且有良好的变色可逆性。MIn 配合物应易溶于水。

MIn 配合物若是胶体或沉淀，将使 Y 与 MIn 的置换作用变慢，终点拖长，这种现象称为指示剂的僵化。为了避免僵化现象，可以加入有机溶剂或加热以增大 MIn 的溶解度。例如，用 PAN 作指示剂时，经常加入乙醇或在加热条件下进行滴定。

部分常用金属指示剂列于表 6-3 中。

表 6-3 常用金属指示剂

指示剂	使用pH范围	颜色变化		直接滴定离子	指示剂配制	注意事项
		In	MIn			
铬黑 T (eriochrome black T)	7～10	蓝	酒红	pH 10：Mg^{2+}、Zn^{2+}、Cd^{2+}、Pb^{2+}、Mn^{2+}、稀土	1∶100NaCl（固体）	Fe^{3+}、Al^{3+} 等有封闭
二甲酚橙 (xylenol orange)	<6	黄	红	pH<1：ZrO^{2+} pH 1～3：Bi^{3+}、Th^{4+} pH 5～6：Zn^{2+}、Pb^{2+}、Cd^{2+}、Hg^{2+}、稀土	0.5%水溶液	Fe^{3+}、Al^{3+} 等有封闭
PAN	2～12	黄	红	pH 2～3：Bi^{3+}、Th^{4+} pH 4～5：Cu^{2+}、Ni^{2+}	0.1%乙醇溶液	
酸性铬蓝 K (acid chrome blue K)	8～13	蓝	红	pH 10：Mg^{2+}、Zn^{2+} pH 13：Ca^{2+}	1∶100NaCl（固体）	
磺基水杨酸 (ssal)		无色	紫红	pH 1.5～3：Fe^{3+}（加热）	2%水溶液	ssal 本身无色，终点红→黄（FeY^-）

金属指示剂大多为含双键的有色化合物，易被日光、空气、氧化剂所分解而变质，在水溶液中多不稳定，故最好现用现配。若用中性盐按一定比例配成固体混合物则较稳定。例如，铬黑 T 和钙指示剂常用固体 NaCl 或 KCl 作稀释剂配制。

6.3.3 提高混合系统配位滴定选择性的方法

(1) 选择性滴定的条件

在某一混合系统中，若要选择性准确滴定 M 金属离子，而不受 N 金属离子的干扰，需满足两个基本条件：

① $\lg(c_M K^{\ominus\prime}_{MY}) \geqslant 6$；

② $\lg(c_M K^{\ominus}_{MY}) - \lg(c_N K^{\ominus}_{NY}) \geqslant 5$ (6-14a)

若 M 与 N 浓度相等，则式(6-14a) 可以写成：

$$\Delta \lg K^{\ominus}_{稳} \geqslant 5 \tag{6-14b}$$

若滴定反应中有副反应发生，则应满足：

$$\lg(c_M K^{\ominus\prime}_{MY}) - \lg(c_N K^{\ominus\prime}_{NY}) \geqslant 5 \tag{6-14c}$$

若要进行分别滴定，应同时满足 lg $(c_M K^{\ominus\prime}_{MY}) \geqslant 6$ 以及 lg $(c_N K^{\ominus\prime}_{NY}) \geqslant 6$、式(6-14c)。

(2) 选择性滴定的方法

提高配位滴定选择性的方法常用的有以下几种。

① 溶液酸度的控制　含有 M、N 两种离子的混合系统，只要满足式(6-14a)，就可以通过控制溶液的酸度来实现选择性滴定。选择在相对高的酸度条件下滴定系统中稳定性高的组分 M，待该组分滴定完毕，再将酸度调整到稳定性低的 N 组分的适宜酸度滴定 N。例如，某溶液中 Bi^{3+}、Pb^{2+} 浓度皆为 $10^{-2}mol \cdot L^{-1}$ 时，欲分步滴定 Bi^{3+}、Pb^{2+}。从书末附录可知，$\lg K^{\ominus}_{BiY}=27.8$，$\lg K^{\ominus}_{PbY}=18.3$。根据式(6-14b)，$\Delta \lg K^{\ominus}=27.8-18.3=9.5>5$，故可以通过酸度的控制选择性滴定 Bi^{3+} 而 Pb^{2+} 不干扰，然后再滴定 Pb^{2+}。

对于混合系统 Bi^{3+} 的滴定，首先应确定其滴定的适宜酸度范围。滴定的最高酸度与 6.3.1 (3) 所述方法相同，可以根据条件稳定常数与酸效应系数的关系式(6-11d) 以及准确滴定的条件式(6-13b) 求得 $\lg\alpha_{Y(H)}$，再查表，或者直接查酸效应曲线确定。经查，滴定 Bi^{3+} 允许的最小 pH 约为 0.7。滴定的最低酸度照理只需控制在 Pb^{2+} 滴定的最高酸度以上，就可以保证 Pb^{2+} 不能被准确滴定。经查表或通过酸效应曲线，Pb^{2+} 滴定的允许最低 pH 约为 3.4。但是，当溶液的 pH 大于 1.5 时，Bi^{3+} 已开始水解析出沉淀。因此，滴定 Bi^{3+} 的适宜酸度只能控制在 pH≈1。查表可知，此时的 $\lg\alpha_{Y(H)}=18.01$，$\lg K^{\ominus\prime}_{BiY} \approx 9.8$，而 $\lg K^{\ominus\prime}_{PbY} \approx 0.3$，显然 Bi^{3+} 能被准确滴定而不受 Pb^{2+} 的干扰。采用同样的方法可以确定，Pb^{2+} 在pH=4～6 时进行滴定较为适宜。

也要指出，在确定滴定的适宜 pH 范围时，还应注意所选用指示剂的合适 pH 范围。例如，滴定 Fe^{3+} 时，用磺基水杨酸作指示剂，在 pH=1.5～2.2 范围内，它与 Fe^{3+} 形成的配合物呈现红色。若控制在这个 pH 范围，用 EDTA 直接滴定 Fe^{3+}，终点由红色变成亮黄色，Al^{3+}、Ca^{2+} 及 Mg^{2+} 不干扰。

② 掩蔽与解蔽　若不能通过控制溶液酸度的方法实现 M、N 离子混合系统选择性滴定 M，就得设法降低 N 的游离离子浓度或改变其存在形式。若加入一种试剂能与干扰离子 N 反应，降低溶液中 N 的浓度，可减小或消除 N 对 M 测定的干扰，称为掩蔽 (masking)。若系统含有 a、b、c 三种被测金属离子，在滴定 a 离子时，将 b 与 c 掩蔽，待 a 测定完毕可以设法使 b 或 c 重新释放出来。这种将一些离子掩蔽，对某种离子进行测定之后，使用一种试剂 (称为解蔽剂) 将被掩蔽的离子从掩蔽配合物中释放出来的方法，称为解蔽 (demasking)。

应用掩蔽方法时，一般干扰离子 N 的存在量不能太大。若干扰离子 N 的量为待测离子 M 的 100 倍，则使用掩蔽的方法就很难得到满意的结果。常用的掩蔽方法有配位掩蔽法、氧化还原掩蔽法和沉淀掩蔽法等，以配位掩蔽法用得最多。

a. 配位掩蔽法。利用干扰离子与掩蔽剂形成的配合物远比干扰离子与 EDTA 形成的配合物稳定而消除干扰。例如，用 EDTA 滴定水中的 Ca^{2+}、Mg^{2+} 以测定水的硬度时，Fe^{3+}、Al^{3+} 等离子对测定有干扰。可加入三乙醇胺与 Fe^{3+}、Al^{3+} 生成更加稳定的配合物，从而掩蔽 Fe^{3+}、Al^{3+} 等离子不致干扰测定。

配位掩蔽剂必须具备下列条件：①干扰离子与掩蔽剂形成的配合物应远比与 EDTA 形成的配合物稳定，且应为无色或浅色；②掩蔽剂不与待测离子配位，即使形成配合物，其稳定性也应远小于待测离子与 EDTA 配合物的稳定性，这样在滴定时才能被 EDTA 置换；③掩蔽剂应有一定的 pH 范围，且应符合滴定时所要求的 pH 范围。

一些常用的配位掩蔽剂见表 6-4。

表 6-4　一些常用的配位掩蔽剂

名　称	pH 范围	被掩蔽的离子	备　注
KCN	>8	Co^{2+}、Ni^{2+}、Cu^{2+}、Zn^{2+}、Hg^{2+}、Cd^{2+}、Ag^{+}及铂族元素	剧毒！须在碱性溶液中使用
NH_4F	4～6 10	Al^{3+}、Ti(Ⅳ)、Sn^{4+}、Zr^{4+}、W(Ⅵ)等 Al^{3+}、Mg^{2+}、Ca^{2+}、Sr^{2+}、Ba^{2+}及稀土元素	
三乙醇胺	10 11～12	Al^{3+}、Sn^{4+}、Ti(Ⅳ)、Fe^{3+} Fe^{3+}、Al^{3+}及少量 Mn^{2+}	先在酸性溶液中加入三乙醇胺，再调 pH
二巯基丙醇	10	Hg^{2+}、Cd^{2+}、Zn^{2+}、Bi^{3+}、Pb^{2+}、Ag^{+}、Sn^{4+}、少量 Cu^{2+}、Co^{2+}、Ni^{2+}、Fe^{3+}	
酒石酸	氨性溶液	Fe^{3+}、Al^{3+}	

b. 沉淀掩蔽法。加入选择性沉淀剂，使干扰离子形成沉淀，并在沉淀的存在下直接进行配位滴定的方法。例如，在 Ca^{2+}、Mg^{2+} 共存的溶液中，加入 NaOH 溶液使 pH>12，则 Mg^{2+} 生成 $Mg(OH)_2$ 沉淀，采用钙指示剂可以用 EDTA 滴定钙。

沉淀掩蔽法不是一种理想的掩蔽方法，因为要求用于沉淀掩蔽法的沉淀反应必须具备下列条件：①沉淀的溶解度要小，反应完全，否则掩蔽效果不好；②生成的沉淀应是无色或浅色致密的，最好是晶形沉淀，吸附作用很小。否则，由于颜色深、体积庞大、吸附待测离子或指示剂而影响终点观察和测定结果。

一些常用的沉淀掩蔽剂列于表 6-5 中。

表 6-5　一些常用的沉淀掩蔽剂

名　称	被掩蔽的离子	待测定的离子	pH 范围	指示剂
NH_4F	Ca^{2+}、Sr^{2+}、Ba^{2+}、Mg^{2+}、Ti^{4+}、Al^{3+}、稀土	Zn^{2+}、Cd^{2+}、Mn^{2+}	10	铬黑 T
NH_4F	Ca^{2+}、Sr^{2+}、Ba^{2+}、Mg^{2+}、Ti^{4+}、Al^{3+}、稀土	Cu^{2+}、Co^{2+}、Ni^{2+}	10	紫脲酸铵
K_2CrO_4	Ba^{2+}	Sr^{2+}	10	MgY+铬黑 T
Na_2S 或铜试剂	Hg^{2+}、Pb^{2+}、Bi^{3+}、Cu^{2+}、Cd^{2+}等	Ca^{2+}、Mg^{2+}	10	铬黑 T

c. 氧化还原掩蔽法。加入一种氧化还原剂，变更干扰离子的价态，以消除其干扰。例如，用 EDTA 滴定 Bi^{3+}、Zr^{4+} 时，溶液中如果存在 Fe^{3+} 就有干扰。此时可加入抗坏血酸，将 Fe^{3+} 还原成 Fe^{2+}。由于 FeY^{2-} 的稳定常数（$\lg K^{\ominus}_{FeY^{2-}}=14.33$）比 FeY^{-} 的稳定常数（$\lg K^{\ominus}_{FeY^{-}}=24.23$）小得多，因而能够避免干扰。

常用的还原剂有抗坏血酸、羟氨、半胱氨酸等，其中有些还原剂（如 $Na_2S_2O_3$）同时又是配位剂。

有些干扰离子（如 Cr^{3+}）的高氧化态酸根阴离子（$Cr_2O_7^{2-}$）对 EDTA 滴定不发生干扰，因此可以预先将低氧化态的干扰离子氧化成高氧化态酸根阴离子，以消除干扰。

③ 选用其他滴定剂　除 EDTA 外，其他配位剂，如 EGTA、EDTP 等氨羧配位剂与金属离子形成配合物的稳定性各不相同，可以根据需要选择不同的配位剂进行滴定，以提高滴定的选择性。读者可以参阅有关书刊。

④ 分离除去干扰离子或分离待测定离子　在利用酸效应分别滴定、掩蔽干扰离子、应

用其他滴定剂都有困难时，可以对干扰离子进行预先分离。常用的分离方法很多，将在第12章中进行讨论。

6.3.4 配位滴定方式及其应用

配位滴定可以采用直接滴定、返滴定、置换滴定和间接滴定等不同的方式进行。

(1) 直接滴定法

若金属离子与EDTA的反应满足以下的滴定要求，就可用EDTA标准溶液直接滴定待测离子：①$\lg(c_M K^{\ominus\prime}_{MY})\geqslant 6$；②配位反应的速率很快；③有变色敏锐的指示剂，没有封闭现象；④在滴定条件下被测离子不发生水解或沉淀反应。

直接滴定法迅速方便，一般情况下引入误差较小。大多数金属离子都可以采用EDTA直接滴定。例如，用EDTA测定水的总硬度。测定水的总硬度实际上是测定水中Ca^{2+}、Mg^{2+}的总量，以每升水中含$CaCO_3$（或CaO）的质量（mg）来表示水的硬度。可以量取一定体积的水样，以NH_3-NH_4Cl缓冲溶液控制溶液的pH≈10，以铬黑T作指示剂，用EDTA标准溶液直接滴定至溶液由酒红色变为纯蓝色，即为滴定终点。

(2) 返滴法

即先加入一定量的过量EDTA标准溶液，使待测离子M完全配位，过量的EDTA再用其他金属离子N的标准溶液返滴定。Al^{3+}、Cr^{3+}等离子与EDTA的配位速率很慢，本身又易水解或封闭指示剂，可用此法。例如，测定复方氢氧化铝等铝盐药物中的Al_2O_3的含量时，由于Al^{3+}易形成一系列多羟配合物，这类多羟配合物与EDTA配位的速率较慢，Al^{3+}对二甲酚橙等指示剂有封闭作用，为此可先加入一定量的过量EDTA标准溶液，煮沸后再用Cu^{2+}或Zn^{2+}标准溶液返滴定剩余的EDTA。

又如，测定Ba^{2+}时没有变色敏锐的合适指示剂，可加入一定量的过量EDTA溶液，与Ba^{2+}配位后，用铬黑T作指示剂，再用Mg^{2+}标准溶液返滴定剩余的EDTA。

作为返滴定剂的金属离子N，它与EDTA的配合物NY必须有足够的稳定性，以保证测定的准确度。但若NY比MY更稳定，则会发生以下置换反应：

$$N+MY \xlongequal{} NY+M$$

导致M的测定结果偏低。

(3) 置换滴定法

利用置换反应置换出等物质的量的另一金属离子或置换出等物质的量的EDTA，然后再滴定。Ba^{2+}、Sr^{2+}等离子虽能与EDTA形成稳定的配合物，但缺少变色敏锐的合适指示剂，可用此法。例如，测定Ba^{2+}时，可先加入适当的MY配合物（常用MgY^{2-}或ZnY^{2-}），使待测离子Ba^{2+}与MY中的EDTA配位，置换出其中的金属离子M^{2+}，然后再用EDTA滴定M^{2+}：

$$Ba^{2+}+MgY^{2-} \xlongequal{} BaY^{2-}+Mg^{2+}$$

$$Mg^{2+}+Y^{4-} \xlongequal{} MgY^{2-}$$

又如，测定有Cu^{2+}、Zn^{2+}等离子共存的Al^{3+}，可先加入过量EDTA，并加热使Al^{3+}和共存的Cu^{2+}、Zn^{2+}等离子都与EDTA配位，然后在pH＝5～6时，用二甲酚橙作指示剂，用Zn^{2+}标准溶液返滴定过量的EDTA。再加入NH_4F，使AlY^-转变为更加稳定的配合物AlF_6^{3-}，释放出的EDTA再用Cu^{2+}标准溶液滴定：

$$AlY^-+6F^- \xlongequal{} AlF_6^{3-}+Y^{4-}$$

$$Y^{4-}+Cu^{2+} \xlongequal{} CuY^{2-}$$

(4) 间接滴定法

若待测离子（如SO_3^{2-}、PO_4^{3-}等离子）不与EDTA形成配合物，或待测离子（如Na^+

等）与 EDTA 形成的配合物不稳定法，此时可以采用间接滴定法。即加入一定量过量的能与 EDTA 形成稳定配合物的金属离子作沉淀剂沉淀待测离子，过量沉淀剂再用 EDTA 滴定。或将沉淀分离、溶解后，再用 EDTA 滴定其中的金属离子。

例如，测定 PO_4^{3-}，可加入一定量过量的 $Bi(NO_3)_3$，使生成 $BiPO_4$ 沉淀，再用 EDTA 滴定剩余的 Bi^{3+}。

又如，测定 Na^+，可加入醋酸铀酰锌作沉淀剂，使之生成 $NaZn(UO_2)_2(Ac)_9 \cdot xH_2O$ 沉淀，将该沉淀分离、溶解后，再用 EDTA 滴定锌。

视 窗

【人物简介】

维尔纳 Alfred Werner（1866～1919），瑞士化学家，配位化学的奠基人。

1892 年提出配位化学理论，用新的结构理论对配合物组成进行了解释。1893 年发表《无机化学领域中的新见解》，提出了配位数这个重要概念。在其后 20 多年中，共发表论文 170 余篇，指导博士生 200 多人。通过配合物水溶液电导率的测定和结构方面的研究，最终使得维尔纳理论得到世人普遍认可，并被认为是现代无机化学发展的基础。

维尔纳因创立配位化学而获得 1913 年诺贝尔化学奖。

1890 年，他和 A. R. 汉奇一起提出氮的立体化学理论，1911 年制得非碳原子的旋光性物质，解决了配合物光学分辨问题。他还根据原子价的电子学说，提出了配位体异构现象，为立体化学的发展奠定了基础。

【搜一搜】

多核配合物；多酸型配合物；烯烃配合物；配位异构现象；平均配位数；大环效应；金属离子缓冲溶液；配体缓冲溶液；配位催化

习 题

6-1 命名下列配合物，并指出中心离子、配体、配位原子和配位数。

配合物	名 称	中心离子	配 体	配位原子	配位数
$Cu[SiF_6]$					
$K_3[Cr(CN)_6]$					
$[Zn(OH)(H_2O)_3]NO_3$					
$[CoCl_2(NH_3)_3(H_2O)]Cl$					
$[Cu(NH_3)_4][PtCl_4]$					

6-2 0.1g 固体 AgBr 能否完全溶解于 100mL $1mol \cdot L^{-1}$ 氨水中？

6-3 通过计算比较 1L $6mol \cdot L^{-1}$ 氨水和 1L $1mol \cdot L^{-1}$ KCN 溶液，哪一个可溶解较多的 AgI？

6-4 试比较 $[Ag(NH_3)_2]^+$ 和 $[Ag(CN)_2]^-$ 氧化能力的相对强弱，并计算说明。

6-5 计算下列电对的 $E^\ominus$ 值：

$$[Ni(CN)_4]^{2-}+2e^- \rightleftharpoons Ni+4CN^-$$

$$[HgI_4]^{2-}+2e^- \rightleftharpoons Hg+4I^-$$

6-6 通过计算说明下列反应能否向右进行。

① $2[Fe(CN)_6]^{3-}+2I^- = 2[Fe(CN)_6]^{4-}+I_2$

② $[Cu(NH_3)_4]^{2+}+Zn = [Zn(NH_3)_4]^{2+}+Cu$

6-7 有一标准 EDTA 溶液，其浓度为 $0.01000mol \cdot L^{-1}$，问 1mL EDTA 溶液相当于：①Zn，②MgO，③Al_2O_3各多少毫克？

6-8 称取 0.1005g 纯 $CaCO_3$，溶解后用容量瓶配成 100.0mL 溶液。吸取 25.00mL，在 pH>12 时，用钙指示剂指示终点，用 EDTA 标准溶液滴定，用去 24.90mL。试计算：

① EDTA 溶液的浓度；

② 每毫升 EDTA 溶液相当于 ZnO、Fe_2O_3各多少克。

6-9 假设 Mg^{2+} 和 EDTA 的浓度皆为 $10^{-2} mol \cdot L^{-1}$，在 pH=6 时，Mg^{2+} 与 EDTA 配合物的条件稳定常数是多少（不考虑水解等副反应）？并说明在此 pH 下能否用 EDTA 标准溶液滴定 Mg^{2+}。如不能滴定，求其允许的最低 pH。

6-10 水的硬度有用 $mg \cdot L^{-1}$ CaO 表示的，还有用硬度数表示的（每升水中含 10mg CaO 称为 1 度）。今吸取水样 100mL，用 $0.0100mol \cdot L^{-1}$ EDTA 溶液测定硬度，用去 2.41mL，计算水的硬度：①用 $mg \cdot L^{-1}$ CaO 表示；②用硬度度数表示。

6-11 称取 1.032g 氧化铝试样，溶解后，移入 250mL 容量瓶，稀释至刻度。吸取 25.00mL，加入 $T(Al_2O_3)=1.505mg/mL$ 的 EDTA 标准溶液 10.00mL，以二甲酚橙为指示剂，用 $Zn(Ac)_2$标准溶液进行返滴定，至红紫色终点，消耗 $Zn(Ac)_2$标准溶液 12.20mL。已知 1mL $Zn(Ac)_2$溶液相当于 0.6812mL EDTA 溶液，求试样中 Al_2O_3的质量分数。

6-12 称取 0.5000g 煤试样，灼烧并使其中硫完全氧化为 SO_4^{2-}。处理成溶液，除去重金属离子后，加入 $0.05000mol \cdot L^{-1}$ $BaCl_2$溶液 20.00mL，使之生成 $BaSO_4$沉淀。过量的 Ba^{2+}用 $0.02500mol \cdot L^{-1}$ EDTA 溶液滴定，用去 20.00mL。计算煤中硫的质量分数。

6-13 分析含铜锌镁合金时，称取 0.5000g 试样，溶解后用容量瓶配成 100.0mL 试样。吸取 25.00mL，调至 pH=6，用 PAN 作指示剂，用 $0.05000mol \cdot L^{-1}$ EDTA 标准溶液滴定铜和锌，用去 37.30mL。另外，又吸取 25.00mL 试液，调至 pH=10，加 KCN，以掩蔽铜和锌。用同浓度的 EDTA 溶液滴定镁，用去 4.10mL。然后再滴加甲醛以解蔽锌，又用同浓度 EDTA 溶液滴定锌，用去 13.40mL。计算试样中铜、锌、镁的质量分数。

第7章 原子结构 Atomic Structure

物质的性质及其变化，归根结底是由其组成和结构决定的。因此，要研究物质的性质、化学反应的规律以及物质性质和结构之间的关系，就必须了解物质的微观结构，即原子结构以及原子与原子、分子与分子之间的结合方式，了解物质性质和物质变化的内在原因。

7.1 原子结构的基本模型

最早的原子结构模型是1803年英国科学家道尔顿（J. Dalton）提出的，他认为物质由原子构成，原子是不能再分的实心球体。1897年，英国物理学家汤姆森（J. J. Thomson）发现电子，否定了原子不可再分的观点，并于1904年提出了原子结构的“蛋糕”模型。该模型认为原子是正电荷连续分布的球体，电子镶嵌在其中，中和了正电荷，从而原子呈电中性。1911年，英国物理学家卢瑟福（E. Rutherford）根据 α 粒子散射实验结果提出了原子的有核模型。该模型认为原子是由带正电的原子核及核外带负电荷的电子组成的。原子核的正电荷数等于核外电子数，因此整个原子呈电中性。原子核位于原子的中心，原子的质量几乎全部集中在原子核上，原子核很小，约占原子体积的十万分之一。电子在原子核外很大的空间里像行星绕着太阳那样沿着一定的轨道绕核运动。卢瑟福的有核模型回答了原子的组成问题，为近代原子结构理论奠定了基础。

7.1.1 原子的玻尔模型

(1) 氢原子光谱

近代原子结构理论的建立是从研究氢原子光谱开始的。

光谱就是复合光经过色散系统（如棱镜）分光后，按波长大小依次排列的图像。白光就是一种由波长不同的各种光组成的复合光。白光通过棱镜后，不同波长的光以不同的角度折射，形成一条按红、橙、黄、绿、青、蓝、紫次序连续分布的彩色光谱，这种光谱称为连续光谱（continuous spectrum）。

当气体原子被火焰、电弧或其他方法激发时，能发出不同波长的光，通过棱镜分光后，形成一系列按一定波长顺序排列的谱线，这种光谱称为线状光谱（line spectrum）或不连续光谱。线状光谱是原子受激发后辐射出来的，因此又称原子光谱（atomic spectrum）。每一种元素都有自己的特征光谱。

氢原子光谱是最简单的原子光谱。取一只充有低压氢气的放电管，通以高压电流，使氢原子受激发，氢气发出的光经过三棱镜分光后，在可见光区（400～760nm）可得到四条谱线（如图7-1所示）。

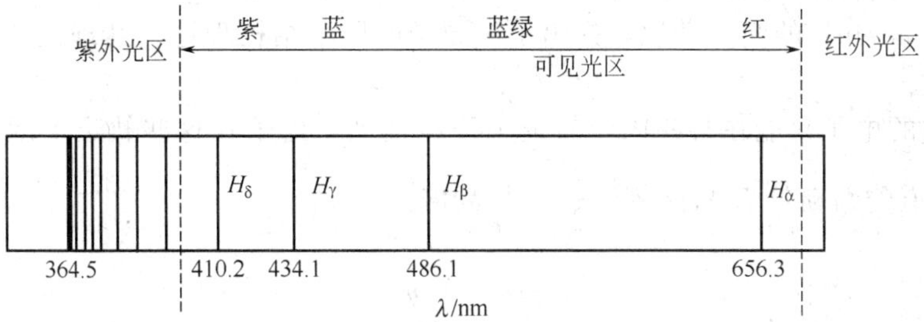

图 7-1 氢原子光谱

1885 年，巴尔麦（J. J. Balmer）在观察氢原子的可见光区的谱线时，发现谱线的波长符合下列经验公式：

$$\tilde{\nu}=\frac{1}{\lambda}=R_{\mathrm{H}}\left(\frac{1}{2^2}-\frac{1}{n^2}\right) \tag{7-1}$$

式中，$n=3$、4、5、6、7……；R_{H}称为里德堡（Rydberg）常数，其值为 $3.292\times10^{15}\,\mathrm{s^{-1}}$。在可见光区的氢原子谱线被称为巴尔麦系。

后来拉曼（Lyman）在紫外区域，派兴（Paschen）、勃拉克特（Bracket）及芬特（Pfund）在红外区域找到若干组谱线，它们都可以用下列的公式来表示：

$$\tilde{\nu}=\frac{1}{\lambda}=R_{\mathrm{H}}\left(\frac{1}{n_1^2}-\frac{1}{n_2^2}\right) \tag{7-2}$$

式中，n_1、n_2都是正整数，且 $n_2>n_1$。对拉曼系，$n_1=1$；对巴尔麦系，$n_1=2$；对派兴系、勃拉克特系、芬特系，$n_1=3$、4、5。

卢瑟福的含核原子模型无法解释氢原子光谱中谱线具有规律性这一实验事实。因为按照经典电磁学理论，如果电子绕核做高速圆周运动，应该以电磁波形式不断地发射能量，原子光谱应该是连续的，并且在此过程中电子的能量将逐渐降低，电子绕核运动的半径将逐渐减小，并最终坠入原子核而使原子不复存在。而实际上氢原子是稳定的，没有毁灭，原子光谱也不是连续的，而是线状的。因此经典的物理学理论不能解释氢原子光谱，直到玻尔（N. Bohr）提出原子结构的新理论才解释了氢原子光谱的成因和规律。

(2) 玻尔理论

1900 年，德国物理学家普朗克（M. Planck）提出量子论。量子论认为：物质吸收和发射能量是不连续的（discontinuous），是按照一个基本量或基本量的整数倍一份一份地吸收和发射的，这种性质称为能量的量子化（quantization）。能量的最小的基本量称为量子（quantum）。普朗克第一次摆脱了经典物理学的束缚，提出了微观世界的一个重要特征——能量量子化。

1905 年，爱因斯坦（A. Einstein）在普朗克量子论的基础上提出光子（photon）学说，并用它成功解释了光电效应。光子学说认为：光不仅是一种波，而且具有粒子性，从实验可得出光子的能量 E 和辐射能的频率 ν 成正比，即

$$E=h\nu$$

光的动量 P 与光的波长成反比，即

$$P=\frac{h}{\lambda} \tag{7-3}$$

式中，$h=6.626\times10^{-34}\,\mathrm{J\cdot s}$，称为普朗克常数（Planck constant）。上述二式把光的粒子性和波动性联系了起来。

1913 年，玻尔在卢瑟福核原子模型的基础上，结合普朗克（M. Planck）的量子论、爱因斯坦（A. Einstein）的光子学说，提出了氢原子的原子结构理论。其理论要点包括以下几个方面。

① 原子中的电子只能在某些固定轨道上绕核运动，电子在这些轨道上运动时并不辐射能量。固定轨道的角动量 L 只能等于$\frac{h}{2\pi}$的整数倍：

$$L=mvr=n\frac{h}{2\pi} \tag{7-4}$$

式中，m 和 v 分别代表电子的质量和速度；r 为轨道半径；h 为普朗克常数；n 为量子数（quantum number），取正整数。根据假设条件，求得 $n=1$ 时允许轨道的半径为 52.9pm，这就是著名的波尔半径。

② 在一定轨道上运动的电子具有一定的能量，称为定态（stationary state）；n 值为 1 的定态，称为基态（ground state）。基态是能量最低即最稳定的状态。其余的定态都是激发态（excited state），各激发态的能量随 n 值增大而增加。轨道的这些不同的能量状态，称为能级（energy level）。氢原子轨道的能级如图 7-2 所示。

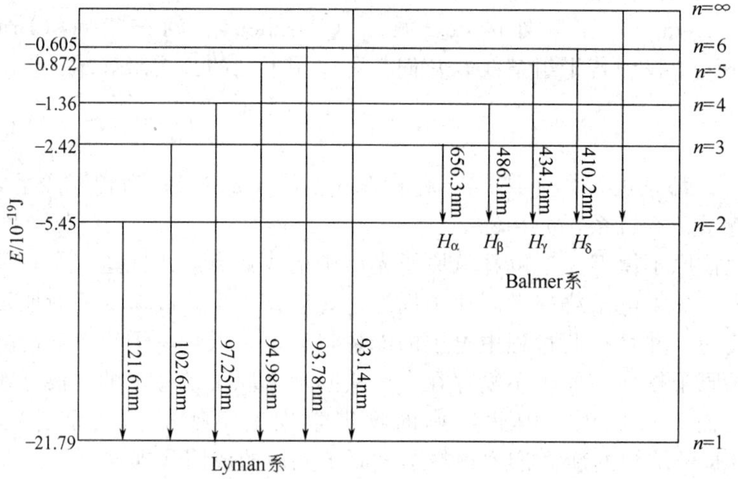

图 7-2　氢原子轨道能级示意图

③ 处于低能级轨道上的电子吸收能量后会跃迁到能量较高的激发态，处于激发态的电子不稳定，停留短暂时间（约 10^{-8}s）后就会返回基态或其他能量较低的激发态，同时以光的形式释放出能量，光的频率取决于跃迁所涉及的两原子轨道的能量差：

$$h\nu=E_2-E_1 \tag{7-5}$$

$$\nu=\frac{E_2-E_1}{h}$$

由于各轨道的能量不同，不同轨道间的能量差也不同，电子从一高能量轨道跃入一低能量轨道时，只能发射出具有固定能量、波长和频率的光束，这就是原子产生线状光谱的原因。原子的线状光谱是原子轨道能量量子化的实验证据。

玻尔理论圆满地解释了氢原子光谱和 He^+、Li^{2+} 等类氢原子光谱，但不能说明多电子原子的光谱，甚至不能说明氢原子光谱的精细结构（氢光谱的每条谱线实际上是由若干条很靠近的谱线组成的）。究其原因，在于该理论是建立在经典力学的基础上，而从宏观到微观，物质的运动规律发生了根本的变化。电子是一种微观粒子，其运动不遵守经典物理学中的力学定律，而服从微观粒子特有的规律。

7.1.2 原子的量子力学模型

微观粒子与宏观物体的运动规律在本质上有很大的差别。

(1) 微观粒子的波粒二象性

20 世纪初，物理学家通过光的干涉、衍射等现象说明光具有波动性；而光电效应又说明光具有粒子性。因此光具有波动性和粒子性两重性质，称为光的波粒二象性。

受光的波粒二象性启发，法国物理学家德布罗意（Louis de Broglie）在 1924 年大胆地提出了物质波假说，认为微观粒子除了具有粒子性以外，还具有波的性质，这种波称为德布罗意波或物质波。他预言质量为 m、运动速度为 v 的微观粒子的波长为：

$$\lambda=\frac{h}{P}=\frac{h}{mv} \tag{7-6}$$

式中，P 为微观粒子的动量，表现了微粒的粒子性特征；λ 是微观粒子的波长，表现了微粒的波动性特征。德布罗意通过普朗克常数 h 将它们联系在一起。

德布罗意的大胆假说在 1927 年被戴维逊（C. J. Davission）和革末（L. H. Germer）的电子衍射实验证实。实验是将一束低速的电子流从 A 处射出，通过薄的镍晶体（作为光栅）B，经晶格的狭缝射到感光屏 C 上，结果屏幕上出现与光的衍射一样的明暗相间的衍射环纹，称为电子衍射（图 7-3）。由于衍射是一切波的基本特征，由此表明电子具有波动性。根据衍射实验得到的电子波的波长与由式(7-6) 所计算的波长完全一致，证明德布罗意关于微观粒子的波粒二象性的关系式是正确的。质子、中子、α 粒子、原子和分子等粒子的波动性在后来的实验中也被证实。宏观物体由于其质量较大，运动速度较小，所以无法观察到波动性。

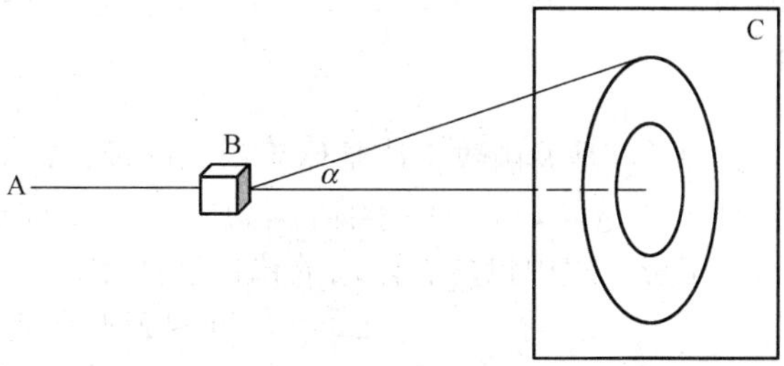

图 7-3 电子衍射

(2) 测不准原理

对于宏观物体的运动，根据经典力学，可以准确指出它们在某一瞬间的速度和位置。但对于具有波粒二象性的微观粒子的运动来说，就不可能同时准确测定其在某瞬间的位置和速度。这就是 1927 年德国物理学家海森堡（W. Heisenberg）经严格推导提出的测不准原理(uncertainty principle)。测不准原理的数学表示式为：

$$\Delta P_x \cdot \Delta x \geqslant h \tag{7-7}$$

式中，Δx 为实物粒子的位置不准确程度；ΔP_x 为实物粒子的动量不准确程度；h 为普朗克常数。这表明，不可能设计出一种实验方法，在准确测量粒子的位置（或坐标）的同时，又能准确地测量该粒子的速度（或动量）。粒子位置的测定准确度越大（Δx 越小），其动量在 x 方向的分量的准确度就越差（ΔP_x 越大）；反之亦然。测不准原理对于像电子那样小的粒子来说是极其重要的。如果非常准确地知道电子的速度，也就是准确地知道电子的能量，那就不能同时准确地知道它的位置。

(3) 微观粒子运动的统计性

根据量子力学理论，微观粒子的运动规律只能采用统计的方法作出概率性的判断。

电子衍射实验中，若能控制电子流强度，小到电子几乎是一个一个发射出去的，时间较短时，感光屏上只会出现一些无规则分布的衍射斑点，显示出电子的微粒性。但随着时间的延长，衍射斑点的数目逐渐增多，感光屏上就出现规则的衍射条纹，最后所得图像与大量电子短时间产生的环纹完全一样，显示出电子的波动性。衍射环纹中亮的地方，是电子到达机会多的地方，暗的地方就是电子到达机会少的地方。虽然个别电子在感光屏上出现的位置无法预言，但可以知道电子在哪些地方出现的机会多，哪些地方出现的机会少，这就是概率（probability）。核外电子的运动具有概率分布（probability distribution）的规律。概率分布规律属于统计规律。

综上所述，具有波粒二象性的微观粒子不再服从经典力学规律，它们的运动没有确定的轨道，只有一定的空间概率分布，遵循测不准原理。

7.2 核外电子运动状态

7.2.1 薛定谔方程和原子轨道

（1）描述微观粒子运动的基本方程——薛定谔方程

1926 年奥地利物理学家薛定谔（E. Schrödinger）提出了描述微观粒子运动状态变化规律的基本方程，这个方程是一个二阶偏微分方程，它的表达式如下：

$$\frac{\partial^2\psi}{\partial x^2}+\frac{\partial^2\psi}{\partial y^2}+\frac{\partial^2\psi}{\partial z^2}+\frac{8\pi^2 m}{h^2}(E-V)\psi=0 \tag{7-8}$$

式中，ψ 是波函数；E 是体系的总能量；V 是电子的势能；h 是普朗克常数；m 是电子的质量；x、y、z 是空间坐标。

薛定谔方程中包含着体现微粒性（如 E、V、m）和波动性（ψ）的物理量，所以它能正确反映微观粒子的运动状态。解薛定谔方程的目的是求波函数 ψ 以及与之相对应的能量 E。薛定谔方程的每一个合理的解 ψ 表示电子的一种运动状态，与 ψ 相对应的 E 就是电子在这一运动状态下的能量。ψ 是空间坐标 x、y、z 的函数，$\psi=f(x, y, z)$。由于薛定谔方程的导出和求解需要较深的数学知识，远远超出了本课程的范围，故这里仅简单介绍氢原子薛定谔方程的求解结果，并把它推广到其他原子。

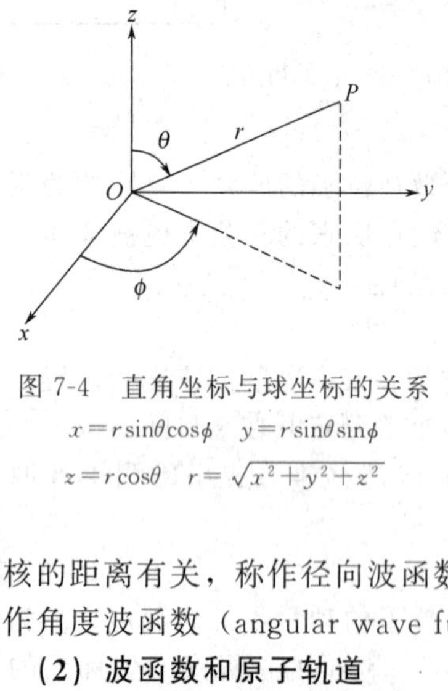

图 7-4 直角坐标与球坐标的关系

$x=r\sin\theta\cos\phi \quad y=r\sin\theta\sin\phi$

$z=r\cos\theta \quad r=\sqrt{x^2+y^2+z^2}$

为了求解方便，需把直角坐标（x，y，z）变换为球坐标（r，θ，ϕ），如图 7-4 所示。并把 $\psi(r, \theta, \phi)$ 分解为径向部分 $R(r)$ 和角度部分 $Y(\theta, \phi)$ 的积，即 $\psi(r, \theta, \phi)=R(r)\cdot Y(\theta, \phi)$。式中，$R(r)$ 只与电子离核的距离有关，称作径向波函数（radial wave function）；$Y(\theta, \phi)$ 只与角度 θ、ϕ 有关，称作角度波函数（angular wave function）。

（2）波函数和原子轨道

通过薛定谔方程解出来的 ψ 为描述核外电子空间运动状态的数学表达式。电子波的波函数 ψ 没有明确直观的物理意义。

不是每一个薛定谔方程的解都是合理的。在求解过程中引入了三个常数项 n、l 和 m，且只有当 n、l 和 m 的取值符合某些要求时，解得的波函数 ψ 才是合理的解。n、l 和 m 分别称为主量子数、角量子数和磁量子数。当 n、l 和 m 的值确定时，就可得到薛定谔方程的合理解，也就得到了一个波函数的具体表达式，即电子的空间运动状态也就确定了。量子力学中，把 n、l 和 m 三个量子数都有确定值的波函数称为一个原子轨道（atomic oribital，AO）。要注意的是，量子力学中的“原子轨道”的意义不是指电子在核外运动遵循的轨迹，而是指电子的一种空间运动状态，它不同于宏观物体的运动轨道，也不同于前面所说的玻尔的固定轨道。

7.2.2 四个量子数

(1) 主量子数 n

主量子数 n（principal quantum number）表示核外电子出现最大概率区域离核的远近，是决定轨道能量高低的主要因素。可以取 1、2、3 等正整数，一个数值表示一个电子层。n 值越大，表明电子层离核越远，电子能量越高。n 相同的电子称为同层电子。在光谱学上另用一套拉丁字母 K、L、M……来表示 n 不同的电子层：

主量子数（n）　1　2　3　4　5　6　7　……

电子层　　　　　K　L　M　N　O　P　Q　……

(2) 角量子数 l

角量子数 l（angular-momentum quantum number）表示电子运动的角动量的大小，它决定电子在空间的角度分布情况，决定原子轨道的形状。在多电子原子中与主量子数共同决定电子能量高低。在高分辨率的分光镜下，可以看到原子的光谱线是由几条非常靠近的细谱线构成的，这表明在某一电子层内，电子的运动状态和能量稍有不同，也就是说在同一电子层中还存在若干电子亚层，此时 n 相同，l 不同，能量也不相同。

l 的取值受主量子数 n 值的限制，它可以取 0 到（$n-1$）的正整数，一个数值表示一个电子亚层。l 数值与光谱学上规定的电子亚层符号之间的对应关系为：

角量子数（l）　0　1　2　3　4　5　……

电子亚层符号　　s　p　d　f　g　h　……

$l=0$ 表示球形的 s 原子轨道；$l=1$ 表示哑铃形的 p 原子轨道；$l=2$ 表示花瓣形的 d 原子轨道。显然，角量子数 l 不同，原子轨道的形状也不同。当 n 和 l 都相同时，电子具有相同的能量，它们处在同一能级、同一电子亚层。在同一电子层中，能量依 s、p、d、f 依次升高。

例如，$n=1$ 的第一电子层中，$l=0$，所以只有一个亚层，即 1s 亚层，相应电子为 1s 电子。$n=2$ 的第二电子层中，$l=0$、1，可有两个亚层，即 2s、2p 亚层，相应电子为 2s、2p 电子。$n=3$ 的第三电子层中，$l=0$、1、2，可有三个亚层，即 3s、3p、3d 亚层，相应电子为 3s、3p、3d 电子。$n=4$ 的第四电子层中，$l=0$、1、2、3，可有四个亚层，即 4s、4p、4d、4f 亚层，相应电子为 4s、4p、4d、4f 电子。

(3) 磁量子数 m

磁量子数 m（magnetic quantum number）是通过实验发现的，激发态原子在外磁场作用下，原来的一条谱线会分裂成若干条，这说明在同一亚层中往往还包含着若干个空间伸展方向不同的原子轨道。磁量子数 m 决定了在外磁场作用下，电子绕核运动的角动量在磁场方向上的分量大小，用来描述原子轨道在空间的不同伸展方向的。

m 的允许取值由 l 决定，可取 $-l$、……、-1、0、$+1$、……、$+l$ 共 $2l+1$ 个整数。这意味着 l 亚层有 $2l+1$ 个取向，每一个取向相当于一个轨道。

项　　目	s($l=0$)	p($l=1$)	d($l=2$)
取向数($2l+1$)	1	3	5
m 取值	0	$-1,0,+1$	$-2,-1,0,+1,+2$
对应原子轨道名称	s	p_y,p_z,p_x	$d_{xy},d_{yz},d_{z^2},d_{xz},d_{x^2-y^2}$

n、l、m 三个量子数确定一个原子轨道，在没有外加磁场的情况下，n、l 相同，但 m 不同的同一亚层的原子轨道属于同一能级，能量是完全相等的，叫等价轨道（equivalent orbital），或称简并轨道（degenerate orbital）。

亚层　　　　　s　　　　　p　　　　　d　　　　　f

等价轨道　一个 s 轨道　三个 p 轨道　五个 d 轨道　七个 f 轨道

主量子数高，不仅轨道能量升高，轨道的数目也增多，而且类型（形状和方向）也更多样。

(4) 自旋量子数 m_s

自旋量子数 m_s 是描述电子自旋运动状态的量子数。m_s 取值只有两个，即 $+\frac{1}{2}$ 或 $-\frac{1}{2}$，其中每一个数值表示电子的一种自旋状态。两个电子处于不同的自旋状态叫作自旋反平行，可用正反箭头↑↓来表示；处于相同的自旋状态叫作自旋平行，可用同向箭头↑↑来表示。

综上所述，每个电子的运动状态可以用四个量子数 n、l、m、m_s 来描述。主量子数 n 决定电子的能量和电子离核的远近（电子所处的电子层）；角量子数 l 决定原子轨道的形状（电子处在哪一个亚层），在多电子原子中 l 也影响电子的能量；磁量子数 m 决定原子轨道在空间伸展的方向（电子处在哪一个轨道）；自旋量子数 m_s 决定电子自旋的方向。根据 n、l、m 的取值，可以知道第 n 电子层的原子轨道总数为 n^2。而每一个原子轨道只能容纳两个自旋方向相反的电子（保里不相容原理），因此可以推出各电子层最多能容纳的电子数为 $2n^2$（表 7-1）。

表 7-1　量子数与电子层最大容量

电子层主量子数 n	K	L		M			N			
	1	2		3			4			
电子亚层	s	s	p	s	p	d	s	p	d	f
电子亚层角量子数 l	0	0	1	0	1	2	0	1	2	3
电子亚层符号	1s	2s	2p	3s	3p	3d	4s	4p	4d	4f
磁量子数 m	0	0	−1 0 +1	0	−1 0 +1	−2 −1 0 +1 +2	0	−1 0 +1	−2 −1 0 +1 +2	−3 −2 −1 0 +1 +2 +3
电子亚层轨道数目	1	1	3	1	3	5	1	3	5	7
容纳电子数目	2	2	6	2	6	10	2	6	10	14
n 电子层电子最大容量($2n^2$)	2	8		18			32			

7.2.3　原子轨道和电子云的角度分布图

(1) 原子轨道的角度分布图

为了讨论方便，分别将径向部分 $R(r)$ 随 r 的变化以及角度部分 $Y(\theta, \phi)$ 随 θ、ϕ 的变化作图，即可得到波函数的径向分布图和角度分布图。由于波函数的角度分布图对于了解原子轨道的空间构型意义重大，所以下面着重讨论波函数的角度分布图。

原子轨道角度分布图（或波函数角度分布图）的具体作法是：从坐标原点（原子核所在

的位置）出发，引出不同 θ、ϕ 角度的线段，其长度等于 Y 的绝对值。连接这些线段的端点，就可得到某些闭合的立体曲面，这个曲面就是波函数或原子轨道的角度分布图。曲面上每点到原点的距离代表这个 θ、ϕ 角度上 Y 值的大小。

【例 7-1】 试画出 p_z 原子轨道角度分布图。

求解薛定谔方程可得

$$Y_{p_z}=\sqrt{\frac{3}{4\pi}}\cos\theta$$

可见，Y_{p_z} 函数比较简单，它只与 θ 有关而与 ϕ 无关。

不同 θ 时 Y 值为：

θ	0°	30°	45°	60°	90°	120°	135°	150°	180°
$\cos\theta$	+1	+0.866	+0.707	+0.5	0	−0.5	−0.707	−0.866	−1
Y_{p_z}	+0.489	+0.423	+0.346	+0.244	0	−0.244	−0.346	−0.423	−0.489

由表中数据可以先画出 Y_{p_z} 在 xz 平面上的曲线（图 7-5）。由于 Y_{p_z} 不随 ϕ 而变化，故将该曲线绕 z 轴旋转 360°，得到的空间闭合曲面就是 p_z 的原子轨道的角度分布图。此图形分布在 xy 平面的上下两侧，在 z 轴上出现极值，且对称地分布在 z 轴的周围，呈 8 字形双球面，习惯上叫作哑铃形。z 轴为 p_z 原子轨道的对称轴。在 xy 平面上 Y_{p_z} 值为零，故 xy 平面是 p_z 原子轨道角度分布图的节面。Y_{p_z} 的数值可为正值或负值，故在相应的曲面区域内分别以“+”或“−”号标记。p_x、p_y 和 p_z 原子轨道的角度分布图形相似，只是对称轴不同而已。

其他原子轨道角度分布图也可依类似的方法画出。图 7-6 为各原子轨道的角度分布剖面图。s 轨道呈球形；d 轨道都呈花瓣形，其中 $Y_{d_{xy}}$、$Y_{d_{yz}}$、$Y_{d_{xz}}$ 分别在 x 轴和 y 轴、y 轴和 z 轴、x 轴和 z 轴之间夹角的角平分线上出现极值；$Y_{d_{z^2}}$ 在 z 轴上、$Y_{d_{x^2-y^2}}$ 在 x 轴上和 y 轴

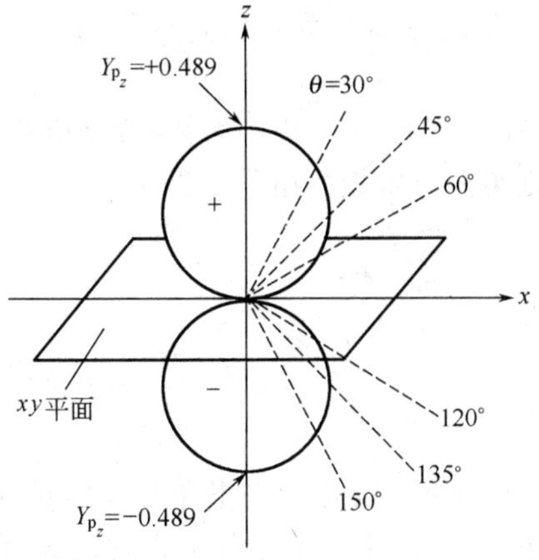

图 7-5 p_z 原子轨道的角度分布图

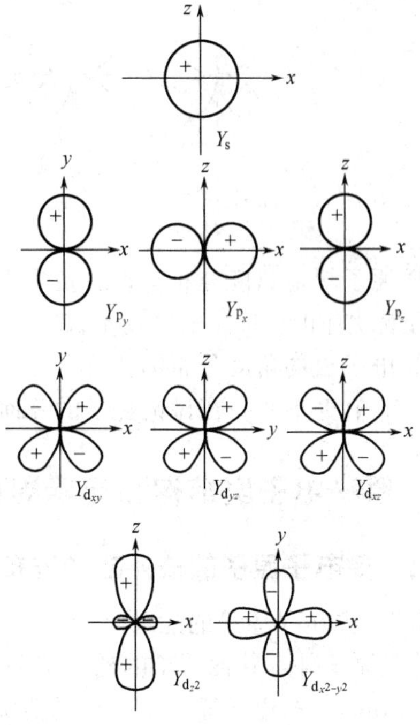

图 7-6 s、p、d 原子轨道角度分布剖面图

上分别出现极值。由此可见，原子轨道角度分布图表明了原子轨道的极大值方向以及原子轨道的正负号，它将在解释化学键的成键方向以及能否成键方面有重要的意义，这些将在分子结构中加以讨论。

（2）电子云及电子云角度分布图

微粒的波函数 ψ 没有明确的物理意义，但波函数 ψ 的模的平方（$|\psi|^2$）却反映了粒子在空间某点单位体积内出现的概率即概率密度（probability density）。在这个意义上，电子等实物微粒的波是一种“概率波”，对照电子衍射图，在衍射强度（即波的强度）大的地方，电子出现的概率密度就大，在衍射强度小的地方，电子出现的概率密度就小，在整个区域里形成一个有规律的连续概率分布。

图 7-7　基态氢原子 1s 电子云示意图

为了形象化地表示核外电子运动的概率密度，习惯用小黑点分布的疏密来表示电子出现概率密度的相对大小。小黑点较密的地方，表示概率密度较大，即单位体积内电子出现的机会多。这种用来描述电子在核外出现的概率密度分布的空间图像称为电子云（electron cloud）。图 7-7 是基态氢原子的 1s 电子云示意图。

将 $|Y|^2$ 对 θ、ϕ 作图所得的图像就称为电子云角度分布图（图 7-8）。这种图形只能表示出电子在空间不同角度所出现的概率密度大小，并不能表示出电子出现的概率密度和离核远近的关系。它们和相应的原子轨道角度分布图的形状基本相似，但有两点区别：

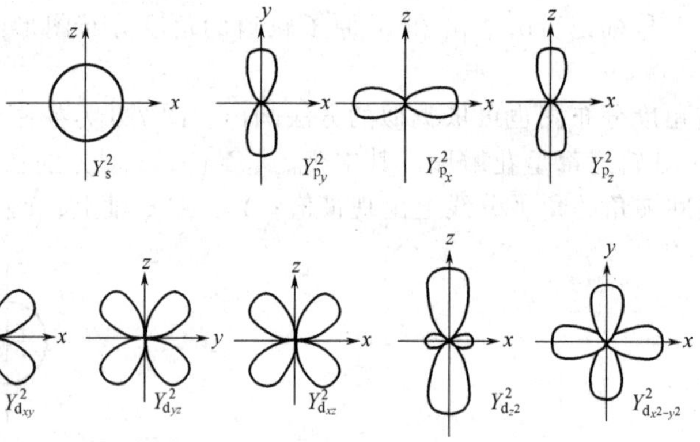

图 7-8　s、p、d 电子云角度分布剖面图

① 原子轨道角度分布有正、负号之分，而电子云角度分布均为正值，这是由于 Y 值经平方后就没有正、负号的区别了。

② 电子云的角度分布图要比原子轨道的角度分布图“瘦”一些，因为 $|Y|$ 值小于 1，所以 $|Y|^2$ 值更小些。在讨论分子的几何结构及其价键类型时常用到电子云图像。

7.3　原子电子层结构和元素周期系

7.3.1　多电子原子的核外电子排布

7.3.1.1　多电子原子的能级

除氢原子外，其他原子的核外都多于一个电子，这些原子统称为多电子原子（polyelectronic atom）。多电子原子中电子的能级除了与核电荷数有关外，还与电子之间的相互作用有关。

(1) 屏蔽效应

在多电子原子中，电子除受到原子核的吸引外，电子之间还存在着排斥作用。美国化学家斯莱脱（J. C. Slater）认为，在多电子原子中，某一电子受其余电子的排斥作用，与原子核对该电子的吸引作用正好相反。因此，可以认为其余电子屏蔽了或削弱了原子核对该电子的吸引作用，该电子实际上所受到的核的引力要小于核电荷数 z，即要从 z 中减去一个 σ 值，σ 称为屏蔽常数（screening constant）。$z^*=z-\sigma$。z^* 称为有效核电荷。显然，σ 体现了其余电子对核电荷的影响，或者说，σ 代表了将原有核电荷抵消的部分。这种将其他电子对某个电子的排斥作用归结为抵消一部分核电荷的作用，称为屏蔽效应（shielding effect）。在原子中，如果屏蔽效应大，就会使电子受到的有效核电荷的作用减少，因而电子具有的能量就增大。

对某一电子来说，σ 的数值与其余电子的多少以及这些电子所处的轨道有关，也与该电子本身所在的轨道有关。一般来讲，内层电子对外层电子的屏蔽作用较大，外层电子对较内层电子可近似地看作不产生屏蔽作用。

屏蔽常数 σ 可用斯莱脱经验规则计算出来。斯莱脱规则如下：

① 将原子中的轨道按下列顺序分组：(1s)、(2s，2p)、(3s，3p)、(3d)、(4s，4p)、(4d)、(4f)、(5s，5p) 等。

② 在上述顺序中处于被屏蔽电子右侧各组轨道的电子，对此电子无屏蔽作用，即 $\sigma=0$。

③ 1s 轨道上的两个电子间的 σ 为 0.30；$n>1$ 时，各组内电子间 σ 为 0.35。

④ 如被屏蔽电子为（ns，np）组中的电子，则（$n-1$）电子层中的每个电子对被屏蔽电子的 σ 为 0.85，（$n-2$）以及更内层中的电子的 σ 为 1.00。

⑤ 如被屏蔽电子为（nd）或（nf）组中的电子，按上述顺序，所有左侧各组中的各电子对被屏蔽电子的 σ 均为 1.00。

在计算原子中某电子的 σ 值时，可将有关屏蔽电子对该电子的 σ 值相加而得。

例如，锂原子由带 3 个单位正电荷（$z=3$）的原子核和核外 3 个电子构成。其中两个电子处在 1s 状态，1 个电子处在 2s 状态，按经验规则，对 2s 电子而言，两个 1s 电子对它的屏蔽作用为 $\sigma=2\times0.85$，因此 2s 电子的有效核电数为 $z^*=z-\sigma=3-2\times0.85=1.3$。

(2) 钻穿效应

图 7-9 为 3d 和 4s 的电子云径向分布。由图可知，4s 的最大峰比 3d 的最大峰离核远得多，但 4s 有 4 个峰，3d 仅一个峰，且 4s 的小峰离核更近，表明 4s 电子可以钻到离核更近的地方，更好地避开了其他电子的屏蔽，导致 4s 轨道能量降低，产生能级交错，使得 $E_{4s}<E_{3d}$。这种外层电子向内层钻穿而引起能量变化的效应称为钻穿效应。

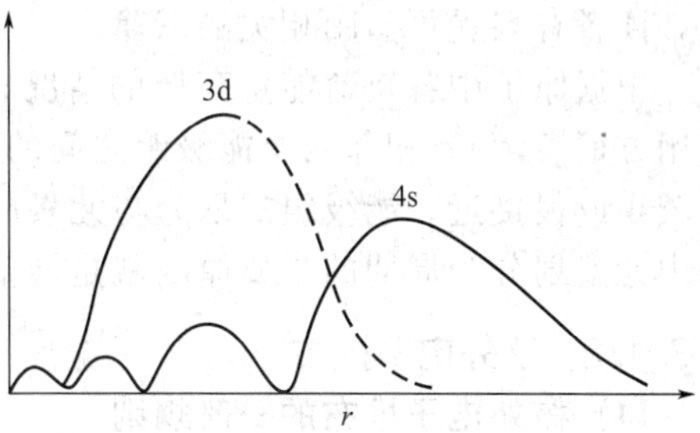

图 7-9　3d 和 4s 的径向分布图

对于 n 值相同、l 不同的轨道，l 值越小，其电子云径向分布图上的峰的数目越多，其小峰越接近原子核，电子钻到核附近回避其他电子屏蔽的能力越强，能量越低。因此，对于多电子原子来说，n 相同、l 不同时，能量高低顺序是 $E_{ns}<E_{np}<E_{nd}<E_{nf}$。

(3) 鲍林近似能级图

1939 年，美国化学家鲍林（L. Pauling）根据大量光谱实验数据及理论计算，总结出多电子原子中各轨道能量的高低顺序，并用图近似地表示出来（图 7-10），称为鲍林近似能级

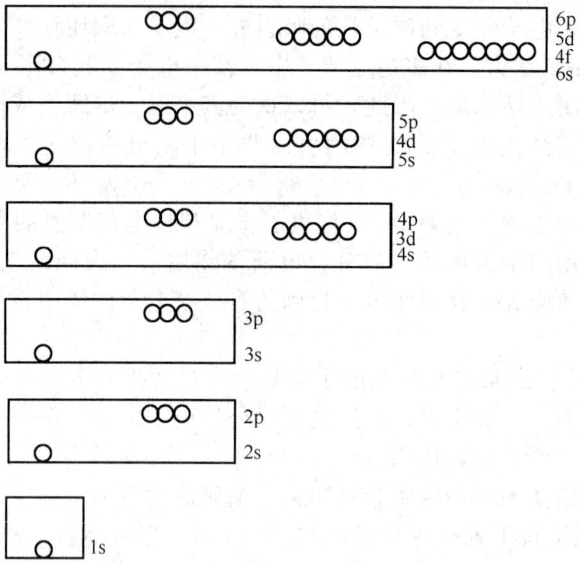

图 7-10　鲍林近似能级图

图（approximate energy level diagram）。图中用小圆圈表示原子轨道，它们所在位置的相对高低表示各轨道能级的相对高低。鲍林能级图反映了核外电子填充的一般顺序。

从图 7-10 中可以看出，鲍林近似能级顺序为：

1s＜2s＜2p＜3s＜3p＜4s＜3d＜4p＜5s＜4d＜5p＜6s＜4f＜5d＜6p＜7s＜5f＜……

对于鲍林近似能级图，需要注意以下几点：

① 它只有近似的意义，不可能完全反映出每个元素的原子轨道能级的相对高低。

② 它只能反映同一原子内各原子轨道能级之间的相对高低。不能用鲍林近似能级图来比较不同元素原子轨道能级的相对高低。

③ 电子在某一轨道上的能量，实际上与原子序数（核电荷数）有关。核电荷数越大，对电子的吸引力越大，电子离核越近，轨道能量就降得越低，而且各原子轨道能量降低的程度是不同的。柯顿（F. A. Cotton）就因此提出了原子轨道能量相对高低与原子序数的关系图，该图与鲍林的近似能级图有所不同，最大的优点是反映了原子轨道能级与原子序数的关系，读者有兴趣可参阅相关的书籍。

根据原子中各轨道能量高低的情况，常把原子轨道划分为若干个能级组（图 7-10 中分别用方框表示）。相邻两个能级组之间的能量差比较大，而同一能级组中各原子轨道的能量差较小或很接近。能级组的划分与元素周期系中元素划分为七个周期是一致的，即元素周期系中元素划分为周期的本质原因就是能量。

7.3.1.2　核外电子排布

(1) 核外电子排布的一般规则

根据原子光谱实验和量子力学理论，原子核外电子排布服从以下原则。

① 保里不相容原理：1925 年，奥地利科学家保里（W. E. Pauli）在光谱实验的基础上，提出了后来被实验证实的一个假设，即在同一原子中，不可能有四个量子数完全相同的电子存在。换言之，每一个轨道内最多只能容纳两个自旋方向相反的电子。

② 能量最低原理（principle of lowest energy）：在不违背保里不相容原理的前提下，核外电子在各原子轨道上的排布应使整个原子能量处于最低的状态。因此，电子总是先分布在

能量较低的轨道上，只有当能量最低的轨道占满后，电子才能依次进入能量较高的轨道。

③ 洪特规则（Hund′s rule）：1925 年，德国科学家洪特（F. Hund）从大量光谱实验数据中发现，电子在能量相同的轨道上分布时，总是尽可能先分占等价轨道，且自旋相同。这样的排布方式可以使得原子的能量较低，体系较稳定，称为洪特规则。

此外，量子力学理论还指出，当等价轨道被电子半充满或全充满时（如 p^3、d^5、f^7 或 p^6、d^{10}、f^{14}）或等价轨道全空（p^0、d^0、f^0）时，体系能量最低最稳定。这被称为洪特规则的特例。

(2) 基态原子的核外电子排布式

根据鲍林近似能级顺序和电子排布三原则，将基态原子的电子按顺序依次填入各原子轨道中，最后将各原子轨道按主量子数和角量子数递增的顺序排列，就可以得到各元素原子基态（最低能量状态）的核外电子排布式，即电子排布构型（electron configuration）。

写基态原子的电子排布式要注意三点：

① 电子排布式中能级的书写次序与电子填充的先后次序并不完全一致。如按鲍林近似能级图，电子填充时 4s 先于 3d，但书写时应按主量子数 n 和角量子数 l 的数值由低到高的顺序书写，即把 3d 写在 4s 前面，和同层的 3s、3p 写在一起。如 Mn 的电子层结构应书写为 $1s^2 2s^2 2p^6 3s^2 3p^6 3d^5 4s^2$。

② 为避免电子排布式写得过长，通常将内层已达到稀有气体原子结构构型的部分写成原子实（原子实是指原子中除去最高能级组以外的原子实体）的形式，用相应稀有气体符号加方括号表示。如 Ca 的电子排布式为 $1s^2 2s^2 2p^6 3s^2 3p^6 4s^2$，也可写成原子实的形式，即为 [Ar] $4s^2$。

③ 核外电子排布的三原则对于绝大多数原子来说是适用的。而有些元素，如 $_{24}Cr$、$_{29}Cu$、$_{41}Nb$、$_{42}Mo$、$_{44}Ru$、$_{45}Rh$、$_{46}Pd$、$_{47}Ag$、$_{57}La$、$_{58}Ce$、$_{64}Gd$、$_{78}Pt$、$_{79}Au$、$_{89}Ac$、$_{90}Th$、$_{91}Pa$、$_{92}U$、$_{93}Np$、$_{96}Cm$ 等，根据光谱实验数据得出的原子核外电子排布式稍有例外。

表 7-2 是根据光谱实验数据确定的各元素基态原子的电子层结构，下面分别加以讨论。

第一周期由第 1 号元素氢和第 2 号元素氦构成，核外电子填在 1s 轨道上，电子排布式分别为 $1s^1$ 和 $1s^2$。

从第 3 号元素锂到第 10 号元素氖，构成第二周期，新增电子将依次排入 2s 和 2p 轨道，直到 2p 轨道全充满。

从第 11 号元素钠到第 18 号元素氩，构成第三周期，电子依次填充在 3s 和 3p 轨道上，直到 3p 轨道全充满。但是第三电子层尚未达到该层的最大容量。第一、二、三周期都是短周期。

第 19 号元素钾，其最后一个电子按照能级顺序是填在 4s 轨道，而不是 3d 轨道上，这样出现了新的电子层，从而开始了第四周期。从第四周期开始，各周期都是长周期，核外电子排布情况要比短周期复杂。从 21 号元素钪开始到 30 号元素锌，最后一个电子填在 3d 轨道上，即原子的次外电子层上，这些元素称为过渡元素（transition elements），24 号铬和 29 号铜，其电子层结构分别是 $1s^2 2s^2 2p^6 3s^2 3p^6 3d^5 4s^1$ 和 $1s^2 2s^2 2p^6 3s^2 3p^6 3d^{10} 4s^1$，而不是 $1s^2 2s^2 2p^6 3s^2 3p^6 3d^4 4s^2$ 和 $1s^2 2s^2 2p^6 3s^2 3p^6 3d^9 4s^2$，这是因为 3d 轨道的半充满和全充满状态能量较低。从 31 号镓到 36 号氪，电子依次填充 4p 轨道，第四能级组填满，完成了第四周期。第四周期共有 18 个元素。

第五周期的情况基本和第四周期相似，电子填充第五能级组的原子轨道 5s、4d、5p，第五周期共有 18 个元素。

第六周期的元素，电子填充第六能级组的原子轨道 6s、4f、5d、6p。第 57 号元素镧以后的 14 个元素（铈到镥），它们的最后一个电子依次填充在倒数第三层的 4f 轨道上，使得化学性质与镧非常相似，故称为镧系元素（lanthanides）。第六周期共有 32 个元素。

第七周期和第六周期情况相似，电子填充第七能级组的原子轨道，出现了从 89 号锕到 103 号铹 15 个锕系元素（actinides）。锕系元素和镧系元素又总称为内过渡元素（ineer transition elements）。此外，铀（$_{92}U$）以后的元素称为超铀元素（transuranic elements）。超铀元素都是用人工合成的方法发现的，现已合成到 118 号元素。

表 7-2 各元素原子的电子排布

周期	原子序数	元素符号	电子结构
1	1	H	$1s^1$
	2	He	$1s^2$
2	3	Li	[He]$2s^1$
	4	Be	[He]$2s^2$
	5	B	[He]$2s^22p^1$
	6	C	[He]$2s^22p^2$
	7	N	[He]$2s^22p^3$
	8	O	[He]$2s^22p^4$
	9	F	[He]$2s^22p^5$
	10	Ne	[He]$2s^22p^6$
3	11	Na	[Ne]$3s^1$
	12	Mg	[Ne]$3s^2$
	13	Al	[Ne]$3s^23p^1$
	14	Si	[Ne]$3s^23p^2$
	15	P	[Ne]$3s^23p^3$
	16	S	[Ne]$3s^23p^4$
	17	Cl	[Ne]$3s^23p^5$
	18	Ar	[Ne]$3s^23p^6$
4	19	K	[Ar]$4s^1$
	20	Ca	[Ar]$4s^2$
	21	**Sc**	[Ar]$3d^14s^2$
	22	**Ti**	[Ar]$3d^24s^2$
	23	**V**	[Ar]$3d^34s^2$
	24	**Cr**	[Ar]$3d^54s^1$
	25	**Mn**	[Ar]$3d^54s^2$
	26	**Fe**	[Ar]$3d^64s^2$
	27	**Co**	[Ar]$3d^74s^2$
	28	**Ni**	[Ar]$3d^84s^2$
	29	**Cu**	[Ar]$3d^{10}4s^1$
	30	**Zn**	[Ar]$3d^{10}4s^2$
	31	Ga	[Ar]$3d^{10}4s^24p^1$
	32	Ge	[Ar]$3d^{10}4s^24p^2$
	33	As	[Ar]$3d^{10}4s^24p^3$
	34	Se	[Ar]$3d^{10}4s^24p^4$
	35	Br	[Ar]$3d^{10}4s^24p^5$
	36	Kr	[Ar]$3d^{10}4s^24p^6$
5	37	Rb	[Kr]$5s^1$
	38	Sr	[Kr]$5s^2$
	39	**Y**	[Kr]$4d^15s^2$
	40	**Zr**	[Kr]$4d^25s^2$
	41	**Nb**	[Kr]$4d^45s^1$
	42	**Mo**	[Kr]$4d^55s^1$
	43	**Tc**	[Kr]$4d^55s^2$
	44	**Ru**	[Kr]$4d^75s^1$
	45	**Rh**	[Kr]$4d^85s^1$
	46	**Pd**	[Kr]$4d^{10}$
	47	**Ag**	[Kr]$4d^{10}5s^1$
	48	**Cd**	[Kr]$4d^{10}5s^2$
	49	In	[Kr]$4d^{10}5s^25p^1$
	50	Sn	[Kr]$4d^{10}5s^25p^2$
	51	Sb	[Kr]$4d^{10}5s^25p^3$
	52	Te	[Kr]$4d^{10}5s^25p^4$
	53	I	[Kr]$4d^{10}5s^25p^5$
	54	Xe	[Kr]$4d^{10}5s^25p^6$
6	55	Cs	[Xe]$6s^1$
	56	Ba	[Xe]$6s^2$
	57	**La**	[Xe]$5d^16s^2$
	58	**Ce**	[Xe]$4f^15d^16s^2$
	59	**Pr**	[Xe]$4f^36s^2$
	60	**Nd**	[Xe]$4f^46s^2$
	61	**Pm**	[Xe]$4f^56s^2$
	62	**Sm**	[Xe]$4f^66s^2$
	63	**Eu**	[Xe]$4f^76s^2$
	64	**Gd**	[Xe]$4f^75d^16s^2$
	65	**Tb**	[Xe]$4f^96s^2$
	66	**Dy**	[Xe]$4f^{10}6s^2$
	67	**Ho**	[Xe]$4f^{11}6s^2$
	68	**Er**	[Xe]$4f^{12}6s^2$
	69	**Tm**	[Xe]$4f^{13}6s^2$
	70	**Yb**	[Xe]$4f^{14}6s^2$
	71	**Lu**	[Xe]$4f^{14}5d^16s^2$
	72	**Hf**	[Xe]$4f^{14}5d^26s^2$
	73	**Ta**	[Xe]$4f^{14}5d^36s^2$
	74	**W**	[Xe]$4f^{14}5d^46s^2$
	75	**Re**	[Xe]$4f^{14}5d^56s^2$
	76	**Os**	[Xe]$4f^{14}5d^66s^2$
	77	**Ir**	[Xe]$4f^{14}5d^76s^2$
	78	**Pt**	[Xe]$4f^{14}5d^96s^1$
	79	**Au**	[Xe]$4f^{14}5d^{10}6s^1$
	80	**Hg**	[Xe]$4f^{14}5d^{10}6s^2$
	81	Tl	[Xe]$4f^{14}5d^{10}6s^26p^1$
	82	Pb	[Xe]$4f^{14}5d^{10}6s^26p^2$
	83	Bi	[Xe]$4f^{14}5d^{10}6s^26p^3$
	84	Po	[Xe]$4f^{14}5d^{10}6s^26p^4$
	85	At	[Xe]$4f^{14}5d^{10}6s^26p^5$
	86	Rn	[Xe]$4f^{14}5d^{10}6s^26p^6$
7	87	Fr	[Rn]$7s^1$
	88	Ra	[Rn]$7s^2$
	89	**Ac**	[Rn]$6d^17s^2$
	90	**Th**	[Rn]$6d^27s^2$
	91	**Pa**	[Rn]$5f^26d^17s^2$
	92	**U**	[Rn]$5f^36d^17s^2$
	93	**Np**	[Rn]$5f^46d^17s^2$
	94	**Pu**	[Rn]$5f^67s^2$
	95	**Am**	[Rn]$5f^77s^2$
	96	**Cm**	[Rn]$5f^76d^17s^2$
	97	**Bk**	[Rn]$5f^97s^2$
	98	**Cf**	[Rn]$5f^{10}7s^2$
	99	**Es**	[Rn]$5f^{11}7s^2$
	100	**Fm**	[Rn]$5f^{12}7s^2$
	101	**Md**	[Rn]$5f^{13}7s^2$
	102	**No**	[Rn]$5f^{14}7s^2$
	103	**Lr**	[Rn]$5f^{14}6d^17s^2$
	104	**Rf**	[Rn]$5f^{14}6d^27s^2$
	105	**Db**	[Rn]$5f^{14}6d^37s^2$
	106	**Sg**	[Rn]$5f^{14}6d^47s^2$
	107	**Bh**	[Rn]$5f^{14}6d^57s^2$
	108	**Hs**	[Rn]$5f^{14}6d^67s^2$
	109	**Mt**	[Rn]$5f^{14}6d^77s^2$

注：表中黑体为过渡元素，加下划线为镧系和锕系元素。

(3) 基态阳离子的核外电子排布式

由原子失去电子变为阳离子时，失去电子的顺序不一定是电子填充的逆顺序，而是先失去最外层电子。如 Mn 的电子排布式是 $1s^22s^22p^63s^23p^63d^54s^2$，$Mn^{2+}$ 的电子排布式是 $1s^22s^22p^63s^23p^63d^5$，而不是 $1s^22s^22p^63s^23p^63d^34s^2$，即先失去最外层 4s 轨道的两个电子。

(4) 价层电子排布式

价电子指原子核外电子中能与其他原子相互作用形成化学键的电子。价电子所在的亚层称为价电子构型或价层电子排布式。为方便起见，需要表明某元素原子的电子层结构时，往往只写出它的价电子层结构。对主族元素而言，价电子层结构是元素的最外电子层结构；对副族元素（镧系、锕系元素除外）而言，价电子层结构是最外 ns 亚层加上次外层 $(n-1)$d 亚层的构型，如锰的价层电子构型为 $3d^5 4s^2$。镧系、锕系元素还要考虑 $(n-2)$f 亚层的构型。元素在发生化学反应时，仅价电子层发生变化，其内部电子层是不变的，因此元素的化学性质主要取决于价电子层结构。

7.3.2 元素周期系

元素不是彼此孤立的，而是有着内在的联系。元素的性质随着原子序数的增加呈现周期性变化的规律称为元素周期律。元素周期律是自然界的基本规律，当把元素按原子序数递增的顺序排列成元素周期表时，在每一个周期内，原子的最外层电子构型重复 ns^1 至 ns^2np^6 的变化（第一周期为 ns^1 至 ns^2），即最外层电子数由 1～8 呈现周期性的变化（第一周期为 1～2）。由于元素性质主要取决于其最外层电子构型，所以元素周期律源于原子电子层构型的周期性变化。

自 1869 年俄国科学家门捷列夫（D. I. Mendeleev）发表第一张元素周期表以来，至少已出现 700 多张不同形式的周期表。目前最通用的是由瑞士科学家维尔纳（Werner）首先倡导的长式周期表，几经修改，变成现在通用的形式。该表分为主表和副表。主表包含 7 行 18 列；副表包含 2 行，分别为镧系和锕系元素。

元素在周期表中的位置和它们的电子层结构有直接关系。

(1) 原子序数（atomic number）

原子序数由原子的核电荷数或核外电子总数而定。

(2) 周期（period）

周期表中从上到下的 7 行称为元素的周期。每一周期都开始一个新的电子层，因此元素在周期表中所处的周期数等于该元素的电子层数，还等于该元素原子的核外电子的最高能级所在的能级组数（表 7-3），也等于原子最外电子层的主量子数。各周期元素的数目等于相应能级组中原子轨道最多能容纳的电子数，如第四周期对应的能级组为 4s、3d、4p，共 9 个原子轨道，最多可容纳 18 个电子，所以第四周期有 18 种元素。

表 7-3 各周期元素与相应能级组的关系

周期	元素数目	相应能级组中的原子轨道	电子最大容量
1	2	1s	2
2	8	2s2p	8
3	8	3s3p	8
4	18	4s3d4p	18
5	18	5s4d5p	18
6	32	6s4f5d6p	32
7	32	7s5f6d7p	32

第一周期有一个电子层，第二周期有两个电子层，其余类推（只有 Pd 属于第五周期，但只有 4 层电子）。

周期有长短之分。除了特短周期第一周期外，其余周期都是从 ns^1（碱金属元素）开始

到 ns^2np^6（稀有气体）结束。在长周期中，过渡元素的最后一个电子填充在次外层（$n-1$)d，甚至在倒数第三层（$n-2$)f 上。因为元素的性质主要取决于最外层电子，因此在长周期中元素性质的递变比较缓慢。

(3) 族（group）

周期表中共有 18 列元素，每一列称为族。族的划分与基态原子的价电子构型密切相关。同族元素的电子层数从上至下逐渐增加，但它们的价电子构型相同，价电子数相等。

按照最后一个电子的填空方式可以将元素分为主族元素和副族元素。最后一个电子填充在最外层的为主族元素，填充在次外层或倒数第三层的为副族元素。主族元素（ⅠA～ⅦA）的价电子数等于最外层 s 和 p 电子的总数，也等于其族序数。稀有气体元素的最外层电子构型为 ns^2np^6，最外层有 8 个电子，达到稳定结构，所以按习惯称为零族元素。

周期表中的第 3～12 列元素共 10 列元素均为副族元素。ⅢB～ⅦB 元素的族序数等于最外层 s 和次外层 d 亚层中的电子总数。Ⅷ族元素包括第 8、9、10 列，其最外层 s 和次外层 d 亚层中的电子总数分别为 8、9、10。ⅠB、ⅡB 元素的族序数等于等于最外层 s 电子数。镧系、锕系在周期表中都排在ⅢB 族。

(4) 区（block）

根据元素原子价电子层结构，可以把周期表中的元素所在的位置分成五个区（图 7-11）。

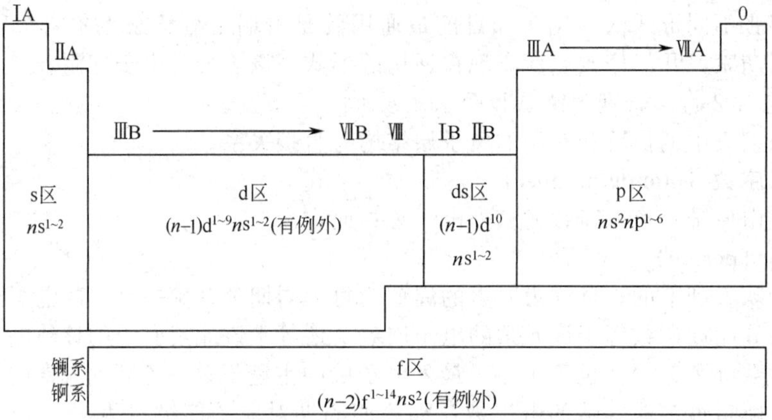

图 7-11 长式周期表中元素的分区示意

① s 区元素：指最后一个电子填在 ns 能级上的元素（He 除外）。位于周期表左侧。包括ⅠA 和ⅡA。它们易失去最外层的一个或两个电子，形成+1 或+2 价正离子。其价电子构型为 $ns^{1\sim2}$。

② p 区元素：指最后一个电子填充在 np 能级上的元素，位于周期表右侧，它包括ⅢA～ⅦA 及零族元素，其价电子构型为 $ns^2np^{1\sim6}$。

③ d 区元素：一般是指最后一个电子填充在（$n-1$)d 能级上的元素，位于长周期表的中部。这些元素化学性质相近，有多变氧化态。包括ⅢB～Ⅷ族的所有元素，其价电子构型为（$n-1$)$d^{1\sim9}ns^{1\sim2}$。

④ ds 区元素：指次外层的 d 能级上为全充满状态，最外层的电子数又与 s 区元素相同的元素，即ⅠB、ⅡB 族元素，其价电子构型为（$n-1$)$d^{10}ns^{1\sim2}$。

⑤ f 区元素：指最后一个电子填在（$n-2$)f 能级上的元素，即镧系、锕系元素，其价电子构型为（$n-2$)$f^{1\sim14}$($n-1$)$d^{1-2}ns^2$。该区元素价电子构型的差别主要表现在（$n-2$)f 轨道上的电子排布，对其元素性质影响很弱，因此该区元素性质极为相似。

7.3.3 元素基本性质的周期性变化规律

元素性质取决于原子的内部结构。既然原子的电子层结构具有周期性变化的规律，那么元素的基本性质，如原子半径、电离能、电子亲和能、电负性（通常把这些性质称为原子参数，atomic parameter）等也随之呈现明显的周期性。原子参数的周期性变化规律是讨论元素化学性质的重要依据。

(1) 有效核电荷 Z^*

元素原子序数增加时，原子的核电荷数增加，电子层结构呈周期性变化，屏蔽常数亦呈周期性变化，导致有效核电荷 Z^* 呈周期性的变化。

在短周期中，元素从左到右，电子依次填充到最外层，由于同层电子间屏蔽作用弱，因此，有效核电荷显著增加。在长周期中的过渡元素部分，电子填充到次外层，所产生的屏蔽作用比这个电子进入最外层时要大一些，因此有效核电荷增大不多；但长周期的后半部，电子又填入到最外层，因此有效核电荷又显著增大。

同一族元素由上到下，虽然核电荷增加较多，但由于依次增加一个电子层，因而屏蔽作用明显增大，导致有效核电荷增加不显著。

(2) 原子半径 r

原子核的周围是电子云，它们没有确定的边界。我们通常所说的原子半径（atomic radius)，是人为规定的一种物理量。常用的有金属半径、共价半径、范德华半径三种。

金属单质的晶体中，相邻两金属原子核间距离的一半，称为该金属原子的金属半径(metal radii)。同种元素的两个原子以共价单键连接时，它们核间距离的一半称为该原子的共价半径（covalent radii)。在分子晶体中，分子之间是以范德华力（即分子间力）结合的，这时相邻的非键的两个同种原子核间距离的一半，称为范德华半径（van der Waals radii)。

如果金属原子取金属半径，非金属原子取单健共价半径，稀有气体原子取范德华半径，其相对大小见表 7-4。

表 7-4 元素的原子半径 r 单位：pm

ⅠA	ⅡA	ⅢB	ⅣB	ⅤB	ⅥB	ⅦB		Ⅷ		ⅠB	ⅡB	ⅢA	ⅣA	ⅤA	ⅥA	ⅦA	0
H																	**He**
37																	122
Li	**Be**											**B**	**C**	**N**	**O**	**F**	**Ne**
152	111											88	77	70	66	64	160
Na	**Mg**											**Al**	**Si**	**P**	**S**	**Cl**	**Ar**
186	160											143	117	110	104	99	191
K	**Ca**	**Sc**	**Ti**	**V**	**Cr**	**Mn**	**Fe**	**Co**	**Ni**	**Cu**	**Zn**	**Ga**	**Ge**	**As**	**Se**	**Br**	**Kr**
227	197	161	145	132	125	124	124	125	125	128	133	122	122	121	117	114	198
Rb	**Sr**	**Y**	**Zr**	**Nb**	**Mo**	**Tc**	**Ru**	**Rh**	**Pd**	**Ag**	**Cd**	**In**	**Sn**	**Sb**	**Te**	**I**	**Xe**
248	215	181	160	143	136	136	133	135	138	144	149	163	141	141	137	133	217
Cs	**Ba**	**Lu**	**Hf**	**Ta**	**W**	**Re**	**Os**	**Ir**	**Pt**	**Au**	**Hg**	**Tl**	**Pb**	**Bi**	**Po**	**At**	**Rn**
265	217	173	159	143	137	137	134	136	136	144	160	170	175	155	163		
La	**Ce**	**Pr**	**Nd**	**Pm**	**Sm**	**Eu**	**Gd**	**Tb**	**Dy**	**Ho**	**Er**	**Tm**	**Yb**	**Lu**			
188	183	183	182	181	180	204	180	178	177	177	176	175					

注：表中数据引自大连理工大学无机化学教研室编写的《无机化学》第四版。

原子半径的大小主要取决于原子的有效核电荷和核外电子的层数。在短周期中，从碱金属到卤素，由于原子的有效核电荷逐渐增加，而电子层数保持不变，因此核对电子的吸引力逐渐增大，原子半径逐渐减小。在长周期中，从过渡元素开始，原子半径减小比较缓慢，而在后半部的元素（例如，第四周期从 Cu 开始），原子半径反而略为增大，但随即又逐渐减小。这是由于在长周期过渡元素的原子中，电子的增加填充在 $(n-1)$d 层上，屏蔽作用大，使有效核电荷增加不多，核对外层电子的吸引力也增加比较少，因而原子半径减小较慢。而到了长周期的后半部，即自ⅠB 开始，由于次外层已充满 18 个电子，新增加的电子要加在最外层，半径又略为增大。当电子继续填入最外层时，由于有效核电荷的增加，原子半径又逐渐减小。

长周期中的内过渡元素，如镧系元素，从左到右，原子半径大体也是逐渐减小的，只是幅度更小，这是由于新增加的电子填入 $(n-2)$f 层上，对外层电子的屏蔽效应更大，有效核电荷增加更小，因此半径减小更慢。这种镧系元素整个系列的原子半径缩小的现象称为镧系收缩（lanthanide contraction）。镧系收缩导致第五、第六周期的同族过渡元素的性质极为相近，在自然界往往共生在一起，不易分离。

同一主族，从上到下尽管核电荷数增多，但电子层增加的因素占主导地位，所以原子半径显著增加。同一副族，从上到下，原子半径的变化不如主族元素显著：从第四周期到第五周期，除钪分族外，原子半径略有增加；而第五周期和第六周期的同族元素的原子半径非常相近。

(3) 电离能 I

原子失去电子的难易可用电离能（ionization energy）来衡量。基态气体原子失去一个电子成为带一个正电荷的气态正离子所消耗的能量称为该元素的第一电离能，用 I_1 表示。从一价气态正离子再失去一个电子成为二价正离子所需要的能量称为第二电离能 I_2，依此类推，还可以有第三电离能 I_3、第四电离能 I_4 等。随着原子逐步失去电子，所形成的离子正电荷越来越大，因而失去电子变得越来越难，故第二电离能大于第一电离能，第三电离能大于第二电离能……，即 $I_1 < I_2 < I_3 < \cdots\cdots$。

例如：

$$Al(g) - e^- \longrightarrow Al^+(g) \qquad I_1 = 578 kJ \cdot mol^{-1}$$
$$Al^+(g) - e^- \longrightarrow Al^{2+}(g) \qquad I_2 = 1817 kJ \cdot mol^{-1}$$
$$Al^{2+}(g) - e^- \longrightarrow Al^{3+}(g) \qquad I_3 = 2745 kJ \cdot mol^{-1}$$
$$Al^{3+}(g) - e^- \longrightarrow Al^{4+}(g) \qquad I_4 = 11578 kJ \cdot mol^{-1}$$

如果不加注明，电离能指的都是第一电离能。元素原子的电离能越大，其原子失去电子时吸收能量越多，原子失去电子越难；反之，电离能越小，原子失去电子越容易。电离能的大小主要取决于原子的有效核电荷、原子半径和原子的电子层结构。

同一周期中，从左到右，元素的有效核电荷逐渐增加，原子半径逐渐减小，元素的电离能逐渐增大。稀有气体由于具有稳定的电子层结构，故在同一周期元素中电离能最大。在长周期中部的过渡元素，由于新增加的电子填入次外层，有效核电荷增加不多，原子半径减小较慢，电离能增加不显著，而且规律性不明显（表 7-5）。

第二周期中 Be 和 N 的电离能比后面的元素 B 和 O 的电离能反而增大，这是由于 Be 的外电子层结构为 $2s^2$，N 的外电子层结构为 $2s^2 2p^3$，都是比较稳定的结构，失去电子较难，因此电离能也大些。一般来说，具有 p^3、d^5、f^7 等半充满电子构型的元素都有较大的电离能，即比其前后元素的电离能都要大。而元素若具有全充满的构型，也将有较大的电离能，如ⅡB 族元素。

同一主族自上而下，最外层电子数相同，有效核电荷增加不多，而原子半径的增大起主要作用，因此核对外层电子的引力逐渐减小，电子逐渐易于失去，电离能逐渐减小。

表 7-5　元素的第一电离能 I_1　　单位：$kJ \cdot mol^{-1}$

ⅠA	ⅡA	ⅢB	ⅣB	ⅤB	ⅥB	ⅦB	Ⅷ			ⅠB	ⅡB	ⅢA	ⅣA	ⅤA	ⅥA	ⅦA	0
H																	**He**
1312																	2372.3
Li	**Be**											**B**	**C**	**N**	**O**	**F**	**Ne**
520.3	899.5											800.6	1086	1402	1314	1681	2080.7
Na	**Mg**											**Al**	**Si**	**P**	**S**	**Cl**	**Ar**
495.8	737.7											577.6	786.5	1012	1000	1251	1520.5
K	**Ca**	**Sc**	**Ti**	**V**	**Cr**	**Mn**	**Fe**	**Co**	**Ni**	**Cu**	**Zn**	**Ga**	**Ge**	**As**	**Se**	**Br**	**Kr**
418.9	589.8	631	658	650	653	717	760	758	737	746	906	578.8	762.2	944	941	1140	1350.7
Rb	**Sr**	**Y**	**Zr**	**Nb**	**Mo**	**Tc**	**Ru**	**Rh**	**Pd**	**Ag**	**Cd**	**In**	**Sn**	**Sb**	**Te**	**I**	**Xe**
403	549.5	616	669	664	685	702	711	720	805	731	868	588.3	708.6	832	870	1008	1170.4
Cs	**Ba**	**Lu**	**Hf**	**Ta**	**W**	**Re**	**Os**	**Ir**	**Pt**	**Au**	**Hg**	**Tl**	**Pb**	**Bi**	**Po**	**At**	**Rn**
375.7	502.9	524	654	761	770	760	840	880	870	891	1007	589.3	715.5	703	812	917	1037
Fr	**Ra**																
386	509																

La	**Ce**	**Pr**	**Nd**	**Pm**	**Sm**	**Eu**	**Gd**	**Tb**	**Dy**	**Ho**	**Er**	**Tm**	**Yb**
538.1	528	523	530	536	543	547	592	564	572	581	589	596.7	603.4
Ac	**Th**	**Pa**	**U**	**Np**	**Pu**	**Am**	**Cm**	**Bk**	**Cf**	**Es**	**Fm**	**Md**	**No**
490	590	570	590	600	585	578	581	601	608	619	627	635	642

注：表中数据引自倪静安主编的《无机及分析化学》。

(4) 电子亲和能 E_A

原子结合电子的难易可用电子亲和能（electron affinity）来判断。元素的一个基态的气态原子获得一个电子成为一价气态负离子所放出的能量称为第一电子亲和能，用 E_{A1} 表示。负一价的气态负离子再得到一个电子的能量变化，叫作第二电子亲和能，用 E_{A2} 表示。依此类推。一般元素的第一电子亲和能 E_{A1} 为正值，而第二电子亲和能量 E_{A2} 为负值，这是因为负离子带负电排斥外来电子，如要结合电子必须吸收能量以克服电子的斥力。

例如　　$O(g)+e^- \longrightarrow O^-(g)$　　$E_{A1}=141kJ \cdot mol^{-1}$

$O^-(g)+e^- \longrightarrow O^{2-}(g)$　　$E_{A2}=-780kJ \cdot mol^{-1}$

如果不加注明，亲和能都是指第一电子亲和能。电子亲和能较难直接测定，且测定的准确性较差，所以，与电离能相比，电子亲和能的数据不仅不全，而且不同来源的数据差异很大（表 7-6），使其应用受到很大限制。

元素原子的电子亲和能越大，其原子得到电子时放出的能量越多，因此越容易得到电子。反之亦然。电子亲和能的大小也主要决定于原子的有效核电荷、原子半径和原子的电子层结构。

表 7-6　部分元素原子的电子亲和能 E_A　　单位：kJ/mol

H							**He**
72.9							<0
Li	**Be**	**B**	**C**	**N**	**O**	**F**	**Ne**
59.8	<0	23	122	0±20	141	322	<0
Na	**Mg**	**Al**	**Si**	**P**	**S**	**Cl**	**Ar**
52.9	<0	44	120	74	200.4	348.7	<0
K	**Ca**	**Ga**	**Ge**	**As**	**Se**	**Br**	**Kr**
48.4	<0	36	116	77	195	324.5	<0
Rb		**In**	**Sn**	**Sb**	**Te**	**I**	**Xe**
46.9		34	121	101	190.1	295	<0
Cs	**Ba**	**Tl**	**Pb**	**Bi**	**Po**	**At**	**Rn**
45.5	<0	50	100	100	180	270	<0

注：表中数据引自倪静安主编的《无机及分析化学》。

同周期元素中，从左到右原子的有效核电荷逐渐增大，原子半径逐渐减小，原子得到电子的能力增强，元素的电子亲和能逐渐增大。同周期中卤素的电子亲和能最大。氮族元素的 ns^2np^3 价电子层结构较稳定，电子亲和能反而较小。稀有气体 ns^2 和 ns^2np^6 的电子层结构稳定，其电子亲和能非常小，为负值。

对于同族元素，综合考虑原子半径和有效核电荷两个因素，元素的电子亲和能自上而下总的变化趋势是减小的，但规律性不强。第二周期一些元素如 F、O、N 的电子亲和能反而比第三周期相应元素的要小，这是由于 F、O、N 的原子半径很小，电子云密度大，结合电子时需要克服较大的电子间的排斥力，使得放出的能量减小。

(5) 电负性 χ

为了全面衡量分子中原子争夺电子的能力，引入元素电负性（electronegativity）的概念。元素的电负性是指原子在分子中吸引电子的能力。电负性的概念是鲍林（Pauling）在 1932 年提出的，他指定最活泼的非金属氟的电负性 χ_F 为 4.0，并根据热化学数据比较各元素原子吸引电子的能力，得出其他元素的电负性值（表 7-7）。元素的电负性数值越大，表示原子在分子中吸引电子的能力越强。

在周期表中，电负性也呈现有规律的递变。同一周期中，从左到右，原子的有效核电荷逐渐增大，原子半径逐渐减小，原子在分子中吸引电子的能力逐渐增加，因而元素的电负性逐渐增大。同一主族中，从上到下电子层构型相同，有效核电荷相差不大，原子半径增加的影响占主导地位，因此元素的电负性依次减小。必须指出，同一元素所处氧化态不同，其电负性值也不同。

需要注意的是，电负性是一个相对值，本身没有单位。自从 1932 年鲍林提出电负性概念以后，1934 年密立根（R. S. Mulliken）、1956 年阿莱德（A. L. Allred）和罗周（E. G. Rochow）也分别提出一套电负性数据，因此使用数据时要注意出处，并尽量采用同一套电负性数据。

(6) 元素的金属性和非金属性

元素的金属性（metallic behavior）是指其原子失去电子而变成正离子的倾向，元素的非金属性（nonmetallic behavior）是指其原子得到电子变成负离子的倾向。元素的原子越易失去电子，金属性越强；越易获得电子，非金属性越强。影响元素金属性和非金属性强弱的因素和影响电离能、电子亲和能大小的因素一样，因此常用电离能来衡量原子失去电子的难易，用电子亲和能来衡量原子获得电子的难易。

表 7-7 元素的电负性（L. Pauling 值）

H 2.1																
Li 1.0	Be 1.5											B 2.0	C 2.5	N 3.0	O 3.5	F 4.0
Na 0.9	Mg 1.2											Al 1.5	Si 1.8	P 2.1	S 2.5	Cl 3.0
K 0.8	Ca 1.0	Sc 1.3	Ti 1.5	V 1.6	Cr 1.6	Mn 1.5	Fe 1.8	Co 1.9	Ni 1.9	Cu 1.9	Zn 1.6	Ga 1.6	Ge 1.8	As 2.0	Se 2.4	Br 2.8
Rb 0.8	Sr 1.0	Y 1.2	Zr 1.4	Nb 1.6	Mo 1.8	Tc 1.9	Ru 2.2	Rh 2.2	Pd 2.2	Ag 1.9	Cd 1.7	In 1.7	Sn 1.8	Sb 1.9	Te 2.1	I 2.5
Cs 0.7	Ba 0.9	La 1.1	Hf 1.3	Ta 1.5	W 1.7	Re 1.9	Os 2.2	Ir 2.2	Pt 2.2	Au 2.4	Hg 1.9	Tl 1.8	Pb 1.8	Bi 1.9	Po 2.0	At 2.2
Fr 0.7	Ra 0.9	Ac 1.1	Th 1.3	Pa 1.4	U 1.4	Np～No 1.4～1.3										

注：表中数据引自倪静安主编的《无机及分析化学》。

同一周期中，从左到右，元素的电离能逐渐增大，因此元素的金属性逐渐减弱；同一主族中，从上到下，元素的电离能逐渐减小，因此元素的金属性逐渐增强。

同一周期中，从左到右，元素的电子亲和能逐渐增大，因此非金属性逐渐增强；同一主族中，从上到下电子亲和能逐渐减小，因此非金属性逐渐减弱。

元素的金属性和非金属性的强弱也可以用电负性来衡量。元素的电负性数值越大，原子在分子中吸引电子的能力越强，因而非金属性也越强。一般来讲，非金属的电负性大于2.0，金属的电负性小于2.0。但不能把电负性2.0作为划分金属和非金属的绝对界限，如非金属元素硅的电负性为1.8。

视 窗

【人物简介】

卢瑟福 Ernest Rutherford（1871～1937），出生于新西兰的英国著名物理学家，原子核物理学之父，学术界公认他为继法拉第之后最伟大的实验物理学家。

他首先提出放射性半衰期的概念，将放射性物质分类为α射线与β射线，并证实α射线由氦核组成，β射线由电子组成。因为“对元素蜕变以及放射化学的研究”，他荣获1908年诺贝尔化学奖。

1911年通过α粒子散射实验，成功证实原子核的存在，提出“原子含核模型”。1919年，在α粒子轰击氮核的实验中发现质子，成功实现人工核反应。

在原子结构理论的早期研究中，他起到了承上启下的关键作用。卢瑟福是汤姆逊的六位获诺贝尔奖学生之一，而他本人又指导过11位诺贝尔奖获得者。周期表中第104号元素为纪念他而命名为“铲”。

【搜一搜】

徐光宪近似规则；科顿原子轨道能级图；原子簇；人造原子。

习 题

7-1 当氢原子的一个电子从第二能级跃入第一能级，发射光子的波长是121.6nm；当电子从第三能级跃入第二能级，发射光子的波长是656.5nm。

① 哪一个光子的能量大？

② 根据①的计算结果，说明原子中电子在各轨道上所具有的能量是连续的还是量子化的？

7-2 计算质量为9.11×10^{-31}kg的电子以10^6m·s^{-1}的速度运动时产生的电子波的波长（nm）。如果这个电子的速度为0m·s^{-1}（静止不动），则波长为多少？通过计算说明电子在什么情况下才呈现波动性。

7-3 写出$n=4$的电子层中各个电子的n、l、m量子数与所在轨道符号，并指出各亚层中的轨道数和最多能容纳的电子数、该电子层中总的轨道数和最多能容纳的总的电子数，各轨道之间的能量关系如何？（统一按下面的方法列表表示）。

$n=$

$l=$

$m=$

轨道符号：

亚层轨道数：

电子数：

总的轨道数：

总的电子数：

7-4　下列电子运动状态是否存在？为什么？

① $n=2$，$l=2$，$m=0$，$m_s=+\frac{1}{2}$；　③ $n=4$，$l=2$，$m=0$，$m_s=+\frac{1}{2}$；

② $n=2$，$l=1$，$m=2$，$m_s=-\frac{1}{2}$；　④ $n=2$，$l=1$，$m=1$，$m_s=+\frac{1}{2}$。

7-5　写出 Ne 原子中 10 个电子各自的四个量子数。

7-6　写出 Ni 原子最外两个电子层中每个电子的四个量子数。

7-7　试将某一多电子原子中具有下列各组量子数的电子，按能量由高到低顺序排列起来，如能量相同，则排在一起。

① $n=3$，$l=2$，$m=1$，$m_s=+\frac{1}{2}$；　④ $n=3$，$l=2$，$m=0$，$m_s=+\frac{1}{2}$；

② $n=4$，$l=3$，$m=2$，$m_s=-\frac{1}{2}$；　⑤ $n=1$，$l=0$，$m=0$，$m_s=-\frac{1}{2}$；

③ $n=2$，$l=0$，$m=0$，$m_s=+\frac{1}{2}$；　⑥ $n=3$，$l=1$，$m=1$，$m_s=+\frac{1}{2}$。

7-8　当原子被激发时，通常是它的最外层电子向更高的能级跃迁。在下列各电子排布中哪种属于原子的基态？哪种属于原子的激发态？哪种纯属错误？

① $1s^2 2s^1$；　⑤ [Ne] $3s^2 3p^8 4s^1$；

② $1s^2 2s^2 2d^1$；　⑥ [Ne] $3s^2 3p^5 4s^1$；

③ $1s^2 2s^2 2p^4 3s^1$；　⑦ [Ar] $4s^2 3d^3$。

④ $1s^2 2s^4 2p^2$；

7-9　写出下列原子的电子排布式。并指出它们各属于第几周期、第几族。

①$_{13}Al$；②$_{17}Cl$；③$_{24}Cr$；④$_{26}Fe$；⑤$_{47}Ag$；⑥$_{82}Pb$。

7-10　写出下列离子的电子排布式。

① S^{2-}；② K^+；③ Mn^{2+}；④ Fe^{2+}。

7-11　以①为例，完成下列②～⑥题。

① Na（$z=11$）$1s^2 2s^2 2p^6 3s^1$；　④ ________（$z=24$）[　] $3d^5 4s^1$；

② ________ $1s^2 2s^2 2p^6 3s^2 3p^3$；　⑤ ________ [Ar] $3d^{10} 4s^1$；

③ Ca（$z=20$）________；　⑥Kr（$z=36$）[　] $3d^? 4s^? 4p^?$。

7-12　根据元素在周期表中所处的位置，写出下表中各元素原子的价电子层结构、原子序数。

周期	族次	价电子层结构	原子序数
3	ⅡA		
4	ⅣB		
5	ⅢB		
6	ⅥA		

7-13　已知四种元素的原子的价电子层结构分别为①$4s^2$；②$3s^2 3p^5$；③$3d^3 4s^2$；④$5d^{10} 6s^2$。试指出：

① 它们在周期表中各处于哪一区？哪一周期？哪一族？

② 它们的电负性的相对大小。

7-14　第四周期某元素，其原子失去3个电子后，在角量子数为2的轨道内的电子恰好为半充满。试推断该元素的原子序数，并指出该元素的名称。

7-15　已知甲元素是第三周期p区元素，其最低氧化值为－1，乙元素是第四周期d区的元素，其最高氧化值为＋4，试填下表：

元素	价电子层结构	族	金属或非金属	电负性高低
甲				
乙				

7-16　已知某副族元素A的原子，电子最后填入3d，最高氧化值为＋4；元素B的原子，电子最后排入4p，最高氧化值为＋5。回答下列问题：

① 写出A、B元素原子的电子排布式。

② 根据电子排布式，指出他们在周期表中的位置（周期、族）。

7-17　某些元素的最外层有两个电子，次外层有13个电子，问这些元素在周期表中应属于哪个族？最高氧化值是多少？是金属还是非金属？

7-18　为什么任何原子的最外层上最多只能有8个电子，次外层上最多只能有18个电子？（提示：从能级交错上去考虑）

7-19　设有元素A、B、C、D、E、G、M，试按下列所给予的条件，推断出它们的元素符号及在周期表中的位置（周期、族），并写出它们的外层电子构型。

① A、B、C为同一周期的金属元素，已知C有三个电子层，并且A、B、C的原子半径依次减小；

② D、E为非金属元素，与氢化合生成HD和HE，在室温时D单质为液体，E的单质为固体；

③ G是所有元素中电负性最大的元素；

④ M为金属元素，它有四个电子层，它的最高氧化值与氯的最高氧化值相同。

第8章 分子结构与晶体结构 Molecular Structure and Crystal Structure

分子是构成物质的基本单位。物质的许多性质与分子间的作用力以及晶体结构有关。本章将重点讨论分子的形成、分子中原子间的相互作用、分子间的相互作用、分子和晶体的空间构型，以及分子结构、晶体结构同物质性质之间的关系。

8.1 共价化合物

共价键理论种类繁多。但迄今为止，尚无一个理论能解释所有物质的外在性质和内部结构之间的依赖关系，各种理论相互联系，相互补充，共同构成了一套较完整的理论体系。

1916 年，美国科学家路易斯（G. N. Lewis）提出了共价键（covalent bond）理论，认为分子是原子之间通过共用电子对形成的。原子结合成分子时，每个原子都有达到稳定的稀有气体原子的 8 电子构型的倾向，这习惯上称为“八隅体规则（octet rule）”。

路易斯的贡献在于提出了一种不同于离子键的键型，解释了电负性差值比较小的原子是如何组成分子的。但路易斯没有说明共价键的实质，不能解释共价键的特性（如饱和性、方向性），也不能解释像 PCl_5、BF_3 等不满足八隅体规则的分子为什么仍能稳定存在。因此，路易斯理论虽然具有划时代的意义，但仍有很大的局限性。

为解决上述问题，1927 年德国科学家海特勒（W. Heitler）和伦敦（F. London）用量子力学理论研究氢分子的形成，初步揭示了共价键的本质。1931 年美国化学家鲍林和斯莱脱（Slater）将量子力学处理氢分子的方法推广应用于其他分子体系，建立了价键理论（valence bond theory），简称 VB 法或电子配对法。

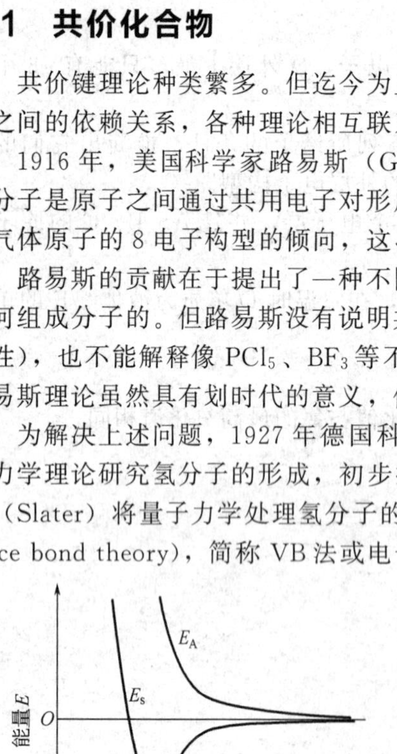

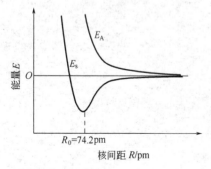

图 8-1 氢分子的能量与核间距关系曲线

E_A—排斥态的能量曲线；E_s—基态的能量曲线

8.1.1 价键理论

(1) 共价键的形成

海特勒和伦敦在运用量子力学处理氢分子的过程中，得到了氢分子形成过程中体系能量 E 和两个氢原子核间距离 R 的关系曲线（图 8-1）。当电子自旋方向相同的两个氢原子从无限远处逐渐靠近时，两原子间的排斥力逐渐增加，体系能量 E_A 逐渐升高，不能形成稳定的氢分子。当电子自旋方向相反的两个氢原子相互靠近时，两个氢原子的相互作用主要表现为彼此吸引，体系的能量 E_s 随 R 的减小逐渐降低；当核间距离为 74.2pm 时，体系能量 E_s 达到最低值 $-436kJ\cdot mol^{-1}$（即氢分子的键能）；如果两个氢原子继续接近，则原子间的排斥力将显著增加，能量曲线急剧上升，排斥力会将氢原子推回平衡位置，以保持体系的能量最低状态。因此，两个氢原子在平衡距离 74.2pm 附近振动，形成稳定的氢分子。

两个氢原子核间的电子概率密度分布存在如图 8-2 所示的两种状态。当电子自旋方向相同的两个氢原子相互接近时，核间电子概率密度减小［图 8-2(a)］，两核间的排斥力增大，体系能量升高，处于不稳定状态，称为排斥态，不能成键。反之，当电子自旋方向相反的两个氢原子相互靠近时，核间电子概率密度增大［图 8-2(b)］，核间电子云对两核的吸引力增加，两核间的排斥力减弱，体系能量降低，形成稳定的共价键。实验测得氢分子中的核间距为 74.2pm，而氢原子的玻尔半径为 53pm。显然氢分子的核间距小于两个氢原子的玻尔半径之和，表明在氢分子中两个氢原子的 1s 轨道发生了重叠。可见，共价键是由自旋相反的两个电子占据的原子轨道重叠而形成的化学键。

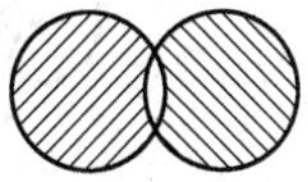

图 8-2　H_2 分子的两种状态

(2) 价键理论的要点

把上述处理 H_2 分子体系所得的结果推广应用于其他分子体系，发展成为价键理论，它的基本要点如下：

① 成键时键合原子双方各提供自旋方向相反的未成对电子。

② 成键时键合原子双方的原子轨道应尽可能最大程度地重叠。

最大程度地重叠首先必须是对称性（symmetry）相同的原子轨道部分重叠，这种重叠才能使两原子核间的电子概率密度增大，体系能量降低，能有效成键，否则视为无效重叠。其次，重叠时两原子轨道必须沿特定的方向重叠。例如，H 与 Cl 结合成 HCl 时，Cl 的最外层 $3p_x$ 原子轨道与 H 的 1s 原子轨道有三种重叠方式，只有 H 的 1s 原子轨道沿 x 轴向 Cl 的 $3p_x$ 轨道接近时［图 8-3(a)］，轨道才能发生有效重叠，形成稳定的分子。当 H 的 1s 轨道沿 z 轴或其他方向向 Cl 的 $3p_x$ 轨道靠近时［图 8-3(b)、(c)］，轨道不能发生有效重叠，此时 H 与 Cl 就不能成键。

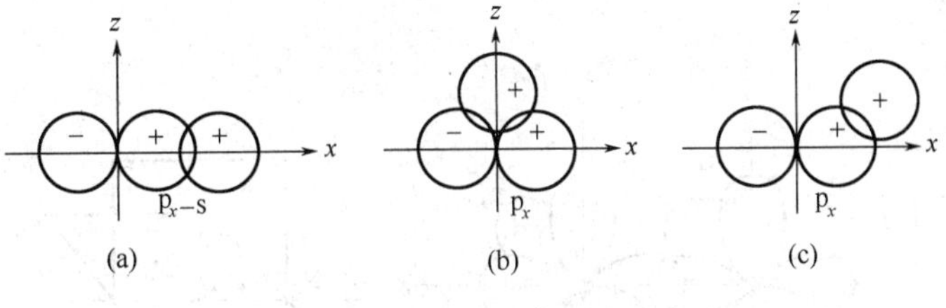

图 8-3　HCl 分子成键示意图

(3) 共价键的特点

① 共价键的饱和性　一个原子有几个未成对电子（包括激发后形成的单电子），便可与几个自旋相反的未成对电子配对成键。例如，氮原子有三个未成对电子，因此，两个氮原子间只能形成叁键，说明一个原子形成的共价键的数目是有限的，即共价键具有饱和性。

② 共价键的方向性　除了 s 轨道呈球形对称外，p、d、f 轨道在空间都有一定的伸展方向，因而轨道只有沿特定的方向重叠才能实现有效成键，这就决定了共价键具有方向性。

(4) 共价键的类型

① σ 键　两个原子轨道沿键轴（两原子核间连线）方向、以"头碰头"的方式进行同号重叠所形成的键称为 σ 键。σ 键的重叠部分集中在两核之间，对称于键轴，且绕键轴旋转任

何角度，重叠部分的形状和符号都不会改变。形成 σ 键的电子叫 σ 电子。σ 键是沿键轴方向重叠形成的，轨道重叠程度大，所以 σ 键的键能通常比较大，不易断裂。图 8-4(a)、(b)、(c) 形成的都是 σ 键。

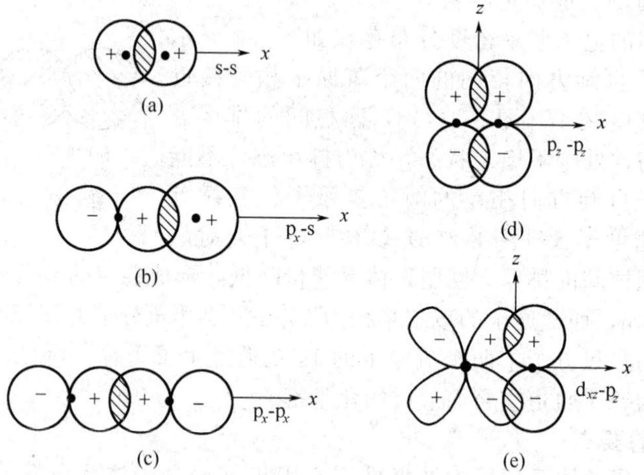

图 8-4　共价键的两种基本类型

② π 键　两个原子轨道沿垂直于键轴的方向以“肩并肩”的方式发生最大重叠所形成的键称为 π 键。π 键的重叠部分集中在键轴的上方和下方，形状相同而符号相反，具有镜面反对称性。形成 π 键的电子叫 π 电子。π 键的轨道重叠程度小于 σ 键，能量比较高，比较活泼。图 8-4(d)、(e) 形成的就是 π 键。

以 N_2 的形成为例，N 的外层电子构型为 $2s^2 2p^3$，参与成键的是 2p 原子轨道上的 3 个单电子。3 个 2p 原子轨道是相互垂直的。当两个 N 相互接近时，一个 2p 原子轨道以“头碰头”的方式相互重叠形成 σ 键，另两个 2p 原子轨道则以“肩并肩”的方式重叠形成两个 π 键，且两个 π 键分布在互相垂直的平面内，如图 8-5 所示。N_2 的结构可用 $:N\equiv N:$ 表示，式中的短横线表示化学键，其中一个 σ 键，两个 π 键，元素符号侧旁的电子表示 2s 轨道上未成键的孤对电子。

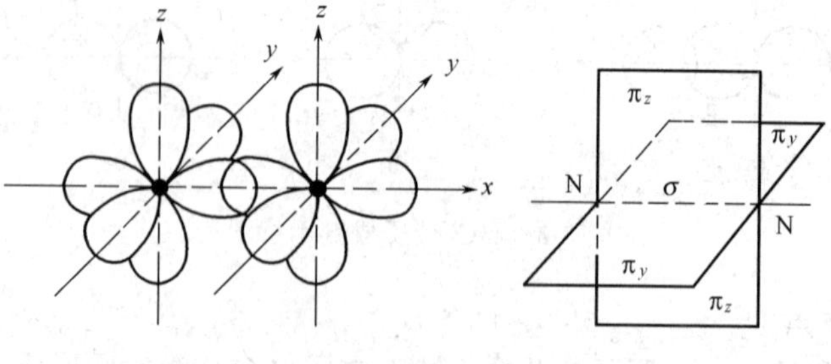

图 8-5　N_2 分子中化学键

通常，两原子间以单键相结合，一定是 σ 键；以双键结合，一定含一个 σ 键、一个 π 键；以三键结合，一定含一个 σ 键、两个 π 键。

正常共价键的共用电子对都是由成键的两个原子各提供一个电子组成的。但有一类特殊的共价键，共用电子对是由一个原子单方面提供的，称为配位共价键，简称配位键（coordinate covalent bond）。有关配位键的讨论见 8.2。

(5) 键参数

表征化学键性质的某些物理量称为键参数(bond parameter),如键长、键角、键能、键级等。它们可由实验测得,也可从理论上推算获得。通过键参数可以确定分子的形状和解释分子的某些性质。

① 键长 分子中成键的两个原子核间的平衡距离叫键长(l)或键距(d)。理论上可以用量子力学近似方法算出键长,但实际上复杂分子的键长往往是通过分子光谱或X射线衍射、电子衍射等实验方法来测定的。

一般键长越短,即成键的两个原子间距离越小,键能就越大,键就越牢固。如H—F、H—Cl、H—Br、H—I键长依次增大,表示核间距离增大,成键原子相互结合力减弱,即键的强度减弱,因而从HF到HI分子的热稳定性递减。另外,碳原子间形成单键、双键、叁键的键长逐渐缩短,键的强度渐增,稳定性增强。

② 键能 原子之间形成化学键的强度可用键断裂时所需的能量大小来衡量。在100kPa和298.15K时,将1mol理想气体双原子分子AB拆开成气态的A原子和B原子,所需要的能量叫作AB的解离能(单位$kJ \cdot mol^{-1}$),常用符号$D(A—B)$来表示。

对双原子分子来讲,解离能就是键能E,例如,$E(H—H)=D(H—H)=436.0kJ \cdot mol^{-1}$,$N_2$的解离能$D(N\equiv N)=E(N\equiv N)=941.69kJ \cdot mol^{-1}$。

对于多原子分子,要断裂其中的键成为单个原子需要多次解离,因此解离能不等于键能,多次解离能的平均值才等于键能。例如:

$$CH_4(g) \longrightarrow CH_3(g)+H(g) \qquad D_1^{\ominus}=435.3kJ \cdot mol^{-1}$$

$$CH_3(g) \longrightarrow CH_2(g)+H(g) \qquad D_2^{\ominus}=460.5kJ \cdot mol^{-1}$$

$$CH_2(g) \longrightarrow CH(g)+H(g) \qquad D_3^{\ominus}=426.9kJ \cdot mol^{-1}$$

$$+\quad) CH(g) \longrightarrow C(g)+H(g) \qquad D_4^{\ominus}=339.1kJ \cdot mol^{-1}$$

$$CH_4(g) \longrightarrow C(g)+4H(g) \qquad D_{总}^{\ominus}=1661.8kJ \cdot mol^{-1}$$

$$E^{\ominus}(C—H)=D_{总}^{\ominus}/4=1661.8/4=415.5kJ \cdot mol^{-1}$$

$D_{总}^{\ominus}$又称为CH_4的原子化能。使1mol气态多原子分子的键全部断裂形成此分子的各组成元素的气态原子所需的能量,称为该分子的原子化能$\Delta H_{原子化}^{\ominus}$。

综上所述,键的解离能指的是解离分子中某一个特定键所需的能量,而键能指的是某种键的平均能量,分子的原子化能等于其全部键能之和。一般键能越大,表明该键越牢固,由该键构成的分子也就越稳定。如H—Cl、H—Br、H—I键长渐增,键能渐小,因而HI不如HCl稳定。

③ 键角 分子中两相邻化学键之间的夹角称为键角。它是分子空间结构的重要参数之一。例如,水分子中两个O—H键之间的夹角是104.5°,故水分子是V形结构。键角可以通过量子力学近似方法算出来,但对于复杂分子,目前仍然需要通过光谱、衍射等实验来获得。一般说来,若知道了一个分子中的键长和键角数据,这个分子的几何构型就可以确定了。

8.1.2 杂化轨道理论与分子的几何构型

价键理论阐明了共价键的形成过程和本质,并成功地解释了共价键的方向性、饱和性等特点,但在解释分子的空间结构方面却遇到了一些问题。例如,根据价键理论,H_2O中的两个O—H键是由O的两个2p轨道分别和两个H的1s轨道重叠形成的,O的两个2p轨道互相垂直,因此H_2O的键角应该为90°。但实验测得H_2O的键角为104.5°。为了解释像

H_2O 这样的多原子分子的几何构型，1931 年鲍林和斯莱脱（Slater）在价键理论的基础上提出了杂化轨道理论（hybrid orbital theory），进一步补充和发展了价键理论。

(1) 杂化轨道的概念及理论要点

杂化轨道的概念是从电子具有波动性、波可以叠加的观点出发，认为一个原子和其他原子成键时所用轨道不是原来纯粹的 s 轨道或 p 轨道，而是若干个能量相近的原子轨道经过叠加，重新分配能量和重新调整空间伸展方向，形成成键能力更强的新的原子轨道。这种过程称为原子轨道的“杂化”（hybridization），所得的新的原子轨道称为杂化轨道。

杂化轨道理论的基本要点为：

① 形成共价键时，原子原已成对的价电子可以被激发成单个电子，参与成键的若干个能级相近的原子轨道可以改变原有的状态，“混合”起来组合成一组新的原子轨道，即杂化轨道。杂化轨道的形状和能量都发生了改变。

② 杂化轨道的数目等于参加杂化的原子轨道的总数目。例如，同一原子的一个 ns 原子轨道和一个 np 原子轨道只能杂化成两个 sp 杂化轨道（图 8-6）。

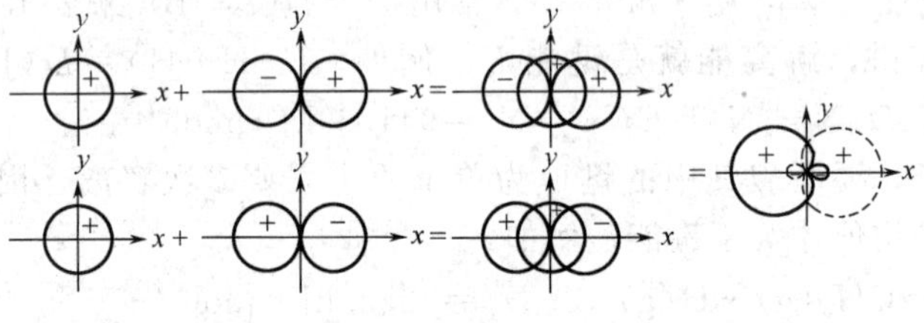

图 8-6　sp 杂化轨道的形成示意图

③ 杂化轨道由于一头大、一头小，用大的一头与其他原子轨道重叠有利于满足轨道最大重叠，因此杂化轨道成键能力强，形成的化学键键能大，生成的分子更稳定。

应注意，原子轨道的杂化只有在形成分子的过程中才会发生，而孤立的原子是不会发生杂化的。

(2) 杂化轨道的类型与分子的几何构型

① sp 杂化　同一原子内由一个 ns 轨道和一个 np 轨道发生的杂化，称为 sp 杂化，每个 sp 杂化轨道含有$\frac{1}{2}$s 和$\frac{1}{2}$p 的成分。sp 杂化轨道间夹角为 180°，呈直线形，如图 8-7 所示。

以 $BeCl_2$ 的形成为例。基态 Be 的电子构型是 $1s^2 2s^2$，没有成单电子，根据价键理论，不能形成共价键。根据杂化轨道理论，基态 Be 的一个 2s 电子被激发到 2p 轨道，使 Be 的电子构型变为 $1s^2 2s^1 2p^1$。形状和能量都不相同的一个 2s 轨道和被一个电子占据的 2p 轨道发生杂化，形成两个能量和形状都相同的 sp 杂化轨道。两个 sp 杂化轨道分别与两个 Cl 的 3p 轨道重叠，形成两个 Be—Cl σ 键，键角为 180°，所以 $BeCl_2$ 的空间结构是直线形的。

CO_2 和ⅡB 族 Zn、Cd、Hg 的某些共价化合物，其中心原子也是采取 sp 杂化的方式成键的。

② sp^2 杂化　同一原子内由一个 ns 轨道和两个 np 轨道发生的杂化称为 sp^2 杂化。每个 sp^2 杂化轨道含有$\frac{1}{3}$s 轨道和$\frac{2}{3}$p 轨道的成分，三个 sp^2 杂化轨道在同一平面内且夹角互为 120°，如图 8-8 所示。这种杂化类型的分子或离子的空间构型为平面正三角形结构。

以 BF_3 的形成为例。基态 B 的电子构型为 $1s^2 2s^2 2p^1$，似乎只能形成一个共价键，但杂化轨道理论认为，成键时 B 的一个 2s 电子可以被激发到一个空的 2p 轨道，使 B 的电子构型成为 $1s^2 2s^1 2p^2$。B 的 2s 轨道与各有一个电子的两个 2p 轨道发生 sp^2 杂化，形成三个等同的 sp^2 杂化轨道。三个 sp^2 杂化轨道与三个 F 的 2p 轨道重叠，形成三个 σ 键。因此，BF_3 具有

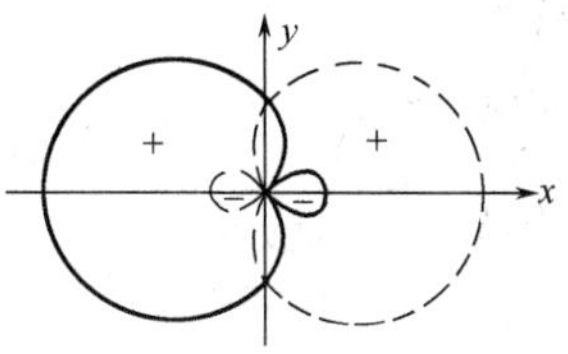

图 8-7 sp 杂化轨道示意图

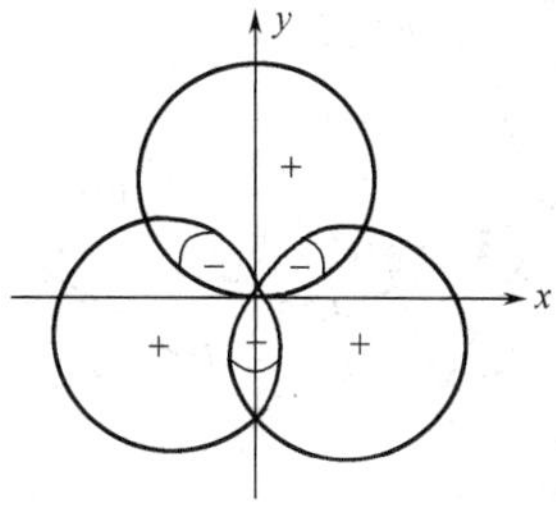

图 8-8 sp^2 杂化轨道示意图

平面正三角形的结构，B 位于三角形的中心，四个原子在同一平面上，键角为 120°。这一推断结果与实验事实完全相符。

除 BF_3 外，BBr_3、SO_3、NO_3^-、CO_3^{2-} 等的中心原子也采用 sp^2 杂化成键。

③ sp^3 杂化　同一原子内由一个 ns 轨道和三个 np 轨道发生的杂化，称为 sp^3 杂化。每个 sp^3 杂化轨道含有 $\frac{1}{4}$s 轨道和 $\frac{3}{4}$p 轨道的成分，各个 sp^3 杂化轨道之间的夹角为 109°28′，其空间取向如图 8-9 所示。这种杂化类型的分子或离子的空间构型为正四面体结构。

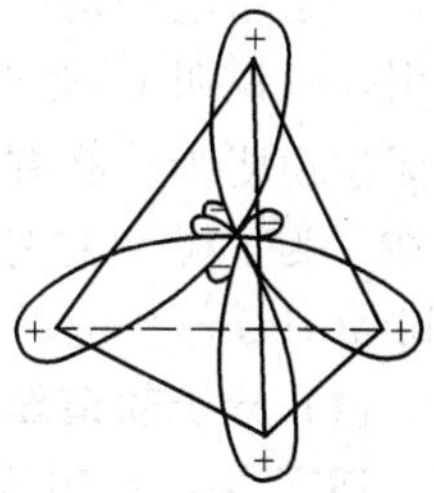

图 8-9 sp^3 杂化轨道示意图

CH_4 中的 C 就采取了这种杂化方式。当 C 与四个 H 结合时，C 的一个 2s 电子被激发到空的 2p 轨道，C 的一个 2s 轨道与三个 2p 轨道杂化，形成四个等同的 sp^3 杂化轨道。四个 sp^3 杂化轨道的大头分别与四个氢原子的 1s 轨道发生“头碰头”重叠，形成四个等同的 C—Hσ 键。所以 CH_4 具有正四面体的空间构型，键角为 109°28′，这与实验测定的结果完全相符。

除 CH_4 外，CCl_4、CF_4、SiH_4、$SiCl_4$ 等分子也是采用 sp^3 杂化的方式成键。

不仅 s、p 原子轨道可以杂化，d 原子轨道也可以参与杂化，形成 dsp^2 杂化、d^2sp^3 杂化、sp^3d^2 杂化等，这将在后续章节中介绍。

(3) 等性杂化与不等性杂化

以上讨论的杂化方式中，所形成的杂化轨道能量、成分都相同，成键能力相等，这样的杂化称为等性杂化。如果参加杂化的原子轨道中有孤对电子，则形成的几个杂化轨道并不完全等价，新形成的杂化轨道含 s、p 成分不同，这类杂化称为不等性杂化。

例如，NH_3 中的 N 采取 sp^3 不等性杂化方式成键。N 的价电子层结构为 $2s^22p^3$，成键时这四个轨道发生 sp^3 杂化，形成四个 sp^3 杂化轨道。四个 sp^3 杂化轨道不完全等同，其中有一个 sp^3 杂化轨道中有一对孤对电子，而其余三个 sp^3 杂化轨道各有一个未成对电子，故 N 的 sp^3 杂化是不等性杂化。三个含有单电子的 sp^3 杂化轨道分别与三个 H 的 1s 轨道重叠，形成三个 N—Hσ 键，剩余一个 sp^3 杂化轨道上的一对电子不参与成键，这一对孤对电子电子云密度较大，对成键电子对所占据的杂化轨道产生较大的排斥作用，使键角从 109°28′压缩到 107.3°，故 NH_3 呈三角锥形（图 8-10）。

实验测得 H_2O 中 H—O—H 键角为 104.5°，H_2O 的空间构型为 V 形。杂化轨道理论认为 O 也采取了 sp^3 不等性杂化。其中两个 sp^3 杂化轨道中各有一个未成对电子，另两个 sp^3 杂化轨道则各有一对孤对电子。两个单电子占据的杂化轨道分别与两个 H 的 1s 轨道重叠，形成两个 H—O 共价键。两个孤对电子占据的杂化轨道不参与成键，其电子云对两个 O—Hσ 键产生较大的静电排斥力，使键角从 109°28′压缩到 104.5°，所以 H_2O 呈 V 形（图 8-11）。

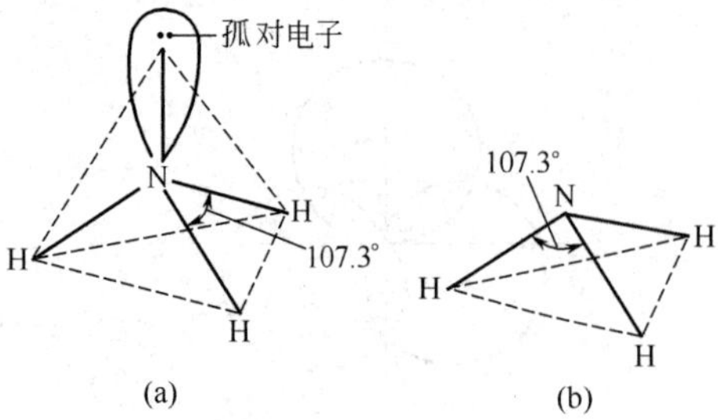

图 8-10　NH_3分子的空间结构

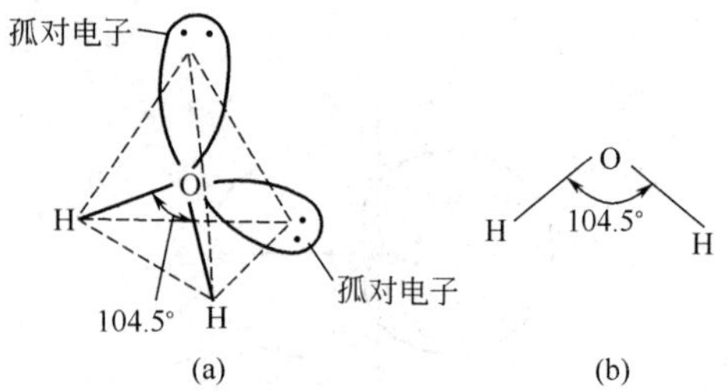

图 8-11　H_2O 分子的空间结构

8.1.3　分子轨道理论

价键理论和杂化轨道理论都是以电子配对为基础的，因此形成分子后不应再有未成对的单个电子，所有分子都应呈现反磁性。如 O_2的结构，如果按价键理论解释，应该是双键结构，分子中电子均已成对，应该为反磁性的分子。而实验表明，液态氧和固态氧易为磁铁所吸引，这说明 O_2是顺磁性的，分子中含有未成对的电子。此外，价键理论和杂化轨道理论也无法说明为什么有些含有奇数电子的分子或离子（如 H_2^+、O_2^+、NO、NO_2等）能够稳定存在。为了说明这些问题，从分子整体出发研究分子结构的分子轨道理论（molecular orbital theory）应运而生。

(1) 分子轨道理论的基本要点

1932 年，美国科学家密立根（R. S. Mulliken）和德国化学家洪特等人提出了分子轨道理论，简称 MO 法。基本要点为：

① 分子中的电子是在整个分子范围内运动的，每一个电子的运动状态也可用相应的波函数来表示。每一个波函数 ψ 代表一个分子轨道。分子的总能量等于被电子占有的各分子轨道的能量的总和。每个分子轨道的能量均由构成分子轨道的原子轨道的类型和轨道的重叠情况而定，由此可得到分子轨道的近似能级图。

② 分子轨道由原子轨道线性组合而成。n 个原子轨道经线性组合形成 n 个分子轨道。

③ 分子中的电子将遵循能量最低原理、保里不相容原理和洪特规则，依次填入分子轨道中。

④ 原子轨道要有效地组成分子轨道必须符合能量近似原则、轨道最大重叠原则及对称性相同原则。

(2) 分子轨道的形成

只有对于键轴对称性相同的两个原子轨道才能组合形成分子轨道（molecular orbital，MO）。原子轨道的波函数有正值与负值之分，两个原子轨道的同号区域重叠（+、+重叠或－、－重叠）组成成键分子轨道；两个原子轨道的异号区域重叠（+、－重叠或－、+重叠）组成反键分子轨道。这就是对称性匹配原则。而两个原子轨道一部分发生异号区域重叠（+、－重叠），另一部分发生同号区域重叠（+、+重叠），则对称性不匹配，不能组成分子轨道。

① s-s 原子轨道的组合　由 s-s 原子轨道组合而成的两个分子轨道均沿键轴呈圆柱形对称分布，称为 σ 分子轨道。以 H_2分子轨道的形成为例。两个 H 相互靠近时，由两个 1s 原子轨道组合得到两个分子轨道。其中一个分子轨道由原子轨道的正值与正值部分叠加而成，两核间电子的概率密度增大，能量比原来的原子轨道低，有利于成键，称为 σ_{1s}成键分子轨道。另一个分子轨道由两个原子轨道相减组合而成，两核间电子的概率密度小，能量比原来

的原子轨道高，不利于成键，称为 σ_{1s}^* 反键分子轨道。根据能量最低原理，H_2 中的两个电子都进入 σ_{1s} 成键分子轨道（见图 8-12）。

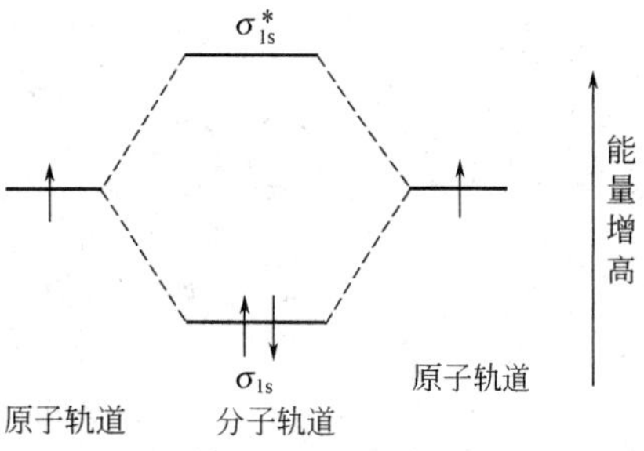

图 8-12 氢分子的分子轨道

图 8-13 为两个 ns 原子轨道组合成分子轨道的示意图。图中上面的分子轨道称为 σ_{ns}^* 反键分子轨道，下面的分子轨道称为 σ_{ns} 成键分子轨道。σ_{ns}^* 反键分子轨道的能量比组合该分子轨道的 ns 原子轨道的能量要高；σ_{ns} 成键分子轨道的能量则比 ns 原子轨道的能量要低。

② p-p 原子轨道的组合　一个原子的 np 原子轨道与另一原子的 np 原子轨道组合成分子轨道时，因 p 轨道在空间有 p_x、p_y、p_z 三种取向，如果两个原子沿着 x 轴彼此接近，那么两个 np_x 原子轨道会以“头碰头”方式重叠，组合形成沿键轴对称分布的 σ_{np_x} 成键轨道和 $\sigma_{np_x}^*$ 反键轨道。σ_{np_x} 成键轨道能量比 np 原子轨道的能量要低；而 $\sigma_{np_x}^*$ 反键轨道的能量比 np 原子轨道的能量要高，如图 8-14 所示。

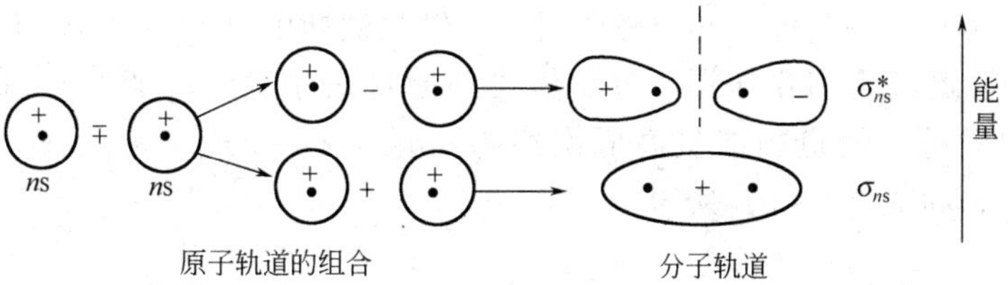

图 8-13 ns-ns 原子轨道组合成 σ 分子轨道示意图

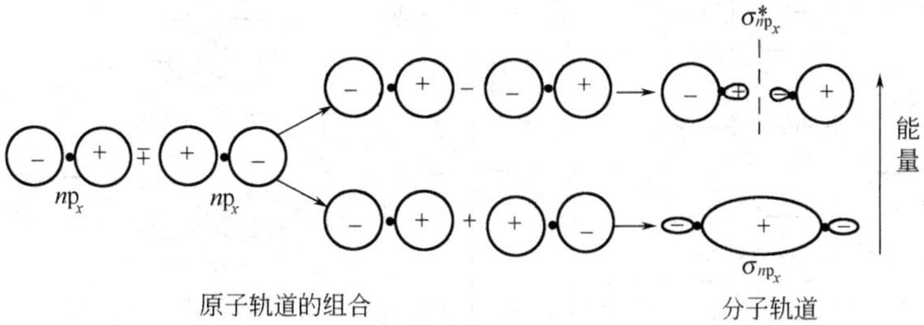

图 8-14 np_x-np_x 原子轨道组合成 σ 分子轨道示意图

当 np_x 和 np_x 形成 σ 分子轨道后，np_y 和 np_z 就只能采取“肩并肩”的重叠方式组合成 π_{np_y}、π_{np_z} 成键分子轨道和 $\pi_{np_y}^*$、$\pi_{np_z}^*$ 反键分子轨道，如图 8-15 所示。π 分子轨道中能量比 np 原子轨道能量高的称为 $\pi_{np_y}^*$、$\pi_{np_z}^*$ 反键分子轨道；能量比 np 原子轨道能量低的称为 π_{np_y}、π_{np_z} 成键分子轨道。两个成键 π 轨道是二重简并的，两个反键 π^* 轨道也是二重简并的。因此，两个原子各用 3 个 np 轨道共组成 6 个分子轨道：σ_{np_x} 和 $\sigma_{np_x}^*$、π_{np_z} 和 $\pi_{np_z}^*$ 以及 π_{np_y} 和 $\pi_{np_y}^*$。

ns 原子轨道能不能和 np 原子轨道发生组合呢？在对称性相同的前提下，取决于 ns 和 np 原子轨道之间能量差的大小。只有能量相近的原子轨道才能组合成有效的分子轨道（即异核双原子分子轨道）。

(3) 分子轨道能级图

参与组合的原子轨道能量不同，组成的分子轨道的能量也不同。根据光谱实验数据，将

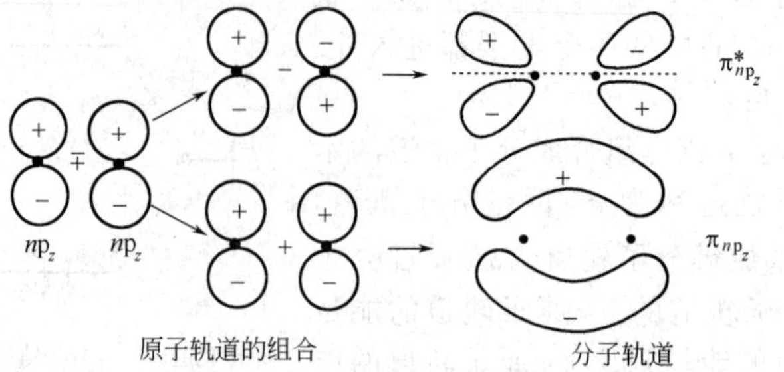

图 8-15　np_z-np_z 原子轨道组合成 π 分子轨道示意图

分子轨道按能量由低至高顺序排列，即得到分子轨道能级图。

第二周期的同核双原子分子的分子轨道能级图有以下两种情况：

① 当 2s 和 2p 原子轨道的能量差较大时（如第二周期中 O 和 F），2s 和 2p 原子轨道间不发生相互作用。因此，分子轨道的能量高低次序为：$\sigma_{1s}<\sigma^*_{1s}<\sigma_{2s}<\sigma^*_{2s}<\sigma_{2p_x}<\pi_{2p_y}=\pi_{2p_z}<\pi^*_{2p_y}=\pi^*_{2p_z}<\sigma^*_{2p_x}$，如图 8-16(a) 所示。

② 当 2s 和 2p 原子轨道能量相差较小时（如第二周期中 B、C、N），由于 2s 和 2p 能量相差不大，邻近轨道产生相互作用，分子轨道的能量次序发生改变，σ_{2p_x} 的能量反而高于 π_{2p} 的能量。因此，分子轨道的能量高低次序为：$\sigma_{1s}<\sigma^*_{1s}<\sigma_{2s}<\sigma^*_{2s}<\pi_{2p_y}=\pi_{2p_z}<\sigma_{2p_x}<\pi^*_{2p_y}=\pi^*_{2p_z}<\sigma^*_{2p_x}$，如图 8-16(b) 所示。

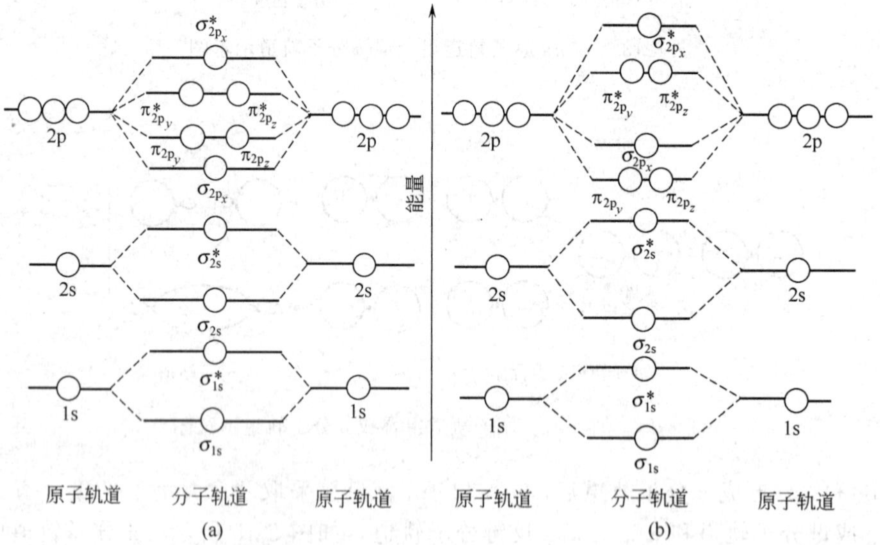

图 8-16　第二周期同核双原子分子轨道能级图

根据分子轨道能级图及电子填充三原则，可写出第二周期同核双原子分子或离子的分子轨道电子排布式。如 N_2 的分子轨道排布式为：$N_2[(\sigma_{1s})^2(\sigma^*_{1s})^2(\sigma_{2s})^2(\sigma^*_{2s})^2(\pi_{2p_y})^2(\pi_{2p_z})^2(\sigma_{2p_x})^2]$。写分子轨道的电子排布式时有时用符号 K 代替 σ_{1s} 和 σ^*_{1s} 轨道，故上式可写为 $N_2[KK(\sigma_{2s})^2(\sigma^*_{2s})^2(\pi_{2p_y})^2(\pi_{2p_z})^2(\sigma_{2p_x})^2]$。

（4）键级

在分子轨道理论中，用键级表示键的牢固程度。键级定义为分子中净成键电子数的一半。

$$键级=\frac{成键轨道的电子数-反键轨道的电子数}{2}$$

键级的大小与键能的大小有关。一般来说，键级越大，键能越大，分子结构越稳定。键级等于零的分子不可能存在。

(5) 分子轨道理论的应用

① 推测分子的存在和稳定性、判断分子结构

【例 8-1】 用分子轨道理论判断 H_2^+ 分子离子和 Li_2 能否稳定存在。

解 H_2^+ 的分子轨道式为 $H_2^+[(\sigma_{1s})^1]$；键级 $=\frac{1-0}{2}=\frac{1}{2}$。

由于一个电子进入 σ_{1s} 成键轨道，体系的能量降低了，因此 H_2^+ 是可以存在的。

Li_2 的分子轨道式为 $Li_2[(\sigma_{1s})^2(\sigma_{1s}^*)^2(\sigma_{2s})^2]$；键级 $=\frac{2-0}{2}=1$。

分子内有一个 σ 单键，Li_2 可以存在。

【例 8-2】 判断 He_2 和 He_2^+ 能否稳定存在。

解 He_2 的分子轨道式为 $He_2[(\sigma_{1s})^2(\sigma_{1s}^*)^2]$；键级 $=\frac{2-2}{2}=0$。

进入 σ_{1s} 和 σ_{1s}^* 轨道的电子均为 2 个，对体系能量的影响相互抵消，故不存在 He_2，这正是稀有气体为单原子分子的原因。

He_2^+ 的分子轨道式为 $He_2^+[(\sigma_{1s})^2(\sigma_{1s}^*)^1]$；键级 $=\frac{2-1}{2}=\frac{1}{2}$。

故 He_2^+ 可以存在，已为光谱实验所证实。He_2^+ 中的化学键为三电子 σ 键。

【例 8-3】 用分子轨道理论分析 N_2 的结构。

解 N_2 的分子轨道式为 $N_2[(\sigma_{1s})^2(\sigma_{1s}^*)^2(\sigma_{2s})^2(\sigma_{2s}^*)^2(\pi_{2p_y})^2(\pi_{2p_z})^2(\sigma_{2p_x})^2]$

键级 $=\frac{10-4}{2}=3$。

其中 $(\sigma_{1s})^2$ 和 $(\sigma_{1s}^*)^2$、$(\sigma_{2s})^2$ 和 $(\sigma_{2s}^*)^2$ 能量相互抵消，所以实际上成键电子有 6 个，即 $(\pi_{2p_y})^2$ $(\pi_{2p_z})^2$ $(\sigma_{2p_x})^2$，它们形成了一个 σ 键和两个 π 键，这一点与价键理论的结论一致。由于 N_2 分子的键级为 3，分子中存在叁键 N≡N，所以 N_2 具有特殊的稳定性。至今工业上打开 N≡N 叁键合成氨，要在铁催化剂和高温高压条件下才能实现，而生物体中的固氮酶却可在常温常压条件下将氮转化为其他化合物。如何在温和条件下打开 N≡N 叁键进行人工固氮，正是人们积极探索的一个重要课题。

【例 8-4】 用分子轨道理论分析 O_2 的结构。

解 O_2 的分子轨道表示式为

$$O_2[(\sigma_{1s})^2(\sigma_{1s}^*)^2(\sigma_{2s})^2(\sigma_{2s}^*)^2(\sigma_{2p_x})^2(\pi_{2p_y})^2(\pi_{2p_z})^2(\pi_{2p_y}^*)^1(\pi_{2p_z}^*)^1]$$

键级 $=\frac{10-6}{2}=2$。

其中 $(\sigma_{1s})^2$ 和 $(\sigma_{1s}^*)^2$、$(\sigma_{2s})^2$ 和 $(\sigma_{2s}^*)^2$ 能量抵消，对成键不起作用。实际上对成键有作用的是 $(\sigma_{2p_x})^2$ 形成的 σ 键，$(\pi_{2p_y})^2$ 和 $(\pi_{2p_y}^*)^1$ 构成的三电子 π 键以及 $(\pi_{2p_z})^2$ 和

$(\pi^*_{2p_z})^1$构成的三电子π键。因此在O_2中有一个σ键，两个三电子π键，π键是互相垂直的。三电子π键中只有一个净的成键电子，它的键能仅是单键键能的一半，因此两个三电子π键的总能量相当于一个普通的π键。

② 预言分子磁性　实验发现，凡有未成对电子的分子呈顺磁性，否则呈反磁性。

从O_2的分子轨道排布式可知，O_2中的两个π^*_{2p}轨道上有两个自旋方向相同的未成对电子，所以O_2具有顺磁性。可见，用分子轨道理论可以成功地解释O_2的顺磁性，而用价键理论无法解释。

综上所述，分子轨道理论可以弥补价键理论的不足，对分子的稳定性、分子的磁性及分子的电子结构能较好地进行定性描述。但分子轨道理论对分子几何结构的描述不够直观，因而它与价键理论相辅相成。

8.2　配位化合物

1931年鲍林首先将分子结构的价键理论应用于配位化合物，后经他人修正补充，逐步完善形成了近代配位化合物的价键理论。

8.2.1　配位化合物价键理论的基本要点

① 配体L中的配位原子提供孤对电子，是电子对给予体；中心离子（或原子）M提供与配位数相同数目的空轨道，是电子对的接受体。配位原子的孤对电子填入中心离子（或原子）的空轨道形成配位键。

② 中心离子（或原子）提供的空轨道先进行杂化，形成数目相等、能量相同、具有一定空间伸展方向的杂化轨道。中心离子（或原子）的杂化轨道与配位原子的孤对电子所在的原子轨道沿键轴方向重叠形成σ配位共价键。

③ 配位化合物的类型（内轨型或外轨型）、空间构型及稳定性与中心离子（或原子）的杂化轨道类型密切相关。

8.2.2　配位化合物的形成和空间构型

由于中心离子的杂化轨道具有一定的方向性，所以配位化合物具有一定的空间构型。以下分别举例加以说明。

(1) $[Ni(NH_3)_4]^{2+}$的形成

$_{28}Ni^{2+}$的价电子层结构为：

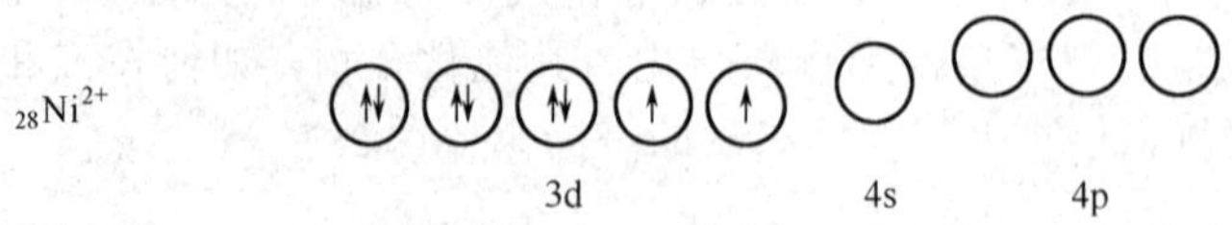

当Ni^{2+}与四个氨分子结合为$[Ni(NH_3)_4]^{2+}$时，Ni^{2+}的价电子层能级相近的一个4s和三个4p空轨道杂化，形成四个等价的sp^3杂化轨道，容纳四个氨分子中的四个N原子提供的四对孤对电子，形成四个配位键（虚线内杂化轨道中的共用电子对是由氮原子提供的）：

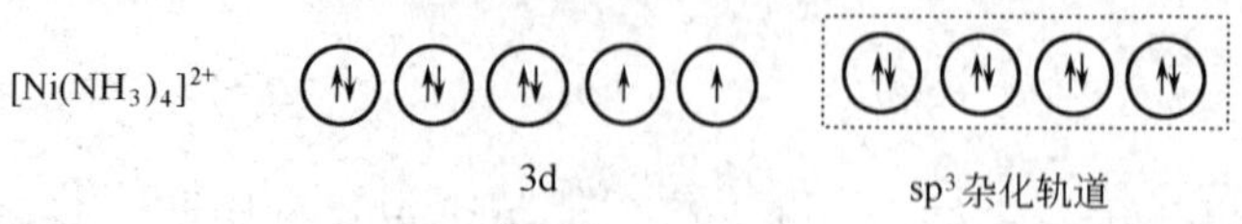

所以，$[Ni(NH_3)_4]^{2+}$的空间构型为正四面体形，Ni^{2+}位于正四面体的中心，四个配位原子N在正四面体的四个顶角上（见表8-1）。

(2) $[Ni(CN)_4]^{2-}$ 的形成

当 Ni^{2+} 与四个 CN^- 结合为 $[Ni(CN)_4]^{2-}$ 时，Ni^{2+} 在配体 CN^- 的影响下，3d 电子重新分布，原有自旋平行的未成对电子数减小，空出一个 3d 轨道，与一个 4s、两个 4p 空轨道杂化，形成四个等价的 dsp^2 杂化轨道，容纳四个 CN^- 中的四个 C 原子所提供的四对孤对电子，形成四个配位键：

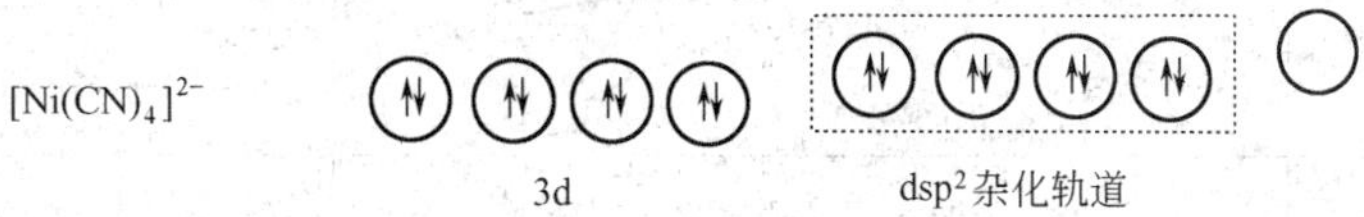

四个 dsp^2 杂化轨道位于同一平面上，相互间的夹角为 90°，各杂化轨道的方向是从平面正方形的中心指向四个顶角，所以 $[Ni(CN)_4]^{2-}$ 的空间构型为平面正方形。Ni^{2+} 位于正方形的中心，四个配位原子 C 在正方形的四个顶角上（见表 8-1）。

(3) $[FeF_6]^{3-}$ 的形成

$_{26}Fe^{3+}$ 的价电子层结构为：

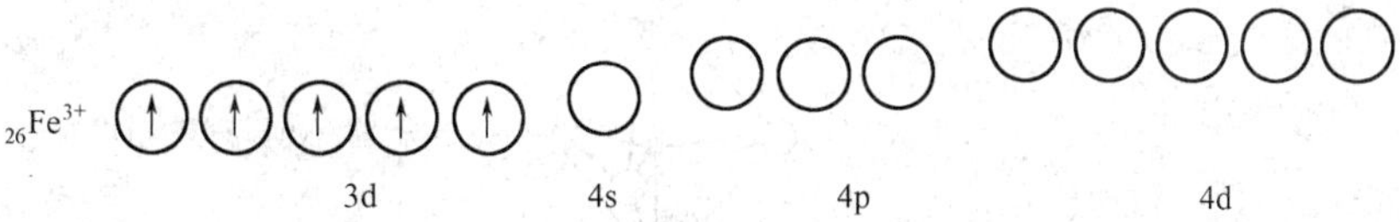

当 Fe^{3+} 与六个 F^- 形成 $[FeF_6]^{3-}$ 时，Fe^{3+} 的一个 4s、三个 4p 和两个 4d 空轨道杂化，形成六个等价的 sp^3d^2 杂化轨道，容纳由六个 F^- 提供的六对孤对电子，形成六个配位键。六个 sp^3d^2 杂化轨道在空间是对称分布的，指向正八面体的六个顶角，轨道间的夹角为 90°。所以 $[FeF_6]^{3-}$ 的空间构型为正八面体形。Fe^{3+} 位于正八面体的中心，六个配离子在正八面体的六个顶角上（见表 8-1）。

(4) $[Fe(CN)_6]^{3-}$ 的形成

当 Fe^{3+} 与 CN^- 结合时，Fe^{3+} 在配体 CN^- 的影响下，3d 电子重新分布，原有自旋平行的未成对电子数减少，空出两个 3d 轨道，与一个 4s、三个 4p 空轨道杂化，形成六个 d^2sp^3 杂化轨道（正八面体形），容纳六个 CN^- 中的六个 C 原子所提供的六对孤对电子，形成六个配位键：

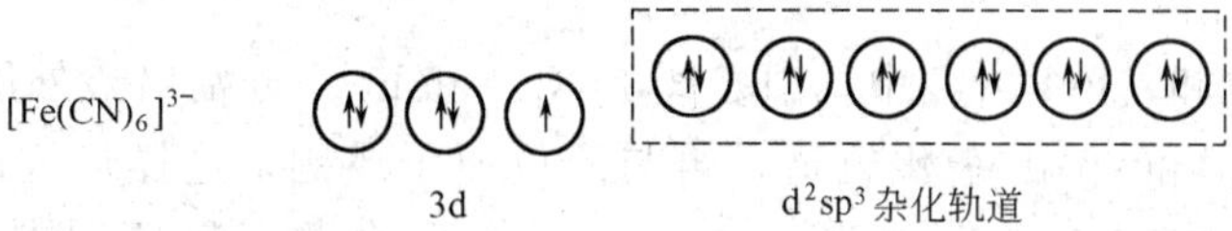

因为六个 d^2sp^3 杂化轨道是空间对称分布的，指向正八面体的六个顶角，所以 $[Fe(CN)_6]^{3-}$ 的空间构型为正八面体构型（见表 8-1）。

常见轨道杂化类型与配合物空间构型的关系列于表 8-1。可见，配位化合物的空间构型与中心离子的配位数以及中心离子所采用的杂化轨道类型有明确的对应关系。

表 8-1 常见轨道杂化类型与配位化合物的空间构型

杂化类型	配位数	空间构型	实例
sp	2	直线形(linear) 	$[Cu(NH_3)_2]^+$、$[Ag(NH_3)_2]^+$、$[CuCl_2]^-$、$[Ag(CN)_2]^-$
sp^2	3	平面三角形 (planar triangle) 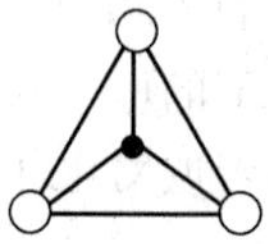	$[CuCl_3]^{2-}$、$[HgI_3]^-$、$[Cu(CN)_3]^{2-}$

续表

杂化类型	配位数	空间构型	实例
sp^3	4	正四面体形 (tetrahedron) 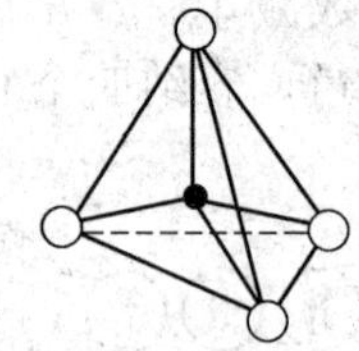	$[Ni(NH_3)_4]^{2+}$、$[Zn(NH_3)_4]^{2+}$、$[Ni(CO)_4]$、$[HgI_4]^{2-}$、$[BF_4]^-$
dsp^2	4	正方形 (square planar) 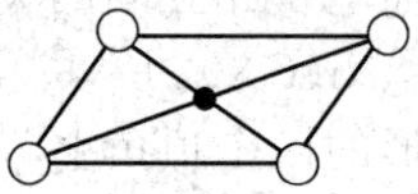	$[Ni(CN)_4]^{2-}$、$[Cu(NH_3)_4]^{2+}$、$[PtCl_4]^{2-}$、$[Cu(H_2O)_4]^{2+}$
dsp^3	5	三角双锥形 (trigonal bipyramid) 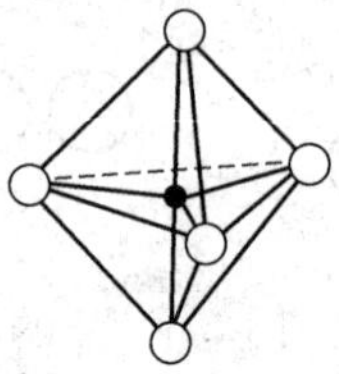	$[Fe(CO)_5]$、$[Ni(CN)_5]^{3-}$
sp^3d^2	6	正八面体 (octahedron) 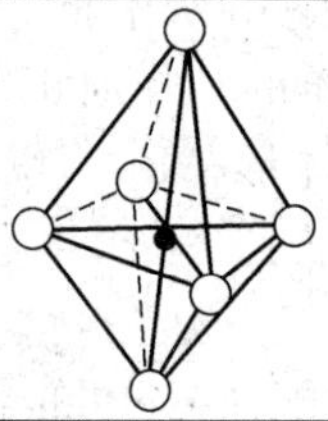	$[FeF_6]^{3-}$、$[Fe(H_2O)_6]^{3+}$、$[Co(NH_3)_6]^{2+}$
d^2sp^3	6		$[Fe(CN)_6]^{3-}$、$[Fe(CN)_6]^{4-}$、$[Co(NH_3)_6]^{3+}$、$[PtCl_6]^{2-}$

8.2.3 外轨型配合物与内轨型配合物

(1) 外轨型配合物

$[Ni(NH_3)_4]^{2+}$和$[FeF_6]^{3-}$中，中心离子Ni^{2+}和Fe^{3+}分别以最外层的ns、np和ns、np、nd轨道组成sp^3和sp^3d^2杂化轨道，再与配位原子成键，这样形成的配键称为外轨配键，所形成的配合物称为外轨型（outer orbital）配合物。属于外轨型配合物的还有$[HgI_4]^{2-}$、$[CdI_4]^{2-}$、$[Fe(H_2O)_6]^{3+}$、$[Co(H_2O)_6]^{3+}$、$[CoF_6]^{3-}$、$[Co(NH_3)_6]^{2+}$等。

在形成外轨型配合物时，中心离子的电子排布不受配体的影响，仍保持自由离子的电子层构型，所以配合物的中心离子的未成对电子数和自由离子的未成对电子数相同，此时具有较多的未成对电子数。

(2) 内轨型配合物

$[Ni(CN)_4]^{2-}$和$[Fe(CN)_6]^{3-}$中，中心离子Ni^{2+}和Fe^{3+}分别以次外层$(n-1)$d和外层的ns、np轨道组成dsp^2和d^2sp^3杂化轨道，再与配位原子成键，这样形成的配键称为内轨配键，所形成的配合物为内轨型（inner orbital）配合物。属于内轨型配合物的还有$[Cu(CN)_4]^{2-}$、$[Fe(CN)_6]^{4-}$、$[Co(NH_3)_6]^{3+}$、$[Co(CN)_6]^{4-}$、$[PtCl_6]^{2-}$等。

形成内轨型配合物时，一般中心离子的电子排布在配体的影响下发生了变化，配合物的中心离子的未成对电子数比自由离子的未成对电子数少，此时具有较少的未成对电子数，共用电子对深入到了中心离子的内层轨道。

配合物是内轨型还是外轨型，主要取决于中心离子的电子构型、离子所带的电荷和配体的性质。

具有 d^{10} 构型的离子，如 Zn^{2+} ($3d^{10}$)、Ag^+ ($4d^{10}$) 等，一般用外层轨道形成外轨型配合物；具有 d^8 构型的离子，如 Ni^{2+}、Pt^{2+}、Pd^{2+} 等，大多数情况下形成内轨型配合物；具有其他构型的离子，既可形成内轨型，也可形成外轨型配合物。

中心离子电荷的增多有利于形成内轨型配合物。中心离子的电荷较多时，对配位原子的孤对电子的引力较强，同时 $(n-1)$d 轨道中电子数较少，也有利于中心离子空出内层 d 轨道参与成键。如 $[Co(NH_3)_6]^{2+}$ 为外轨型，而 $[Co(NH_3)_6]^{3+}$ 为内轨型。

通常，电负性大的 F、O 等原子作配位原子时，不易给出孤对电子，在形成配合物时，中心离子用外层轨道与之成键，因此倾向于形成外轨型配合物。电负性较小的 C 作配位原子时（如在 CN^- 中）则倾向于形成内轨型配合物。而 N（如在 NH_3 中）作配原子时，则随中心离子的不同，既能形成外轨型配合物，也能形成内轨型配合物。不同配体对形成内轨型配合物的影响大体上有如下规律：

$CO > CN^- > NO_2^- > en > RNH_2 > NH_3 > H_2O > C_2O_4^{2-} > OH^- > F^- > Cl^- > SCN^- > S^{2-} > Br^- > I^-$

8.2.4 配位化合物的稳定性和磁性

(1) 配位化合物的稳定性

对于同一中心离子，由于 sp^3d^2 杂化轨道的能量比 d^2sp^3 杂化轨道的能量高；sp^3 杂化轨道的能量比 dsp^2 杂化轨道的能量高，故同一中心离子形成相同配位数的配离子时，一般内轨型配合物比外轨型配合物要稳定，在溶液中内轨型配合物比外轨型配合物要难离解。例如，$[Fe(CN)_6]^{3-}$ 比 $[FeF_6]^{3-}$ 稳定，$[Ni(CN)_4]^{2-}$ 比 $[Ni(NH_3)_4]^{2+}$ 稳定。

(2) 配位化合物的磁性

物质的磁性主要与物质中电子的自旋运动有关。如果物质中正自旋电子数和反自旋电子数相等（即电子皆已成对），电子自旋所产生的磁效应相互抵消，物质不能被外磁场吸引，表现为反磁性。而如果物质中正、反自旋电子数不等（即有成单电子），则单电子产生的磁效应不能被抵消，物质可被外磁场吸引，表现为顺磁性。所以，物质的磁性强弱与物质内部未成对电子数的多少有关。

物质的磁性强弱可用磁矩 (μ) 表示。$\mu=0$ 的物质，其中电子皆已成对，具有反磁性；$\mu>0$ 的物质，其中有未成对电子，具有顺磁性。

配离子的磁矩可用下式近似计算：

$$\mu=\sqrt{n(n+2)} \tag{8-1}$$

式中，μ 的单位为玻尔磁子，简写为 B. M.；n 为中心离子的未成对电子数。

根据式(8-1)，可根据未成对电子数求出与其相对应的理论 μ 值。相反，若由磁天平测定得到配合物的磁矩，就可以根据该式求出中心离子的未成对电子数，进而可以判断该配合物是内轨型还是外轨型。

例如，实验测得 $[FeF_6]^{3-}$ 的磁矩为 5.90B. M.，根据式(8-1) 可以求出 $n=5$，即 $[FeF_6]^{3-}$ 中有 5 个未成对电子；测得 $[Fe(CN)_6]^{3-}$ 的磁矩为 2.0B. M.，根据式(8-1) 可以求出 $n=1$，即 $[Fe(CN)_6]^{3-}$ 中有 1 个未成对电子。Fe^{3+} 的价电子构型为 $3d^5$，有 5 个未成对电子。因此 Fe^{3+} 与 F^- 形成 $[FeF_6]^{3-}$ 时，Fe^{3+} 以最外层的一个 4s 轨道、三个 4p 轨道、两个 4d 轨道进行 sp^3d^2 杂化，形成外轨配键，仍然保留 3d 轨道的 5 个单电子；Fe^{3+} 与 CN^- 形成 $[Fe(CN)_6]^{3-}$ 时，Fe^{3+} 的 3d 电子重新分布，未成对的 5 个 d 电子减少至 1 个，

空出来的两个 3d 轨道与一个 4s 轨道、三个 4p 轨道进行 d^2sp^3 杂化，形成内轨配键。

价键理论根据配离子形成时所采用的杂化轨道类型成功地说明了配离子的空间结构，解释了外轨型与内轨型配合物的稳定性和磁性的差别，但仍有一定的局限性。例如，它不能解释配合物的可见和紫外吸收光谱以及过渡金属配合物普遍具有特征颜色等现象。因此，从 20 世纪 50 年代后期以来，价键理论已逐渐被配合物的晶体场理论和配位场理论所取代。

8.3 分子间作用力和氢键

化学键是决定物质化学性质的主要因素，但化学键不能说明物质的全部性质及其所处的状态。例如，在温度足够低时气体能凝聚为液体甚至固体，这一性质说明在分子与分子之间还存在着一种相互吸引作用。早在 1873 年，荷兰物理学家范德华（van der Waals）在研究气体的性质时，就发现了分子间作用力，所以分子间作用力又被称作范德华力。

由于分子间力（intermolecular force）本质上是电性的，因此在介绍分子间力之前，先熟悉分子的两种电学性质——分子的极性和变形性。

8.3.1 分子的极性和变形性

(1) 分子的极性

共价键有极性键和非极性键之分。若成键原子的电负性不同，共价键中的共用电子对偏向电负性较大的原子，这类键即为极性共价键；反之，若共用电子对不偏离，形成的共价键为非极性共价键。共价键的极性取决于成键原子电负性差值的大小。

共价分子也有极性分子和非极性分子之分。任何一种分子，均有正电荷部分和负电荷部分。设想正负电荷各集中于一点，这样在分子中就有一个正电荷的重心和一个负电荷的重心。正负电荷重心重合的分子称为非极性分子（nopolar molecule）；正负电荷重心不重合的分子称为极性分子（polar molecule）。

双原子分子的极性取决于键的极性。同核双原子分子如 H_2、O_2 等的化学键没有极性，正负电荷重心重合，是非极性分子。异核双原子分子如 HCl、NO 等的化学键有极性，正负电荷重心不重合，是极性分子，即由极性键构成的双原子分子一定是极性分子。

多原子分子是否有极性，不能单从键的极性来判断，要视分子的组成和空间几何构型而定。例如，在 CO_2（O═C═O）中，虽然 C═O 键为极性键，但由于两个 C═O 键处在同一直线上，两个 C═O 键的极性互相抵消，整个 CO_2 分子中正、负电荷重心重合，所以 CO_2 是非极性分子。又如 H_2O 中的 O—H 键为极性键，两个 O—H 键间的夹角为 104.5°，两个 O—H 键的极性没有互相抵消，H_2O 分子中正负电荷重心不重合，因此 H_2O 是极性分子。

总之，共价键是否有极性，决定于相邻原子间共用电子对是否有偏移；而分子是否有极性，决定于整个分子的正、负电荷重心是否重合。

分子极性的大小常用分子的偶极矩来衡量。偶极矩 μ 定义为极性分子中电荷重心（正电荷重心或负电荷重心）上的电荷量 q 与正、负电荷重心距离 l 的乘积：

$$\mu = ql$$

l 又称偶极长度。分子的偶极矩可通过实验测出，单位是库仑·米（C·m）。

偶极矩等于零的分子为非极性分子，偶极矩不等于零的分子为极性分子。偶极矩越大，分子的极性越强，因而可以根据偶极矩数值的大小比较分子极性的相对强弱。偶极矩也可以作为了解有关分子结构的参考资料，即可由 μ 值推测和验证分子的构型。例如，测得 CO_2 的 $\mu=0$，由此可推得 CO_2 的空间构型为直线型；测得 NH_3 的 $\mu>0$，说明 NH_3 的空间构型不是平面正三角形，是三角锥形。

(2) 分子的变形性

分子的正负电荷重心并不是固定不变的，当分子受到外加电场的作用时，分子中的电子和原子核会产生相对位移，导致分子的极性和形状发生改变。

非极性分子在外电场的作用下原来重合的正、负电荷重心会彼此分离，分子出现偶极，这种偶极称为诱导偶极（induction dipole）。当外电场消失时，诱导产生的偶极也随之消失。

极性分子本身就存在偶极，这种偶极称为固有偶极或永久偶极（permanent dipole）。在气态及液态时，如果没有外电场的作用，极性分子一般都做无规则的运动，但极性分子置于外电场之中时，则可发生定向极化，正负电荷重心之间距离增大，产生诱导偶极。固有偶极加上诱导偶极，使分子极性增加，分子发生变形。当外电场消失时，诱导产生的偶极也随之消失，但固有偶极不变。

非极性分子或极性分子受外电场的影响而产生诱导偶极的过程，称为分子的极化（或称变形极化）。分子极化后外形发生改变的性质，称为分子的变形性。分子被极化的程度，可用分子极化率表示。极化率越大，则表示该分子的变形性越大。分子的变形性与分子的大小有关，分子越大，包含的电子越多，分子的变形性也越大。

8.3.2 分子间作用力

任何分子都有变形的可能，所以说，分子的极性和变形性是分子互相靠近时分子间产生吸引作用的根本原因。根据分子种类不同，分子间力可有三种类型。

(1) 色散力

两个非极性分子相互靠近时，由于每个分子内电子和原子核的不断运动，电子和原子核会产生瞬间相对位移而引起分子中正负电荷重心分离，产生瞬时偶极（instantanous dipole）。当分子间距只有几百皮米时，相邻分子会在瞬时产生异极相邻的状态，分子间会产生相互吸引力。这种由瞬时偶极所引起的分子间的作用力称为色散力（dispersion force）（图 8-17）。虽然瞬时偶极只在瞬时出现，但因分子处于不断运动之中，因而色散力是一直存在的。分子间色散力的大小与分子的极化率（变形性）有关，极化率越大，色散力越大。

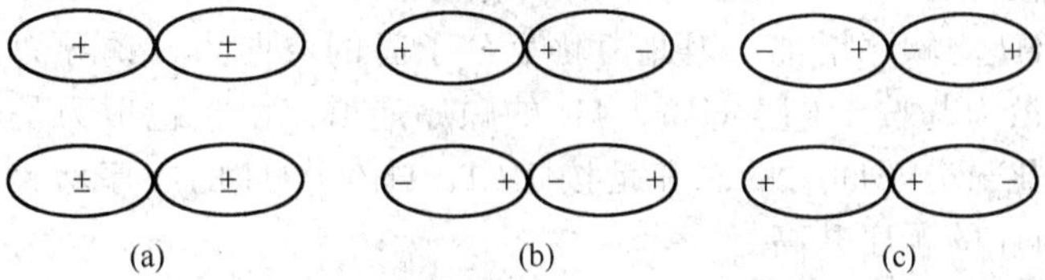

图 8-17　非极性分子相互作用示意图

色散力是存在于一切分子之间的作用力，即在非极性分子之间、极性分子与非极性分子之间、极性分子之间均存在色散力。

(2) 诱导力

极性分子与非极性分子相互靠近时，除存在色散力外，由于极性分子本身存在固有偶极，会使非极性分子被诱导而产生诱导偶极。极性分子的固有偶极与非极性分子的诱导偶极相互作用，便产生了诱导力（induction force）（图 8-18）。诱导力使非极性分子产生极性，也使极性分子的极性进一步增强。因而诱导力不仅与极性分子的偶极矩有关，也与非极性分子本身的极化率有关。

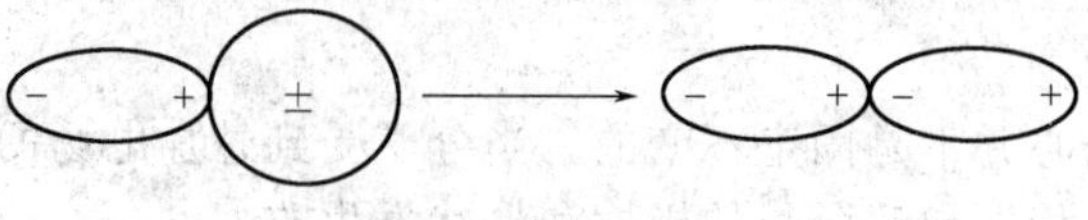

图 8-18　极性分子与非极性分子相互作用示意图

(3) 取向力

两个极性分子相靠近时，分子间不仅存在色散力和诱导力，而且由于极性分子本身的固有偶极作用，它们会产生同极相斥、异极相吸的作用，使极性分子在空间转向成异极相邻的状态，并产生相互作用力，这种作用力称为取向力（orientation force）（图 8-19）。取向力只存在于极性分子之间，它的大小取决于极性分子本身固有偶极的大小、分子间的距离和温度。

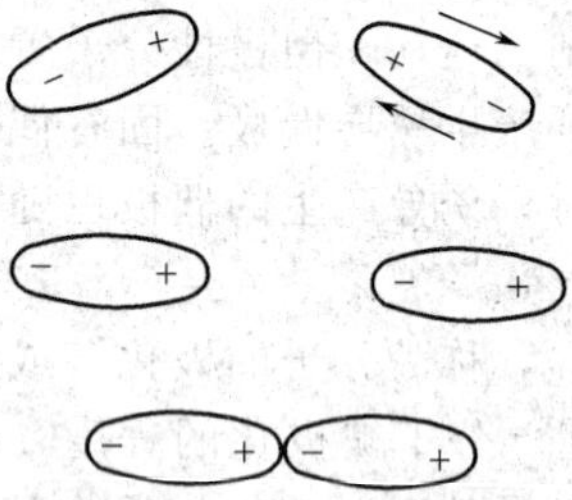

图 8-19　极性分子相互作用示意图

综上所述，在非极性分子间只有色散力，在极性分子和非极性分子间有诱导力和色散力，在极性分子和极性分子间有取向力、色散力和诱导力。

(4) 分子间作用力的特点

分子间作用力的作用范围一般只有几百皮米；作用能大小为几至几十千焦每摩尔，比化学键小一到两个数量级；一般没有方向性和饱和性；除了极性很大且分子间存在氢键的分子外，对大多数分子来说，色散力是分子间主要的作用力。三种作用力的相对大小一般为色散力≫取向力＞诱导力。

(5) 分子间作用力对物质性质的影响

尽管分子间作用力很小，但这种微弱的作用力对物质的熔点、沸点、溶解性、表面张力、稳定性等物理性质有很大的影响。

分子间力的大小可以解释一些物理性质的递变规律。如某些相同类型的单质（如卤素、稀有气体）和化合物（如直链烃、四卤化硅）的熔点和沸点随物质分子量的增加而升高，是因为分子间的主要作用力为色散力，随着分子量的增加，分子的变形性增大，色散力增加，导致熔点和沸点升高。

又如卤化氢是极性分子，卤化氢分子的固有极性按 HCl、HBr、HI 的顺序减小，变形性按 HCl、HBr、HI 的顺序增加。因此卤化氢分子间的取向力、诱导力按 HCl、HBr、HI 的顺序减弱，但色散力却按 HCl、HBr、HI 的顺序递增。由于色散力是分子间最主要的一种作用力，因此卤化氢分子间力的总和是按 HCl、HBr、HI 的顺序增大的，所以其熔、沸点按 HCl、HBr、HI 的顺序升高。

8.3.3　氢键

卤素氢化物的熔沸点随着分子量的增大而升高，但 HF 例外：

	HF	HCl	HBr	HI
沸点/K	293	188	206	237

HF 沸点反常高是由于在 HF 中除了一般的分子间力外，还存在一种特殊的作用力，能使简单的 HF 形成缔合分子。HF 分子缔合的主要原因是分子间形成了氢键（hydrogen bond）。

(1) 氢键的形成

F 的电负性（4.0）比 H 的电负性（2.1）大得多，因此在 HF 中 H—F 键的共用电子对强烈地偏向于 F 一边，使 H 带部分正电荷，F 带部分负电荷。由于 H 原子核外只有一个电子，共用电子对偏移 F 的结果，使它几乎成为裸露的质子。这个半径很小、又带部分正电荷的 H 与另一个 HF 中含有孤对电子并带部分负电荷的 F 充分靠近产生吸引力，这种吸引作用称为氢键，如图 8-20 所示。

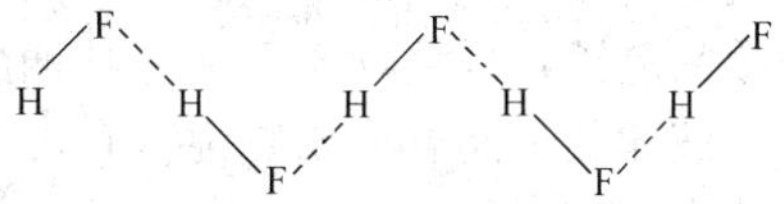

图 8-20 HF 分子间氢键

形成氢键必需的条件是：

① 分子中有氢原子，且它与电负性很大的元素 X（如 F、O、N）通过共价键相结合。

② 有另一个电负性较大、半径较小、含孤对电子、带有部分负电荷的 Y 原子（如 F、O、N）。

③ Y 与 H 定向靠近形成氢键。

氢键通常可用 X—H…Y 表示，X 和 Y 代表 F、O、N 等电负性大而且半径较小的原子。X 和 Y 可以是相同的元素，也可以是不同的元素。

氢键的键能是指每拆开 1mol H…Y 键所需要的能量，其值比分子间力要大，但比共价键键能小得多。如 H_2O 中的 O—H 键键能为 $463kJ \cdot mol^{-1}$，而 O—H…O 中氢键键能为 $18.8kJ \cdot mol^{-1}$，所以氢键可归入分子间力的范畴。氢键的键长一般是指 X—H…Y 中由 X 原子中心到 Y 原子中心的距离。

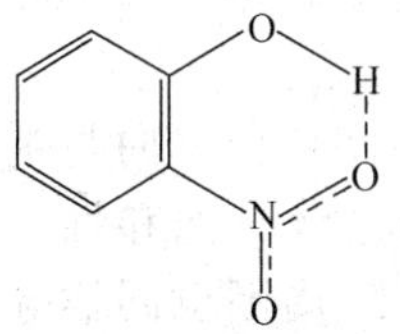

图 8-21 邻硝基苯酚分子内氢键

除了分子间氢键外，某些化合物（如邻硝基苯酚）的分子内也可以形成氢键。分子内氢键必须具备形成氢键的必要条件，还要有特定的条件，比如，一般要求氢原子与邻近基团电负性大的元素之间相隔 4～5 个化学键，便于形成五元环或六元环的稳定结构。邻硝基苯酚的分子内氢键如图 8-21 所示。

(2) 氢键的特点

① 氢键具有方向性 分子间氢键 X—H…Y 的三个原子在一条直线上，这样 X、Y 相距最远，它们之间的排斥力最小，形成的氢键更稳定。

② 氢键具有饱和性 因 H 较小，已经形成氢键的 H 不可能再形成第二个氢键。

③ 氢键强弱与元素电负性有关 电负性大的元素有利于形成强的氢键，X、Y 电负性越大，半径越小，氢键就越强。氢键强弱顺序如下：

$$F—H\cdots F > O—H\cdots O > N—H\cdots N$$

(3) 氢键形成对物质性质的影响

① 对物质熔、沸点的影响 分子间形成氢键时，分子间作用力增加，使分子缔合，所以化合物的沸点和熔点都显著升高。例如，由于 NH_3、H_2O、HF 分子间形成氢键，因此 NH_3、H_2O、HF 的沸点与同族氢化物相比反常地高（图 8-22）。而与 N、O、F 同周期的 C 电负性较小，不易形成氢键，所以 CH_4 的沸点没出现反常。

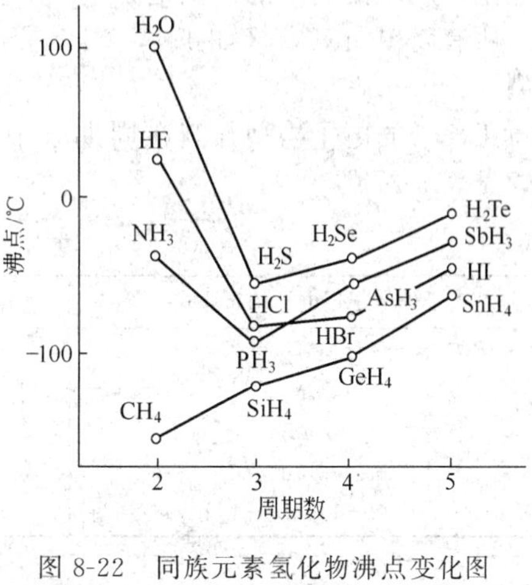

图 8-22 同族元素氢化物沸点变化图

② 氢键对物质的溶解度的影响 分子间氢键的形成可使溶质在极性溶剂中的溶解度增大。如 HF 和 NH_3 可以与 H_2O 形成氢键，所以它们在水中的溶解度很大；水和乙醇可以以任意比例互溶，是因为二者之间可以形成氢键。

③ 氢键对物质的黏度和密度的影响 分子间

有氢键的液体，一般黏度较大，如甘油、磷酸、硫酸等多羟基化合物，由于分子间可以形成众多的氢键，这些物质通常为黏稠的液体。

液体分子间若形成氢键，有可能发生缔合现象，称为分子缔合。分子缔合往往会影响液体的密度。

此外，氢键还可以影响物质的酸性，甚至影响物质的化学反应活性。

8.4 离子化合物和晶体结构

8.4.1 离子键的形成及特征

1916 年德国化学家柯塞尔（W. Kossel）提出了离子键理论，离子键理论认为：当电负性小的金属原子（如 Na 原子）和电负性较大的非金属原子（如 Cl 原子）相遇时，很容易发生电子转移，形成具有稀有气体稳定电子构型的正、负离子。正、负离子之间通过静电引力结合形成稳定的化学键，称为离子键（ionic bond）。

(1) 离子键的形成及特点

离子键是由原子得失电子后形成的正、负离子通过静电吸引作用而形成的化学键。离子间的这种作用力与离子所带电荷及离子间距离大小有关。一般离子所带电荷越多，离子间距离越小，则正、负离子间作用力越大，所形成的离子键越牢固。

离子的电子云分布可近似看成球形，只要空间条件许可，它可以在空间任何方向与带有相反电荷的离子互相吸引，所以离子键是没有方向性的。同时，离子键也没有饱和性。例如，在 NaCl 晶体中，每个 Na^+ 周围等距离地排列着 6 个 Cl^-，而每个 Cl^- 周围也同样等距离地排列着 6 个 Na^+，这是由正、负离子半径的相对大小、电荷多少等因素决定的，并不意味着它们的电性作用已达到饱和。每个离子都将在三维空间继续吸引异号离子，只不过距离较远的相互作用较弱罢了。

必须指出的是，在离子键形成的过程中，并不是所有的离子都必须具有稀有气体原子的电子构型（8 电子）。通常八隅律只适用于ⅠA、ⅡA 族的元素所形成的离子。过渡元素以及锡、铅等形成离子时，不符合八隅律，它们的离子也能稳定存在。

(2) 离子的特征

离子具有三个重要的特征：离子的电荷、离子的电子层构型和离子半径。

① 离子的电荷　离子的电荷指原子在形成离子化合物过程中失去或获得的电子数。

② 离子的电子构型　离子的电子构型（ionic electron configuration）是指原子失去或得到电子所形成的离子的外围电子构型。离子的电子构型对离子化合物的性质影响很大。

所有简单负离子（如 F^-，Cl^-，S^{2-} 等）的外层电子构型为 ns^2np^6，即具有 8 电子构型。

正离子的电子构型与其在周期表中的位置有关，分别有 8、9～17、18、18+2 电子构型，见表 8-2。

表 8-2　正离子的电子构型

离子外电子层电子排布通式	离子的电子构型	正离子实例
$1s^2$	2	Li^+，Be^{2+}
ns^2np^6	8	Na^+，Mg^{2+}，Al^{3+}，Sc^{3+}
$ns^2np^6nd^{1\sim9}$	9～17	Cr^{3+}，Mn^{2+}，Fe^{2+}，Cu^{2+}，Fe^{3+}
$ns^2np^6nd^{10}$	18	Cu^+，Zn^{2+}，Cd^{2+}，Hg^{2+}
$(n-1)s^2(n-1)p^6(n-1)d^{10}ns^2$	18+2	Sn^{2+}，Pb^{2+}，Sb^{3+}，Bi^{3+}

③ 离子的半径　离子和原子一样，电子云弥漫在核的周围而无确定的边界，因此，离子的真实半径实际上是很难确定的。但是当正、负离子通过离子键形成离子晶体时，把正、负离子看成是互相接触的两个球体，两个原子核间的平衡距离（核间距 d）就等于两个离子半径（ionic radius）之和。如图 8-23 所示。

$$d=r_1+r_2$$

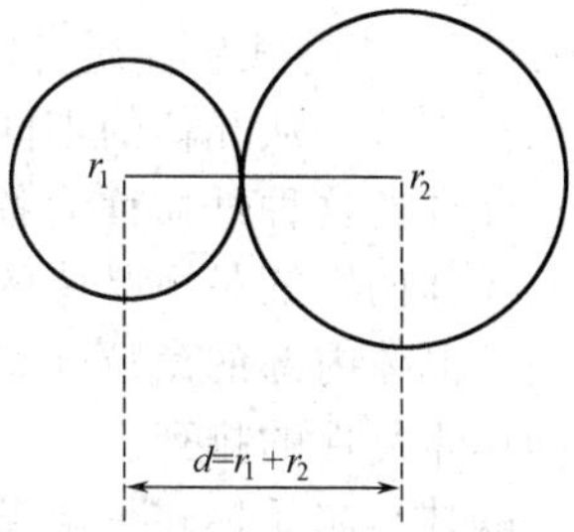

图 8-23　正负离子半径与核间距的关系

核间距的大小可以通过实验测得。如果知道其中一个离子的半径，另一个离子的半径就可求出。目前最常用的是鲍林从核电荷数和屏蔽常数推算出的一套离子半径。

离子半径变化规律如下：

a. 正离子半径一般小于负离子半径。如总电子数相等的 Na^+ 半径为 95pm，F^- 半径为 136pm。

b. 正离子半径小于该元素的原子半径，而负离子半径大于该元素的原子半径。

c. 同一周期电子层结构相同的正离子，随着电荷数增大，离子半径依次减小。如

$$r_{Na^+}>r_{Mg^{2+}}>r_{Al^{3+}}$$

d. 周期表各主族元素中，自上而下电子层数依次增多，所以具有相同电荷数的同族离子半径依次增大。如

$$r_{Na^+}<r_{K^+}<r_{Rb^+}<r_{Cs^+}\ ;\ r_{F^-}<r_{Cl^-}<r_{Br^-}<r_{I^-}$$

e. 同一元素形成不同电荷的阳离子时，则离子半径随电荷数增大而减小。如

$$r_{Fe^{3+}}<r_{Fe^{2+}},\ r_{Pb^{4+}}<r_{Pb^{2+}}$$

f. 周期表中处于相邻族的右下角和左上角斜对角线上的阳离子半径近似相等。如：

$$r_{Li^+}(60pm)\approx r_{Mg^{2+}}(65pm);r_{Sc^{3+}}(81prn)\approx r_{Zr^{4+}}(80pm)$$

部分离子半径见表 8-3。

表 8-3　离子半径　　单位：pm

H^+ 208																
Li^+ 60	Be^{2+} 31											B^{3+} 20	C^{4+} 15	N^{3-} 171	O^{2-} 140	F^- 136
Na^+ 95	Mg^{2+} 65											Al^{3+} 50	Si^{4+} 41	P^{3-} 212	S^{2-} 184	Cl^- 181
K^+ 133	Ca^{2+} 99	Sc^{3+} 81	Ti^{4+} 68	V^{5+} 59	Cr^{6+} 52	Mn^{7+} 46	Fe^{2+} 76	Co^{2+} 74	Ni^{2+} 72	Cu^+ 96	Zn^{2+} 74	Ga^{3+} 62	Ge^{4+} 53	As^{3-} 222	Se^{2-} 198	Br^- 195

8.4.2　离子晶体

固体物质一般分为晶体与非晶体两种。

(1) 晶体的特征

晶体具有以下特征：

① 晶体具有一定的几何外形，其内部质点呈有规则的空间排列，如食盐晶体是立方体，石英（SiO_2）是六角柱体等，炭黑等物质从外观看不具备整齐的外形，但结构分析表明，它们是由极微小的晶体组成的，物质的这种状态被称为微晶体。

② 晶体具有固定的熔点。在一定的外压下，将晶体加热到某一温度（熔点）时开始熔化，在全部熔化之前温度始终保持不变。非晶体则不同，如塑料在一个很大的温度范围内逐

渐软化，不会有突然液化的现象。

③ 晶体的某些性质各向异性。晶体的某些性质（如光学性质、力学性质、导热导电性、溶解性能等）从晶体的不同方向去测定时是不相同的。如云母呈片状分裂，食盐呈立方体解裂。晶体的这种性质称为各向异性。而非晶体是各向同性的。

晶体的特征是由晶体的内部结构所决定的。应用X射线衍射方法研究晶体内部结构时发现，晶体内部的微粒（离子、原子或分子）在空间的排列都是有规则的，按照某种特定的规则作重复性的排列。

晶体与非晶体在一定条件下是可以相互转化的。例如，石英晶体可以转化为石英玻璃（非晶体）。橡胶是典型的无定形物质，但改变固化条件也可变为晶体。

（2）晶体的基本类型

X射线实验证实了构成晶体的微粒在空间的排列具有周期性的特征，这些微粒有规则地排列在三维空间的一定点上。这些有规则排列的点形成的空间格子称为晶格（或点阵），晶格中的各点称为结点。能代表晶体结构特征的最小组成部分或者构成晶体的最小重复单位叫作晶胞。根据晶体外形的对称性不同，可将晶体分成七个晶系，按晶格结点在空间的位置，又分为十四种晶格。其中立方晶格具有最简单的结构，它可分为三种类型（见图8-24）。

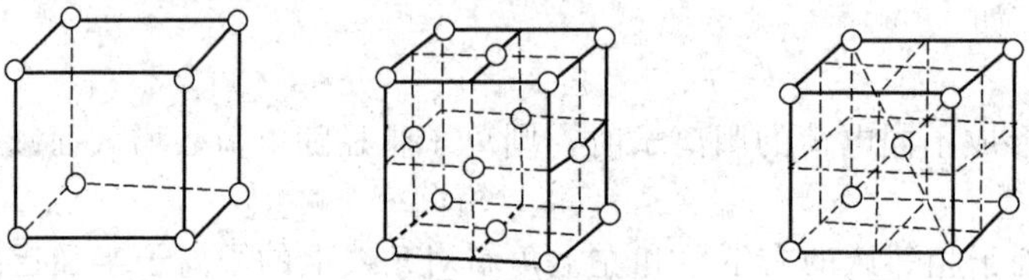

(a) 简单立方晶格　(b) 面心立方晶格　(c) 体心立方晶格

图8-24　立方晶格

（3）三种典型的AB型离子晶体

凡由离子键结合而成的晶体统称为离子晶体（ionic crystal），晶格的结点上是正、负离子。通常把晶体内每个粒子周围最接近的异号粒子的数目，称为该粒子的配位数。例如，NaCl晶体中每一个Na^+周围吸引6个Cl^-，而每一个Cl^-的周围也吸引6个Na^+。Na^+和Cl^-的配位数都是6。因此在氯化钠晶体中并没有氯化钠分子存在，故把NaCl称作化学式更为确切。

由于离子键的键能较大，离子之间相互结合较牢固，所以离子晶体一般熔点较高，硬度较大，质脆，延展性差，易溶于极性溶剂，溶于水或熔化时有导电性。

离子晶体中，正、负离子在空间的排列情况是多种多样的。这里仅介绍属于立方晶格的二元离子化合物中最常见的三种典型结构，即NaCl型、CsCl型和立方ZnS型，见图8-25。

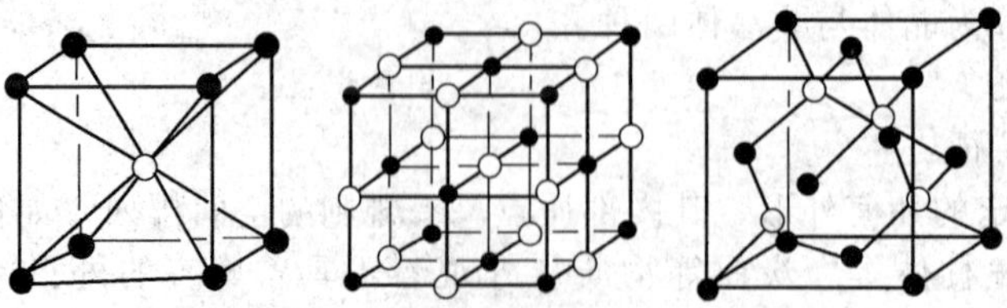

(a) CsCl型　(b) NaCl型　(c) 立方ZnS型

图8-25　CsCl、NaCl和立方ZnS型晶格

NaCl 型：是 AB 型离子化合物中最常见的晶体构型，属于面心立方晶格，正、负离子的配位数都是 6。NaBr、KI、LiF、MgO 等都属于 NaCl 型。

CsCl 型：属于体心立方晶格，离子排列在正方体的八个顶角和体心上。每个正离子周围有八个负离子，每个负离子周围同样也有八个正离子，正负离子的配位数都是 8。CsBr、CsI、TlCl 等都属于 CsCl 型。

立方 ZnS 型（闪锌矿型）：属于面心立方晶格，每个离子都与四个带相反电荷的离子相邻，因此，正、负离子的配位数等于 4（正四面体形）。BeO、ZnSe、ZnO、HgS 等都是 ZnS 型。

（4）离子晶体中离子半径比与晶体构型

离子晶体不同的结构类型不仅取决于正、负离子的大小，而且与离子的电荷及离子的电子构型有关。

在离子晶体中，只有当正、负离子紧密接触时，晶体才是最稳定的。离子能否完全紧靠与正、负离子半径之比 r_+/r_- 有关。取配位数比为 6∶6 的晶体构型的某一层为例（图 8-26）令 $r_-=1$，则

$$ac=4, ab=bc=2+2r_+$$

$$(ac)^2=(ab)^2+(bc)^2$$

$$4^2=2(2+2r_+)^2$$

可以解出 $r_+=0.414$

即 $r_+/r_-=0.414$ 时，正、负离子及负离子之间都能紧密接触。由图 8-27 可见，如果 $r_+/r_-<0.414$，负离子互相接触而正、负离子不能接触，这样吸引力小而排斥力大，体系能量较高，这种构型不稳定，晶体被迫转入较少配位数，例如转入 4∶4 配位，这样正负离子才能接触得较好。如果 $r_+/r_->0.414$，负离子接触不良，正负离子接触良好，吸引力大而排斥力小，这样的结构可以稳定存在。但当 $r_+/r_->0.732$ 时，空间条件允许，正离子周围有可能容纳更多的负离子，使其配位数变为 8。

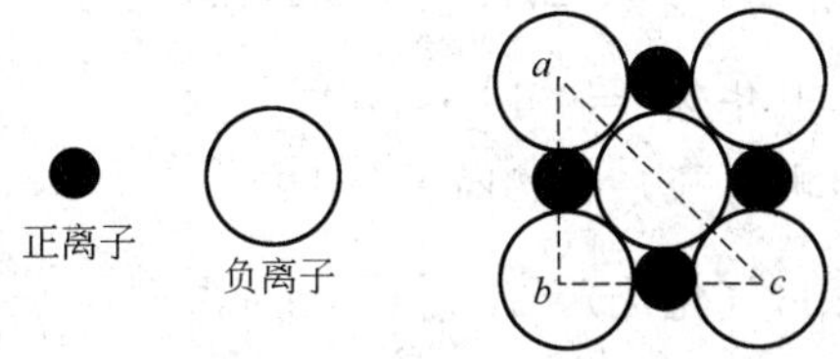

图 8-26 配位数为 6 的晶体中正、负离子半径比

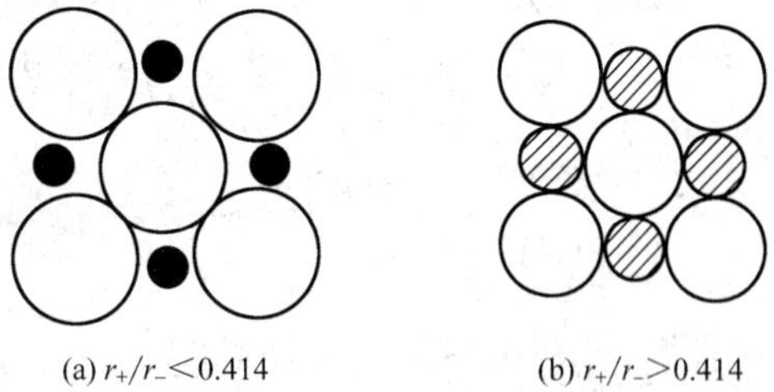

图 8-27 半径比与配位数的关系

AB 型离子晶体离子半径比与晶体构型的关系见表 8-4。除此以外，离子晶体的构型还与离子的电荷、电子构型以及外界条件有关。

表 8-4 离子半径与配位数的关系

r_+/r_-	配位数	构 型
0.225～0.414	4	ZnS 型
0.414～0.732	6	NaCl 型
0.732～1.00	8	CsCl 型

（5）离子晶体的晶格能

在离子晶体中，离子键的强度和晶体的稳定性可以用晶格能（lattice energy）的大小来

衡量。标准状态下，拆开单位物质的量的离子晶体将其变为完全分离的气态自由离子所需吸收的能量叫离子晶体的晶格能。其单位为 $kJ \cdot mol^{-1}$，符号用“U”表示。

例如，$K^+(g)+Br^-(g) \longrightarrow KBr(s) \qquad \Delta H^\ominus=-687.7kJ \cdot mol^{-1}$。

显然，当溴化钾晶体分解为气态钾离子和溴离子时，应该吸收同样多的能量，这份能量（$687.7kJ \cdot mol^{-1}$）称为溴化钾的晶格能 U：所以晶格能 $U=-\Delta H^\ominus$（晶格焓）。

晶格能的大小可作为衡量某种离子晶体裂解为气态正、负离子难易程度的标度。晶格能越大，该离子晶体越稳定，反映在物理性质上，其硬度大、熔点高、热膨胀系数小等。

晶格能可以通过实验，也可以通过理论计算求得，现在还可借助量子力学的方法直接进行计算。这里只介绍玻恩-哈伯循环（Born-Haber cycle）法。

1919 年玻恩和哈伯根据盖斯定律，将离子晶体以及形成该晶体的元素的各有关热化学量联系起来构成一个循环来测定晶格能，这种循环称为玻恩-哈伯热化学循环。例如，计算 KBr 的晶格能 U：

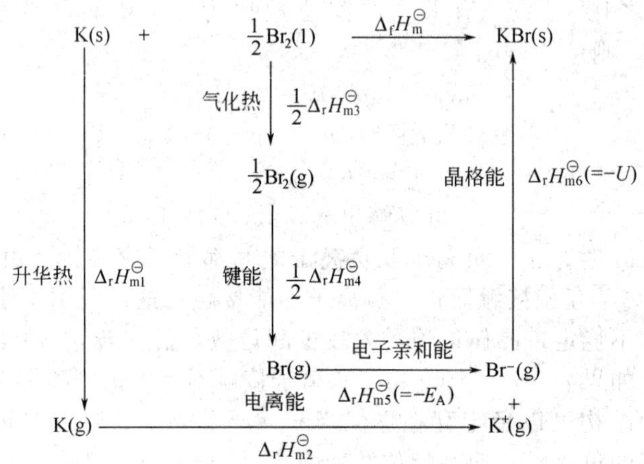

根据盖斯定律：

$$\Delta_f H_m^\ominus=\Delta_r H_{m1}^\ominus+\Delta_r H_{m2}^\ominus+\frac{1}{2}\Delta_r H_{m3}^\ominus+\frac{1}{2}\Delta_r H_{m4}^\ominus+\Delta_r H_{m5}^\ominus+\Delta_r H_{m6}^\ominus$$

式中：$K(s) \longrightarrow K(g) \qquad \Delta_r H_{m1}^\ominus$（升华热）$=90kJ \cdot mol^{-1}$

$K(g) \longrightarrow K^+(g)+e^- \qquad \Delta_r H_{m2}^\ominus$（电离能）$=419kJ \cdot mol^{-1}$

$\frac{1}{2}Br_2(l) \longrightarrow \frac{1}{2}Br_2(g) \qquad \frac{1}{2}\Delta_r H_{m3}^\ominus$（气化热）$=15kJ \cdot mol^{-1}$

$\frac{1}{2}Br_2(g) \longrightarrow Br(g) \qquad \frac{1}{2}\Delta_r H_{m4}^\ominus$（键能）$=96kJ \cdot mol^{-1}$

$Br(g)+e^- \longrightarrow Br^-(g) \qquad \Delta_r H_{m5}^\ominus=-324.6kJ \cdot mol^{-1}$

$K(s)+\frac{1}{2}Br_2(l) \longrightarrow KBr(s) \qquad \Delta_f H_m^\ominus$（标准生成焓）$=-392.3kJ \cdot mol^{-1}$

$$\Delta_r H_{m6}^\ominus=-392.3-90-419-15-96+324.6=-688kJ \cdot mol^{-1}$$

$$U=-\Delta_r H_{m6}^\ominus=688kJ \cdot mol^{-1}$$

8.4.3 离子极化

(1) 离子极化的概念

简单离子由于正负电荷中心重合，一般都不显极性，但是如果离子处在外电场中，其核和电子会发生相对位移，从而产生诱导偶极，这个过程称为离子的极化（ionic polarization)。见图 8-28。

离子极化使得正、负离子在原静电引力作用的基础上又附加以新的作用力。离子极化的强弱取决于离子的极化力和离子的变形性。

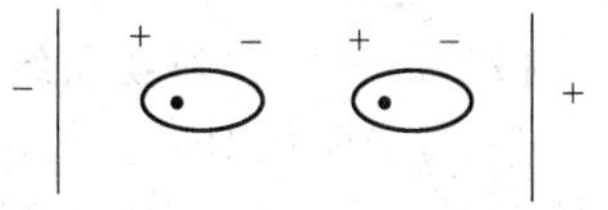

图 8-28 离子在电场中的极化

① 离子的极化力 离子的极化力是指某种离子使异号电荷离子极化(即变形)的能力，一般指的是正离子为主的极化力。离子极化力与离子的电荷、半径以及电子构型等因素有关。正离子的电荷越多、半径越小，产生的电场强度越强，离子的极化能力越强。当离子电荷相同、半径相近时，离子的电子构型对离子的极化力就起决定性的影响。不同电子构型的极化力大小为：8 电子构型<9～17 电子构型<18 电子和 18+2 以及 2 电子构型。

② 离子的变形性 离子在外电场作用下，其外层电子与核会发生相对位移，这种性质就称为离子的变形性。离子变形性主要取决于离子半径的大小。离子半径越大，外层电子受核的束缚越弱，在外电场的作用下，外层电子与核之间越容易产生相对位移，变形性就越大。其次，正离子所带电荷越多，变形性越小；负离子所带电荷越多，变形性越大。

电子构型相同的离子，负离子变形性一般大于正离子的变形性。

当离子电荷相同、半径相近时，外层具有 d 电子的正离子的变形性比稀有气体构型的离子的变形性大得多。

通常用极化率作为离子变形性的一种量度，表 8-5 为一些常见离子的极化率。

表 8-5 离子的极化率 单位：$\times10^4$ pm

离子	极化率	离子	极化率	离子	极化率
Li^+	3.1	Ca^{2+}	47	OH^-	175
Na^+	17.9	Sr^{2+}	86	F^-	104
K^+	83	B^{3+}	0.3	Cl^-	366
Rb^+	140	Al^{3+}	5.2	Br^-	477
Cs^+	242	Hg^{2+}	125	I^-	710
Be^{2+}	0.8	Ag^+	172	O^{2-}	388
Mg^{2+}	9.4	Zn^{2+}	28.5	S^{2-}	1020

③ 离子的相互极化 在离子晶体中，正离子和负离子作为带电粒子，在它们的周围都有相应的电场，都能引起相反电荷的离子发生极化(即变形)。

一般情况下，正离子由于外电子层上减少了电子，所以极化力较强，但变形性不大；而负离子半径一般比较大，外层又多了电子，所以容易变形，但极化力较弱。因此，由正离子的电场引起负离子的极化常是主要的。只有当正离子电子构型为 18 电子或 18+2 电子时，极化力和变形性才都比较显著，此时，往往会引起两种离子之间的相互极化，从而加大离子间的引力。如 AgI 晶体中，Ag^+ 是 18 电子构型的离子，极化力强，变形性也较大。I^- 半径又很大，极易变形。负离子被极化所产生的诱导偶极会反过去诱导变形性大的正离子，使正离子也发生变形，正离子所产生的诱导偶极又会加强正离子对负离子的极化能力，使负离子的诱导偶极增大，这种效应称为附加极化作用(图 8-29)。

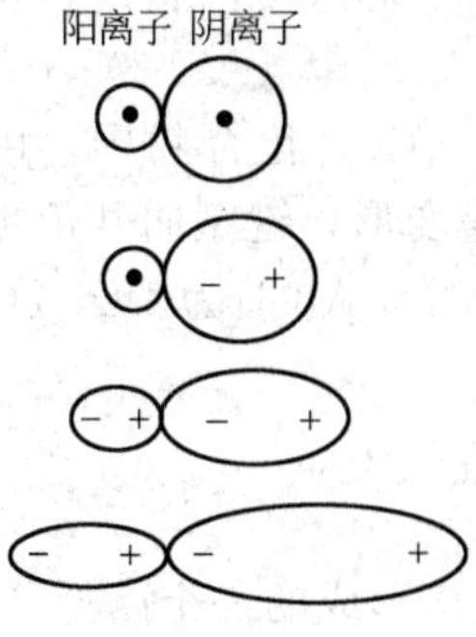

图 8-29 离子附加极化作用

最外层含 d 电子的正离子容易被极化变形，一般电子层数越多，附加极化作用越大。

(2) 离子极化对物质结构和性质的影响

① 离子极化对键型的影响　当极化力强、变形性又大的正离子与变形性大的负离子相互接触时，由于正负离子相互极化作用显著，负离子的电子云便会向正离子方向偏移，同时，正离子的电子云也会发生相应变形。这样导致正、负离子的核间距缩短（即键长缩短），键的极性减弱，从而使键型可能发生从离子键向共价键过渡的变化，如图 8-30 所示。

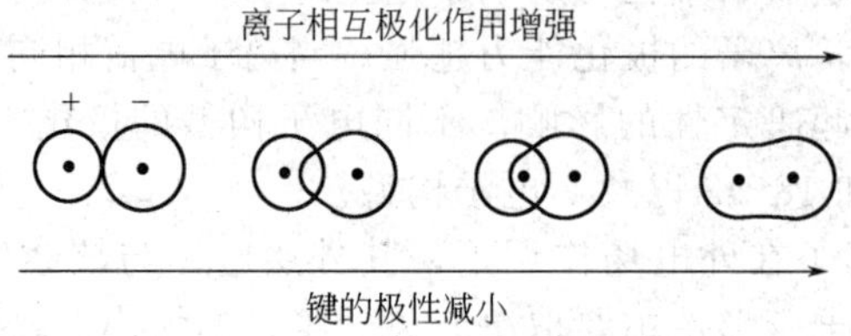

图 8-30　离子极化对键型的影响

由此可知，离子键和共价键之间没有绝对的界限。无机化合物中的化学键有不少是属于过渡键型的。

② 离子极化对晶体结构的影响　正离子极化力不大、负离子变形也不明显时，正、负离子的振动不会偏离原来的位置太大，晶体结构不会发生变化。如果正、负离子相互极化作用明显，就会破坏固有的振动规律，以致引起半径比发生变化，晶格构型发生改变。因为相互极化必然导致离子核间距缩短，从而使配位数比减小。例如，AgCl、AgBr 和 AgI，按离子半径比计算 r_+/r_- 分别为 0.696、0.646、0.583，它们的晶格构型都应是 NaCl 型（配位数 6）。但是 AgI 却由于有强烈的相互极化作用，离子互相强烈靠近以至变为立方 ZnS 型晶体（配位数 4）。

③ 离子极化对化合物性质的影响

a. 离子极化对化合物溶解度的影响。离子的相互极化使离子键向共价键过渡。键型过渡在化合物性质上的表现，最明显的是物质在水中溶解度的降低。离子晶体通常易溶于水。水的介电常数很大（约等于 80），它会使正、负离子间的吸引力减小到原来的约八十分之一，从而使正、负离子很容易由于热运动而相互分离。水不能像减弱离子间的静电作用那样减弱共价键的结合力，所以离子极化作用显著的晶体难溶于水。在银的卤化物中，AgF 是离子化合物，在水中可溶，而 AgCl、AgBr、AgI 的溶解度依次递减。

b. 离子极化对化合物颜色的影响。一般情况下，两个无色的离子形成的化合物为无色。可是 Pb^{2+} 和 I^- 都是无色的，但 PbI_2 却是黄色的，这是离子间相互极化作用所引起的。正离子极化力越强，或负离子变形性越大，就越有利于颜色的产生。例如，AgF 为无色，AgCl 为白色，AgBr 为浅黄色，AgI 为黄色。S^{2-} 变形性比 O^{2-} 大，因此硫化物颜色总是较相应的氧化物为深，如 PbO 为黄色，而 PbS 则为黑色。

c. 晶体熔点的改变。一般离子晶体熔点高。在 NaCl、$MgCl_2$、$AlCl_3$ 化合物中，由于 Al^{3+} 极化作用远大于 Na^+ 和 Mg^{2+}，从而使 $AlCl_3$ 中的 Cl^- 发生显著变形，键型向共价键过渡，有较低的熔沸点。实验测得熔点：NaCl 为 800℃，$MgCl_2$ 为 714℃，$AlCl_3$ 为 192.6℃。

8.4.4 其他晶体

(1) 原子晶体

金刚石、石英晶体与金刚砂（SiC）等，都是由原子通过共价键直接形成的一个巨型分子。这种巨型分子内部的原子都有规则地排列着，称为原子晶体（atomic crystal）。在金刚石中，原子

以 sp^3 杂化轨道成键，每个 C 周围形成 4 个 C—C 共价键（σ 键），把晶体内所有的 C 连结成一个整体，如图 8-31 所示。

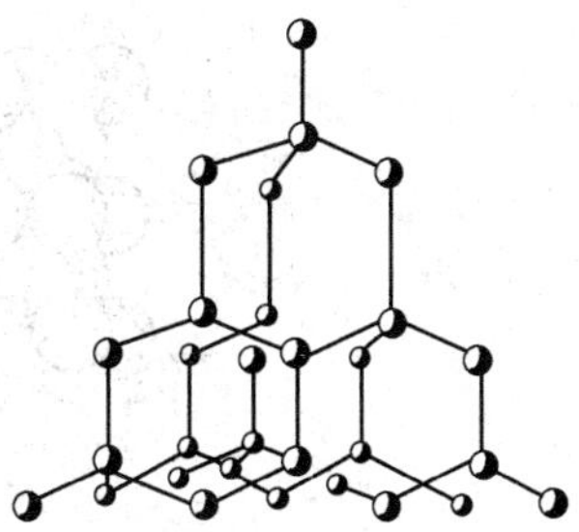

图 8-31 金刚石的晶体

在原子晶体中，晶格结点上排列的粒子是原子，原子之间以共价键相结合，因此破坏原子晶体时必须破坏共价键，需要很大的能量，所以原子晶体硬度大、熔点高。如：

金刚石	硬度 10	熔点约 3570℃
金刚砂	硬度 9～10	约 2700℃升华

原子晶体一般不导电，不导热。

属于原子晶体的物质还有单质硅、单质硼、碳化硼（B_4C）、氮化硼（BN）等。

（2）分子晶体

凡在晶格结点上排列着分子，靠分子间力结合而成的晶体统称为分子晶体（molecular crystal）。虽然分子内的原子之间是以共价键相联系的，但分子与分子之间的作用力却比较弱，因此分子晶体一般硬度小，熔点低。非金属单质、非金属化合物和许多有机化合物大多形成分子晶体，如白磷、干冰和硼酸等都是分子晶体。

有些分子晶体如干冰在常温常压下即以气态存在，有些分子晶体如碘、萘等可以不经过熔化阶段而直接升华。分子晶体一般不导电，但由极性分子构成的分子晶体能溶于极性溶剂中，在极性溶剂作用下可产生自由移动的离子而导电，如 HCl 溶于水后能导电。

（3）金属晶体

① 金属键　由于金属原子最外层只有少数几个价电子，原子核对价电子的吸引力较弱，因此有些价电子容易摆脱金属原子的束缚，使得金属原子变为金属正离子，所以金属晶体（metallic crystal）内晶格结点上排列着的微粒为金属原子和金属正离子。

从金属原子脱离下来的电子不是固定在某一金属正离子附近，而是为整个晶体内的金属原子、金属正离子所共有，并能在它们之间自由运动，因而称为自由电子。金属晶体内自由电子的这种运动使金属原子、金属正离子与自由电子之间产生一种结合力，这种结合力称为金属键（metallic bond）。金属晶体的共用电子是非定域（即离域）的，是属于整个金属晶体内所有原子（或离子）的，因此金属键没有方向性和饱和性。金属键的这种理论，称为金属键的自由电子模型。

自由电子的存在使金属具有良好的导电性、导热性和延展性，但金属键结构毕竟是很复杂的，致使金属的熔点、硬度相差很大。

② 金属原子密堆积　金属晶体中原子在空间排列的情况，可以近似地看成是等径圆球的堆积。等径圆球的密堆积有三种基本构型：体心立方堆积、面心立方密堆积、六方密堆积（图 8-32）。

体心立方结构的配位数为 8，面心立方结构的配位数为 12，六方密堆积的配位数也是 12，如图 8-32、图 8-33 所示。

属于体心立方堆积的金属有 Ba、Ti、Cr、Mo、W、α-Fe 及碱金属等，属于面心立方密堆积的金属有 Pb、Al、Cu、Au、Ag、γ-Fe 等，属于六方密堆积的有 Mg、Zn、Cd、Co 及部分镧系元素等。

（4）混合型晶体

除离子晶体、原子晶体、分子晶体及金属晶体外，还有一些晶体，晶体内可能同时存在着若干种不同的作用力，具有若干种晶体的结构和性质，这类晶体就称为混合型晶体。石墨晶体就是一种典型的混合型晶体。

石墨具有层状的结构（图 8-34）。C 原子采用 sp^2 杂化轨道，与相邻的三个 C 原子以 σ

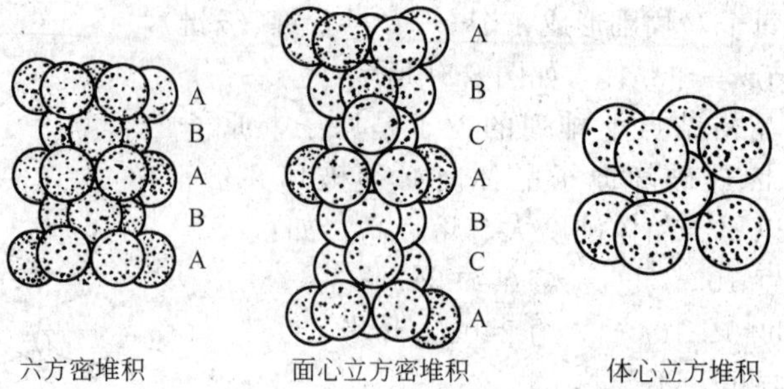

图 8-32　等径圆球密堆积

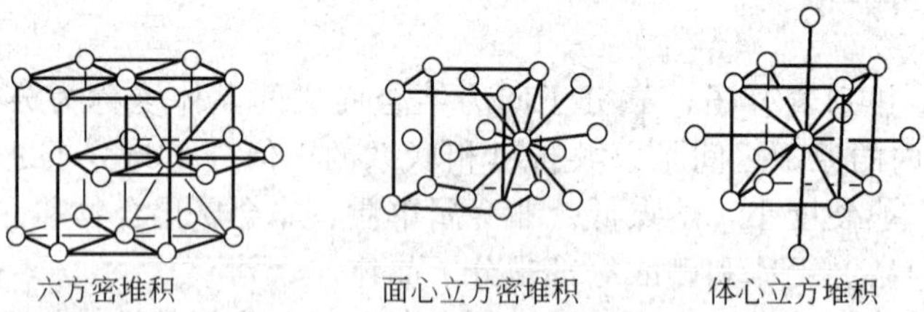

图 8-33　三种典型密堆积的晶格

键相连结。每个 C 原子周围形成三个 σ 键，键长 142pm，键角 120°。每个 C 原子还有一个 2p 轨道，其中有一个 2p 电子。这些 2p 轨道都垂直于 sp^2 杂化轨道的平面，因此互相平行，满足形成 π 键的条件。这种包含很多个原子的 π 键叫作大 π 键。大 π 键中的电子沿层面方向的活动能力很强，与金属中的自由电子有某些类似之处，所以石墨具有金属光泽，并具有良好的导电和导热性。层与层之间距离较远，为 335pm。吸引力较弱，所以层与层间可以相对滑移，石墨可作润滑剂。石墨晶体中既有共价键，又有类似金属键那样的非定域大 π 键及层与层间的分子间力，所以是一种典型的混合键型晶体。

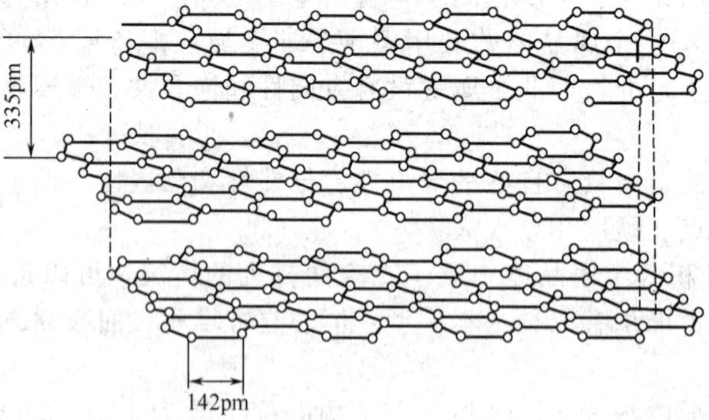

图 8-34　石墨的层状结构

视窗

【人物简介】

鲍林 Linus Pauling（1901～1995），美国化学家，一人单独两次获得诺贝尔奖。

鲍林对化学最大的贡献是对化学键本质的研究以及用化学键理论阐明复杂物质的结构，把量子力学应用于分子结构，把原子价理论扩展到金属和金属间化合物，并发展了原子核结构和核裂变过程本质的理论。他也由此荣获1954年诺贝尔化学奖。共发表论文500多篇，出版专著10多本。

鲍林还是一位反对战争、倡导和平的社会活动家。1946年起，与众多科学家联名反对美苏核试验，由此获得1962年诺贝尔和平奖。

此外，他还获得了国内外几十种奖励和奖章。全世界三十多所著名大学授予他荣誉博士学位，十多个国家授予他科学院名誉院士，苏联授予他罗蒙诺索夫金质奖章、列宁国际和平奖金。

【搜一搜】

拓扑键；超分子；价层电子对互斥理论；配合物晶体场理论与配位场理论；非化学计量化合物；非常规型氢键；晶体缺陷；拟晶；非化学计量化合物；金属键的能带理论；分子设计；分子工程。

习 题

8-1 什么是化学键？化学键有几种类型？它们形成的条件是什么？举例说明。

8-2 BF_3分子具有平面三角形构型，而NH_3却是三角锥形，试用杂化轨道理论加以说明。

8-3 试用杂化轨道理论说明下列分子的成键类型，并预测分子空间构型。

CCl_4，H_2S，CO_2，BCl_3

8-4 根据电子配对法，写出下列各物质的分子结构式。

PH_3，NI_3，CS_2，C_2H_4，HClO

8-5 应用同核双原子分子轨道能级图，从理论上推断下列离子或分子是否可能存在。

O_2^+，O_2^-，O_2^{2-}，O_2^{3-}，H_2^+，He_2，He_2^+

8-6 写出C_2、B_2、F_2、O_2的分子轨道电子排布式，计算键级，指出哪些分子有顺磁性。

8-7 已知$H_2(g)+\frac{1}{2}O_2(g)$ $=\!=\!=$ $H_2O(l)$，$H_2O(l)$的$\Delta_f H_m^\ominus=-286kJ\cdot mol^{-1}$，H—H键能$=436kJ\cdot mol^{-1}$，O═O的键能$=498kJ\cdot mol^{-1}$，$H_2O(g)\longrightarrow H_2O(l)$的$\Delta_r H_m^\ominus=-42kJ\cdot mol^{-1}$，试计算O—H键的键能。

8-8 试用分子轨道理论说明为何N_2比N_2^+稳定，而O_2不如O_2^+稳定。

8-9 已知$[MnBr_4]^{2-}$和$[Mn(CN)_6]^{3-}$的磁矩分别为5.9B.M.和2.8B.M.，试根据价键理论推测这两种配离子中d电子的分布情况、中心离子的杂化类型以及它们的空间构型。

8-10 实验测得下列配离子的磁矩数值如下：

$[CoF_6]^{3-}$ 4.5B.M.； $[Fe(CN)_6]^{4-}$ 0B.M.

试指出中心离子的配位数和配离子的杂化类型，判断哪个是内轨型，哪个是外轨型？并预测其空间构型。

8-11 试判断下列分子哪些是极性分子，哪些是非极性分子？

$BeCl_2$，H_2S，HCl，CCl_4，$CHCl_3$

8-12　下列各分子中何者偶极矩为零？

NF_3，CS_2，C_2H_4

8-13　判断下列各组物质中不同种分子间存在着什么形式的分子间力？

①苯和四氯化碳；②氦气和水；③甲醇和水。

8-14　从分子间力说明下列事实：

① 常温下 F_2、Cl_2 是气体，溴是液体而碘是固体；

② HCl、HBr、HI 的熔点和沸点随分子量增大而升高；

③ 稀有气体 He、Ne、Ar、Kr、Xe 的沸点随分子量增大而升高。

8-15　写出 K^+、Ti^{3+}、Sc^{3+}、Br^- 的离子半径由大到小的顺序。

8-16　回答下列问题：

① 元素的原子半径与它的简单阳、阴离子半径相比较，哪个大？哪个小？

② 同一元素形成的不同简单离子，离子的正、负电荷数越多，离子半径是越大还是越小？

③ 同一周期电子层结构相同的阳离子，正电荷数越多，离子半径是越大还是越小？

④ 同族元素电荷数相同的离子，电子层数越多，离子半径是越大还是越小？

8-17　金属阳离子有哪几种电子构型？它们在周期表中是如何分布的？

8-18　已知 O^{2-} 的离子半径为 140pm，试根据下列化合物的核间距数据，推算出 Mg^{2+}、Cl^-、K^+、I^- 的离子半径。

化合物	MgO	$MgCl_2$	KCl	KI
核间距/pm	205	246	314	349

8-19　分别写出下列离子的电子排布式，并指出各属何种电子构型。

Rb^+、Mn^{2+}、I^-、Zn^{2+}、Bi^{3+}、Ag^+、Pb^{2+}、Pb^{4+}、Li^+

8-20　指出下面哪个式子对应的热量变化可以表示氧化钙的晶格能。

① $Ca(s)+\frac{1}{2}O_2(g)=\!=\!=CaO(s)$　　② $Ca(g)+\frac{1}{2}O_2(g)=\!=\!=CaO(s)$

③ $Ca^{2+}(s)+O^{2-}(g)=\!=\!=CaO(s)$　　④ $Ca^{2+}(s)+O^{2-}(g)=\!=\!=CaO(g)$

8-21　已知 KI 的晶格能 $U=649kJ\cdot mol^{-1}$，钾的升华热 $\Delta_r H^{\ominus}_{m1}=90kJ\cdot mol^{-1}$，钾的电离能 $I_1=418.9kJ\cdot mol^{-1}$，碘分子的解离能 $D_{I-I}=152.55kJ\cdot mol^{-1}$，碘的电子亲和能 $E_{AI}=295kJ\cdot mol^{-1}$，碘的升华热 $\Delta_r H^{\ominus}_{m2}=62.3kJ\cdot mol^{-1}$。求 KI 的生成热 $\Delta_f H^{\ominus}_m$。

8-22　指出下列各组离子中，何者极化率最大。

① Na^+，I^-，Rb^+，Cl^-；　　② O^{2-}，F^-，S^{2-}

8-23　试用离子极化讨论 Cu^+ 与 Na^+ 虽然半径相近，但 CuCl 在水中溶解度比 NaCl 小得多的原因。

8-24　试根据晶体的构型与半径比的关系，判断下列 AB 型离子化合物的晶体构型。

BeO，NaBr，CaS，RbI，BeS，CsBr，AgCl

8-25　试比较如下两列化合物中正离子极化能力的大小。

① $ZnCl_2$，$FeCl_2$，$CaCl_2$，KCl；

② $SiCl_4$，$AlCl_3$，PCl_5，$MgCl_2$，NaCl。

8-26　下列化合物中哪些存在氢键？并指出它们是分子间氢键还是分子内氢键。

C_6H_6，NH_3，C_2H_6，H_3BO_3，HNO_3，邻硝基苯酚

8-27　根据所学晶体结构的知识，完成下表。

物质	晶格结点上的粒子	晶格结点上粒子间作用力	晶体类型	熔点(高或低)
SiC				
Cu				
冰				
$BaCl_2$				

第9章 p区重要元素及其化合物 p Block Elements and Their Compounds

本章主要讨论p区重要元素（ⅢA～ⅦA）的单质和主要化合物的制备、性质及其变化规律。本区同一周期的元素，从左到右非金属性逐渐增强；同一主族的元素，从上到下金属性逐渐增强。

9.1 氟、氯、溴、碘及其化合物

周期表中的ⅦA族元素，包括氟（fluorine）、氯（chlorine）、溴（bromine）、碘（iodine）和砹（astatine）等五种元素，通称为卤族元素（halogens group）。因它们都能直接和金属化合生成盐类，例如NaCl，故得名，希腊原文意为"成盐元素"。砹是人工合成的放射性元素，不稳定，对它的性质研究尚少，但确知砹和碘性质相近。

9.1.1 通性

卤族元素的一些主要性质列于表9-1中。从表中可见，卤素的原子半径等都随原子序数增大而增大，而电离能、电负性等随原子序数增大而减小。

表9-1 卤族元素的性质

性质	氟	氯	溴	碘
原子序数	9	17	35	53
价层电子构型	$2s^2 2p^5$	$3s^2 3p^5$	$4s^2 4p^5$	$5s^2 5p^5$
常见氧化数	−1	−1,+1,+3,+5,+7	−1,+1,+3,+5,+7	−1,+1,+3,+5,+7
原子半径/pm	67	99	114	138
X^-离子半径/pm	133	181	196	220
X—X键离解能/kJ·mol^{-1}	155	240	190	199
第一电离能I_1/kJ·mol^{-1}	1680	1260	1140	1010
电负性χ	3.98	3.16	2.96	2.66

卤素的价层电子构型均为ns^2np^5，容易获得一个电子成为一价负离子。和同周期元素相比，卤素的非金属性是最强的。非金属性从氟到碘依次减弱。碘稍有某些金属性，可以生成碘盐，如$I(CH_3COO)_3$、$I(ClO_4)_3$。

卤素是非常活泼的非金属元素，能和活泼金属生成离子化合物，几乎能和所有的非金属及金属反应，生成共价化合物。

卤素在化合物中常见的氧化数为−1。除氟以外，卤素与电负性比它强的元素（主要是氧）化合时，还可以形成正的氧化数，如＋1、＋3、＋5 和＋7。其氧化数之间的差值之所以为 2，是因为它们的原子中有些价电子已经成对，若要形成化学键，一定要先将成对电子拆开，这可使氧化数增加 2。

9.1.2 卤素单质

9.1.2.1 物理性质

卤素单质的一些物理性质，如熔点、沸点、颜色和聚集状态等随着原子序数增加有规律的变化。在常温下，F_2、Cl_2为气体，Br_2是易挥发的液体，I_2是固体，这是色散力依次增大的缘故。

固态 I_2在熔化前已有较大的蒸气压，因此加热即可升华，从固态直接变为气态。I_2蒸气呈紫色。

所有卤素均有刺激性气味，刺激性从 Cl_2至 I_2依次减小。吸入较多的卤素蒸气会严重中毒，甚至导致死亡。刺激性从 F_2到 I_2依次减小。

卤素单质均有颜色，随着分子量的增大，其颜色依次加深。

卤素单质在水中的溶解度较小（氟与水会激烈作用），而在有机溶剂，如乙醚、四氯化碳、乙醇、氯仿等非极性或弱极性溶剂中的溶解度却大得多，这是由于卤素分子是非极性分子，“相似者相溶”的缘故。

I_2难溶于水，但易溶于碘化物溶液中，形成易溶于水的 I_3^-：

$$I_2 + I^- \rightleftharpoons I_3^- \text{（棕色）}$$

9.1.2.2 化学性质

物质的主要化学性质是指它们的热稳定性、酸碱性、溶解性和氧化还原性，对过渡元素来讲则还有配位性。这些化学性质在同一族中常呈规律性的递变。对不同的物质来讲，这些化学性质又常常各有所侧重，在学习中应该加以注意。

（1）氧化还原性

卤素单质都表现出氧化性，F_2是最强的氧化剂。在水溶液中，卤素氧化能力的大小可用标准电极电势 $E^{\ominus}$加以衡量。随着元素原子序数的增加，卤素单质的氧化性逐渐减弱：$F_2 > Cl_2 > Br_2 > I_2$。

卤素阴离子还原性大小的顺序为：$I^- > Br^- > Cl^- > F^-$。因此，每种卤素都可以把电负性比它小的卤素从后者的卤化物中置换出来。例如，Cl_2可以从溴化物、碘化物的溶液中置换出 Br_2和 I_2；而 Br_2只能从碘化物的溶液中置换出 I_2。

（2）与金属作用

F_2能和所有的金属剧烈化合。Cl_2几乎和所有的金属化合，但有时需要加热。Br_2比 Cl_2不活泼，能和除贵金属以外的所有其他金属化合。I_2比 Br_2更不活泼。

卤素和非金属之间的作用，也呈现这样的规律性。

（3）与氢作用

卤素单质都能和 H_2直接化合生成卤化氢。F_2与 H_2在阴冷处就能化合，放出大量热并引起爆炸。Cl_2和 H_2的混合物在常温下缓慢化合，在强光照射时反应加快，甚至会发生爆炸反应。Br_2和 H_2的化合反应比 Cl_2缓和。I_2和 H_2在高温下才能化合。

（4）与水作用

卤素和水可以发生两类化学反应：

① 卤素对水的氧化反应　卤素 X_2（X＝F、Cl、Br）可以置换水中的氧：

$$2X_2 + 2H_2O \rightleftharpoons 4HX + O_2\uparrow$$

该反应可以分解为两个氧化还原半反应：

$$X_2+2e^- \rightleftharpoons 2X^-$$

$$4H^+ + O_2 + 4e^- \rightleftharpoons 2H_2O$$

根据以下各氧化还原电对的标准电极电势 $E^\ominus$（其中 O_2/H_2O 的电势不是标准电势）：

氧化还原电对	F_2/F^-	Cl_2/Cl^-	Br_2/Br^-	O_2/H_2O	I_2/I^-
$E^\ominus/V$	2.87	1.36	1.07	0.81（pH=7）	0.54

可知 F_2、Cl_2、Br_2可以氧化水中的氧，而 I_2不能氧化水中的氧。

F_2与水剧烈反应放出氧气。Cl_2在日光下缓慢置换水中的氧。Br_2与水非常缓慢地反应放出氧气。I_2不能置换水中的氧，相反 O_2可作用于碘化氢溶液使 I_2析出。

② 卤素的歧化反应　卤素 X_2（X=Cl、Br、I）在水中发生歧化反应：

$$X_2 + H_2O \rightleftharpoons H^+ + X^- + HXO$$

F_2在水中只能进行氧化反应。Cl_2、Br_2、I_2可以进行歧化反应，但 Cl_2到 I_2反应进行的程度越来越小。从歧化反应方程式可知，加酸可抑制、加碱则促进该反应向右进行。对 Cl_2、Br_2而言，因前述在水中的置换反应活化能很高，反应速率很慢，故它们在水中的歧化反应是主要的。

9.1.3　卤化氢和氢卤酸

卤化氢（hydrogen halide）都是无色气体，具有刺激性臭味。卤化氢易溶于水，其水溶液叫氢卤酸。

（1）氢卤酸的酸性

氢卤酸都是挥发性的酸。

除氢氟酸（hydrofluoric acid）是弱酸外，其余的氢卤酸都是强酸，其酸性按 HF、HCl、HBr、HI 的顺序而递增。

（2）氢卤酸的还原性

在卤化氢和氢卤酸中，卤素处于最低氧化数−1，因此具有还原性，还原性大小顺序为：HF＜HCl＜HBr＜HI。HF 几乎不具有还原性，除电流外，任何强氧化剂都不能氧化它。其他氢卤酸通常被氧化为卤素单质。例如，强氧化剂 $KMnO_4$可氧化 HCl：

$$2KMnO_4 + 16HCl = 2KCl + 2MnCl_2 + 8H_2O + 5Cl_2$$

而 HI 甚至可被空气中的 O_2氧化为 I_2，故 HI 溶液放置在空气中会慢慢变成黄到棕色。

氢卤酸中以盐酸的工业产量最大，盐酸为一种重要的工业原料和化学试剂。商品浓盐酸的相对密度为 1.19，含 37%左右的 HCl（浓度约为 $12mol \cdot L^{-1}$）。

氢碘酸是一种强酸，具有强烈的腐蚀作用，有还原性。

（3）卤化氢的制备

卤化氢的制备可采用单质直接合成、复分解和卤化物水解等方法。

① 单质直接合成　卤素与氢可以直接化合制备卤化氢。只有氯化氢的直接合成法具有工业意义。

② 复分解反应　制备氟化氢以及少量氯化氢时，可用浓硫酸与相应的卤化物（如萤石 CaF_2、NaCl 等）作用，加热使卤化氢气体从混合物中逸出：

$$NaCl + H_2SO_4(浓) \xlongequal{\triangle} NaHSO_4 + HCl\uparrow$$

$$NaCl + NaHSO_4 \xlongequal{>500℃} Na_2SO_4 + HCl\uparrow$$

实验室能够达到的加热温度一般仅能利用第一步反应，生成酸式硫酸盐。

浓硫酸和溴化物、碘化物作用虽然有类似反应，但由于 HBr、HI 的还原性增强，能被浓硫酸氧化成单质溴或碘，同时生成 SO_2 或 H_2S：

$$2HBr + H_2SO_4(浓) \longrightarrow SO_2\uparrow + Br_2 + 2H_2O$$

$$8HI + H_2SO_4(浓) \longrightarrow H_2S\uparrow + 4I_2 + 4H_2O$$

因此不能用浓硫酸和溴化物或碘化物的反应来制备 HBr 或 HI，须改用非氧化性的酸，如磷酸，代替浓硫酸：

$$NaBr + H_3PO_4 \longrightarrow NaH_2PO_4 + HBr$$

③ 卤化磷的水解反应　实验室中还常用非金属卤化物水解的方法制备溴化氢和碘化氢：

$$PBr_3 + 3H_2O \longrightarrow H_3PO_3 + 3HBr$$

在实际应用时，只需将溴或碘与红磷混合，再将水逐渐加入该混合物中，就可制得 HBr 或 HI：

$$3Br_2 + 2P + 6H_2O \longrightarrow 2H_3PO_3 + 6HBr$$

$$3I_2 + 2P + 6H_2O \longrightarrow 2H_3PO_3 + 6HI$$

(4) HF 的特殊性

由于氟原子半径特别小，且 HF 分子之间易形成氢键而缔合成 $(HF)_n$，故出现一些反常的性质，如：

① 反常高的熔、沸点，氟化氢的熔、沸点在卤化氢中为最高。

② HF 可以通过氢键与活泼金属的氟化物形成各种“酸式盐”，如 $KHF_2(KF \cdot HF)$ 等。

③ 氢氟酸是弱酸，在 $0.1mol \cdot L^{-1}$ 的溶液中，电离度仅为 10%。

④ 氢氟酸能与二氧化硅或硅酸盐反应，一般生成气态的 SiF_4：

$$SiO_2 + 4HF \longrightarrow SiF_4\uparrow + 2H_2O$$

$$CaSiO_3 + 6HF \longrightarrow SiF_4\uparrow + CaF_2 + 3H_2O$$

因此，氢氟酸不能储于玻璃容器中，应该盛于塑料容器里。上述反应可利用来蚀刻玻璃，溶解硅酸盐。

HF 能侵蚀皮肤，并且难以治愈，故在使用时须特别小心。

9.1.4 卤化物

卤素和电负性较小的元素形成的化合物称为卤化物（halides），可以分为离子型卤化物和共价型卤化物两类。

卤素与活泼的碱金属、碱土金属形成离子型卤化物，它们的熔沸点高，大多可溶于水并几乎完全解离。

卤素和非金属或氧化数较高的金属形成共价型卤化物。非金属卤化物的熔沸点低，不溶于水（如 CCl_4），或遇水立即水解（如 PCl_5、$SiCl_4$），水解常生成相应的氢卤酸和该非金属的含氧酸：

$$PCl_5 + 4H_2O \longrightarrow 5HCl + H_3PO_4$$

$$SiCl_4 + 3H_2O \longrightarrow 4HCl + H_2SiO_3$$

大多数金属氯化物易溶于水，而 AgCl、Hg_2Cl_2、$PbCl_2$ 难溶于水。

金属氟化物与其他卤化物不同，碱土金属的氟化物（特别是 CaF_2）难溶于水，而碱土金属的其他卤化物却易溶于水；AgF 易溶于水，而银的其他卤化物则不溶于水。

9.1.5 含氧酸及含氧酸盐

除氟外，氯、溴、碘都可以与氧化合，生成氧化数为 +1、+3、+5、+7 的各种含氧化合物（氧化物、含氧酸和含氧酸盐），但它们都不稳定或不很稳定。比较稳定的是含氧酸盐，最不稳定的是氧化物。

含氧酸及其盐的化学性质主要为热稳定性、氧化性，含氧酸还有酸性。它们的制备采用氧化还原或复分解的方法。卤素的含氧酸（oxyacids of halogen）及其盐都是氧化剂。

氟和氧的化合物叫氟化物（如二氟化氧 OF_2），因为氟的电负性最大，其氧化数总为负值，在此氧的氧化数为+2。因此氟不能形成含氧酸或含氧酸盐。

在卤素的含氧酸及其盐中，以次氯酸（hypochloric acid）及次氯酸盐（hypochlorite）和氯酸盐（chlorate）为最重要，将重点进行讨论。

（1）次氯酸及次氯酸盐

Cl_2与水作用，发生下列可逆反应：

$$Cl_2 + H_2O \rightleftharpoons HClO + H^+ + Cl^-$$

Cl_2在水中的溶解度不大，在反应中又有强酸生成，所以上述歧化反应进行的不完全。

HClO 是很弱的酸，$K^{\ominus} = 3.98 \times 10^{-8}$，它只能存在于溶液中。HClO 性质不稳定，有三种分解方式：

① $$2HClO \xlongequal{光} 2HCl + O_2$$

② $$2HClO \xlongequal{脱水剂} Cl_2O + H_2O$$

③ $$3HClO \xlongequal{\triangle} 2HCl + HClO_3$$

三种分解方式同时独立进行，称为平行反应。它们的相对反应速率取决于反应的条件。例如，日光或催化剂（如 CoO、NiO）的存在，有利于反应①的进行。HClO 具有杀菌和漂白能力就是基于这个反应。而 Cl_2之所以有漂白作用，就是由于它和水作用生成 HClO 的缘故，干燥的 Cl_2是没有漂白能力的。

把 Cl_2通入冷的碱溶液中，可生成次氯酸盐，反应如下：

$$Cl_2 + 2NaOH = NaClO + NaCl + H_2O$$

$$2Cl_2 + 2Ca(OH)_2 \xlongequal{<40℃} Ca(ClO)_2 + CaCl_2 + 2H_2O$$

漂白粉是 $Ca(ClO)_2$和 $CaCl_2$、$Ca(OH)_2$、H_2O 的混合物，其有效成分是 $Ca(ClO)_2$。次氯酸盐（或漂白粉）的漂白作用也主要基于 HClO 的氧化性。

漂白粉遇酸放出 Cl_2：

$$Ca(ClO)_2 + 4HCl = CaCl_2 + 2Cl_2\uparrow + 2H_2O$$

漂白粉在潮湿空气中受 CO_2作用逐渐分解释出 HClO：

$$Ca(ClO)_2 + CO_2 + H_2O = CaCO_3 + 2HClO$$

漂白粉是强氧化剂，作为价廉的消毒、杀菌剂，广泛用于漂白棉、麻、纸浆等。

（2）氯酸及氯酸盐

$HClO_3$可利用次氯酸加热使之发生歧化反应而制得，也可用 $Ba(ClO_3)_2$与稀 H_2SO_4反应得到：

$$Ba(ClO_3)_2 + H_2SO_4 = BaSO_4\downarrow + 2HClO_3$$

$HClO_3$仅存在于水溶液中，若将其浓缩到40%以上，即爆炸分解。

$HClO_3$是强酸、强氧化剂，能将浓盐酸氧化为氯：

$$HClO_3 + 5HCl = 3Cl_2\uparrow + 3H_2O$$

$HClO_3$作为氧化剂氧化 HCl 时，本身可能被还原为 $HClO_2$、HClO、Cl_2，但 $HClO_2$、HClO 均不稳定，故 $HClO_3$的还原产物为 Cl_2。HCl 作为还原剂还原 $HClO_3$时，本身可能被氧化为 Cl_2、HClO、$HClO_2$，而 $HClO_2$、HClO 均不稳定，故 HCl 的氧化产物也是 Cl_2。

把次氯酸盐溶液加热，发生歧化反应，得到氯酸盐：

$$3ClO^- \rightleftharpoons ClO_3^- + 2Cl^-$$

因此将 Cl_2 通入热的碱溶液，可制得氯酸盐：

$$3Cl_2 + 6KOH \xlongequal{} 5KCl + KClO_3 + 3H_2O$$

这也是一个歧化反应。

由于 $KClO_3$ 在冷水中的溶解度不大，当溶液冷却时，就有 $KClO_3$ 白色晶体析出。

固体 $KClO_3$ 加热分解，有两种方式：

① $$2KClO_3 \xlongequal[200℃]{MnO_2} 2KCl + 3O_2\uparrow$$

② $$4KClO_3 \xlongequal{400℃} 3KClO_4 + KCl$$

当有催化剂 MnO_2 存在时，200℃时就开始按①式分解，如没有催化剂存在，在 400℃左右时主要按②式分解，同时，还有少量 O_2 生成。

固体氯酸盐是强氧化剂，和各种易燃物（如 S、C、P）混合时，在撞击时会发生剧烈爆炸，因此氯酸盐被用来制造炸药、火柴和烟火等。

氯酸盐在中性（或碱性）溶液中不具有氧化性，只有在酸性溶液中才具有氧化性，且是强氧化剂。例如，$KClO_3$ 在中性溶液中不能氧化 KCl、KI，但溶液一经酸化，即可发生下列氧化还原反应：

$$ClO_3^- + 5Cl^- + 6H^+ \xlongequal{} 3Cl_2\uparrow + 3H_2O$$

$$ClO_3^- + 6I^- + 6H^+ \xlongequal{} 3I_2 + Cl^- + 3H_2O$$

(3) 高氯酸及高氯酸盐

用 $KClO_4$ 同浓 H_2SO_4 反应，然后减压蒸馏，即可得到 $HClO_4$(perchloric acid)：

$$KClO_4 + H_2SO_4 \xlongequal{} KHSO_4 + HClO_4$$

$HClO_4$ 是已知无机酸中最强的酸。无水 $HClO_4$ 是无色液体。浓的 $HClO_4$ 不稳定，受热分解。$HClO_4$ 在储藏时必须远离有机物质，否则会发生爆炸。但 $HClO_4$ 的水溶液在氯的含氧酸中是最稳定的，其氧化性也远比 $HClO_3$ 弱。

高氯酸盐（perchlorate）是氯的含氧酸盐中最稳定的，不论是固体还是在溶液中都有较高的稳定性。固体高氯酸盐受热时都分解为氯化物和 O_2：

$$KClO_4 \xlongequal{525℃} KCl + 2O_2\uparrow$$

因此，固态高氯酸盐在高温下是强氧化剂，但氧化能力比氯酸盐为弱，可用于制造较为安全的炸药。$Mg(ClO_4)_2$ 和 $Ba(ClO_4)_2$ 是很好的吸水剂和干燥剂。NH_4ClO_4 用作火箭的固体推进剂。

(4) 含氧酸及其盐性质的递变规律

现将氯的含氧酸及其盐的酸性、热稳定性和氧化性变化的一般规律总结如下：

热稳定性增强	氧化性减弱	酸性增加 ↓	含氧酸	含氧酸盐	↓ 氧化性减弱	热稳定性增强
			$HClO$	$MClO$		
			$HClO_2$	$MClO_2$		
			$HClO_3$	$MClO_3$		
			$HClO_4$	$MClO_4$		

→ 热稳定性增强
氧化性减弱

① 含氧酸酸性的变化规律　含氧酸的酸性变化规律可用 ROH 模型加以分析。

含氧酸都含有 R—O—H 结构，其中 R 代表含氧酸的中心原子。R—O—H 可看成由 R^{n+}、O^{2-} 和 H^+ 三种离子组成，R—O—H 在水中不同的离解方式，产生酸、碱两类不同的物质：

$$R—O{\mid}H \qquad 酸式解离，产生 H^+$$

$$R{\mid}O—H \qquad 碱式解离，产生 OH^-$$

R^{n+} 和 H^+ 对 O^{2-} 都有吸引力。H^+ 的半径小，与 O^{2-} 之间的吸引力很强。

如果 R^{n+} 的电荷较少，半径较大，则它与 O^{2-} 的吸引力不大，还不能与 H^+、O^{2-} 之间的吸引力相抗衡，在水分子的作用下，ROH 将按碱式离解，元素 R 的氢氧化物 ROH 便是碱。R^{n+} 的电荷越少，半径越大，ROH 的碱性就越强。

如果 R^{n+} 的电荷较多，半径较小，它对 O^{2-} 的吸引力及对 H^+ 的排斥力都较大，超过了 O^{2-} 和 H^+ 之间的吸引力，则 ROH 将按酸式离解，元素 R 的氢氧化物 ROH 便是酸。R^{n+} 的电荷越多，半径越小，ROH 的酸性就越强。

如果 R^{n+} 对 O^{2-} 的吸引力与 H^+ 对 O^{2-} 的吸引力相差不多，则可按两种方式离解，这时 ROH 就是两性氢氧化物。

根据这一模型的分析，氯的含氧酸从 $HClO \longrightarrow HClO_2 \longrightarrow HClO_3 \longrightarrow HClO_4$，随着中心原子 R^{n+} 氧化数的升高，R^{n+} 电荷增多、半径减小，R^{n+} 对 O^{2-} 的吸引力及对 H^+ 的排斥力都增大，因此酸性依次增加。其他元素的含氧酸酸性也有类似的变化规律。

由 ROH 模型还可以得出另外两条结论：

a. 同一周期中，不同元素的含氧酸的酸性自左向右逐渐增强。例如：

$$H_2SiO_3 < H_3PO_4 < H_2SO_4 < HClO_4$$

b. 同一主族中，不同元素的含氧酸的酸性自上而下逐渐减弱。例如：

$$HClO_3 > HBrO_3 > HIO_3$$

② 含氧酸及其盐热稳定性和氧化还原性的变化规律　氯的含氧酸中，随着氯氧化数的增加，氯和氧之间的化学键（Cl—O 键）数目增加，它们受热分解或参加反应时需要断开的 Cl—O 键的数目随之增多，因此热稳定性随之增加，氧化性随之减弱。其中 HClO 只需破坏一个 Cl—O 键，它的热稳定性最差，最易分解引起氧化数的降低，故氧化性最强。

利用下面所示的氯的元素电势图，可以进一步阐明氯的各种含氧酸及其盐的氧化还原性：

$$E_A^{\ominus}/V \qquad ClO_4^- \xrightarrow{1.19} ClO_3^- \xrightarrow{1.42} HClO \xrightarrow{1.63} Cl_2 \xrightarrow{1.36} Cl^-$$

（图中：1.47 跨 ClO₃⁻→Cl₂，1.49 跨 HClO→Cl⁻，1.45 跨 ClO₃⁻→Cl⁻）

$$E_B^{\ominus}/V \qquad ClO_4^- \xrightarrow{0.17} ClO_3^- \xrightarrow{0.49} ClO^- \xrightarrow{0.52} Cl_2 \xrightarrow{1.36} Cl^-$$

（图中：0.94 跨 ClO⁻→Cl⁻，0.62 跨 ClO₃⁻→Cl⁻）

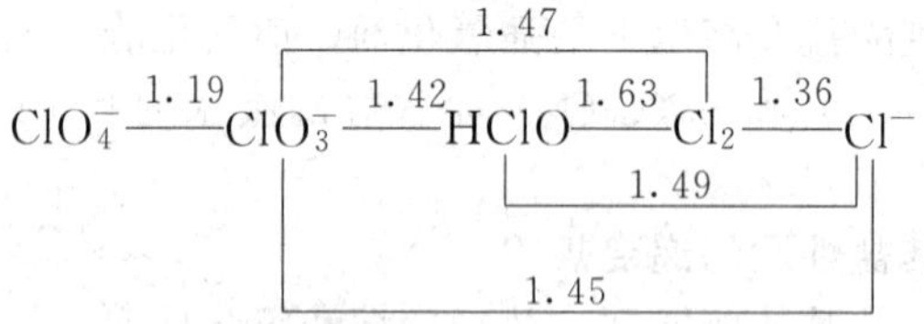

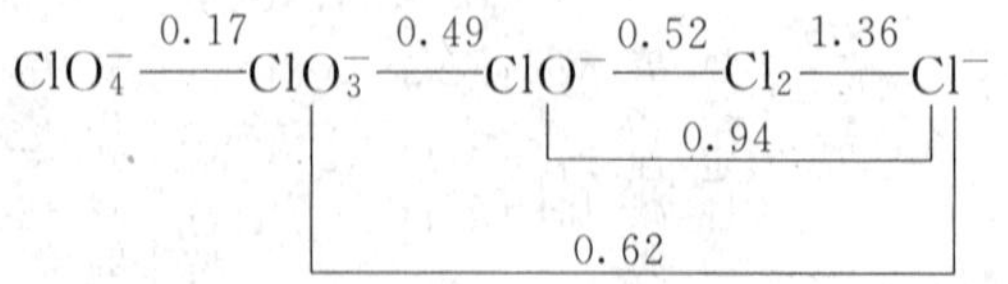

由元素电势图可以看出，氯的各种含氧酸和盐在酸性溶液中都是较强的氧化剂，Cl_2 在酸性溶液中不发生歧化反应，但在碱性溶液中很容易发生歧化，生成 ClO^-、Cl^-。

(5) 溴和碘的含氧酸及其盐

溴和碘也可以形成与氯类似的含氧化合物。它们的性质按 Cl—Br—I 的顺序呈现规律性的变化。

① 次溴酸、次碘酸及其盐　次溴酸和次碘酸都是弱酸，酸性按 HClO、HBrO、HIO 的顺序减弱。它们都是强氧化剂，都不稳定，易发生歧化反应：

$$3HXO = 2HX + HXO_3$$

溴和碘与冷的碱液作用，也能生成次溴酸盐和次碘酸盐，而且比次氯酸盐更容易歧化。只有在 0℃以下的低温才可得到 BrO^-，在 50℃以上产物几乎全部是 BrO_3^-。IO^- 在所有温度下的歧化速率都很快，所以，实际上在碱性介质中不存在 IO^-。

$$3I_2 + 6OH^- = 5I^- + IO_3^- + 3H_2O$$

② 溴酸、碘酸及其盐　与氯酸相同，溴酸是用溴酸盐和 H_2SO_4 作用制得的：

$$Ba(BrO_3)_2 + H_2SO_4 = BaSO_4\downarrow + 2HBrO_3$$

碘酸可用浓 HNO_3 或 $HClO_3$ 氧化 I_2 来制得：

$$I_2 + 10HNO_3(浓) = 2HIO_3 + 10NO_2\uparrow + 4H_2O$$

$$2HClO_3 + I_2 = 2HIO_3 + Cl_2\uparrow$$

卤酸的酸性按 $HClO_3$、$HBrO_3$、HIO_3 的顺序逐渐减弱，但它们的稳定性却逐渐增加。$HBrO_3$ 只存在于水溶液中，HIO_3 在常温时为无色晶体。

溴酸盐和碘酸盐的制备方法与氯酸盐相似。溴酸盐和碘酸盐在酸性溶液中也都是强氧化剂。

③ 高碘酸　高碘酸有两种存在形式，即正高碘酸 H_5IO_6 及偏高碘酸 HIO_4。H_5IO_6 为五元酸，其结构式为：

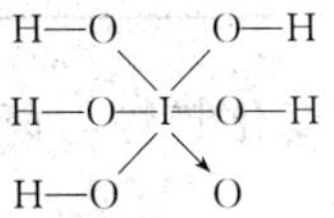

所有 H 原子都能被金属原子取代而生成盐，如 Ag_5IO_6。

正高碘酸是弱酸，酸性远不如 $HClO_4$ 和 $HBrO_4$。

9.1.6 卤素离子的鉴定

常见无机离子的鉴定是元素化合物部分的主要内容。离子的鉴定是根据离子的化学性质，选择该离子具有的特征反应，运用定性分析化学的方法去确证该离子的存在。

离子鉴定反应的要求是：有明显的外在特征变化（溶液颜色的改变，沉淀的生成或溶解，有气体产生等），反应迅速，有一定的灵敏度和选择性。

(1) Cl^- 的鉴定

氯化物溶液中加入 $AgNO_3$，即有白色沉淀生成，该沉淀不溶于 HNO_3，但能溶于稀氨水，酸化时沉淀重新析出：

$$Cl^- + Ag^+ = AgCl\downarrow$$

$$AgCl + 2NH_3 = [Ag(NH_3)_2]^+ + Cl^-$$

$$[Ag(NH_3)_2]^+ + Cl^- + 2H^+ = AgCl\downarrow + 2NH_4^+$$

(2) Br^- 的鉴定

溴化物溶液中加入氯水，再加 $CHCl_3$ 或 CCl_4，振摇，有机相显黄色或红棕色：

$$2Br^- + Cl_2 = Br_2 + 2Cl^-$$

(3) I^- 的鉴定

碘化物溶液中加入少量氯水或加入 $FeCl_3$ 溶液，即有 I_2 生成。I_2 在 CCl_4 中显紫色，如加入淀粉溶液则显蓝色：

$$2I^- + Cl_2 = I_2 + 2Cl^-$$

$$2I^- + 2Fe^{3+} = I_2 + 2Fe^{2+}$$

9.2 氧、硫及其化合物

周期表中的ⅥA族元素，包括氧（oxygen）、硫（sulfur）、硒（selenium）、碲（tellurium）、钋（polonium）五种元素，通称为氧族元素。其中氧是地壳中含量最多的元素，丰度以质量计高达46.6%。硒、碲是稀有元素。钋是放射性元素。

9.2.1 通性

氧族元素的一些主要性质列于表9-2中。

表9-2 氧族元素的性质

性质	氧	硫	硒	碲
原子序数	8	16	34	52
价层电子构型	$2s^22p^4$	$3s^23p^4$	$4s^24p^4$	$5s^25p^4$
常见氧化数	−2	−2，+2，+4，+6	−2，+2，+4，+6	−2，+2，+4，+6
原子半径/pm	60	104	115	139
M^{2-}离子半径/pm	140	184	198	221
第一电离能 I_1/kJ·mol^{-1}	1310	1000	941	870
电负性 χ	3.44	2.58	2.55	2.1

从表中可以看出，氧族元素的性质变化趋势与卤素相似。氧和硫是典型的非金属元素，硒和碲是准金属元素，而钋是金属元素。

氧族元素原子的价层电子构型为ns^2np^4，有获得2个电子达到稀有气体稳定结构的趋势。

氧族元素原子和其他元素化合时，如果电负性相差很大，则可以有电子的转移。例如，氧可以和大多数金属形成二元离子化合物，硫、硒、碲只能形成少数离子型的化合物。

氧族元素和高价态的金属或非金属化合时，所生成的化合物主要为共价化合物。

氧族元素与电负性比它们大的元素化合时，可呈现+2、+4、+6氧化数。

氧族元素都有同素异形体，例如，氧有普通氧和臭氧两种单质；硫有斜方硫、单斜硫和弹性硫。

氧和硫的性质相似，都活泼。它们对应化合物的性质也有很多相似之处。本节主要讨论氧、硫两种元素。

9.2.2 氢化物

(1) 过氧化氢

过氧化氢（hydrogen peroxide）分子中有一过氧键—O—O—，两个H原子和两个O原子不在同一个平面上。在气态时，H_2O_2的空间结构如图9-1所示。

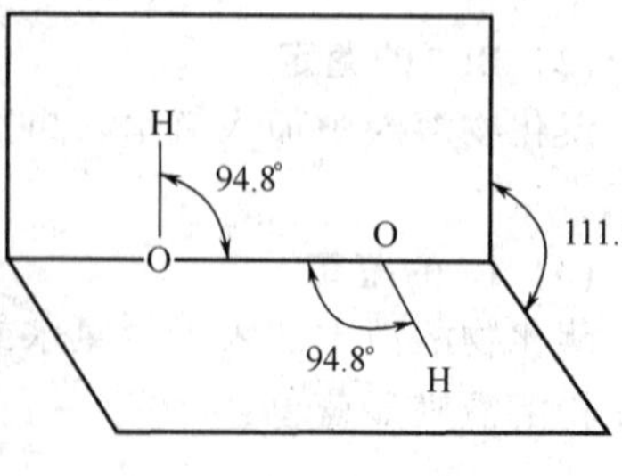

图9-1 H_2O_2分子的结构

纯H_2O_2是无色的黏稠液体，分子间有氢键。由于极性比水强，在固态和液态时分子缔合的程度比水大，所以沸点比水高，为150℃。

过氧化氢可以与水以任意比例互溶。通常H_2O_2的水溶液有3%和30%两种。

H_2O_2的化学性质主要表现为弱酸性、对热的不稳定性和氧化还原性。

① 弱酸性　H_2O_2是一极弱的二元酸：

$$H_2O_2 \rightleftharpoons H^+ + HO_2^- \qquad K_{a_1}^{\ominus} = 2.2 \times 10^{-12}$$

$$HO_2^- \rightleftharpoons H^+ + O_2^{2-} \text{（过氧离子）}$$

H_2O_2的$K_{a_2}^{\ominus}$更小。H_2O_2作为酸，可以与一些碱反应生成盐，即为过氧化物（peroxide），例如：

$$H_2O_2 + Ba(OH)_2 = BaO_2 + 2H_2O$$

过氧化物不同于二氧化物（dioxide），在过氧化物分子中存在过氧键，而二氧化物中则没有过氧键。

② 热不稳定性　H_2O_2在较低温度和纯度高时还是比较稳定的，但光照、加热和增大溶液的碱度都能促使其分解。重金属离子（Mn^{2+}、Cr^{3+}、Fe^{3+}、MnO_2等）对H_2O_2的分解有催化作用。H_2O_2的分解反应是一个歧化反应：

$$2H_2O_2 = 2H_2O + O_2\uparrow$$

为防止分解，通常把H_2O_2溶液保存在棕色瓶中，并应存放于阴凉处。

③ 氧化还原性　在H_2O_2分子中O的氧化数为-1，处于中间价态，所以H_2O_2既有氧化性又有还原性，也能发生歧化反应。

例如，H_2O_2在酸性溶液中可将I^-氧化为I_2：

$$H_2O_2 + 2I^- + 2H^+ = I_2 + 2H_2O$$

在碱性溶液中，H_2O_2可把绿色的$[Cr(OH)_4]^-$氧化为黄色的CrO_4^{2-}：

$$2[Cr(OH)_4]^- + 3H_2O_2 + 2OH^- = 2CrO_4^{2-} + 8H_2O$$

H_2O_2的还原性较弱，只是在遇到比它更强的氧化剂时才表现出还原性。例如：

$$2MnO_4^- + 5H_2O_2 + 6H^+ = 2Mn^{2+} + 5O_2\uparrow + 8H_2O$$

这一反应可用于高锰酸钾法定量测定H_2O_2。

H_2O_2的氧化性比还原性要显著，因此，常用作氧化剂。H_2O_2作为氧化剂的主要优点是它的还原产物是水，不会给反应体系引入新的杂质，而且过量部分很容易在加热下分解成H_2O及O_2，不会增加新的物质。

3%H_2O_2用作消毒剂和食品防腐剂。30%的过氧化氢是实验室中常用试剂。H_2O_2能将有色物质氧化为无色，所以可用来作漂白剂。

（2）硫化氢和氢硫酸

硫化氢（hydrogen sulfide）是一种有毒气体，为大气污染物之一，空气中含0.1%的H_2S会引起人头晕，引起慢性中毒，大量吸入H_2S会造成死亡。所以在制取和使用H_2S时要注意实验室的通风。

H_2S微溶于水，其水溶液称为氢硫酸。20℃时，1体积水约可溶解2.6体积的H_2S，所得H_2S溶液的物质的量浓度约为$0.1mol \cdot L^{-1}$。

氢硫酸的化学性质主要表现为弱酸性、还原性以及能与许多金属离子发生沉淀反应。

① 弱酸性　氢硫酸是一个很弱的二元酸，可生成两类盐，即正盐（硫化物）和酸式盐（硫氢化物）。两类盐都易水解。

② 还原性　H_2S中S的氧化数为-2，因此H_2S具有还原性，可被氧化剂氧化到0、$+4$、$+6$三种氧化态。氢硫酸在空气中放置能被O_2氧化，析出游离S而浑浊：

$$2H_2S + O_2 = 2S\downarrow + 2H_2O$$

强氧化剂在过量时可以将H_2S氧化成H_2SO_4：

$$H_2S + 4Cl_2 + 4H_2O = 8HCl + H_2SO_4$$

③ 硫化物的溶解性　金属硫化物大多难溶于水，大多数具有特征的颜色。硫化物的这些性质可以用于分离和鉴定金属离子。

④ S^{2-} 的鉴定　S^{2-} 与盐酸作用，放出 H_2S 气体，可使醋酸铅试纸变黑，这是鉴别 S^{2-} 的方法之一：

$$S^{2-} + 2H^{+} = H_2S\uparrow$$

$$Pb(Ac)_2 + H_2S = PbS\downarrow(\text{黑}) + 2HAc$$

9.2.3 硫的重要含氧化合物

硫能形成多种氧化物和含氧酸。本节主要介绍亚硫酸及其盐、硫酸及其盐和硫代硫酸盐的性质。

（1）亚硫酸及亚硫酸盐

SO_2溶于水，部分与水作用，生成亚硫酸（sulfurous acid）：

$$SO_2 + H_2O = H_2SO_3$$

亚硫酸很不稳定，仅存在于溶液中。

① 酸性　亚硫酸是一个中强酸，可形成两类盐，即正盐和酸式盐。

② 氧化还原性　在二氧化硫、亚硫酸及其盐中，S 的氧化数为+4，所以它们既有氧化性，也有还原性，但以还原性为主。

还原性以亚硫酸盐（sulfite）为最强，其次为亚硫酸，而二氧化硫最弱。空气中的 O_2 可以氧化亚硫酸及亚硫酸盐：

$$2H_2SO_3 + O_2 = 2H_2SO_4$$

$$2Na_2SO_3 + O_2 = 2Na_2SO_4$$

强氧化剂能迅速氧化亚硫酸和亚硫酸盐，例如：

$$Na_2SO_3 + Cl_2 + H_2O = H_2SO_4 + 2NaCl$$

I_2-淀粉溶液的蓝色遇到 SO_3^{2-} 能褪去：

$$SO_3^{2-} + I_2 + H_2O = SO_4^{2-} + 2I^{-} + 2H^{+}$$

只有遇到强的还原剂时，亚硫酸及其盐才表现氧化性。例如：

$$2H_2S + 2H^{+} + SO_3^{2-} = 3S\downarrow + 3H_2O$$

亚硫酸钠或亚硫酸氢钠常作印染工业中的除氯剂，除去布匹漂白后残留的氯。它们还可以用作消毒剂，杀灭霉菌。亚硫酸盐也可以用作食品添加剂。

（2）硫酸及硫酸盐

纯硫酸（sulfuric acid）是无色油状液体，10.4℃时凝固。98%的硫酸沸点为 338℃。浓 H_2SO_4吸收 SO_3就得发烟硫酸：

$$H_2SO_4 + xSO_3 = H_2SO_4 \cdot xSO_3$$

① 酸性　H_2SO_4是二元酸中酸性最强的酸，它的第一步解离是完全的，但第二步解离较不完全：

$$H_2SO_4 = H^{+} + HSO_4^{-}$$

$$HSO_4^{-} \rightleftharpoons H^{+} + SO_4^{2-} \quad K_{a_2}^{\ominus} = 1.02\times10^{-2}$$

② 吸水性　浓 H_2SO_4具有很强的吸水性。它与水混合时，形成水合物并放出大量的热，可使水局部沸腾而飞溅，所以稀释浓 H_2SO_4时，只能在搅拌下将酸慢慢倒入水中，切不可将水倒入浓 H_2SO_4中。利用浓 H_2SO_4的吸水能力，常用其作干燥剂。

浓 H_2SO_4还具有强烈的脱水性，能将有机物分子中的 H 和 O 按水的比例脱去，使有机物碳化。例如，蔗糖与浓 H_2SO_4作用：

$$C_{12}H_{22}O_{11} \xlongequal{\text{浓 } H_2SO_4} 12C + 11H_2O$$

因此，浓 H_2SO_4 能严重地破坏动植物组织，如损坏衣物和烧伤皮肤，因此在使用时应特别注意安全。

③ 氧化性　浓 H_2SO_4 是很强的氧化剂，特别是在加热时，能氧化很多金属和非金属。浓硫酸作氧化剂时本身可被还原为 SO_2、S 或 H_2S。它和非金属作用时，一般还原为 SO_2。它和金属作用时，其被还原的程度和金属的活泼性有关，不活泼的金属只能将硫酸还原为 SO_2；活泼金属可以将硫酸还原为单质 S 甚至 H_2S：

$$C + 2H_2SO_4 \xlongequal{\triangle} CO_2\uparrow + 2SO_2\uparrow + 2H_2O$$

$$Cu + 2H_2SO_4 \xlongequal{} CuSO_4 + SO_2\uparrow + 2H_2O$$

$$Zn + 2H_2SO_4 \xlongequal{} ZnSO_4 + SO_2\uparrow + 2H_2O$$

$$3Zn + 4H_2SO_4 \xlongequal{} 3ZnSO_4 + S\downarrow + 4H_2O$$

$$4Zn + 5H_2SO_4 \xlongequal{} 4ZnSO_4 + H_2S\uparrow + 4H_2O$$

④ 硫酸盐的溶解性　硫酸能生成两类盐，正盐和酸式盐。除碱金属和氨能得到酸式盐外，其他金属只能得到正盐。

酸式硫酸盐和大多数硫酸盐（sulfates）都易溶于水，但 $PbSO_4$、$CaSO_4$ 等难溶于水，$BaSO_4$ 几乎不溶于水也不溶于酸。因此，常用可溶性的钡盐溶液鉴定溶液中 SO_4^{2-} 的存在。

多数硫酸盐还具有生成复盐的倾向，如莫尔盐 $(NH_4)_2SO_4 \cdot FeSO_4 \cdot 12H_2O$、铝钾矾 $K_2SO_4 \cdot Al_2(SO_4)_3 \cdot 24H_2O$ 等。

硫酸盐有很多重要的用途，如明矾是常用的净水剂，胆矾（$CuSO_4 \cdot 5H_2O$）是消毒杀菌剂和农药，绿矾（$FeSO_4 \cdot 7H_2O$）是农药、药物等的原料。

（3）硫代硫酸盐

硫代硫酸钠（sodium thiosulfate）俗称大苏打和海波，可将硫粉溶于沸腾的亚硫酸钠碱性溶液中制得：

$$Na_2SO_3 + S \xlongequal{\triangle} Na_2S_2O_3$$

硫代硫酸钠易溶于水，水溶液呈弱碱性。

① 稳定性　硫代硫酸钠在中性、碱性溶液中很稳定，在酸性溶液中由于生成不稳定的硫代硫酸（$H_2S_2O_3$）而分解：

$$S_2O_3^{2-} + 2H^+ \xlongequal{} S\downarrow + SO_2\uparrow + H_2O$$

② 还原性　硫代硫酸根可以看成是 SO_4^{2-} 中的一个 O 原子被 S 原子所代替的产物，$S_2O_3^{2-}$ 中两个 S 原子的平均氧化数为 +2，因此 $S_2O_3^{2-}$ 具有还原性，易被氧化。

硫代硫酸钠是一个中等强度的还原剂，与强氧化剂如氯、溴等作用被氧化成硫酸盐；与较弱的氧化剂（如碘）作用被氧化成连四硫酸盐：

$$S_2O_3^{2-} + 4Cl_2 + 5H_2O \xlongequal{} 2SO_4^{2-} + 8Cl^- + 10H^+$$

$$2S_2O_3^{2-} + I_2 \xlongequal{} S_4O_6^{2-} + 2I^-$$

前一反应可用于除 Cl_2，后一反应为间接碘量法的基础。

③ 配位性　硫代硫酸根有很强的配位能力，例如：

$$2S_2O_3^{2-} + AgX \xlongequal{} [Ag(S_2O_3)_2]^{3-} + X^- \qquad (\text{X 代表 Cl, Br})$$

在照相技术中，常用硫代硫酸钠作定影剂，将未曝光的溴化银溶解。

④ 溶解性　重金属的硫代硫酸盐难溶并且不稳定。例如，Ag^+ 与 $S_2O_3^{2-}$ 生成 $Ag_2S_2O_3$ 白色沉淀，在溶液中 $Ag_2S_2O_3$ 迅速分解，颜色由白色经黄色、棕色，最后成黑色的 Ag_2S。利用此反应可鉴定 $S_2O_3^{2-}$ 的存在：

$$S_2O_3^{2-} + 2Ag^+ \!=\!=\!= Ag_2S_2O_3 \downarrow$$
$$Ag_2S_2O_3 + H_2O \!=\!=\!= Ag_2S \downarrow + H_2SO_4$$

硫代硫酸钠主要用作化工生产中的还原剂，纺织、造纸工业中漂白物的脱氯剂，照相工艺的定影剂等。

9.2.4 微量元素——硒

自 1957 年 Schware 发现硒的营养作用以来，硒与人体健康、发育、衰老及癌症之间的关系正日益为人们所重视。1973 年世界卫生组织专家委员会正式确定硒是人体营养必需的微量元素。

生物界有好几种含硒酶，如谷胱甘肽过氧化物酶（Se-Gsh-Px）、磷酸过氧化氢谷胱甘肽过氧化物酶（PhGPx），它们各自担负着抑制、清除特定自由基或催化特定过氧化物还原的功能，从而与其他酶一起，构成一个机体自身抗脂质过氧化作用的、有效的、多级酶性防卫保护系统。硒对维持这些酶的正常功能起重要作用。硒除了有延缓衰老、抑癌抗癌作用外，也具有对有害重金属离子解毒的功能。硒的某些化合物有保护细胞的作用。因此，硒与细胞损伤性疾病（肿瘤、心脏病等）的关系是当前生物无机化学领域中重要的研究课题之一。

9.3 氮、磷、砷、锑、铋及其化合物

周期表中的ⅤA 族元素，包括氮（nitrogen）、磷（phosphorus）、砷（arsenic）、锑（antimony）、铋（bismuth）五种元素，通称为氮族元素。氮以游离状态存在于空气中。砷、锑、铋是亲硫元素，它们在自然界中主要以硫化物矿的形式存在。

9.3.1 通性

氮族元素的一些主要性质列于表 9-3 中。

表 9-3 氮族元素的性质

性质	氮	磷	砷	锑	铋
原子序数	7	15	33	51	83
价层电子构型	$2s^2 2p^3$	$3s^2 3p^3$	$4s^2 4p^3$	$5s^2 5p^3$	$6s^2 6p^3$
常见氧化数	−3,+1,+2,+3,+4,+5	−3,+1,+3,+5	−2,+3,+5	+3,+5	+3,+5
原子半径/pm	71	111	116	145	155
离子半径					
$r(M^{3-})$/pm	171	212	222	245	
$r(M^{3+})$/pm	16	44	58	76	96
$r(M^{5+})$/pm	13	34	47	62	74
第一电离能 I_1/kJ·mol^{-1}	1401	1060	966	833	703
电负性 χ	3.04	2.19	2.18	2.05	2.02

从表中可以看出，本族元素从氮到铋随着原子序数的增大，元素的非金属性递减，金属性递增。氮、磷是典型的非金属元素，而砷和锑为准金属元素，铋为金属元素。

氮族元素的价电子层结构为 ns^2np^3，与卤素和氧族元素相比，形成正氧化数化合物的趋势较明显。它们和电负性较大的元素结合时，氧化数主要为＋3 和＋5。在氮族元素中，按 As、Sb、Bi 的顺序，随着核电荷的增加，ns^2 价电子的稳定性增加，即依 As、Sb、Bi 的顺序，元素表现为＋3 的特性逐渐增强，常称此现象为“惰性电子对效应”。故 Bi(Ⅴ) 具有

很强的氧化性。

氮族元素的原子与其他元素原子化合时，主要以共价键结合，而且氮族元素原子越小，形成共价键的趋势越大。在氧化数为-3的二元化合物中，只有活泼金属的氮化物和磷化物是离子型的。

9.3.2 氮及其重要化合物

9.3.2.1 氮

氮是无色无臭的气体，微溶于水。N_2分子由两个N原子以一个σ键、两个π键结合而成，键能很大，分子特别稳定，化学性质很不活泼，和大多数物质难于起反应。但在一定条件下N_2能直接与H_2或O_2化合：

$$N_2+3H_2 \xrightarrow[\text{催化剂}]{\text{高温、高压}} 2NH_3$$

$$N_2+O_2 \xrightarrow{\text{放电}} 2NO$$

N_2也可以和镁、钙等元素化合生成Mg_3N_2、Ca_3N_2，遇水强烈水解放出NH_3。

9.3.2.2 氨和铵盐

(1) 氨

NH_3 (ammonia) 是氮的重要化合物，几乎所有含氮的化合物都可以由它来制取。工业上在高温、高压和催化剂存在下，由H_2和N_2合成NH_3。在实验室中，用铵盐和碱反应来制备少量的NH_3：

$$2NH_4Cl+Ca(OH)_2 = CaCl_2+2NH_3\uparrow+2H_2O$$

NH_3是有特殊刺激气味的无色气体。分子呈三角锥形，有极性，分子间能生成氢键而缔合，故在同族其他元素的氢化物中其沸点（-33.42℃）反常的高。

液氨和水一样能发生微弱的解离：

$$NH_3+NH_3 \rightleftharpoons NH_4^++NH_2^- \qquad K^\ominus=1\times10^{-32}$$

故液氨是一种良好的非水溶剂。

碱金属和Ca、Sr、Ba等能溶于液氨溶液成为有导电性的蓝色溶液。一般认为这是由于生成了电子氨合物$e(NH_3)_n^-$的缘故：

$$M+nNH_3(l) = M^++e(NH_3)_n^-$$

故碱金属液氨溶液是很强的还原剂，可以与溶于液氨的某些物质发生均相氧化还原反应。

NH_3可以发生以下三类反应：

① 加合反应　NH_3在水中的溶解度极大，一体积水在常温下可以溶解700体积的NH_3。NH_3与H_2O通过氢键形成氨的水合物$NH_3\cdot H_2O$，即氨水。

氨水溶液呈弱碱性，主要原因是NH_3分子中的N具有孤对电子，能夺取H_2O的H^+：

$$NH_3+H_2O = NH_4^++OH^-$$

NH_3分子亦能和酸（如HCl、H_2SO_4等）中的H^+加合，生成NH_4^+。此外还可以与Ag^+、Cu^{2+}等离子加合，形成$[Ag(NH_3)_2]^+$、$[Cu(NH_3)_4]^{2+}$等配离子。

② 氧化还原反应　NH_3分子中的N处于最低氧化数-3，在一定条件下，可被氧化剂氧化成N_2或氧化数较高的氮的化合物。例如，NH_3在纯O_2中燃烧，火焰显黄色：

$$4NH_3+3O_2 = 2N_2+6H_2O$$

在铂催化剂的作用下，NH_3还可被氧化为NO：

$$4NH_3+5O_2 \xlongequal{Pt,\ 200℃} 4NO+6H_2O$$

此反应是工业上氨接触氧化法制造硝酸的基础反应。

常温下 NH_3 能与许多强氧化剂（如 Cl_2、H_2O_2、$KMnO_4$ 等）直接发生作用，例如：

$$3Cl_2+2NH_3 \xlongequal{} N_2+6HCl$$

③ 取代反应　在一定条件下，NH_3 分子中的 H 原子可以依次被取代，生成一系列氨的衍生物。例如，金属 Na 可与 NH_3 反应，生成氨基化钠：

$$2NH_3+2Na \xlongequal{350℃} 2NaNH_2+H_2$$

NH_3 还可生成亚氨基（ >NH ）的衍生物，如 Ag_2NH；氮化物（ >N— ），如 Li_3N。

（2）铵盐

铵盐（ammoniumsalt）是 NH_3 和酸的反应产物。铵盐易溶于水，且都发生一定程度的水解。当铵盐与强碱作用时，都能产生 NH_3。

NH_4^+ 的半径（143pm）和 K^+ 的半径（133pm）很接近，因此铵盐的性质类似于钾盐，它们也有相似的溶解度。例如，NH_4ClO_4 和 $KClO_4$ 相似，它们的溶解度很小。

固态铵盐加热极易分解，其分解产物因酸根不同而异：

① 由挥发性酸组成的铵盐被加热时，NH_3 与酸一起挥发，例如：

$$NH_4Cl \xlongequal{\triangle} NH_3\uparrow+HCl\uparrow$$

② 由难挥发性酸组成的铵盐被加热时，只有 NH_3 挥发逸出，硫酸氢铵则残留于容器中，例如：

$$(NH_4)_2SO_4 \xlongequal{\triangle} NH_3\uparrow+NH_4HSO_4$$

③ 由氧化性酸组成的铵盐被加热时，分解产生的 NH_3 被氧化性酸氧化成 N_2 或氮的化合物，例如：

$$NH_4NO_3 \xlongequal{210℃} N_2O\uparrow+2H_2O$$

温度更高时，NH_4NO_3 以另一种方式分解，同时放出大量的热：

$$2NH_4NO_3 \xlongequal{>300℃} 2N_2(g)+O_2(g)+4H_2O(g) \qquad \Delta H^{\ominus}=-236.1kJ\cdot mol^{-1}$$

由于反应产生大量的气体和热量，如果反应在密封容器中进行，就会引起爆炸。因此硝酸铵可用于制造炸药，称为硝铵炸药。NH_4Cl 常用于染料工业、焊接以及干电池的制造。铵盐都可用作化学肥料。

9.3.2.3　氮的氧化物、含氧酸及其盐

（1）氮的氧化物

氮可以形成多种氧化物，如 N_2O、NO、N_2O_3、NO_2、N_2O_5，其中最主要的是 NO 和 NO_2。

NO 是无色、有毒气体，在水中的溶解度较小，且与水不发生反应。常温下 NO 很容易氧化为 NO_2：

$$2NO+O_2 \xlongequal{} 2NO_2$$

NO 共有 11 个价电子，这种具有奇数价电子的分子称为奇分子。1998 年诺贝尔生理学医学奖被授予了美国药理学家 R. F. Furchgott、L. J. Ignarro 和 F. Murad，以表彰他们发现了“一氧化氮是心血管系统中传递信号的分子”。这一发现使人们第一次认识到气体分子可以在生物体内发挥传递信号的作用。

NO_2 是红棕色、有毒气体，具有特殊臭味。温度降低时聚合成无色的 N_2O_4 分子。NO_2

与水反应生成硝酸和NO：

$$3NO_2+H_2O = 2HNO_3+NO\uparrow$$

工业废气、燃料燃烧以及汽车尾气中都有NO及NO_2。NO是空气的主要污染气体之一。NO_2能与空气中的水分发生反应，生成硝酸，是酸雨的成分之一，对人体、金属和植物都有害。目前处理废气中氮的氧化物可用碱液进行吸收：

$$NO+NO_2+2NaOH = 2NaNO_2+H_2O$$

(2) 亚硝酸及亚硝酸盐

在亚硝酸钡的溶液中加入定量的稀硫酸，可制得亚硝酸（nitrous acid）溶液：

$$Ba(NO_2)_2+H_2SO_4 = BaSO_4\downarrow+2HNO_2$$

① 酸性 亚硝酸是一种弱酸，$K_a^\ominus=5.62\times10^{-4}$。

亚硝酸很不稳定，仅存在于冷的稀溶液中，浓溶液或微热时，会分解为NO和NO_2：

$$2HNO_2 \rightleftharpoons \underset{\text{蓝色}}{H_2O+N_2O_3} \rightleftharpoons H_2O+NO\uparrow+\underset{\text{棕色}}{NO_2\uparrow}$$

② 稳定性 亚硝酸虽然很不稳定，但亚硝酸盐（nitrite）却是稳定的。亚硝酸盐广泛用于有机合成及食品工业中，用作防腐剂，加入火腿、午餐肉等中作为发色助剂，但要注意控制添加量，以防止产生致癌物质二甲基亚硝胺。

③ 氧化还原性 在亚硝酸及亚硝酸盐中，N的氧化数为+3，处于中间氧化态，故既有氧化性又有还原性：

$$HNO_2+H^++e^- \rightleftharpoons NO\uparrow+H_2O \qquad E_A^\ominus=1.00V$$

$$NO_3^-+3H^++2e^- \rightleftharpoons HNO_2+H_2O \qquad E_A^\ominus=0.934V$$

在酸性介质中，主要表现为氧化性，例如：

$$2NO_2^-+2I^-+4H^+ = 2NO\uparrow+I_2+2H_2O$$

此反应可用以定量测定亚硝酸盐。

亚硝酸及其盐只有遇到强氧化剂时才能被氧化。例如：

$$5NO_2^-+2MnO_4^-+6H^+ = 5NO_3^-+2Mn^{2+}+3H_2O$$

④ 溶解性 亚硝酸盐均易溶于水，仅浅黄色的$AgNO_2$微溶。

(3) 硝酸及硝酸盐

硝酸（nitric acid）是工业上重要的三酸（盐酸、硫酸、硝酸）之一。工业上生产HNO_3的主要方法是氨的接触氧化法：

$$4NH_3+5O_2 \xrightarrow[\text{Pt-Rh 催化剂}]{1000℃} 4NO+6H_2O \quad \Delta H^\ominus=-904kJ\cdot mol^{-1}$$

NO和O_2化合成NO_2，NO_2再和H_2O反应即可制得HNO_3。

实验室中，少量的HNO_3可用硝酸盐与浓硫酸作用制得：

$$NaNO_3+H_2SO_4 = NaHSO_4+HNO_3$$

纯硝酸为无色液体，易挥发，遇光和热即部分分解：

$$4HNO_3 = 2H_2O+4NO_2\uparrow+O_2\uparrow$$

分解出来的NO_2又溶于HNO_3，使HNO_3带黄色。

① 酸性 HNO_3是强酸，在水中全部电离。

② 氧化性 HNO_3中的N呈最高氧化数+5，HNO_3分子又不稳定，故具有强氧化性。很多非金属（C、P、S、I等）都能被HNO_3氧化成相应的氧化物或含氧酸：

$$3C+4HNO_3 = 3CO_2\uparrow+4NO\uparrow+2H_2O$$

$$3P+5HNO_3+2H_2O = 3H_3PO_4+5NO\uparrow$$

$$S+2HNO_3 = H_2SO_4+2NO\uparrow$$

$$3I_2+10HNO_3 = 6HIO_3+10NO\uparrow+2H_2O$$

有机物，如松节油遇浓硝酸则燃烧，故不要把浓硝酸与还原性物质一起储存。

HNO_3作为氧化剂，主要还原产物有：

$$\overset{+4}{NO_2}\quad \overset{+3}{HNO_2}\quad \overset{+2}{NO}\quad \overset{+1}{N_2O}\quad \overset{0}{N_2}\quad \overset{-3}{NH_4^+}$$

因此，HNO_3在氧化还原反应中，其还原产物常常是混合物。混合物中以哪种物质为主，往往取决于HNO_3的浓度、还原剂的强度和用量以及反应的温度。通常，浓HNO_3作氧化剂时，还原产物主要是NO_2；稀HNO_3作氧化剂时，还原产物主要是NO；极稀的HNO_3作氧化剂时，只要还原剂足够活泼，还原产物主要是NH_4^+。例如：

$$Cu+4HNO_3(浓) = Cu(NO_3)_2+2NO_2\uparrow+2H_2O$$

$$3Cu+8HNO_3(稀) = 3Cu(NO_3)_2+2NO\uparrow+4H_2O$$

$$4Mg+10HNO_3(极稀) = 4Mg(NO_3)_2+NH_4NO_3+3H_2O$$

一体积浓HNO_3与三体积浓HCl组成的混合酸称为王水。不溶于HNO_3的金和铂能溶于王水：

$$Au+HNO_3+4HCl = H[AuCl_4]+NO\uparrow+2H_2O$$

$$3Pt+4HNO_3+18HCl = 3H_2[PtCl_6]+4NO\uparrow+8H_2O$$

③ 硝酸盐的稳定性　硝酸盐（nitrate）在常温下比较稳定，但在高温时固体硝酸盐都会分解而显氧化性。除硝酸铵外，硝酸盐受热分解有三种情况：

a. 比Mg活泼的碱金属和碱土金属的硝酸盐，受热分解产生亚硝酸盐和O_2：

$$2NaNO_3 \overset{\triangle}{=} 2NaNO_2+O_2\uparrow$$

b. 活泼性在Mg与Cu之间的金属的硝酸盐，受热分解得到相应的金属氧化物：

$$2Pb(NO_3)_2 \overset{\triangle}{=} 2PbO+4NO_2\uparrow+O_2\uparrow$$

c. 活泼性比Cu差的金属的硝酸盐，受热分解生成金属单质：

$$2AgNO_3 \overset{\triangle}{=} 2Ag+2NO_2\uparrow+O_2\uparrow$$

所有硝酸盐在高温时容易分解放出O_2，故与可燃性物质混合会极迅速燃烧，硝酸盐可用于制造烟火与黑火药。

(4) 亚硝酸根和硝酸根离子的鉴定

① NO_2^-的鉴定　亚硝酸盐溶液加HAc酸化，加入新鲜配制的$FeSO_4$溶液，溶液呈棕色：

$$NO_2^-+Fe^{2+}+2HAc = NO\uparrow+Fe^{3+}+2Ac^-+H_2O$$

$$[Fe(H_2O)_6]^{2+}+NO = [Fe(NO)(H_2O)_5]^{2+}(棕色)+H_2O$$

② NO_3^-的鉴定——棕色环反应　向硝酸盐溶液中加入少量$FeSO_4$溶液，混匀，沿试管壁缓缓小心加入浓H_2SO_4，在两液界面处出现棕色环：

$$NO_3^-+3Fe^{2+}+4H^+ = 3Fe^{3+}+NO\uparrow+2H_2O$$

$$[Fe(H_2O)_6]^{2+}+NO = [Fe(NO)(H_2O)_5]^{2+}（棕色）+H_2O$$

此反应与鉴定亚硝酸根离子的区别是：硝酸盐在HAc条件下无棕色环生成，必须用浓H_2SO_4。

9.3.3 磷及其重要化合物

9.3.3.1 单质磷

常见的磷的同素异形体有白磷和红磷。

白磷的化学性质较活泼，易溶于有机溶剂。白磷经轻微摩擦就会引起燃烧，必须保存在水中。白磷剧毒，致死量约 0.1g。工业上主要用于制造磷酸。

红磷无毒，化学性质比白磷稳定得多。红磷用于安全火柴的制造，在农业上用于制备杀虫剂。

磷的活泼性远高于氮，易与氧、卤素、硫等许多非金属直接化合。

9.3.3.2 磷的氧化物、含氧酸及其盐

(1) 磷的氧化物

磷在充足的空气中燃烧可得到五氧化二磷，如果 O_2 不足，则生成三氧化二磷。根据蒸气密度的测定，五氧化二磷的分子式为 P_4O_{10}，三氧化二磷的分子式是 P_4O_6。

五氧化二磷为白雪状固体，吸水性很强，吸水后迅速潮解。它的干燥性能优于其他常用干燥剂，不但能有效地吸收气体或液体中的水，而且能从许多化合物中夺取与水分子组成相当的 H 和 O。例如，可使 H_2SO_4 和 HNO_3 脱水分别变为硫酐和硝酐：

$$P_2O_5+3H_2SO_4 \xlongequal{} 3SO_3+2H_3PO_4$$

$$P_2O_5+6HNO_3 \xlongequal{} 3N_2O_5+2H_3PO_4$$

(2) 磷的含氧酸及其盐

① 磷酸　磷的含氧酸中以磷酸（phosphoric acid）为最主要，也最稳定。

磷酸 H_3PO_4 又称正磷酸，无氧化性，是一种稳定的三元中强酸，可以分级离解。

将 H_3PO_4 加热至 210℃，两分子 H_3PO_4 失去一分子 H_2O 成焦磷酸 $H_4P_2O_7$，继续加热至 400℃，则 $H_4P_2O_7$ 又失去一分子 H_2O 成偏磷酸 HPO_3；偏磷酸与 H_2O 结合，又可回复到 H_3PO_4，其关系如下：

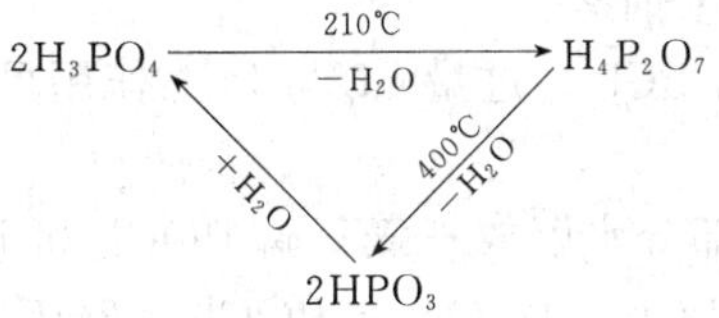

焦磷酸 $H_4P_2O_7$ 分子中，2 个 P 原子之间通过 O 原子相连，这种由 n 个单酸脱水通过 O 原子连起来生成的酸叫多酸。由于正磷酸 H_3PO_4 脱水程度不同，可以聚合而成不同的多磷酸（polyphosphoric acid）。如三个 H_3PO_4 脱去三分子 H_2O，即形成三偏磷酸 $(HPO_3)_3$：

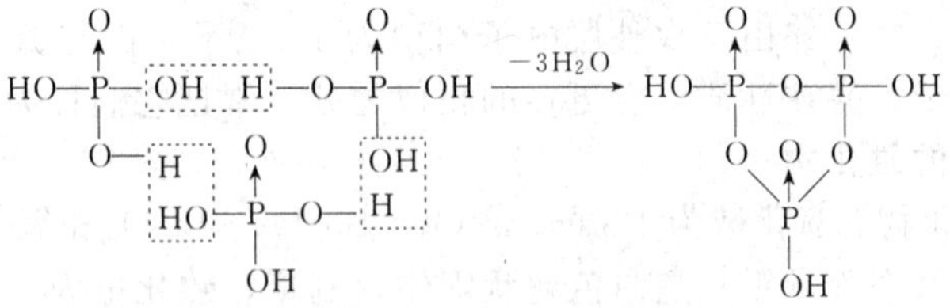

三个正磷酸 H_3PO_4 脱去两分子 H_2O，即成三聚磷酸 $H_5P_3O_{10}$：

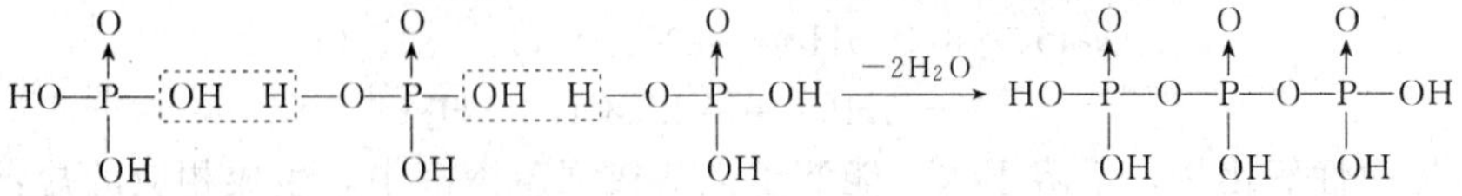

焦磷酸、三聚磷酸都是多聚磷酸（多酸）。从若干个酸分子之间失去 H_2O 分子后形成的多酸称为缩合酸。多聚磷酸为缩合酸。缩合酸有链状、环状或骨架状的结构。

② 磷酸盐（phosphate）　磷酸是三元酸，能形成三个系列的盐，即磷酸正盐（如 Na_3PO_4）和两种酸式盐（如 Na_2HPO_4 和 NaH_2PO_4）。所有磷酸二氢盐都能溶于水，而在磷酸氢盐和正磷酸盐中，只有铵盐和碱金属（除 Li 外）盐可溶于水。

可溶性磷酸盐在水溶液中有不同程度的离解，使溶液呈现不同的 pH。利用磷酸盐的这种性质，可以配制几种不同 pH 的标准缓冲溶液。

③ PO_4^{3-} 的鉴定

a. 与 $AgNO_3$ 试液作用。向磷酸盐溶液中加入 $AgNO_3$ 试液，即有黄色的 Ag_3PO_4 沉淀生成，该沉淀能溶于硝酸，也能溶于氨水中：

$$3Ag^+ + PO_4^{3-} = Ag_3PO_4 \downarrow \text{（黄）}$$

b. 与钼酸铵试液作用　利用磷酸盐的难溶性及可以形成多酸的性质，可对 PO_4^{3-} 进行定性鉴定。在硝酸溶液中，PO_4^{3-} 与过量钼酸铵 $(NH_4)_2MoO_4$ 混合加热时，慢慢析出磷钼酸铵黄色沉淀：

$$PO_4^{3-} + 3NH_4^+ + 12MoO_4^{2-} + 24H^+ = (NH_4)_3PO_4 \cdot 12MoO_3 \cdot 6H_2O \downarrow + 6H_2O$$

磷酸盐除用作化肥外，还用作洗涤剂及动物饲料的添加剂，亦用于电镀和有机合成上。磷酸盐在食品中应用甚广。

磷是构成核酸、磷脂和某些酶的主要成分，因此，对一切生物来说，磷酸盐在所有能量传递过程，如新陈代谢、光合作用、神经功能和肌肉活动中都起着主要作用。

(3) 磷的氯化物

卤化磷中以 PCl_3 和 PCl_5 较重要。

PCl_3 是无色液体，分子呈三角锥形。由于 P 原子上还有一对孤对电子，故 PCl_3 易与金属原子配位形成配合物。PCl_3 易水解生成亚磷酸 H_3PO_3 ［为二元酸，因此分子式写成 $HPO(OH)_2$ 较为合适］：

$$PCl_3 + 3H_2O = H_3PO_3 + 3HCl$$

故 PCl_3 在潮湿空气中会产生烟雾。

干燥 Cl_2 与过量 P 反应可得 PCl_3；过量 Cl_2 与 PCl_3 作用可得白色的 PCl_5。PCl_5 受热可分解为 PCl_3 和 Cl_2。

PCl_5 易水解，水量不足时部分水解成三氯氧磷 $POCl_3$ 和 HCl：

$$PCl_5 + H_2O = POCl_3 + 2HCl$$

$POCl_3$ 在过量水中完全水解：

$$POCl_3 + 3H_2O = H_3PO_4 + 3HCl$$

9.3.4　砷、锑、铋的重要化合物

本族元素中的砷、锑、铋由于次外层电子构型为 18 电子，而与氮、磷的次外层 8 电子构型不同，因此砷、锑、铋在性质上有更多的相似之处，常把它们称为砷分族。

(1) 砷、锑、铋的氧化物

砷、锑、铋的氧化物有氧化数为+3 的 As_2O_3、Sb_2O_3、Bi_2O_3 和氧化数为+5 的 As_2O_5、Sb_2O_5。其中 As_2O_3（俗称砒霜）是白色粉状固体，剧毒，致死量为 0.1g。

As_2O_3 两性偏酸性，易溶于碱，生成亚砷酸盐，也可溶于酸：

$$As_2O_3 + 6NaOH = 2Na_3AsO_3 + 3H_2O$$

$$As_2O_3 + 6HCl = 2AsCl_3 + 3H_2O$$

Sb_2O_3 是两性氧化物，不溶于水，能溶于强酸或强碱溶液中，生成相应的盐：

$$Sb_2O_3 + 6HCl = 2SbCl_3 + 3H_2O$$

$$Sb_2O_3 + 2NaOH = \underset{\text{偏亚锑酸钠}}{2NaSbO_2} + H_2O$$

Bi_2O_3 是弱碱性氧化物，不溶于水和碱溶液，能溶于酸，生成铋盐：

$$Bi_2O_3 + 6HNO_3 = 2Bi(NO_3)_3 + 3H_2O$$

(2) 砷、锑、铋的含氧酸及其盐

① 酸碱性 砷、锑、铋的含氧酸按 As、Sb、Bi 的顺序酸性依次减弱，碱性依次增强。

氧化数为＋3 的 As^{3+}、Sb^{3+}、Bi^{3+} 的盐都易水解：

$$AsCl_3 + 3H_2O = H_3AsO_3 + 3HCl$$

$$SbCl_3 + H_2O = SbOCl\downarrow(\text{氯化氧锑}) + 2HCl$$

$$BiCl_3 + H_2O = BiOCl\downarrow(\text{氯化氧铋}) + 2HCl$$

因此，在配制这些盐的溶液时，都应先加入相应的强酸以抑制其水解。

氧化数为＋5 的 H_3AsO_4、$Sb_2O_5 \cdot xH_2O$ 的酸性比相应的氧化数为＋3 的含氧酸强。其中 H_3AsO_4 为中强酸，锑酸为弱酸，铋酸则不存在。

砷分族元素含氧酸的酸碱性变化规律也可以用 R—O—H 模型得到解释。

② 氧化还原性 按 As、Sb、Bi 的顺序，砷分族元素氧化数为＋3 的化合物的还原性依次减弱；氧化数为＋5 的化合物的氧化性依次增强。因此，亚砷酸盐是较强的还原剂，在近中性溶液中能被中等强度的氧化剂 I_2 所氧化：

$$AsO_3^{3-} + I_2 + 2OH^- = AsO_4^{3-} + 2I^- + H_2O$$

此反应进行的方向，将取决于溶液的酸碱性。当溶液的酸性增强时，由电极电势的计算可知，AsO_4^{3-} 的氧化能力将增强，而电对 I_2/I^- 的电极电势不受溶液酸度的影响，反应将向左进行，即 AsO_4^{3-} 在酸性介质中将能够把 I^- 氧化为单质 I_2。

由于“惰性电子对效应”，氧化数为＋5 的偏铋酸盐不论在酸性或碱性溶液中都有很强的氧化性，在酸性溶液中它能将 Mn^{2+} 氧化成紫红色的 MnO_4^-：

$$5NaBiO_3(s) + 2Mn^{2+} + 14H^+ = 2MnO_4^- + 5Bi^{3+} + 7H_2O + 5Na^+$$

此反应常用于定性鉴定 Mn^{2+} 的存在。

现将砷、锑、铋的氧化物及其含氧酸性质的变化规律总结如下：

还原性减弱，碱性增强 →

酸性增强 ↓	As_2O_3 H_3AsO_3 (两性偏酸性)	Sb_2O_3 $Sb(OH)_3$ (两性偏碱性)	Bi_2O_3 $Bi(OH)_3$ (弱碱性)	碱性增强 ↑
	As_2O_5 H_3AsO_4 (中强酸)	Sb_2O_5 $Sb_2O_5 \cdot xH_2O$ (两性偏酸性)	Bi_2O_5 (极不稳定) (弱酸性)	

← 氧化性减弱，酸性增强

(3) 砷、锑、铋的硫化物

在砷、锑的氧化数为＋3、＋5 的阳离子盐（M^{3+}、M^{5+}）溶液和含氧酸盐（MO_3^{3-}、MO_4^{3-}）以及铋的氧化数为＋3 的盐的强酸性溶液中，通入 H_2S 可以得到一系列的有色硫化物沉淀：

As_2S_3（黄色） Sb_2S_3（橙红色） Bi_2S_3（黑色）

As_2S_5（黄色） Sb_2S_5（橙红色）

① 硫化物的酸碱性 砷分族硫化物的酸碱性与其相应氧化物的酸碱性类似。

As_2S_3 呈两性偏酸性，易溶于碱：

$$As_2S_3 + 6OH^- = AsO_3^{3-} + AsS_3^{3-} + 3H_2O$$

Sb_2S_3 呈两性，既溶于酸又溶于碱：

$$Sb_2S_3 + 6OH^- = SbO_3^{3-} + SbS_3^{3-} + 3H_2O$$

$$Sb_2S_3+6H^++12Cl^-=2[SbCl_6]^{3-}+3H_2S\uparrow$$

As_2S_3和Sb_2S_3还可溶于碱性硫化物，如碱金属硫化物Na_2S、$(NH_4)_2S$，生成相应的硫代亚酸盐：

$$As_2S_3+3S^{2-}=2AsS_3^{3-}$$

$$Sb_2S_3+3S^{2-}=2SbS_3^{3-}$$

Bi_2S_3呈碱性，不能溶于碱性硫化物。

As_2S_5和Sb_2S_5的酸性比相应的As_2S_3和Sb_2S_3强，因此更易溶于碱或碱金属硫化物中，生成相应的硫代砷酸盐和硫代锑酸盐：

$$Sb_2S_5+3S^{2-}=2SbS_4^{3-}$$

$$4As_2S_5+24OH^-=3AsO_4^{3-}+5AsS_4^{3-}+12H_2O$$

硫代亚酸盐和硫代酸盐（如AsS_3^{3-}、AsS_4^{3-}）可以看作是相应的含氧酸盐（AsO_3^{3-}、AsO_4^{3-}）中的O被S取代后的产物，这种被取代的盐通称为硫代酸盐。

② 硫代亚酸盐和硫代酸盐的不稳定性　砷和锑的硫代亚酸盐及硫代酸盐遇强酸就发生分解，生成H_2S和相应的硫化物沉淀：

$$2AsS_3^{3-}+6H^+=As_2S_3\downarrow+3H_2S\uparrow$$

$$2SbS_3^{3-}+6H^+=Sb_2S_3\downarrow+3H_2S\uparrow$$

硫代亚酸盐和硫代酸盐的生成和分解反应，可以用于这些元素离子的分离和定性鉴定。

9.4 碳、硅、锡、铅及其化合物

周期表中的ⅣA族元素，包括碳（carbon）、硅（silicon）、锗（germanium）、锡（tin）、铅（lead）五个元素，通称碳族元素。

碳元素在地壳中约占0.03%，但它却是地球上分布最广、化合物最多的元素。碳存在两种同素异形体，金刚石、石墨，由于它们的晶体结构不同，所以性质迥然不同。1985年，碳的球形多面体原子簇C_{60}以及C_{28}、C_{32}、C_{50}、C_{76}、C_{84}、C_{92}、C_{94}、……、C_{240}、C_{540}等的相继问世，使碳又多了一类同素异形体——富勒烯（Fullerenes）。

硅元素约占地壳的四分之一，硅在自然界主要以SiO_2和硅酸盐的形式存在，构成了矿物界的主体。

锗是稀有元素。单质锗是主要的半导体材料。锡和铅是常见元素。

9.4.1 通性

碳族元素一些主要性质见表9-4。

表9-4　碳族元素的性质

性　质	碳	硅	锗	锡	铅
原子序数	5	14	32	50	82
价层电子构型	$2s^22p^2$	$3s^23p^2$	$4s^24p^2$	$5s^25p^2$	$6s^26p^2$
常见氧化数	+2,+4	+2,+4	+2,+4	+2,+4	+2,+4
原子半径/pm	77	117	137	162	175
M^{4+}离子半径/pm	16	42	53	71	84
第一电离能I_1/kJ·mol^{-1}	1086	786	762	707	716
电负性χ	2.55	1.90	2.01	1.96	2.33

碳族元素由上而下从典型的非金属元素碳、硅过渡到典型的金属元素锡和铅。

碳族元素的价层电子构型为ns^2np^2，能够形成氧化数为+2、+4的化合物。碳、硅主要形成氧化数为+4的化合物；碳有时还能形成氧化数为−4的化合物。锡氧化数为+2的化合物具有强还原性。而由于“惰性电子对效应”，铅氧化数为+4的化合物有强氧化性，易被还原为Pb^{2+}，所以铅的化合物以+2氧化数为主。

9.4.2 碳的重要化合物

(1) 碳的氧化物

碳最常见的氧化物为CO(carbon monoxide)和CO_2(carbon dioxide)。

CO是无色、无臭的气体，有毒。因为它能和血液中携带O_2的血红蛋白生成稳定的配合物，使血红蛋白失去输送O_2的能力，致使人缺氧而死亡。空气中的CO的体积分数达0.1%时，就会引起中毒。CO具有还原性，是冶金工业中常用的还原剂，也是良好的气体燃料。

CO_2在空气中的体积分数约为0.03%。由于工业的高度发展，近年来大气中CO_2的含量在增长。CO_2能够强烈吸收太阳辐射能，产生温室效应，从而导致全球变暖。CO_2的热污染已经引起国际上的普遍关注。

CO_2不能燃烧，又不助燃，密度比空气大，故常用作灭火剂。CO_2的化学性质不活泼，常用作反应的惰性介质。固态CO_2称为干冰，可作低温制冷剂。

(2) 碳酸和碳酸盐

CO_2可溶于水，溶于水中的CO_2仅部分与水作用生成碳酸。饱和CO_2水溶液中碳酸的浓度约为$0.04mol \cdot L^{-1}$。

蒸馏水放置在空气中，因溶入了CO_2，其pH可达5.7。在需用不含CO_2的蒸馏水时，应将蒸馏水煮沸，加盖后迅速冷却。

碳酸是二元弱酸，它能生成两类盐：碳酸盐（carbonate）和碳酸氢盐（bicarbonate）。

① 碳酸盐的溶解性　氨和碱金属（除Li外）的碳酸盐都溶于水。

一般说来，难溶碳酸盐对应的碳酸氢盐的溶解度较大，例如，$Ca(HCO_3)_2$溶解度比$CaCO_3$大，因而$CaCO_3$能溶于H_2CO_3中；但易溶碳酸盐对应的碳酸氢盐的溶解度反而小，例如，$NaHCO_3$溶解度就比Na_2CO_3要小。

碳酸盐、碳酸氢盐在溶液中都会发生水解反应：

$$CO_3^{2-} + H_2O \rightleftharpoons HCO_3^- + OH^-$$

$$HCO_3^- + H_2O \rightleftharpoons H_2CO_3 + OH^-$$

一级离解远大于二级离解，因此碱金属碳酸盐的水溶液呈强碱性。碳酸氢盐的水溶液呈弱碱性（读者自己讨论其原因）。

金属离子与可溶性碳酸盐混合时，由于CO_3^{2-}的水解作用，一般会得到三种不同的沉淀形式：

a. 金属离子（如Ca^{2+}、Sr^{2+}、Ba^{2+}、Cd^{2+}、Ag^+等）的碳酸盐的溶解度小于其相应的氢氧化物时，得到碳酸盐沉淀：

$$Ca^{2+} + CO_3^{2-} \xlongequal{} CaCO_3 \downarrow$$

b. 金属离子（如Zn^{2+}、Cu^{2+}、Pb^{2+}、Mg^{2+}、Bi^{3+}等）的氢氧化物的溶解度与其相应的碳酸盐相差不多时，得到碱式碳酸盐沉淀：

$$2Cu^{2+} + 2CO_3^{2-} + H_2O \xlongequal{} Cu_2(OH)_2CO_3 \downarrow + CO_2 \uparrow$$

c. 金属离子（如Fe^{3+}、Cr^{3+}、Al^{3+}）的氢氧化物的溶解度小于其相应的碳酸盐时，只能得到氢氧化物沉淀：

$$2Fe^{3+} + 3CO_3^{2-} + 3H_2O \xlongequal{} 2Fe(OH)_3 \downarrow + 3CO_2 \uparrow$$

② 碳酸盐类的热稳定性　碳酸盐和碳酸氢盐的热稳定性较差，在高温下均会分解：

$$M(HCO_3)_2 \xlongequal{\triangle} MCO_3 + H_2O + CO_2\uparrow$$

$$MCO_3 \xlongequal{\triangle} MO + CO_2\uparrow$$

碳酸、碳酸氢盐和碳酸盐的热稳定性顺序是：

$$H_2CO_3 < MHCO_3 < M_2CO_3$$

不同碳酸盐的热分解温度也不同。例如，ⅡA 族碳酸盐的热稳定性次序为：

$$MgCO_3 < CaCO_3 < SrCO_3 < BaCO_3$$

上述事实可以用离子极化的观点来说明。

在没有外电场影响时，CO_3^{2-} 中 3 个 O^{2-} 已被 C^{4+} 所极化而变形；金属离子可以看成是外电场，只极化邻近一个 O^{2-}，其极化的偶极方向与 C^{4+} 对 O^{2-} 极化所产生的偶极方向相反，这使该 O^{2-} 原来的偶极矩缩小，从而削弱碳氧间的键，这种作用叫作反极化作用，最后导致碳酸根的破裂，分解成 MO 和 CO_2。显然，金属离子的电荷越多，半径越小，极化力就越强，它对碳酸根的反极化作用也越强烈，碳酸盐也就越不稳定。

H^+ 由于半径很小，电场强度大，所以极化力很强；又由于半径很小，外层又没有电子，可以钻入 CO_3^{2-} 中的 O^{2-} 中，更加削弱了 C^{4+} 与 O^{2-} 间的联系，所以 H^+ 的反极化作用较金属离子更的强。因而，含有一个 H 的 $NaHCO_3$ 比不含 H 的 Na_2CO_3 要容易分解，而含有两个 H 的 H_2CO_3 就更容易分解。其他含氧酸及其盐类的热稳定性也可以同样加以解释。过渡金属离子具有非 8 电子构型（9～17、18 或 18+2 电子构型）时，其极化能力较强，对碳酸根的反极化作用也较强，因而它们的碳酸盐的稳定性较差。

加热有利于分解，因为升温使 M^{n+} 和 CO_3^{2-} 的振动加剧，从而有利于离子靠近，使相互间的极化作用进一步加强，更易分解。

在碳酸盐中，以钠、钾、钙的碳酸盐最为重要。Na_2CO_3 俗名纯碱。碳酸氢盐中以 $NaHCO_3$（小苏打）最为重要，在食品工业中，它与 NH_4HCO_3、$(NH_4)_2CO_3$ 等一起用作膨松剂。

(3) CO_3^{2-}、HCO_3^- 的鉴定

向碳酸盐或碳酸氢盐溶液中加入稀酸，即有 CO_2 气体放出，将此气体通入氢氧化钙溶液中，即有白色沉淀生成：

$$CO_3^{2-} + 2H^+ \xlongequal{} CO_2\uparrow + H_2O$$

$$HCO_3^- + H^+ \xlongequal{} CO_2\uparrow + H_2O$$

$$CO_2 + Ca(OH)_2 \xlongequal{} CaCO_3\downarrow\ (白) + H_2O$$

9.4.3 硅的含氧化合物

(1) 二氧化硅

二氧化硅（silicon dioxide）有晶形和无定形两种。石英是二氧化硅晶体，无色透明的纯石英称为水晶。硅藻土和燧石是无定形的二氧化硅。

二氧化硅晶体为大分子的原子晶体，Si 采用 sp^3 杂化形式同四个 O 原子结合，组成 SiO_4 正四面体，Si—O 键在空间不断重复，排列成大分子。这种结构中的 Si 和 O 的原子数之比是 1∶2，组成的最简式是 SiO_2，因此在石英晶体中不存在单分子 SiO_2。石英能耐高温，能透过紫外线，可用于制造耐高温的仪器和医学、光学仪器。

二氧化硅化学性质很不活泼，不溶于强酸，在室温下仅 HF 能与它反应：

$$SiO_2 + 4HF \xlongequal{} SiF_4\uparrow + 2H_2O$$

高温时，二氧化硅和 NaOH 或 Na_2CO_3 共熔，得硅酸钠：

$$SiO_2 + 2NaOH \xlongequal{共熔} Na_2SiO_3 + H_2O$$

$$SiO_2 + Na_2CO_3 \xlongequal{\text{共熔}} Na_2SiO_3 + CO_2\uparrow$$

用酸同上面得到的硅酸钠作用，即可制得硅酸（silicic acid）：

$$Na_2SiO_3 + 2HCl \xlongequal{} H_2SiO_3 + 2NaCl$$

（2）硅酸和硅胶

① 酸性　硅酸是一种极弱的酸，$K_1^\ominus \approx 10^{-10}$，$K_2^\ominus \approx 10^{-12}$。

② 多硅酸　从 SiO_2 可以制得多种硅酸，其组成随形成时的条件而变，常以 $xSiO_2 \cdot yH_2O$ 表示。现已知有正硅酸 H_4SiO_4、偏硅酸 H_2SiO_3、二偏硅酸 $H_2Si_2O_5$ 等，其中 $x/y>1$ 者称为多硅酸，实际上见到的硅酸常常是各种硅酸的混合物。各种硅酸中以偏硅酸组成最简单，因此习惯用 H_2SiO_3 作为硅酸的代表。

③ 自行聚合作用　在水溶液中，硅酸会发生自行聚合作用。随条件的不同有时形成硅溶胶（solica sol），有时形成硅凝胶。

硅溶胶又称硅酸水溶胶，是水化的二氧化硅的微粒分散于水中的胶体溶液。它广泛地应用于催化剂、黏合剂、纺织、造纸等工业。

硅凝胶经过干燥脱水后则成白色透明多孔性的固态物质，常称硅胶（silica gel）。硅胶的内表面积很大（$800 \sim 900 m^2/g$ 硅胶），故有良好的吸水性，而且吸水后能再烘干重复使用，所以在实验室中常把硅胶作为干燥剂和高级精密仪器的防潮剂。若在硅胶烘干前先用 $CoCl_2$ 溶液加以浸泡，则在干燥时硅胶呈无水 Co^{2+} 的蓝色，吸潮后呈 $[Co(H_2O)_6]^{2+}$ 的淡红色。硅胶吸湿变红后可经烘烤脱水后重复使用。这种变色硅胶可用以指示硅胶的吸湿状态，因此使用十分方便。

（3）硅酸盐

硅酸或多硅酸的盐称为硅酸盐（silicates）。其中只有碱金属盐可溶于水，其他的硅酸盐均不溶于水。重金属硅酸盐有特征的颜色。

地壳主要就是由不溶于水的各种硅酸盐组成的。许多矿物如长石、云母、石棉、滑石，许多岩石如花岗岩等都是硅酸盐。硅酸钠是最常见的可溶性硅酸盐，其透明的浆状溶液称作“水玻璃”，俗称“泡化碱”，它实际上是多种多硅酸盐的混合物，化学组成可表示为 $Na_2O \cdot nSiO_2$，是纺织、造纸、制皂、铸造等工业的重要原料。

9.4.4 锡、铅的重要化合物

（1）锡、铅的氧化物

锡、铅都能形成氧化数为+2和+4的氧化物，这些氧化物都是两性的。氧化物中 SnO 是还原剂，PbO_2 是强氧化剂。锡和铅的氧化物都不溶于水。

（2）锡、铅的氢氧化物

锡、铅都能形成氧化数为+2和+4的氢氧化物。要制得相应的氢氧化物，必须用其盐溶液与碱作用。例如，用碱金属的氢氧化物处理锡盐，就可得到相应的 $Sn(OH)_2$ 白色沉淀：

$$SnCl_2 + 2NaOH \xlongequal{} Sn(OH)_2\downarrow + 2NaCl$$

锡、铅的氢氧化物呈两性，既溶于酸，又溶于碱。例如：

$$Sn(OH)_2 + 2H^+ \xlongequal{} Sn^{2+} + 2H_2O$$

$$Sn(OH)_2 + 2OH^- \xlongequal{} SnO_2^{2-} + 2H_2O$$

$$Pb(OH)_2 + 2H^+ \xlongequal{} Pb^{2+} + 2H_2O$$

$$Pb(OH)_2 + 2OH^- \xlongequal{} PbO_2^{2-} + 2H_2O$$

$$Sn(OH)_4 + 4H^+ \xlongequal{} Sn^{4+} + 4H_2O$$

$$Sn(OH)_4 + 2OH^- \xlongequal{} SnO_3^{2-} + 3H_2O$$

其中酸性以 $Sn(OH)_4$ 为最强，碱性以 $Pb(OH)_2$ 为最强，酸碱性强弱不同的情况可以用 R—O—H 模型来加以解释。

(3) 锡和铅的盐

由于锡、铅的氢氧化物具有两性，因此它们能形成两种类型的盐，即 M^{2+} 盐、M^{4+} 盐和 MO_2^{2-} 盐、MO_3^{2-} 盐两类。

① 卤化物　锡和铅的盐中最常见的是卤化物。

$SnCl_2$ 是实验室中常用的重要还原剂。例如，向 $HgCl_2$ 溶液中逐滴加入 $SnCl_2$ 溶液时，可生成 Hg_2Cl_2 的白色沉淀：

$$2HgCl_2 + SnCl_2 = SnCl_4 + Hg_2Cl_2 \downarrow (白)$$

当 $SnCl_2$ 过量时，亚汞盐将进一步被还原为黑色单质汞：

$$Hg_2Cl_2 + SnCl_2 = SnCl_4 + 2Hg \downarrow (黑)$$

这一反应很灵敏，常用于定性鉴定 Hg^{2+} 或 Sn^{2+}。

$SnCl_2$ 易水解，Sn^{2+} 在溶液中易被空气中的 O_2 所氧化。因此，在配制 $SnCl_2$ 溶液时，应先加入少量浓 HCl 抑制其水解，并在配制好的溶液中加入少量金属 Sn 粒。

$PbCl_2$ 为白色固体，冷水中微溶，能溶于热水，也能溶于盐酸或过量的 NaOH 溶液中：

$$PbCl_2 + 2HCl = H_2[PbCl_4]$$

$$PbCl_2 + 4OH^- = PbO_2^{2-} + 2Cl^- + 2H_2O$$

② 硫化物　锡、铅的硫化物均不溶于水和稀酸。将 H_2S 作用于相应的盐溶液，就可得到 MS 或 MS_2 硫化物沉淀，但不生成 PbS_2。

SnS_2（黄色）可溶于 Na_2S 或 $(NH_4)_2S$ 中，生成硫代锡酸盐：

$$SnS_2 + Na_2S = Na_2SnS_3$$

硫代锡酸盐不稳定，遇酸分解，又产生硫化物沉淀：

$$SnS_3^{2-} + 2H^+ = H_2SnS_3 \rightarrow SnS_2 \downarrow + H_2S \uparrow$$

SnS（褐色）不溶于 $(NH_4)_2S$ 中，但可溶于多硫化铵 $(NH_4)_2S_x$，这是由于 S_x^{2-} 具有氧化性，能将 SnS 氧化为 SnS_2 而溶解生成 $(NH_4)_2SnS_3$。

PbS（黑色）不溶于稀酸和碱金属硫化物，但可溶于浓盐酸和稀硝酸：

$$PbS + 4HCl = H_2[PbCl_4] + H_2S \uparrow$$

$$3PbS + 8HNO_3 = 3Pb(NO_3)_2 + 2NO + 3S \downarrow + 4H_2O$$

可见，对于不同的难溶硫化物，可采用不同的方法，如使其形成易溶的硫代酸盐或配合物、发生氧化还原反应等，使之溶解。

PbS 可与 H_2O_2 发生反应：

$$PbS + 4H_2O_2 = PbSO_4 \downarrow + 4H_2O$$

此反应可用来处理油画上黑色的 PbS，使它转化为白色的 $PbSO_4$。

铅的许多化合物难溶于水，其中 $PbCrO_4$ 黄色，$PbSO_4$ 白色，PbI_2 金黄色。常用的可溶性 Pb(Ⅱ) 盐是 $Pb(NO_3)_2$ 和 $Pb(Ac)_2$。

铅和可溶性铅盐都对人体有毒。Pb^{2+} 在人体内能与蛋白质中的半胱氨酸反应生成难溶物，使蛋白质中毒。

9.5 硼、铝及其化合物

周期表中的ⅢA 族元素，包括硼（boron）、铝（aluminum）、镓（gallium）、铟（indium）、铊（thallium）五个元素，通称硼族元素。本节主要讨论硼和铝。

硼族元素原子的价层电子构型为 ns^2np^1。它们的最高氧化数为+3。硼、铝一般只形成氧化数为+3 的化合物。从镓到铊，由于“惰性电子对效应”，氧化数为+3 的化合物的稳定性降低，而氧化数为+1 的化合物的稳定性增加，故 Tl(Ⅲ) 具有强的氧化性。

9.5.1 硼的重要化合物

9.5.1.1 硼的氢化物

硼与氢不能直接化合，但可用间接的方法得到一系列硼的氢化物，这些化合物的物理性质与碳的氢化物相似，故称为硼烷（borane）。最简单的硼烷是乙硼烷（diborane），它的分子式是 B_2H_6。

(1) 乙硼烷的结构

B 原子只有三个价电子，最简单的硼烷分子似乎应是 BH_3，但实际上最简单的硼烷是 B_2H_6。

B_2H_6 由两个 BH_3 结合而成，因为 B 是缺电子原子，因此不能形成四个正常的共价键。在成键时，每个 BH_3 中的 B 原子在成键时采取 sp^3 杂化，形成四个 sp^3 杂化轨道，但其中只有三个轨道中有电子，另一个是空轨道。每个 B 原子中两个有电子的 sp^3 杂化轨道分别与两个氢原子的 s 轨道（各有一个电子）重叠形成两个正常的 B—H 共价键（σ 键），两个 B 原子各自的另外两个 sp^3 杂化轨道（一个中有电子，另一个中没有电子）分别同另外两个 H 原子的 s 轨道（各有一个电子）重叠形成两个键，每个键由一个 H 原子的含有一个电子的 s 轨道、一个 B 原子的含有一个电子的 sp^3 杂化轨道以及另一个 B 原子的没有电子的 sp^3 空轨道形成，即一个 H 原子和两个 B 原子共用两个电子构成，这样形成的键叫三中心二电子键（three-center two-electron bond），此键好像是两个 B 原子通过 H 原子作为桥梁联结成为 $\overset{H}{B\frown B}$ 键，故也称为氢桥键（注意与氢键不同）。见图 9-2。两个氢桥键都垂直于四个正常的 B—H 键（σ 键）所组成的平面，分别位于该平面的上、下两侧。三中心二电子键的强度大约是一般共价键的一半，所以硼烷的性质要比烷烃活泼。

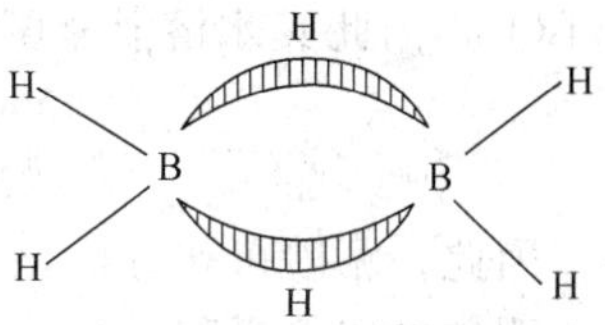

图 9-2 氢桥键

(2) 硼烷的性质

在室温下，硼烷是无色具有难闻臭味的气体或液体。它们的物理性质与具有相应组成的烷烃相似，但化学性质要活泼得多。例如，乙硼烷在空气中能自燃，并放出大量的热：

$$B_2H_6(g)+3O_2(g) \xlongequal{} B_2O_3(s)+3H_2O(g) \quad \Delta H^\ominus=-2033.79\text{kJ}\cdot\text{mol}^{-1}$$

乙硼烷也很容易水解，例如：

$$B_2H_6(g)+6H_2O(l) \xlongequal{} 2H_3BO_3(aq)+6H_2(g) \quad \Delta H^\ominus=-465\text{kJ}\cdot\text{mol}^{-1}$$

由于硼烷燃烧的热效应很大，且反应速率快，所以有可能作为高能燃料用于火箭与导弹，也可用作水下火箭燃料。但由于硼烷价格昂贵，不稳定，毒性很大，远远超过 HCN、光气（$COCl_2$），所以使用上受到限制。

9.5.1.2 硼的含氧化合物

(1) 硼酸

氧化硼（boron oxide）溶于水后，生成硼酸（boric acid）：

$$B_2O_3+3H_2O \xlongequal{} 2H_3BO_3$$

工业上，硼酸是用强酸处理硼砂而制得的：

$$Na_2B_4O_7\cdot10H_2O+H_2SO_4 \xlongequal{} 4H_3BO_3+Na_2SO_4+5H_2O$$

H_3BO_3 晶体呈鳞片状，白色，微溶于冷水，热水中的溶解度增大。H_3BO_3 加热时，失水成 HBO_2（偏硼酸），再进一步加热，生成 B_2O_3。溶于水，它们又能生成硼酸：

$$H_3BO_3 \underset{+H_2O}{\overset{\triangle, -H_2O}{\rightleftharpoons}} HBO_2 \underset{+H_2O}{\overset{\triangle, -H_2O}{\rightleftharpoons}} B_2O_3$$

硼酸是一元弱酸，$K_a^{\ominus} = 5.8 \times 10^{-10}$。硼酸的酸性是由于 B 原子的缺电子性所引起的。$H_3BO_3$ 在溶液中能与水离解出来的 OH^- 生成加合物，使溶液的 H^+ 浓度相对升高，溶液显酸性：

$$H_3BO_3 + H_2O \rightleftharpoons \left[\begin{array}{c} OH \\ HO-B\leftarrow OH \\ OH \end{array} \right]^- + H^+$$

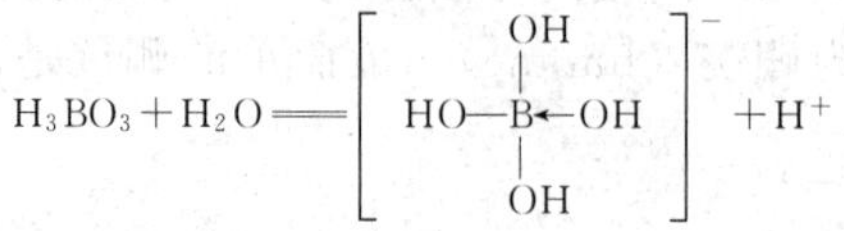

（2）硼酸盐

最主要的硼酸盐是四硼酸的钠盐 $Na_2B_4O_7 \cdot 10H_2O$，俗称硼砂（borax）。硼砂是无色透明晶体，在空气中易失去部分水分子而发生风化。受热时先失去结晶水而成为蓬松状物质，体积膨胀。

① 硼砂珠试验　熔化的硼砂能与许多金属氧化物反应，生成具有特征颜色的偏硼酸盐的复盐，可用来鉴定某些金属离子，称为硼砂珠试验，例如：

$$Na_2B_4O_7 + CoO = 2NaBO_2 \cdot Co(BO_2)_2 \text{（宝蓝色）}$$

$Na_2B_4O_7$ 可看成是 $B_2O_3 \cdot 2NaBO_2$，因此上述反应可看成是酸性氧化物 B_2O_3 与碱性的金属氧化物结合成偏硼酸盐的反应。

② 硼砂的水解性　硼砂在水中发生水解，先生成偏硼酸钠 $NaBO_2$，再水解成 $NaOH$ 和 H_3BO_3，因此其水溶液显碱性。

$$Na_2B_4O_7 + 3H_2O \rightleftharpoons 2NaBO_2 + 2H_3BO_3$$

$$2NaBO_2 + 4H_2O \rightleftharpoons 2NaOH + 2H_3BO_3$$

因此，硼砂可作分析化学中的基准物，用来标定盐酸等酸溶液的浓度。

硼砂可作消毒剂、防腐剂及洗涤剂的填料。硼砂也是陶瓷、搪瓷和玻璃工业的重要原料。

9.5.1.3　硼酸根（包括 H_3BO_3 和 $Na_2B_4O_7$）的鉴定

向硼酸或硼酸盐溶液中加入甲醇（或乙醇）和浓 H_2SO_4（起脱水作用），即生成有挥发性的硼酸三甲酯，用火点燃，火焰边缘呈绿色。

$$H_3BO_3 + 3CH_3OH \overset{\text{浓 } H_2SO_4}{\longrightarrow} B(OCH_3)_3 + 3H_2O$$

9.5.2　铝的重要化合物

（1）氧化铝

铝的氧化物 Al_2O_3 有多种同质异晶的晶体，其中自然界存在的 α-Al_2O_3 称为刚玉，含微量 Cr(Ⅲ) 的称为红宝石，含有少量 Fe(Ⅱ)、Fe(Ⅲ) 和 Ti(Ⅳ) 的称为蓝宝石，含有少量 Fe_3O_4 的称为刚玉粉。α-Al_2O_3 有很高的熔点和硬度，化学性质稳定，不溶于水、酸和碱，常用作耐火、耐腐蚀和高硬度材料。γ-Al_2O_3 硬度小，不溶于水，但能溶于酸和碱，具有很强的吸附性能，可作吸附剂及催化剂。

（2）氢氧化铝

氢氧化铝是两性氢氧化物，碱性略强于酸性。在溶液中形成的 $Al(OH)_3$ 为白色凝胶状沉淀，并按下式以两种方式离解：

$$Al^{3+} + 3OH^- \rightleftharpoons Al(OH)_3 \equiv H_3AlO_3 \underset{-H_2O}{\overset{+H_2O}{\rightleftharpoons}} H^+ + [Al(OH)_4]^-$$

加酸，上述平衡向左移动，生成铝盐；加碱，平衡向右移动，生成铝酸盐。光谱实验证明，$Al(OH)_3$溶于碱后，生成的是 $[Al(OH)_4]^-$ 而非 AlO_2^- 或 AlO_3^{3-}。

(3) 铝盐

铝最常见的盐是 $AlCl_3$ 和 $KAl(SO_4)_2 \cdot 12H_2O$（明矾），溶于水后便发生水解，生成一系列碱式盐，直到生成 $Al(OH)_3$胶状沉淀。这些水解产物能吸附水中的泥沙、重金属离子及有机污染物等一起沉降，因此可用作水的净化剂。明矾是人们早已广泛应用的净水剂。$AlCl_3$是有机合成中常用的催化剂。

一些弱酸的铝盐在水中几乎完全或大部分水解：

$$2Al^{3+} + 3S^{2-} + 6H_2O \longrightarrow 2Al(OH)_3 \downarrow + 3H_2S \uparrow$$

$$2Al^{3+} + 3CO_3^{2-} + 3H_2O \longrightarrow 2Al(OH)_3 \downarrow + 3CO_2 \uparrow$$

故弱酸的铝盐，如 Al_2S_3、$Al_2(CO_3)_3$等只能用干法制得。

视 窗

【人物简介】

侯德榜 De Bang Hou（1890～1974），杰出化学家。世界制碱业的权威，侯氏制碱法的创始人。近代化学工业的奠基人之一，中国重化学工业的开拓者。

20 世纪 20 年代主持建成永利制碱厂，揭开了索尔维法的秘密，撰写了《纯碱制造》。30 年代领导建成中国第一座兼产合成氨、硝酸、硫酸和硫酸铵的联合企业，奠定了中国基本化学工业的基础。40～50 年代，根据平衡移动和相律原理，发明了连续生产纯碱与氯化铵的联合制碱新工艺——侯氏制碱法，使盐的利用率从 70%升至 96%，减少了 1/3 设备，开创了世界制碱工业的新纪元。

1957 年，为发展小化肥工业，发明了碳化法氮肥生产新流程，之后又提出了碳化法合成氨流程制碳酸氢铵化肥新工艺，并使之在 60 年代实现工业化和大面积推广。

【搜一搜】

三中心四电子大π键与硝酸；四原子六电子大π键与硝酸根；(p-d)π键与硫酸；代酸与硫代硫酸；连酸与连四硫酸；惰性电子对效应；离子的反极化；缺电子原子与缺电子化合物；羟胺；拟卤素；臭氧；叠氮化物；酸酐；溶剂化物；弱酸强化；平行反应；准金属元素；缔合分子；加合物；等电子体原理；石墨烯；富勒烯；碳纳米管；碳纤维；分子筛；硼烷化学。

习 题

9-1　举例说明：

① 卤素及 HX 基本性质的递变规律。

② HF 的特殊性质及其原因。

9-2　从卤化物制取 HF、HCl、HBr 和 HI 时，各采用什么酸？为什么？

9-3　解释下列现象或事实。

① HF 的酸性没有 HCl 强，但可与 SiO_2反应生成 SiF_4，而 HCl 却不与 SiO_2反应。

② I_2在水中的溶解度小，而在 KI 溶液中或在苯中的溶解度大。

③ Cl_2可从 KI 溶液中置换出 I_2，I_2也可以从 $KClO_3$溶液中置换出 Cl_2。

9-4　下列各物质在酸性溶液中能否共存？为什么？

$FeCl_3$与 Br_2水；$FeCl_3$与 KI 溶液；KI 与 KIO_3溶液

9-5　用反应式表示下列反应过程。

① 用 $HClO_3$处理 I_2。

② Cl_2长时间通入 KI 溶液中。

9-6　写出下列反应产物并配平方程式。

① 氯气通入冷的氢氧化钠水溶液中。

② 碘化钾加到含有稀硫酸的碘酸钾的溶液中。

③ 漂白粉加盐酸。

④ 次氯酸钠水溶液中通入 CO_2。

9-7　完成下列反应，写出配平的离子方程式。

① $KClO_3 + FeSO_4 + H_2SO_4 \longrightarrow$

② $MnO_2 + HBr \longrightarrow$

③ $K_2Cr_2O_7 + HCl \longrightarrow$

④ $NaNO_2 + KI + H_2SO_4 \longrightarrow$

9-8　试用最简单的方法区分硫化物、亚硫酸盐、硫代硫酸盐和硫酸盐溶液。

9-9　完成并配平下列反应方程式：

① $H_2O_2 + H_2S \longrightarrow$

② $H_2O_2 + KMnO_4 + H_2SO_4 \longrightarrow$

③ $H_2S + H_2SO_3 \longrightarrow$

④ $Na_2S_2O_3 + Cl_2 + H_2O \longrightarrow$

9-10　在下列各反应中，H_2O_2是氧化剂还是还原剂？试写出各反应中氧化剂和还原剂的半反应式：

① $PbS + 4H_2O_2 \xlongequal{} PbSO_4 + 4H_2O$

② $2H_2O_2 \xlongequal{} 2H_2O + O_2$

9-11　下列各组物质能否共存？为什么？

H_2S与 H_2O_2；H_2SO_3与 H_2O_2；$KMnO_4$与 H_2O_2

9-12　有一既有氧化性又有还原性的某物质水溶液：

① 将此溶液加入碱时生成盐；

② 将①所得溶液酸化，加入适量 $KMnO_4$，可使 $KMnO_4$褪色；

③ 将②所得溶液加入 $BaCl_2$得白色沉淀。

判断这是什么溶液。

9-13　解释下列问题。

① 实验室为何不能长久保存 H_2S、Na_2S和 Na_2SO_3溶液？

② 用 Na_2S溶液分别作用于 Cr^{3+}和 Al^{3+}的溶液，为什么得不到相应的硫化物 Cr_2S_3和 Al_2S_3？

③ 通 H_2S于 Fe^{3+}盐溶液中为什么得不到 Fe_2S_3沉淀？

9-14　写出下列各铵盐、硝酸盐热分解的反应方程式。

① 铵盐：NH_4HCO_3、$(NH_4)_3PO_4$、$(NH_4)_2SO_4$、NH_4NO_3、NH_4Cl

② 硝酸盐：KNO_3、$Cu(NO_3)_2$、$AgNO_3$、$Zn(NO_3)_2$

9-15　写出浓硝酸分别与磷、硫、铜作用的反应方程式。

9-16　写出下列反应的方程式，并加以配平。

① HNO_2与氨水反应产生 N_2。

② 亚硝酸盐在酸性溶液中被 I^- 还原成 NO。

9-17 用平衡移动的观点解释三种磷酸盐（Na_3PO_4、Na_2HPO_4、NaH_2PO_4）与 $AgNO_3$ 作用都生成黄色的 Ag_3PO_4 沉淀的原因。析出 Ag_3PO_4 沉淀后，溶液的酸碱性有何变化？

9-18 完成并配平下列反应方程式。

① $NO_3^- + Fe^{2+} + H^+ \longrightarrow$

② $NO_2^- + MnO_4^- + H^+ \longrightarrow$

③ $Ag_2S + NO_3^- + H^+ \longrightarrow$

9-19 分别对 NH_4^+、PO_4^{3-}、NO_2^-、NO_3^- 等离子进行定性鉴定。

9-20 在铁（Ⅲ）盐、镁盐、镉盐溶液中分别加入 Na_2CO_3 溶液，各生成什么物质？写出其反应式。

9-21 解释热稳定性 $Na_2CO_3 > NaHCO_3 > H_2CO_3$ 的原因。

9-22 完成并配平下列化学反应方程式。

① $Na_2SiO_3 + CO_2 + H_2O \longrightarrow$

② $SiO_2 + Na_2CO_3 \longrightarrow$

9-23 为什么说 H_3BO_3 是一元酸？它与酸碱质子理论里的质子酸有何不同？

第10章 s区、d区、ds区重要元素及其化合物 s Block,d Block,ds Block Elements and Compounds

10.1 s区元素

s区元素中锂（lithium）、钠（sodium）、钾（potassium）、铷（rubidium）、铯（cesium）、钫（francium）六种元素被称为碱金属（alkali metals）元素。铍（beryllium）、镁（magnesium）、钙（calcium）、锶（strontium）、钡（barium）、镭（radium）六种元素被称为碱土金属（alkaline earth metals）元素。锂、铷、铯、铍是稀有金属元素，钫和镭是放射性元素。

碱金属和碱土金属原子的价层电子构型分别为 ns^1 和 ns^2，它们的原子最外层有 1～2 个电子，是最活泼的金属元素。

10.1.1 通性

碱金属和碱土金属的基本性质分别列于表 10-1 和表 10-2 中。

表 10-1 碱金属的性质

性质	锂	钠	钾	铷	铯
原子序数	3	11	19	37	55
价电子构型	$2s^1$	$3s^1$	$4s^1$	$5s^1$	$6s^1$
原子半径/pm	155	190	255	248	267
沸点/℃	1317	892	774	688	690
熔点/℃	180	97.8	64	39	28.5
电负性 χ	1.0	0.9	0.8	0.8	0.7
电离能/$kJ \cdot mol^{-1}$	520	496	419	403	376
电极电势 $E^{\ominus}(M^+/M)/V$	−3.045	−2.714	−2.925	−2.925	−2.923
氧化数	+1	+1	+1	+1	+1

表 10-2 碱土金属的性质

性质	铍	镁	钙	锶	钡
原子序数	4	12	20	38	56
价电子构型	$2s^2$	$3s^2$	$4s^2$	$5s^2$	$6s^2$
原子半径/pm	112	160	197	215	222
沸点/℃	2970	1107	1487	1334	1140

续表

性　　质	铍	镁	钙	锶	钡
熔点/℃	1280	651	845	769	725
电负性 χ	1.5	1.2	1.0	1.0	0.9
第一电离能/$kJ \cdot mol^{-1}$	899	738	590	549	503
第二电离能/$kJ \cdot mol^{-1}$	1757	1451	1145	1064	965
电极电势 $E^{\ominus}(M^{+}/M)/V$	−1.85	−2.37	−2.87	−2.89	−2.90
氧化数	+2	+2	+2	+2	+2

碱金属原子最外层只有1个 ns 电子，而次外层是8电子结构（Li的次外层是两个电子），它们的原子半径在同周期元素中（稀有气体除外）是最大的，而核电荷在同周期元素中是最小的，由于内层电子的屏蔽作用较显著，故这些元素很容易失去最外层的1个s电子，从而使碱金属的第一电离能在同周期元素中最低。因此，碱金属是同周期元素中金属性最强的元素。碱土金属的核电荷比碱金属大，原子半径比碱金属小，金属性比碱金属略差一些。

s区同族元素自上而下随着核电荷的增加，无论是原子半径、离子半径，还是电离能、电负性以及还原性等性质的变化总体来说是有规律的，但第二周期的元素表现出一定的特殊性。例如，锂的 $E^{\ominus}(Li^{+}/Li)$ 反常地小。

s区元素的一个重要特点是各族元素通常只有一种稳定的氧化态。碱金属的第一电离能较小，很容易失去一个电子，故氧化数为+1。碱土金属的第一、第二电离能较小，容易失去两个电子，因此氧化数为+2。

在物理性质方面，s区元素单质的主要特点是：轻、软、低熔点。密度最低的是锂（$0.53g \cdot cm^{-3}$），是最轻的金属，即使是密度最大的镭，其密度也小于 $5g \cdot cm^{-3}$（密度小于 $5g \cdot cm^{-3}$ 的金属统称为轻金属）。碱金属、碱土金属的硬度除铍和镁外也很小，其中碱金属和钙、锶、钡可以用刀切，但铍较特殊，其硬度足以划破玻璃。从熔、沸点来看，碱金属的熔、沸点较低，而碱土金属由于原子半径较小，具有两个价电子，金属键的强度比碱金属的强，故熔、沸点相对较高。

s区元素是最活泼的金属元素，它们的单质都能与大多数非金属反应，例如，极易在空气中燃烧。除了铍、镁外，都较易与水反应。s区元素可以形成稳定的氢氧化物，这些氢氧化物大多是强碱。

s区元素所形成的化合物大多是离子型的。第二周期的锂和铍的离子半径小，极化作用较强，形成的化合物基本上是共价型的，少数镁的化合物也是共价型的；也有一部分锂的化合物是离子型的。常温下s区元素的盐类在水溶液中大都不发生水解反应。

10.1.2 s区元素的重要化合物

10.1.2.1 氧化物

(1) 氧化物种类与制备

碱金属、碱土金属与氧能形成多种类型的氧化物：正常氧化物、过氧化物、超氧化物、臭氧化物（含有 O_3^-）以及低氧化物，其中前三种的主要形成条件见表10-3。

表10-3 s区元素形成的氧化物

种　　类	阴离子	直接形成	间接形成
正常氧化物	O^{2-}	Li,Be,Mg,Ca,Sr,Ba	s区所有元素
过氧化物	O_2^{2-}	Na,(Ba)	除Be外的所有元素
超氧化物	O_2^-	(Na),K,Rb,Cs	除Be、Mg、Li外的所有元素

例如，碱金属中的锂在空气中燃烧时，生成正常氧化物 Li_2O：

$$4Li+O_2 \xlongequal{} 2Li_2O$$

碱金属的正常氧化物也可以用金属与它们的过氧化物或硝酸盐作用而得到。

例如：

$$Na_2O_2+2Na \xlongequal{} 2Na_2O$$

$$2KNO_3+10K \xlongequal{} 6K_2O+N_2\uparrow$$

碱土金属的碳酸盐、硝酸盐、氢氧化物等热分解也能得到氧化物 MO。例如：

$$MCO_3 \xlongequal{\triangle} MO+CO_2\uparrow$$

除铍外，所有碱金属和碱土金属都能分别形成相应的过氧化物 $M_2^{I}O_2$ 和 $M^{II}O_2$，其中过氧化钠是最常见的碱金属过氧化物。将金属钠在铝制容器中加热到 300℃，并通入不含二氧化碳的干燥空气，得到淡黄色的 Na_2O_2 粉末：

$$2Na+O_2 \xlongequal{} Na_2O_2$$

钙、锶、钡的氧化物与过氧化氢作用，得到相应的过氧化物：

$$MO+H_2O_2+7H_2O \xlongequal{} MO_2\cdot 8H_2O$$

工业上把 BaO 在空气中加热到 600℃以上使它转化为过氧化钡：

$$2BaO+O_2 \xlongequal{600\sim800℃} 2BaO_2$$

除了锂、铍、镁外，碱金属和碱土金属都分别能形成超氧化物 MO_2 和 $M(O_2)_2$。一般说来，金属性很强的元素容易形成含氧较多的氧化物，因此钾、铷、铯在空气中燃烧能直接生成超氧化物 MO_2。例如：

$$K+O_2 \xlongequal{} KO_2$$

(2) 磁性与稳定性

正常氧化物、过氧化物、超氧化物这三类常见氧化物分别含有 O^{2-}、O_2^{2-}、O_2^{-}。

过氧化物中的负离子是过氧离子 O_2^{2-}，其结构式如下：

$$[:\ddot{\underset{..}{O}}:\ddot{\underset{..}{O}}:]^{2-} \text{ 或 } [—O—O]^{2-} \text{ 或 } [O—O—]^{2-}$$

按照分子轨道理论，O_2^{2-} 的分子轨道电子排布式为：

$$(\sigma_{1s})^2\ (\sigma_{1s}^*)^2\ (\sigma_{2s})^2\ (\sigma_{2s}^*)^2\ (\sigma_{2p})^2\ (\pi_{2p})^4\ (\pi_{2p}^*)^4$$

其中只有一个 σ 键，键级为 1。由于电子均成对，因而 O_2^{2-} 为反磁性。

超氧化物中的负离子是超氧离子 $\dot{O}_2^{-}$，其结构式如下：

$$[:\underset{..}{O} \overset{\cdot\cdot\cdot}{—} \underset{..}{O}:]^{-}$$

按照分子轨道理论，O_2^{-} 的分子轨道电子排布式为：

$$(\sigma_{1s})^2\ (\sigma_{1s}^*)^2\ (\sigma_{2s})^2\ (\sigma_{2s}^*)^2\ (\sigma_{2p})^2\ (\pi_{2p})^4\ (\pi_{2p}^*)^3$$

O_2^{-} 中有一个 σ 键和一个三电子键，键级为 3/2。由于含有一个未成对电子，因而 O_2^{-} 具有顺磁性。

联系 O_2、O_2^{2-}、O_2^{-} 的结构可以看出：O_2^{2-} 和 O_2^{-} 的反键轨道上的电子比 O_2 多，键级比 O_2 小，键能（分别为 $142kJ\cdot mol^{-1}$ 和 $398kJ\cdot mol^{-1}$）比 O_2（$498kJ\cdot mol^{-1}$）小。所以过氧化物和超氧化物稳定性不高。

(3) 性质

s 区元素的氧化物具有以下特点：

① 熔点及硬度　由于 Li^+ 的离子半径特别小，Li_2O 的熔点很高。Na_2O 熔点也很高，其余的氧化物未达熔点时便开始分解。碱土金属氧化物中，唯有 BeO 是 ZnS 型晶体，其他

氧化物都是 NaCl 型晶体。与 M^+ 相比，M^{2+} 电荷多，离子半径小，所以碱土金属氧化物具有较大的晶格能，熔点都很高，硬度也较大（金刚石硬度为 10 的话，BeO 的硬度等于 9）。除 BeO 外，由 MgO 到 BaO，熔点依次降低。

BeO 和 MgO 可作耐高温材料，CaO 是重要的建筑材料，也可由它制得价格便宜的碱 $Ca(OH)_2$。

② 与水及稀酸的反应　碱金属氧化物与水化合生成碱性氢氧化物 MOH。Li_2O 与水反应很慢，Rb_2O 和 Cs_2O 与水发生剧烈反应。碱土金属的氧化物都是难溶于水的白色粉末。BeO 几乎不与水反应，MgO 与水缓慢反应生成相应的碱。

$$M_2O + H_2O = 2MOH$$

$$MO + H_2O = M(OH)_2$$

过氧化钠与水或稀酸在室温下反应生成过氧化氢：

$$Na_2O_2 + 2H_2O = 2NaOH + H_2O_2$$

$$Na_2O_2 + H_2SO_4(稀) = Na_2SO_4 + H_2O_2$$

超氧化物与水反应立即产生氧气和过氧化氢。例如：

$$2KO_2 + 2H_2O = 2KOH + H_2O_2 + O_2\uparrow$$

因此，超氧化物是强氧化剂。

③ 与二氧化碳的作用　过氧化钠与二氧化碳反应，放出氧气：

$$2Na_2O_2 + 2CO_2 = 2Na_2CO_3 + O_2\uparrow$$

超氧化钾与二氧化碳作用放出氧气：

$$4KO_2 + 2CO_2 = 2K_2CO_3 + 3O_2\uparrow$$

KO_2较易制备，常用于急救器中，利用上述反应提供氧气。

另外，过氧化钠也是一种强氧化剂，工业上用作漂白剂，也可以用来作为制得氧气的来源。Na_2O_2在熔融时几乎不分解，但遇到棉花、木炭或铝粉等还原性物质时，就会发生爆炸，使用 Na_2O_2时应当注意安全。

10.1.2.2 氢氧化物

碱金属和碱土金属的氢氧化物在空气中易吸水而潮解，故固体 NaOH 和 $Ca(OH)_2$常用作干燥剂。

(1) 溶解性

碱金属的氢氧化物在水中都是易溶的，溶解时还放出大量的热。碱土金属的氢氧化物的溶解度则较小，其中 $Be(OH)_2$和 $Mg(OH)_2$是难溶的氢氧化物。碱土金属的氢氧化物的溶解度列入表 10-4 中。由表中数据可见，对碱土金属来说，由 $Be(OH)_2$到 $Ba(OH)_2$，溶解度依次增大。这是由于随着金属离子半径的增大，正、负离子之间的作用力逐渐减小，容易为水分子所解离的缘故。

表 10-4　碱土金属氢氧化物的溶解度（20℃）

氢氧化物	$Be(OH)_2$	$Mg(OH)_2$	$Ca(OH)_2$	$Sr(OH)_2$	$Ba(OH)_2$
溶解度/$mol\cdot L^{-1}$	8×10^{-6}	5×10^{-4}	1.8×10^{-2}	6.7×10^{-2}	2×10^{-1}

(2) 酸碱性

碱金属、碱土金属的氢氧化物中，除 $Be(OH)_2$为两性氢氧化物外，其他的氢氧化物都是强碱或中强碱。这两族元素氢氧化物碱性递变的次序如下：

LiOH	<	NaOH	<	KOH	<	RbOH	<	CsOH
中强碱		强碱		强碱		强碱		强碱
$Be(OH)_2$	<	$Mg(OH)_2$	<	$Ca(OH)_2$	<	$Sr(OH)_2$	<	$Ba(OH)_2$
两性		中强碱		强碱		强碱		强碱

金属氢氧化物的酸碱性递变规律，可用上章的 ROH 规律加以解释。

碱金属、碱土金属氢氧化物的碱性和溶解度递变规律可以归纳如下：

溶解度增大↓ 碱性增强↓		
	LiOH	$Be(OH)_2$
	NaOH	$Mg(OH)_2$
	KOH	$Ca(OH)_2$
	RbOH	$Sr(OH)_2$
	CsOH	$Ba(OH)_2$

碱性增强 ←

溶解度增大(溶解度为质量分数)

10.1.2.3 重要的盐类

应该注意，碱土金属中铍的盐类毒性很大，钡盐的毒性也很大。

(1) 晶体类型与熔、沸点

碱金属的盐大多数是离子型晶体，它们的熔点、沸点较高。由于 Li^+ 半径很小，极化力较强，它在某些盐（如卤化物）中表现出不同程度的共价性。碱土金属离子带两个正电荷，其离子半径较相应的碱金属小，故它们的极化力较强，因此碱土金属盐的离子键特征较碱金属的差。但随着金属离子半径的增大，键的离子性也增强。例如，碱土金属氯化物的熔点从 Be 到 Ba 依次增高：

氯化物	$BeCl_2$	$MgCl_2$	$CaCl_2$	$SrCl_2$	$BaCl_2$
熔点/℃	405	714	782	876	962

其中，$BeCl_2$ 的熔点明显地低，这是由于 Be^{2+} 半径小，极化力较强，它与 Cl^-、Br^-、I^- 等极化率较大的阴离子形成的化合物已过渡为共价化合物。

(2) 溶解度

碱金属的盐类大多数都易溶于水。碱金属的碳酸盐、硫酸盐的溶解度从 Li 至 Cs 依次增大，少数碱金属盐难溶于水，如 LiF、Li_2CO_3、Li_3PO_4、$NaZn(UO_2)_3(CH_3COO)_9 \cdot 6H_2O$、$KClO_4$、$K_2[PtCl_6]$ 等。碱土金属的盐类中，除卤化物和硝酸盐外，多数碱土金属的盐只有较低的溶解度，如它们的碳酸盐、磷酸盐以及草酸盐等都是难溶盐（BeC_2O_4 除外）。铍盐中多数是易溶的，镁盐有部分溶，而钙、锶、钡的盐则多为难溶，钙盐中以 CaC_2O_4 的溶解度为最小，因此常用生成白色 CaC_2O_4 的沉淀反应来鉴定 Ca^{2+}。由于这些盐的溶解度很小，有些硫酸盐在自然界中就会沉积为矿石，主要的矿石有菱镁矿（$CaCO_3$）、白云石（$MgCO_3 \cdot CaCO_3$）、方解石和大理石（$CaCO_3$）、重晶石（$BaSO_4$）和石膏（$CaSO_4 \cdot 2H_2O$）等。

(3) 热稳定性

碱金属的盐除硝酸盐及碳酸锂外一般都具有较强的稳定性，在 800℃以下均不分解。

$$2NaNO_3 \xlongequal{730℃} 2NaNO_2 + O_2\uparrow$$

因此，常可以利用 Na_2CO_3 来熔解许多酸性物质。

$$BaSO_4(\text{重晶石}) + Na_2CO_3 \xlongequal{\text{熔融}} BaCO_3 + Na_2SO_4$$

碱土金属盐的稳定性相对较差，但在常温下还是稳定的，只有铍盐特殊。例如，$BeCO_3$ 加热不到 100℃就会分解。

10.1.2.4 Li、Be 的特殊性及对角线规则

(1) Li 与 Mg、Be 与 Al 的相似性

锂只有两个电子层，Li^+ 半径特别小，水合能特别大，这使锂和同族碱金属元素相比较有许多特殊性质，而和第二族 Mg 有相似性。例如，Li 比同族元素有较高的熔、沸点和硬

度；Li 难生成过氧化物；像 Mg_3N_2 一样，Li_3N 是稳定的化合物；Li 和第二族一样能和碳直接生成 Li_2C_2；Li 能形成稳定的配合物，如 $[Li(NH_3)_4]I$；Li_2CO_3、Li_3PO_4 和 LiF 等皆不溶于水；LiOH 溶解度极小，受热易分解，不稳定；Li 的化合物有共价性，故能溶于有机溶剂中等。

铍及其化合物的性质和同族其他金属元素及其化合物也有明显的差异。铍的熔点、沸点比其他碱土金属高，硬度也是碱土金属中最大的，但都有脆性。铍有较强的形成共价键的倾向，例如，$BeCl_2$ 已属于共价型化合物，而其他碱土金属的氧化物基本上都是离子型的。但铍和第三族的铝有相似性。铍和铝都是两性金属，既能溶于酸，也能溶于强碱；铍和铝的标准电极电势相近。$E^{\ominus}(Be^{2+}/Be)=-1.70V$，$E^{\ominus}(Al^{3+}/Al)=-1.66V$，金属铍和铝都能被冷的浓硝酸钝化；铍和铝的氧化物均是熔点高、硬度大的物质；铍和铝的氢氧化物 $Be(OH)_2$ 和 $Al(OH)_3$ 都是两性氢氧化物，而且都难溶于水。铍和铝的氟化物都能与碱金属的氟化物形成配合物，如 $Na_2[BeF_4]$、$Na_3[AlF_6]$；它们的氯化物、溴化物、碘化物都易溶于水；铍和铝的氯化物都是共价型化合物，易升华、易聚合、易溶于有机溶剂。

(2) 对角线规则

上述的相似性即所称的“对角线”相似性。在 s 区和 p 区元素中，除了同族元素的性质相似外，还有一些元素及其化合物的性质呈现出“对角线”相似。所谓对角线相似即ⅠA 族的 Li 与ⅡA 族的 Mg、ⅡA 族的 Be 与ⅢA 族的 Al、ⅢA 族的 B 与Ⅳ族的 Si 这三对元素在周期表中处于对角线位置：

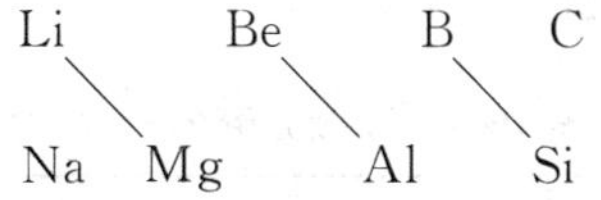

周期表中，某元素及其化合物的性质与它左上方或右下方元素及其化合物性质的相似性就称为对角线规则。

对角线规则是从有关元素及其化合物的许多性质中总结出来的经验规律；对此可以用离子极化的观点加以粗略的说明。同一周期最外层电子构型相同的金属离子，从左至右随离子电荷的增加而引起极化作用的增强；同一族电荷相同的金属离子，自上而下随离子半径的增大而使得极化作用减弱。因此，处于周期表中左上右下对角线位置上的邻近两个元素，由于电荷和半径的影响恰好相反，它们的离子极化作用比较相近，从而使它们的化学性质比较相似。由此反映出物质的结构与性质之间的内在联系。

10.1.2.5 硬水及其软化

工业上根据水中 Ca^{2+} 和 Mg^{2+} 的含量，把天然水分为两种：溶有较多量 Ca^{2+} 和 Mg^{2+} 的水叫作硬水；溶有少量 Ca^{2+} 和 Mg^{2+} 的水叫作软水。

(1) 暂时硬水与永久硬水

含有碳酸氢钙 $Ca(HCO_3)_2$ 或碳酸氢镁 $Mg(HCO_3)_2$ 的硬水经煮沸后，所含的酸式碳酸盐就分解为不溶性的碳酸盐。例如：

$$Ca(HCO_3)_2 \xlongequal{\triangle} CaCO_3\downarrow + H_2O + CO_2\uparrow$$

$$2Mg(HCO_3)_2 \xlongequal{\triangle} Mg_2(OH)_2CO_3\downarrow + H_2O + 3CO_2\uparrow$$

这样，容易从水中除去 Ca^{2+} 和 Mg^{2+}，水的硬度就变低了，故这种硬水叫作暂时硬水。

含有硫酸镁 $MgSO_4$、硫酸钙 $CaSO_4$ 或氯化镁 $MgCl_2$、氯化钙 $CaCl_2$ 等的硬水，经过煮沸，水的硬度也不会消失。这种水叫作永久硬水。

(2) 硬水的软化

消除硬水中 Ca^{2+}、Mg^{2+} 的过程叫作硬水的软化。常用的软化方法有石灰纯碱法和离子交换树脂净化水法。

永久硬水可以用纯碱软化。纯碱与钙、镁的硫酸盐和氯化物反应，生成难溶性的盐，使永久硬水失去它的硬性。工业上往往将石灰和纯碱各一半混合用于水的软化，称为石灰纯碱法。反应方程式如下：

$$MgCl_2 + Ca(OH)_2 \xlongequal{} Mg(OH)_2 \downarrow + CaCl_2$$

$$CaCl_2 + Na_2CO_3 \xlongequal{} CaCO_3 \downarrow + 2NaCl$$

反应终了再加沉降剂（例如明矾），经澄清后得到软水。石灰纯碱法操作比较复杂，软化效果较差，但成本低，适于处理大量的且硬度较大的水。例如，发电厂、热电站等一般采用该法作为水软化的初步处理。

10.2 d区元素

过渡元素包括ⅠB到ⅦB族和第Ⅷ族共30多个元素。通常又把过渡元素分成第一过渡系（从钪到锌）、第二过渡系（从钇到镉）和第三过渡系（从镧到汞，不包括镧系元素）。第一过渡系的元素及其化合物应用较广，并有一定的代表性。下面重点讨论第一过渡系。

10.2.1 通性

(1) 有关原子参数与氧化数

过渡元素的一般性质列于表10-5。

表10-5 过渡元素的一般性质

第一过渡系	价层电子构型	熔点/℃	沸点/℃	原子半径/pm	第一电离能/kJ·mol^{-1}	氧化数
Sc	$3d^14s^2$	1541	2836	161	639.5	**3**
Ti	$3d^24s^2$	1668	3287	145	664.6	−1,0,2,3,**4**
V	$3d^34s^2$	1917	3421	132	656.5	−1,0,2,3,**4**,**5**
Cr	$3d^54s^1$	1907	2679	125	659.0	−2,−1,0,2,**3**,4,5,**6**
Mn	$3d^54s^2$	1244	2095	124	723.8	−2,−1,0,**2**,3,**4**,5,6,**7**
Fe	$3d^64s^2$	1535	2861	124	765.7	0,**2**,**3**,4,5,6
Co	$3d^74s^2$	1494	2927	125	764.9	0,**2**,**3**,4
Ni	$3d^84s^2$	1453	2884	125	742.5	0,**2**,3,(4)
Cu	$3d^{10}4s^1$	1085	2562	128	751.7	**1**,**2**,3
Zn	$3d^{10}4s^2$	420	907	133	912.6	**2**
第二过渡系	**价层电子构型**	**熔点/℃**	**沸点/℃**	**原子半径/pm**	**第一电离能/kJ·mol^{-1}**	**氧化数**
Y	$4d^15s^2$	1522	3345	181	606.4	**3**
Zr	$4d^25s^2$	1852	3577	160	642.6	2,3,**4**
Nb	$4d^45s^1$	2468	4860	143	642.3	2,3,4,**5**
Mo	$4d^55s^1$	2622	4825	136	691.2	0,2,3,4,5,**6**
Tc	$4d^55s^2$	2157	4265	136	708.2	0,4,5,6,**7**
Ru	$4d^75s^1$	2334	4150	133	707.6	0,3,**4**,5,6,7,8
Rh	$4d^85s^1$	1963	3727	135	733.7	0,(1),2,3,**4**,6
Pd	$4d^{10}5s^0$	1555	3167	138	810.5	0,(1),2,3,**4**
Ag	$4d^{10}5s^1$	962	2164	144	737.2	**1**,2,3
Cd	$4d^{10}5s^2$	321	765	149	874.0	**2**

续表

第三过渡系	价层电子构型	熔点/℃	沸点/℃	原子半径/pm	第一电离能/$kJ\cdot mol^{-1}$	氧化数
Lu	$5d^1 6s^2$	1663	3402	173	529.7	**3**
Hf	$5d^2 6s^2$	2227	4450	159	660.7	2,3,**4**
Ta	$5d^3 6s^2$	2996	5429	143	720.3	2,3,4,**5**
W	$5d^4 6s^2$	3387	5900	137	739.3	0,2,3,4,5,**6**
Re	$5d^5 6s^2$	3180	5678	137	754.7	0,2,3,4,5,6,7
Os	$5d^6 6s^2$	3045	5225	134	804.9	0,2,3,4,5,6,7,8
Ir	$5d^7 6s^2$	2447	2550	136	874.7	0,2,3,**4**,5,6
Pt	$5d^9 6s^1$	1769	3824	136	836.8	0,2,**4**,5,6
Au	$5d^{10} 6s^1$	1064	2856	144	896.3	**1**,**3**
Hg	$5d^{10} 6s^2$	−39	357	160	1013.3	**1**,**2**

注：表中黑体数字为常见氧化数，氧化数为0的表示这种元素形成羰合物时的氧化数。

过渡元素的价电子不仅包括最外层的s电子，还包括次外层全部或部分d电子（Zn、Cd、Hg除外）。这样的电子构型使得它们能形成多种氧化数的化合物。它们的最高氧化数等于最外层s电子和次外层d电子数的总和。但在第Ⅷ族、ⅠB、ⅡB族中这一规律不完全适用。另外，除ⅢB族的Sc、Y及ⅡB族的Zn、Cd外，其他过渡元素的氧化数都是可变的。

具有较低氧化数的过渡元素，大都以“简单”离子（M^+、M^{2+}、M^{3+}）存在。

(2) 主要物理性质

过渡元素大都是高熔点、高沸点（Zn、Cd、Hg除外）、密度大、导电和导热性能良好的重金属。它们广泛地被用在冶金工业上制造合金钢，例如不锈钢（含镍和铬）、弹簧钢（含钒）、锰钢等。熔点最高的单质是钨，硬度最大的是铬，单质密度最大的是锇（Os）。

(3) 主要化学性质

钪Sc、钇Y、镧La是过渡元素中最活泼的金属。例如，在空气中Sc、Y、La能迅速地被氧化，与水作用放出氢。它们的活泼性接近于碱土金属。Sc、Y、La的性质之所以比较活泼，是因为它们的原子次外层d轨道中仅有一个电子，这个电子对它们的影响尚不显著，所以它们的性质较活泼并接近于碱土金属。

同一族的过渡元素除ⅢB族外，其他各族都是自上而下活泼性降低。一般认为这是由于同族元素自上而下原子半径增加不大，而核电荷数却增加较多，对电子吸引增强，所以第二、三过渡系元素的活泼性急剧下降。特别是镧以后的第三过渡系的元素，又受镧系收缩的影响，它们的原子半径与第二过渡系相应的元素的原子半径几乎相等。因此第二、三过渡系的同族元素及其化合物，在性质上很相似。例如，锆与铪在自然界中彼此共生在一起，把它们的化合物分离开比较困难。铌和钽也是这样。同一过渡系的元素在化学活泼性上，总的来说自左向右减弱，但是减弱的程度不大。

过渡元素的原子或离子都具有空的价电子轨道，这种电子构型为接受配位体的孤对电子形成配价键创造了条件。因此它们的原子或离子都有形成配合物的倾向。

(4) 离子的颜色

过渡元素的大多数水合离子常带有一定的颜色。关于离子有颜色的原因是很复杂的，过渡元素的水合离子之所以具有颜色，与它们的离子具有未成对的d电子有关。过渡元素的许多离子具有未成对的d电子，没有未成对d电子的离子如Sc^{3+}、Zn^{2+}、Ag^+、Cu^+等都是无色的，而具有未成对d电子的离子则呈现出颜色，如Cu^{2+}、Cr^{3+}、Co^{2+}等。

综上所述，过渡元素主要有以下几个特点：

① 同一种元素有多种氧化数；

② 金属活泼性；

③ 易于形成多种配合物；

④ 水合离子和酸根离子常带有颜色。

10.2.2 钛的重要化合物

钛是一种很重要的元素，当今许许多多的功能材料，无论是金属材料还是无机非金属材料都离不开钛。它具有优越的抗腐蚀性，抗氯离子的腐蚀优于铬，特别是抗海水腐蚀。另外，它还具有耐热性，重量轻，强度高，又是一种亲生物元素。

钛的重要化合物有四氯化钛、二氧化钛以及钛酸盐。

(1) 四氯化钛

四氯化钛一般不是通过钛与盐酸作用得到，而是由二氧化钛、氯气采用碳还原法加热制备。

$$TiO_2 + 2Cl_2 + 2C \xlongequal{} TiCl_4 + 2CO$$

四氯化钛通常是制备其他大多数钛化合物的基础原料。它在常温下为液体，易挥发，遇潮湿空气因水解而产生白烟，

$$TiCl_4(l) + 3H_2O \xlongequal{} H_2TiO_3(s) + 4HCl(g)$$

故可以用来制造烟幕弹。

当溶液中含有足够量的盐酸时，四氯化钛在其中只发生部分水解，产生氯化钛酰：

$$TiCl_4 + H_2O \xlongequal{} TiOCl_2 + 2HCl$$

在强酸性溶液中，四氯化钛可以被活泼金属还原。例如，四氯化钛与金属锌作用，产生紫色的三价钛离子：

$$2TiCl_4 + Zn \xlongequal{} 2TiCl_3 + ZnCl_2$$

但是三氯化钛本身也是较强的还原剂，很不稳定，易被空气中的氧气所氧化。

(2) 二氧化钛

二氧化钛在自然界有三种晶型，分别是金红石型、锐钛矿型以及板钛矿型，其中最重要的要属金红石型。金红石型代表一种典型的晶格，二氧化铅、二氧化锰以及二氧化锡等都属于这种晶格。金红石晶格中，钛的配位数为 6，氧的配位数为 3。

二氧化钛是一种难溶于水的两性化合物，但以碱性为主。它与浓硫酸作用形成硫酸氧钛 $TiOSO_4$，而不是 $Ti(SO_4)_2$。但是在溶液或晶格中不存在简单的钛氧基，而是以 TiO^{2+} 聚合体的形式存在，即，

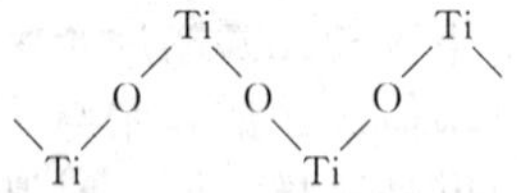

二氧化钛的制备方法很多。以天然金红石与浓硫酸反应，硫酸氧钛经水解产生水合二氧化钛，将此前驱体经过干燥、煅烧后制得二氧化钛，这是最常见的硫酸法。电子元器件所用的二氧化钛大多采用了盐酸法，即以四氯化钛的水解产物经干燥、煅烧获得。品位较高且工艺相对环保的二氧化钛一般采用氯化法。用干燥的氧气在高温状态下对四氯化钛进行气相氧化，产生的氯气再回用到四氯化钛的制备。

$$TiCl_4(g) + O_2(g) \xlongequal{900\sim1000℃} TiO_2(s) + 2Cl_2(g)$$

(3) 钛酸盐

二氧化钛与碳酸钾、碳酸钠、碳酸钡、碳酸锶、碳酸钙、碳酸镁、碳酸铅等物质在助熔剂的存在下高温焙烧可以制得相应的钛酸盐。这种方法称为固相法。一些钛酸盐也可以用液相法制备，如水热法或低温直接沉淀法（请参阅有关资料）。

钛酸盐大多难溶于水。一些碱金属钛酸盐可作为锂电池电极材料、焊接用材料，所制成

的晶须是很好的耐摩擦材料、隔热材料以及离子交换材料。碱土金属钛酸盐具有较高的介电常数以及其他良好的电性能。在合成及烧结工艺中进行人为掺杂，可以制得许多性能独特的电子功能材料而应用于电子元器件的制造。

10.2.3 铬的重要化合物

铬由于它漂亮的色泽及很高的硬度，因此常被镀在其他金属表面起装饰和保护作用。铬可以形成合金，在各种类型的不锈钢中几乎都有较高比例的铬。当钢中含有铬 14%左右时，便是不锈钢。

铬原子的价电子是 $3d^5 4s^1$。铬的最高氧化数是+6，但也有+5、+4、+3、+2 的。最重要的是氧化数为+6 和+3 的化合物。氧化数为+5、+4 和+2 的化合物都不稳定。

铬的元素电势图如下：

酸性溶液中 $E_A^\ominus/V$

$$Cr_2O_7^{2-} \xrightarrow{1.33} Cr^{3+} \xrightarrow{-0.41} Cr^{2+} \xrightarrow{-0.91} Cr \qquad (Cr^{3+} \xrightarrow{-0.74} Cr)$$

碱性溶液中 $E_B^\ominus/V$

$$CrO_4^{2-} \xrightarrow{-0.12} Cr(OH)_3 \xrightarrow{-1.1} Cr(OH)_2 \xrightarrow{-1.4} Cr \qquad (Cr(OH)_3 \xrightarrow{-1.3} Cr)$$

10.2.3.1 铬（Ⅲ）的化合物

(1) 氧化物和氢氧化物的溶解性与酸碱性

三氧化二铬是难溶和极难熔化的氧化物之一，熔点是 2275℃，微溶于水，溶于酸。灼烧过的 Cr_2O_3 不溶于水，也不溶于酸。在高温下它可与焦硫酸钾分解放出的 SO_3 作用，形成可溶性的硫酸铬 $Cr_2(SO_4)_3$：

$$Cr_2O_3 + 3K_2S_2O_7 \xrightleftharpoons{共熔} Cr_2(SO_4)_3 + 3K_2SO_4$$

Cr_2O_3 是具有特殊稳定性的绿色物质，它被用作颜料（铬绿）。近年来也有用它作有机合成的催化剂。它是制取其他铬化合物的原料之一。

氢氧化铬 $Cr(OH)_3$ 是用适量的碱作用于铬盐溶液（pH 约为 5.3）而生成的灰蓝色沉淀：

$$Cr^{3+} + 3OH^- \rightleftharpoons Cr(OH)_3 \downarrow$$

$Cr(OH)_3$ 是两性氢氧化物。它溶于酸，生成绿色或紫色的水合配离子（由于 Cr^{3+} 的水合作用随条件——温度、浓度、酸度等而改变，故其颜色也有所不同）。从溶液中结晶出的铬盐大都为紫色晶体。$Cr(OH)_3$ 与强碱作用生成绿色的配离子 $[Cr(OH)_4]^-$ 或 $[Cr(OH)_6]^{3-}$：

$$Cr(OH)_3 + OH^- \rightleftharpoons [Cr(OH)_4]^-$$

由于 $Cr(OH)_3$ 的酸性和碱性都较弱，因此铬（Ⅲ）盐和四羟基合铬（Ⅲ）酸盐（或亚铬酸盐）在水中容易水解。

(2) 铬盐的制备与碱性条件下的还原性

铬钾矾 $KCr(SO_4)_2 \cdot 12H_2O$ 是以 SO_2 还原重铬酸钾 $K_2Cr_2O_7$ 溶液而制得的蓝紫色晶体：

$$K_2Cr_2O_7 + H_2SO_4 + 3SO_2 \rightleftharpoons 2KCr(SO_4)_2 + H_2O$$

它应用于鞣革工业和纺织工业。

自然界中存在的铬（Ⅲ）盐有铬铁矿 $Fe(CrO_2)_2$。把铬铁矿和碳酸钠在空气中煅烧可得铬酸盐，工业上把这种方法叫碱熔法：

$$4Fe(CrO_2)_2+8Na_2CO_3+7O_2 \rightleftharpoons 8Na_2CrO_4+2Fe_2O_3+8CO_2$$

在所得的熔体中，用水可以把铬酸盐浸取出来。

从铬的元素电势图可以看出，在碱性条件下铬（Ⅲ）具有较强的还原性，易被氧化。例如，在碱性介质中，Cr^{3+} 可被稀的 H_2O_2 溶液氧化：

$$\underset{(绿色)}{2[Cr(OH)_4]^-}+2OH^-+3H_2O_2 \rightleftharpoons \underset{(黄色)}{2CrO_4^{2-}}+8H_2O$$

在酸性条件下铬（Ⅲ）具有较强的稳定性，只有用强氧化剂如过硫酸钾 $K_2S_2O_8$，才能使 Cr^{3+} 氧化：

$$2Cr^{3+}+3S_2O_8^{2-}+7H_2O \xlongequal{\triangle} Cr_2O_7^{2-}+6SO_4^{2-}+14H^+$$

10.2.3.2 铬（Ⅵ）的氧化物和含氧酸

(1) 氧化物

浓 H_2SO_4 作用于饱和的 $K_2Cr_2O_7$ 溶液，可析出铬（Ⅵ）的氧化物——三氧化铬 CrO_3：

$$K_2Cr_2O_7+H_2SO_4(浓) = 2CrO_3\downarrow+K_2SO_4+H_2O$$

CrO_3 是暗红色针状晶体。它极易从空气中吸收水分，并且易溶于水，形成铬酸。CrO_3 在受热超过其熔点（196℃）时，就分解放出氧而变为 Cr_2O_3。CrO_3 是较强的氧化剂，一些有机物质如酒精等与它接触时即着火，同时 CrO_3 被还原为 Cr_2O_3。CrO_3 是电镀铬的重要原料。

CrO_3 与水作用生成铬酸 H_2CrO_4 和重铬酸 $H_2Cr_2O_7$。

(2) 铬酸和重铬酸的酸性与缩合性

H_2CrO_4 和 $H_2Cr_2O_7$ 都是强酸，但后者酸性更强些。$H_2Cr_2O_7$ 的第一级离解是完全的：

$$HCr_2O_7^- \rightleftharpoons Cr_2O_7^{2-}+H^+ \quad K_2^{\ominus}=0.85$$

$$H_2CrO_4 \rightleftharpoons HCrO_4^-+H^+ \quad K_1^{\ominus}=9.55$$

$$HCrO_4^- \rightleftharpoons CrO_4^{2-}+H^+ \quad K_2^{\ominus}=3.2\times10^{-7}$$

铬酸盐和重铬酸盐 CrO_4^{2-} 和 $Cr_2O_7^{2-}$ 在溶液中存在下列平衡：

$$\underset{(黄色)}{2CrO_4^{2-}}+2H^+ \rightleftharpoons 2HCrO_4^- \rightleftharpoons \underset{(橙红色)}{Cr_2O_7^{2-}}+H_2O$$

在碱性或中性溶液中主要以黄色的 CrO_4^{2-} 形式存在；在 $pH<2$ 的溶液中，主要以 $Cr_2O_7^{2-}$（橙红色）形式存在。从上述存在的平衡关系就可以理解为什么在 Na_2CrO_4 溶液中加入酸就能得到 $Na_2Cr_2O_7$，而在 $Na_2Cr_2O_7$ 的溶液中加入碱或碳酸钠时，又可以得到 Na_2CrO_4。例如：

$$2Na_2CrO_4+H_2SO_4 = Na_2Cr_2O_7+H_2O+Na_2SO_4$$

$$Na_2Cr_2O_7+2NaOH = 2Na_2CrO_4+H_2O$$

(3) 重铬酸及其盐的氧化性

在碱性介质中，铬（Ⅵ）的氧化能力很差。在酸性介质中它是较强的氧化剂，即使在冷的溶液中，$Cr_2O_7^{2-}$ 也能把 H_2S、H_2SO_3 和 HI 等物质氧化，在加热的情况下它能氧化 HBr 和 HCl：

$$Cr_2O_7^{2-}+3H_2S+8H^+ = 2Cr^{3+}+3S\downarrow+7H_2O$$

$$Cr_2O_7^{2-}+6Cl^-+14H^+ \xlongequal{\triangle} 2Cr^{3+}+3Cl_2\uparrow+7H_2O$$

实验室常用的铬酸洗液就是由浓硫酸和饱和 $K_2Cr_2O_7$ 溶液配制而成的，用于浸洗或润洗一些容量器皿，除去还原性或碱性的污物，特别是有机污物。此洗液可以反复使用，直到洗液发绿才失效。

固体重铬酸铵 $(NH_4)_2Cr_2O_7$ 在加热的情况下，也能发生氧化还原反应：

$$(NH_4)_2Cr_2O_7 \xrightarrow{\triangle} Cr_2O_3 + N_2 + 4H_2O$$

实验室常利用这一反应来制取 Cr_2O_3。

（4）铬酸盐和重铬酸盐的溶解性

一些铬酸盐的溶解度要比重铬酸盐小。当向铬酸盐溶液中加入 Ba^{2+}、Pb^{2+}、Ag^+ 时，可形成难溶于水的 $BaCrO_4$（柠檬黄色）、$PbCrO_4$（铬黄色）、Ag_2CrO_4（砖红色）沉淀。

另外，从铬酸盐和重铬酸盐存在的平衡关系中，下列反应也是可以理解的：

$$4Ag^+ + Cr_2O_7^{2-} + H_2O \Longrightarrow 2Ag_2CrO_4 \downarrow + 2H^+$$

氧化数为 $+3$ 和 $+6$ 的铬在酸碱介质中的相互转化关系可总结如下：

$$
\begin{array}{ccc}
Cr(OH)_4^- & \xrightarrow{\quad OH^-,\ 氧化剂 \quad} & CrO_4^{2-} \\
H^+ \Big\updownarrow OH^- & & H^+ \Big\updownarrow OH^- \\
Cr^{3+} & \xrightarrow[\ H^+,\ 还原剂\ ]{\ H^+,\ 强氧化剂\ } & Cr_2O_7^{2-}
\end{array}
$$

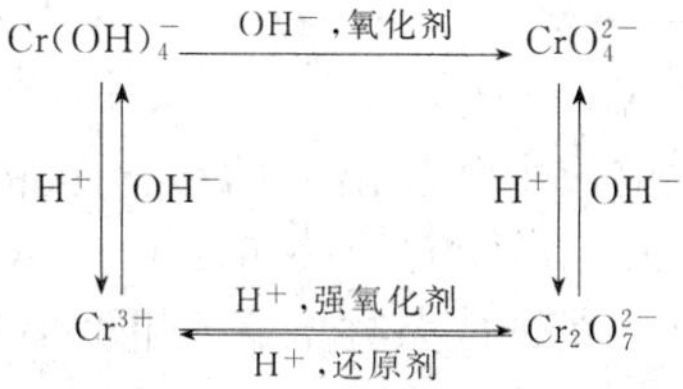

10.2.3.3 铬（Ⅲ）和铬（Ⅵ）的鉴定

在 $Cr_2O_7^{2-}$ 的溶液中加入 H_2O_2，可生成蓝色的过氧化铬 CrO_5 或写成 $CrO(O_2)_2$，其结构为：

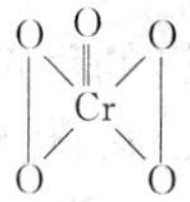

$$
\begin{array}{c}
O \quad O \\
\| \\
Cr \\
O \quad O
\end{array}
$$

$$Cr_2O_7^{2-} + 4H_2O_2 + 2H^+ \Longrightarrow 2CrO_5 + 5H_2O$$

$$或\quad 2CrO_4^{2-} + 3H_2O_2 + 2H^+ \Longrightarrow 2CrO_5 + 4H_2O$$

CrO_5 很不稳定，很快分解为 Cr^{3+} 并放出 O_2。它在乙醚或戊醇溶液中较稳定。这一反应，常用来鉴定 CrO_4^{2-} 或 $Cr_2O_7^{2-}$ 的存在。

以上是铬（Ⅵ）的鉴定，铬（Ⅲ）的鉴定是先把铬（Ⅲ）氧化到铬（Ⅵ）后再鉴定，方法如下：

$$Cr^{3+} \xrightarrow{OH^-过量} Cr(OH)_4^- \xrightarrow[OH^-]{H_2O_2} CrO_4^{2-} \xrightarrow[乙醚]{H^++H_2O_2} CrO_5（蓝色）$$

$$或 \quad Cr^{3+} \xrightarrow{OH^-过量} Cr(OH)_4^- \xrightarrow[OH^-]{H_2O_2} CrO_4^{2-} \xrightarrow{Pb^{2+}} PbCrO_4 \downarrow （黄色）$$

10.2.4 锰的重要化合物

锰的外形与铁相似，它的主要用途是制造合金，几乎所有的钢中都含有锰。

锰原子的价电子是 $3d^5 4s^2$。它也许是迄今氧化态最多的元素，可以形成氧化数由 -3 到 $+7$ 的化合物，其中以氧化数 $+2$、$+4$、$+7$ 的化合物较重要。

锰的元素电势图如下：

酸性溶液中 $E_A^\ominus/V$

$$
\begin{array}{ccccccccccc}
& & 1.700 & & & & 1.2293 & & & & \\
& \overbrace{\quad\quad\quad\quad} & & & & \overbrace{\quad\quad\quad\quad} & & & & & \\
MnO_4^- & \xrightarrow{0.5545} & MnO_4^{2-} & \xrightarrow{2.27} & MnO_2 & \xrightarrow{0.95} & Mn^{3+} & \xrightarrow{1.51} & Mn^{2+} & \xrightarrow{-1.18} & Mn \\
& & & \underbrace{\quad\quad\quad\quad\quad\quad\quad}_{1.512} & & & & & & &
\end{array}
$$

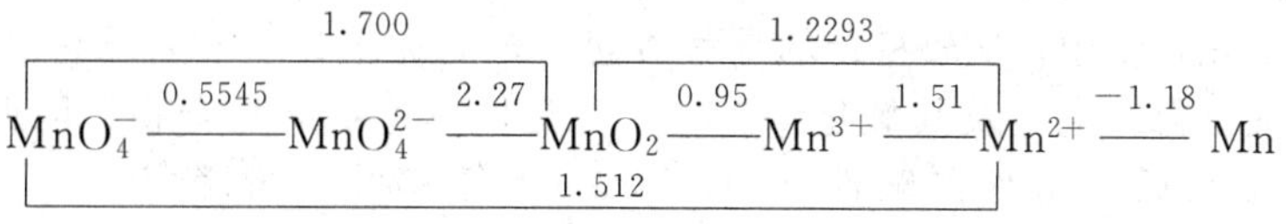

碱性溶液中 $E_B^\ominus/V$

$$MnO_4^- \xrightarrow{0.5545} MnO_4^{2-} \xrightarrow{0.6175} MnO_2 \xrightarrow{-0.20} Mn(OH)_3 \xrightarrow{-0.10} Mn(OH)_2 \xrightarrow{-1.56} Mn$$

$$MnO_4^- \xrightarrow{0.5965} MnO_2 \qquad MnO_2 \xrightarrow{-0.0514} Mn(OH)_2$$

10.2.4.1 锰（Ⅱ）的化合物

(1) 氧化物和氢氧化物的溶解性与还原性

一氧化锰是绿色粉末，难溶于水，易溶于酸。与 MnO 相应的水合物 $Mn(OH)_2$ 是从锰（Ⅱ）盐与碱溶液作用而制得的：

$$Mn^{2+} + 2OH^- = Mn(OH)_2 \downarrow$$

$Mn(OH)_2$ 是白色难溶于水的物质。在空气中很快被氧化，而逐渐变成棕色的 MnO_2 的水合物：

$$Mn(OH)_2 \xrightarrow{O_2} Mn_2O_3 \cdot xH_2O \xrightarrow{O_2} MnO_2 \cdot yH_2O$$

(2) 锰（Ⅱ）盐的稳定性与 Mn^{2+} 的鉴定

很多锰盐是易溶于水的。从溶液中结晶出来的锰盐是带有结晶水的粉红色晶体。例如，$MnCl_2 \cdot 4H_2O$、$MnSO_4 \cdot 7H_2O$、$Mn(NO_3)_2 \cdot 6H_2O$ 和 $Mn(ClO_4)_2 \cdot 6H_2O$ 等。

从锰的元素电势图可以看出，在碱性条件下锰（Ⅱ）具有较强的还原性，易被氧化。在酸性条件下锰（Ⅱ）具有较强的稳定性，只有用强氧化剂如 PbO_2、$NaBiO_3$、$(NH_4)_2S_2O_8$ 等才能使 Mn^{2+} 氧化为 MnO_4^-。例如，在 HNO_3 溶液中，Mn^{2+} 与 $NaBiO_3$ 反应如下：

$$2Mn^{2+} + 5NaBiO_3 + 14H^+ = 2MnO_4^- + 5Bi^{3+} + 5Na^+ + 7H_2O$$

这一反应常用来鉴定 Mn^{2+} 的存在。

10.2.4.2 锰（Ⅳ）的化合物——二氧化锰的稳定性

二氧化锰是锰（Ⅳ）最稳定的化合物。在自然界中它以软锰矿 $MnO_2 \cdot xH_2O$ 的形式存在。MnO_2 是制取锰的化合物及金属锰的主要原料，它是不溶于水的黑色固态物质。在空气中加热到 530℃时就放出氧：

$$3MnO_2 \xrightarrow{530℃以上} Mn_3O_4 + O_2 \uparrow$$

MnO_2 有较强的氧化能力。例如，浓盐酸或浓 H_2SO_4 与 MnO_2 在加热时按下式进行反应：

$$MnO_2 + 4HCl \overset{\triangle}{=} MnCl_2 + 2H_2O + Cl_2 \uparrow$$

$$2MnO_2 + 2H_2SO_4 \overset{\triangle}{=} 2MnSO_4 + 2H_2O + O_2 \uparrow$$

MnO_2 中锰处于中间氧化数，它既能被还原为锰（Ⅱ），也可以被氧化为锰（Ⅵ）（在碱性条件下）。例如，把 MnO_2 和 KOH 或 K_2CO_3 在空气中加热共熔，便得到可溶于水的绿色熔体。把熔体溶于水后，可从其中析出暗绿色的锰酸钾 K_2MnO_4 晶体。这被称为碱熔法。生成 K_2MnO_4 的反应式为：

$$2MnO_2 + 4KOH + O_2 \overset{共熔}{=} 2K_2MnO_4 + 2H_2O$$

反应中的氧可以用 $KClO_3$ 或 KNO_3 等氧化剂来代替：

$$3MnO_2 + 6KOH + KClO_3 \overset{共熔}{=} 3K_2MnO_4 + KCl + 3H_2O$$

10.2.4.3 锰（Ⅵ）的化合物

锰（Ⅵ）的化合物中，比较稳定的是锰酸盐，如锰酸钾 K_2MnO_4，它由 MnO_2 和 KOH 在空气中加热而制得。锰酸及其氧化物 MnO_3 都是极不稳定的化合物，因此尚未被分离出来。锰酸盐溶于水后，只有在碱性（pH＞13.5）溶液中才是稳定的，在这种条件下，

MnO_4^{2-}的绿色可以较长时间保持不变。相反地，在中性或酸性溶液中，绿色的MnO_4^{2-}瞬间歧化生成紫色的MnO_4^-和棕色的MnO_2沉淀：

$$3MnO_4^{2-}+4H^+ \xlongequal{} MnO_2\downarrow+2MnO_4^-+2H_2O$$

当以氧化剂（如氯气）作用于锰酸盐的溶液时，锰酸盐可以变为高锰酸盐：

$$2MnO_4^{2-}+Cl_2 \xlongequal{} 2MnO_4^-+2Cl^-$$

10.2.4.4 锰（Ⅶ）的化合物

锰（Ⅶ）的化合物中，高锰酸盐是最稳定的。应用最广的高锰酸盐是高锰酸钾$KMnO_4$。高锰酸$HMnO_4$只能存在于稀溶液中，当浓缩其溶液超过20%时，即分解生成MnO_2和O_2。高锰酸也是强酸之一。

（1）高锰酸钾的氧化性及其还原产物

高锰酸钾是暗紫色晶体，它的溶液呈现出MnO_4^-特有的紫色。$KMnO_4$固体加热至200℃以上时按下式分解：

$$2KMnO_4 \xlongequal{\triangle} K_2MnO_4+MnO_2+O_2\uparrow$$

在实验室中有时也利用这一反应制取少量的氧。

$KMnO_4$是最重要和常用的氧化剂之一。它不仅具有较强的氧化能力，能将还原性物质氧化，而且同一元素的较高和较低氧化数的化合物也能发生氧化还原反应，得到介乎中间氧化数的化合物。例如，MnO_4^-与Mn^{2+}在酸性介质中生成MnO_2：

$$2MnO_4^-+3Mn^{2+}+2H_2O \xlongequal{} 5MnO_2\downarrow+4H^+$$

它作为氧化剂而被还原的产物，因介质的酸碱性不同而不同。例如，以亚硫酸盐作还原剂，在酸性介质中，其反应如下：

$$2MnO_4^-+6H^++5SO_3^{2-} \xlongequal{} 2Mn^{2+}+5SO_4^{2-}+3H_2O$$

若以H_2S作还原剂，MnO_4^-可把H_2S氧化成S，还可进一步把S氧化为SO_4^{2-}：

$$2MnO_4^-+5H_2S+6H^+ \xlongequal{} 2Mn^{2+}+5S\downarrow+8H_2O$$

$$6MnO_4^-+5S+8H^+ \xlongequal{} 6Mn^{2+}+5SO_4^{2-}+4H_2O$$

在中性介质中：

$$2MnO_4^-+H_2O+3SO_3^{2-} \xlongequal{} 2MnO_2\downarrow+3SO_4^{2-}+2OH^-$$

在较浓碱溶液中：

$$2MnO_4^-+2OH^-+SO_3^{2-} \xlongequal{} 2MnO_4^{2-}+SO_4^{2-}+H_2O$$

还原产物还会因氧化剂与还原剂相对量的不同而不同。例如，MnO_4^-与SO_3^{2-}在酸性条件下的反应，若SO_3^{2-}过量，MnO_4^-的还原产物为Mn^{2+}；若MnO_4^-过量，则最终的还原产物为MnO_2。

（2）高锰酸钾溶液的稳定性

在$KMnO_4$溶液中，若有少量酸存在，则MnO_4^-按下式进行缓慢的分解：

$$4MnO_4^-+4H^+ \xlongequal{} 4MnO_2\downarrow+3O_2\uparrow+2H_2O$$

在中性或碱性介质中也会分解，而且Mn^{2+}的存在，以及分解产物MnO_2、光照等还会促进分解。所以MnO_4^-长期放置也会缓慢地发生上述反应。这一反应也说明$HMnO_4$是不稳定的酸。

在浓碱溶液中，MnO_4^-能被OH^-还原为绿色的MnO_4^{2-}，并放出O_2：

$$4MnO_4^-+4OH^- \xlongequal{} 4MnO_4^{2-}+O_2\uparrow+2H_2O$$

前面提到的用碱熔法仅能把MnO_2氧化为MnO_4^{2-}，却不能直接把MnO_2氧化为MnO_4^-，其原因就是MnO_4^-在强碱中不稳定。

10.2.5 铁、钴、镍的重要化合物

铁、钴和镍原子最外层电子都是$4s^2$，次外层3d电子分别是$3d^6$、$3d^7$和$3d^8$。它们的氧化数常见的是+2和+3。铁、钴和镍的性质比较相近，通常把这三个元素称作铁系元素。

从单质来看，铁、钴、镍都表现出磁性。活泼性中等。它们在冷的浓硝酸中都会变成钝态。处于钝态的铁、钴、镍一般不再溶于稀硝酸中。另外，铁、钴、镍都不易与碱作用，但铁能被热的浓碱所侵蚀，而钴和镍在碱性溶液中稳定性比铁高，故熔碱时最好使用镍坩埚。

10.2.5.1 铁、钴、镍的氧化物和氢氧化物

(1) 氧化物的基本性质与制备

黑色的FeO、灰绿色的CoO和绿色的NiO均是难溶于水的碱性氧化物。它们可由铁、钴和镍的相应草酸盐在隔绝空气的条件下加热制得。例如，草酸亚铁受热制取FeO的反应式为：

$$FeC_2O_4 = FeO + CO\uparrow + CO_2\uparrow$$

红棕色的Fe_2O_3、暗褐色的Co_2O_3以及灰黑色的Ni_2O_3则是难溶于水的两性偏碱的氧化物。实验室中，常将氢氧化铁$Fe(OH)_3$加热脱水而制得较纯的Fe_2O_3。小心加热$Co(NO_3)_2$和$Ni(NO_3)_2$，可制得Co_2O_3和Ni_2O_3。

铁还能形成所谓+2和+3的混合氧化物，如四氧化三铁Fe_3O_4，可看作是FeO和Fe_2O_3的混合氧化物$FeO\cdot Fe_2O_3$。经X射线研究证明，Fe_3O_4是一种铁（Ⅲ）酸盐，即$Fe^{II}[Fe_2^{III}O_4]$，它是具有磁性的化合物。钴、镍也有类似的氧化物，如Co_3O_4和Ni_3O_4。

(2) Co_2O_3和Ni_2O_3的氧化性

氧化数为+3的钴和镍的氧化物，在酸性溶液中具有强氧化性，相对次序后者更强，例如，Co_2O_3与浓HCl作用放出Cl_2：

$$Co_2O_3 + 6HCl = 2CoCl_2 + Cl_2\uparrow + 3H_2O$$

(3) 氢氧化物的氧化还原性与制备

白色的$Fe(OH)_2$、粉红色的$Co(OH)_2$[$Co(OH)_2$初生时为蓝色，放置或加热后转变为粉红色]和苹果绿的$Ni(OH)_2$的溶解性、酸碱性与相应氧化数氧化物的相似。$Fe(OH)_2$、$Co(OH)_2$和$Ni(OH)_2$都可由强碱作用于+2氧化数的铁、钴和镍盐溶液而制得。

$Fe(OH)_2$从溶液中析出时，除非完全清除掉溶液中的氧，否则往往得不到纯的$Fe(OH)_2$，因为$Fe(OH)_2$强烈地吸收空气中的氧，迅速被氧化为土绿色到暗棕色的中间产物（即有部分+2氧化数的铁被氧化为+3氧化数）；有足够氧气存在时，最终全部被氧化为$Fe(OH)_3$：

$$4Fe(OH)_2 + O_2 + 2H_2O = 4Fe(OH)_3$$

而$Co(OH)_2$则比较缓慢地被空气氧化为$Co(OH)_3$。$Ni(OH)_2$在空气中很稳定，只有在强氧化剂（如NaOCl）存在时，才能把$Ni(OH)_2$氧化为$Ni(OH)_3$。

红棕色的$Fe(OH)_3$、褐棕色的$Co(OH)_3$以及黑色的$Ni(OH)_3$的基本性质同样与相应氧化数氧化物的相似。强碱作用于+3氧化数的铁盐溶液，析出$Fe(OH)_3$沉淀，其组成为$Fe_2O_3\cdot H_2O$，通常把它写成$Fe(OH)_3$或$FeO(OH)$。钴、镍的氢氧化物也有类似组成。$Fe(OH)_3$在热的浓的强碱溶液中，能显著地溶解，生成铁酸盐（如$NaFeO_2$或$Na_3[Fe(OH)_6]$）。$Co(OH)_3$与过量强碱作用能生成六羟基合钴（Ⅲ）酸盐（如$K_3[Co(OH)_6]$）。

氧化数为+3的氢氧化物与酸的作用，表现出不同的性质。例如，$Fe(OH)_3$与盐酸仅发生中和反应：

$$Fe(OH)_3 + 3HCl = FeCl_3 + 3H_2O$$

而 $Co(OH)_3$ 与盐酸作用，能把 Cl^- 氧化为氯气：

$$2Co(OH)_3 + 6HCl \xlongequal{} 2CoCl_2 + Cl_2\uparrow + 6H_2O$$

$Ni(OH)_3$ 的氧化性更强，也能把盐酸氧化为 Cl_2。

10.2.5.2 铁（Ⅱ）、钴（Ⅱ）、镍（Ⅱ）的盐

（1）基本性质

铁（Ⅱ）、钴（Ⅱ）、镍（Ⅱ）的盐类有许多相似的地方。例如，它们的硫酸盐、硝酸盐和氯化物都易溶于水。从溶液中结晶出来时，常带有相同数目的结晶水。例如：

$FeSO_4 \cdot 7H_2O$	$Fe(NO_3)_2 \cdot 6H_2O$	$FeCl_2 \cdot 6H_2O$
$CoSO_4 \cdot 7H_2O$	$Co(NO_3)_2 \cdot 6H_2O$	$CoCl_2 \cdot 6H_2O$
$NiSO_4 \cdot 7H_2O$	$Ni(NO_3)_2 \cdot 6H_2O$	$NiCl_2 \cdot 6H_2O$

这些盐类都带有颜色，因为它们的水合离子都带有颜色，如淡绿色的 $[Fe(H_2O)_6]^{2+}$、粉红色的 $[Co(H_2O)_6]^{2+}$ 和绿色的 $[Ni(H_2O)_6]^{2+}$。从溶液中结晶出来时，水合离子中的水成为结晶水共同析出，所以上述铁（Ⅱ）盐都带淡绿色、钴（Ⅱ）盐带粉红色、镍（Ⅱ）盐带绿色。

铁、钴和镍的硫酸盐都能与碱金属或铵的硫酸盐形成复盐。如硫酸亚铁铵 $(NH_4)_2SO_4 \cdot FeSO_4 \cdot 6H_2O$，俗称莫尔盐，是分析化学中 $K_2Cr_2O_7$ 法或 $KMnO_4$ 法的还原剂之一，其中的 Fe(Ⅱ) 具有相对强的稳定性。硫酸亚铁的水合晶体又称绿矾，在空气中逐渐风化，同时表面氧化为黄褐色的铁（Ⅲ）的碱式硫酸盐。$FeSO_4$ 可用铁屑与稀 H_2SO_4 作用制得。它用于保护木材，制蓝黑墨水，防止害虫等。$NiSO_4$ 是工业上电镀镍的原料。

（2）Fe^{2+}、Co^{2+}、Ni^{2+} 的还原性

Fe^{2+}、Co^{2+}、Ni^{2+} 的还原性按 $Fe^{2+} > Co^{2+} > Ni^{2+}$ 的顺序减弱。如 $Fe(OH)_2$ 易被空气中的氧氧化成 $Fe(OH)_3$，$FeSO_4$ 溶液同样易被氧化成 $Fe_2(SO_4)_3$，为防止 $FeSO_4$ 溶液变质，通常放入铁钉。

（3）氯化钴的结晶水与颜色

氯化钴有三种主要水合物，它们的相互转变温度及特征颜色如下：

$$\underset{(粉红)}{CoCl_2 \cdot 6H_2O} \xrightleftharpoons{52.25℃} \underset{(紫红)}{CoCl_2 \cdot 2H_2O} \xrightleftharpoons{90℃} \underset{(蓝紫)}{CoCl_2 \cdot H_2O} \xrightleftharpoons{120℃} \underset{(蓝色)}{CoCl_2}$$

无水二氯化钴溶于冷水中呈粉红色。做干燥剂用的硅胶常浸有二氯化钴的水溶液，利用氯化钴因吸水和脱水而发生的颜色变化，来表示硅胶的吸湿情况。在升高温度时，硅胶失水由粉红色变为蓝紫色或蓝色；当硅胶吸水后，逐渐变为粉红色。

（4）其他性质

$NiCl_2$ 与 $CoCl_2$ 有相同的晶形，但 $NiCl_2$ 在乙醚或丙酮中的溶解度比 $CoCl_2$ 小得多，利用这一性质可以分离钴和镍。氧化数为+2 的铁、钴和镍的碳酸盐和硫化物都是难溶于水的。刚从溶液中析出的 CoS 和 NiS 易溶于稀酸中，静置后转变为另一种变体，就不易溶于稀酸了。

10.2.5.3 铁（Ⅲ）、钴（Ⅲ）、镍（Ⅲ）的盐

（1）稳定性

钴（Ⅲ）和镍（Ⅲ）的盐都很不稳定，故很少存在。这是由于它们的离子氧化性不同而造成的。

$$Fe^{3+} + e^- \rightleftharpoons Fe^{2+} \qquad E^{\ominus} = 0.771V$$

$$Co^{3+} + e^- \rightleftharpoons Co^{2+} \qquad E^{\ominus} = 1.84V$$

$$Ni^{3+} + e^- \rightleftharpoons Ni^{2+} \qquad E^{\ominus} > 1.84V$$

由它们的 $E^{\ominus}$ 值可以看出，氧化数为+3 的离子的氧化性按 Fe^{3+}、Co^{3+}、Ni^{3+} 的顺序增强。当 Fe^{3+}、Co^{3+}、Ni^{3+} 分别与负离子结合时，夺取负离子的电子被还原为+2 价离子的趋势也按 Fe^{3+}、Co^{3+}、Ni^{3+} 的顺序增强，生成氧化数为+3 的盐的氧化还原稳定性则按这一顺序而降低。例如，它们的硫酸盐已知有 $Fe_2(SO_4)_3 \cdot 9H_2O$ 和 $Co_2(SO_4)_3 \cdot 18H_2O$。$Fe_2(SO_4)_3 \cdot 9H_2O$ 是很稳定的铁盐，而 $Co_2(SO_4)_3 \cdot 18H_2O$ 不仅在溶液中不稳定，在固体状态时也很不稳定，分解成钴（Ⅱ）的硫酸盐和氧。可以推想，镍（Ⅲ）的硫酸盐更不稳定，这是因为 Ni^{3+} 的氧化性更强。

（2）$FeCl_3$ 的氧化性与水解性

$FeCl_3$ 常作氧化剂应用在有机合成和刻蚀某些金属方面。例如，工业上常应用 $FeCl_3$ 的酸性溶液在铁制部件上刻蚀字样，反应式为：

$$2Fe^{3+} + Fe \rightleftharpoons 3Fe^{2+}$$

这一反应的平衡常数根据公式 $\lg K^{\ominus} = \dfrac{nE^{\ominus}}{0.0592}$ 计算得：

$$K^{\ominus} = \frac{[Fe^{2+}]^3}{[Fe^{3+}]^2} = 10^{41}$$

可见此反应向右进行的程度是很大的。同理，在 Fe^{2+} 的溶液中加入金属铁，可防止 Fe^{2+} 被氧化为 Fe^{3+}。

在无线电工业上，常利用 $FeCl_3$ 的溶液来刻蚀铜，制造印刷线路。其反应式为：

$$2Fe^{3+} + Cu \rightleftharpoons 2Fe^{2+} + Cu^{2+} \qquad K^{\ominus} = 10^{14.7}$$

铜板上需要去掉的部分，在 $FeCl_3$ 溶液的作用下，变为 Cu^{2+} 而溶解掉。

由于 Fe^{3+} 比 Fe^{2+} 的电荷多、半径小，因而在水溶液中 Fe^{3+} 比 Fe^{2+} 容易发生离解，它们的第一级离解常数分别如下：

$$[Fe(H_2O)_6]^{3+} \rightleftharpoons [Fe(OH)(H_2O)_5]^{2+} + H^+ \quad K^{\ominus} = 10^{-3.05}$$

$$[Fe(H_2O)_6]^{2+} \rightleftharpoons [Fe(OH)(H_2O)_5]^{+} + H^+ \quad K^{\ominus} = 10^{-9.5}$$

Fe^{3+} 还可以发生下列离解反应：

$$[Fe(OH)(H_2O)_5]^{2+} \rightleftharpoons [Fe(OH)_2(H_2O)_4]^{+} + H^+ \quad K^{\ominus} = 10^{-3.26}$$

在较浓的 Fe^{3+} 溶液（$1mol \cdot L^{-1}$）中，离解所形成的碱式离子可缩聚为二聚离子（双核配离子）：

$$2[Fe(H_2O)_6]^{3+} \rightleftharpoons [(H_2O)_4Fe(OH)_2Fe(H_2O)_4]^{4+} + 2H^+ + 2H_2O \quad K^{\ominus} = 10^{-2.91}$$

在 Fe^{3+} 的稀溶液（$10^{-4} mol \cdot L^{-1}$ 左右）中，其离解产物主要是 $[Fe(OH)(H_2O)_5]^{2+}$ 和 $[Fe(OH)_2(H_2O)_4]^{+}$。通常把 Fe^{3+} 的离解产物写成 $Fe(OH)_3$ 只是一种近似的写法。

由于 Fe^{3+} 水解程度大，$[Fe(H_2O)_6]^{3+}$ 仅能存在于酸性较强的溶液中，稀释溶液或增大溶液的 pH，会有胶状物沉淀出来，此胶状物的组成是 $FeO(OH)$，通常也写作 $Fe(OH)_3$，而使溶液呈黄色或棕红色。$FeCl_3$ 的净水作用，就是由于 Fe^{3+} 离解产生 $FeO(OH)$ 后，与水中悬浮的泥土等杂质一起聚沉下来，使浑浊的水变清。

在其他方面，$FeCl_3$ 是共价键占优势的化合物，它的蒸气含有双聚分子 Fe_2Cl_6，其结构为：

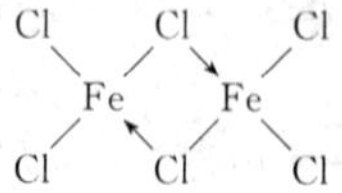

氧化数高于+3 的铁系元素的盐类，已经制得的有高铁酸钾 K_2FeO_4 和高钴酸钾 K_3CoO_4。它们在酸性溶液中都是很强的氧化剂。

10.2.5.4 铁、钴和镍的配合物

(1) 与卤素离子形成的配合物以及 Fe^{3+} 的掩蔽

Fe^{2+}、Co^{2+} 和 Ni^{2+} 在水溶液中与卤素离子形成的配合物都不太稳定。例如：

$$[Co(H_2O)_6]^{2+} \underset{H_2O}{\overset{Cl^-}{\rightleftharpoons}} [CoCl_4]^{2-}$$

Fe^{3+} 和 Co^{3+} 却能与 F^- 形成稳定的配合物，如 $K_3[FeF_6]$ 和 $K_3[CoF_6]$。它们都属于外轨型的配合物。由于 $[FeF_6]^{3-}$ 比较稳定（稳定常数约为 10^{14}），在分析化学上常在含有 Fe^{3+} 的混合溶液中，加入 NaF 使 Fe^{3+} 形成 $[FeF_6]^{3-}$，把 Fe^{3+} 掩蔽起来，从而消除 Fe^{3+} 的干扰。

(2) 与 NH_3 形成的配合物以及 Co^{2+} 和 Co^{3+} 的稳定性

Fe^{2+}、Co^{2+} 和 Ni^{2+} 与氨形成配合物的稳定性按 Fe^{2+}、Co^{2+}、Ni^{2+} 顺序增强。但 Fe^{2+} 难以在水溶液中形成稳定的氨合物。在无水状态下 $FeCl_2$ 可与 NH_3 形成 $[Fe(NH_3)_6]Cl_2$，遇水则按下式分解：

$$[Fe(NH_3)_6]Cl_2 + 6H_2O \rightleftharpoons Fe(OH)_2\downarrow + 4NH_3 \cdot H_2O + 2NH_4Cl$$

对 Co^{2+}、Ni^{2+} 来说，这种分解倾向较小。在过量氨存在的溶液中，Co^{2+} 能与 NH_3 形成较稳定的 $[Co(NH_3)_6]^{2+}$（稳定常数为 $10^{4.39}$），但易被 O_2 氧化为 $[Co(NH_3)_6]^{3+}$。Ni^{2+} 可形成 $[Ni(NH_3)_4]^{2+}$ 和 $[Ni(NH_3)_6]^{2+}$（前者稳定常数为 $10^{7.47}$，后者稳定常数为 $10^{8.01}$），反应如下：

$$CoCl_2 + 6NH_3 \xlongequal{} [Co(NH_3)_6]^{2+}\text{（土黄色）} + 2Cl^-$$

$$NiCl_2 + 6NH_3\text{（过量）} \xlongequal{} [Ni(NH_3)_6]^{2+}\text{（蓝色）} + 2Cl^-$$

Co^{3+} 的配合物都是配位数为 6 的。Co^{3+} 在水溶液中不能稳定存在，难以与配位体直接形成配合物，通常把 Co(Ⅱ) 盐溶在有配合剂的溶液中，借氧化剂把 Co(Ⅱ) 氧化，从而制出 Co(Ⅲ) 的配合物。例如：

$$4Co^{2+} + 24NH_3 + O_2 + 2H_2O \xlongequal{} 4\ \underset{\text{（红棕色）}}{[Co(NH_3)_6]^{3+}} + 4OH^-$$

又如：

$$2\underset{\text{土黄色}}{[Co(NH_3)_6]^{2+}} + H_2O_2 + 2H^+ \xlongequal{} 2\underset{\text{（红棕色）}}{[Co(NH_3)_6]^{3+}} + 2H_2O$$

$$4CoCl_2 + 4NH_4Cl + 20NH_3 + O_2 \xlongequal{\text{催化剂（木炭）}} 4\ [Co(NH_3)_6]Cl_3 + 2H_2O$$

Co^{3+} 形成配合物后，在溶液中则是稳定的。Ni(Ⅲ) 的配合物比较少见，且是不稳定的。

对 Fe^{3+} 来说，由于其水合离子发生强烈的水解，所以在水溶液中加入氨时，不是形成氨合物，而是形成 $Fe(OH)_3$ 沉淀。

(3) 与 NCS^- 形成的配合物以及 Fe^{3+}、Co^{2+} 的鉴定

Fe^{2+}、Co^{2+} 和 Ni^{2+} 与 NCS^- 形成的配合物有配位数 4 和 6 两类。但它们在水溶液中都不太稳定。在水溶液中不太稳定的蓝色配离子 $[Co(NCS)_4]^{2-}$ 能较稳定地存在于乙醚、戊醇或丙酮中。在鉴定 Co^{2+} 时常利用这一特性。Fe^{3+} 与 NCS^- 形成组成为 $[Fe(NCS)_n]^{3-n}$（n=1，2，3，4，5，6）的红色配合物。从结合 1 个 NCS^- 的 $[Fe(NCS)(H_2O)_5]^{2+}$ 到结合 6 个 NCS^- 的 $[Fe(NCS)_6]^{3-}$ 都呈红色。这一反应非常灵敏，它是鉴定 Fe^{3+} 是否存在的重要反应之一。

上述 Co^{2+} 和 Fe^{3+} 的鉴定反应分别为：

$$Co^{2+} + 4NCS^-\text{（过量）} \xlongequal{\text{乙醚}} \underset{\text{（蓝色）}}{[Co(NCS)_4]^{2-}}$$

$$Fe^{3+}+6NCS^- \longrightarrow [Fe(NCS)_6]^{3-}$$
（血红色）

（4）与 CN^- 形成的配合物以及 Fe^{3+}、Fe^{2+}、Ni^{2+}、S^{2-}、SO_3^{2-} 的鉴定

CN^- 与 Fe^{3+}、Fe^{2+}、Co^{2+}、Ni^{2+} 都能形成配位数为 6 或 4 的配合物。这些配合物都是内轨型配合物，在溶液中都很稳定。

黄色晶体 $K_4[Fe(CN)_6]\cdot 3H_2O$，工业名称叫黄血盐。Fe^{3+} 不能与 KCN 直接生成 $K_3[Fe(CN)_6]$。它是由氯气氧化 $K_4[Fe(CN)_6]$ 的溶液而制得的：

$$2K_4[Fe(CN)_6]+Cl_2 \longrightarrow 2KCl+2K_3[Fe(CN)_6]$$

$K_3[Fe(CN)_6]$ 是褐红色晶体，工业名称叫赤血盐。$[Fe(CN)_6]^{3-}$ 的氧化性不如 Fe^{3+} 强，其 $E^{\ominus}$ 值如下：

$$[Fe(CN)_6]^{3-}+e^- \rightleftharpoons [Fe(CN)_6]^{4-} \qquad E^{\ominus}=0.36V$$

$$Fe^{3+}+e^- \rightleftharpoons Fe^{2+} \qquad E^{\ominus}=0.77V$$

$[Fe(CN)_6]^{3-}$ 和 $[Fe(CN)_6]^{4-}$ 在溶液中十分稳定，因此在含有 $[Fe(CN)_6]^{3-}$ 和 $[Fe(CN)_6]^{4-}$ 的溶液中几乎检查不出离解的 Fe^{3+} 和 Fe^{2+}。但 $[Fe(CN)_6]^{4-}$ 遇到 Fe^{3+} 立即产生蓝色沉淀，这种沉淀俗称普鲁士蓝，其反应式为：

$$4Fe^{3+}+3[Fe(CN)_6]^{4-} \longrightarrow Fe_4[Fe(CN)_6]_3\downarrow$$

这一反应也是检查溶液中是否存在 Fe^{3+} 的灵敏反应。

$[Fe(CN)_6]^{3-}$ 与 Fe^{2+} 在溶液中也产生蓝色沉淀，这种沉淀俗称滕氏蓝，其反应式为：

$$3Fe^{2+}+2[Fe(CN)_6]^{3-} \longrightarrow Fe_3[Fe(CN)_6]_2\downarrow$$

这一反应也是检查溶液中是否存在 Fe^{2+} 的灵敏反应。

近年来已经查明，普鲁士蓝和滕氏蓝的结构都是 $Fe_4^{\mathrm{III}}[Fe^{\mathrm{II}}(CN)_6]_3$。

Fe^{3+} 与 $[Fe(CN)_6]^{3-}$ 在溶液中不生成沉淀，但溶液变成暗棕色。Fe^{2+} 与 $[Fe(CN)_6]^{4-}$ 作用则生成白色的 $Fe_2[Fe(CN)_6]$ 沉淀。由于 Fe^{2+} 易被空气氧化，所以最后也形成普鲁士蓝。

在铁的氰合物中，还有许多配合物只有五个 CN^-，另外再结合一个别的离子（如 NO_2^-、SO_3^{2-}）或中性分子（NO、CO、NH_3、H_2O）。其中较重要的是 $Na_2[Fe(CN)_5NOS]$。它与 S^{2-}（但不与 HS^-）作用生成 $Na_2[Fe(CN)_5NOS]$ 而显特殊的红紫色。它与 $ZnSO_4$ 及 $K_4[Fe(CN)_6]$ 的混合液遇到 SO_3^{2-} 则生成红色沉淀。因此它被用来检查溶液中是否有 S^{2-}、SO_3^{2-} 的存在。

Ni^{2+} 的平面正方形配合物，除了 $[Ni(CN)_4]^{2-}$ 外还有二丁二酮肟合镍（Ⅱ），后者为鲜红色沉淀，可用于定性鉴定 Ni^{2+}。

10.3 ds 区元素

ds 区元素（ds block elements）包括铜族元素的铜（copper）、银（silver）、金（gold）和锌族元素的锌（zinc）、镉（cadmium）、汞（mercury）。这两族元素原子的价电子层构型分别为 $(n-1)d^{10}ns^1$ 和 $(n-1)d^{10}ns^2$。

10.3.1 通性

铜族和锌族元素的次外层都是 18 电子结构，所以当它们分别形成与族数相同的氧化数的化合物时，相应的离子都是 18 电子构型，所以这两族的离子都有强的极化力，这就使它们的二元化合物一般都部分地或完全地带有共价性。

这两族元素与其他过渡元素类似，易形成配合物，但由于ⅡB 族元素的离子 M^{2+} d 轨道已填满，电子不能发生 d-d 跃迁，因此它们的配合物一般无色。

10.3.2 铜族元素

10.3.2.1 单质及其化学活泼性

作为单质来说，在所有的金属中，银的导电性最好。铜次之，因而在电器中广泛采用铜作为导电材料，要求高的场合，如触点、电极等可采用银。另外，铜、银之间以及铂、锌、锡、钯等其他金属之间很容易形成合金。如铜合金中的黄铜（含锌）、青铜（含锡）、白铜（含镍）等。

铜、银、金的化学活泼性较差，室温下看不出它们能与氧或水作用，但是，若反应能产生难溶物质或配离子，则就能与 O_2 发生反应。例如，在含有 CO_2 的潮湿空气中，铜的表面会逐渐蒙上绿色的铜锈（俗称铜绿）——碱式碳酸铜 $Cu_2(OH)_2CO_3$：

$$2Cu + O_2 + H_2O + CO_2 \xlongequal{} Cu_2(OH)_2CO_3$$

再如，在有 H_2S 的环境中：

$$4Ag + O_2 + 2H_2S \xlongequal{} 2Ag_2S(\text{黑色}) + 2H_2O$$

10.3.2.2 铜族元素的化合物

铜族元素+1 氧化数的离子都是无色的，而高氧化态的离子由于次外层未充满而都是有颜色的（Cu^{2+} 蓝色、Au^{3+} 红黄色）。

（1）溶解性与酸碱性

Cu^+ 为 18 电子构型，具有较强的极化力，因此几乎所有 Cu(Ⅰ) 的化合物都难溶于水，而 Cu(Ⅱ) 的化合物则易溶于水的较多。

水合铜离子 $[Cu(H_2O)_6]^{2+}$ 呈蓝色。在 Cu^{2+} 的溶液中加入适量的碱，析出浅蓝色氢氧化铜 $Cu(OH)_2$ 沉淀。加热 $Cu(OH)_2$ 悬浮液到接近沸腾时分解出 CuO：

$$Cu^{2+} + 2OH^- \xlongequal{} Cu(OH)_2\downarrow \xlongequal{80\sim90℃} CuO\downarrow + H_2O$$

这一反应常用来制取 CuO。

$Cu(OH)_2$ 能溶于过量浓碱溶液中，生成四羟基合铜（Ⅱ）离子 $[Cu(OH)_4]^{2-}$：

$$Cu(OH)_2 + 2OH^- \xlongequal{} [Cu(OH)_4]^{2-}$$

银的许多化合物都是难溶于水的。卤化银的溶解度按 AgCl、AgBr、AgI 的顺序减小。Ag^+ 同样有较强的极化作用，极化率从 Cl^- 到 I^- 依次增大，从离子极化观点来看，相互的极化作用依次增强，逐步变为共价键占优势的 AgI，从而使它们在水中的溶解度逐步减小。Ag^+ 为 d^{10} 构型，它的化合物一般呈白色或无色，但 AgBr 呈淡黄色，AgI 呈黄色，这与卤素负离子和 Ag^+ 之间发生的电荷迁移有关。易溶于水的 Ag(Ⅰ) 化合物有：高氯酸银 Ag-ClO_4、氟化银 AgF，氟硼酸银 $AgBF_4$ 和硝酸银 $AgNO_3$ 等。其他 Ag(Ⅰ) 的一般化合物（不包括配盐）几乎都是难溶于水的。

（2）稳定性与光敏性

一般说来，在固态时，Cu(Ⅰ) 的化合物比 Cu(Ⅱ) 的化合物热稳定性高。例如，Cu_2O 受热到 1800℃时分解，而 CuO 在 1100℃时分解为 Cu_2O 和 O_2；无水 $CuCl_2$ 强热时分解为 CuCl。在水溶液中 Cu(Ⅰ) 容易被氧化为 Cu(Ⅱ)，即水溶液中 Cu(Ⅱ) 的化合物是稳定的。

银的化合物相对来说更不稳定。Ag(Ⅰ) 的许多化合物加热到不太高的温度时就会发生分解，例如：

$$2Ag_2O \xlongequal{300℃} 4Ag + O_2\uparrow$$

$$2AgCN \xlongequal{320℃} 2Ag + (CN)_2\uparrow$$

$$2AgNO_3 \xlongequal{440℃} 2Ag + 2NO_2\uparrow + O_2\uparrow$$

许多 Ag(Ⅰ) 化合物对光是敏感的。例如，AgCl、AgBr、AgI 见光都按下式分解：

$$AgX \xlongequal{光} Ag + \frac{1}{2}X_2$$

X 代表 Cl、Br、I。照相工业上常用 AgBr 制造照相底片或印相纸等。

(3) 其他较为典型的性质与 Cu^{2+} 的鉴定

① Cu_2O 与氧的作用　若有 O_2 存在，适当加热 Cu_2O 能生成黑色的 CuO。人们利用 Cu_2O 的这一性质来除去氮气中微量的氧：

$$2Cu_2O + O_2 \xlongequal{200℃左右} 4CuO$$

暗红色粉末状的 Cu_2O 可以用氢气还原 CuO 得到：

$$2CuO + H_2 \xlongequal{150℃} Cu_2O + H_2O\uparrow$$

而 CuO 只要加热 $Cu(OH)_2$ 或碱式碳酸铜 $Cu_2(OH)_2CO_3$ 就能获得：

$$Cu_2(OH)_2CO_3 \xlongequal{200℃} 2CuO + CO_2\uparrow + H_2O\uparrow$$

② 无水 $CuSO_4$ 的吸水性　无水 $CuSO_4$ 易吸水，吸水后呈蓝色，常被用来鉴定液态有机物中的微量水。

③ $AgNO_3$ 的氧化性　$AgNO_3$ 为一种强氧化剂，可被有机物还原为黑色的 Ag，也可被 Zn、Cu 等金属还原为 Ag：

$$2AgNO_3 + Cu \xlongequal{} 2Ag\downarrow + Cu(NO_3)_2$$

此外，$AgNO_3$ 可使蛋白质凝固成黑色的蛋白银，故对皮肤有腐蚀作用。10% 的稀 $AgNO_3$ 溶液在医药上可作为杀菌剂。

④ Cu^{2+} 的鉴定　在近中性溶液中，Cu^{2+} 与 $[Fe(CN)_6]^{4-}$ 反应，生成 $Cu_2[Fe(CN)_6]$ 红棕色沉淀：

$$2Cu^{2+} + [Fe(CN)_6]^{4-} \xlongequal{} Cu_2[Fe(CN)_6]\downarrow$$

这一反应常用来鉴定微量 Cu^{2+} 的存在。

(4) 铜（Ⅰ）和铜（Ⅱ）之间的相互转化

从铜的电势图看出：$E^{\ominus}(Cu^+/Cu) > E^{\ominus}(Cu^{2+}/Cu^+)$。

$$Cu^{2+} \xrightarrow{0.159V} Cu^+ \xrightarrow{0.52V} Cu$$

所以 Cu^+ 在溶液中能自动歧化为 Cu^{2+} 和 Cu：

$$2Cu^+ \xlongequal{} Cu^{2+} + Cu \qquad K^{\ominus} = 10^{6.12}$$

由它的平衡常数值得知，室温下 Cu^+ 在水溶液中歧化反应的程度较大，故 Cu^+ 在水溶液中不稳定。当 Cu^+ 形成配合物后，它能较稳定地存在于溶液中。例如，$[CuCl_2]^-$ 就不容易歧化为 Cu^{2+} 和 Cu。其相应的电势如下：

$$Cu^{2+} \xrightarrow{0.438V} [CuCl_2]^- \xrightarrow{0.241V} Cu$$

$E^{\ominus}([CuCl_2]^-/Cu) < E^{\ominus}(Cu^{2+}/[CuCl_2]^-)$，所以 $[CuCl_2]^-$ 在溶液中是较稳定的。例如：

$$Cu^{2+} + Cu + 2Cl^- \xlongequal{\triangle} 2CuCl\downarrow \text{白色}$$

若 Cl^- 过量：　$CuCl(s) + Cl^- \underset{H_2O}{\overset{Cl^-过量}{\rightleftharpoons}} [CuCl_2]^-$（泥黄色）

即　$Cu^{2+} + Cu + 4Cl^-(浓) \xlongequal{\triangle} 2[CuCl_2]^-$

常利用 $CuSO_4$ 或 $CuCl_2$ 的溶液与浓 HCl 和 Cu 屑混合，在加热的情况下，来制取 $[CuCl_2]^-$ 的溶液：

$$CuSO_4 + 4HCl + Cu \xlongequal{\triangle} 2H[CuCl_2] + H_2SO_4$$

将制得的溶液倒入大量水中稀释时，会有白色氯化亚铜 CuCl 沉淀析出：

$$[CuCl_2]^- \xrightleftharpoons{稀释} CuCl(s) + Cl^-$$

工业上或实验室中常用这种办法来制造氯化亚铜。

从下面的电势图看出，CuCl 也不容易歧化为 Cu^{2+} 和 Cu。

$$Cu^{2+} \xrightarrow{0.509V} CuCl \xrightarrow{0.171V} Cu$$

CuCl 在水中可被空气中的氧所氧化，逐渐变为 Cu(Ⅱ) 的盐。干燥状态的 CuCl 则比较稳定。

因此，若要使溶液中的 Cu(Ⅱ) 转变为 Cu(Ⅰ) 并稳定存在，不仅需要还原剂，同时要使 Cu^+ 形成难解离的物质，降低溶液中 Cu^+ 的浓度。

10.3.2.3 铜族元素的配合物

(1) Cu(Ⅰ) 的配合物

Cu^+ 与下述离子或分子都能形成稳定的配合物，其稳定性按下列顺序增强：

$$Cl^- < Br^- < I^- < SCN^- < NH_3 < S_2O_3^{2-} < CS(NH_2)_2 < CN^-$$

例如，上述提到 CuCl 在过量的 Cl^- 溶液中形成的泥黄色的 $[CuCl_2]^-$。当向 $[CuCl_2]^-$ 溶液中加水稀释时又会产生 CuCl 白色沉淀。

Cu(Ⅰ) 的配合物常用它的难溶盐与具有相同负离子的其他易溶盐（或酸），在溶液中借加合反应而形成。例如，CuCN 溶于 NaCN 溶液中生成易溶的 $Na[Cu(CN)_2]$，其反应式为：

$$CuCN(s) + CN^- \xlongequal{} [Cu(CN)_2]^-$$

这类反应能否进行，取决于难溶盐的溶度积和配合物的稳定常数的大小，还与易溶盐的浓度有关。由 CuCN 生成 $[Cu(CN)_2]^-$ 的反应，其平衡常数表示式为：

$$K^\ominus = \frac{[Cu(CN)_2^-]}{[CN^-]} = \frac{[Cu(CN)_2^-][Cu^+][CN^-]}{[Cu^+][CN^-]^2}$$

$$= \beta_2 K_{sp}^\ominus = 10^{24.0} \times 3.2 \times 10^{-20}$$

$$= 3.2 \times 10^4$$

可见反应向右进行的程度较大。在 Cu(Ⅰ) 的配合物中，Cu(Ⅰ) 的配位数常见的是 2，当配位体的浓度增大时，也可形成配位数为 3 或 4 的配合物，如 $[Cu(CN)_3]^{2-}$ ($\beta_3 = 10^{28.59}$) 和 $[Cu(CN)_4]^{3-}$ ($\beta_4 = 10^{30.30}$)。

(2) Cu(Ⅱ) 的配合物

在 Cu^{2+} 的配合物中，$[CuCl_4]^{2-}$ 稳定性较差 ($\beta_4 = 10^{-4.6}$)，在很浓的 Cl^- 溶液中才有黄色的 $[CuCl_4]^{2-}$ 存在。当加水稀释时，$[CuCl_4]^{2-}$ 容易离解为 $[Cu(H_2O)_6]^{2+}$ 和 Cl^-，溶液的颜色由黄色变绿色（是 $[CuCl_4]^{2-}$ 和 $[Cu(H_2O)_6]^{2+}$ 的混合色），最后变为蓝色的 $[Cu(H_2O)_6]^{2+}$。

在 Cu^{2+} 的简单配合物中，深蓝色的 $[Cu(NH_3)_4]^{2+}$ 较稳定，它是平面正方形的配离子，常以 $[Cu(NH_3)_4]^{2+}$ 的颜色来鉴定 Cu^{2+} 的存在。

当在非氧化性酸中有适当的配位剂时，Cu 有时能从此溶液中置换出氢气。例如，Cu 能在溶有硫脲 $CS(NH_2)_2$ 的盐酸中置换出氢气：

$$2Cu + 2HCl + 4CS(NH_2)_2 \xlongequal{} 2[Cu(CS(NH_2)_2)_2]^+ + H_2\uparrow + 2Cl^-$$

这是由于硫脲能与 Cu^+ 生成二硫脲合铜（Ⅰ）离子 $[Cu(CS(NH_2)_2)_2]^+$，增强了 Cu 失去电子的能力。在空气存在的情况下，Cu、Ag、Au 都能溶于氰化钾或氰化钠的溶液中：

$$4M+O_2+2H_2O+8CN^- = 4[M(CN)_2]^- +4OH^-$$

M代表Cu、Ag、Au。这种现象也是由于它们的离子能与CN^-形成配合物，使它们单质的还原性增强，以致空气中的氧能把它们氧化。上述反应常用于从矿石中提取Ag和Au。

在合成氨工厂中不能用铜作阀门或管道，这是因为有如下反应：

$$2Cu+8NH_3+2H_2O+O_2 = 2[Cu(NH_3)_4]^{2+}+4OH^-$$

这里铜之所以被腐蚀，也基于以上道理，因为Cu^{2+}与NH_3能形成配合物，使铜单质的还原性增强，以致能把铜氧化。

(3) Ag(Ⅰ)的配合物

水合银离子一般认为是$[Ag(H_2O)_4]^+$，它在水中几乎不水解，$AgNO_3$的水溶液呈中性反应。向Ag^+溶液中加入NaOH溶液，则析出Ag_2O沉淀，因为AgOH极不稳定。

$$2Ag^+ +2OH^- = Ag_2O\downarrow +H_2O$$

从电对Ag^+/Ag的$E^\ominus=0.799V$来看，Ag^+的氧化性不算弱，但在Ag^+溶液中加入I^-时，Ag^+却不能把I^-氧化为I_2，而是发生下列反应：

$$Ag^+ +I^- = AgI\downarrow$$

这是由于Ag^+与I^-生成AgI沉淀后，降低了溶液中Ag^+的浓度，使Ag^+/Ag的电极电势大大降低，以致Ag^+氧化I^-的反应不能发生。同样地，在Ag^+溶液中通入H_2S，也不会发生氧化还原反应，而是析出Ag_2S沉淀。

AgI溶在过量的KI溶液中，可生成AgI_2^-配离子：

$$AgI(s)+I^- = [AgI_2]^-$$

当加水稀释AgI_2^-溶液时，AgI又重新析出。从反应的平衡常数表示式$K^\ominus=[AgI_2^-]/[I^-]$来看，当溶液稀释时，$[I^-]$和$[AgI_2^-]$同时减少，且比值不变，似乎平衡不会向左移动，即不应有AgI析出。但在AgI的溶液中还存在着下列平衡：

$$AgI \rightleftharpoons Ag^+ +I^-$$

总的反应为：

$$[AgI_2]^- \rightleftharpoons AgI+I^- \rightleftharpoons Ag^+ +2I^-$$

其平衡常数表示式为：

$$K^\ominus=\frac{[Ag^+][I^-]^2}{[AgI_2^-]}$$

由此可以看出，当溶液稀释时，分子和分母中离子浓度的比值Q减小，即$Q<K^\ominus$，所以会使平衡向生成I^-和Ag^+的方向移动。当稀释到一定程度，离解出来的Ag^+和I^-浓度乘积如果大于AgI的浓度积，就会有AgI沉淀析出。

在水溶液中，Ag^+能与多种配位体形成配合物，其配位数一般是2。由于Ag^+的许多化合物都是难溶于水的，在Ag^+溶液中加入配位剂时，常首先生成难溶化合物。当配位剂过量时，此难溶化合物将形成配离子而溶解。例如，在Ag^+的溶液中加入氨水，首先生成难溶于水的Ag_2O沉淀：

$$2Ag^+ +2NH_3+H_2O \rightleftharpoons Ag_2O\downarrow +2NH_4^+$$

溶液中氨水浓度增加时，Ag_2O即溶解并生成$[Ag(NH_3)_2]^+$：

$$Ag_2O(s)\downarrow +4NH_3+H_2O \rightleftharpoons 2[Ag(NH_3)_2]^+ +2OH^-$$

含有$[Ag(NH_3)_2]^+$的溶液能把醛和某些糖类氧化，本身被还原为Ag。例如：

$$2[Ag(NH_3)_2]^+ +HCHO+3OH^- = HCOO^- +2Ag\downarrow +4NH_3+2H_2O$$

工业上利用这类反应来制镜子或在暖水瓶的夹层上镀银。

再如，Ag^+与$S_2O_3^{2-}$作用先产生$Ag_2S_2O_3$，产物迅速分解，颜色由白色经黄色、棕色，

最后成黑色的 Ag_2S。但若 $S_2O_3^{2-}$ 过量，则反应最终产生配离子：

$$Ag^+ + 2S_2O_3^{2-} = [Ag(S_2O_3)_2]^{3-}$$

$[Ag(S_2O_3)_2]^{3-}$ 也是银的一种常见配合物，照相底片上未曝光的溴化银在定影液（$S_2O_3^{2-}$）中形成 $[Ag(S_2O_3)_2]^{3-}$ 而溶解：

$$AgBr + 2S_2O_3^{2-} = [Ag(S_2O_3)_2]^{3-} + Br^-$$

Ag（Ⅰ）的许多难溶于水的化合物可以转化为配离子而溶解，经常利用这一特性，把 Ag^+ 从混合离子溶液中分离出来。例如，在含有 Ag^+ 和 Ba^{2+} 的溶液中，加入过量的 K_2CrO_4 溶液时，会有 Ag_2CrO_4 和 $BaCrO_4$ 沉淀析出，再加入足量的氨水，Ag_2CrO_4 转化为 $[Ag(NH_3)_2]^+$ 而溶解：

$$Ag_2CrO_4(s) + 4NH_3 \rightleftharpoons 2[Ag(NH_3)_2]^+ + CrO_4^{2-}$$

$BaCrO_4$ 则不溶于氨水，这样可使混合的 Ba^{2+} 和 Ag^+ 分离。

Ag_2S 的溶解度太小，难以借配位反应使它溶解，通常借助于氧化还原反应使它溶解。例如，用 HNO_3 来氧化 Ag_2S，发生如下反应：

$$3Ag_2S(s) + 8H^+ + 2NO_3^- \xlongequal{\triangle} 6Ag^+ + 2NO\uparrow + 3S\downarrow + 4H_2O$$

从而使 Ag_2S 溶解。CuS 同样也可借此方法溶解。

10.3.3 锌族元素

锌（Zn）、镉（Cd）、汞（Hg）通常称它们为锌族元素。它们是与 p 区元素相邻的 d 区元素，具有与 d 区元素相似的性质，如易于形成配合物等。在某些性质上它们又与第 4、5、6 周期的 p 区金属元素有些相似，如熔点都较低，水合离子都无色等。

Zn、Cd、Hg 的原子的价层电子为 $(n-1)d^{10}ns^2$ 型。锌和镉的化合物与汞的化合物相比有许多不同之处，例如，汞除了形成氧化数为+2 的化合物外，还有氧化数为+1(Hg_2^{2+}) 的化合物，而锌和镉在化合物中通常氧化数为+2。

10.3.3.1 单质

锌表面容易在空气中生成一层致密的碱式碳酸盐 $ZnCO_3 \cdot Zn(OH)_2$ 而使锌有抗御腐蚀的性质，所以常用锌来镀薄铁板。镉既耐大气腐蚀，又对碱和海水有较好的抗腐蚀性，有良好的延展性，也易于焊接，且能长久保持金属光泽，因此，广泛应用于飞机和船舶零件的防腐镀层。汞是室温下唯一的液态金属，具有挥发性和毒害作用，应特别小心。

锌、镉、汞之间或与其他金属可形成合金。例如，汞能溶解金属形成汞齐，如汞和钠的合金（钠汞齐）与水接触时，其中的汞仍保持其惰性，而钠则与水反应放出氢气。不过同纯的金属相比，反应进行得比较平稳。根据此性质，钠汞齐在有机合成中常用作还原剂。

无论是在物理性质还是化学性质方面，锌、镉都比较相近，而汞较特殊。锌是比较活泼的金属，镉的化学活泼性不如锌，汞的化学性质不活泼。但值得一提的是汞和硫粉很容易形成硫化汞，据此性质，可以在洒落汞的地方撒上硫粉，使汞转化成硫化汞，以消除汞蒸气的毒性。

10.3.3.2 锌族元素的化合物

（1）氧化物与氢氧化物的酸碱性与稳定性

锌、镉形成氧化数为 2 的化合物，而汞有氧化数为+2 和+1 的化合物。在氧化数为+1 的汞的化合物中，汞以 Hg_2^{2+}（—Hg—Hg—）形式存在。Hg(Ⅰ) 的化合物叫亚汞化合物。绝大多数亚汞的无机化合物都是难溶于水的。Hg(Ⅱ) 的化合物中难溶于水的也较多，易溶于水的汞化合物都是有毒的。在汞的化合物中，有许多是以共价键结合的。

ZnO 和 $Zn(OH)_2$ 都是两性物质，$Cd(OH)_2$ 为两性偏碱性。向 Zn^{2+}、Cd^{2+} 溶液中加入强碱时，分别生成白色的 $Zn(OH)_2$ 和 $Cd(OH)_2$ 沉淀，当碱过量时，$Zn(OH)_2$ 溶解生成 $[Zn(OH)_4]^{2-}$，而 $Cd(OH)_2$ 则难溶解：

$$Zn^{2+}+2OH^- \rightleftharpoons Zn(OH)_2\downarrow \xrightleftharpoons{OH^-过量} [Zn(OH)_4]^{2-}$$

$$Cd^{2+}+2OH^- \rightleftharpoons Cd(OH)_2\downarrow$$

向 Hg^{2+}、Hg_2^{2+} 的溶液中加入强碱时，分别生成黄色的 HgO 和棕褐色的 Hg_2O 沉淀，因为 $Hg(OH)_2$ 和 $Hg_2(OH)_2$ 都不稳定，生成时立即脱水为氧化物：

$$Hg^{2+}+2OH^- = HgO\downarrow + H_2O$$

$$Hg_2^{2+}+2OH^- = HgO\downarrow + Hg\downarrow + H_2O$$

HgO 和 Hg_2O 都能溶于热浓硫酸中，但难溶于碱溶液中。

（2）$HgCl_2$ 的制备、结构及其与氨水的作用

$HgCl_2$ 曾由 $HgSO_4$ 与 NaCl 固体混合物加热制得：

$$HgSO_4+2NaCl \xlongequal{300℃} Na_2SO_4+HgCl_2(g)$$

此时制出的是 $HgCl_2$ 气体，冷却后变为 $HgCl_2$ 固体。由于 $HgCl_2$ 能升华，故称其为升汞。$HgCl_2$ 也可用 Hg 与 Cl_2 直接作用而制得：

$$Hg+Cl_2 = HgCl_2$$

$HgCl_2$ 有剧毒，是以共价键结合的分子，Hg 以 sp 杂化轨道与 Cl 结合，空间构型为直线形：

$$Cl \overset{229pm}{\text{———}} Hg \overset{229pm}{\text{———}} Cl$$

Hg(Ⅱ) 的卤化物（HgF_2 除外）以及 $Hg(CN)_2$ 和 $Hg(SCN)_2$ 都是共价型分子，为直线形构型，这点与 $HgCl_2$ 一样。

$HgCl_2$ 在水溶液中主要以分子形式存在。若在 $HgCl_2$ 溶液中加入氨水，会生成氨基氯化汞（NH_2HgCl）白色沉淀：

$$HgCl_2+2NH_3 = NH_2HgCl\downarrow + NH_4Cl$$

只有在含有过量的 NH_4Cl 的氨水中 $HgCl_2$ 才能与 NH_3 形成配合物：

$$HgCl_2+2NH_3 \xlongequal{NH_4Cl} [Hg(NH_3)_2Cl_2]$$

（3）亚汞盐的歧化与奈斯勒试剂及 NH_4^+ 的鉴定

许多难溶于水的亚汞盐见光或受热容易歧化成 Hg(Ⅱ) 的化合物和单质汞。例如，在 Hg_2^{2+} 溶液中加入 I^- 时，首先析出难溶的灰绿色的 Hg_2I_2：

$$Hg_2^{2+}+2I^- = Hg_2I_2\downarrow$$

Hg_2I_2 见光容易歧化为金红色的 HgI_2 和黑色的单质汞：

$$Hg_2I_2(s) = HgI_2+Hg$$

HgI_2 可溶于过量的 KI 溶液中，形成 $[HgI_4]^{2-}$：

$$HgI_2+2I^- = [HgI_4]^{2-}$$

HgI_4^{2-} 常用于配制奈斯勒（Nessler）试剂，用这种试剂在碱性溶液中来鉴定 NH_4^+。

（4）汞的硝酸盐的水解性与 Hg^{2+} 的氧化性及 Hg^{2+} 的鉴定

硝酸汞 $Hg(NO_3)_2$ 和硝酸亚汞 $Hg_2(NO_3)_2$ 易溶于水。$Hg(NO_3)_2$ 可用 HgO 或 Hg 与 HNO_3 作用制取：

$$HgO+2HNO_3 = Hg(NO_3)_2+H_2O$$

$$Hg+4HNO_3(浓) = Hg(NO_3)_2+2NO_2\uparrow+2H_2O$$

$Hg(NO_3)_2$与 Hg 作用可制取 $Hg_2(NO_3)_2$：

$$Hg(NO_3)_2+Hg=Hg_2(NO_3)_2$$

$Hg(NO_3)_2$和 $Hg_2(NO_3)_2$是离子型化合物。

在 $Hg(NO_3)_2$、$Hg_2(NO_3)_2$的酸性溶液中，分别有无色的 $[Hg(H_2O)_6]^{2+}$ 和 $[Hg_2(H_2O)_x]^{2+}$存在。它们在水中按下式发生水解反应：

$$[Hg(H_2O)_6]^{2+} \rightleftharpoons [Hg(OH)(H_2O)_5]^+ + H^+ \quad K^\ominus = 10^{-3.7}$$

$$[Hg_2(H_2O)_x]^{2+} \rightleftharpoons [Hg_2(OH)(H_2O)_{x-1}]^+ + H^+ \quad K^\ominus = 10^{-5.0}$$

增大溶液的酸性，可以抑制它们的水解。

在 Hg^{2+}的溶液中加入 $SnCl_2$，首先有白色的 Hg_2Cl_2生成。再加入过量的 $SnCl_2$溶液时，Hg_2Cl_2可被 Sn^{2+}还原为 Hg，此反应常用来鉴定溶液中 Hg^{2+}的存在。

(5) 硫化物及 Cd^{2+}的鉴定

在 Zn^{2+}、Cd^{2+}的溶液中分别通入 H_2S 时，都会有硫化物从溶液中沉淀出来：

$$Zn^{2+}+H_2S \rightleftharpoons ZnS\downarrow +2H^+$$

$$Cd^{2+}+H_2S \rightleftharpoons CdS\downarrow +2H^+$$

由于 ZnS 的溶度积较大，溶液的 H^+浓度超过 $0.3mol \cdot L^{-1}$时，ZnS 就能溶解。CdS 则难溶于稀酸中。从溶液中析出的 CdS 呈亮黄色，常根据这一反应来鉴定溶液中 Cd^{2+}的存在。

CdS 溶于浓盐酸的反应如下：

$$CdS+2H^+ +4Cl^- = [CdCl_4]^{2-} +H_2S$$

实际上 CdS 在 $6mol \cdot L^{-1}$的盐酸中就能被溶解。

在 $ZnSO_4$的溶液中加入 BaS 时生成 ZnS 和 $BaSO_4$的混合沉淀物，此沉淀叫锌钡白（俗称立德粉）：

$$Zn^{2+}+SO_4^{2-}+Ba^{2+}+S^{2-}=ZnS\cdot BaSO_4\downarrow$$

锌钡白是一种较好的白色颜料，没有毒性，在空气中比较稳定。

HgS 是溶度积最小的硫化物，在锌族配合物中讨论。

10.3.3.3 Hg（Ⅰ）和 Hg（Ⅱ）的相互转化

由电势图可看出：Hg_2^{2+}在溶液中不容易歧化为 Hg^{2+}和 Hg。

$$Hg^{2+} \xrightarrow{+0.92V} Hg_2^{2+} \xrightarrow{+0.793V} Hg$$

相反，Hg 能把 Hg^{2+}还原为 Hg_2^{2+}：

$$Hg^{2+}+Hg \rightleftharpoons Hg_2^{2+} \quad K^\ominus=142$$

前面提到的 $Hg_2(NO_3)_2$的制取，就是根据这一反应而进行的，这相当于 Hg_2^{2+}的逆歧化反应。

相反地，若要使 Hg_2^{2+}转化为 Hg(Ⅱ) 并使之稳定存在，就得使 Hg^{2+}形成难解离的物质，降低 Hg^{2+}的浓度。例如，Hg_2Cl_2与 NH_3的反应：

$$Hg_2Cl_2+2NH_3=NH_2Hg_2Cl+NH_4Cl$$

$$NH_2Hg_2Cl=NH_2HgCl+Hg$$

即 $$Hg_2Cl_2+2NH_3=NH_2HgCl\downarrow+Hg\downarrow+NH_4Cl$$

Hg_2Cl_2又称甘汞，也是一种直线形分子，无毒，见光易分解。

再如： $$Hg_2^{2+}+S^{2-}=HgS\downarrow+Hg\downarrow$$

$$Hg_2^{2+}+CO_3^{2-}=HgO\downarrow+Hg\downarrow+CO_2\uparrow$$

10.3.3.4 锌族元素的配合物

(1) Zn(Ⅱ)、Cd(Ⅱ) 的配合物

在浓的 $ZnCl_2$ 水溶液中，会形成如下配合物：

$$ZnCl_2 \cdot H_2O = H[ZnCl_2(OH)]$$

这种配合物具有显著的酸性，能溶解金属氧化物，例如：

$$FeO + 2H[ZnCl_2(OH)] = Fe[ZnCl_2(OH)]_2 + H_2O$$

焊接金属时，常用 $ZnCl_2$ 作为焊药，它可清除金属表面的锈层，使焊接不至于形成假焊。

锌一般形成配位数为 4 的配合物，例如：

$$Zn^{2+} + 4NH_3(\text{过量}) = [Zn(NH_3)_4]^{2+}$$

除此以外，$Zn(OH)_2$ 在过量 OH^- 条件下的溶解、CdS 在浓盐酸中的溶解也都是形成了相应的配合物。

(2) Hg(Ⅱ) 的配合物

Hg^{2+} 能形成多种配合物，配位数为 4 的占绝对多数，都是反磁性的。这种配合物常借加合反应生成。例如，难溶于水的白色 $Hg(SCN)_2$ 能溶于浓的 KSCN 溶液中，生成可溶性的四硫氰合汞（Ⅱ）酸钾 $K_2[Hg(SCN)_4]$：

$$Hg(SCN)_2(s) + 2SCN^- = [Hg(SCN)_4]^{2-}$$

这属于前面提到过的配位溶解。

在溶液中 Hg^{2+} 与 Cl^- 存在着如下平衡：

$$Hg^{2+} \xrightleftharpoons{Cl^-} [HgCl]^+ \xrightleftharpoons{Cl^-} [HgCl_2] \xrightleftharpoons{Cl^-} [HgCl_3]^- \xrightleftharpoons{Cl^-} [HgCl_4]^{2-}$$

随着配位体浓度的不同而形成一系列中间型的配合物。实验证明，在存在过量 Cl^- 的情况下，主要是形成 $HgCl_4^{2-}$，在 Cl^- 浓度较小的溶液中，$HgCl_2$、$[HgCl_3]^-$、$[HgCl_4]^{2-}$ 可能都存在。另外可看到，$HgCl_2$ 可看作是配合分子，它在溶液中并不完全离解为 Hg^{2+} 和 Cl^-，而是以分子形式存在的 $HgCl_2$ 占绝对优势。

HgS 难溶于水，但能溶于过量的浓的 Na_2S 溶液中生成二硫合汞（Ⅱ）离子 $[HgS_2]^{2-}$：

$$HgS(s) + S^{2-} = [HgS_2]^{2-}$$

在实验室中通常用王水溶解 HgS：

$$3HgS(s) + 12Cl^- + 8H^+ + 2NO_3^- = 3[HgCl_4]^{2-} + 3S\downarrow + 2NO\uparrow + 4H_2O$$

这一反应，除了 HNO_3 能把 HgS 中的 S^{2-} 氧化为 S 外，生成配离子 $[HgCl_4]^{2-}$ 也是促使 HgS 溶解的因素之一。可见，HgS 溶解是氧化还原反应和配位反应共同作用的结果。

10.4 钠、镁、钙、锌、铁等金属元素在生物界的作用

饮食中钠的主要来源为食盐和酱油。钠参与体液的酸碱平衡，即与 Cl^- 或 HCO_3^- 结合，调节 pH，维持细胞外液一定的渗透压，使之与细胞内液的渗透压平衡，并和钾离子一样对骨骼肌有兴奋作用。当肾脏发生病变时，肾功能减弱，每天排出的钠量减少，使钠在体内存留。于是吸水增多，血液中的钠离子和水由于渗透压的改变，渗入到组织间隙中而形成水肿，并使血压升高，甚至引起心力衰竭。因此，肾类病人在浮肿期间要严格忌盐。

镁和钙是动植物必需的营养元素。人体中 70% 的镁存在于骨骼中，其余的 30% 在其他软组织及体液中。镁除了是构成骨骼、牙齿的原料，在人体内还可以与钠、钾、钙共同维持心脏、神经、肌肉等的正常功能。镁是叶绿素的组成部分，而且在糖类的代谢作用中起着重要的作用。研究证明，植物在结实过程中需要较多的镁。镁的存在对钙的吸收有密切关系，

缺镁时显著地影响钙的代谢作用。镁缺乏的症状是精神抑郁，肌肉软弱，易发生眩晕，幼儿还会发生惊厥。含镁丰富的食品有小米、燕麦、大麦、小麦、豆类、肉类和动物的肝脏等。

钙是构成植物细胞壁和动物骨骼的重要成分，人体内钙的99%存在于骨骼和牙齿中，其余主要分布于体液内，参与某些重要的酶反应，对维持心脏正常收缩，抑制神经肌肉兴奋性，促进凝血和保持细胞壁的完整性有重要作用。缺少钙时，将引起动植物发育和生长不良。人体对钙的吸收率低，而氨基酸与钙可形成可溶性钙盐，因此高蛋白膳食有利于钙的吸收。维生素D和乳糖都能促进钙的吸收。

人体缺钙的主要症状是生长缓慢，骨骼疏松，常出现不正常的姿态与步调，易于内出血，尿量大增和寿命较短。儿童补钙的途径主要有吃钙片和鱼肝油，吃钙质饼干等。尤为重要的是多晒太阳，以促进维生素D的合成，改善钙的吸收利用。

人体所需的钙，以奶及奶制品最好，不但含量丰富，而且吸收率高。此外，蛋黄、豆类、花生、蔬菜含钙也较高，小虾米皮含钙特别丰富，谷物中也含有钙。

锌在人体中含量达2～3g，主要存在于骨骼和皮肤（包括头发）中。锌与多种酶、核酸及蛋白质的合成有着密切的关系。它能影响细胞的分裂、生长和再生。锌还对味质和食欲有直接影响，缺锌可降低味觉的敏感性和使味觉、嗅觉异常，进而引起食欲减退，直接影响少年儿童的生长发育。近年已把食欲下降列为婴幼儿缺锌的早期表现。临床上也证明了缺锌是小儿异食癖的病因之一。

人体缺锌的临床表现有生长停滞，虽到了成熟阶段，却身材矮小，性发育不良，味觉和食欲减退及创伤愈合不良等。

含锌较多的是动物蛋白，如鱼、肉（尤其是瘦肉）、肝、肾和水产蛤、蚌、牡蛎等。一般来说，动物性食物中的锌不但含量高，且活性大，较易吸收。对婴幼儿来说，人奶中的锌比牛奶中的锌易吸收，因此，虽然牛奶含锌量高于人奶，但锌的利用却不如人奶好。

铁在人体内含量为3～5g，其中70%在血液循环内。铁与蛋白质结合成血红素——红细胞的主要成分，如若缺乏，血红素就无法形成，造成贫血。血红素可携带氧气与营养素在体内循环，供给各细胞之需要，然后将各细胞产生的二氧化碳与废物带至各排泄器官，排出体外。铁为体内细胞所含的重要物质，也是部分酶素的成分，亦可活化酶素的消化功能。植物体内的铁是形成叶绿素的必要条件，因此铁是生物体必需的元素之一。

膳食中铁的良好来源为动物肝脏、蛋黄、豆类和某些蔬菜，以及在红糖、葡萄、桃、梅等食物中。一般说来，动物性食物中的铁比植物性食物中的铁易吸收些。

视窗

【人物简介】

本生　Robert Wilhelm Bunsen (1811～1899)，德国化学家，发明家，化学史上具有划时代意义的少数化学家之一。

早期研究过有机化学，后专攻无机化学，曾分析鉴定过上千种无机物，发展了无机分析和测量技术。

1841年发明本生电池，证实了法拉第定理，后又发明了电量计、光度计、水量热计等。1853年发明本生灯，不同物质在灯上灼烧，出现不同焰色。1859年探索通过辨别焰色进行化学分析的方法，设计出光谱分析仪，用于鉴别各物质成分，由此发现了铯、铷等。此后光谱分析法被称为“化学家的神奇眼睛”。

他钻研气体分析的各种方法，综合形成气体定量法，用于各种气体分析、稀土金属光谱分析及火山岩等地质化学研究。

他还研究金属的电解制法，通过熔融电解相应的氯化物，制出了镁、铝、钠、钙、钡、锂、铬和锰等，甚至提炼出铈、镧等稀土元素，并用自制蒸气热量计精确测定这些金属的比热容。

本生重视教育，弟子如云，如凯库勒、拜尔、霍夫曼、迈耶尔、丁泽尔、罗斯科、柯普、门捷列夫等，后来都成了举世闻名的化学家。

【搜一搜】

营养元素与有毒元素；有益元素与有害元素；致癌元素与铬酸洗液；晶须与片晶材料；铁电材料；压电材料；磁性材料；光解水与储氢材料；光催化降解材料；光伏材料；微晶玻璃与其他特种玻璃；超级电容材料；锂电池材料；动力电池材料；超导材料；光学材料与非线性光学材料；氧化态-吉布斯自由能图；多酸化学；穴状化合物；原子簇金属化合物；有机金属化合物。

习 题

10-1 与同族元素相比，锂、铍有哪些特殊性？

10-2 现有五种白色固体粉末，它们可能分别是：$MgCO_3$、$BaCO_3$、无水 Na_2CO_3、无水 $CaCl_2$ 及无水 Na_2SO_4。试设法加以鉴别，并写出反应式。

10-3 在强酸性和强碱性介质中，铬（Ⅲ）和铬（Ⅵ）各以何种离子存在？呈何颜色？

10-4 在 $K_2Cr_2O_7$ 的饱和溶液中加入浓 H_2SO_4，并加热到 200℃时，发现溶液的颜色变为蓝绿色，经检查反应开始时溶液中并无任何还原剂存在，试说明上述变化的原因。

10-5 把煅烧过的 Cr_2O_3 变为 Cr(Ⅲ) 和 Cr(Ⅵ) 的化合物，可采用什么办法？写出其反应方程式。

10-6 在 1.0L 0.1mol·L^{-1} Cr^{3+} 溶液中，$Cr(OH)_3$ 完全沉淀时，问溶液的 pH 值是多少？要使沉淀出的 $Cr(OH)_3$ 刚好在 1.0L NaOH 溶液中完全溶解并生成 $[Cr(OH)_4]^-$，问溶液的 OH^- 浓度是多少？并求 $[Cr(OH)_4]^-$ 的稳定常数 β_4。

已知： $Cr(OH)_3(s)+OH^- \rightleftharpoons [Cr(OH)_4]^-$ $K^{\ominus}=10^{-0.4}$。

10-7 在 $MnCl_2$ 溶液中加入适量的 HNO_3，再加入 $NaBiO_3$，溶液中出现紫红色后又消失，说明原因，写出有关反应方程式。

10-8 根据价键理论，画出下列配合物形成时中心离子的价层电子分布，估计哪种配合物较稳定。

	$[Mn(C_2O_4)_3]^{3-}$	$[Mn(CN)_6]^{3-}$
μ/B. M.	4.9	2.8

10-9 试验高锰酸盐在不同介质中的还原产物应先加还原剂还是先加介质，为什么？

10-10 在 Fe^{2+}、Co^{2+} 和 Ni^{2+} 的溶液中加 NaOH，在无 CO_2 的空气中放置后，各得到何种产物？

10-11 用盐酸处理 $Fe(OH)_3$、$Co(OH)_3$、$Ni(OH)_3$ 各发生什么反应？写出反应方程式。这反映了它们什么性质上的差异？

10-12 在 0.1mol·L^{-1} 的 Fe^{3+} 溶液中加入足够的铜屑，室温下反应达到平衡，求 Fe^{3+}、Fe^{2+} 和 Cu^{2+} 的浓度。

10-13 在 0.1mol·L^{-1} Fe^{3+} 溶液中，若仅有水解产物 $[Fe(OH)(H_2O)_5]^{2+}$ 形成，求此溶液的 pH 值。(已知 $K_1^{\ominus}=10^{-3.05}$)

10-14 溶液中含有 Fe^{3+}、Co^{2+} 和 Ni^{2+}，如何把它们分别鉴定？

10-15 写出下列有关反应式，并说明反应现象。

① $ZnCl_2$溶液中加入 NaOH 溶液后，再加过量的 NaOH 溶液。

② $CuSO_4$溶液加氨水后，再加过量氨水。

③ $HgCl_2$溶液中加适量的 $SnCl_2$溶液后，再加过量的 $SnCl_2$溶液。

④ $HgCl_2$溶液中加适量的 KI 后，再加过量的 KI 溶液。

10-16 在含有大量 NaF 的 $1mol \cdot L^{-1}$ $CuSO_4$和 $1mol \cdot L^{-1}$ $Fe_2(SO_4)_3$的混合溶液中，加入 $1mol \cdot L^{-1}$ KI 溶液。问有什么现象发生？写出有关反应式。

10-17 完成下列反应方程式。

① $Cu^{2+} + Cu + Cl^- \xlongequal{H^+}$

② $[Ag(NH_3)_2]^+ + HCHO =\!=\!=$

③ $Ag_2S + HNO_3$(浓) $=\!=\!=$

④ $Hg(NO_3)_2 + NaOH =\!=\!=$

⑤ $Hg_2^{2+} + H_2S \xlongequal{光}$

⑥ $Hg^{2+} + I^-$(过量) $=\!=\!=$

⑦ $Cd^{2+} + HCO_3^- =\!=\!=$

⑧ $HgS + HCl + HNO_3 =\!=\!=$

10-18 将 H_2S 通入 $ZnCl_2$溶液中，仅析出少量的 ZnS 沉淀，如果在此溶液中加入 NaAc，则使 ZnS 沉淀完全。试说明原因。

10-19 在一混合溶液中有 Ag^+、Cu^{2+}、Zn^{2+}、Hg^{2+}四种离子，如何把它们分离开来并鉴定它们的存在？

10-20 在 Hg_2Cl_2和 $HgCl_2$溶液中，分别加入氨水，各生成什么产物？写出反应式。

10-21 在 Cu^{2+}、Ag^+、Ca^{2+}、Hg_2^{2+}、Hg^{2+}的溶液中，分别加入适量的 NaOH 溶液，问各有什么物质生成？写出有关的离子反应方程式。

10-22 由粗锌制出的 $Zn(NO_3)_2$中，可能含有 Cd^{2+}、Fe^{3+}和 Pb^{2+}等离子，试用什么方法证明这三种杂质离子的存在。

10-23 已知反应 $Zn(OH)_2 + 2OH^- \rightleftharpoons [Zn(OH)_4]^{2-}$ 的平衡常数 $K^{\ominus} = 10^{0.68}$，结合有关数据，计算 $E^{\ominus}\{[Zn(OH)_4]^{2-}/Zn\}$ 的值。

10-24 根据下列电对的 $E^{\ominus}$值，结合有关电对的 $E^{\ominus}$值，计算 $[AuCl_2]^-$ 和 $[AuCl_4]^-$ 的稳定常数。

$$[AuCl_2]^- + e^- \rightleftharpoons Au + 2Cl^- \qquad E^{\ominus} = 1.61V$$

$$[AuCl_4]^- + 2e^- \rightleftharpoons [AuCl_2]^- + 2Cl^- \qquad E^{\ominus} = 0.93V$$

10-25 计算反应 $Cu^{2+} + Cu + 4Br^- \rightleftharpoons 2[CuBr_2]^-$ 的平衡常数。

10-26 已知下列反应在室温下的平衡常数：

$$Cu(OH)_2(s) + 2OH^- \rightleftharpoons [Cu(OH)_4]^{2-} \qquad K^{\ominus} = 10^{-2.78}$$

结合有关数据，求 $[Cu(OH)_4]^{2-}$ 的稳定常数 β_4。在 1.0L NaOH 溶液中，若使 0.10mol $Cu(OH)_2$溶解，问 NaOH 的浓度至少应为多少？

10-27 在 Ag^+溶液中，先加入少量的 $Cr_2O_7^{2-}$，再加入适量的 Cl^-，最后加入足够量的 $S_2O_3^{2-}$，估计每一步会有什么现象出现？写出有关的离子反应方程式。

10-28 某一化合物 A 溶于水得一浅蓝色溶液。在 A 溶液加入 NaOH 得蓝色沉淀 B。B 能溶于 HCl 溶液，也能溶于氨水。A 溶液中通入 H_2S，有黑色沉淀 C 生成。C 难溶于 HCl

溶液而易溶于热浓 HNO_3 中。在 A 溶液中加入 $Ba(NO_3)_2$ 溶液，无沉淀产生，而加入 $AgNO_3$ 溶液时有白色沉淀 D 生成。D 溶于氨水。试判断 A、B、C、D 为何物？

10-29　有一无色溶液，①加入氨水时有白色沉淀生成；②若加入稀碱则有黄色沉淀生成；③若滴加 KI 溶液，先析出橘红色沉淀，当 KI 过量时，橘红色沉淀消失；④若在此无色溶液中加入数滴汞并振荡，汞逐渐消失，此时再加氨水得灰黑色沉淀。问此无色溶液中含有哪种化合物？写出有关反应式。

第11章 可见光分光光度法 Visible Spectrophotometry

吸光光度法是基于物质对光的选择性吸收而建立起来的分析方法。它包括比色法（colorimetric method）和分光光度法（spectorphotometry）。比色法是通过比较有色溶液颜色深浅来确定有色物质含量的；分光光度法是通过物质对光的选择性吸收来测定组分含量的，它包括紫外分光光度法（ultra violet spectrophotometry）、可见光分光光度法（visible spectrophotometry）、红外分光光度法（infrared spectrophotometry）等。本章主要讨论可见光分光光度法。

11.1 可见光分光光度法基本原理

11.1.1 物质对光的选择性吸收与物质颜色的关系

光是一种电磁波。电磁波谱的波长（或频率）范围很广，其中人眼能感觉到的可见光的波长范围是400～750nm。单色光（chromatic light）是仅具有单一波长的光；复合光（polychromatic light）是由不同波长的光所组成的，人们肉眼所见的白光（如日光等）和各种有色光，实际上都是包含一定波长范围的复合光。

物质呈现的颜色与光有着密切的关系。一束白光（日光、白炽电灯光、荧光灯光等）通过三棱镜，可分解为红、橙、黄、绿、青、蓝、紫七种色光，这种现象称光的色散。

实验证明，不仅这七种色光可以混合组成白光，图11-1中处于直线关系的两种单色光按一定强度比例混合，也可组成白光。这两种单色光就称为互补色，如绿光和紫光互补，蓝光和黄光互补，等等。

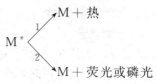

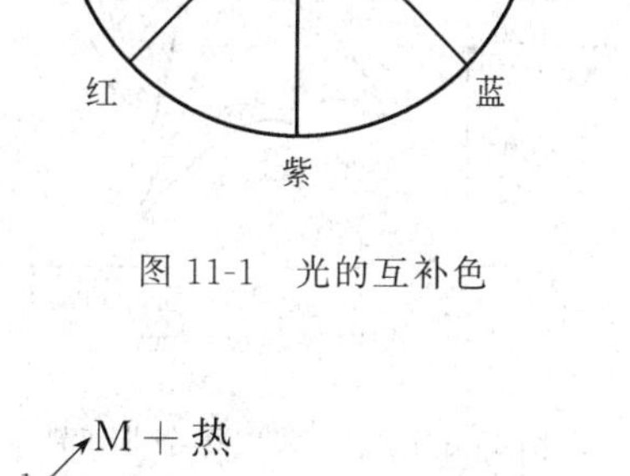

图 11-1　光的互补色

当一束光照射某物质时，若该物质的分子（或离子）与光子发生有效碰撞，则光子的能量就转移到分子（或离子）上，分子由基态跃迁到高能级的激发态，此过程即为光的吸收。激发态分子的寿命极短，约 10^{-8}s 后通过下面两种方式放出吸收的能量返回到基态：

$$\mathrm{M}(\text{基态}) + h\nu \longrightarrow \mathrm{M}^{*}(\text{激发态})$$

$$\mathrm{M}^{*} \begin{cases} \xrightarrow{1} \mathrm{M} + \text{热} \\ \xrightarrow{2} \mathrm{M} + \text{荧光或磷光} \end{cases}$$

由于分子的能级是量子化的，因此分子吸收能量同样具有量子化的特征，即用不同波长的光照射物质时，其分子只选择吸收具有与其能级间隔相应的波长的光子的能量，其余波长的光只是简单透过，这就是该物质分子对光的选择性吸收特征。物质呈现不同的颜色正是由于物质分子选择性地吸收某一波长范围的光而造成的。

固体物质呈现不同的颜色是由于其对不同波长的光吸收、透射、反射、折射的程度不同而造成的。如果物质对各种波长的光完全吸收，则呈现黑色；如果完全反射，则呈现白色；如果对各种波长的光吸收程度差不多，则呈现灰色；如果选择性地吸收某些波长的光，那么该物质的颜色就由它所反射或透射光的颜色来决定。

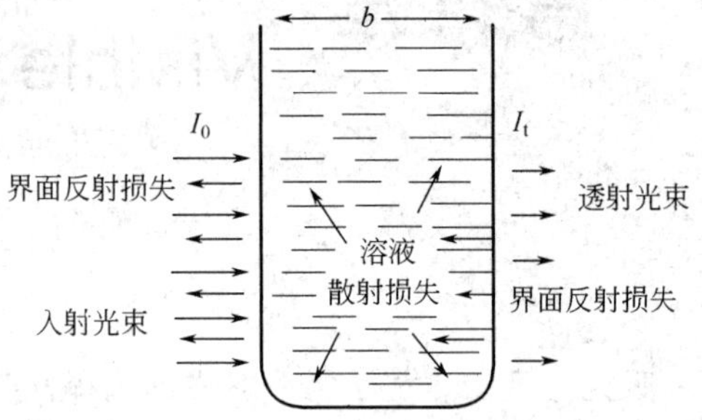

图 11-2　溶液对光的吸收作用示意图

如图 11-2 所示，溶液呈现不同的颜色是由于溶液中的质点（分子或离子）选择性地吸收某种颜色的光引起的，溶液的颜色由透射光的波长所决定。透射光和吸收光是互补色光的关系。例如，硫酸铜溶液因吸收了白光中的黄色而呈蓝色。如果溶液对各种颜色的光吸收程度差不多，光透射程度相同，则该溶液就是无色透明的。物质颜色（透过光）与吸收光颜色的互补关系见表 11-1。

表 11-1　物质颜色（透过光）与吸收光颜色的互补关系

物质颜色	吸收光		物质颜色	吸收光	
	颜色	波长 λ/nm		颜色	波长 λ/nm
黄绿	紫	400～450	紫	黄绿	560～580
黄	蓝	450～480	蓝	黄	580～600
橙	绿蓝	480～490	绿蓝	橙	600～650
红	蓝绿	490～500	蓝绿	红	650～750
紫红	绿	500～560			

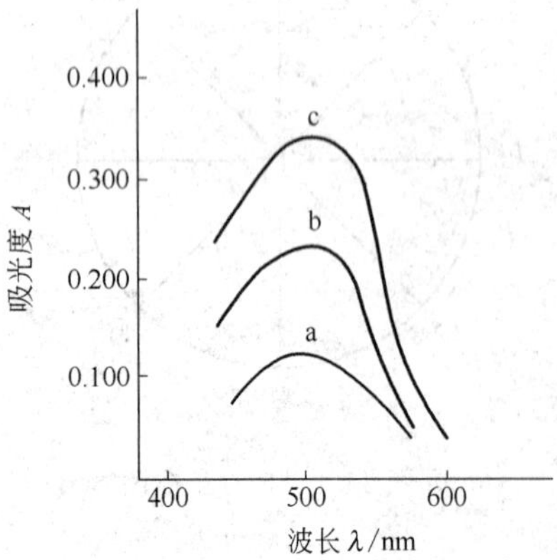

图 11-3　1,10-邻二氮杂菲亚铁溶液的吸收曲线

任何一种溶液，对不同波长的光的吸收程度是不同的。溶液对各种单色光的吸收程度用吸光度 A（absorbance）来描述。以波长 λ（单位 nm）为横坐标，以测得的吸光度 A 为纵坐标，可得一条曲线，称为吸收曲线（absorption curve）。吸收曲线清楚地描述了溶液对不同波长的光的吸收情况。如图 11-3 所示，曲线 a、b、c 分别是浓度为 $0.0002mg \cdot mL^{-1}$、$0.0004mg \cdot mL^{-1}$、$0.0006mg \cdot mL^{-1}$ 的 1，10-邻二氮杂菲亚铁溶液的吸收曲线。在 $\lambda=510nm$ 处，吸光度 A 最大，所对应的波长称为最大吸收波长 λ_{max}。不同物质的吸收曲线的形状和最大吸收波长不同，说明光的吸收与溶液中物质的结构有关，这一特性可用作物质的初步定性分析。不同浓度的同一物质，吸光度随浓度的增加而增大，尤其在最大吸收峰附近吸光度的变化更加明显。若在最大吸收波长处测定吸光度，则灵敏度最高。因此，吸收曲线是分光光度法中选择测定波长的重要依据。

11.1.2 光吸收的基本定律

当一束平行的单色光（强度 I_0）通过厚度为 b（如图 11-2 所示）的均匀、非散射且可被吸收的溶液时，被该溶液吸收，透过光的强度为 I_t。

若忽略界面反射等副作用，透过光强度 I_t 与入射光强度 I_0 之比就描述了入射光透过溶液的程度，称为透射比或透光度，以 T 表示。

$$T = I_t / I_0 \tag{11-1}$$

透光度的大小主要与入射光波长、液层厚度以及溶液浓度等有关。

若入射光波长确定，液层厚度及溶液浓度一定，则透光度越大，表明该溶液对入射光的吸收程度越小，反之越大。溶液对入射光的吸收程度称为吸光度，以 A 表示。

透光度 T 与吸光度 A 之间的关系为：

$$A = -\lg T \tag{11-2}$$

1760 年朗伯（Lambert）等人发现，对于确定的入射光，当溶液浓度一定时，溶液对入射光的吸收程度与液层厚度成正比；1852 年比尔（Beer）等人又发现，对于确定的入射光，当液层厚度固定时，溶液对入射光的吸收程度与溶液浓度成正比。

因此，吸光度 A 与液层厚度以及溶液浓度的关系为：

$$A = Kbc \tag{11-3}$$

式中，K 为吸光常数或吸光系数，主要与入射光波长、溶液中产生吸收的物质（即吸光物质）的本性、溶剂以及温度等因素有关。K 值随 b、c 所取单位的不同而不同。若液层厚度以 cm 为单位，浓度以 $mol \cdot L^{-1}$ 为单位，这时的 K 用符号 ε 表示，称为摩尔吸光系数，单位为 $L \cdot mol^{-1} \cdot cm^{-1}$。

当波长一定，溶剂、温度等条件不变时，ε 与吸光物质本身的性质有关。波长一定，不同吸光物质的 ε 不同。因此，摩尔吸光系数 ε 可作为物质定性鉴定的参数。此外，同一物质在不同波长下的 ε 是不同的，在最大吸收波长 λ_{max} 处的摩尔吸光系数常以 ε_{max} 表示。ε_{max} 表明该吸光物质最大限度的吸光能力，也反映了光度法测定该物质可能达到的最大灵敏度。ε_{max} 值越大，表明该物质的吸光能力越强，用光度法测定该物质的灵敏度就越高。一般 ε_{max} 的值在 $10^4 \sim 10^5 L \cdot mol^{-1} \cdot cm^{-1}$ 为灵敏度较高。

由 $\varepsilon = A/(bc)$ 可以看出，摩尔吸光系数 ε 在数值上等于浓度为 $1mol \cdot L^{-1}$、液层厚度为 1cm 时该溶液在某一波长下的吸光度。但由于光度法只适用于测定微量组分，不能直接测得像 $1mol \cdot L^{-1}$ 这样高浓度溶液的吸光度，因此通常是根据低浓度时的吸光度间接计算求得摩尔吸光系数 ε。

当一束平行的单色光通过厚度为 b 的均匀、非散射的吸光溶液时，溶液对光的吸收程度与吸光物质的浓度以及液程厚度的乘积成正比。这就是朗伯-比尔定律。该定律不仅适用于溶液，也适用于其他均匀、非散射的吸光物质（包括气体和固体）。这个光吸收的基本定律是吸光光度法进行定量分析的理论依据。

对于多组分体系，若体系中各吸光组分间无相互作用，则各组分 i 的吸光度 A_i 有加和性。设体系中有 n 个组分，则在任一波长 λ 处的总吸光度 A 为：

$$A = A_1 + A_2 + \cdots + A_i + \cdots = \varepsilon_1 bc_1 + \varepsilon_2 bc_2 + \cdots + \varepsilon_i bc_i + \cdots \tag{11-4}$$

【例 11-1】 浓度为 $5.0 \times 10^{-4} g \cdot L^{-1}$ 的 Fe^{2+} 溶液，与 1,10-邻二氮杂菲反应生成橙红色配合物，该配合物在 508nm、比色皿厚度 2.0cm 时，测得 $A = 0.19$。计算 1,10-邻二氮杂菲亚铁的 ε。

解 根据 $A = \varepsilon bc$

得 $$\varepsilon=\frac{A}{bc}=\frac{0.19}{2.0\times\frac{5.0\times10^{-4}}{55.85}}=1.1\times10^{4}\,L\cdot mol^{-1}\cdot cm^{-1}$$

11.1.3 偏离朗伯-比尔定律的原因

根据朗伯-比尔定律可以得出，当入射光波长及液层厚度一定时，吸光度 A 与吸光物质的浓度 c 呈线性关系。以某物质的标准溶液浓度 c 为横坐标，以吸光度 A 为纵坐标，绘出 A-c 曲线，称为标准曲线。在相同条件下测定待测溶液的吸光度，即可通过标准曲线求得待测溶液的浓度。

在实际工作中，尤其当溶液浓度较高时，标准曲线往往偏离直线，这种现象称为对朗伯-比尔定律的偏离（如图 11-4 所示）。引起这种偏离的因素很多，归结起来可分为两大类。

(1) 非单色光引起的偏离

严格说，朗伯-比尔定律只适用于单色光，但即使是现代高精度分光光度计也难以获得真正的纯单色光。大多数分光光度计只能获得近乎单色光的狭窄光带，它仍然是具有一定波长范围的复合光，而复合光可导致对朗伯-比尔定律的正或负偏离。

为了克服非单色光引起的偏离，首先应选择较好的单色器。此外还应将入射波长选定在待测物质的最大吸收波长 λ_{max} 处，这不仅是因为在 λ_{max} 处能获得最大灵敏度，还因为在 λ_{max} 附近的一段范围内吸收曲线较平坦，即在 λ_{max} 附近各波长光下吸光物质的摩尔吸光系数 ε 大体相等。图 11-5（a）为吸收曲线与选用谱带之间关系，图 11-5（b）为标准曲线。若选用吸光度随波长变化不大的谱带 M 的复合光作入射光，则吸光度变化较小，即 ε 的变化较小，引起的偏离也较小，A 与 c 基本成直线关系。若选用谱带 N 的复合光测量，则 ε 的变化较大，A 随波长的变化较明显，因此出现较大偏离，A 与 c 不成直线关系。

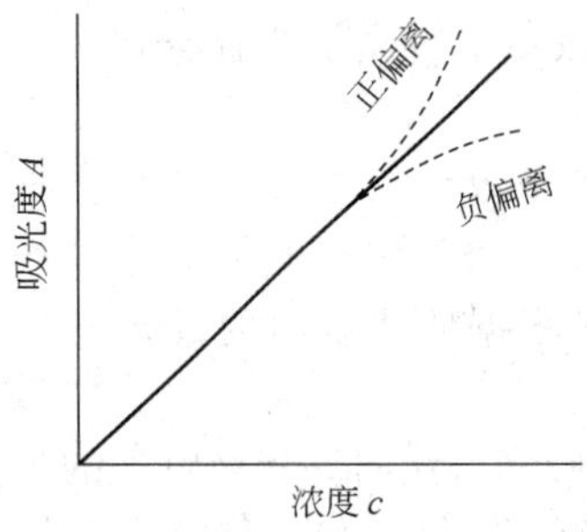

图 11-4 标准曲线及对朗伯-比尔定律的偏离

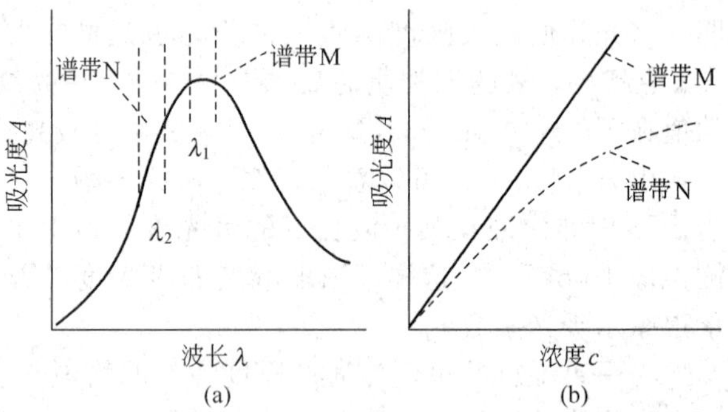

图 11-5 非单色光的影响

(2) 化学性因素

化学性因素主要有两种：一种是吸光质点（分子或离子）间相互作用，另一种来自化学平衡。

按照朗伯-比尔定律的假定，所有的吸光质点之间不发生相互作用。但实验证明只有在稀溶液（$c<10^{-2}\,mol\cdot L^{-1}$）时才基本符合。当溶液浓度较大时，吸光质点间可能发生缔合等相互作用，直接影响它对光的吸收。因此，朗伯-比尔定律只适用于稀溶液。

另外，溶液中存在着解离、缔合、互变异构、配合物的形成等化学平衡，化学平衡与浓度、pH 等其他条件密切相关。不同条件可导致吸光质点浓度变化，吸光性质发生变化而偏离朗伯-比尔定律。例如，在铬酸盐或重铬酸盐溶液中存在下列平衡：

$$2CrO_4^{2-} + 2H^+ \rightleftharpoons Cr_2O_7^{2-} + H_2O$$

CrO_4^{2-}、$Cr_2O_7^{2-}$的颜色不同，吸光性质也不同。用光度法测定CrO_4^{2-}或$Cr_2O_7^{2-}$含量时，溶液浓度及酸度的改变都会导致平衡移动而发生对朗伯-比尔定律的偏离，为此应加入强碱或强酸作缓冲溶液以控制酸度，如用光度法测定0.001mol·L^{-1} $HClO_4$中的$K_2Cr_2O_7$溶液及0.05mol·L^{-1}KOH中的K_2CrO_4溶液，均能获得非常满意的结果。

11.2 可见光分光光度法

11.2.1 分光光度计的基本部件

分光光度法采用分光光度计测量溶液的透光度或吸光度。其基本原理是：光源辐射出的连续光谱经过单色器获得测定所需的单色光，该单色光平行投射在盛有吸光溶液的吸收池上，透过吸收池的光再照射到光电元件上，通过测量光电流强度即可得到溶液的透光度或吸光度。

分光光度计的种类和型号繁多，其基本组成如下：

光源 → 单色器 → 吸收池 → 检测系统

(1) 光源

光源的主要作用是辐射出强度足够且稳定的连续光谱。在可见光区测量时，一般用钨丝灯作光源。钨丝加热到白炽时，其辐射波长范围为320～2500nm。温度升高，辐射总强度增大，在可见光区的强度分布也增大，但同时会缩短灯的寿命。碘钨灯通过在灯泡内引入少量碘蒸气较好地克服了这一缺点，具有更大的发光强度和更长的使用寿命。在近紫外-可见分光光度计中广泛用碘钨灯作光源。要保持光源的稳定性，必须配有很好的稳压电源。

(2) 单色器

单色器（monochromator）是能将光源发射的连续光谱（复合光）分解为单色光并从中选出任一波长单色光的光学系统。单色器一般由三部分构成，即棱镜或光栅等色散元件、狭缝和透镜。图11-6为棱镜单色器示意图。

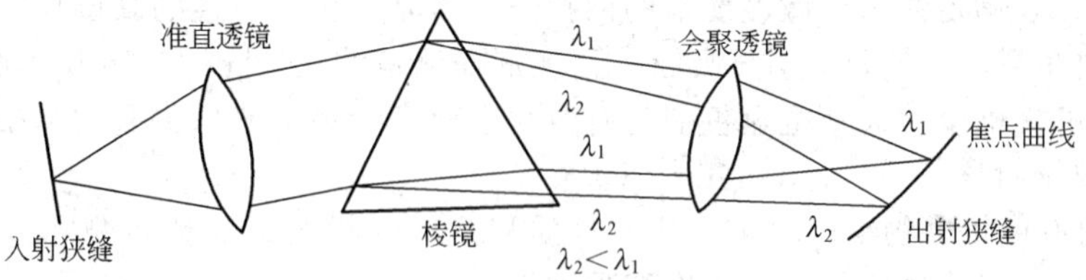

图11-6 棱镜单色器示意图

当一束平行光通过棱镜后，因发生折射而色散。色散后的光被聚焦在一个微微弯曲并带有出射狭缝的表面上，转动棱镜或移动出射狭缝的位置，就可使所需波长的光通过狭缝进入吸收池。

单色光的纯度取决于色散元件的色散特性和出射狭缝的宽度。使用棱镜单色器可以获得纯度较高的单色光（半峰宽5～10nm），且可以方便地改变测定波长。在380～800nm区域，采用玻璃棱镜较合适。

光栅根据光的衍射和干涉原理将复合光色散为不同波长的单色光，然后再让所需波长的光通过狭缝照射到吸收池上。它的分辨率比棱镜大，可用的波长范围也较宽。目前多数精密分光光度计已采用全息光栅。

(3) 吸收池

吸收池（absorption cell）又称比色皿，主要作用就是盛装溶液并固定光程。按其液层厚度有 0.5cm、1cm、2cm、3cm 等不同的规格可供选用。比色皿具有光学洁净的一对互相平行并垂直于光束的光学窗。可见光区测量时一般用玻璃吸收池，有些塑料池也可在可见光区使用。使用比色皿时应注意保持清洁、透明，避免磨损透光面。

(4) 检测系统

检测器的主要作用是利用光电效应将透过吸收池的光信号变成可测的电信号。常用的有光电池、光电管和光电倍增管。

(5) 结果显示记录系统

这一系统的主要作用在于信号处理并输出。早期的光度计采用指针式显示。这种光度计读数标尺上有两种刻度，应注意其中的透光度是等刻度的，而吸光度是非等刻度的。现代的光度计一般为数字输出，采用数码管或屏幕显示，或电脑显示。

11.2.2 显色反应及其影响因素

有些物质本身具有吸收可见光的性质，可直接用可见光分光光度法测定。但大多数物质本身在可见光区没有吸收或虽有吸收但摩尔吸光系数很小，因此不能直接用光度法测定。这时就需要借助适当试剂，与之反应使其转化为摩尔吸光系数较大的有色物质后再进行测定，此转化反应称为显色反应，所用试剂称为显色剂。

显色反应可分为氧化还原反应和配位反应，其中配位反应是最常用的显色反应。

(1) 显色反应及其选择

① 灵敏度高　应当选择生成的有色物质的摩尔吸光系数 ε 大于 $10^4 L \cdot mol^{-1} \cdot cm^{-1}$ 的显色反应。

② 选择性好　选择性好，指显色剂仅与一个组分或少数几个组分发生显色反应。仅与某一组分发生反应的特效（或专属）显色反应几乎不存在，往往所用的显色剂会与试样中共存组分不同程度地发生反应而产生干扰。在分析工作中，尽量选用干扰少（即选择性高）或干扰易除去的显色反应。高选择性的获得也可借助于加入掩蔽剂、控制反应条件等措施实现。一般来讲，在满足测定灵敏度要求的前提下，常常根据选择性的高低来选择显色剂。

③ 显色剂在测定波长处无明显吸收　显色剂在测定波长处无明显吸收，试剂空白较小，可以提高测定的准确度。通常把显色剂与有色化合物两者最大吸收波长之差 $\Delta\lambda_{max}$ 称为“对比度”，一般要求对比度 $\Delta\lambda_{max}$ 在 60nm 以上。

④ 生成的有色化合物组成恒定，化学性质稳定　这样可以保证在测定过程中吸光物质不变，否则将影响吸光度测量的准确度和重现性。

利用氧化还原反应进行显色的例子很多。如光度法测定钢中微量锰的含量，钢样溶解后得到的 Mn^{2+} 近乎无色，不能直接进行光度测定，采用氧化还原法显色，如用过硫酸盐将 Mn^{2+} 氧化成 MnO_4^-：

$$2Mn^{2+} + 5S_2O_8^{2-} + 8H_2O \longrightarrow 2MnO_4^- + 10SO_4^{2-} + 16H^+$$

即可在 525nm 处进行测定。

(2) 显色剂

无机显色剂与金属离子形成的配合物在稳定性、灵敏度和选择性方面较差，一般较少使用。目前仍有一定实用价值的无机显色剂仅有硫氰酸盐、钼酸铵、过氧化氢等几种。

更实用的是有机显色剂，它能与金属离子形成稳定配合物，具有较高的灵敏度和选择性。

有机显色剂及其产物的颜色与其分子结构有密切关系。分子中若含有一个或一个以上某些不饱和基团（共轭体系）的有机化合物，往往是有颜色的，这些基团称为发色团（或生色团），如偶氮基（—N ═ N—）、醌基（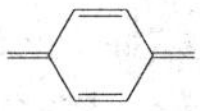）、亚硝基（—N ═ O）、硫碳基（>C═S）等。

另外，有些含孤对电子的基团，如—NH_2、—NR_2、—OR、—OH、—SH、—Cl、—Br 等，虽本身没有颜色，但它们的存在却会影响有机试剂及其与金属离子的反应产物的颜色，这些基团称为助色团。有机显色剂一般含有多个生色团和助色团，当金属离子与有机试剂形成配合物时，由于助色团的影响，通常会发生电荷转移跃迁和配合物内电子跃迁，使产物的最大吸收波长红移，颜色加深，产生很强的紫外-可见吸收光谱。

有机显色剂的种类繁多，其结构及具体应用可参见有关书籍。

(3) 显色反应条件的选择

显色反应往往会受显色剂的用量、体系的酸度、显色反应温度、显色反应时间等因素影响。合适的显色反应条件一般是通过实验来确定的。

① 显色剂用量　为保证显色反应进行完全，需加入过量显色剂，但也不能过量太多，因为过量显色剂的存在有时会导致副反应发生，从而影响测定。确定显色剂用量的具体方法是：保持其他条件不变仅改变显色剂用量，分别测定其吸光度，以显色剂浓度为横坐标，以吸光度为纵坐标，绘制 A-c_R 曲线，可得图 11-7 所示的几种情况。

图中（a）是显色剂用量达到一定量后吸光度变化不大，显色剂用量可选范围（图中 XY 段）较宽；（b）与（a）不同的是显色剂过多会使吸光度变小，只能选择吸光度大且平坦的范围（$X'Y'$段）；（c）的吸光度随显色剂用量的增加而增大，这可能是生成颜色不同的多级配合物造成的，这种情况下必须非常严格地控制显色剂的用量。

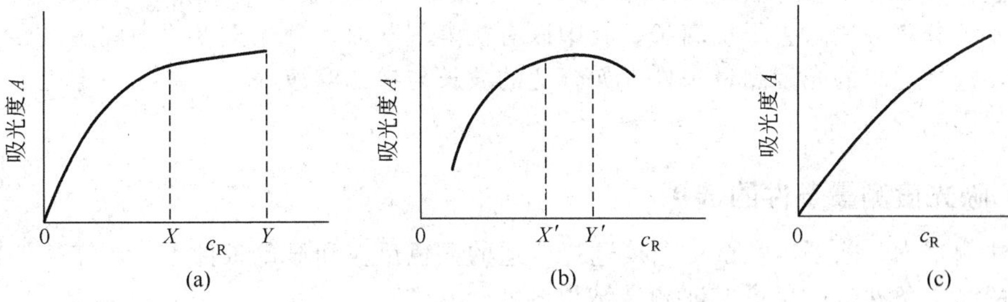

图 11-7　吸光度与显色剂用量关系曲线

② 反应体系的酸度　酸度对显色反应的影响是多方面的。许多显色剂本身就是有机弱酸（碱），酸度变化会影响它们的解离平衡和显色反应能否进行完全；另外，酸度降低可能使金属离子形成各种形式的羟基配合物乃至沉淀；某些逐级配合物的组成可能随酸度而改变，如 Fe^{3+} 与磺基水杨酸的显色反应，当 pH 为 2～3 时，生成组成为 1∶1 的紫红色配合物；当 pH 为 4～7 时，生成组成为 1∶2 的橙红色配合物；当 pH 为 8～10 时，生成组成为 1∶3 的黄色配合物。

一般确定适宜酸度的具体方法是在相同实验条件下，分别测定不同 pH 条件下显色溶液的吸光度。通常可以得到如图 11-8 所示的吸光度与 pH 的关系曲线。

适宜酸度可在吸光度较大且恒定的平坦区域所对应的 pH 范围中选择。控制溶液酸度的有效办法是加入适宜的 pH 缓冲溶液，但同时应考虑由此可能引起的干扰。

③ 显色反应的温度　多数显色反应在室温下即可很快进行，但有些显色反应需在较高

温度下才能较快完成。这种情况下需注意升高温度带来的有色化合物热分解问题。适宜的温度也是通过实验确定的。

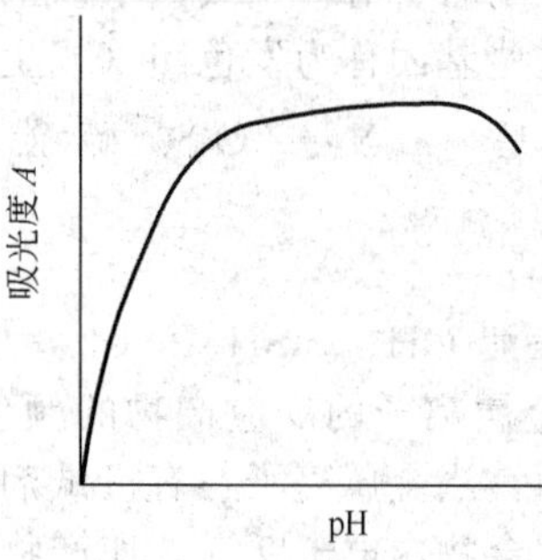

图 11-8 吸光度与 pH 的关系

④ 显色反应的时间 时间对显色反应的影响需从以下两方面综合考虑。一方面要保证足够的时间使显色反应进行完全，对于反应速率较小的显色反应，需显色时间长些。另一方面，测定工作必须在有色配合物的稳定时间内完成。适宜的显色时间同样需通过实验做出显色温度下的吸光度-时间曲线来确定。

⑤ 溶剂 由于溶质与溶剂分子的相互作用对可见吸收光谱有影响，因此在选择显色反应条件的同时需选择合适的溶剂。一般尽量采用水相测定。如果水相测定不能满足测定要求（如灵敏度差、干扰无法消除等），则应考虑使用有机溶剂。如 $[Co(NCS)_4]^{2-}$ 在水溶液中大部分解离，加入等体积的丙酮后，因水的介电常数减小而降低了配合物的解离度，溶液显示配合物的天蓝色，可用于钴的测定。对于大多数不溶于水的有机物的测定，常使用脂肪烃、甲醇、乙醇和乙醚等有机溶剂。

⑥ 共存离子的干扰及消除 若共存离子有色，或与显色剂形成的配合物有色，将干扰待测组分的测定。通常采用下列方法消除干扰。

a. 加入掩蔽剂。如光度法测定 Ti^{4+}，可加入 H_3PO_4 作掩蔽剂，使共存的 Fe^{3+}（黄色）生成无色的 $[Fe(PO_4)_2]^{3-}$，消除干扰。又如用铬天菁 S 光度法测定 Al^{3+}，加抗坏血酸作掩蔽剂将 Fe^{3+} 还原为 Fe^{2+}，从而消除 Fe^{3+} 的干扰。掩蔽剂的选择原则是：掩蔽剂不与待测组分反应；掩蔽剂本身及掩蔽剂与干扰组分的反应产物不干扰待测组分的测定。

b. 选择适当的显色条件，如酸度等以避免干扰。

c. 分离干扰离子。在不能掩蔽的情况下，一般可采用沉淀、有机溶剂萃取、离子交换和蒸馏挥发等分离方法除去干扰离子，其中以有机溶剂萃取在分光光度法中应用最多。

另外，选择适当的光度测量条件（如合适的波长与参比溶液等）也能在一定程度上消除干扰离子的影响。

11.2.3 吸光度测量条件的选择

光度法测定中，除了需从试样角度选择合适的显色反应和显色条件等，还需从仪器角度选择较佳的测定条件，以尽量保证测定结果的准确度。

(1) 入射光波长的选择

在最大吸收波长 λ_{max} 处不仅能获得高灵敏度，而且还能减少由非单色光引起的对朗伯-比尔定律的偏离。因此，在光度法测定中一般选择 λ_{max} 作入射波长，这称为“最大吸收原则”。但若在 λ_{max} 处有共存离子干扰，则应根据“吸收最大，干扰最小”的原则选择入射光波长。如图 11-9 所示，1-亚硝基-2-萘酚-3,6-二磺酸显色剂及其钴配合物在 420nm 处均有最大吸收，如在此波长测定钴，则未反应的显色剂会发生干扰而降低测定的准确度。因此，必须选择在 500nm 处测定，在此波长下显色

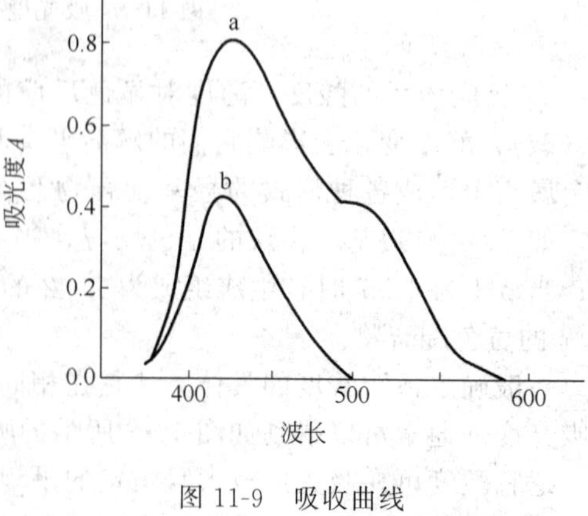

图 11-9 吸收曲线

a—钴配合物的吸收曲线；b—1-亚硝基-2-萘酚-3,6-二磺酸显色剂的吸收曲线

剂无吸收，而钴配合物则有一吸收平台。用此波长测定，灵敏度虽有所下降，但可以消除干扰，提高测定的准确度和选择性。有时为测定高浓度组分，也选用灵敏度稍低的吸收波长作为入射波长，保证标准曲线有足够的线性范围。

(2) 参比溶液的选择

在吸光度测定中，将发生反射、吸收和透射等作用，由于溶液的某种不均匀性所引起的散射以及溶剂、试剂（如显色剂、缓冲溶液、掩蔽剂等）对光的吸收，会导致透射光强度的减弱，为使光强度减弱仅与溶液中待测物质的浓度有关，单波长分光光度计采用参比溶液进行校正。即在相同的吸收池中装入参比溶液，调节仪器使吸光度为零（称工作零点），待测溶液的吸光度 $A=\lg\dfrac{I_0}{I_t}\approx\lg\dfrac{I_{参比}}{I_{试液}}$，实质是以通过参比皿的光强度为入射光强度，这样测得的吸光度才能真实地反映待测物质对光的吸收。

参比溶液的选择一般为：

① 若仅待测组分与显色剂的反应产物在测定波长处有吸收，而被测试液、显色剂及其他试剂均无吸收，则可用纯溶剂作参比溶液。

② 若显色剂或其他试剂在测定波长处略有吸收，而试液本身无吸收，则可用“试剂空白”（不加被测试样的试剂溶液）作参比溶液。

③ 若待测试液本身在测定波长处有吸收，而显色剂等无吸收，可用“试样空白”（不加显色剂的被测试液）作参比溶液。

④ 若显色剂、试液中其他组分在测定波长处有吸收，则可在试液中加入适当掩蔽剂将待测组分掩蔽后再加显色剂作为参比溶液。

(3) 吸光度读数范围的选择

对于给定的分光光度计，其透光度读数误差 ΔT 是一定的（一般为 $\pm0.2\%\sim\pm2\%$）。但由于透光度与浓度的非线性关系，在不同的透光度读数范围内，同样大小的读数误差 ΔT 所产生的浓度误差 Δc 是不同的。根据朗伯-比尔定律：

$$A=\lg\frac{I_0}{I_t}=-\lg T=\varepsilon bc$$

即

$$-\lg T=\varepsilon bc$$

将上式微分：

$$-\mathrm{d}\lg T=-\frac{0.434}{T}\mathrm{d}T=\varepsilon b\,\mathrm{d}c$$

两式相除得：

$$\frac{\mathrm{d}c}{c}=\frac{0.434}{T\lg T}\mathrm{d}T$$

以有限值表示可得：

$$\frac{\Delta c}{c}=\frac{0.434}{T\lg T}\Delta T \tag{11-5}$$

式中，$\dfrac{\Delta c}{c}$表示浓度测量值的相对误差。式（11-5）表明，浓度的相对误差不仅与仪器的透光度读数误差 ΔT 有关，而且与其透光度 T 的值有关。假设仪器的 $\Delta T=\pm0.5\%$，则可绘出溶液浓度相对误差$\dfrac{\Delta c}{c}$（只考虑正值时）与其透光度 T 的关系曲线，如图 11-10 所示。

用数学上求极值的方法可求出浓度相对误差最小值。$\Delta T=\pm0.5\%$时，浓度测量的相对误差（只考虑正值时）最小值为 1.4%，相应的透光度 $T_{min}=0.368$，吸光度 $A_{min}=0.434$。

由图可见，浓度的相对误差与透光度读数有关。当 $\Delta T=\pm0.5\%$时，T 落在 10%～70%（吸光度读数 A 在 1.0～0.15）范围内，浓度测量的相对误差较小，为 1.4%～2.2%。光度测量时，吸光度读数过高或过低，浓度测量的相对误差都将增大。因此，普通分光光度法不适用于高含量或极低含量组分的测定。

在上述讨论中，我们假定透光度的绝对误差 ΔT 与透光度值无关，ΔT 是由仪器刻度读数所引起的误差。实际上由于仪器设计及制造水平不同，ΔT 可能不同。影响透光度测量误差的因素很多，难以找到误差函数的准确表达式，实际工作中应参照仪器说明书，具体问题具体分析，创造条件使测定值在适宜的吸光度范围内进行。通常采取的措施还有控制待测溶液的浓度（如浓溶液稀释）和选择合适厚度的吸收池。

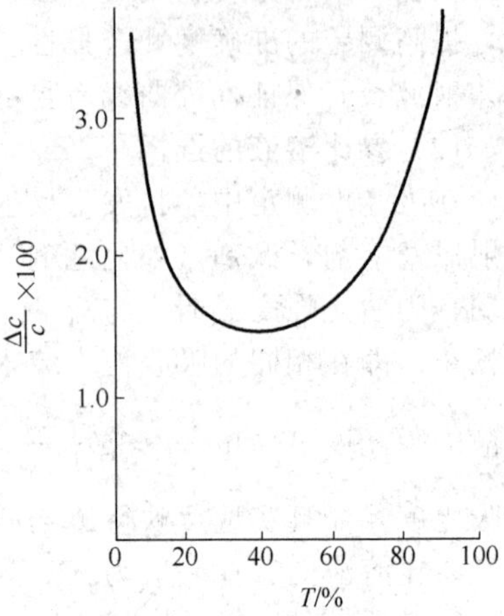

图 11-10　$\Delta c/c$-T 关系曲线

（$\Delta T=\pm0.5\%$）

11.3　可见光分光光度法的应用

分光光度法主要用于微量组分含量的测定，也可以用于高含量组分的测定、多组分分析，以及研究化学平衡和配合物组成的测定。

11.3.1　标准曲线法

最基本的分光光度法是直接利用朗伯-比尔定律，在一定条件下制作标准曲线，以测得的吸光度值对被测组分进行定量。

在确定的最佳显色反应条件和最佳测量条件下，分别测量一系列不同浓度的标准溶液的吸光度，以标准溶液中被测组分的浓度为横坐标，吸光度为纵坐标，绘制 A-c 曲线，此即标准曲线。现代分析中大多要求以最小二乘法处理制作标准曲线的实验数据，得到一元线性回归方程（回归法）。

当需要对某未知液的浓度 c_x进行定量测定时，只需在相同条件下测得未知液的吸光度 A_x，则可直接在标准曲线上查得或由回归方程计算得出未知液的浓度 c_x。

11.3.2　高含量组分的测定——示差法

光度法广泛应用于微量组分的测定，对常量或高含量组分的测定无能为力，这是因为当待测组分浓度高时会偏离朗伯-比尔定律，也会因测得的吸光度值超出适宜的读数范围产生较大的测量误差。若采用示差分光光度法（简称示差法），则能较好地解决这一问题。

示差法与普通光度法的主要区别在于它们所采用的参比溶液不同。示差法采用一适当浓度（比待测溶液浓度稍低）的标准溶液作参比进行测量。

设待测溶液的浓度为 c_x，标准溶液浓度为 c_s（$c_s<c_x$）。示差法测定时，首先用标准溶液 c_s作参比调节仪器透光度 T 为 100%（$A=0$）。然后测定待测溶液的吸光度，该吸光度为相对吸光度 ΔA，根据朗伯-比尔定律有：

$$A_x=\varepsilon bc_x \qquad A_s=\varepsilon bc_s$$

$$\Delta A=A_x-A_s=\varepsilon bc_x-\varepsilon bc_s=\varepsilon b\Delta c \tag{11-6}$$

上式表明，示差法所测得的吸光度实际上相当于普通光度法中待测溶液与标准溶液吸光度之差 ΔA，ΔA 与待测溶液和标准溶液的浓度差 Δc 呈线性（正比）关系。若用 c_s为参比，测定一系列 Δc 已知的标准溶液的相对吸光度 ΔA，以 ΔA 为纵坐标，Δc 为横坐标，绘制 ΔA-Δc 工作曲线，即示差法的标准曲线。再由测得的待测溶液的相对吸光度 ΔA，即可从标准曲线上查得相应的 Δc，根据 $c_x=c_s+\Delta c$ 计算得出待测溶液的浓度 c_x。

示差法的标尺扩展原理以图 11-11 为例进行说明。设普通光度法中，浓度为 c_s的标准溶

液的透光度 T_s 为 10%，而示差法中该标准溶液作为参比溶液，其透光度调至 $T_r=100\%$（$A=0$），这相当于将仪器透光度标尺扩大了 10 倍。若待测溶液 c_x 在普通光度法中的透光度为 $T_x=5\%$，则示差法中将是 $T_r=50\%$，此读数落在透光度的适宜范围内，从而提高 Δc 测量的准确度。

图 11-12 中 b、c、d 是不同 T_s 的溶液作参比时的误差曲线（假定 $\Delta T=\pm0.5\%$）。由图可见，随着参比溶液浓度的增大，T_s 减小，浓度相对误差也减小。若参比溶液选择适当，即待测溶液浓度与参比溶液的浓度差小，示差法的准确度高，可接近于滴定分析法的准确度。

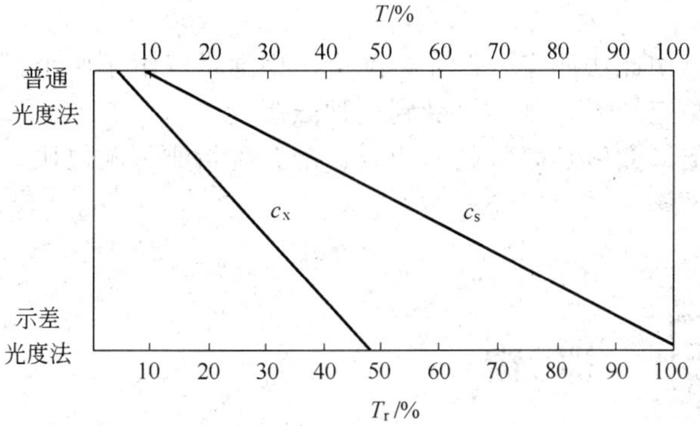

图 11-11 示差法标尺扩展原理

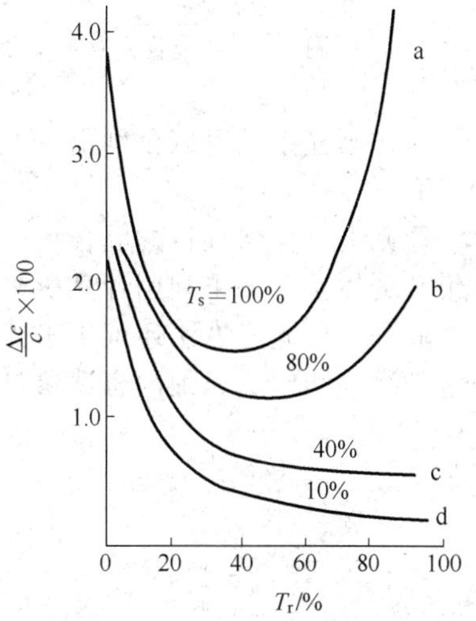

图 11-12 不同浓度的标准溶液作参比时的误差曲线

应用示差法时，要求仪器光源有足够的发射强度或能增大光电流的放大倍数，以便能调节示差法所用参比溶液的透光度为 100%。因此，示差法要求仪器具有质量较高的单色器和足够稳定的电子系统。

11.3.3 多组分分析

应用分光光度法还可以对同一溶液中的不同组分直接进行测定，而不需预先分离，从而大大减少分析操作步骤，避免在分离过程中造成误差。此法对含量较低的组分效果更好。

假定溶液中存在两种组分 x 和 y，它们的吸收光谱一般有以下两种情况。

若吸收光谱不重叠或至少可能找到某一波长时 x 有吸收而 y 不吸收，在另一波长下 y 有吸收而 x 不吸收，如图 11-13 所示，则可在不同波长下分别测定组分 x 和 y。

若吸收光谱重叠较严重，如图 11-14 所示，从图中可以看出，在波长 λ_1 和波长 λ_2 下 x 和 y 两组分的吸光度差 ΔA 较大，这时就必须采用解联立方程法或等吸收点法（后者请参阅相关参考书）。

分别在波长 λ_1 和 λ_2 下测得混合试液的吸光度 A_1 和 A_2，由吸光度值的加和性可得联立方程：

$$\begin{cases} A_1=\varepsilon_{x1}bc_x+\varepsilon_{y1}bc_y \\ A_2=\varepsilon_{x2}bc_x+\varepsilon_{y2}bc_y \end{cases}$$

式中，c_x 和 c_y 分别为组分 x 和 y 的物质的量浓度；ε_{x1} 和 ε_{y1} 分别为组分 x 和 y 在波长 λ_1 时的摩尔吸光系数；ε_{x2} 和 ε_{y2} 分别为组分 x 和 y 在波长 λ_2 时的摩尔吸光系数。

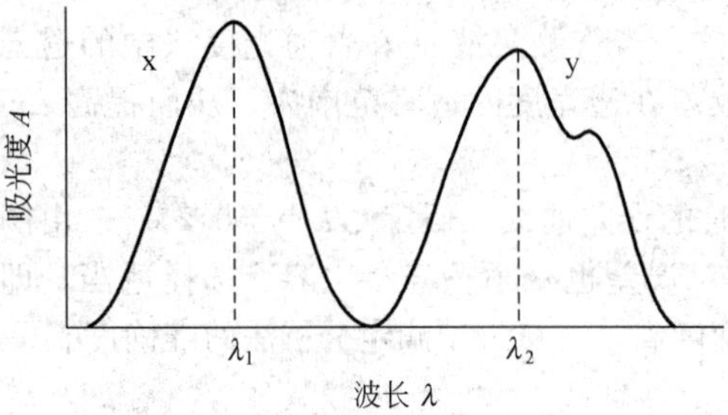

图 11-13　吸收光谱不重叠

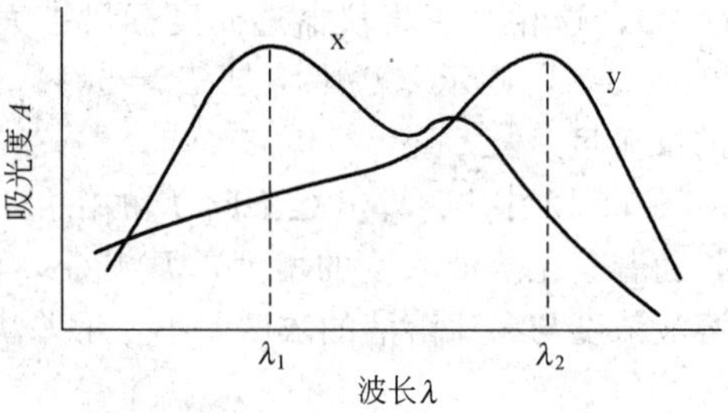

图 11-14　吸收光谱重叠

摩尔吸光系数可以分别由 x、y 的纯溶液在两种波长下测得。解联立方程组即可求出 c_x 和 c_y 的值。

原则上对任何数目的混合组分都可以用此法测定。但在实际应用中通常仅限于两个或三个组分的体系，如果利用计算机来处理测定结果，则不会受到这种限制。

此外，分光光度法还可用于光度滴定、酸碱解离常数的测定、配合物组成（配位比）及稳定常数的测定，详细内容请参见有关书籍。

视　窗

【人物简介】

1. 朗伯　Johann Heinrich Lambert（1728～1777），德国数学家，天文学家，物理学家。

朗伯自学成才，研究范围很广。1764 年进入柏林科学院，成为欧拉和拉格朗日的同事。

物质对光吸收的定量关系很早就受到了科学家的注意并进行了研究。皮埃尔·布格和朗伯分别在 1729 年和 1760 年阐明了物质对光的吸收程度和吸收介质厚度之间的关系，为后来光吸收基本定律的建立做出了贡献。

2. 比尔　August Beer（1825～1863 年），德国物理学家和数学家。

比尔出生于特里尔，他在那里学习了数学和自然科学。此后，他在波恩为尤利乌斯·普吕克工作，并在 1848 年得到了哲学博士的学位。1850 年，他成为了一名讲师。1854 年，比尔发表了《高级光学启蒙》一书。1855 年，比尔在波恩成为了一名数学教授。

1852 年比尔又提出了光的吸收程度和吸光物质浓度之间的关系。将朗伯与比尔的工作结合起来得到了光吸收的基本定律——朗伯-比尔定律，或称比尔-朗伯定律。

【搜一搜】

电磁波谱；桑德尔灵敏度；红外分光光度法；紫外分光光度法；导数分光光度法；双波长分光光度法；等吸收点法；闪耀光栅；光电池；光电管；光电倍增管；光度滴定法；催化光度法。

习　题

11-1　0.088mg Fe^{3+}，用硫氰酸盐显色后，在容量瓶中用水稀释至 50mL，用 1cm 比色皿，在 480nm 波长处测得吸光度 A 为 0.740，求 ε。

11-2 用双硫腙光度法测定 Pb^{2+}。Pb^{2+} 的浓度为 0.08mg/50mL。用 2cm 比色皿在 520nm 下测得透光度 $T=53\%$，求 ε。

11-3 某试液用 2cm 比色皿测量时，透光度为 60%，若改用 1cm 或 3cm 比色皿，透光度和吸光度等于多少？

11-4 为了配制锰的标准溶液，将 15mL 0.0430mol·L^{-1} 的 $KMnO_4$ 溶液稀释到 500mL。取此标准溶液 1mL，2mL，3mL，…，10mL，放入 10 支比色管中，加水稀释至 100mL，制成一组标准色阶。称取钢样 0.200g，溶于酸，经适当处理将锰氧化成 MnO_4^- 后稀释到 250mL。取此试液 100mL 放入比色管内，溶液颜色介于第四和第五个标准溶液之间，求钢中锰的质量分数。

11-5 钢铁工业中测定镍基合金中的铌含量时，常用氯代磺酚 S 显色，与铌显色后成紫红色。用标准曲线法进行镍基合金中铌含量分析时，应选用什么参比溶液？

11-6 某含铁约 0.2% 的试样，用邻二氮杂菲亚铁光度法（$\varepsilon=1.1\times10^4$ L·mol^{-1}·cm^{-1}）测定。试样溶解后稀释至 100mL，用 1.0cm 比色皿在 508nm 波长下测定吸光度。为使吸光度测量引起的浓度相对误差最小，应当称取试样多少克？如果所使用的光度计透光度最适宜读数范围为 0.200～0.650，测定溶液含铁的物质的量浓度范围应控制在多少？

11-7 用磺基水杨酸法测定微量铁。将 0.2160g $NH_4Fe(SO_4)_2\cdot12H_2O$ 溶于水中稀释至 500mL 配成标准溶液。根据下列数据，绘制标准曲线：

标准铁溶液体积 V/mL	0.0	2.0	4.0	6.0	8.0	10.0
吸光度 A	0.0	0.165	0.320	0.480	0.630	0.790

某试液 5.0mL，稀释至 250mL。取此稀释液 2.0mL，在与绘制标准曲线相同的条件下显色和测定吸光度，测得 $A=0.500$，求试液铁含量（mg·mL^{-1}）。

11-8 NO_2^- 在 355nm 处 $\varepsilon_{355}=23.3$，$\varepsilon_{355}/\varepsilon_{302}=2.50$；$NO_3^-$ 在 355nm 处的吸收可以忽略，在波长 302nm 处 $\varepsilon_{302}=7.24$。今有一含 NO_2^- 和 NO_3^- 的试液，用 1cm 比色皿测得 $A_{302}=1.010$，$A_{355}=0.730$。计算试液中 NO_2^- 和 NO_3^- 的浓度。

11-9 未知分子量的胺试样，用苦味酸（分子量为 229）处理后转化成胺苦味酸盐（1∶1 加合物）。当波长为 380nm 时大多数胺苦味酸盐在 95% 乙醇中的吸光系数大致相同，即 $\varepsilon=10^{4.13}$。现将 0.0300g 胺苦味酸盐溶解于 95% 乙醇中，准确配制成 1L 溶液。测得该溶液在 380nm、$b=1$cm 时，$A=0.800$。试估算未知胺的分子量。

11-10 用普通分光光度法测量 0.0010mol·L^{-1} 的锌标准溶液和含锌的试液，分别测得 $A=0.700$ 和 $A=1.000$，两种溶液的透光度相差多少？如用 0.0010mol·L^{-1} 锌标准溶液作参比溶液，试液的吸光度是多少？与示差分光光度法相比，读数标尺放大了多少倍？

11-11 以示差分光光度法测量高锰酸钾的浓度，以含锰 10.0mg·mL^{-1} 的标准溶液作参比液，其对水的透光度为 20.0%，并以此调节透光度为 100%，此时测得未知浓度高锰酸钾溶液的透光度为 40.0%，计算高锰酸钾的质量浓度。

第12章 常用分离方法 Separation Method of Substance

12.1 萃取分离法

萃取分离法包括液相-液相、固相-液相和气相-液相萃取分离等，其中应用最广的是液-液萃取分离法，又称溶剂萃取（solvent extraction）分离法。该法利用与水不相混溶的有机溶剂与试液一起振荡，把待测物质从一个液相（水相）转移到另一个液相（有机相），以达到分离的目的。

溶剂萃取既能用于大量元素的分离，更适合于微量元素的分离和富集。如果被萃取组分是有色化合物，还可以直接在有机相中比色测定，具有较高的灵敏度和选择性。因此，溶剂萃取分离法在微量分析中有重要意义。

12.1.1 分配系数和分配比

萃取过程是被萃取物质在不相混溶的两相中的分配过程。若物质 A 在两相中存在的形态相同，则 A 就按溶解度的不同而分配在这两种溶剂中：

$$A_{水} \rightleftharpoons A_{有}$$

当分配达到平衡时：

$$\frac{[A]_{有}}{[A]_{水}} = K_D \qquad (12\text{-}1)$$

式中，K_D称为分配系数（distribution coefficient），与溶质和溶剂的特性及温度等因素有关。

分配系数只适用于溶质在两相中的存在形态相同，没有解离、缔合、聚合等副反应的情况，而实际萃取中可能伴随上述多种化学作用，溶质在两相中可能有多种存在形态，不能简单地用分配系数来说明整个萃取过程的平衡问题。对分析工作者，重要的是要知道溶质 A 在两相间的分配以及在每一相中的总量而不论其存在形态如何。因此，常把溶质 A 在两相中各种存在形态的总浓度之比称为分配比（distribution ratio），以 D 表示：

$$D = \frac{c_{有}}{c_{水}} \qquad (12\text{-}2)$$

D 与溶质本性、萃取体系以及萃取条件有关。当两相的体积相等时，若 $D>1$，则说明溶质进入有机相的量比留在水相中的量多。

分配比 D 和分配系数 K_D不同，K_D是常数而 D 随实验条件而变，只有当溶质以单一形式存在于两相中时，才有 $K_D=D$。实际工作中常利用改变试样某一组分存在形式（如生成配合物）的方法，使其分配比增大，从而易与其他组分分离。

12.1.2 萃取效率和分离因数

在实际工作中，常用萃取效率表示萃取的完全程度。萃取效率是物质被萃取到有机相中的百分率，以 E 表示：

$$E=\frac{\text{被萃取物质在有机相中的总含量}}{\text{被萃取物质的总含量}}\times 100\%$$

设被萃取物质在有机相和水相中的总浓度分别为 $c_{有}$ 和 $c_{水}$；两相的体积分别为 $V_{有}$ 和 $V_{水}$。则：

$$E=\frac{c_{有}V_{有}}{c_{有}V_{有}+c_{水}V_{水}}\times 100\% \tag{12-3}$$

分子分母同除以 $c_{水}V_{有}$，得：

$$E=\frac{D}{D+\dfrac{V_{水}}{V_{有}}}\times 100\% \tag{12-4}$$

式中，$V_{水}/V_{有}$ 又称相比。可见，D 愈大，萃取效率愈高。如果 D 固定，减小 $V_{水}/V_{有}$，即增加有机溶剂的用量，亦可提高萃取效率，但后者的效果不太显著。此外，增加有机溶剂用量，将使萃取以后溶质在有机相中的浓度降低，不利于进一步的分离和测定。因此，在实际工作中，对于分配比 D 较小的溶质，常采取分几次加入溶剂，多次连续萃取的办法，以提高萃取效率。

设 $V_{水}$ mL 溶液内含有被萃取物 W_0 g，用 $V_{有}$ mL 有机溶剂萃取一次，水相中剩余被萃取物 W_1 g，则进入有机相的量为 (W_0-W_1)g，此时分配比 D 为：

$$D=\frac{c_{有}}{c_{水}}=\frac{(W_0-W_1)/V_{有}}{W_1/V_{水}}$$

则

$$W_1=W_0\frac{V_{水}}{DV_{有}+V_{水}}$$

若每次用 $V_{有}$ mL 溶剂，萃取 n 次，水相中剩余被萃取物为 W_n g，则

$$W_n=W_0\left(\frac{V_{水}}{DV_{有}+V_{水}}\right)^n \tag{12-5}$$

【例 12-1】 在 pH＝7.0 时用 8-羟基喹啉氯仿溶液，从水溶液中萃取 La^{3+}。已知 La^{3+} 在两相中的分配比 $D=43$，今取含 La^{3+} 的水溶液（$1.00mg\cdot mL^{-1}$）20.0mL，计算用萃取液 10.0mL，一次萃取和用同量萃取液分两次萃取的萃取效率。

解 用 10.0mL 萃取液一次萃取：

$$W_1=20.0\times\frac{20.0}{43\times 10.0+20.0}=0.889\text{mg}$$

$$E=\frac{20.0-0.889}{20.0}\times 100\%=95.6\%$$

每次用 5.0mL 萃取液连续萃取两次：

$$W_2=20.0\times\left(\frac{20.0}{43\times 5.0+20.0}\right)^2=0.145\text{mg}$$

$$E=\frac{20.0-0.145}{20.0}\times 100\%=99.3\%$$

可见，用同量的萃取液，分数次萃取比一次萃取的效率高。

为达到分离的目的，不仅萃取效率要高，而且还要考虑共存组分间的分离效果要好，一般用分离因数（separation factor）β 来表示分离效果：

$$\beta = \frac{D_A}{D_B} \tag{12-6}$$

式中，D_A、D_B 分别为被萃取组分 A 和共存组分 B 的分配比。

如果 D_A 和 D_B 相差很大，则 β 值很大或很小，表示两种组分可以定量分离，即萃取的选择性好；反之，β 接近于 1 时，两种组分就难以完全分离。

12.1.3　萃取体系的分类和萃取条件的选择

无机物质中只有少数共价分子（如 HgI_2、$HgCl_2$、$GeCl_4$、$AsCl_3$、SbI_3 等）可以直接用有机溶剂萃取。大多数无机物质在水溶液中解离成离子，并与水分子结合成水合离子，难于用与水不混溶的非极性或弱极性的有机溶剂萃取。为使无机离子的萃取过程顺利进行，必须加入某种试剂（称为萃取剂）与被萃取的金属离子作用，生成一种不带电荷易溶于有机溶剂的分子，然后用有机溶剂萃取，将被萃取物从水相转移入有机相。

根据被萃取组分与萃取剂形成的可被萃取分子性质的不同，可把萃取体系分类如下。

（1）螯合物萃取体系

螯合物萃取体系在分析化学中应用最为广泛，主要用于金属离子的萃取，反应灵敏度高，适用于少量或微量组分的萃取分离。所用萃取剂一般为有机弱酸或弱碱（即螯合剂），能与金属离子形成中性螯合物，被有机溶剂萃取。

例如，Ni^{2+} 在水溶液中以 $Ni(H_2O)_6^{2+}$ 形式存在，如果在氨性溶液中加入萃取剂丁二酮肟，生成不带电荷的疏水性丁二酮肟合镍螯合物，即可用有机溶剂如氯仿等萃取。

又如乙酰丙酮 $CH_3\!-\!\underset{\underset{O}{\|}}{C}\!-\!CH_2\!-\!\underset{\underset{O}{\|}}{C}\!-\!CH_3$，形成互变异构体后可与 Al^{3+}、Be^{2+}、Cr^{3+}、Co^{2+}、Th^{4+}、Sc^{3+} 等离子生成难溶于水的螯合物，可用 $CHCl_3$、CCl_4、苯、二甲苯萃取，也可用乙酰丙酮萃取，此时乙酰丙酮既是萃取剂，又可作溶剂。

此外，如铜铁试剂（即 N-亚硝基苯胲铵）、铜试剂（即二乙基胺二硫代甲酸钠）和双硫腙等都是常用的萃取剂。

（2）离子缔合物萃取体系

阳离子和阴离子通过静电引力缔合而成的电中性疏水性化合物称为离子缔合物，它能被有机溶剂萃取。这类萃取体系的特点是萃取容量大，一般用来分离常量组分。

采用不同的萃取剂，可形成不同类型的缔合物，以锌盐和铵盐缔合物萃取使用最多。

例如，用乙醚从 $6\,mol\cdot L^{-1}$ HCl 溶液中萃取 Fe^{3+} 时，Fe^{3+} 与 Cl^- 配位形成配阴离子 $FeCl_4^-$。而溶剂乙醚可与溶液中的 H^+ 结合成锌离子，锌离子与 $FeCl_4^-$ 缔合成中性分子锌盐：

$$\underset{C_2H_5}{\overset{C_2H_5}{>}}\!O + H^+ \longrightarrow \underset{C_2H_5}{\overset{C_2H_5}{>}}\!OH^+ \xrightarrow{FeCl_4^-} \underset{C_2H_5}{\overset{C_2H_5}{>}}\!OH^+\cdot FeCl_4^-$$

锌盐有疏水性，可被有机溶剂乙醚所萃取。在这类萃取体系中，溶剂分子参加到被萃取的分子中去，因此它既是溶剂又是萃取剂。

又如在稀 H_2SO_4 溶液中萃取硼，硼与 F^- 形成 BF_4^- 配阴离子；亚甲基蓝在酸性条件下与 H^+ 形成大阳离子，再与 BF_4^- 缔合成铵盐缔合物，可被二氯乙烷萃取。

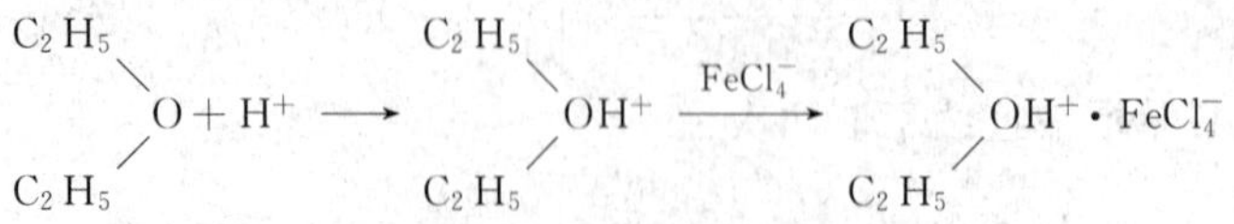

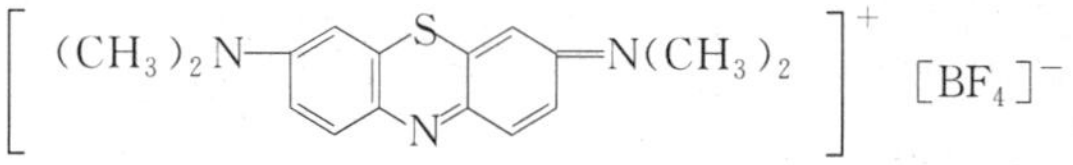

再如在 HNO_3 溶液中，用磷酸三丁酯（简称 TBP）萃取 UO_2^{2+}。由于 TBP 中 $\equiv P\rightarrow \ddot{\underset{\cdot\cdot}{O}}:$ 的氧原子具有很强的配位能力，能取代 $[UO_2(H_2O)_6]^{2+}$ 水合离子中的水分子，形成溶剂化离子，并与 NO_3^- 缔合成疏水性的溶剂化合物 $UO_2(TBP)_6(NO_3)_2$，从而被 TBP 萃取。

在离子缔合物萃取体系中，加入与被萃取物具有相同阴离子的盐类（或酸类），如在 HNO_3 溶液中用 TBP 萃取 UO_2^{2+} 时加入 NH_4NO_3，可显著提高萃取效率。这种现象称为盐析作用，加入的盐类称为盐析剂。

(3) 协同萃取体系

在协同萃取体系中，用混合萃取剂与被萃取的金属离子生成一种稳定的含多种配体的可萃取配合物，往往可获得更高的萃取效率。各种萃取剂互相配合，可以组成各种协同萃取体系，其中应用最广泛的是形成二元和三元配合物的体系。该类体系具有选择性好、灵敏度高的特点，近 20 年来发展较快，广泛应用于稀有元素、分散元素的分离和富集。例如，Ag^+ 与邻二氮杂菲配位生成配阳离子，并与溴邻苯三酚红的阴离子缔合成三元配合物：

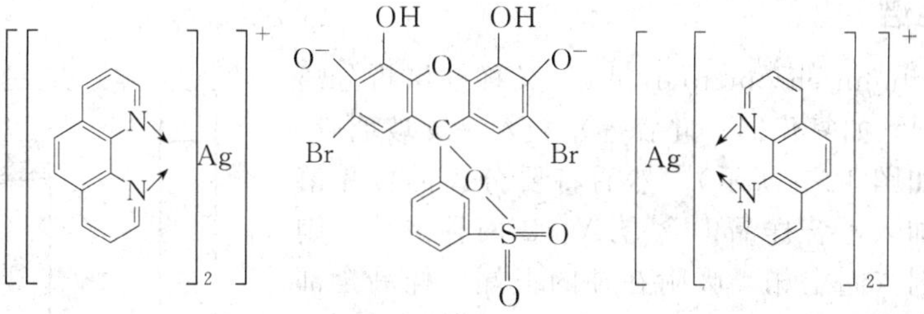

邻二氮杂菲银　　　　溴邻苯三酚红　　　　邻二氮杂菲银

在 pH=7 的缓冲溶液中用硝基苯萃取，然后在溶剂相中即可用光度法直接测定 Ag^+。

12.1.4 萃取分离法在无机及分析化学中的应用

萃取分离法是分析化学中应用最广泛、最重要的分离方法之一，主要用于以下几个方面：

(1) 萃取分离

通过萃取将被测元素与干扰元素分离，从而消除干扰。如在 $0.5mol\cdot L^{-1}$ H_2SO_4 溶液中，用双硫腙将 Hg 萃取至 CCl_4 中，消除 Pb、Cd、Zn、Ni、Co、Fe 等的干扰。对于性质相近的元素，如 Nb 和 Ta、Mo 和 W、Zr 和 Hf 以及其他稀土元素都可以利用溶剂萃取法进行有效分离。

(2) 萃取富集

通过萃取可以将含量极微或浓度很低的待测组分富集起来，以提高其浓度，从而提高分析方法的灵敏度。例如，天然水中的农药由于含量极微，不能直接测定，可取大量水样用少量苯萃取后，收集苯层于瓷皿中，使挥发除去苯，残余物用少量乙醇溶解，即可测定。

(3) 萃取与仪器分析的结合

萃取技术与仪器分析方法的结合，提高了分离和测定的选择性和灵敏度，促进了微量分析的发展。例如，在萃取分离时，可加入适当显色剂与待测组分形成有色化合物，在有机相中直接比色测定或用分光光度法测定，此法称为萃取比色法（或萃取光度法）。

12.2 色谱分离法

色谱分离法又称层析分离法（chromatography），是一种物理化学分离方法，由俄国植物学家茨维特（M. Tswett）于1906年在分离植物色素时系统提出。

色谱分离是利用混合物各组分的物理化学性质的差异，使各组分不同程度地分布在两相中，其中一相是固定相，另一相是流动相。流动相带着试样流经固定相，由于各组分受固定相作用所产生的阻力和受流动相作用所产生的推动力不同，各组分以不同的速度移动而分离。固定相可以是固体的吸附剂，也可以是载附在惰性固体物质（载体、担体）上的液体（即固定液）。流动相可以是气体，也可以是液体。用气体作为流动相的称为气相色谱分析（或气相层析），用液体作为流动相的称为液相色谱分析（或液相层析）。液相色谱分析又可以分为柱色谱（或称经典的柱层析）、纸色谱、薄层色谱和高压液相色谱分析。本节简单讨论柱色谱、纸色谱和薄层色谱。

色谱分离法的分离效率高，操作简便，不需要很复杂的设备，样品用量可大可小，适用于实验室的分离分析和工业产品的制备与提纯。如果与有关仪器结合，可组成各种自动的分离分析仪器。

12.2.1 柱色谱

柱色谱（column chromatography，又称柱层析分离法）是把吸附剂（如氧化铝、硅胶等）装入一支玻璃管，做成色谱柱（如图12-1所示）。然后将要分离的样品溶液从柱的顶部加入，若样品内含有A、B两种组分，则二者均被吸附剂（固定相）吸附在柱的上端。样品全部加完后，再用适当的洗脱剂（流动相，也称展开剂）进行洗脱，A、B两组分随洗脱剂的向下流动而移动。吸附剂对不同物质具有不同的吸附能力，当用洗脱剂洗脱时，柱内连续不断地发生溶解、吸附、再溶解、再吸附的现象。由于洗脱剂与吸附剂对A、B两组分的溶解能力与吸附能力不同，即A、B的分配系数不同，则A、B两组分移动的速度和距离也不相同。吸附弱的和溶解度大的组分（如A）移动的距离较大，易洗脱。当冲洗到一定程度时，A、B两组分即可完全分开。如果A、B有颜色，则会形成两个色环。若继续冲洗，A组分便先从柱中流出，承接于一个容器中，待B组分流出时改用另一容器承接，即可实现A、B两组分的分离，再分别进行分析鉴定和定量测定。

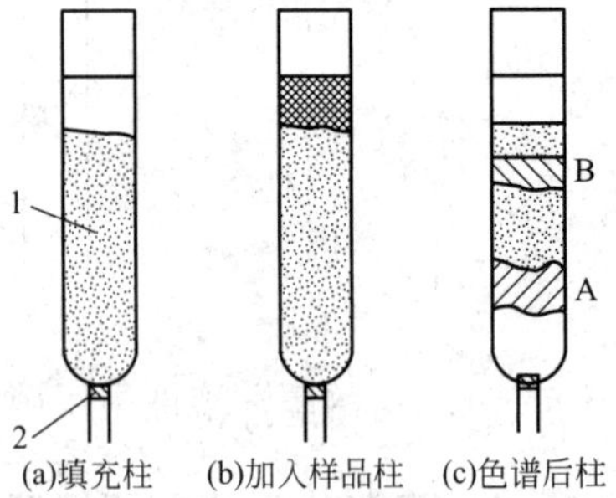

图12-1 柱色谱示意图

1—吸附剂；2—玻璃纤维

在色谱分离中，溶质在固定相和流动相中差速迁移，既能进入固定相，又能进入流动相，这个过程称分配过程。分配过程进行的程度可用分配系数 K 来衡量：

$$K=\frac{c_s}{c_m} \tag{12-7}$$

式中，c_s和c_m分别表示溶质在固定相和流动相中的浓度。在低浓度和一定温度时 K 是一个常数。当吸附剂一定时，K 值的大小取决于溶质的性质。K 值大的物质被吸附得牢固，移动速度慢，冲洗时最后被洗脱下来；$K=0$ 的物质则随流动相迅速流出，不进入固定相。可见，各组分之间的 K 值相差越大，越容易分离完全。各种物质对不同的吸附剂和洗脱剂有不同的 K 值，因此可根据被分离物质的结构和性质，选择合适的吸附剂和洗脱剂，以实现定量分离。

柱色谱分离中，吸附剂应具有较大的吸附面积和足够大的吸附能力；不与洗脱剂和样品中各组分产生化学反应；不溶于洗脱剂；颗粒均匀，且有一定的粒度。常用的强吸附剂有 Al_2O_3、硅胶、聚酰胺等；中等吸附剂有 $CaCO_3$、$Ca_3(PO_4)_2$、MgO、$Ca(OH)_2$ 等；弱吸附剂有蔗糖、淀粉、纤维素、滑石等。

洗脱剂对样品组分的溶解度要大；黏度小，易流动而不致洗脱太慢；与样品和吸附剂无化学作用；纯度要合格。

洗脱剂的选择与吸附剂吸附能力的强弱及被分离物质的极性有关，应由实验确定。一般来说，使用吸附能力弱的吸附剂分离极性较强的物质时，应选用极性较大的洗脱剂；使用吸附能力强的吸附剂分离极性较弱的物质时，应选用极性较小的洗脱剂。常用洗脱剂的极性大小次序为：水＞甲醇＞乙醇＞正丙醇＞乙酸乙酯＞乙醚＞氯仿＞二氯甲烷＞苯＞甲苯＞四氯化碳＞环己烷＞石油醚。

12.2.2 薄层色谱

薄层色谱又称薄板色谱或薄层层析分离法（thin layer chromatography，TLC），是柱色谱和纸色谱相结合发展起来的，具有简易、快速、灵敏度高、分离效率高和显色方便等特点，因此发展极为迅速。

薄层色谱按其分离机理主要可分为两种，即吸附色谱和分配色谱。吸附色谱是利用活性吸附剂对各种物质吸附能力的不同来进行分离的，一般是用非极性或弱极性的展开剂来处理弱极性化合物。其分离原理与柱色谱相同，只是以涂布有吸附剂薄层的玻璃板（称为色谱板）代替色谱柱，所用吸附剂为氧化铝、硅胶等。分配色谱是利用物质在固定相和流动相中溶解度的不同，在两相间不断进行分配而达到分离目的，一般是用极性展开剂处理极性化合物。其分离原理与纸色谱相同，色谱板上涂布的是含固定液的支持剂。相对分配色谱而言，吸附色谱展开速度较快，受温度影响较小，故应用最多的是以硅胶等为固定相的吸附薄层色谱法，一般所说的薄层色谱即为吸附薄层色谱。

薄层色谱的操作，包括点样、展开、显色和测定。如图 12-2 所示，首先取一块涂布有固定相细颗粒层的色谱板，在其一端点样后斜放在密闭色谱缸中（色谱板与水平方向成 10°～20°夹角），使点有试样的一端浸入展开剂（原点勿浸入）。展开剂借助薄层的毛细作用而向上移动，试样中的各组分根据吸附色谱的机理而得以分离，在色谱板上最终形成相互分开的色斑（无色物质的显色方法与纸色谱相同）。样品分离情况也可用比移值 R_f 衡量，并可在相同条件下根据 R_f 值进行定性鉴定。

$$R_f = \frac{\text{原点至斑点中心的距离 } a}{\text{原点至溶剂前沿的距离 } b}$$

相应距离的测量见图 12-3。

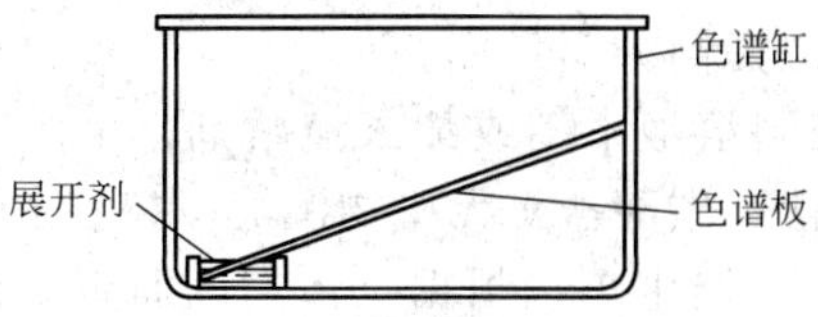

图 12-2 薄层色谱示意图

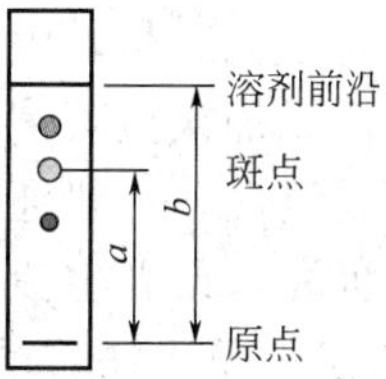

图 12-3 R_f 值计算时相应距离的测量

每一组分都有其自身特定的 R_f 值。若 $\Delta R_f < 0.02$，可通过改变展开剂的极性来增大 ΔR_f，如增大极性溶剂的比例，以增大极性组分的 R_f 值，减小非极性组分的 R_f 值。

若在展开后将该组分的斑点连同固定相吸附剂一起刮下，然后将该组分从吸附剂上洗脱下来，收集此洗脱液，即可进行定量测定。此法虽较费事，所需点样量也较多，但准确度较高，且不需复杂仪器。

在薄层色谱中，为了获得良好的分离，必须选择适当的吸附剂和展开剂。应用最广泛的吸附剂是氧化铝和硅胶，但与柱色谱不同，薄层色谱使用的吸附剂粒度更细，一般以150～250目为宜。吸附剂必须具有适当的吸附能力，不与溶剂、展开剂及欲分离的试样发生化学反应。固定相吸附能力的强弱，常与其所含水分有关。含水较多，其吸附能力就大为减弱。因此需把吸附剂在一定温度下烘焙一定时间以驱除水分，增强其吸附能力，此谓“活化”。

薄层色谱对展开剂的选择，仍以溶剂的极性为依据。一般而言，极性大的物质要选用极性大的展开剂。常需综合考虑被吸附物质的极性、固定相吸附剂的活泼性和展开剂的极性三者的关系，经多次实验方能确定适宜的展开剂。薄层色谱的展开剂较多使用单一或混合有机溶剂。

薄层色谱法可用于无机离子的分离。如在硅胶G板上，用正丁醇、$1.5mol \cdot L^{-1}$ HCl溶液和乙酰基丙酮按100∶20∶0.5的比例混合作展开剂，展开后喷以KI溶液，待薄层干燥后以氨熏，再以 H_2S 熏，便可得棕黑色CuS斑、棕色PbS斑、黄色CdS斑、棕黑色 Bi_2S_3 斑和棕黑色HgS斑，其 R_f 值依次增加。

薄层色谱适用的样品量很宽，常用作快速了解复杂混合物的辅助技术，探索反应历程和生产过程监控的手段，在药物、染料、抗生素等工业上应用日益广泛，在产品检验、反应终点控制、生产工艺选择、未知试样剖析以及药物分析、香精香料分析、氨基酸及其衍生物的分析中多用于对天然产物和复杂有机物的分离和鉴定。

色谱法中包括的气相色谱（气相层析）和高压液相色谱（高压液相层析）是20世纪50～60年代迅速发展起来的一种新技术。它们的分析周期短、分离效率高、选择性灵敏度好，从分离、分析到数据处理都可完全用计算机控制。其基本原理与经典色谱方法大致相同，但有各自的特殊性，其内容将在后续仪器分析课程中再作讨论。

12.3 其他分离方法

无机及分析化学中常用的分离方法，除萃取分离法、层析分离法及仪器分析方法外，还有沉淀分离法、离子交换分离法、挥发和蒸馏分离法、气浮分离法和膜分离法等。本节对这几种分离方法作简单介绍。

12.3.1 沉淀分离法

沉淀分离是一种经典的分离方法。它根据溶度积原理，在试液中加入适当沉淀剂，控制反应条件，使待测组分沉淀出来，或者将干扰组分沉淀除去，从而达到分离和消除干扰的目的。沉淀分离法耗时长，由于共沉淀的影响，分离效果差，但仍然具有实用意义。可以通过控制沉淀条件、加入掩蔽剂、使用有机沉淀剂等方法提高分离效率。

对于常量组分，一般通过加入无机沉淀剂，控制溶液pH或加入掩蔽剂，生成氢氧化物、硫化物沉淀，或者生成卤化物、硫酸盐、磷酸盐、碳酸盐等无机物沉淀。控制pH的方法有NaOH法、氨水法、缓冲溶液法等，在实验和生产中可以根据具体情况而定。许多金属硫化物沉淀的溶解度相差悬殊，可以通过调节溶液pH，进而控制 S^{2-} 浓度，实现分批沉淀，从而成组或成批地除去重金属离子。

采用无机沉淀剂得到的沉淀，除少数如 $BaSO_4$ 等为颗粒较大的晶形沉淀外，多为无定形或凝乳状沉淀，共沉淀严重，选择性差，分离效果不理想。有机沉淀剂以其沉淀完全、选择性高、吸附杂质少等优点在沉淀分离法中得到广泛应用。有机沉淀剂与金属离子形成的沉淀有三种类型：螯合物沉淀、缔合物沉淀和三元配合物沉淀。常用的有机沉淀剂有：草酸、8-羟基喹啉、铜铁试剂（*N*-亚硝基苯胲胺）、铜试剂（二乙基胺二硫代甲酸钠）、α-安息香肟、丁二酮肟、四苯硼酸钠等。

对于微量或者痕量组分，可以采用共沉淀分离法。在试液中加入适当沉淀剂，生成一种适当沉淀（载体沉淀），待测组分与之一起共沉淀，进而分离富集。利用共沉淀现象进行分离和富集的方法叫作共沉淀分离法，也称载体沉淀法或共沉淀捕集法，是分离富集微量元素的有效方法。共沉淀分离法要求痕量组分回收率高，共沉淀剂不干扰被富集痕量组分的测定。

共沉淀分离富集所用的共沉淀剂又称载体，有无机共沉淀剂与有机共沉淀剂两类。常见的无机共沉淀剂有氢氧化物、硫化物等非晶形沉淀以及 $BaSO_4$、$CaCO_3$ 等晶形沉淀。非晶形共沉淀剂的共沉淀机理主要是利用表面吸附。晶形共沉淀剂的共沉淀机理主要是利用混晶的形成，因而选择性比非晶形共沉淀剂好。

有机共沉淀剂的共沉淀机理是将无机离子转变成疏水性化合物，然后再被与其结构相似的有机共沉淀剂所共沉淀。常用的有机共沉淀剂为有机胶体（如丹宁、动物胶等）、碱性染料（如甲基紫、孔雀绿等）、惰性共沉淀剂等。相对而言，有机共沉淀剂选择性较高、分离效果好、易于灼烧除去，因此在定量分离与富集中更为常用。

12.3.2 离子交换分离法

离子交换分离法是利用离子交换剂（固相）与溶液中的离子发生交换反应来进行分离的方法，适用于分离所有的无机离子和许多有机物。不仅用于带相反电荷离子之间的分离，还可用于带相同电荷离子之间的分离，甚至性质相近的离子（如 Nb 和 Ta、Zr 和 Hf 等）之间的分离，亦广泛用于微量和痕量组分的富集，高纯物质的制备，以及对蛋白质、核酸、酶等生物活性物质的纯化。不仅可用于实验室分离，也可用于大规模工业生产，是很重要而应用广泛的分离方法之一。

离子交换剂主要分为无机离子交换剂和有机离子交换剂两大类。目前应用较多的是有机离子交换剂，即离子交换树脂（ion exchange resin）。离子交换树脂是一种网状的高分子聚合物，碳链和苯环组成了树脂的骨架，具有可伸缩性。树脂中有许多可被交换的活性基团，根据这些活性基团的不同，离子交换树脂可分为阳离子交换树脂、阴离子交换树脂和螯合树脂等。

离子交换剂的性能指标包括交换容量和交联度。交换容量是树脂品质的重要标志，数值可由实验测定。交联度的大小直接影响树脂的孔隙度。一般在不影响分离的前提下，使用交联度较大的树脂，可提高树脂对离子的选择性。

离子交换树脂与待测溶液接触时发生离子交换反应，该反应也遵循质量作用定律。树脂对离子的亲和力，与水合离子半径、电荷及离子的极化程度有关。由于树脂对离子的亲和力不同，当溶液中有多种同浓度离子存在时，离子交换反应就有一定的选择性，亲和力大的离子先交换后洗脱，亲和力小的离子后交换先洗脱，从而可使各种离子分离。离子交换分离的原理就是利用离子交换树脂对不同离子的亲和力不同。

离子交换分离操作包括树脂的选择和处理、装柱和柱上操作等，柱上操作又可分为交换、洗脱和树脂再生。为了获得良好的分离效果，所用树脂粒度、交换柱直径及树脂层厚度，欲交换的试液及洗脱液的组成、浓度及流速等条件都需要通过实验适当选择。

12.3.3 挥发和蒸馏分离法

挥发和蒸馏分离法（separation by volatilization and distillation）是利用化合物的挥发性的差异来进行分离的方法。该法可使待测组分转化为挥发性物质，将其挥发或蒸馏出来，通过测定放出的气体或剩余残渣的量，从而进行痕量组分的分离或测定，或者除去干扰组分。

挥发是液体或固体在常温下的气化现象，一般指液体成分在没有达到沸点的情况下成为气体分子逸出液面。大多数溶液存在挥发现象，只是由于溶质的不同而表现出不同的挥发性。待测组分不易挥发时，可通过加热、强弱酸碱的置换、氧化还原、卤化等方法，使其转化为挥发性物质。

蒸馏主要用于液体混合物的分离，可将易挥发和不易挥发的物质分离，也可将沸点不同的液体混合物分离。蒸馏技术分为常压蒸馏、减压和真空蒸馏、水蒸气蒸馏、共沸蒸馏、萃取蒸馏等，一般包括蒸发和冷凝两步操作。

具有挥发性的无机物不多，因此该分离法在无机分析中应用受限，但由于其较高的分离选择性，在某些情况下仍具有重要意义。如测定自来水、石油或食品等试样中的微量砷时，可以用锌粒和稀硫酸将试样中的砷还原为砷化氢，经挥发和收集后，用比色法、库仑法等进行测定。钢铁中的碳和硫在1100℃时通入氧气燃烧，会以 CO_2 和 SO_2 的形式挥发，收集后分别用非水溶液酸碱滴定和氧化还原滴定法进行测定。饮用水、工业废水中测定 Hg、CN^-、SO_2、S^{2-}、F^-、酚类等物质时，也可以用蒸馏分离法富集后测定。

蒸馏分离法在有机分析中应用较为广泛，很多有机物的分离和提纯就是利用各自沸点的不同而进行的。有机物中 C、H、O、N、S 等元素的定量分析，也是通过该方法，利用合适的反应使这些元素转化为 CO_2、H_2O、CO、NH_3、SO_2 等相应的挥发组分，进行分离和测定的。

12.2.4 气浮分离法

在一定条件下，向试液中鼓入大量微小气泡，使具有表面活性的待分离物质吸附于气泡表面，随气泡浮升至液面，从而得以分离的方法，称为气浮分离法，也称为浮选分离法或泡沫浮选分离法。它是分离、富集痕量组分的一种有效分析方法。

气浮分离法的原理较为复杂，一般认为主要是表面活性剂的作用，采用气泡富集分离原理。表面活性剂非极性的一端向着气相，在水溶液中容易被吸附至气泡表面；极性的一端向着水相，通过静电引力或化学作用，与水相中的被分离离子形成的沉淀或配离子结合。鼓入气泡时，表面活性剂就与被分离物质一起被气泡带到液面，形成泡沫层，进而分离。

按照浮选分离对象和分离手段的不同，气浮分离法分为：离子气浮分离法、沉淀气浮分离法、溶剂气浮分离法。离子气浮分离法是将待分离的微量元素先形成配离子，然后加入带相反电荷的表面活性剂，生成疏水性的离子缔合物，随气泡上浮至溶液表面的泡沫层而被浮选分离。沉淀气浮分离法是将被分离离子形成沉淀或者共沉淀，再与表面活性剂一起随气泡上浮，进而分离。溶剂气浮分离法又称萃取浮选法，是在试样溶液之上再加一层与水不相混溶的有机溶剂，使已成表面活性的被分离物质随气泡上升后进入有机相，或在有机相和溶液液面间形成第三相，从而实现分离。

影响气浮分离效率的主要因素有溶液酸度、表面活性剂浓度、离子强度、形成配合物或沉淀的性质、气泡大小，以及气浮分离所用气体、温度和搅拌情况等。

气浮分离法首先用于选矿，因其分离速度快，富集效率高，操作简便，1959 年开始在分析化学中有诸多应用，现已广泛用于环境监测治理分析中 Cr、Cd、Pb 等痕量组分的富集、检测，以及 Pd、Pt、Rb 等贵金属的分离富集。

12.3.5 膜分离法

膜分离是运用天然或人工合成的、具有选择透过性的膜，以外界能量或化学位差（浓度差、温度差、压力差和电位差等）为驱动力，利用混合物中各组分的渗透性差异，对两组分以上的溶质和溶剂进行分离富集、提纯的一项新型分离技术。

膜是膜分离技术的核心，膜材料的结构和化学性质对膜分离的效率起着决定性的作用。用于分离的膜是全透性或半透性膜，可以是固体膜，也可以是液膜。膜本身为一相，与所隔开的物质接触，但不互溶。依据膜孔径（或截留分子量）的不同，可以将膜分为微滤膜、超滤膜、纳滤膜和反渗透膜等。依据材料的不同，可分为无机膜和有机膜。无机膜目前有微滤和超滤级别的膜，主要是陶瓷膜和金属膜；有机膜一般由醋酸纤维素、芳香族聚酰胺、聚醚砜、聚氟聚合物等高分子材料做成。

根据分离驱动力的不同，可以将膜分离分为以下类型：以浓度差为动力的有渗透法、液膜法、渗透蒸发等；以压力差为动力的有微滤、超滤、纳滤、反渗透等；以温度差为动力的有渗透气化、膜蒸馏等；以电位差为动力的有电渗析、膜电解等。

膜分离技术始于 20 世纪初，到 20 世纪 60 年代后迅速崛起，已从早期的脱盐发展到化工、食品、生物工程、医药、电子、冶金、能源、仿生等领域。与常规分离方法相比，膜分离具有成本低、能耗少、效率高、无污染并可回收有用物质等优点，特别适合于性质相似组分或生物物质组分等混合物的分离，是解决当今能源、资源和环境问题的重要高新技术。

视窗

【人物简介】

1. 马丁　Archer John Porter Martin（1910～2002），英国化学家。

1933 年在剑桥大学营养研究所工作，专门从事食物营养成分分析，对维生素 E 的用途特别感兴趣。1940 年，他和理查德·劳伦斯·米林顿·辛格合作，发明了分配色层分离法，用来从混合物中分离出许多新的物质，不仅对染色工业有重大意义，而且对医学研究也具有重要作用。1944 年，他和康斯顿又发明了纸层色谱法，使化合物的分离效率得以成百倍提高。1952 年，他和英国的詹姆斯发明了气相色谱分析，对石油化工、环境污染物乃至各种有机混合物的分析贡献巨大。1950 年他被选为英国皇家学会会员，1951 年获瑞典柏济礼信斯科学金牌，1952 年荣获诺贝尔化学奖。

2. 辛格　Richard Laurence Millington Synge（1914～1994），英国生物化学家，1952 年获诺贝尔化学奖。

他的主要研究领域是把物理化学方法用于蛋白质及有关物质的分离和分析。1940 年，他和马丁一起发明的分配色层分离法，可以免去一系列复杂的化学处理，非常简单地对最复杂的混合物进行全面的分析，而且只需很少的试样。该分离法是色谱与反向溶剂萃取法相结合的产物，在生物化学领域应用甚广。他利用该技术分离了 20 种能组成蛋白质的相近的氨基酸，并对抗菌缩氨酸和较高级植物进行了研究。他还利用该技术发明了抗生素“克杀汀”。1944 年，他用滤纸代替硅胶，同样成功地把各种氨基酸分离开来。这项新突破不仅可以分离氨基酸，还可以分离和检验糖类、肽类、各种抗菌素及几乎所有的无机物、有机物等。

【搜一搜】

系统分析；湿法分析；萃取分光光度法；萃取色谱分离法；固相微萃取；超临界流体萃取；微滴萃取；微波萃取分离法；纸层析法；电分离法。

习 题

12-1　为了探讨某江河地段底泥中工业污染物的聚集情况，某单位于不同地段采集足够量的原始试样，混匀后取部分试样送分析室。分析员用不同方法测定其中有害化学组分的含量。这样做对不对？为什么？

12-2　饮用水中含有少量 $CHCl_3$，取水样 100mL，用 10mL 戊醇萃取，有 90.5%的 $CHCl_3$ 被萃取。计算取 10mL 水样用 10mL 戊醇萃取时，氯仿被萃取的百分率。

12-3　含 I_2 的水溶液 10mL，其中含 I_2 1.00mg，用 9mL CCl_4 按下述两种方式萃取：①9.0mL一次萃取；②分三次萃取，每次用 3.0mL。分别求出水溶液中剩余 I_2 的质量，并比较其萃取效率。已知 $D=85$。

12-4　某一弱酸 HA 的 $K_a^{\ominus}=2.0\times10^{-5}$，它在某种有机溶剂和水中的分配系数为 30.0，当水溶液的①pH=1.0；②pH=5.0 时，分配比各为多少？用等体积的有机溶剂萃取，萃取效率各为多少？

12-5　某试剂的水溶液 40.0mL，若希望将 99%的有效成分萃取到 $CHCl_3$ 中，试计算：

① 用等体积 $CHCl_3$ 萃取一次，分配比 D 为多大时能满足要求？

② 若用 40.0mL $CHCl_3$ 分两次萃取，每次 20.0mL，则需分配比为多大才能满足要求？

12-6　现称取 KNO_3 试样 0.2786g，溶于水后让其通过强酸型阳离子交换树脂，流出液用 0.1075mol·L^{-1} NaOH 标准溶液滴定，以甲基橙为指示剂，用去 NaOH 溶液 23.85mL，试计算 KNO_3 的纯度。

附　录

附录1　常见标准热力学数据（298.15K）

物　质	状　态	$\Delta_f H_m^\ominus/(kJ\cdot mol^{-1})$	$\Delta_f G_m^\ominus/(kJ\cdot mol^{-1})$	$S_m^\ominus/(J\cdot mol^{-1}\cdot K^{-1})$
Ag	s	0	0	42.6
Ag^+	aq	105.6	77.1	72.7
AgBr	s	−100.4	−96.9	107.1
AgCl	s	−127.0	−109.8	96.3
AgI	s	−61.8	−66.2	115.5
$AgNO_3$	s	−124.4	−33.4	140.9
Ag_2O	s	−31.1	−11.2	121.3
Al	s	0	0	28.3
Al^{3+}	aq	−531.0	−485.0	−321.7
$AlCl_3$	s	−704.2	−628.8	110.7
$Al(OH)_3$	s	−1284	−1306	71
Br_2	l	0	0	152.2
Br^-	aq	−121.6	−104.0	82.4
C(石墨)	s	0	0	5.7
C(金刚石)	s	1.9	2.9	2.4
Ca	s	0	0	41.6
Ca^{2+}	aq	−542.8	−553.6	−53.1
CaC_2	s	−59.8	−64.9	70.0
$CaCO_3$(方解石)	s	−1207.6	−1129.1	91.7
$CaCl_2$	s	−795.4	−748.8	108.4
CaO	s	−634.9	−603.3	38.1
$Ca(OH)_2$	s	−985.2	−897.5	83.4
Cl_2	g	0	0	223.1
Cl^-	aq	−167.2	−131.2	56.5
ClO_3^-	aq	−104.0	−8.0	162.3
ClO_4^-	aq	−129.3	−8.5	182.0
CCl_4	l	−128.2	−62.6	216.2
CH_4	g	−74.6	−50.5	186.3
CH_3OH	l	−239.2	−166.6	126.8
$CO(NH_2)_2$	s	−333.1	−196.8	104.6
CH_3NH_2	g	−22.5	32.7	242.9
C_2H_2	g	227.4	209.9	200.9
C_2H_4	g	52.4	68.4	219.3
CH_3CHO	l	−192.2	−127.6	160.2
CH_3COOH	l	−484.3	−389.9	159.8
C_2H_6	g	−84.0	−32.0	229.2
C_2H_5OH	l	−277.6	−174.8	160.7
$(CH_3)_2CO$	l	−248.4	−152.7	199.8
C_3H_8	g	−103.8	−23.4	270.3
C_6H_6	l	49.1	124.5	173.4
	g	82.9	129.7	269.2
CO	g	−110.5	−137.2	197.7

续表

物　质	状　态	$\Delta_f H_m^\ominus/(kJ \cdot mol^{-1})$	$\Delta_f G_m^\ominus/(kJ \cdot mol^{-1})$	$S_m^\ominus/(J \cdot mol^{-1} \cdot K^{-1})$
CO_2	g	−393.5	−394.4	213.8
CO_3^{2-}	aq	−677.1	−527.8	−56.9
CrO_4^{2-}	aq	−881.2	−727.8	50.2
Cr_2O_3	s	−1139.7	−1058.1	81.2
Cu	s	0	0	33.2
Cu^{2+}	aq	64.8	65.5	−99.6
CuO	s	−157.3	−129.7	42.6
Cu_2O	s	−168.6	−146.0	93.1
CuS	s	−53.1	−53.6	66.5
F_2	g	0	0	202.8
F^-	aq	−332.6	−278.8	−13.8
Fe	s	0	0	27.3
Fe^{2+}	aq	−89.1	−78.9	−137.7
Fe^{3+}	aq	−48.5	−4.7	−315.9
Fe_2O_3	s	−824.2	−742.2	87.4
$FeSO_4$	s	−928.4	−820.8	107.5
H_2	g	0	0	130.7
H^+	aq	0	0	0
HBr	g	−36.3	−53.4	198.7
HCl	g	−92.3	−95.3	186.9
HCO_3^-	aq	−692.0	−586.8	91.2
HCHO	g	−108.6	−102.5	218.8
HCOOH	l	−425.0	−361.4	129.0
HF	g	−273.3	−275.4	173.8
HI	g	26.5	1.7	206.6
HNO_3	l	−174.1	−80.7	155.6
H_2O	l	−285.8	−237.1	70.0
	g	−241.8	−228.6	188.8
H_2O_2	l	−187.8	−120.4	109.6
	g	−136.3	−105.6	232.7
H_2S	g	−20.6	−33.4	205.8
H_2SO_4	l	−814.0	−690.0	156.9
HgO	s	−90.8	−58.5	70.3
I_2	s	0	0	116.1
	g	62.4	19.3	260.7
I^-	aq	−55.2	−51.6	111.3
K	s	0	0	64.7
K^+	aq	−252.4	−283.3	102.5
KCl	s	−436.5	−408.5	82.6
$KClO_3$	s	−397.7	−296.3	143.1
Li^+	aq	−278.5	−293.3	13.4
Mg	s	0	0	32.7
Mg^{2+}	aq	−466.9	−454.8	−138.1
$MgCl_2$	s	−641.3	−591.8	89.6
MgO	s	−601.6	−569.3	27.0
$Mg(OH)_2$	s	−924.5	−833.5	63.2
$MgSO_4$	s	−1284.9	−1170.6	91.6
Mn^{2+}	aq	−220.8	−228.1	−73.6
MnO_2	s	−520.0	−465.1	53.1
MnO_4^-	aq	−541.4	−447.2	191.2

续表

物　质	状　态	$\Delta_f H_m^\ominus$/(kJ·mol^{-1})	$\Delta_f G_m^\ominus$/(kJ·mol^{-1})	$S_m^\ominus$/(J·mol^{-1}·K^{-1})
N_2	g	0	0	191.6
Na	s	0	0	51.3
Na^+	aq	−240.1	−261.9	59.0
NaCl	s	−411.2	−384.1	72.1
Na_2CO_3	s	−1130.7	−1044.4	135.0
NaF	s	−576.6	−546.3	51.1
Na_2O	s	−414.2	−375.5	75.1
NaOH	s	−425.6	−379.5	40.0
NH_3	g	−45.9	−16.4	192.8
NH_4^+	aq	−132.5	−79.3	113.4
NH_4NO_3	s	−365.5	−183.9	151.1
N_2H_4	l	50.63	149.34	121.21
NO	g	91.3	87.6	210.8
NO_2	g	33.2	51.3	240.1
NO_3^-	aq	−207.4	−111.3	146.4
O_2	g	0	0	205.2
O_3	g	142.7	163.2	238.9
OH^-	aq	−230.0	−157.2	−10.8
P_4	g	58.9	24.4	280.0
PCl_3	g	−287.0	−267.8	311.8
PCl_5	g	−374.9	−305.0	364.6
PO_4^{3-}	aq	−1277.4	−1018.7	−220.5
S(正交)	s	0	0	32.1
SO_2	g	−296.8	−300.1	248.2
SO_3	g	−395.7	−371.1	256.8
Si	s	0	0	18.8
$SiCl_4$	l	−687.0	−619.8	239.7
	g	−657.0	−617.0	330.7
SiH_4	g	34.3	56.9	204.6
SiO_2	s	−910.7	−856.3	41.5
Sn(白)	s	0	0	51.2
SnO_2	s	−577.6	−515.8	49.0
Zn	s	0	0	41.6
ZnO	s	−350.5	−320.5	43.7

附录 2　常见弱电解质的标准解离常数 (298.15K)

2.1 酸

名　称	化　学　式	$K_a^\ominus$		$pK_a^\ominus$
砷酸	H_3AsO_4	$K_{a1}^\ominus$	5.50×10^{-3}	2.26
		$K_{a2}^\ominus$	1.74×10^{-7}	6.76
		$K_{a3}^\ominus$	5.13×10^{-12}	11.29
亚砷酸	H_3AsO_3		5.13×10^{-10}	9.29
硼酸	H_3BO_3		5.81×10^{-10}	9.236
焦硼酸	$H_2B_4O_7$	$K_{a1}^\ominus$	1.00×10^{-4}	4.00
		$K_{a2}^\ominus$	1.00×10^{-9}	9.00
碳酸	H_2CO_3	$K_{a1}^\ominus$	4.47×10^{-7}	6.35
		$K_{a2}^\ominus$	4.68×10^{-11}	10.33
铬酸	H_2CrO_4	$K_{a1}^\ominus$	1.80×10^{-1}	0.74
		$K_{a2}^\ominus$	3.20×10^{-7}	6.49

续表

名　　称	化　　学　　式	$K_a^\ominus$		$pK_a^\ominus$
氢氟酸	HF	$K_{a1}^\ominus$	6.31×10^{-4}	3.20
亚硝酸	HNO_2		5.62×10^{-4}	3.25
过氧化氢	H_2O_2		2.4×10^{-12}	11.62
磷酸	H_3PO_4	$K_{a1}^\ominus$	6.92×10^{-3}	2.16
		$K_{a2}^\ominus$	6.23×10^{-8}	7.21
		$K_{a3}^\ominus$	4.80×10^{-13}	12.32
焦磷酸	$H_4P_2O_7$	$K_{a1}^\ominus$	1.23×10^{-1}	0.91
		$K_{a2}^\ominus$	7.94×10^{-3}	2.10
		$K_{a3}^\ominus$	2.00×10^{-7}	6.70
		$K_{a4}^\ominus$	4.79×10^{-10}	9.32
氢硫酸	H_2S	$K_{a1}^\ominus$	8.90×10^{-8}	7.05
		$K_{a2}^\ominus$	1.26×10^{-14}	13.9
亚硫酸	H_2SO_3	$K_{a1}^\ominus$	1.40×10^{-2}	1.85
		$K_{a2}^\ominus$	6.31×10^{-8}	7.20
硫酸	H_2SO_4	$K_{a2}^\ominus$	1.02×10^{-2}	1.99
偏硅酸	H_2SiO_3	$K_{a1}^\ominus$	1.70×10^{-10}	9.77
		$K_{a2}^\ominus$	1.58×10^{-12}	11.80
甲酸	$HCOOH$		1.772×10^{-4}	3.75
醋酸	CH_3COOH		1.74×10^{-5}	4.76
草酸	$H_2C_2O_4$	$K_{a1}^\ominus$	5.9×10^{-2}	1.23
		$K_{a2}^\ominus$	6.46×10^{-5}	4.19
酒石酸	$HOOC(CHOH)_2COOH$	$K_{a1}^\ominus$	1.04×10^{-3}	2.98
		$K_{a2}^\ominus$	4.57×10^{-5}	4.34
苯酚	C_6H_5OH		1.02×10^{-10}	9.99
抗坏血酸	$O{=}C{-}C(OH){=}C(OH){-}CH{-}CHOH{-}CH_2OH$ (C 与 CH 之间经 O 成环)	$K_{a1}^\ominus$	5.0×10^{-5}	4.30
		$K_{a2}^\ominus$	1.5×10^{-10}	9.82
柠檬酸	$HO{-}C(CH_2COOH)_2COOH$	$K_{a1}^\ominus$	7.24×10^{-4}	3.14
		$K_{a2}^\ominus$	1.70×10^{-5}	4.77
		$K_{a3}^\ominus$	4.07×10^{-7}	6.39
苯甲酸	C_6H_5COOH		6.45×10^{-5}	4.19
邻苯二甲酸	$C_6H_4(COOH)_2$	$K_{a1}^\ominus$	1.30×10^{-3}	2.89
		$K_{a2}^\ominus$	3.09×10^{-6}	5.51

2.2 碱

名　　称	化　　学　　式	$K_b^\ominus$		$pK_b^\ominus$
氨水	$NH_3\cdot H_2O$		1.79×10^{-5}	4.75
甲胺	CH_3NH_2		4.20×10^{-4}	3.38
乙胺	$C_2H_5NH_2$		4.30×10^{-4}	3.37
二甲胺	$(CH_3)_2NH$		5.90×10^{-4}	3.23
二乙胺	$(C_2H_5)_2NH$		6.31×10^{-4}	3.20
苯胺	$C_6H_5NH_2$		3.98×10^{-10}	9.40
乙二胺	$H_2NCH_2CH_2NH_2$	$K_{b1}^\ominus$	8.32×10^{-5}	4.08
		$K_{b2}^\ominus$	7.10×10^{-8}	7.15
乙醇胺	$HOCH_2CH_2NH_2$		3.2×10^{-5}	4.49
三乙醇胺	$(HOCH_2CH_2)_3N$		5.8×10^{-7}	6.24
六亚甲基四胺	$(CH_2)_6N_4$		1.35×10^{-9}	8.87
吡啶	C_5H_5N		1.80×10^{-9}	8.74

附录 3 常见难溶电解质的溶度积（298.15K，离子强度 $I=0$）

化学式	$K_{sp}^{\ominus}$	$pK_{sp}^{\ominus}$	化学式	$K_{sp}^{\ominus}$	$pK_{sp}^{\ominus}$
AgBr	5.35×10^{-13}	12.27	Hg_2Cl_2	1.43×10^{-18}	17.84
Ag_2CO_3	8.46×10^{-12}	11.07	Hg_2I_2	5.2×10^{-29}	28.28
AgCl	1.77×10^{-10}	9.75	HgS(红)	4.0×10^{-53}	52.40
Ag_2CrO_4	1.12×10^{-12}	11.95	HgS(黑)	1.6×10^{-52}	51.80
AgI	8.52×10^{-17}	16.07	$MgCO_3$	6.82×10^{-6}	5.17
AgOH	2.0×10^{-8}	7.70	$MgC_2O_4\cdot2H_2O$	4.83×10^{-6}	5.32
Ag_2S	6.3×10^{-50}	49.20	MgF_2	5.16×10^{-11}	10.29
$Al(OH)_3$(无定形)	1.3×10^{-33}	32.89	$MgNH_4PO_4$	2.5×10^{-13}	12.60
$BaCO_3$	2.58×10^{-9}	8.59	$Mg(OH)_2$	5.61×10^{-12}	11.25
BaC_2O_4	1.6×10^{-7}	6.80	$Mn(OH)_2$	1.9×10^{-13}	12.72
$BaCrO_4$	1.17×10^{-10}	9.93	MnS	2.5×10^{-13}	12.60
$BaSO_4$	1.08×10^{-10}	9.97	$Ni(OH)_2$	5.48×10^{-16}	15.26
$CaCO_3$	3.36×10^{-9}	8.47	NiS(α)	3.2×10^{-19}	18.49
$CaC_2O_4\cdot H_2O$	2.32×10^{-9}	8.63	NiS(β)	1.0×10^{-24}	24.00
CaF_2	3.45×10^{-11}	10.46	$PbCO_3$	7.40×10^{-14}	13.13
CdS	8.0×10^{-27}	26.10	$PbCrO_4$	2.8×10^{-13}	12.55
CoS(α)	4.0×10^{-21}	20.40	PbF_2	3.3×10^{-8}	7.48
CoS(β)	2.0×10^{-25}	24.70	PbI_2	9.8×10^{-9}	8.01
$Cr(OH)_3$	6.3×10^{-31}	30.20	$Pb(OH)_2$	1.43×10^{-20}	19.84
CuBr	6.27×10^{-9}	8.20	PbS	8.0×10^{-28}	27.10
CuCl	1.72×10^{-7}	6.76	$PbSO_4$	2.53×10^{-8}	7.60
CuI	1.27×10^{-12}	11.90	$SrCO_3$	5.60×10^{-10}	9.25
$Cu(OH)_2$	2.2×10^{-20}	19.66	$SrSO_4$	3.44×10^{-7}	6.46
CuS	6.3×10^{-36}	35.20	$Sn(OH)_2$	5.45×10^{-27}	26.26
Cu_2S	2.5×10^{-48}	47.60	$Sn(OH)_4$	1.0×10^{-56}	56.00
CuSCN	1.77×10^{-13}	12.75	$Zn(OH)_2$(无定形)	3.0×10^{-17}	16.52
$FeC_2O_4\cdot2H_2O$	3.2×10^{-7}	6.49	ZnS(α)	1.6×10^{-24}	23.80
$Fe(OH)_2$	4.87×10^{-17}	16.31	ZnS(β)	2.5×10^{-22}	21.60
FeS	6.3×10^{-18}	17.20			

附录 4 常见氧化还原电对的标准电极电势 $E^{\ominus}$

4.1 在酸性溶液中

电对	电极反应	$E^{\ominus}$/V
Li^+/Li	$Li^+ + e^- \rightleftharpoons Li$	−3.0401
Cs^+/Cs	$Cs^+ + e^- \rightleftharpoons Cs$	−3.026
K^+/K	$K^+ + e^- \rightleftharpoons K$	−2.931
Ba^{2+}/Ba	$Ba^{2+} + 2e^- \rightleftharpoons Ba$	−2.912
Ca^{2+}/Ca	$Ca^{2+} + 2e^- \rightleftharpoons Ca$	−2.868
Na^+/Na	$Na^+ + e^- \rightleftharpoons Na$	−2.71
Mg^{2+}/Mg	$Mg^{2+} + 2e^- \rightleftharpoons Mg$	−2.372
H_2/H^-	$\frac{1}{2}H_2 + e^- \rightleftharpoons H^-$	−2.23
Al^{3+}/Al	$Al^{3+} + 3e^- \rightleftharpoons Al$	−1.662
Mn^{2+}/Mn	$Mn^{2+} + 2e^- \rightleftharpoons Mn$	−1.185
Zn^{2+}/Zn	$Zn^{2+} + 2e^- \rightleftharpoons Zn$	−0.7618
Cr^{3+}/Cr	$Cr^{3+} + 3e^- \rightleftharpoons Cr$	−0.744
Ag_2S/Ag^-	$Ag_2S + 2e^- \rightleftharpoons 2Ag + S^{2-}$	−0.691
$CO_2/H_2C_2O_4$	$2CO_2 + 2H^+ + 2e^- \rightleftharpoons H_2C_2O_4$	−0.481
Fe^{2+}/Fe	$Fe^{2+} + 2e^- \rightleftharpoons Fe$	−0.447
Cr^{3+}/Cr^{2+}	$Cr^{3+} + e^- \rightleftharpoons Cr^{2+}$	−0.407

续表

电　　对	电　极　反　应	$E^{\ominus}/V$
Cd^{2+}/Cd	$Cd^{2+}+2e^- \rightleftharpoons Cd$	−0.4030
$PbSO_4/Pb$	$PbSO_4+2e^- \rightleftharpoons Pb+SO_4^{2-}$	−0.3588
Co^{2+}/Co	$Co^{2+}+2e^- \rightleftharpoons Co$	−0.28
$PbCl_2/Pb$	$PbCl_2+2e^- \rightleftharpoons Pb+2Cl^-$	−0.2675
Ni^{2+}/Ni	$Ni^{2+}+2e^- \rightleftharpoons Ni$	−0.257
AgI/Ag	$AgI+e^- \rightleftharpoons Ag+I^-$	−0.15224
Sn^{2+}/Sn	$Sn^{2+}+2e^- \rightleftharpoons Sn$	−0.1375
Pb^{2+}/Pb	$Pb^{2+}+2e^- \rightleftharpoons Pb$	−0.1262
Fe^{3+}/Fe	$Fe^{3+}+3e^- \rightleftharpoons Fe$	−0.037
$AgCN/Ag$	$AgCN+e^- \rightleftharpoons Ag+CN^-$	−0.017
H^+/H_2	$2H^++2e^- \rightleftharpoons H_2$	0.0000
$AgBr/Ag$	$AgBr+e^- \rightleftharpoons Ag+Br^-$	0.07133
S/H_2S	$S+2H^++2e^- \rightleftharpoons H_2S(aq)$	0.142
Sn^{4+}/Sn^{2+}	$Sn^{4+}+2e^- \rightleftharpoons Sn^{2+}$	0.151
Cu^{2+}/Cu^+	$Cu^{2+}+e^- \rightleftharpoons Cu^+$	0.153
$AgCl/Ag$	$AgCl+e^- \rightleftharpoons Ag+Cl^-$	0.22233
Hg_2Cl_2/Hg	$Hg_2Cl_2+2e^- \rightleftharpoons 2Hg+2Cl^-$	0.26808
Cu^{2+}/Cu	$Cu^{2+}+2e^- \rightleftharpoons Cu$	0.3419
H_2SO_3/S	$H_2SO_3+4H^++4e^- \rightleftharpoons S+3H_2O$	0.4497
$S_2O_3^{2-}/S$	$S_2O_3^{2-}+6H^++4e^- \rightleftharpoons 2S+3H_2O$	0.5
Cu^+/Cu	$Cu^++e^- \rightleftharpoons Cu$	0.521
I_2/I^-	$I_2+2e^- \rightleftharpoons 2I^-$	0.5355
I_3^-/I^-	$I_3^-+2e^- \rightleftharpoons 3I^-$	0.536
MnO_4^-/MnO_4^{2-}	$MnO_4^-+e^- \rightleftharpoons MnO_4^{2-}$	0.558
$H_3AsO_4/HAsO_2$	$H_3AsO_4+2H^++2e^- \rightleftharpoons HAsO_2+2H_2O$	0.560
Ag_2SO_4/Ag	$Ag_2SO_4+2e^- \rightleftharpoons 2Ag+SO_4^{2-}$	0.654
O_2/H_2O_2	$O_2+2H^++2e^- \rightleftharpoons H_2O_2$	0.695
Fe^{3+}/Fe^{2+}	$Fe^{3+}+e^- \rightleftharpoons Fe^{2+}$	0.771
Hg_2^{2+}/Hg	$Hg_2^{2+}+2e^- \rightleftharpoons 2Hg$	0.7973
Ag^+/Ag	$Ag^++e^- \rightleftharpoons Ag$	0.7996
NO_3^-/N_2O_4	$2NO_3^-+4H^++2e^- \rightleftharpoons N_2O_4+2H_2O$	0.803
Hg^{2+}/Hg	$Hg^{2+}+2e^- \rightleftharpoons Hg$	0.851
Cu^{2+}/CuI	$Cu^{2+}+I^-+e^- \rightleftharpoons CuI$	0.86
Hg^{2+}/Hg_2^{2+}	$2Hg^{2+}+2e^- \rightleftharpoons Hg_2^{2+}$	0.920
NO_3^-/HNO_2	$NO_3^-+3H^++2e^- \rightleftharpoons HNO_2+H_2O$	0.934
NO_3^-/NO	$NO_3^-+4H^++3e^- \rightleftharpoons NO+2H_2O$	0.957
HNO_2/NO	$HNO_2+H^++e^- \rightleftharpoons NO+H_2O$	0.983
$[AuCl_4]^-/Au$	$[AuCl_4]^-+3e^- \rightleftharpoons Au+4Cl^-$	1.002
Br_2/Br^-	$Br_2(l)+2e^- \rightleftharpoons 2Br^-$	1.066
$Cu^{2+}/[Cu(CN)_2]^-$	$Cu^{2+}+2CN^-+e^- \rightleftharpoons [Cu(CN)_2]^-$	1.103
IO_3^-/HIO	$IO_3^-+5H^++4e^- \rightleftharpoons HIO+2H_2O$	1.14
IO_3^-/I_2	$2IO_3^-+12H^++10e^- \rightleftharpoons I_2+6H_2O$	1.195
MnO_2/Mn^{2+}	$MnO_2+4H^++2e^- \rightleftharpoons Mn^{2+}+2H_2O$	1.224
O_2/H_2O	$O_2+4H^++4e^- \rightleftharpoons 2H_2O$	1.229
$Cr_2O_7^{2-}/Cr^{3+}$	$Cr_2O_7^{2-}+14H^++6e^- \rightleftharpoons 2Cr^{3+}+7H_2O$	1.232
Cl_2/Cl^-	$Cl_2(g)+2e^- \rightleftharpoons 2Cl^-$	1.35827
ClO_4^-/Cl_2	$2ClO_4^-+16H^++14e^- \rightleftharpoons Cl_2+8H_2O$	1.39
Au^{3+}/Au^+	$Au^{3+}+2e^- \rightleftharpoons Au^+$	1.41
ClO_3^-/Cl^-	$ClO_3^-+6H^++6e^- \rightleftharpoons Cl^-+3H_2O$	1.451
PbO_2/Pb^{2+}	$PbO_2+4H^++2e^- \rightleftharpoons Pb^{2+}+2H_2O$	1.455
ClO_3^-/Cl_2	$ClO_3^-+6H^++5e^- \rightleftharpoons \frac{1}{2}Cl_2+3H_2O$	1.47

续表

电对	电极反应	$E^{\ominus}$/V
BrO_3^-/Br_2	$2BrO_3^- + 12H^+ + 10e^- \rightleftharpoons Br_2 + 6H_2O$	1.482
$HClO/Cl^-$	$HClO + H^+ + 2e^- \rightleftharpoons Cl^- + H_2O$	1.482
Au^{3+}/Au	$Au^{3+} + 3e^- \rightleftharpoons Au$	1.498
MnO_4^-/Mn^{2+}	$MnO_4^- + 8H^+ + 5e^- \rightleftharpoons Mn^{2+} + 4H_2O$	1.507
Mn^{3+}/Mn^{2+}	$Mn^{3+} + e^- \rightleftharpoons Mn^{2+}$	1.5415
$HBrO/Br_2$	$2HBrO + 2H^+ + 2e^- \rightleftharpoons Br_2 + 2H_2O$	1.596
H_5IO_6/IO_3^-	$H_5IO_6 + H^+ + 2e^- \rightleftharpoons IO_3^- + 3H_2O$	1.601
$HClO/Cl_2$	$2HClO + 2H^+ + 2e^- \rightleftharpoons Cl_2 + 2H_2O$	1.611
$HClO_2/HClO$	$HClO_2 + 2H^+ + 2e^- \rightleftharpoons HClO + H_2O$	1.645
MnO_4^-/MnO_2	$MnO_4^- + 4H^+ + 3e^- \rightleftharpoons MnO_2 + 2H_2O$	1.679
$PbO_2/PbSO_4$	$PbO_2 + SO_4^{2-} + 4H^+ + 2e^- \rightleftharpoons PbSO_4 + 2H_2O$	1.6913
Au^+/Au	$Au^+ + e^- \rightleftharpoons Au$	1.692
H_2O_2/H_2O	$H_2O_2 + 2H^+ + 2e^- \rightleftharpoons 2H_2O$	1.776
Co^{3+}/Co^{2+}	$Co^{3+} + e^- \rightleftharpoons Co^{2+}$	1.92
$S_2O_8^{2-}/SO_4^{2-}$	$S_2O_8^{2-} + 2e^- \rightleftharpoons 2SO_4^{2-}$	2.010
O_3/O_2	$O_3 + 2H^+ + 2e^- \rightleftharpoons O_2 + H_2O$	2.076
F_2/F^-	$F_2 + 2e^- \rightleftharpoons 2F^-$	2.866
F_2/HF	$F_2(g) + 2H^+ + 2e^- \rightleftharpoons 2HF$	3.503

4.2 在碱性溶液中

电对	电极反应	$E^{\ominus}$/V
$Mn(OH)_2/Mn$	$Mn(OH)_2 + 2e^- \rightleftharpoons Mn + 2OH^-$	−1.56
$[Zn(CN)_4]^{2-}/Zn$	$[Zn(CN)_4]^{2-} + 2e^- \rightleftharpoons Zn + 4CN^-$	−1.34
ZnO_2^{2-}/Zn	$ZnO_2^{2-} + 2H_2O + 2e^- \rightleftharpoons Zn + 4OH^-$	−1.215
$[Sn(OH)_6]^{2-}/HSnO_2^-$	$[Sn(OH)_6]^{2-} + 2e^- \rightleftharpoons HSnO_2^- + 3OH^- + H_2O$	−0.93
SO_4^{2-}/SO_3^{2-}	$SO_4^{2-} + H_2O + 2e^- \rightleftharpoons SO_3^{2-} + 2OH^-$	−0.93
$HSnO_2^-/Sn$	$HSnO_2^- + H_2O + 2e^- \rightleftharpoons Sn + 3OH^-$	−0.909
H_2O/H_2	$2H_2O + 2e^- \rightleftharpoons H_2 + 2OH^-$	−0.8277
$Ni(OH)_2/Ni$	$Ni(OH)_2 + 2e^- \rightleftharpoons Ni + 2OH^-$	−0.72
AsO_4^{3-}/AsO_2^-	$AsO_4^{3-} + 2H_2O + 2e^- \rightleftharpoons AsO_2^- + 4OH^-$	−0.71
SO_3^{2-}/S	$SO_3^{2-} + 3H_2O + 4e^- \rightleftharpoons S + 6OH^-$	−0.59
$SO_3^{2-}/S_2O_3^{2-}$	$2SO_3^{2-} + 3H_2O + 4e^- \rightleftharpoons S_2O_3^{2-} + 6OH^-$	−0.571
S/S^{2-}	$S + 2e^- \rightleftharpoons S^{2-}$	−0.47627
$[Ag(CN)_2]^-/Ag$	$[Ag(CN)_2]^- + e^- \rightleftharpoons Ag + 2CN^-$	−0.31
$CrO_4^{2-}/[Cr(OH)_4]^-$	$CrO_4^{2-} + 4H_2O + 3e^- \rightleftharpoons [Cr(OH)_4]^- + 4OH^-$	−0.13
O_2/HO_2^-	$O_2 + H_2O + 2e^- \rightleftharpoons HO_2^- + OH^-$	−0.076
NO_3^-/NO_2^-	$NO_3^- + H_2O + 2e^- \rightleftharpoons NO_2^- + 2OH^-$	0.01
$S_4O_6^{2-}/S_2O_3^{2-}$	$S_4O_6^{2-} + 2e^- \rightleftharpoons 2S_2O_3^{2-}$	0.08
$[Co(NH_3)_6]^{3+}/[Co(NH_3)_6]^{2+}$	$[Co(NH_3)_6]^{3+} + e^- \rightleftharpoons [Co(NH_3)_6]^{2+}$	0.108
MnO_2/Mn^{2+}	$Mn(OH)_3 + e^- \rightleftharpoons Mn(OH)_2 + OH^-$	0.15
$Co(OH)_3/Co(OH)_2$	$Co(OH)_3 + e^- \rightleftharpoons Co(OH)_2 + OH^-$	0.17
Ag_2O/Ag	$Ag_2O + H_2O + 2e^- \rightleftharpoons 2Ag + 2OH^-$	0.342
O_2/OH^-	$O_2 + 2H_2O + 4e^- \rightleftharpoons 4OH^-$	0.401
MnO_4^-/MnO_2	$MnO_4^- + 2H_2O + 3e^- \rightleftharpoons MnO_2 + 4OH^-$	0.595
BrO_3^-/Br^-	$BrO_3^- + 3H_2O + 6e^- \rightleftharpoons Br^- + 6OH^-$	0.61
BrO^-/Br^-	$BrO^- + H_2O + 2e^- \rightleftharpoons Br^- + 2OH^-$	0.761
ClO^-/Cl^-	$ClO^- + H_2O + 2e^- \rightleftharpoons Cl^- + 2OH^-$	0.81
H_2O_2/OH^-	$H_2O_2 + 2e^- \rightleftharpoons 2OH^-$	0.88
O_3/OH^-	$O_3 + H_2O + 2e^- \rightleftharpoons O_2 + 2OH^-$	1.24

附录 5　一些氧化还原电对的条件电极电势 E

电　极　反　应	E/V	介　　质
$Ag(II)+e^- \rightleftharpoons Ag^+$	1.927	$4mol \cdot L^{-1}\ HNO_3$
$Ce(IV)+e^- \rightleftharpoons Ce(III)$	1.70	$1mol \cdot L^{-1}\ HClO_4$
	1.61	$1mol \cdot L^{-1}\ HNO_3$
	1.44	$0.5mol \cdot L^{-1}\ H_2SO_4$
	1.28	$1mol \cdot L^{-1}\ HCl$
$[Co(en)_3]^{3+}+e^- \rightleftharpoons [Co(en)_3]^{2+}$	−0.20	$0.1mol \cdot L^{-1}\ KNO_3+0.1mol \cdot L^{-1}\ en$
$Cr_2O_7^{2-}+14H^++6e^- \rightleftharpoons 2Cr^{3+}+7H_2O$	1.000	$1mol \cdot L^{-1}\ HCl$
	1.030	$1mol \cdot L^{-1}\ HClO_4$
	1.080	$3mol \cdot L^{-1}\ HCl$
	1.050	$2mol \cdot L^{-1}\ HCl$
	1.150	$4mol \cdot L^{-1}\ H_2SO_4$
$CrO_4^{2-}+2H_2O+3e^- \rightleftharpoons CrO_2^-+4OH^-$	−0.120	$1mol \cdot L^{-1}\ NaOH$
$Fe(III)+e^- \rightleftharpoons Fe(II)$	0.750	$1mol \cdot L^{-1}\ HClO_4$
	0.670	$0.5mol \cdot L^{-1}\ H_2SO_4$
	0.700	$1mol \cdot L^{-1}\ HCl$
	0.460	$2mol \cdot L^{-1}\ H_3PO_4$
$H_3AsO_4+2H^++2e^- \rightleftharpoons H_3AsO_3+H_2O$	0.557	$1mol \cdot L^{-1}\ HCl$
$H_2SO_3+4H^++4e^- \rightleftharpoons S+3H_2O$	0.557	$1mol \cdot L^{-1}\ HClO_4$
$Fe(EDTA)^-+e^- \rightleftharpoons Fe(EDTA)^{2-}$	0.120	$0.1mol \cdot L^{-1}$ EDTA(pH=4～6)
$[Fe(CN)_6]^{3-}+e^- \rightleftharpoons [Fe(CN)_6]^{4-}$	0.480	$0.01mol \cdot L^{-1}\ HCl$
	0.560	$0.1mol \cdot L^{-1}\ HCl$
	0.720	$1mol \cdot L^{-1}\ HClO_4$
I_2(水)$+2e^- \rightleftharpoons 2I^-$	0.6276	$1mol \cdot L^{-1}\ H^+$
$MnO_4^-+8H^++5e^- \rightleftharpoons Mn^{2+}+4H_2O$	1.450	$1mol \cdot L^{-1}\ HClO_4$
	1.27	$8mol \cdot L^{-1}\ H_3PO_4$
$[SnCl_6]^{2-}+2e^- \rightleftharpoons [SnCl_4]^{2-}+2Cl^-$	0.140	$1mol \cdot L^{-1}\ HCl$
$Sn^{2+}+2e^- \rightleftharpoons Sn$	−0.160	$1mol \cdot L^{-1}\ HClO_4$
$Sb(V)+2e^- \rightleftharpoons Sb(III)$	0.750	$3.5mol \cdot L^{-1}\ HCl$
$[Sb(OH)_6]^-+2e^- \rightleftharpoons SbO_2^-+2OH^-+2H_2O$	−0.428	$3mol \cdot L^{-1}\ NaOH$
$SbO_2^-+2H_2O+3e^- \rightleftharpoons Sb+4OH^-$	−0.675	$10mol \cdot L^{-1}\ KOH$
$Ti(IV)+e^- \rightleftharpoons Ti(III)$	−0.010	$0.2mol \cdot L^{-1}\ H_2SO_4$
	0.120	$2mol \cdot L^{-1}\ H_2SO_4$
	−0.040	$1mol \cdot L^{-1}\ HCl$
$Pb(II)+2e^- \rightleftharpoons Pb$	−0.320	$1mol \cdot L^{-1}\ NaAc$
	−0.140	$1mol \cdot L^{-1}\ HClO_4$

附录 6　常见配离子的稳定常数

配 位 体	金 属 离 子	n	$\lg\beta_n$
NH_3	Ag^+	1,2	3.24,7.05
	Cu^{2+}	1,……,4	4.31,7.98,11.02,13.32
	Ni^{2+}	1,……,6	2.80,5.04,6.77,7.96,8.71,8.74
	Zn^{2+}	1,……,4	2.37,4.81,7.31,9.46
F^-	Al^{3+}	1,……,6	6.10,11.15,15.00,17.75,19.37,19.84
	Fe^{3+}	1,2,3	5.28,9.30,12.06
Cl^-	Hg^{2+}	1,……,4	6.74,13.22,14.07,15.07
Br^-	Cu^+	2	5.98
I^-	Hg^{2+}	4	29.83

续表

配位体	金属离子	n	$\lg\beta_n$
CN^-	Ag^+	2,3,4	21.1,21.7,20.6
	Fe^{2+}	6	35
	Fe^{3+}	6	42
	Ni^{2+}	4	31.3
	Zn^{2+}	4	16.7
$S_2O_3^{2-}$	Ag^+	1,2	8.82,13.46
	Hg^{2+}	2,3,4	29.44,31.90,33.24
OH^-	Al^{3+}	1,4	9.27,33.03
	Bi^{3+}	1,2,4	12.7,15.8,35.2
	Cd^{2+}	1,……,4	4.17,8.33,9.02,8.62
	Cu^{2+}	1,……,4	7.0,13.68,17.00,18.5
	Fe^{2+}	1,……,4	5.56,9.77,9.67,8.58
	Fe^{3+}	1,2,3	11.87,21.17,29.67
	Hg^{2+}	1,2,3	10.6,21.8,20.9
	Mg^{2+}	1	2.58
	Ni^{2+}	1,2,3	4.97,8.55,11.33
	Pb^{2+}	1,2,3,6	7.82,10.85,14.58,61.0
	Sn^{2+}	1,2,3	10.60,20.93,25.38
	Zn^{2+}	1,……,4	4.40,11.30,14.14,17.66
EDTA	Ag^+	1	7.32
	Al^{3+}	1	16.11
	Ba^{2+}	1	7.78
	Bi^{3+}	1	27.8
	Ca^{2+}	1	11.0
	Cd^{2+}	1	16.4
	Co^{2+}	1	16.31
	Co^{3+}	1	36.00
	Cr^{3+}	1	23
	Cu^{2+}	1	18.70
	Fe^{2+}	1	14.33
	Fe^{3+}	1	24.23
	Hg^{2+}	1	21.80
	Mg^{2+}	1	8.64
	Mn^{2+}	1	13.8
	Ni^{2+}	1	18.56
	Pb^{2+}	1	18.3
	Sn^{2+}	1	22.1
	Zn^{2+}	1	16.4

注：表中数据为 20～25℃、I=0 的条件下获得。

附录 7　分子量

AgBr	187.772	$Al(OH)_3$	78.004	BaO	153.326
AgCl	143.321	$Al_2(SO_4)_3$	342.154	$Ba(OH)_2$	171.342
AgCN	133.886	As_2O_3	197.841	$BaSO_4$	233.391
AgSCN	165.952	As_2O_5	229.840	$BiCl_3$	315.338
Ag_2CrO_4	331.730	As_2S_3	246.041	BiOCl	260.432
AgI	234.772	$BaCO_3$	197.336	CO_2	44.010
$AgNO_3$	169.873	BaC_2O_4	225.347	CaO	56.077
$AlCl_3$	133.340	$BaCl_2$	208.232	$CaCO_3$	100.087
Al_2O_3	101.961	$BaCrO_4$	253.321	CaC_2O_4	128.098

续表

$CaCl_2$	110.983	$Fe_2(SO_4)_3$	399.881	$KHSO_4$	136.170
CaF_2	78.075	H_3AsO_3	125.944	KI	166.003
$Ca(NO_3)_2$	164.087	H_3AsO_4	141.944	KIO_3	214.001
$Ca(OH)_2$	74.093	H_3BO_3	61.833	$KIO_3 \cdot HIO_3$	389.91
$Ca_3(PO_4)_2$	310.177	HBr	80.912	$KMnO_4$	158.034
$CaSO_4$	136.142	HCN	27.026	$KNaC_4H_4O_6 \cdot 4H_2O$	282.221
$CdCO_3$	172.420	HCOOH	46.03	KNO_3	101.103
$CdCl_2$	183.316	H_2CO_3	62.0251	KNO_2	85.104
CdS	144.477	$H_2C_2O_4$	90.04	K_2O	94.196
$Ce(SO_4)_2$	332.24	$H_2C_2O_4 \cdot 2H_2O$	126.0665	KOH	56.105
CH_3COOH	60.05	$H_2C_4H_4O_6$(酒石酸)	150.09	K_2SO_4	174.261
CH_3OH	32.04	HCl	36.461	$MgCO_3$	84.314
CH_3COCH_3	58.08	$HClO_4$	100.459	$MgCl_2$	95.210
C_6H_5COOH	122.12	HF	20.006	$MgC_2O_4 \cdot 2H_2O$	148.355
C_6H_5COONa	144.11	HI	127.912	$Mg(NO_3)_2 \cdot 6H_2O$	256.406
$C_6H_4COOHCOOK$	204.22	HIO_3	175.910	$MgNH_4PO_4$	137.82
CH_3COONH_4	77.08	HNO_3	63.013	MgO	40.304
CH_3COONa	82.03	HNO_2	47.014	$Mg(OH)_2$	58.320
C_6H_5OH	94.11	H_2O	18.015	$Mg_2P_2O_7 \cdot 3H_2O$	276.600
$(C_9H_7N)_3H_3PO_4 \cdot 12MoO_3$	2212.74	H_2O_2	34.015	$MgSO_4 \cdot 7H_2O$	246.475
(磷钼酸喹啉)		H_3PO_4	97.995	$MnCO_3$	114.947
$COOHCH_2COOH$	104.06	H_2S	34.082	$MnCl_2 \cdot 4H_2O$	197.905
$COOHCH_2COONa$	126.04	H_2SO_3	82.080	$Mn(NO_3)_2 \cdot 6H_2O$	287.040
CCl_4	153.82	H_2SO_4	98.080	MnO	70.937
$CoCl_2$	129.838	$Hg(CN)_2$	252.63	MnO_2	86.937
$Co(NO_3)_2$	182.942	$HgCl_2$	271.50	MnS	87.004
CoS	91.00	Hg_2Cl_2	472.09	$MnSO_4$	151.002
$CoSO_4$	154.997	HgI_2	454.40	NO	30.006
$CO(NH_2)_2$	60.06	$Hg_2(NO_3)_2$	525.19	NO_2	46.006
$CrCl_3$	158.354	$Hg(NO_3)_2$	324.60	NH_3	17.031
$Cr(NO_3)_3$	238.011	HgO	216.59	$NH_3 \cdot H_2O$	35.046
Cr_2O_3	151.990	HgS	232.66	NH_4Cl	53.492
CuCl	98.999	$HgSO_4$	296.65	$(NH_4)_2CO_3$	96.086
$CuCl_2$	134.451	Hg_2SO_4	497.24	$(NH_4)_2C_2O_4$	124.10
CuSCN	121.630	$KAl(SO_4)_2 \cdot 12H_2O$	474.391	$NH_4Fe(SO_4)_2 \cdot 12H_2O$	482.194
CuI	190.450	$KB(C_6H_5)_4$	358.332	$(NH_4)_3PO_4 \cdot 12MoO_3$	1876.35
$Cu(NO_3)_2$	187.555	KBr	119.002	NH_4SCN	76.122
CuO	79.545	$KBrO_3$	167.000	$(NH_4)_2HCO_3$	79.056
Cu_2O	143.091	KCl	74.551	$(NH_4)_2MoO_4$	196.04
CuS	95.612	$KClO_3$	122.549	NH_4NO_3	80.043
$CuSO_4$	159.610	$KClO_4$	138.549	$(NH_4)_2HPO_4$	132.055
$FeCl_2$	126.750	KCN	65.116	$(NH_4)_2S$	68.143
$FeCl_3$	162.203	KSCN	97.182	$(NH_4)_2SO_4$	132.141
$Fe(NO_3)_3$	241.862	K_2CO_3	138.206	Na_3AsO_3	191.89
FeO	71.844	K_2CrO_4	194.191	$Na_2B_4O_7$	201.220
Fe_2O_3	159.688	$K_2Cr_2O_7$	294.185	$Na_2B_4O_7 \cdot 10H_2O$	381.373
Fe_3O_4	231.533	$K_3Fe(CN)_6$	329.246	$NaBiO_3$	279.968
$Fe(OH)_3$	106.867	$K_4Fe(CN)_6$	368.347	NaBr	102.894
FeS	87.911	$KHC_2O_4 \cdot H_2O$	146.141	NaCN	49.008
Fe_2S_3	207.87	$KHC_2O_4 \cdot H_2C_2O_4 \cdot 2H_2O$	254.20	NaSCN	81.074
$FeSO_4$	151.909	$KHC_4H_4O_6$	188.178	Na_2CO_3	105.99

续表

$Na_2CO_3 \cdot 10H_2O$	286.142	NiS	90.759	SnF_2	156.71
$Na_2C_2O_4$	134.000	$NiSO_4 \cdot 7H_2O$	280.863	$SnCl_2$	189.615
NaCl	58.443	P_2O_5	141.945	$SnCl_4$	260.521
NaClO	74.442	$PbCO_3$	267.2	SnF_2	156.7
NaI	149.894	PbC_2O_4	295.2	SnO_2	150.709
NaF	41.988	$PbCl_2$	278.1	SnS	150.776
$NaHCO_3$	84.007	$PbCrO_4$	323.2	$SrCO_3$	147.63
Na_2HPO_4	141.959	$Pb(CH_3COO)_2$	325.3	SrC_2O_4	175.64
NaH_2PO_4	119.997	$Pb(CH_3COO)_2 \cdot 3H_2O$	427.3	$SrCrO_4$	203.61
$Na_2H_2Y \cdot 2H_2O$	372.240	PbI_2	461.0	$Sr(NO_3)_2$	211.63
$NaNO_2$	68.996	$Pb(NO_3)_2$	331.2	$SrSO_4$	183.68
$NaNO_3$	84.995	PbO	223.2	TiO_2	79.866
Na_2O	61.979	PbO_2	239.2	$UO_2(CH_3COO)_2 \cdot 2H_2O$	422.13
Na_2O_2	77.979	Pb_3O_4	685.6	WO_3	231.84
NaOH	39.997	$Pb_3(PO_4)_2$	811.5	$ZnCO_3$	125.40
Na_3PO_4	163.94	PbS	239.3	$ZnC_2O_4 \cdot 2H_2O$	189.44
Na_2S	78.046	$PbSO_4$	303.3	$ZnCl_2$	136.29
Na_2SiF_6	188.056	SO_3	80.064	$Zn(CH_3COO)_2$	183.48
Na_2SO_3	126.044	SO_2	64.065	$Zn(NO_3)_2$	189.40
$Na_2S_2O_3$	158.11	$SbCl_3$	228.118	$Zn_2P_2O_7$	304.72
Na_2SO_4	142.044	$SbCl_5$	299.024	ZnO	81.39
$NiC_8H_{14}O_4N_4$(丁二酮肟合镍)	288.92	Sb_2O_3	291.518	ZnS	97.46
$NiCl_2 \cdot 6H_2O$	237.689	Sb_2S_3	339.718	$ZnSO_4$	161.45
NiO	74.692	SiO_2	60.085		
$Ni(NO_3)_2 \cdot 6H_2O$	290.794	$SnCO_3$	178.82		

附录数据主要来自：

1. David R Lide. CRC Handbook of Chemistry and Physics. 80th ed. 1999-2000.

2. J A Dean. Lange's Handbook of Chemistry. 15th ed. 1999.

参考文献

［1］ 颜秀茹，崔建中，王兴尧．无机化学与化学分析．北京：高等教育出版社，2016.

［2］ 俞斌，姚成，吴文源．无机与分析化学．第3版．北京：化学工业出版社，2014.

［3］ 南京大学．无机及分析化学．第5版．北京：高等教育出版社，2015.

［4］ 呼世斌，翟彤宇．无机及分析化学．第3版．北京：高等教育出版社，2010.

［5］ 天津大学无机化学教研室．无机化学．第4版．北京：高等教育出版社，2010.

［6］ 华东理工大学分析化学教研组，等．分析化学．第6版．北京：高等教育出版社，2009.

［7］ MIT视频公开课“化学原理”：
http：//v. 163. com/movie/2008/9/2/K/M6TUCF6FT _ M6TUCLS2K. html.

［8］ KHAN视频公开课“基础化学”：
http：//v. 163. com/movie/2012/3/G/N/M7S6P0RL8 _ M7S8STEGN. html.

［9］ UCI视频公开课“化学1P”：
http：//v. 163. com/movie/2014/9/G/B/MA5J1I08H _ MA5J1M4GB. html.

［10］ 华中农业大学“无机及分析化学”MOOC：
http：//www. icourse163. org/course/HZAU－1001593010＃/info.
http：//www. icourse163. org/course/HZAU－1001621003＃/info.

［11］ 网易公开课：http：//open. 163. com/.

［12］ 慕课网：http：//www. moocs. org. cn/.

［13］ 爱课程网：http：//www. icourses. cn/home/.